“十四五”职业教育国家规划教材
“十三五”职业教育国家规划教材
“十二五”职业教育国家规划教材

Pro/ENGINEER Wildfire 5.0 三维建模及应用（第三版）

Pro/ENGINEER Wildfire 5.0 SANWEI JIANMO JI YINGYONG

主　编　陈　伟　关学强
副主编　李富波　王彩英　李兴凯
参　编　徐钰琨　武际花　高红莉　王莉莉
主　审　赵传伟　汪永华

中国电力出版社
CHINA ELECTRIC POWER PRESS

内 容 提 要

本书共分5个学习情境，主要内容包括三维实体建模、装配设计、工程图的设计、模具设计、Pro/NC加工。每个学习情境包括若干任务单元，分别从任务分析、主要知识点、任务实施三个方面进行阐述。每个任务均是生产生活中的典型案例，注重培养学生在完成任务的同时掌握软件的应用。本书所涉及的实例源文件及所有任务的结果文件可直接和主编陈伟联系，邮箱 luckychen2004@163.com。

本书可作为高职高专院校机械制造与自动化、机电一体化、模具设计与制造、数控技术等专业的Pro/ENGINEER教材，也可供相关工程技术人员参考使用。

图书在版编目（CIP）数据

Pro/ENGINEER Wildfire 5.0 三维建模及应用/陈伟，关学强主编．—3版．—北京：中国电力出版社，2019.10（2024.7重印）

"十二五"职业教育国家规划教材

ISBN 978-7-5198-3820-1

Ⅰ．①P… Ⅱ．①陈…②关… Ⅲ．①三维—机械设计—计算机辅助设计—应用软件—高等职业教育—教材 Ⅳ．①TH122

中国版本图书馆CIP数据核字（2019）第237469号

出版发行：中国电力出版社
地　　址：北京市东城区北京站西街19号（邮政编码100005）
网　　址：http://www.cepp.sgcc.com.cn
责任编辑：周巧玲（010-63412539）
责任校对：黄　蓓　马　宁
装帧设计：郝晓燕
责任印制：吴　迪

印　　刷：廊坊市文峰档案印务有限公司
版　　次：2012年8月第一版　2019年10月第三版
印　　次：2024年7月北京第十次印刷
开　　本：787毫米×1092毫米　16开本
印　　张：18.75
字　　数：457千字
定　　价：48.00元

※前 言

本书修订过程，将知识的学习重点放在了 Pro/ENGINEER 零件设计、Pro/ENGINEER 工程图设计、Pro/ENGINEER 装配设计，并适当介绍了 Pro/ENGINEER 机构运动仿真的知识。另外，在 Pro/ENGINEER 模具设计和 Pro/NC 加工中设置了拓展任务，手机扫码即可阅读；注重完善了教材的授课录像，这样既便于学生在课下巩固练习，又便于工程技术人员工作之余的自学。教材的内容既涵盖软件学习必须掌握的基本知识，又包括国家二级制图员要求的基本技能。

本书总码

本教材的主要创新点如下：

(1) 采用生产生活中的典型案例作为工作任务，使同学在学习新知识的同时又对学过的知识点进行了巩固，实现了灵活应用。每个任务皆是学生较熟悉的案例，如手机外壳、果冻盒、螺纹管、五角星、齿轮等。学生在完成任务的同时，不但获得了强烈的成就感，对软件的认知感也得到了提升。

(2) 本书以三维实体建模为导线，在完成任务的同时既学习了曲面特征的编辑及操作的知识，又学习实体特征的编辑及操作的知识，做到了知识点的融汇贯通与有效衔接。

(3) 本书在工程图的学习过程中，以一个标准零件图的完整设计过程为主线，在完成零件图的过程中，既学习了视图、剖视图、断面图、局部放大图等表达方法，又学习了表面光洁度、几何公差、技术要求等知识点，使学生在完成三维造型设计后，能够将其转换生成符合国家标准的工程图，避免了很多工程技术人员需要通过其他软件进行图纸的转换与编辑。

(4) 全书共分五个学习情境，每个学习情境包括若干任务单元，学生在完成每一个任务时都能够将所学知识点综合运用起来，避免了虽然学会了命令，但是实际绘图时却无从下手的尴尬现象发生。本书相关任务的授课视频，使用手机扫码即可查看，方便学生课后练习。

(5) 编审团队邀请具有十几年工作经验的资深工程师参与，既满足了合格工程技术人员的必备知识，又满足了企业的需要。

本书为 2010 年山东省级精品课程《机械图样绘制与三维建模》的配套教材，也是 2011 年校级精品课程《CAD/CAM（ProE）技术》的校本教材，包括教学录像、师资队伍、课程整体设计、课程标准、校本教材、技能测试题库、教学单元设计、教案设计、授课计划及教学动画、趣味学习资源、学习参考教材、习题库等，以上资料皆可下载。网址为 http://jxpt.sdzy.cn/eol/jpk/course/index.jsp?courseId=2142。

本书所涉及的实例文件及所有任务的结果文件可直接和主编陈伟联系，邮箱 luckychen2004@163.com。

本书由山东科技职业学院陈伟、潍坊崇德粉末注射技术有限公司的工程师关学强任主编，郑州电力高等专科学校李富波、包头轻工职业技术学院王彩英、山东科技职业学院李兴凯任副主编，参加编写的还有山东科技职业学院徐钰琨、武际花、高红莉、王莉莉。

本书由山东潍坊福田雷沃国际重工股份有限公司赵传伟、安徽水利水电职业技术学院汪永华主审，提出了许多宝贵的意见和建议，在此表示衷心的感谢。

由于编者水平所限，书中不妥之处在所难免，恳请广大读者批评指正。

编者

2021.5

目　录

前言

学习情境一　三维实体建模 …… 1
任务一　支座的三维实体建模 …… 1
任务二　阶梯轴的三维实体建模 …… 14
任务三　爱心的三维实体建模 …… 20
任务四　锤子手柄的三维实体建模 …… 26
任务五　螺纹管的三维实体建模 …… 37
任务六　五角星的三维实体建模 …… 43
任务七　螺纹收尾的三维实体建模 …… 48
任务八　麻花钻的三维实体建模 …… 52
任务九　弹簧垫圈的三维实体建模 …… 58
任务十　轴承座的三维实体建模 …… 61
任务十一　烟灰缸的三维实体建模 …… 73
任务十二　手机外壳的三维实体建模 …… 82
任务十三　果冻盒的三维实体建模 …… 92
任务十四　齿轮的参数化设计 …… 99

学习情境二　装配设计 …… 113
任务一　油杯轴承的装配设计 …… 113
任务二　齿轮泵的装配及分解设计 …… 131
任务三　曲柄滑块机构的装配及运动仿真 …… 145

学习情境三　工程图的设计 …… 161
任务一　A4图框和学校标题栏的制作 …… 161
任务二　底板普通视图的制作 …… 174
任务三　轴承座全剖与局部剖视图的制作 …… 186
任务四　支座半剖视图的制作 …… 203
任务五　支架斜视图与局部视图的制作 …… 212
任务六　泵盖旋转剖视图的制作 …… 220
任务七　钻模模板阶梯剖视图的制作 …… 237
任务八　轴类零件断面图及局部放大图的制作 …… 252

学习情境四 — 模具设计简介 …… 261

学习情境五 — Pro/NC 加工简介 …… 271

参考文献 …… 291

学习情境一

三 维 实 体 建 模

任务一　支座的三维实体建模

授课视频

【任务】 创建如图 1-1 所示的支座模型。

【分析】 本任务使用拉伸特征进行建模。模型的创建方法有很多种。在建模之前应先分析模型的结构，弄清楚每一个特征的创建方法和有关参数，然后确定建模的顺序。

一、拉伸特征简介

1. Pro/ENGINEER 系统概述

图 1-1　支座模型

Pro/ENGINEER 是美国 PTC（参数技术）公司旗下的集 CAD/CAM/CAE 于一体的三维参数化设计软件。该软件是当今世界上最先进的计算机辅助设计、分析和制造一体化软件之一，自 1988 年问世以来，得到不断发展和完善，广泛应用于电子、机械、模具、工业设计、汽车、航空航天、家电、玩具等行业。Pro/ENGINEER 软件能实现零件设计、产品装配、模具开发、NC 加工、钣金件设计、铸造件设计、造型设计、逆向工程、自动测量、机构模拟、压力分析、产品数据管理等功能，主要经历了 98、2000、2000i、2001、Wildfire 版本升级过程。

安装 Pro/ENGINEER Wildfire 5.0 之后，可以通过双击桌面上的快捷图标，或单击"开始"→"程序"→"PTC"→"Pro/ENGINEER"来启动 Pro/ENGINEER 软件，打开其设计界面，如图 1-2 所示。

2. 创建新实体文件的方法

选择主菜单"文件"→"新建"，或单击常用工具栏中的"新建"按钮，弹出如图 1-3 所示的【新建】对话框。在对话框中选择新文件的"类型"为"零件"，"子类型"为"实体"，输入文件名称后，取消"使用缺省模板"前面的复选框，单击对话框中的"确定"按钮，系统弹出【新文件选项】对话框，如图 1-4 所示，选择公制单位"mmns_part_solid"，再单击【新文件选项】对话框中的"确定"按钮，进入 Pro/ENGINEER Wildfire 5.0 的零件设计界面。此时系统会自动创建 3 个基准平面 FRONT、RIGHT、TOP 和一个基准坐标系 PRT_CSYS_DEF，如图 1-5 所示。

3. 视图操作

（1）模型查看。

1）鼠标的妙用。在 Pro/ENGINEER Wildfire 5.0 中使用的三键鼠标常用操作说明如下：

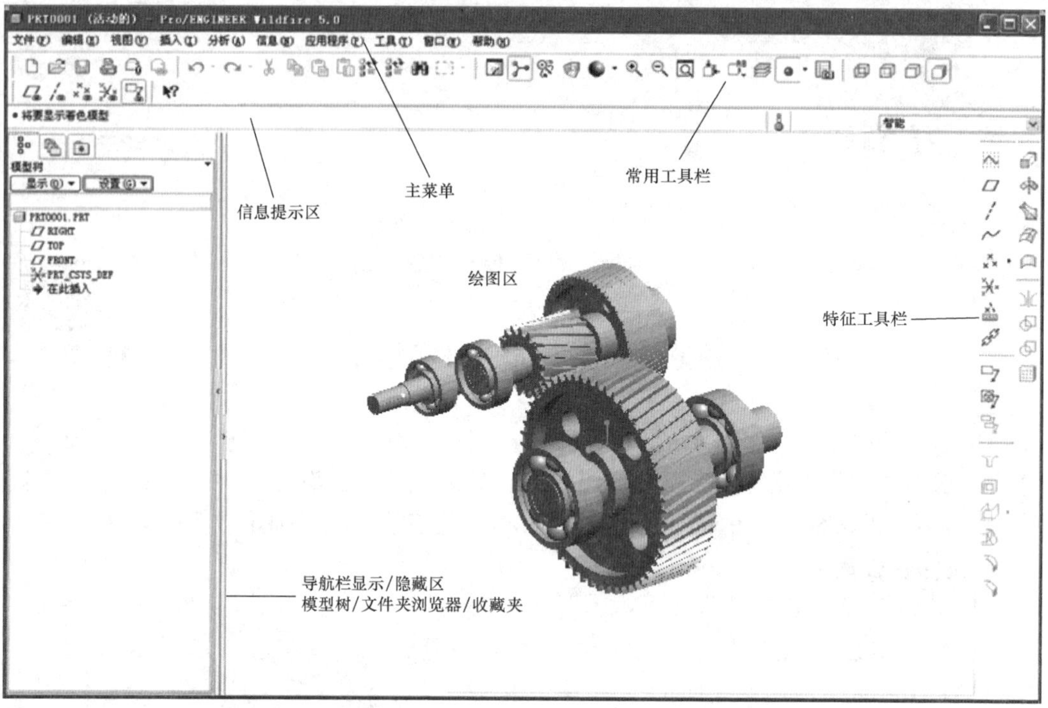

图 1-2　Pro/ENGINEER Wildfire 5.0 设计界面

左键：用于选择菜单、工具按钮，明确绘制图元的起始点与终止点，确定文字注解位置，选择模型中的对象等。

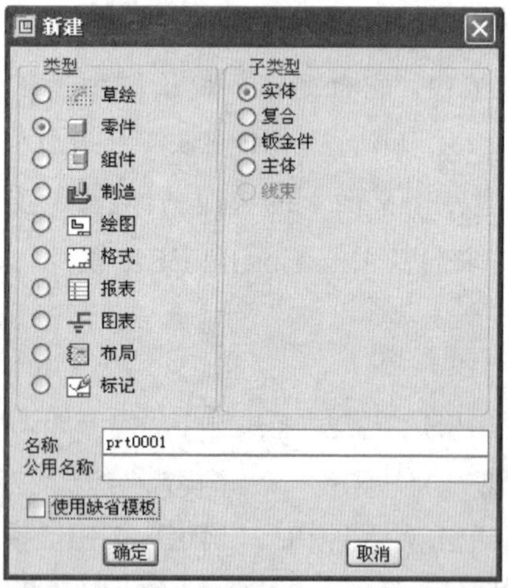

图 1-3　【新建】对话框

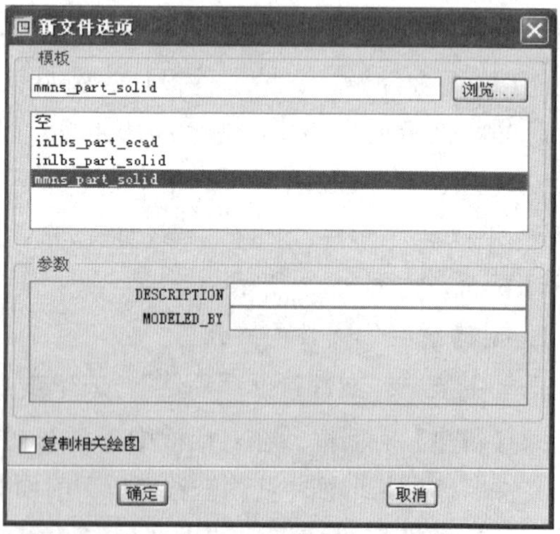

图 1-4　【新文件选项】对话框

中键：单击鼠标中键表示结束或完成当前操作，一般情况下与菜单中的“完成”命令、对话框中的“确定”按钮、特征操控板中“完成”按钮 的功能相同。此外，鼠标的中键还用于控制模型的视角变换、缩放模型的显示、移动模型在视区中的位置等。按下鼠标中键并移动鼠标，可以沿任意方向旋转绘图区中的模型；对于中键为滚轮的鼠标，转动滚轮可放大或缩小绘图区中的模型；同时按下 Ctrl 键和鼠标中键，上下拖动鼠标可放大或缩小绘图

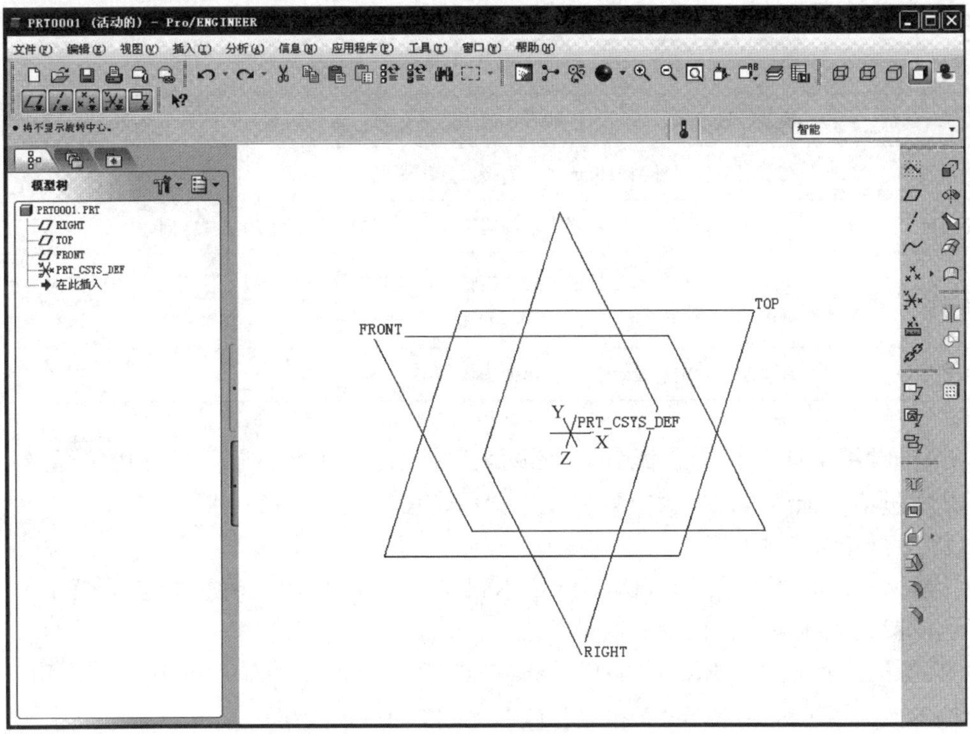

图 1-5　Pro/ENGINEER 的零件设计界面

区中的模型；同时按下 Shift 键和鼠标中键，拖动鼠标可平移绘图区中的模型。

右键：选中对象（如绘图区和模型树中的对象、模型中的图元等），单击鼠标右键，显示相应的快捷菜单。

2）缩放模型。打开一零件或组件模型，然后单击常用工具栏上的“放大”按钮，按住鼠标左键，框选要放大的矩形区域；可放大模型；单击“缩小”按钮，可缩小模型；单击“重新调整”按钮或使用 Ctrl+D 组合键，可恢复到默认状态。

3）旋转模型。单击常用工具栏中的“旋转”按钮，按住鼠标中键进行旋转，或直接按住鼠标中键便可进行旋转。如果打开工具栏上的“旋转中心开/关”按钮，在进行模型旋转时，模型将以默认的模型中心为旋转中心。

4）平移模型。平移模型也要通过鼠标中键来实现。在绘图区按下鼠标中键作为平移中心。同时按下 Shift 键和鼠标中键，移动鼠标，模型即以此点为中心平移。

（2）视角设置。

1）方向菜单命令。选择主菜单“视图”→“方向”命令，弹出“方向”命令的子菜单。“方向”命令各子菜单说明见表 1-1。

表 1-1　“方向”命令各子菜单说明

子菜单名称	说　明
标准方向	使用该命令可以回到系统默认视角，其组合键为 Ctrl+D
上一个	返回到前一个视角

续表

子菜单名称	说　　明
重新调整	模型经过缩放、旋转、移动后，使用此命令可以重新调整为默认显示状态，显示整个模型
重定向	在重定向有三种类型可选，下面将做详细说明
活动注释方向	使用该命令可以回到将要用来创建下一个注释或注释元素的注释方向
定向模式	使用此命令和单击工具栏上的“旋转”按钮具有同等的效果，使用此命令后定向类型选项成为可用状态
定向类型	有动态、固定、延迟和速度四种选项类型

2）单击常用工具栏中“已命名的视图列表”按钮右侧的“下拉”按钮，打开下拉列表，其中包括“标准方向”“缺省方向”“BACK”“BOTTOM”“FRONT”“LEFT”“RIGHT”“TOP”八种视角。

（3）模型显示设置。在Pro/ENGINEER中，模型的显示设置主要包括模型的显示模式、颜色设置、光线设置、模型的渲染等内容。

1）模型的显示模式。Pro/ENGINEER提供了四种模型的显示模式，它们有“线框”、“隐藏线”、“消隐”和“着色”四种显示效果。

2）模型的颜色设置。系统默认的模型着色显示为灰色。当默认的颜色不能表现出零件模型的特点时，可以将模型自定义为其他颜色。单击常用工具栏中的“外观库”按钮右侧的“下拉”按钮，弹出【外观库】对话框，在该对话框中可以对模型的材质、颜色等进行设置。

（4）基准显示设置。Pro/ENGINEER提供了四种绘图基准，分别为“基准平面”、“基准轴”、“基准点”和“基准坐标系”。在默认状态下，这四种基准是处于显示状态的。在绘图时，可以通过单击常用工具栏中这4个按钮，使其显示或关闭，即绘图时不使用某种基准时，可以使其关闭，这时绘图界面会比较清晰，方便绘图。

4. 清除文件操作

（1）清除内存文件。选择主菜单“文件”→“拭除”，如图1-6所示。在子菜单中选择“当前”命令，弹出【拭除确认】对话框，如图1-7所示，单击按钮是，则清除内存中的当前图形文件；若选择“不显示”命令，则会弹出【拭除未显示的】对话框，如图1-8所示，单击按钮确定，则会清除内存中存在的所有文件。

这项命令对于重名文件尤为重要，当内存中存在已经打开的文件名称，若有不同文件夹下的另一重名文件也需同时打开时，系统会弹出【版本冲突】对话框，如图1-9所示，要求输入一个内存中没有的替代名称。

若对于两个装配文件夹中的子零件文件名称出现重名时，打开其中一个装配文件后，需要关闭当前文件窗口，并选择主菜单“文件”→“拭除”→“不显示”命令，在清除内存后，才能打开下一个装配文件，否则绘图区不能正常显示需要打开的文件。

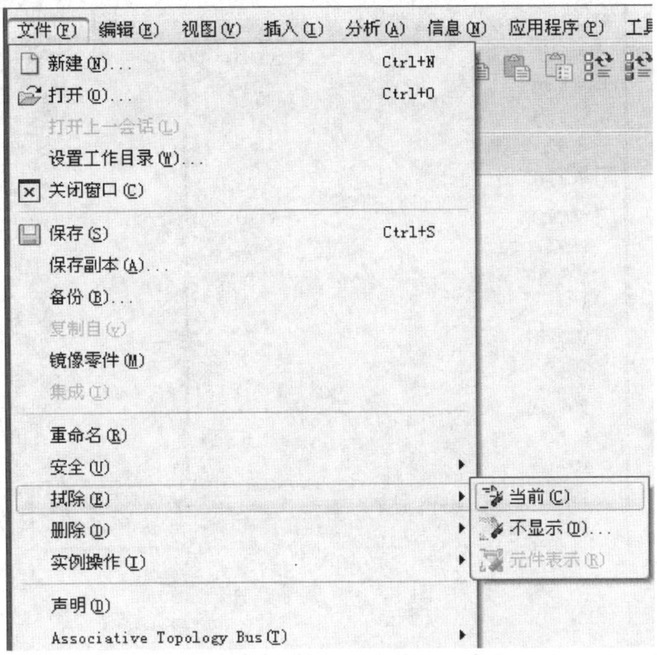

图 1-6 清除内存文件

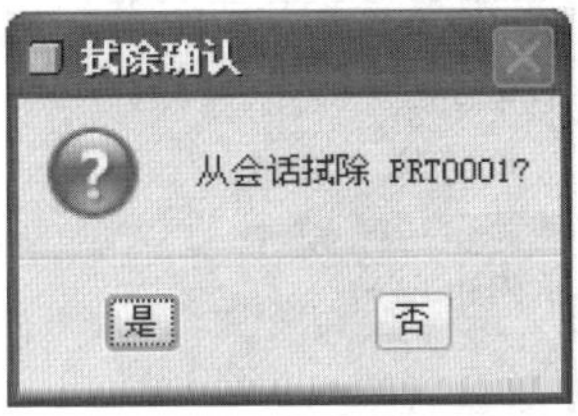

图 1-7 【拭除确认】对话框

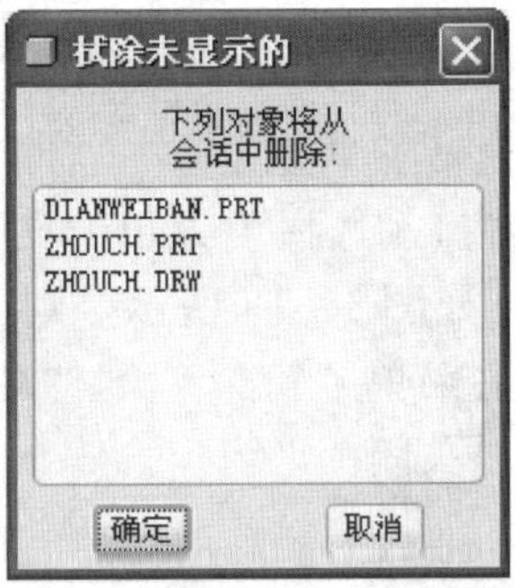

图 1-8 【拭除未显示】对话框

(2) 删除文件。选择主菜单“文件”→“删除”，如图 1-10 所示。在子菜单中选择“旧版本”命令，弹出如图 1-11 所示的【输入其旧版本要被删除的对象】对话框，其中显示系统默认要被删除的文件名称，单击按钮 ✓，完成删除；选择子菜单“所有版本”命令，系统弹出【删除所有确认】对话框，如图 1-12 所示，单击按钮 是(Y)，则删除当前图形文件。

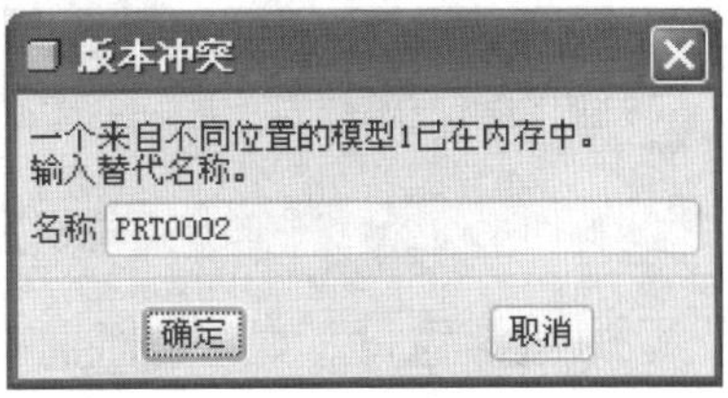

图 1-9 【版本冲突】对话框

注 意

该命令将会从硬盘中删除文件，使用要慎重。

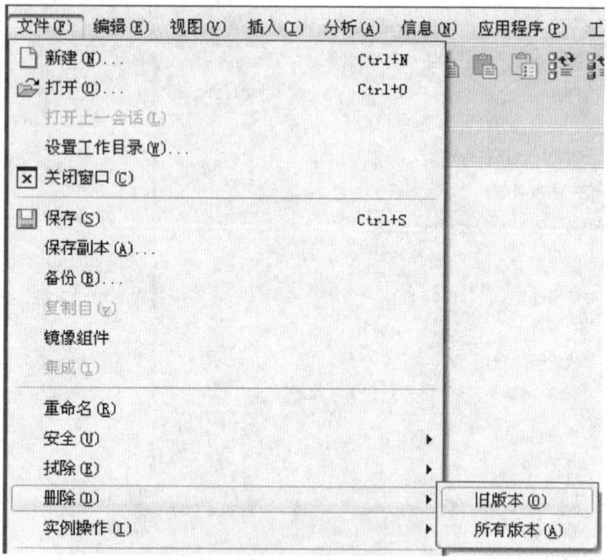

图 1-10　删除文件

图 1-11　【输入其旧版本要被删除的对象】对话框

5. 关闭与激活窗口

（1）关闭窗口。选择主菜单“文件”→“关闭窗口”命令，如图 1-13 所示，则可关闭图形窗口；或选择主菜单“窗口”→“关闭”，如图 1-14所示，也可关闭图形窗口。

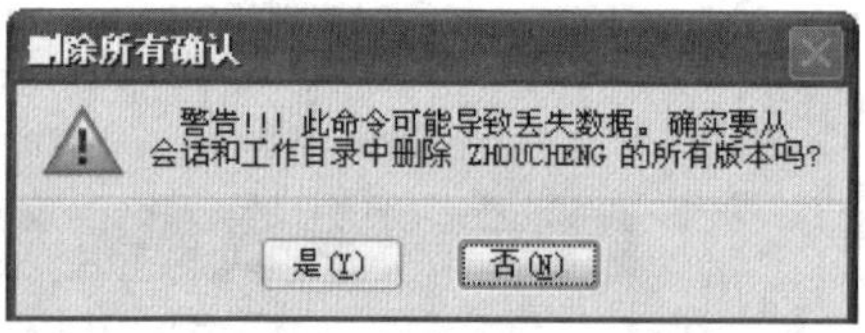

图 1-12　【删除所有确认】对话框

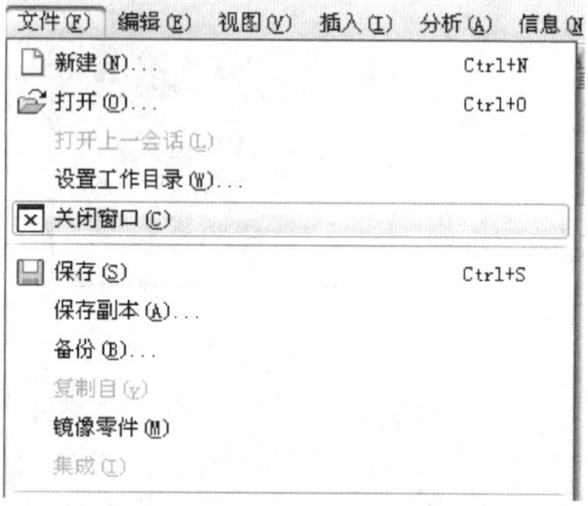

图 1-13　关闭窗口

（2）激活窗口。如果当前打开若干 Pro/ENGINEER 的图形文件，则只有一个文件窗口是当前的活动窗口，如图 1-14 中文件“4 2.PRT”为活动文件。这时可以通过鼠标在图形窗口下方切换至其他文件窗口，然后选择主菜单“窗口”→“激活”命令，如图 1-14 所示，这样才能对其他文件进行命令操作；也可在当前图形窗口中选择主菜单“窗口”命令，打开“窗口”菜单，如图 1-14 所示，在其上文件列表中选择“1 MUBAN.DRW：1”，则切换至“MUBAN.DRW”文件图形窗口。

6. 退出系统

选择主菜单“文件”→“退出”命令，则弹出【确认】对话框，如图 1-15 所示，单击按钮是(Y)，则退出 Pro/ENGINEER 系统。或逐个单击图形窗口右上角的按钮，直至弹出图 1-15 所示【确认】对话框，单击按钮 是(Y)，退出 Pro/ENGINEER 系统。

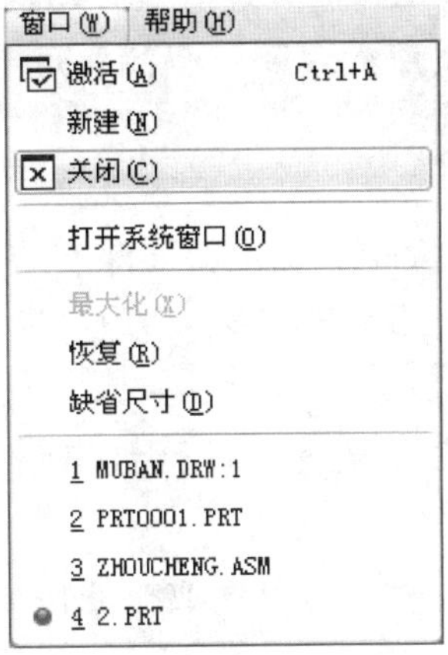

图 1-14　窗口关闭

7. 拉伸实体特征的创建步骤

拉伸实体特征是三维建模原理最为简单的一类特征。拉伸是指沿草绘截面的垂直方向移动截面，截面扫过的体积就构成了拉伸特征。具体步骤如下：

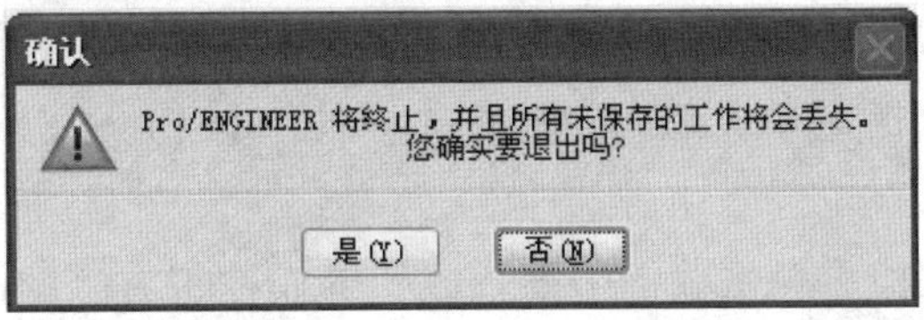

图 1-15　【确认】对话框

(1) 调用拉伸工具。打开三维建模用户界面，并按下工具栏中的“基准显示”按钮，然后选择菜单栏“插入”→“拉伸”命令，或单击特征工具栏中的“拉伸”工具按钮。

调用该命令后，在设计界面的上部将出现如图 1-16 所示的拉伸特征操控板，用来确定拉伸特征的相关参数。

图 1-16　拉伸特征操控板

(2) 草绘截面。单击操控板上的“放置”按钮，系统弹出“放置”滑面板（再次单击该按钮可以关闭该面板），如图 1-17 所示。单击面板右侧的“定义”按钮 定义...，系统弹出【草绘】对话框，如图1-18 所示。在【草绘】对话框中进行草绘平面的设置与放置后，即可进入草绘模式；或在绘图区单击鼠标右键，弹出快捷菜单，选择“定义内部草绘”，如图 1-19 所示，从而草绘拉伸的截面。

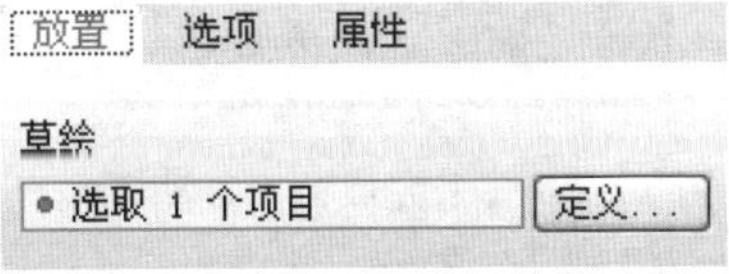

图 1-17　放置滑面板

(3) 确定特征生成方向。绘制好拉伸截面后，即可退出草绘模式，之后就可确定特征的生成方向。此时系统以一个黄色箭头标示当前的特征生成方向。如果要改变特征的生成方向，只需在操控板上单击按钮即可。

图 1-18　【草绘】对话框

图 1-19　定义内部草绘

注意

当创建切剪实体特征时，操控板上会有两个按钮，这时从左至右第一个按钮用于更改特征的生成方向。

（4）设置特征深度。通过确定特征的拉伸深度可以确定特征的大小。确定特征深度的方法有很多，可以直接在文本框中输入代表深度尺寸的数值（见图 1 - 16 中的 216.51），也可以使用参照进行设置。

在操控板上单击右侧的“下拉”按钮，打开深度设置工具条，各符号说明见表 1 - 2。

（5）完成。单击鼠标中键，或拉伸操控板右侧的“完成”按钮，即可生成拉伸特征，完成拉伸特征的创建。

表 1 - 2　拉伸深度设置说明

深度形式符号	名　称	说　明
	单向拉伸	从草绘平面以指定的深度值拉伸
	对称拉伸	在各方向上，以指定的深度值的一半，向草绘平面的两侧拉伸
	拉伸至下一个	拉伸至选定的点、曲线、平面或曲面

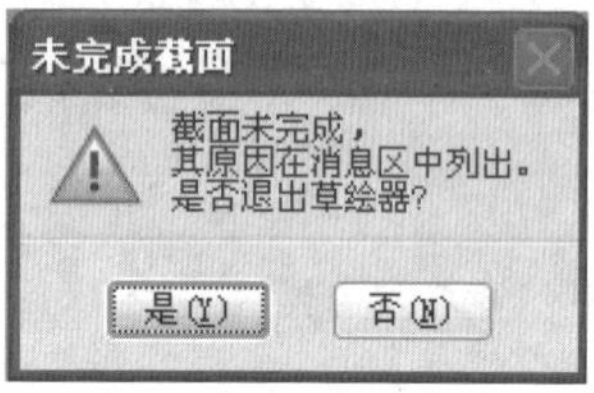

图 1 - 20　【未完成截面】对话框

（6）拉伸特征创建失败的原因。当完成草绘截面，单击草绘工具栏中的“完成”按钮后，弹出如图 1 - 20 所示的【未完成截面】对话框时，可在“信息提示区”查看截面未完成的原因：截面不封闭，截面轮廓中存在多余的线条，截面线条相互交叉，截面存在重复线条，如图 1 - 21 所示。

未完成截面的检查可以通过主菜单下面诊断工具栏中的“着色封闭环”按钮、“加亮开放端点”按钮和“重叠几何”按钮来检查，也可通过“特征要求”按钮列出当前特征的要求，并指明每项要求的状态。

此外，还可以根据截面中是否存在多余的尺寸来检查截面未完成的原因，如图 1 - 22 所示。

二、创建支座模型

1. 拉伸增加材料的方法

（1）新建一个名为“EX01-01a”的零件文件。选择主菜单“文件”→“设置工作目录”，打开【选取工作目录】对话框。选取工作目录“D：/EXProE5”，在工作目录区单击鼠标右键，弹出快捷菜单，选取“新建文件夹”命令，如图 1 - 23 所示。在弹出的【新建文件夹】对话框中输入“EX01”，如图 1 - 24 所示，单击“确定”按钮，再单击【选取工作目录】对话框中的“确定”按钮，即可完成当前工作目录的设定。

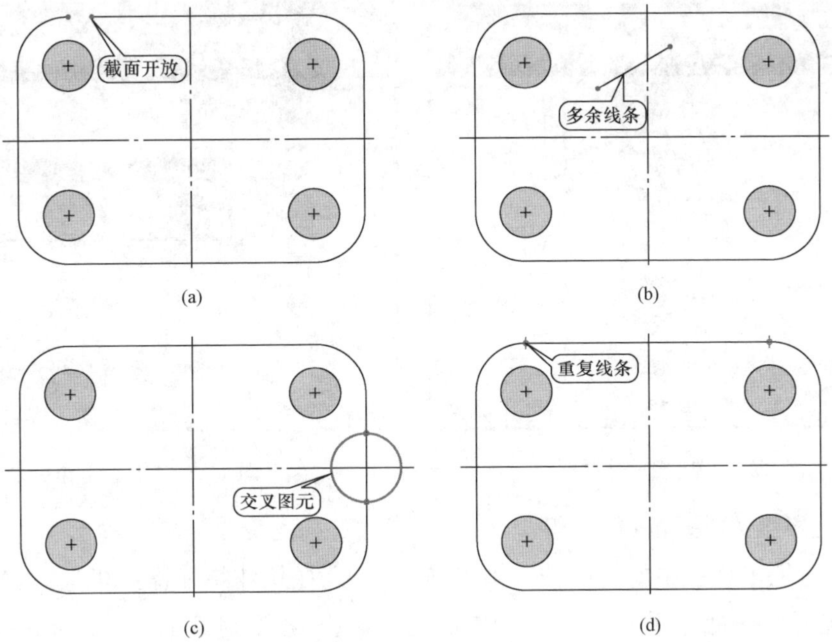

图 1-21 截面未完成示例

（a）截面不封闭；（b）截面轮廓中存在多余的线条；

（c）截面线条相互交叉；（d）截面存在重复线条

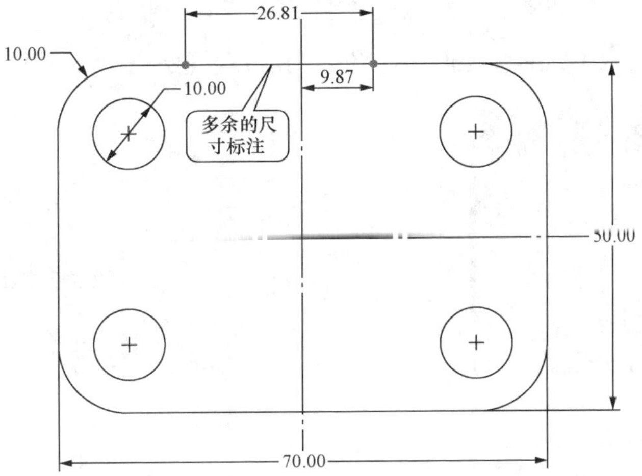

图 1-22 多余的尺寸标注

选择主菜单“文件”→“新建”，或单击常用工具栏中的“新建”按钮□，打开【新建】对话框，类型选取“零件”，子类型选取“实体”，输入名称“EX01-01a”后，取消“使用缺省模板”前面的复选框，单击“确定”按钮。然后进入【新文件选项】对话框，将绘图单位更改为公制单位“mmns _ part _ solid”，单击“确定”按钮，进入 Pro/ENGINEER 的零件设计界面。

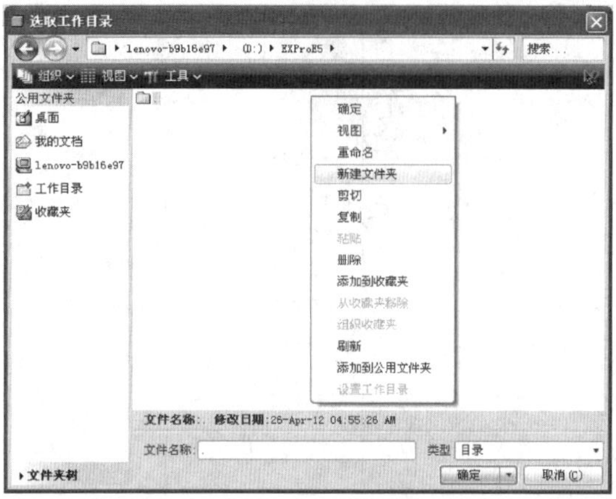

图 1-23　选取工作目录

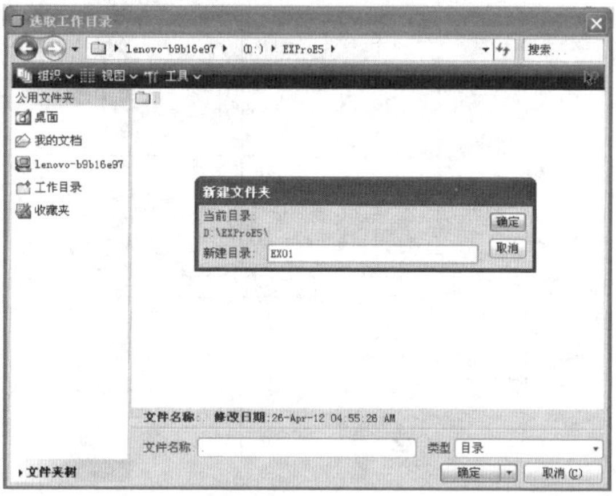

图 1-24　设置工作目录

（2）创建厚度为 0.5mm 的底板。

1）单击特征工具栏中的“拉伸”工具按钮，在拉伸特征操控板上单击“放置”按钮，在“草绘”滑面板中单击“定义”按钮，打开【草绘】对话框。单击基准平面 TOP 作为草绘平面，接受系统默认的放置方式，如图 1-25 所示，单击“草绘”按钮，进入二维草绘模式。

2）单击草绘工具栏中 右侧的“下拉”按钮，弹出圆弧绘制工具条，选择“圆心和端点”工具按钮 绘制圆弧，如图 1-26 所示，其中，圆弧的两个端点落在 RIGHT 基准面上，圆心则落在基准坐标系 PRT_CSYS_DEF 上。

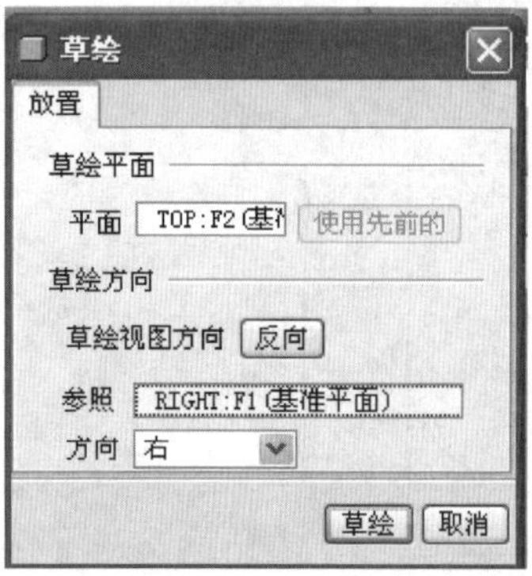

图 1-25　【草绘】对话框

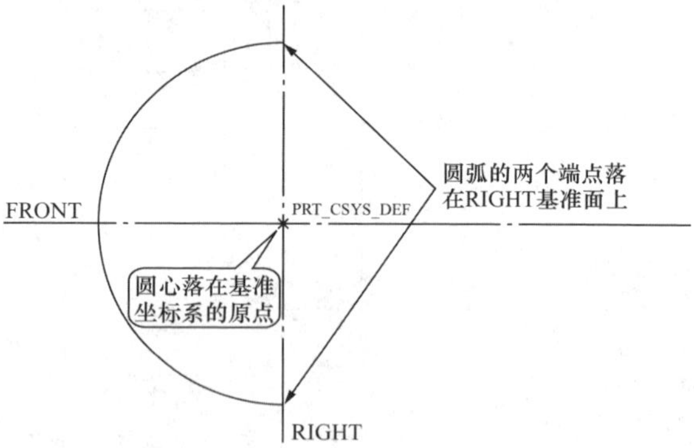

图 1-26　绘制圆弧

3）单击草绘工具栏中的按钮，绘制三段直线，单击鼠标中键结束直线操作，结果如图1-27 所示。

4）单击工具栏中的“垂直约束”按钮 右侧的“下拉”按钮，打开约束工具条，如图 1-28 所示。单击“相切”按钮，使图中的两直线与圆弧相切，如图 1-29 所示。

5）单击草绘工具栏中的按钮，绘制两个圆，如图 1-30 所示。

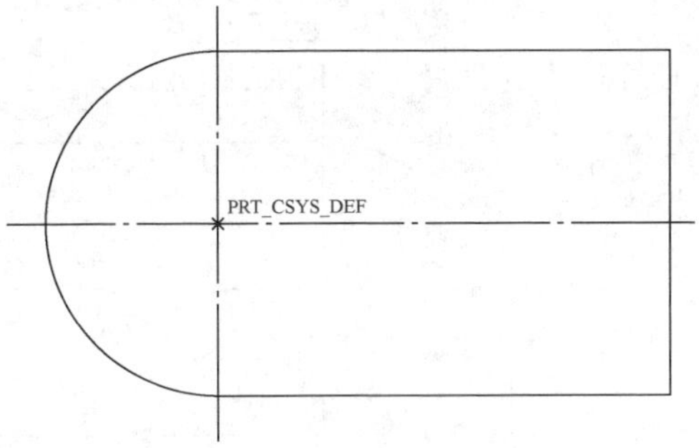

图 1 - 27　绘制三段直线

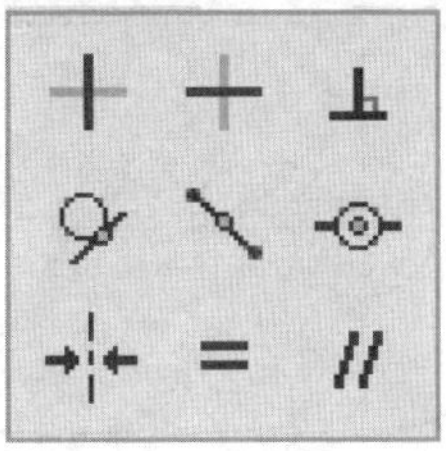

图 1 - 28　约束工具条

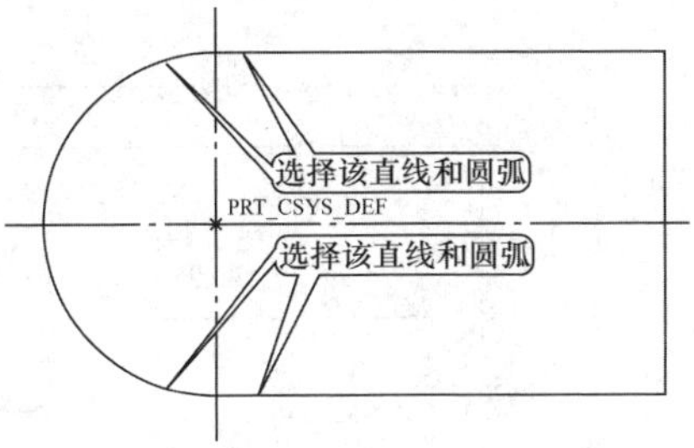

图 1 - 29　相切约束设置

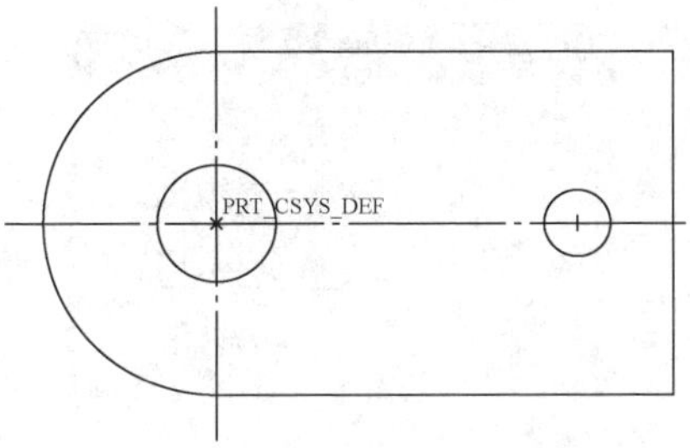

图 1 - 30　绘制两个圆

6）单击草绘工具栏中的按钮，绘制两条与小圆相切的直线，如图 1 - 31 所示。

7）单击草绘工具栏中的“删除段”按钮，裁剪图形中多余的圆弧和线段（见图 1 - 32），得到如图 1 - 33 所示的截面图。

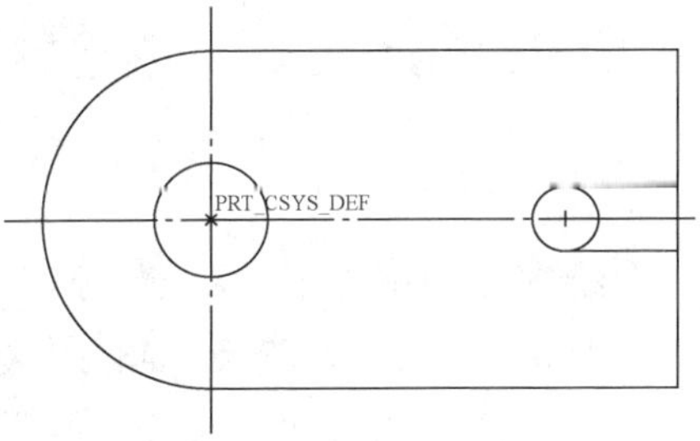

图 1 - 31　绘制两条直线

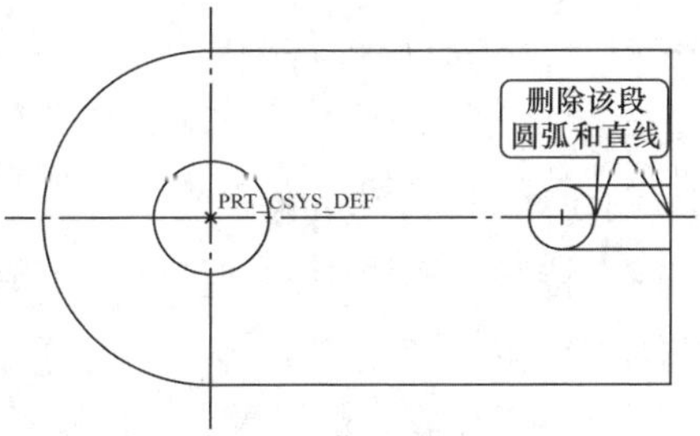

图 1 - 32　删除圆弧和直线

8）单击草绘工具栏中的“尺寸标注”按钮，在绘图区单击圆弧，在圆弧一侧空白区单击鼠标中键，完成圆弧的尺寸标注；双击圆，在空白区单击鼠标中键，完成圆的尺寸标注；单击直线，在空白区单击鼠标中键，完成直线的尺寸标注。整个草图的尺寸标注如图 1 - 34 所示。

9）单击草绘工具栏中的“选取”按钮，在绘图区中框选所有尺寸后，再单击“尺寸修改”按钮，弹出【修改尺寸】对话框，如图 1 - 35 所示。取消“再生”前的复选框，在该对话框中进行尺寸修改，然后单击按钮，完成图形的尺寸修改，如图 1 - 36 所示。

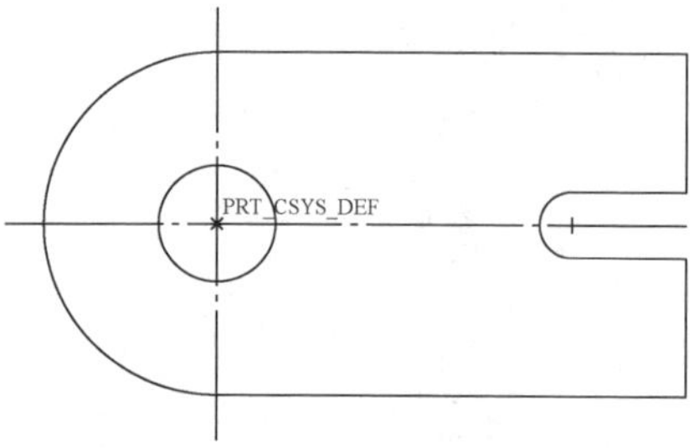

图 1-33 零件截面图

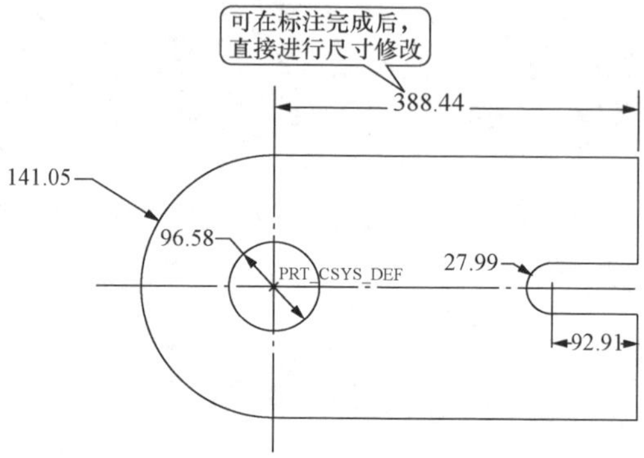

图 1-34 尺寸标注

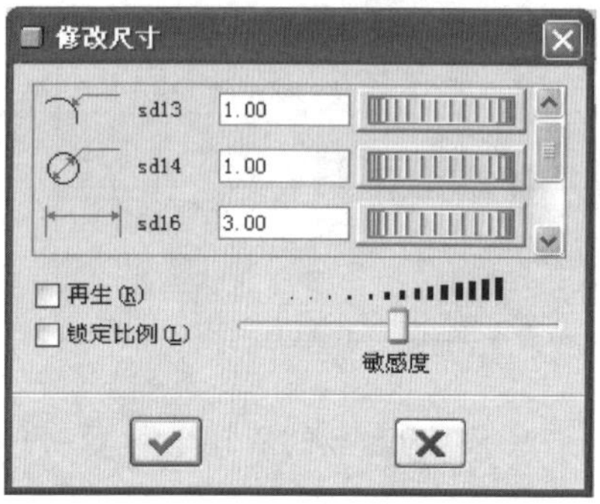

图 1-35 【修改尺寸】对话框

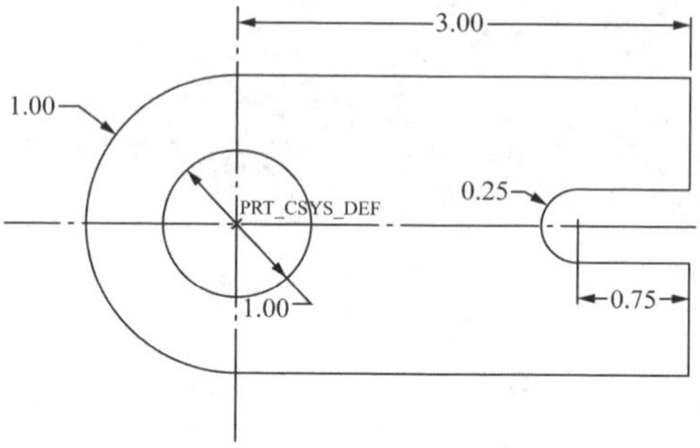

图 1-36 完成尺寸修改

10）单击草绘工具栏中的“完成”按钮，退出草绘模式。

11）在拉伸特征操控板的文本框中输入特征拉伸深度“0.5”。单击按钮，按住鼠标中键拖动鼠标旋转模型进行预览，确定无误后，单击操控板上的按钮，最后生成的模型如图 1-37 所示。

（3）创建厚为 0.5mm 的凸台。

1）单击特征工具栏中的“拉伸”工具按钮，在绘图区中单击鼠标右键，弹出快捷菜单，选择“定义内部草绘”命令，打开【草绘】对话框，选取如图 1-37 所示实体的上表面作为草绘平面，接受系统默认的放置方式，如图 1-38 所示，单击“草绘”按钮进入二维草绘模式。

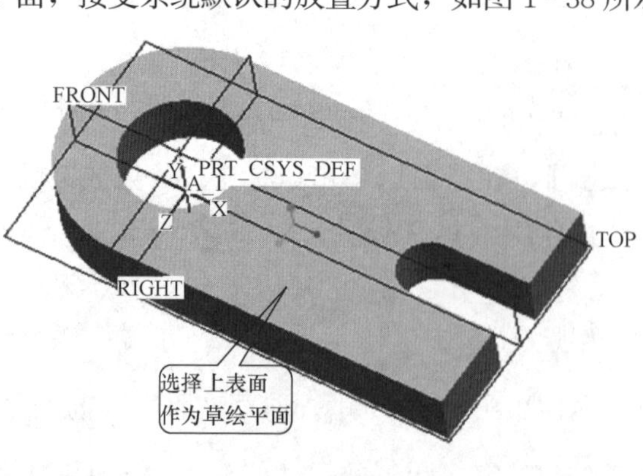

图 1-37 零件底板

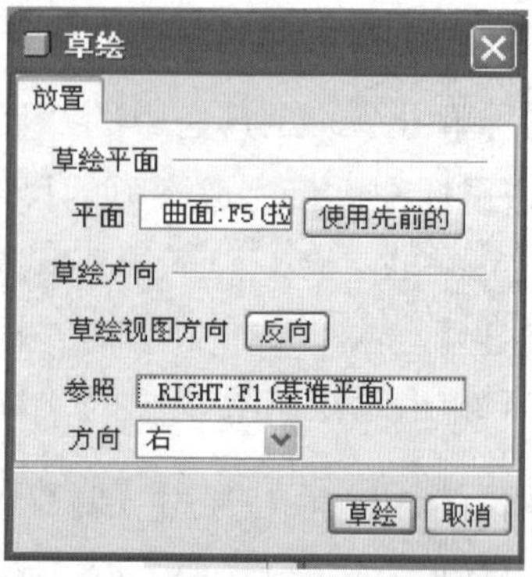

图 1-38 【草绘】对话框

2）在草绘模式下，单击常用工具栏中的“线框”按钮，取消“着色显示”。

3）单击草绘工具栏中的“通过边创建图元”按钮，选取左侧已有的半圆弧和圆孔，如图1-39所示，并绘制三段直线，然后进行标注及修改尺寸，完成截面图，如图1-40所示。单击草绘工具栏中的“完成”按钮，退出二维草绘模式。

注意

在绘制该截面时，可使用“对齐约束”，使凸板截面与底板截面重合。

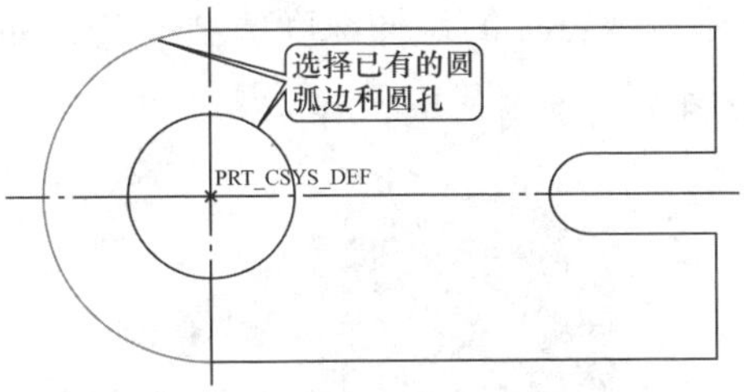

图1-39　选择已有的圆弧边

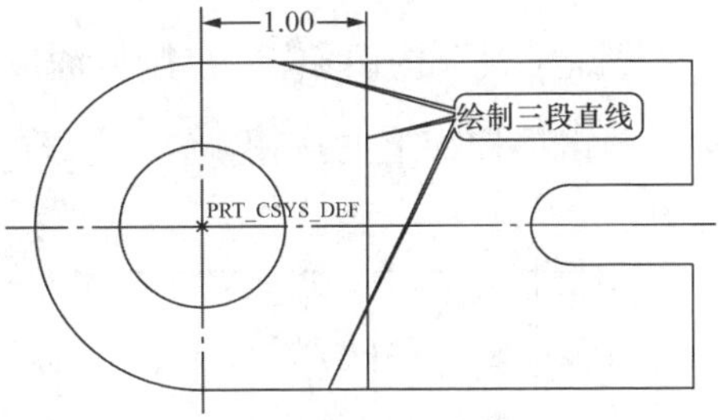

图1-40　草绘的截面图

4）在拉伸特征操控板的文本框中输入拉伸深度值0.5，按住鼠标中键拖动鼠标恰当旋转模型，确定凸台向上拉伸，如图1-41所示，单击操控板上的按钮，生成的模型如图1-1所示。

（4）单击“保存”按钮，完成模型设计。

2. 拉伸切剪材料的方法

（1）新建一个文件名为“EX01-01b”的零件文件。

（2）创建厚度为“1”的底板。创建厚度为“1”的底板，同拉伸增加材料方法的步骤（2），只是将该特征的拉伸深度值由0.5改为1，结果如图1-42所示。

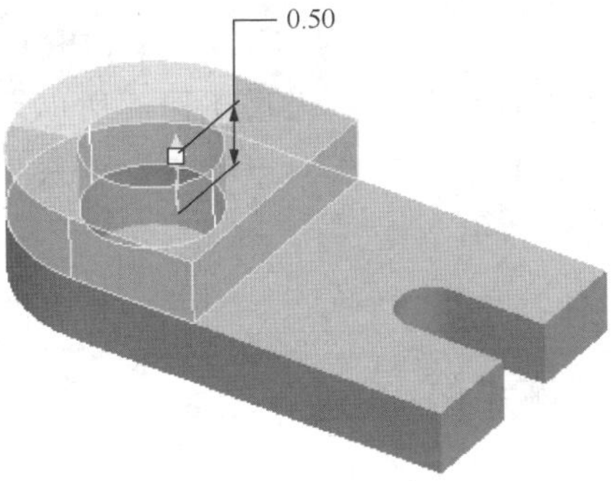

图1-41　确定拉伸方向

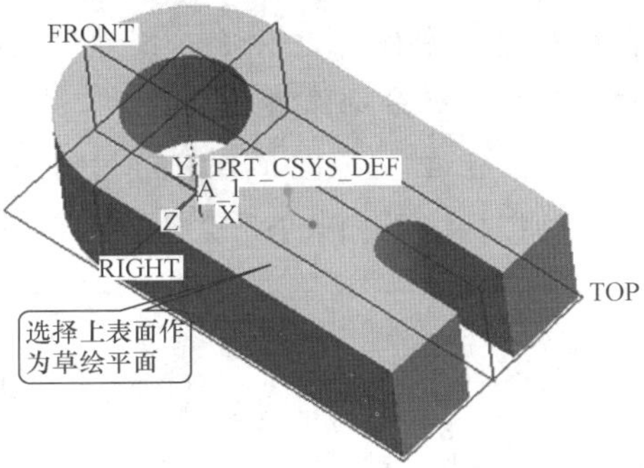

图1-42　创建的拉伸特征

（3）创建切剪材料特征。

1）单击特征工具栏中的“拉伸”工具按钮，在绘图区单击鼠标右键，在弹出的快捷菜单中，选择“定义内部草绘”命令，打开【草绘】对话框。选取上一步拉伸实体上表面作为草绘平面，接受系统默认的放置方式，进入二维草绘模式。绘制如图 1-43 所示的草绘截面图，单击草绘工具栏中的按钮✔，退出二维草绘模式。

注 意

在绘制该截面时，可使用“通过边创建图元”按钮来创建图元；或者使用“对齐约束”，使凸板截面与底板截面重合。

2）单击拉伸操控板上的“材料拉伸方向”按钮（左边第一个），使拉伸方向向下，并按下“移除材料”按钮，在拉伸深度文本框中输入特征的拉伸深度值“0.5”，如图 1-44 所示。单击操控板上的按钮✔，生成的模型如图 1-1 所示。

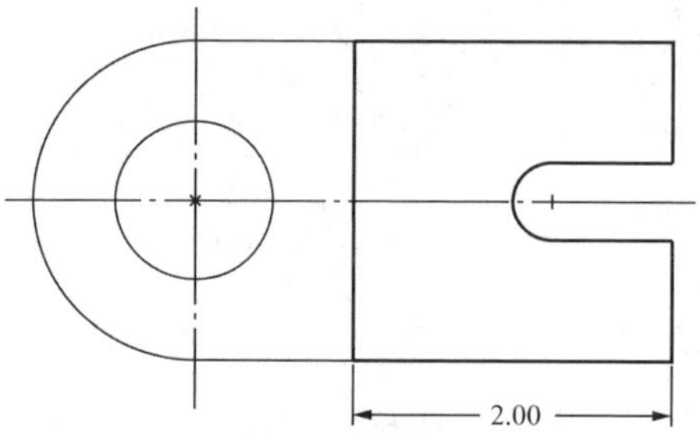

图 1-43　切剪材料的草绘截面图

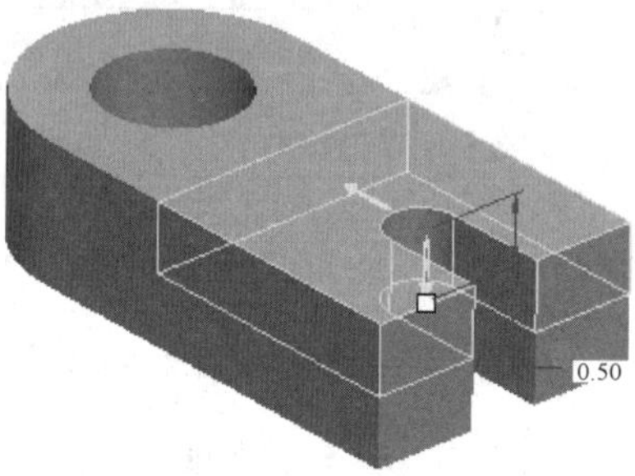

图 1-44　切剪材料特征

（4）单击“保存”按钮，完成模型设计。

注 意

若遇到电脑掉电，或软件突然关闭，Pro/ENGINEER 软件不会保存临时文件，所以在应用 Pro/ENGINEER 绘图时，需要随时单击保存按钮，进行文件保存。如果文件在绘制过程中保存过 2 次，则系统会依次以“EX01-01a. PRT. 1”“EX01-01a. PRT. 2”顺次命名，并分别保存在当前的工作目录中，由于这两个文件保存的时间不同，所以大小不一样。但在 Pro/ENGINEER 软件环境中，单击打开按钮，在打开对话框中只显示一个“EX01-01a. PRT”文件，即当前打开的是最后保存的那个文件。

任务二　阶梯轴的三维实体建模

【任务】 创建如图 1-45 所示的阶梯轴模型。

【分析】 阶梯轴从结构上看，属于回转类零件，可以看作一截面绕中心轴旋转一周而成，所以本任务适合用旋转特征进行建模。该零件从造型的角度来看，除了圆形头部必须采用旋转方式创建外，其余圆柱部分均可用拉伸特征来建模，而键槽部分可以采用拉伸剪切特征来创建，这时需要创建基准平面。本模型最直接的构造方法是在草绘模式下创建一个二维截面，再绕中心轴线回转 360°而成，所以采用 Pro/ENGINEER 中的“旋转”命令进行建模。

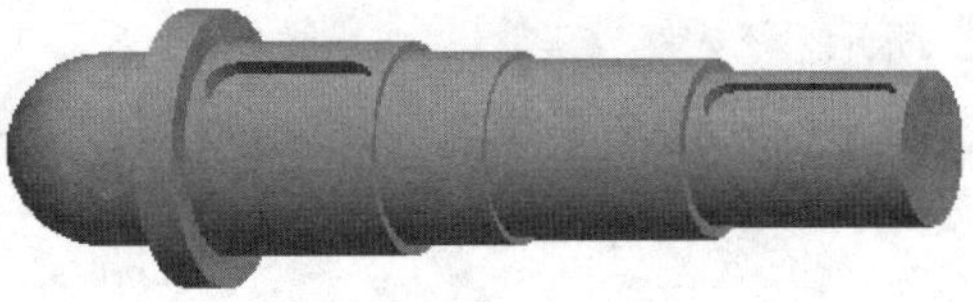

图 1-45　阶梯轴模型

一、旋转特征简介

旋转特征是由草绘截面绕旋转中心线旋转一定的角度而生成的特征，该特征适合构造回转体零件。回转体零件都具有回转中心轴线，而且过中心轴线的剖截面形状关于轴线对称。旋转实体特征的操作步骤如下：

1. 调用旋转工具

选择主菜单“插入”→“旋转”，或单击特征工具栏中的“旋转”工具按钮，打开旋转特征操控板（见图 1-46），用来确定旋转的相关参数。

图 1-46　旋转特征操控板

2. 草绘截面和旋转轴线

单击旋转特征操控板上的“放置”按钮，打开放置滑面板，如图 1-47 所示。单击面板右侧的“定义”按钮定义...，系统弹出【草绘】对话框，在该对话框中进行草绘平面的设置与放置后，即可进入草绘模式；或在绘图区单击鼠标右键，弹出快捷菜单，选择“定义内部草绘”命令，进入二维草绘模式，绘制旋转截面。

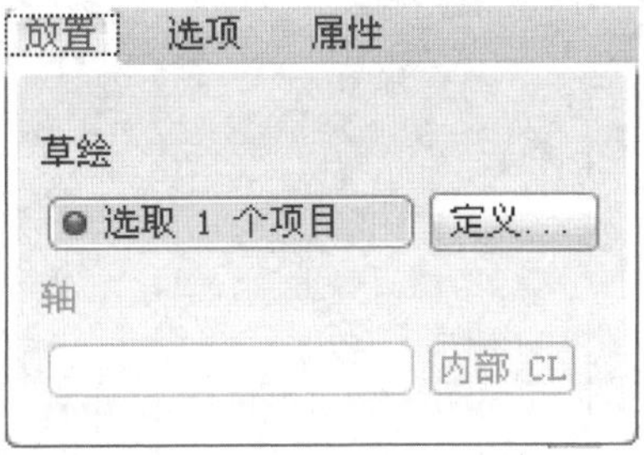

图 1-47　放置滑面板

旋转特征的截面中必须至少有一条几何中心线作为回转轴线，如果有多条几何中心线时，系统以用户绘制的第一条几何中心线作为旋转特征的回转轴线。

如图 1-48（a）所示，旋转特征的截面有两条几何中心线，即中心线 1 和中心线 2。

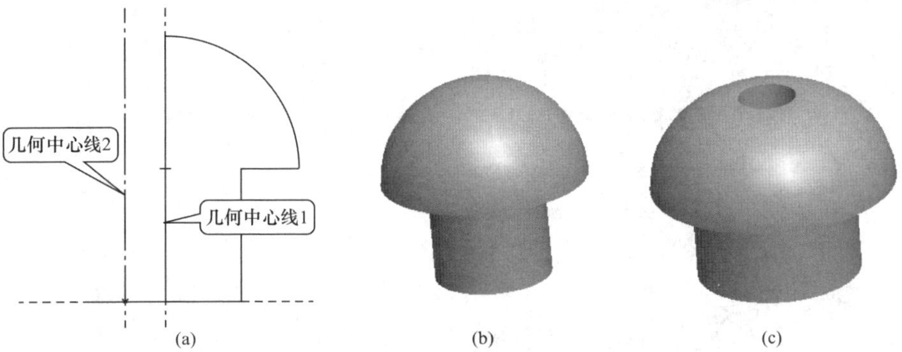

图 1-48　多条几何中心线所产生的旋转特征

（a）旋转截面；（b）以几何中心线 1 为旋转轴；（c）以几何中心线 2 为旋转轴

（1）当几何中心线 1 为用户所绘制的第一条几何中心线时，所生成的回转体如图 1-48（b）所示。

（2）当几何中心线 2 为用户所绘制的第一条几何中心线时，所生成的回转体如图 1-48（c）所示。

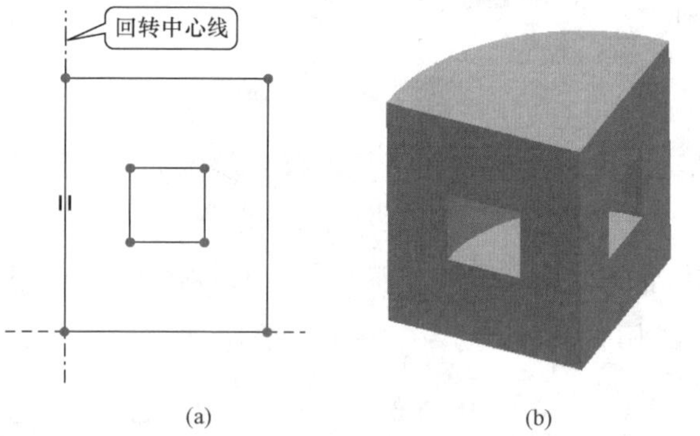

图 1-49　多重回路回转特征

（a）多重回路旋转截面；（b）旋转截面回转 90°所得回转体

此外，在实体建模时，旋转特征的截面必须是封闭的，且允许有多重回路，如图 1-49（a）所示，图 1-49（b）所示为旋转截面绕几何中心线回转 90°所得到的旋转特征。旋转截面的图元必须全部位于几何中心线的同一侧，不允许跨越几何中心线的两侧，但可以和几何中心线重叠。

3. 指定特征参数

在旋转特征操控板中输入草绘截面绕回转中心轴线的旋转角度，相对于草绘平面的“旋转方向”，以及相对于草绘平面的“旋转方式”、或。

4. 完成

单击鼠标中键或旋转特征操控板右侧的“完成”按钮，即可生成旋转特征，完成旋转特征的创建。

5. 旋转特征创建失败原因

（1）没有绘制几何中心线，如图1-50（a）所示。

（2）截面不完整。当创建实体时，其旋转特征截面要封闭，如图 1-50（b）所示。

（3）截面跨越回转中心线的两侧，如图 1-50（c）所示。

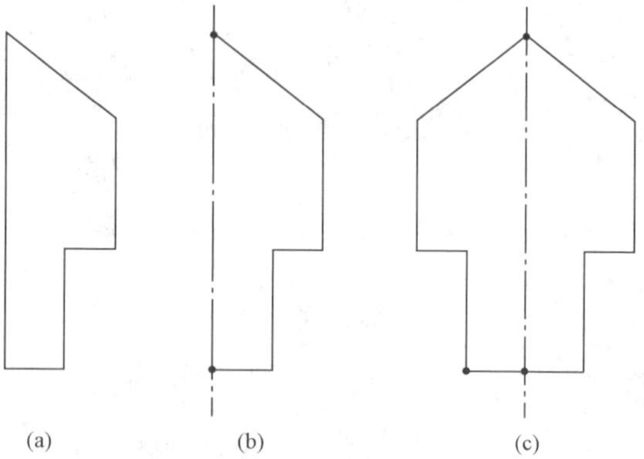

图 1-50　回转特征失败示例

（a）没有绘制几何中心线；（b）截面没有封闭；（c）截面跨越中心线两侧

二、创建阶梯轴模型

1. 新建一个名为“EX01-02”的零件文件

选择主菜单“文件”→“设置工作目录”，打开【选取工作目录】对话框。选取工作目录“D：/EXProE5/EX01”，单击“确定”按钮，完成当前工作目录的设定。

单击“新建”按钮，打开【新建】对话框，类型选取“零件”，子类型选取“实体”，输入名称“EX01-02”后，取消“使用缺省模板”前面的复选框，单击“确定”按钮；然后进入【新文件选项】对话框，将绘图单位更改为公制单位“mmns_part_solid”，单击“确定”按钮，进入 Pro/ENGINEER 的零件设计界面。

2. 创建旋转特征

（1）单击特征工具栏中的“旋转”工具按钮，在旋转特征操控板上单击“放置”按钮，在放置滑面板中单击“定义”按钮，打开【草绘】对话框。单击基准平面 FRONT 作为草绘平面，接受系统缺省的放置方式，单击“草绘”按钮，进入二维草绘模式。

（2）在二维草绘模式下，绘制旋转截面。单击“直线”工具右侧的“下拉”按钮，弹出直线工具条，选择“几何中心线”按钮，绘制一条旋转中心轴线，并使用“圆弧”工具和“直线”工具，绘制如图 1-51 所示的旋转截面。在绘制该旋转截面时，要注意以下几点：

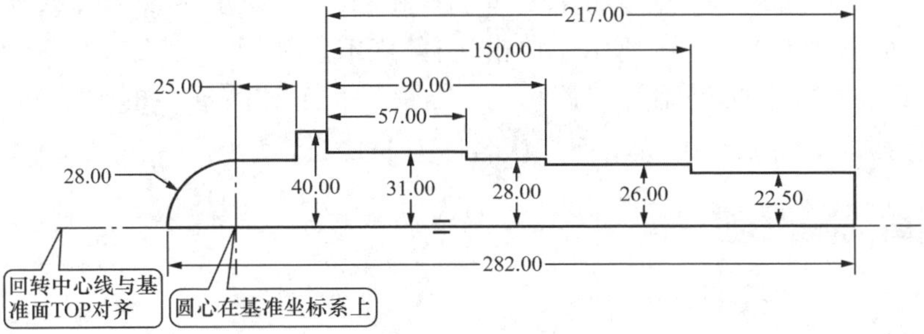

图 1-51 草绘截面

1）由于该截面各阶梯尺寸较小，在草绘时系统会自动添加一些不必要的约束，如等长、垂直等，导致尺寸无法正常修改，这是初学者常出现的问题。可用下面的操作来去除系统自动添加的约束：在草绘模式下，选择主菜单“草绘”→“选项”命令，弹出【草绘器首选项】对话框。将对话框切换到“约束”选项卡，保留其中的水平、竖直约束，其余均去除，如图 1-52 所示。单击对话框中的“完成”按钮，完成草绘模式的自动约束设置。若想恢复设置，可以单击上面的“缺省”按钮。

2）在尺寸修改时，取消【修改尺寸】对话框中的“再生”复选框，如图 1-53 所示。否则每修改一次尺寸，尺寸随即再生，可能会导致图形失真。

图 1-52 【草绘器首选项】对话框

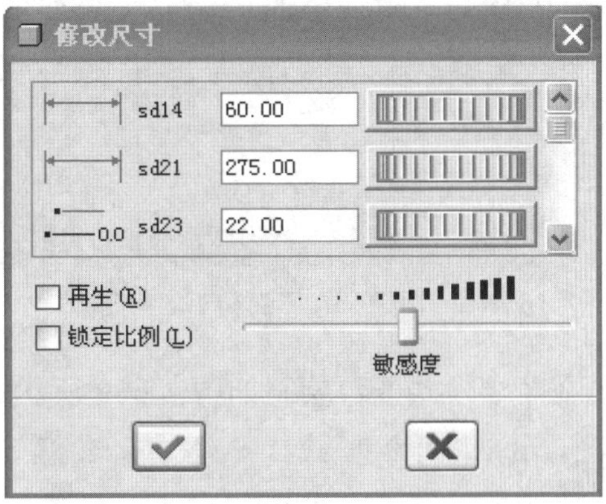

图 1-53 【修改尺寸】对话框

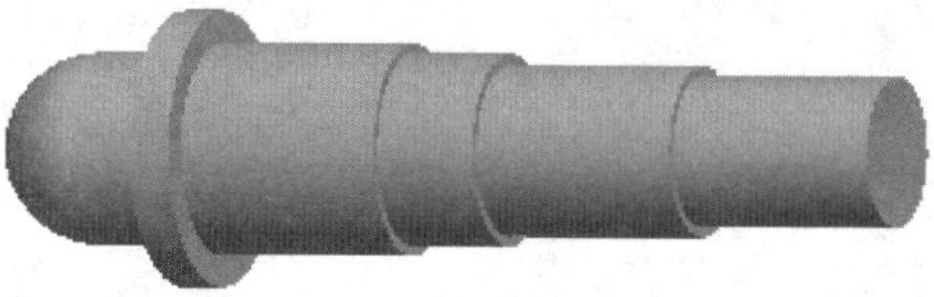

图 1-54 阶梯轴旋转特征

（3）单击草绘工具栏中的“完成”按钮，退出二维草绘模式。

（4）使用默认的旋转角度 360°，单击旋转特征操控板上的“完成”按钮，生成的模型如图 1-54 所示。

3. 创建键槽拉伸剪切特征

（1）创建第 1 个键槽。

1）创建草绘基准平面 DTM1。单击特征工具栏中的“基准平面”工具按钮，弹出【基准平面】对话框，如图 1-55 所示。单击选择 TOP 基准面，则 TOP 基准面显示在“参照”栏中，创建的基准平面类型为“偏移”，在基准平面对话框中的“平移”距离中输入 25，单击按钮 确定，完成的基准平面默认名称为 DTM1，如图 1-56 所示。

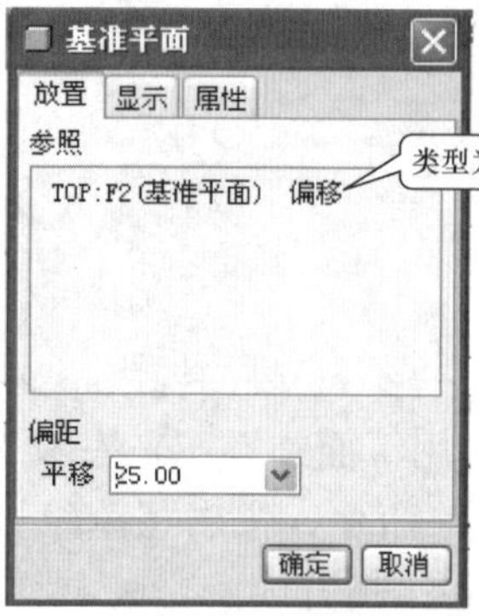

图 1-55 【基准平面】对话框

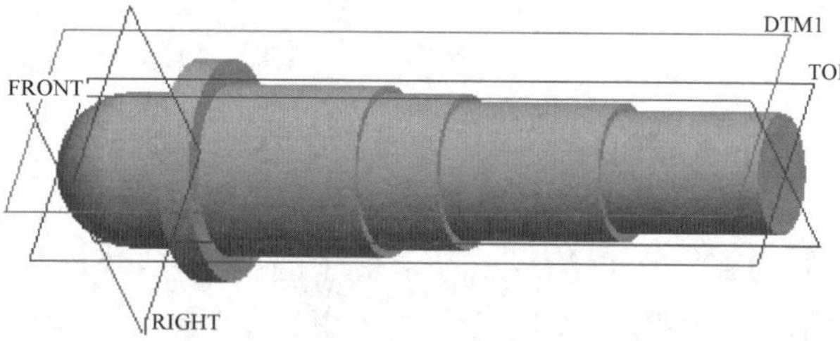

图 1-56 创建基准平面 DTM1

2）单击特征工具栏中的“拉伸”工具按钮，在绘图区中单击鼠标右键，在弹出的快捷菜单中选择“定义内部草绘”命令，如图 1-57 所示。在弹出的【草绘】对话框中，选择 DTM1 为草绘平面，接受系统默认的放置方式，如图 1-58 所示，单击按钮 草绘，系统进入草绘模式。

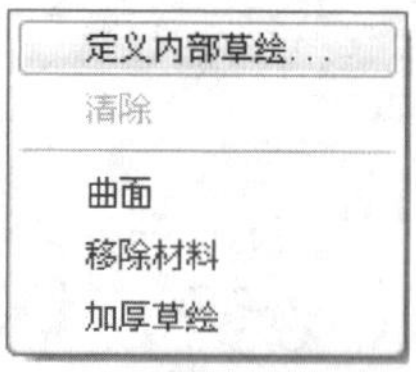

图 1-57 定义内部草绘

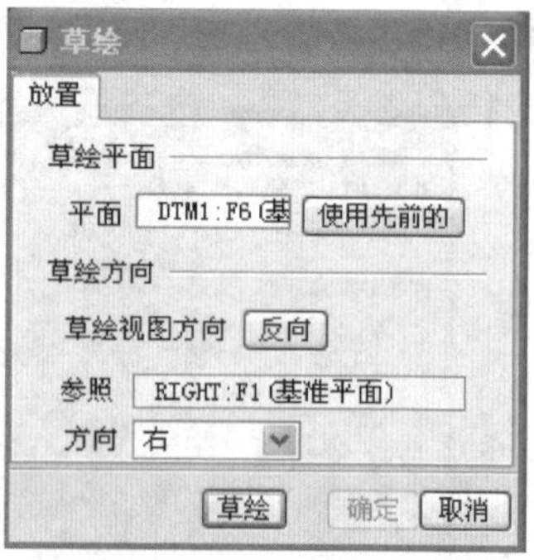

图 1-58 【草绘】对话框

3）在草绘模式下，绘制如图 1-59 所示的键槽截面，单击草绘工具栏中的“完成”按钮，退出二维草绘模式。

4）单击拉伸操控板中的“移除材料”按钮，确保拉伸方向向上，在文本框中输入拉伸数值 6 或大于 6 的数值，再单击操控板中的按钮，完成的键槽特征如图 1-60 所示。

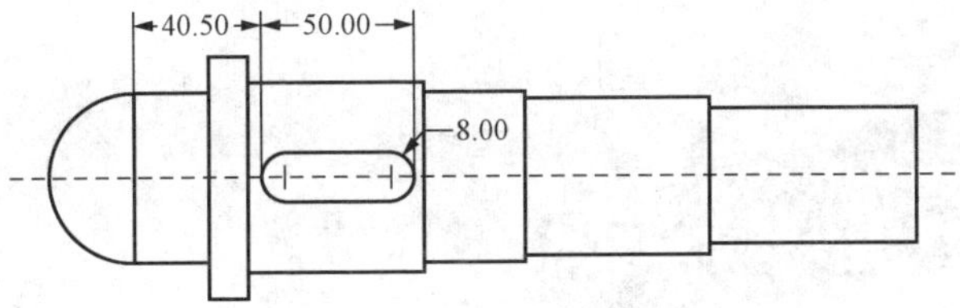

图 1-59 草绘键槽截面

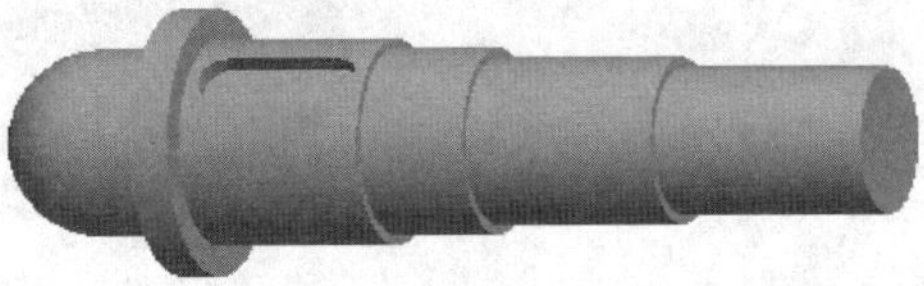

图 1-60 完成的第 1 个键槽特征

（2）创建第 2 个键槽。

1）创建草绘基准平面 DTM2。单击特征工具栏中的“基准平面”工具按钮，弹出【基准平面】对话框。单击选择 TOP 基准面，则 TOP 基准面显示在“参照”栏中，创建的基准平面类型为“偏移”，如图 1-61 所示，在基准平面对话框中的“平移”距离中输入 17.5，单击按钮 确定 ，完成的基准平面默认名称为 DTM2，如图 1-62 所示。

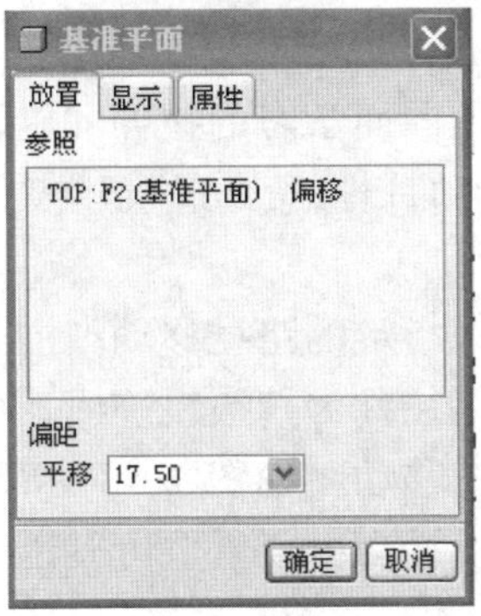

图 1-61 【基准平面】对话框

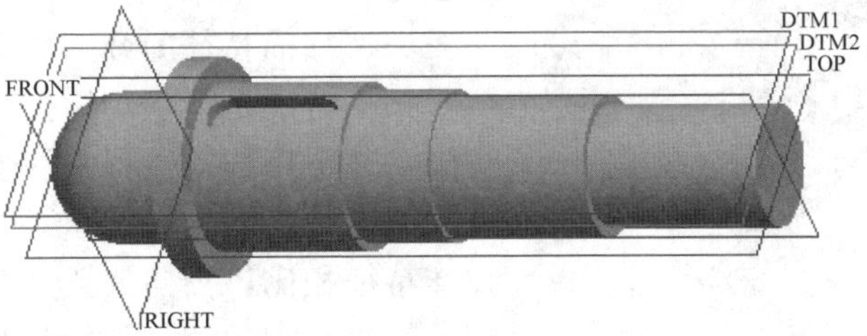

图 1-62 创建基准平面 DTM2

2）单击特征工具栏中的“拉伸”工具按钮，在绘图区中单击鼠标右键，在弹出的快捷菜单中选择“定义内部草绘”命令，弹出【草绘】对话框，选择 DTM2 为草绘平面，接受系统默认的放置方式，单击按钮 草绘 ，系统进入草绘模式。

3）在草绘模式下，绘制如图 1-63 所示的截面，单击草绘工具栏中的“完成”按钮 ✔，退出二维草绘模式。

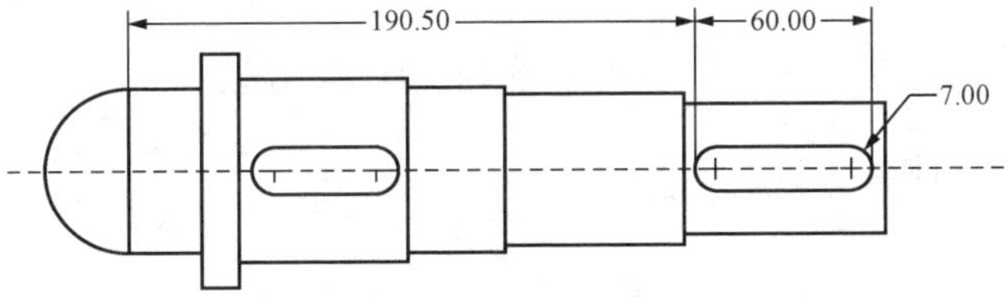

图 1-63 草绘键槽截面

4）单击拉伸操控板中的“移除材料”按钮，确保拉伸方向向上，在文本框中输入拉伸数值 5 或大于 5 的数值，按住鼠标中键拖动鼠标恰当旋转模型，确定向上拉伸，如图 1-64 所示，单击操控板中的按钮 ✔，生成的模型如图 1-45 所示。

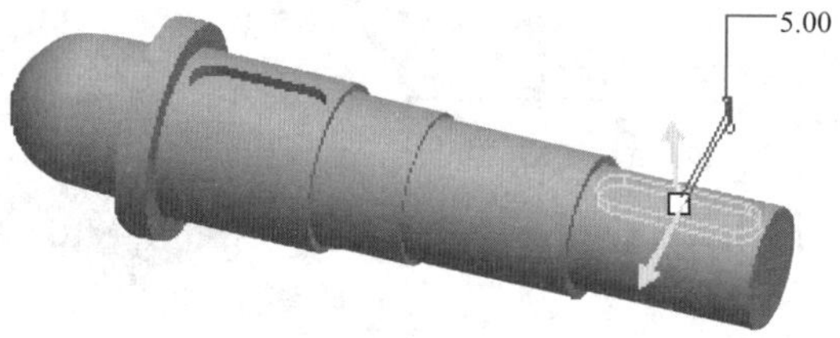

图 1-64　确定拉伸方向

4. 保存文件

单击“保存”按钮，完成模型设计。

任务三　爱心的三维实体建模

【任务】 创建如图 1-65 所示的爱心模型。

图 1-65　爱心模型

【分析】 本任务中的心形无法采用前面学习的拉伸和旋转工具来创建，可以采用 Pro/ENGINEER 中的扫描命令进行建模。

一、扫描特征简介

扫描特征是指将草绘截面沿着某一指定的路径移动扫描而生成实体，通常将扫描过程中的这一移动路径称为扫描轨迹线，草绘截面的法向始终沿着轨迹曲线的切线方向移动，如图 1-66 所示。与拉伸特征相比，扫描特征具有更大的设计自由度，也可以说拉伸特征是扫描特征的特例。

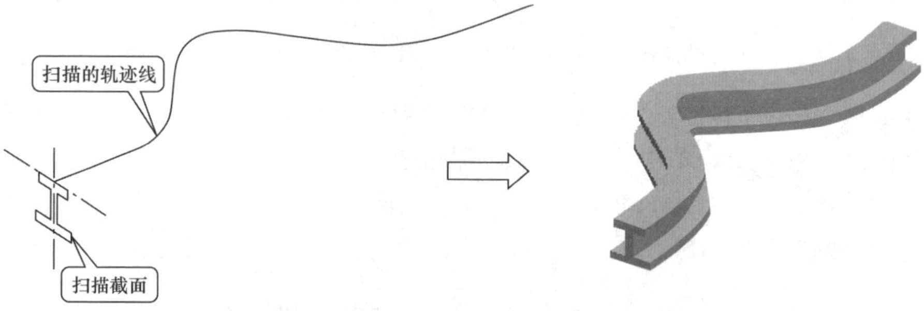

图 1-66　扫描特征创建的工字钢模型

扫描实体特征的具体操作步骤如下：

1. 调用扫描工具

选择主菜单“插入”→“扫描”，下级菜单上共有 7 个选项，外部特征可表现为实心实体、薄壁、曲面、切口、薄壁切口等七种特征类型。其中，“伸出项”创建实体特征，“曲面”创建曲面特征，“薄板伸出项”创建薄板实体特征，而“切口”和“薄壁切口”将扫描特征在已有的实体特征中去除材料。

选择主菜单“插入”→“扫描”→“伸出项”命令，弹出【伸出项：扫描】对话框，如图 1-67 所示。从该对话框可看出，创建扫描特征需要定义扫描轨迹和扫描截面两项。

2. 定义轨迹线

在【伸出项：扫描】对话框下面的【菜单管理器】中确定轨迹线的定义方法，如图 1 - 68 所示。扫描轨迹的定义有两种方法：一是“草绘轨迹”线，选择绘图平面，在其上绘制二维轨迹曲线；二是“选取轨迹”线，选取在绘图区已经存在的曲线或实体上的边作为轨迹线，这时可以是二维曲线或三维曲线。对于初学者而言，一般建议采用草绘轨迹线的方法。

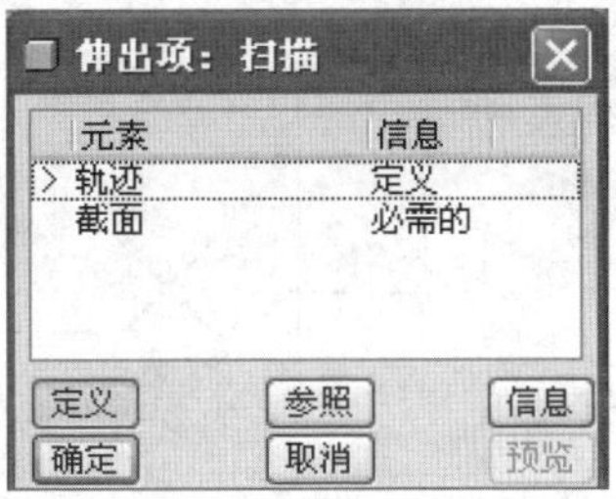

图 1 - 67 【伸出项：扫描】对话框

3. 选择属性

系统根据扫描轨迹是否封闭，将扫描属性分为两种情况。

(1) 当定义的轨迹线是一条封闭的曲线时，系统弹出的“属性”菜单如图 1 - 69 所示。“添加内表面”，是指在草绘截面沿扫描轨迹扫描后所确定的空间内部填充体积而形成实体，此时扫描截面必须是开放的，如图 1 - 70 所示；“无内表面”，是指在草绘截面沿扫描轨迹线扫描后所确定的空间内部不填充体积，而是生成一个环状实体特征，此时扫描截面必须是封闭的，如图 1 - 71 所示。

图 1 - 68 “扫描轨迹”菜单

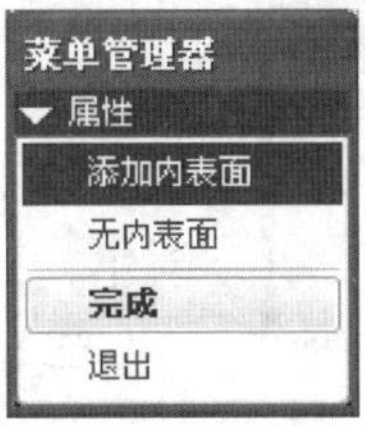

图 1 - 69 扫描轨迹封闭式“属性”菜单

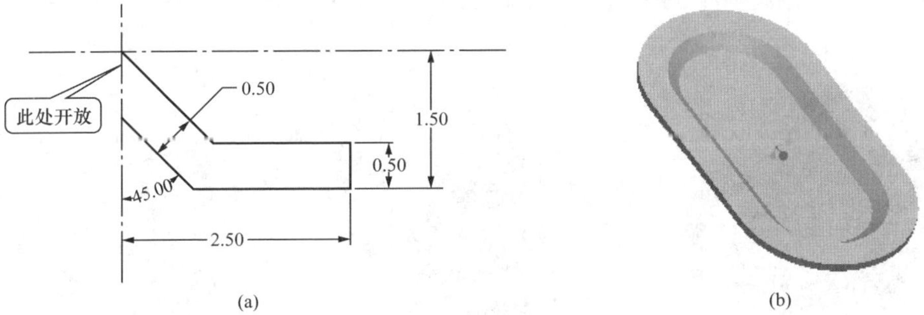

图 1 - 70 封闭轨迹开放截面生成的扫描实体

(a) 扫描截面开放；(b)“添加内表面”生成的实体

(2) 当定义的扫描轨迹线是开放的且一端位于已有的实体特征上时，则系统弹出的属性菜单如图 1 - 72 所示。“合并端”是指轨迹的头尾端与其他实体融合，如图 1 - 73 (b) 所示；“自由端”是指轨迹的头尾端保持原状，生成实体时就如同其他实体不存在一样，如图 1 - 73 (c) 所示。

4. 草绘截面

扫描属性选择完成后，会自动切换到扫描截面的二维草绘模式，在草绘的绘图区会显示一个十字坐标系，坐标系的原点就是草绘轨迹的起点，以该十字坐标系为基准，绘制扫描截

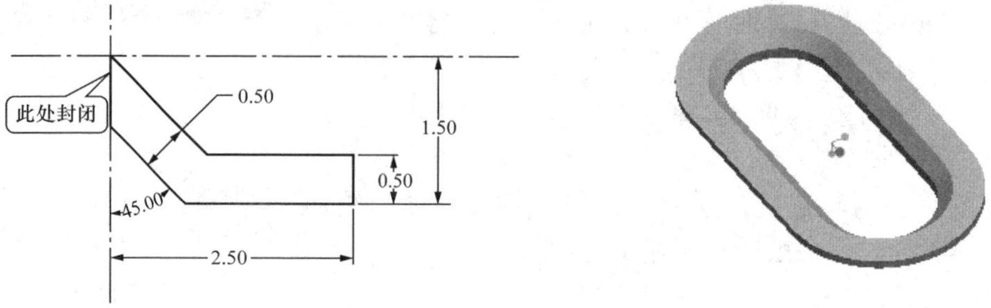

(a)　　(b)

图 1-71　封闭轨迹封闭截面生成的扫描实体

（a）扫描截面封闭；（b）“无内表面”生成的实体

图 1-72　扫描轨迹开放时属性菜单

面，如图 1-66 所示。扫描截面可以开放，也可以封闭，与扫描轨迹配合使用。扫描截面绘制完成后，单击草绘工具栏中的“完成”按钮✔，退出截面的绘制模式。

5. 完成

单击【伸出项：扫描】对话框中的按钮 确定 ，完成扫描特征的创建。

二、创建爱心模型

1. 新建一个名为“EX01-03”的零件文件

选择主菜单“文件”→“设置工作目录”，打开【选取工作目录】对话框。选取工作目录“D：/EXProE5/EX01”，单击“确定”按钮，完成当前工作目录的设定。

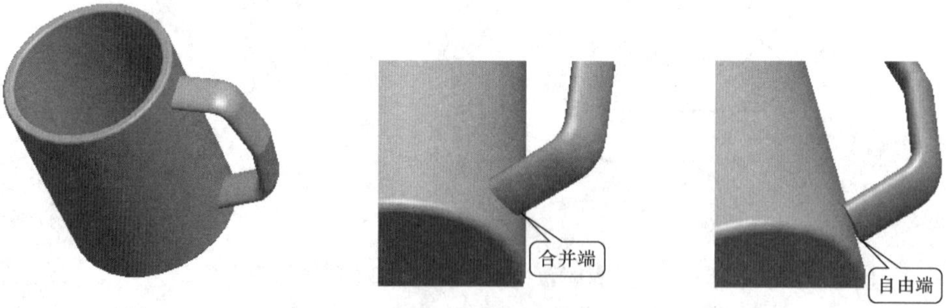

(a)　　(b)　　(c)

图 1-73　扫描特征属性“合并端”与“自由端”的区别

（a）水杯实体；（b）合并端属性；（c）自由端属性

单击“新建”按钮，打开【新建】对话框。类型选取“零件”，子类型选取“实体”，输入名称“EX01-03”后，取消“使用缺省模板”前面的复选框，单击“确定”按钮，进入【新文件选项】对话框。将绘图单位更改为公制单位“mmns _ part _ solid”，单击“确定”按钮，进入 Pro/ENGINEER 的零件设计界面。

2. 创建属性为增加内部因素的扫描特征

(1) 选择主菜单“插入”→“扫描”→“伸出项”命令，弹出【伸出项：扫描】对话框和选取“扫描轨迹”菜单，如图 1-74 所示。选择“草绘轨迹”后，弹出“设置草绘平面”菜单，如图 1-75 所示。选取 TOP 基准面作为草绘平面，在“设置草绘平面”方向菜单中选择“确定”，如图 1-76 所示；然后在“设置草绘平面”草绘视图参照菜单中选择“缺省”，如图 1-77 所示，进入二维草绘模式。

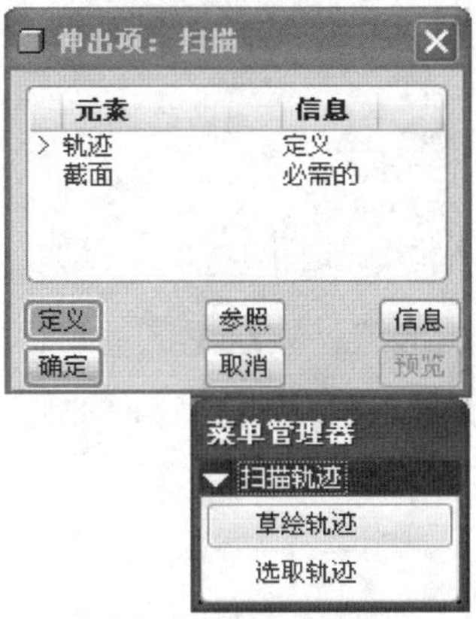

图 1-74　“扫描轨迹”菜单

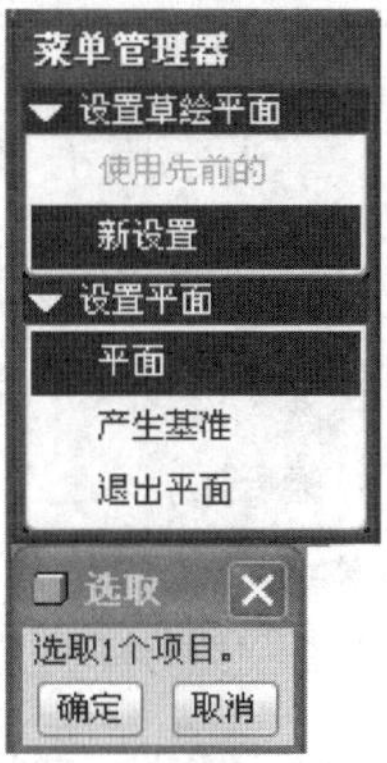

图 1-75　“设置草绘平面”菜单

图 1-76　“设置方向”菜单

(2) 在草绘模式下，选择“样条曲线”工具，绘制如图 1-78 所示的扫描轨迹线，单击草绘工具栏中的“完成”按钮，退出草绘模式。

(3) 选择“属性”菜单管理器中的“添加内表面”→“完成”，如图 1-79 所示，系统自动进入绘制扫描截面的二维草绘模式。

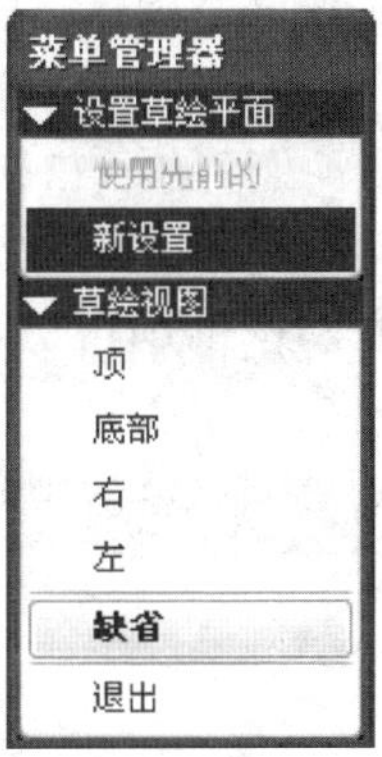

图 1-77　“设置参照”菜单

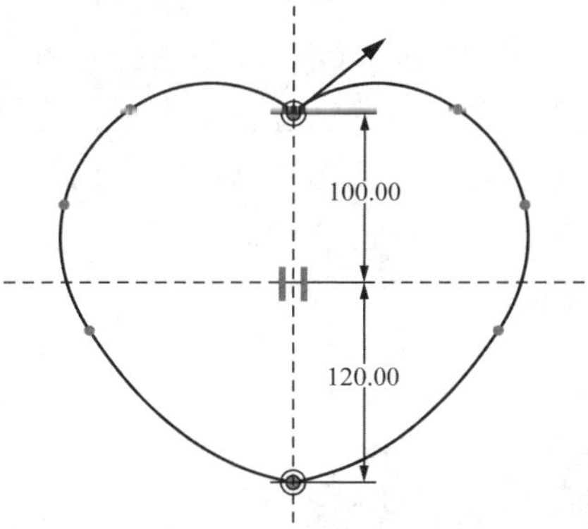

图 1-78　扫描轨迹线

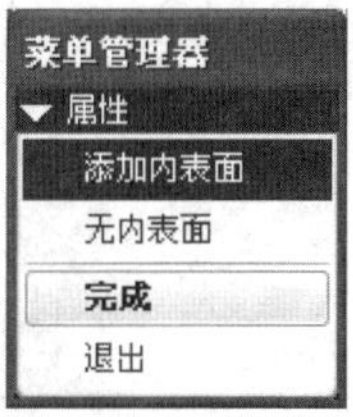

图1-79　“属性”菜单

(4) 在草绘模式下，选择“圆弧”工具草绘截面，如图 1-80 所示，注意截面为非封闭曲线，单击草绘工具栏中的“完成”按钮，退出草绘模式。

(5) 单击如图 1-74 所示【伸出项：扫描】对话框中的“确定”按钮，按住中键拖动鼠标，以调整视图方向，得到如图 1-81 所示的扫描特征。

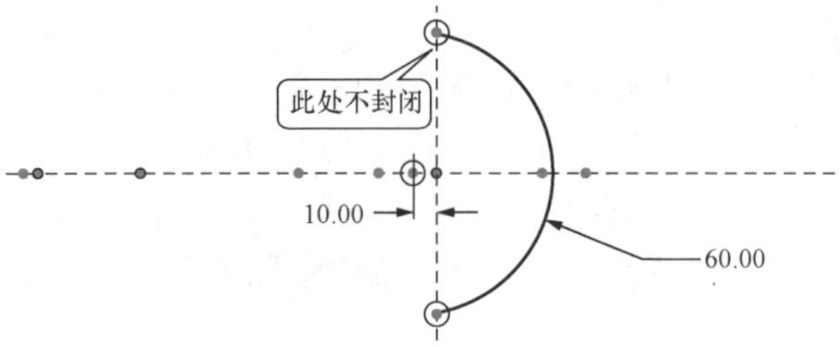

图 1-80　扫描截面

图 1-81　添加内表面扫描特征

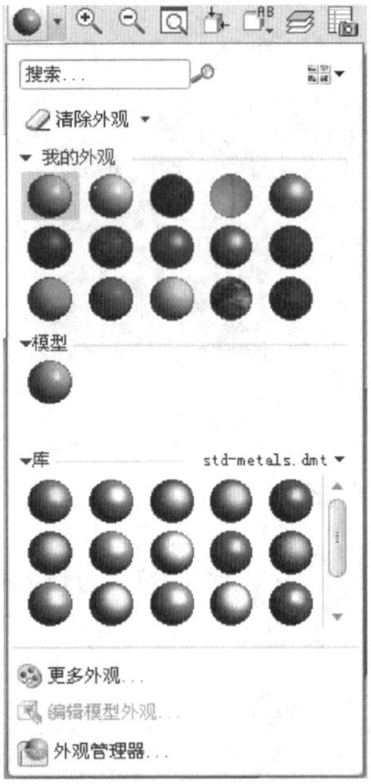

图 1-82　模型【外观库】对话框

3. 模型渲染

单击常用工具栏中的“外观库”右边的“下拉”按钮，弹出【外观库】对话框，如图 1-82 所示，选择红色，此时，鼠标变成毛刷形状，在绘图区用鼠标左键单击模型的各个外表面，再单击鼠标中键，这时心形模型成为红颜色，如图 1-83 所示。

4. 拉伸切割刻字

(1) 单击特征工具栏中的“拉伸”工具按钮，在拉伸特征操控板上，单击“放置”→“定义”，选择模型的顶面作为草绘平面，如图 1-83 所示，在【草绘】对话框中，选择 RIGHT 基准面作为参照，方向选择“右”，如图 1-84 所示，单击“草绘”按钮，进入二维草绘模式。

(2) 单击草绘工具栏中的“文本”工具按钮，信息提示区显示“选择行的起始点，确定文本高度和方向”，在适当位置单击鼠标左键，信息提示区显示“选取行的第二点，确定文本高度和方向”，再次在适当位置单击鼠标左键（注意，“行的第二点”位置应高于“行的起始点”，这样文字的字头朝上），则弹出【文本】对话框，如图 1-85 所示，在文本输入区输入“I LOVE YOU”，单击“确定”按钮。在【文本】对话框中可以选择字体、位置、长宽比等，用户可以根据需要进行设置。

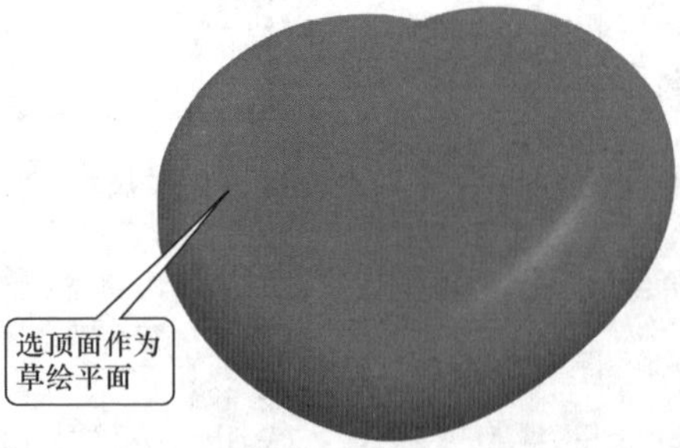

图 1-83　渲染后

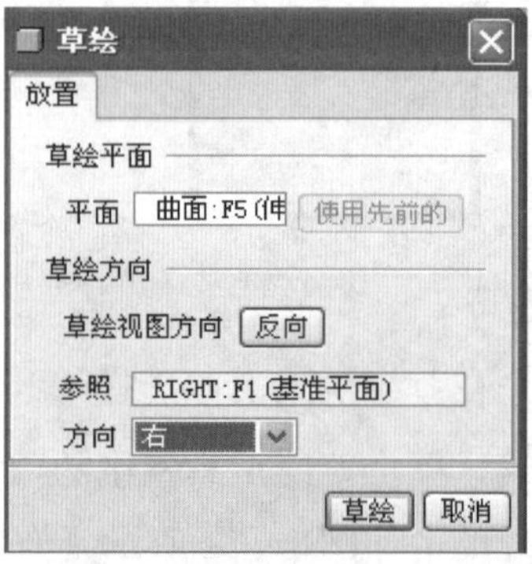

图 1-84　【草绘】对话框

文本位置尺寸修改后如图 1-86 所示，单击草绘工具栏中的“完成”按钮，退出草绘模式。

(3) 单击拉伸特征操控板上“拉伸深度方向”按钮，再单击“移除材料”按钮，输入拉伸深度值 2，通过旋转视图，确定向下去除材料，如图 1-87 所示，单击操控板上的“完成”按钮，完成的模型如图 1-65 所示。

图 1-85　【文本】对话框

5. 重定义扫描特征的属性

重定义扫描特征的属性：将“添加内表面”改为“无内表面”。

(1) 单击模型树中的“伸出项 标识 44”，选中后单击鼠标右键，在弹出的快捷菜单中选择“编辑定义”命令，如图 1-88 所示，系统弹出如图 1-89 所示【伸出项：扫描】对话框。

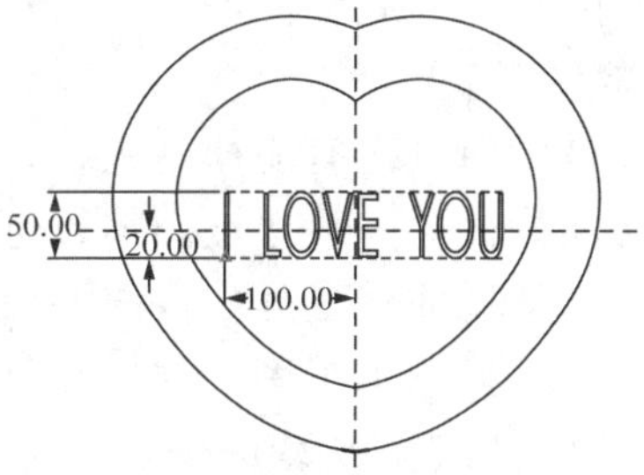

图 1-86　草绘模式下的文本输入

图 1-87　确定拉伸方向

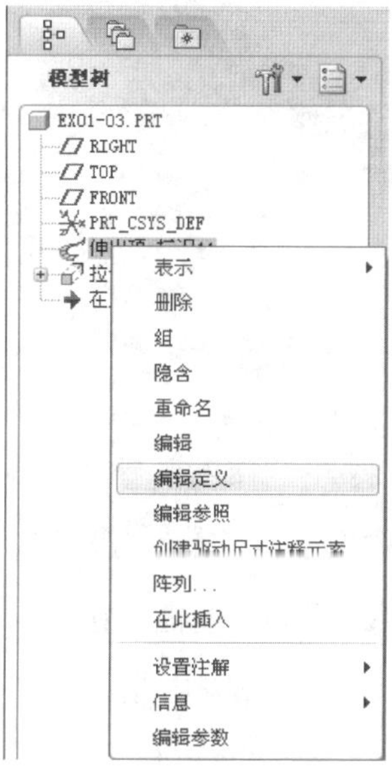

图 1-88　编辑定义属性

(2) 在【伸出项：扫描】对话框的“元素”栏中，选中“属性 增加内部的表面”，单击按钮 定义，系统弹出“属性”菜单管理器，选择“无内表面”→“完成”命令，系统进入如图 1-80 所示的截面草绘模式。

(3) 在截面开口处画直线图元，使截面封闭起来，单击草绘工具栏中的“完成”按钮，退出草绘模式。

(4) 单击【伸出项：扫描】对话框中的“确定”按钮，按住鼠标中键拖动鼠标，以调整视图方向，得到如图 1-90 所示的无内表面的扫描特征。

6. 保存文件

单击“保存”按钮，完成爱心的三维实体建模。

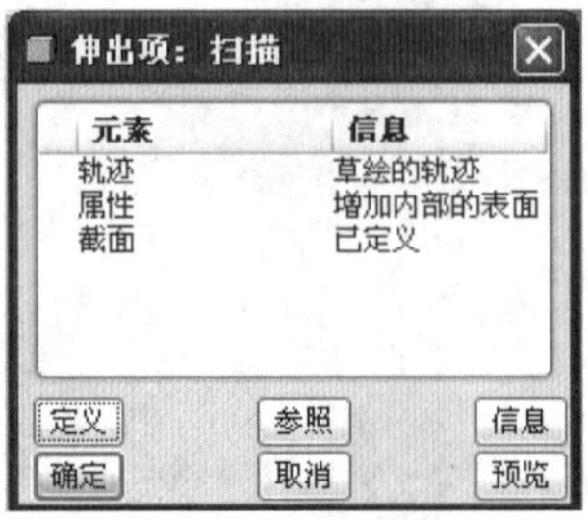

图 1-89 【伸出项：扫描】对话框

图 1-90 无内表面的扫描特征

任务四 锤子手柄的三维实体建模

【任务】 创建如图 1-91 所示的锤子手柄三维模型。

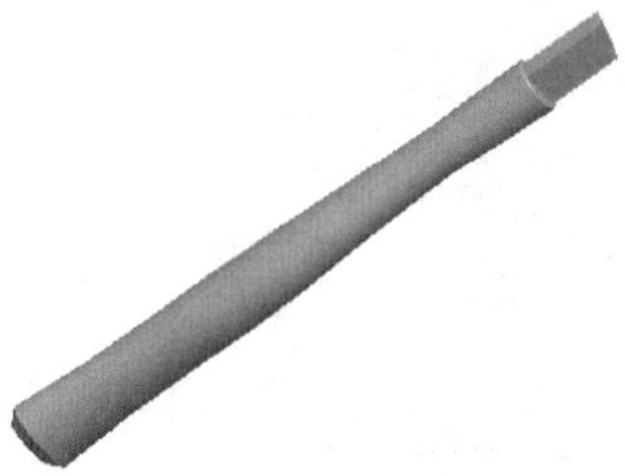

图 1-91 锤子手柄三维模型

【分析】 本模型采用可变截面扫描特征来创建手柄，再通过倒圆角、倒角、拉伸剪切完成整个模型的设计。

一、可变截面扫描特征简介

可变截面扫描特征是沿轨迹线有规律地延伸，剖截面呈规则变化的实体和曲面特征，一般通过扫描轨迹线控制剖截面扫描生成。在绘制剖截面的过程中，需要设定草图对象与扫描轨迹线之间的几何约束关系。这样在剖截面沿着原点轨迹扫描时，可以与其他轨迹线保持某种几何关系，以生成形态多变的实体模型。可变截面扫描特征的具体操作步骤如下：

1. 调用扫描工具

选择主菜单“插入”→“可变截面扫描”命令，或单击特征工具栏中的“可变截面扫描”工具按钮，打开可变截面扫描特征操控板，如图 1-92 所示。在操控板上通过单击“实体”按钮和“曲面”按钮进行扫描特征的切换，默认状态下是扫描曲面。

图 1-92 可变截面扫描特征操控板

2. 定义轨迹线

在可变截面扫描特征操控板的信息提示区显示“选取任何数量的链用作扫描的轨迹”，即进行可变截面扫描特征的创建之前需要先创建扫描轨迹。

在绘制扫描轨迹线时，也可以先启用“可变截面扫描”命令，打开可变截面扫描操控板，然后再通过“草绘”工具绘制轨迹线。此时，整个操控面板灰色显示，处于暂停状态，完成扫描轨迹线的绘制后，单击操控板上的“退出暂停模式”按钮，重新激活操控板即可。

（1）单击操控板上的“参照”按钮，弹出如图1-93所示的滑面板。各列表框的功能如下：

1）轨迹列表框：显示扫描的轨迹。原点轨迹为最初选择的曲线。要移除轨迹线，可在需要移除的项上单击鼠标右键，弹出快捷菜单，选择“移除”命令即可。原点轨迹不能移除。还可以通过复选框来选择轨迹线的属性为“X”轨迹或“N”法向轨迹。不能替换或移除存在相切参照的轨迹。

其中，“X”轨迹用于设定剖截面 X 坐标的指向；“N”法向轨迹设定剖截面与轨迹曲线相互垂直；“T”切线轨迹设定扫描特征与其他面的相切关系。一般情况下，原点轨迹自动设定为与草图相垂直。

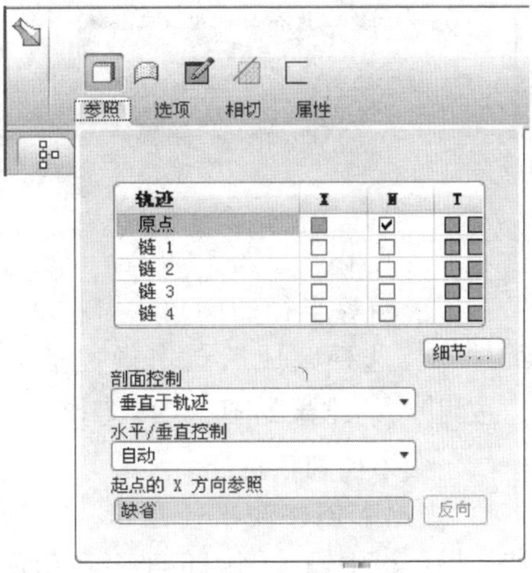

图1-93 “参照”滑面板

2）剖面控制：包括垂直于轨迹、垂直于投影和恒定法向三种。垂直于轨迹是指扫描截面垂直于选定轨迹，这是可变截面扫描的缺省设置；垂直于投影是指截面沿指定的方向参照垂直于原点轨迹的投影，如果选取该项，则必须选取投影的“方向参照”；恒定法向是指截面始终垂直于选定的方向参照，如果选取该项，则必须选取投影的“方向参照”。

3）水平/垂直控制：控制可变截面如何沿着定义的方向进行扫描，包括“X 轨迹”和“自动”两个命令选项。其中，“X 轨迹”表示截面由定义的 X 方向定向；“自动”表示截面由定义的 XY 方向自动定向。

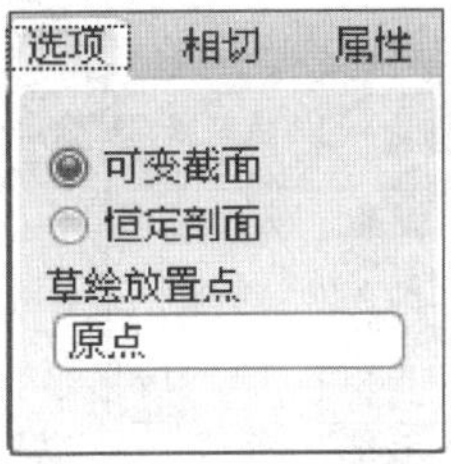

图1-94 “选项”滑面板

4）起点的 X 方向参照：切换轨迹曲线的法向。

（2）单击“选项”按钮，弹出“选项”滑面板，如图1-94所示。其中，“可变截面”是指沿轨迹扫描时截面形状可以发生变化；“恒定剖面”是指沿轨迹扫描时截面形状不发生变化。

3. 草绘截面

单击可变截面扫描特征操控板上的按钮，系统会自动进入草绘模式，绘制的截面必须通过所有轨迹曲线的端点。

4. 完成

单击草绘特征工具栏中的按钮，完成截面绘制。单击操控板上的“预览”按钮，确认正确后，再单击操控板上的“完成”按钮或单击鼠标中键，完成可变截面扫描特征的创建。

二、倒圆角特征简介

在零件的设计过程中，根据零件生产或工艺要求，如热处理、铸造、注塑等，需要在零件上增加圆角特征。圆角特征的具体调用步骤如下：

1. 调用倒圆角特征

选择主菜单“插入”→“倒圆角”命令，打开倒圆角特征操控板，如图1-95所示。

2. 倒圆角特征的类型

（1）等半径圆角特征。调入倒圆角特征命令后，在倒圆角特征操控板上倒角半径文本框

图 1-95　倒圆角特征操控板

中输入半径值 15（见图 1-95），鼠标左键选择零件上要倒圆角的边，如图 1-96（a）所示，如果有若干相等半径的圆角，可按住 Ctrl 键，继续选择。选择完成后单击操控板上的“完成”按钮☑，结果如图 1-96（b）所示。

（2）变半径圆角特征。

1）按比率创建变半径圆角。在倒圆角半径特征操控板中输入倒圆角半径数值后，选中要倒圆角的边，再单击操控板上的“集”按钮，打开“集”滑面板，将鼠标左键置于“半径-位置”栏中，单击鼠标右键，在弹出的快捷菜单中选择“添加半径”命令，如图 1-97 所示。在此栏中可以修改半径的数值和位置的比率，添加两次半径后，完成的倒圆角特征如图 1-98 所示。

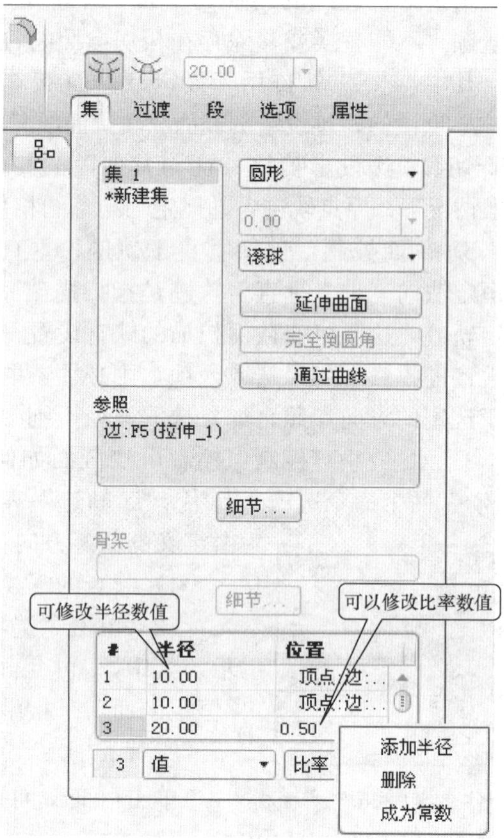

图 1-97　“集”滑面板

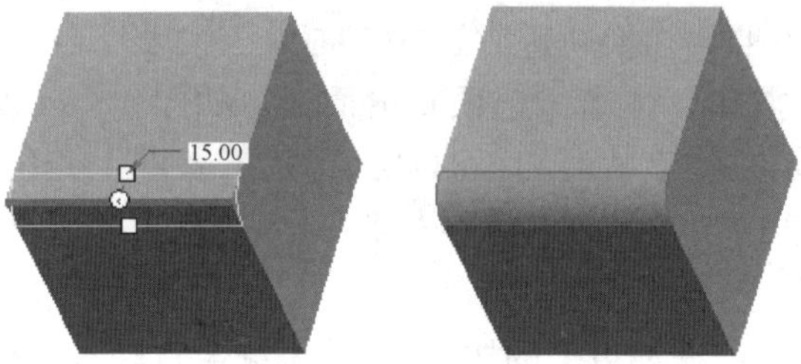

(a)　(b)

图 1-96　创建等半径圆角特征

（a）选择要倒圆角的边；（b）完成的圆角特征

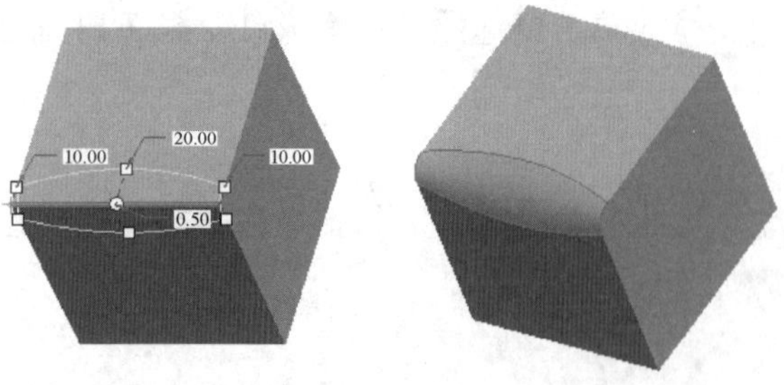

(a)　(b)

图 1-98　按比率创建变半径圆角特征

（a）选择要倒圆角的边；（b）完成的变半径圆角特征

2）按顶点创建变半径圆角特征。选中要倒圆角的边后，鼠标置于“半径-位置”栏中，单击鼠标右键，在弹出的快捷菜单中选择“添加半径”命令，将位置属性更改为“参照”，然后单击半径值后的位置处，如图 1-99 所示。出现“选取1...”的提示后，再单击图形中变半径控制点（直线或圆弧的端点），如图 1-100 所示。

（3）全圆角特征。打开倒圆角特征

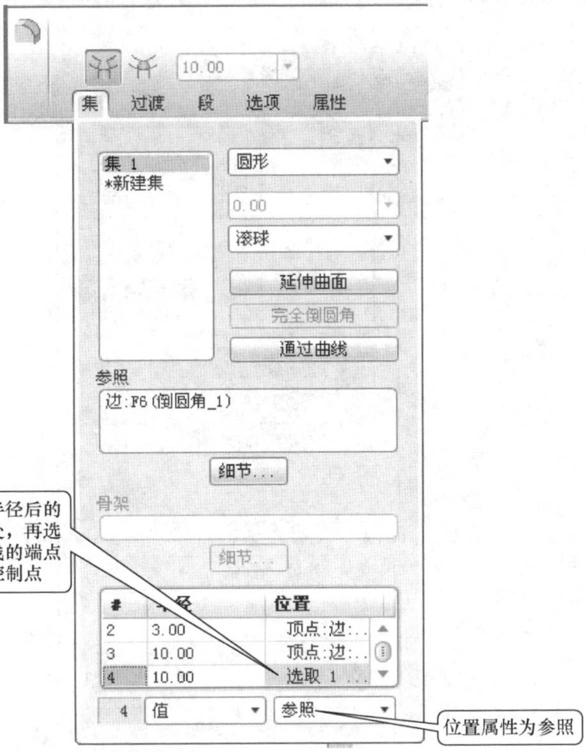

图 1-99 “集”滑面板

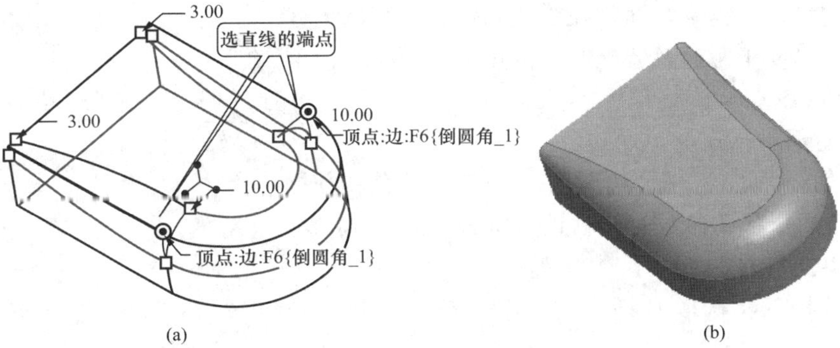

图 1-100 按顶点创建的可变半径圆角特征

(a) 选择直线的端点；(b) 完成的变半径圆角特征

操控板后，单击“集”按钮，打开“集”滑面板，如图 1-101 所示。按住 Ctrl 键，选择零件左侧面和右侧面作为 2 个参照曲面，再选择零件的前面作为 1 个驱动曲面，如图 1-102 (a) 所示。完成的全圆角特征如图 1-102 (b) 所示。

(4) 通过曲线倒圆角。选择倒圆角命令后，单击操控板上的“集”按钮，在弹出的“集”滑面板中单击按钮[通过曲线]，如图 1-103 所示。在“参照”栏中单击鼠标左键，选择要倒圆角的边，然后再选择草绘的曲线作为驱动曲线，如图 1-104 (a) 所示。完成的通过曲线倒圆角特征如图 1-104 (b) 所示。

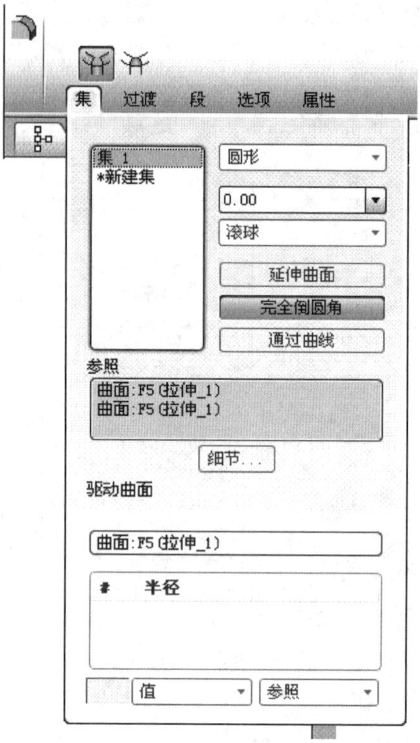

图 1 - 101 完全圆角特征的“集”滑面板

三、倒角特征简介

在零件的设计过程中，通常在零件的锐边进行倒角处理，防止伤人、便于搬运及装配等。倒角分为两类：边倒角和拐角倒角。

1. 边倒角调用步骤

选择主菜单“插入”→“边倒角”，打开边倒角特征操控板，边倒角的形状和参数有多种设定方式，如图 1 - 105 所示。常用边倒角方式如图 1 - 106 所示。

根据系统提示“选取一条边或一个边链以创建倒角集”，选择要倒角的边，如图 1 - 107（a）所示。完成的倒角特征如图 1 - 107（b）所示。

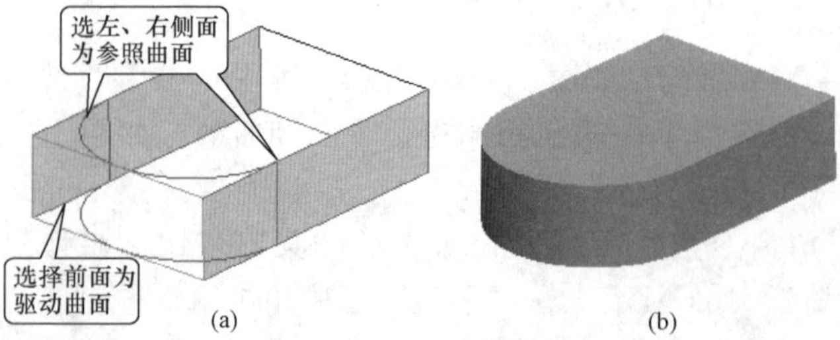

图 1 - 102 创建全圆角特征

（a）选择参照曲面和驱动曲面；（b）完成的全圆角特征

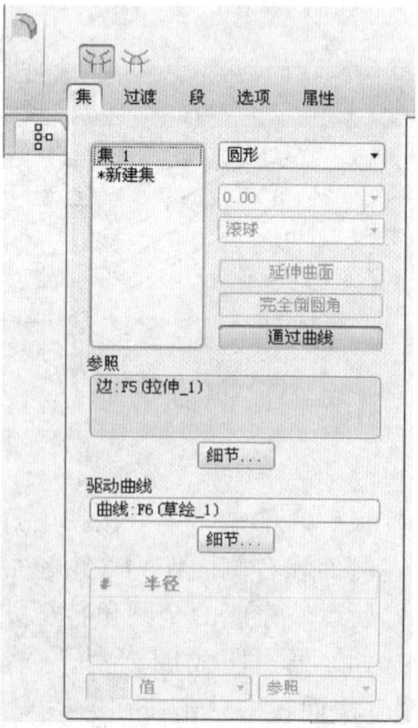

图 1 - 103 “集”滑面板

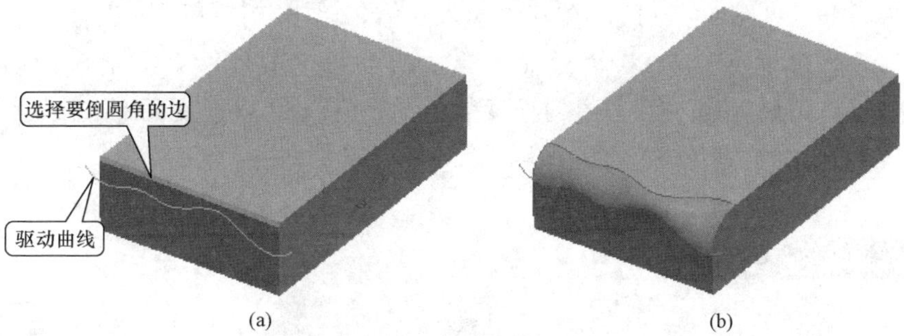

图 1-104　通过曲线倒圆角

(a) 选择参照及驱动曲线；(b) 完成倒圆角特征

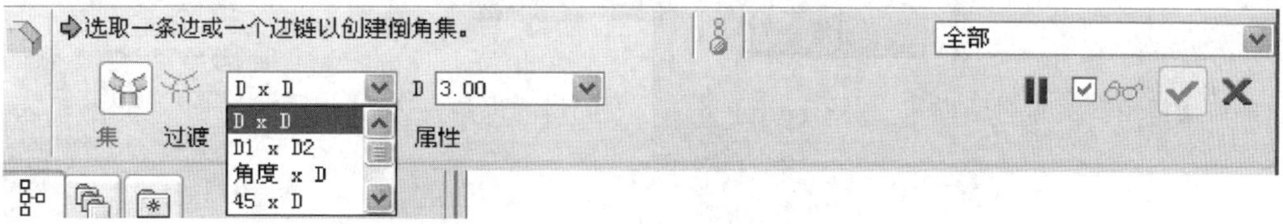

图 1-105　边倒角特征操控板

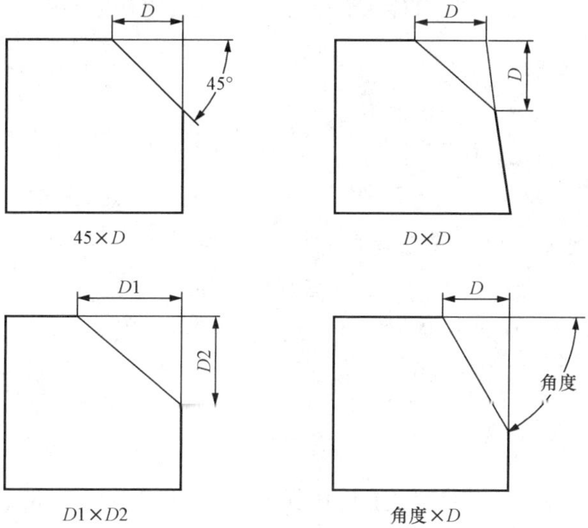

图 1-106　常用边倒角示意

2. 拐角倒角调用步骤

选择主菜单“插入”→“倒角”→“拐角倒角”，弹出【倒角（拐角）：拐角】对话框（见图 1-108），信息提示区提示“选择要倒角的角”，鼠标左键在要倒角的顶角附近选一边单击（见图1-109），选中后该边红色加亮显示，在弹出的“选出/输入”菜单中选择“输入”命令（见图 1-110），然后弹出【输入沿加亮边标

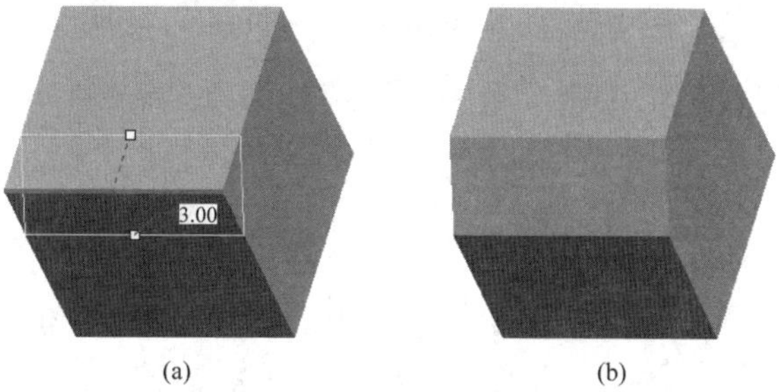

图 1-107　创建 $D\times D$ 倒角特征

(a) 选择倒角边；(b) 完成的倒角特征

注的长度】对话框（见图 1 - 111），在其中输入数值，单击“接受”按钮，系统自动切换至第二条边（浅红色加亮显示）；再次输入第二边的长度数值，系统又自动切换至第三边（浅红色加亮显示）；最后输入第三边的长度数值后，在【倒角（拐角）：拐角】对话框单击“确定”按钮，完成拐角倒角的创建，结果如图 1 - 109 所示。

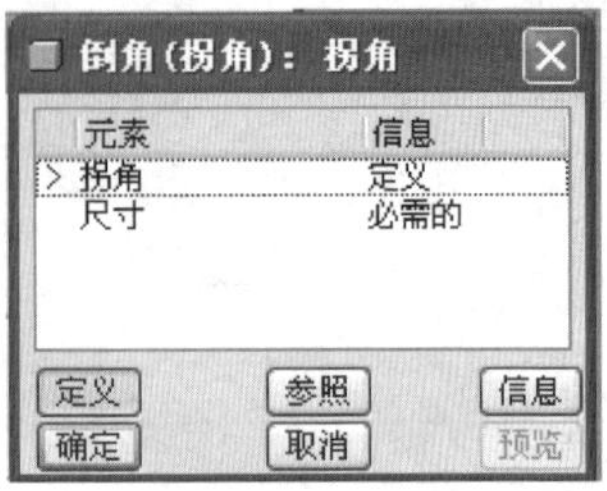

图 1 - 108　【拐角】倒角对话框

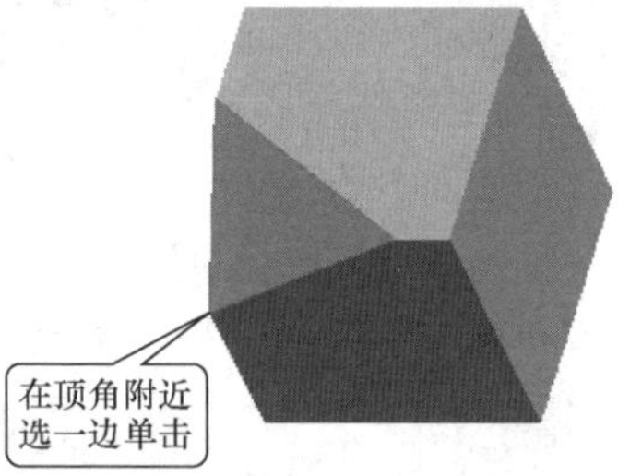

图 1 - 109　选取要倒角的顶角一边

图 1 - 110　“选出/输入”菜单

图 1 - 111　【输入沿加亮边标注的长度】对话框

四、创建锤子手柄模型

1. 新建一个名为“EX01-04”的零件文件

单击“文件”→“设置工作目录”，打开“选取工作目录”对话框。选取工作目录“D：/EXProE5/EX01”，单击“确定”按钮，完成当前工作目录的设定。

单击“新建”按钮，打开【新建】对话框，类型选取“零件”，子类型选取“实体”，输入名称“EX01-04”后，取消“使用缺省模板”前面的复选框，单击“确定”按钮，然后进入【新文件选项】对话框，将绘图单位更改为公制单位“mmns _ part _ solid”，单击“确定”按钮，进入 Pro/ENGINEER 的零件设计界面。

2. 创建可变截面扫描特征

（1）草绘第一条外形轨迹线。

1）单击特征工具栏上的“草绘”工具按钮，打开【草绘】对话框。

2）在绘图区选择 TOP 基准面作为草绘平面，RIGHT 基准面为视图的方向参照，单击“草绘”按钮，进入草绘模式。

3）单击绘图工具栏中的“圆弧”工具按钮，绘制 3 段圆弧和单击“中心线”工具按钮，绘制 1 条中心线，如图 1 - 112 所示。然后单击“选取项目”按钮，在绘图区框选所有圆弧曲线，再单击工具栏中的镜像按钮，信息提示区提示“选取一条中心线”，在绘图区选择刚刚绘制的中心线，完成镜像操作，结果如图 1 - 113 所示。单击草绘工具栏中的“完成”按钮，退出草绘模式，完成 TOP 基准面上的扫描轨迹曲线绘制。

（2）草绘第二条外形轨迹线。

1）单击特征工具栏上的“草绘”按钮，打开【草绘】对话框。

2）在绘图区选择 RIGHT 基准面作为草绘平面，TOP 基准面为视图的方向参照，单击“草绘”按钮，进入草绘模式。

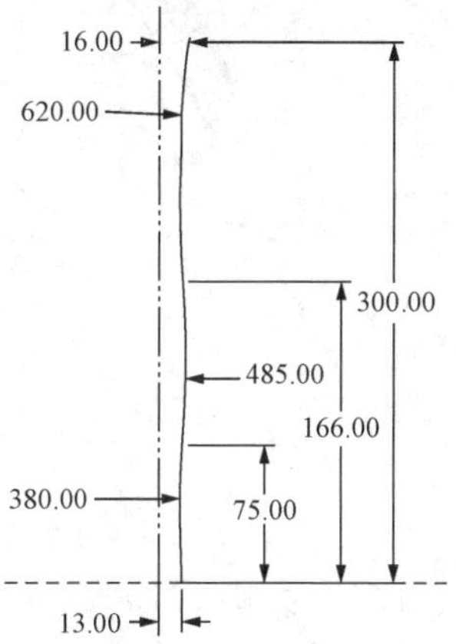

图 1 - 112　TOP 基准面上的草绘轨迹

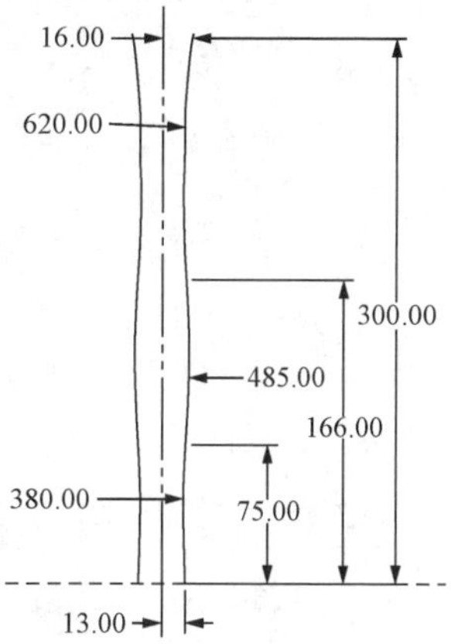

图 1 - 113　镜像轨迹

3）利用绘图工具栏中的“圆弧”工具按钮 和“直线”工具按钮，绘制如图 1 - 114 所示的 6 段圆弧和中间 1 段直线，单击草绘工具栏中的“完成”按钮，退出草绘模式，完成 RIGHT 基准面上的扫描轨迹曲线绘制。

至此，完成所有扫描轨迹的绘制，如图 1 - 115 所示。

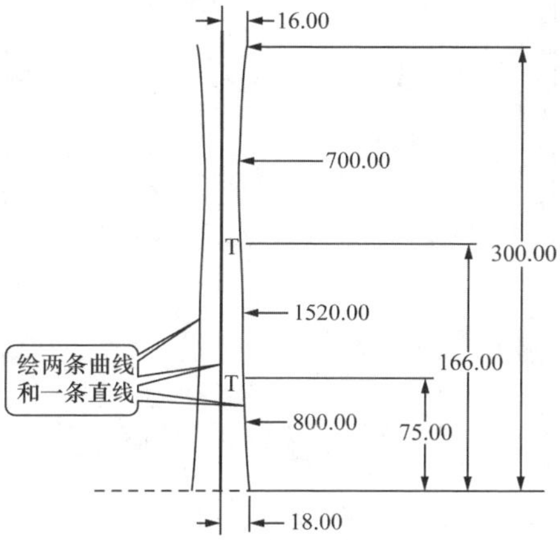

图 1 - 114　RIGHT 基准面上的草绘轨迹

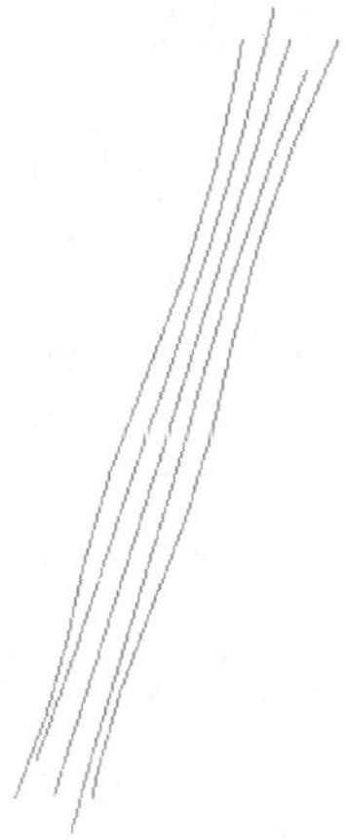
图 1 - 115　完成的扫描轨迹

（3）可变截面扫描。

1）单击特征工具栏中的“可变截面扫描”工具按钮，打开可变截面扫描特征操控板，单击“扫描为实体”按钮。

2）选择曲线中的直线作为原点轨迹曲线，如图 1 - 116 所示。按住 Ctrl 键，用鼠标左键依次选择其他 4 条曲线作为附加扫描轮廓线，如图 1 - 117 所示。单击“参照”按钮，弹出“参照”滑面板，如图 1 - 118 所示。

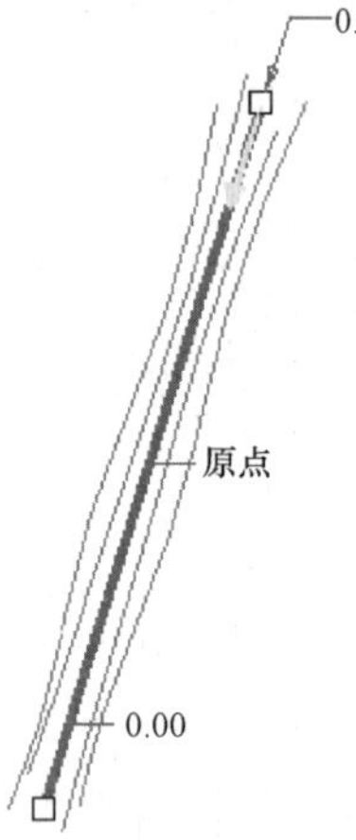

图 1-116　选择直线段作为原点轨迹

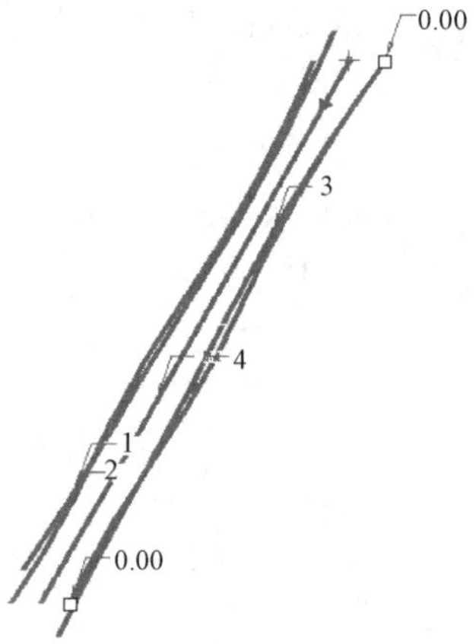

图 1-117　选择其余四条曲线作为附加扫描轨迹

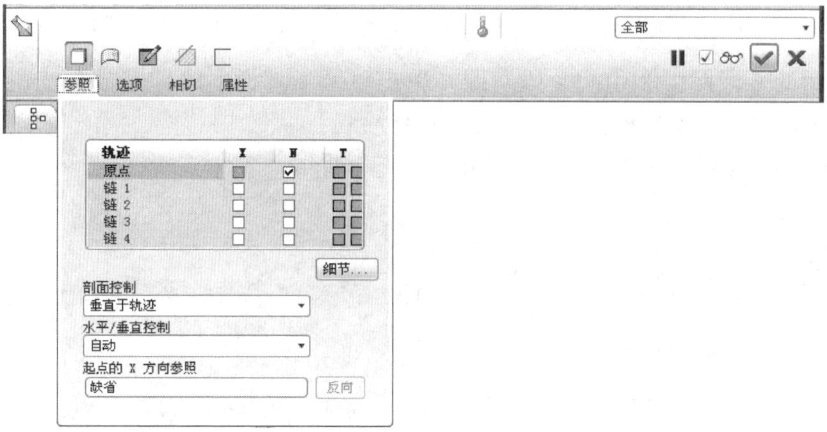

图 1-118　“参照”滑面板

3）单击可变截面扫描特征操控板上的“创建或编辑扫描剖面”按钮，进入草绘模式，单击草绘工具栏中的圆形工具按钮右侧的“下拉”按钮，弹出圆形绘制工具条，选择“轴端点椭圆”工具按钮，绘制椭圆，保证椭圆的 4 个端点与扫描轨迹的 4 个端点重合，如图 1-119 所示，单击草绘工具栏中的按钮，退出草绘模式。

4）单击可变截面扫描特征操控板上的“完成”按钮，完成特征的创建，如图 1-120 所示。

3. 创建拉伸剪切特征

（1）单击特征工具栏中的“拉伸”工具按钮，打开拉伸特征操控板。单击操控板上的“放置”→“定义”，打开【草绘】对话框。选择模型的顶面作为草绘平面，选择 RIGHT 基准面作为参照，方向选择“底部”，单击“草绘”按钮进入草绘模式，绘制如图 1-121 所示的四边形拉伸截面，单击草绘工具栏中的按钮，退出草绘模式。

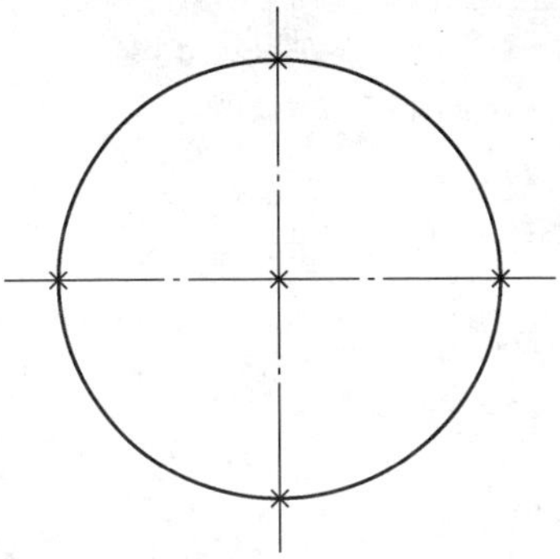

图 1-119　扫描剖面

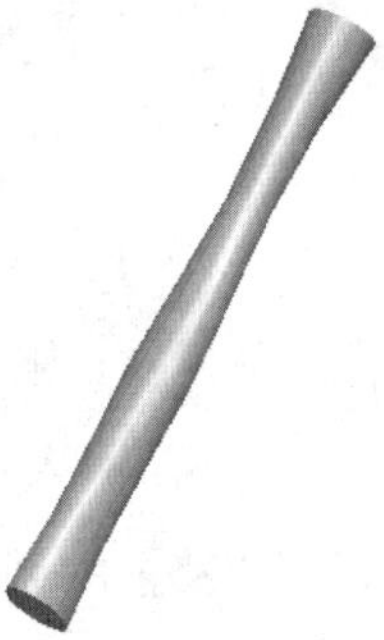

图 1-120　可变截面扫描特征

（2）单击拉伸特征操控板上的“移除材料”按钮，输入拉伸深度数值 38，并调整拉伸深度方向（向下）和去除材料方向（四边形外侧）；单击操控板中的“完成”按钮，完成拉伸剪切特征的创建，如图 1-122 所示。

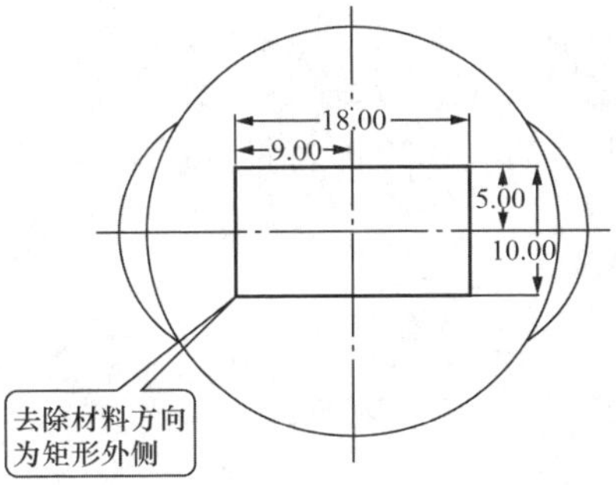

图 1-121　拉伸截面

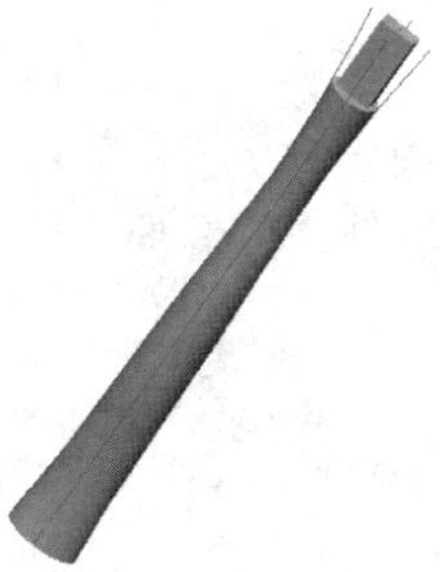

图 1-122　拉伸剪切特征的创建

4. 创建拉伸剪切特征

（1）单击特征工具栏中的“拉伸”工具按钮，打开拉伸特征操控板。单击操控板上的“放置”→“定义”，打开【草绘】对话框。选择 RIGHT 基准面作为草绘平面，接受基准面 TOP 作为参照，方向选择“顶部”，单击“草绘”按钮进入草绘模式。

（2）单击主菜单“草绘”→“参照”命令，弹出【参照】对话框，如图 1-123 所示；在绘图区选择图形中的两条直线投影作为草绘参照，如图 1-124 所示，单击对话框中的按钮 关闭(C)。

在草绘模式下，绘制如图 1-125 所示的斜线，单击草绘工具栏中的按钮，退出草绘模式。

图 1-123　【参照】对话框

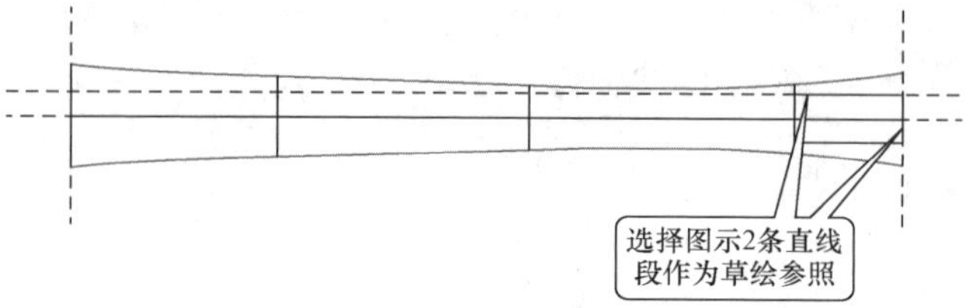

图 1-124　选择草绘参照

（3）单击拉伸特征操控板上的“移除材料”按钮，选择“双向拉伸”按钮，输入拉伸深度数值 20，然后单击“完成”按钮，完成特征的创建，如图 1-126 所示。

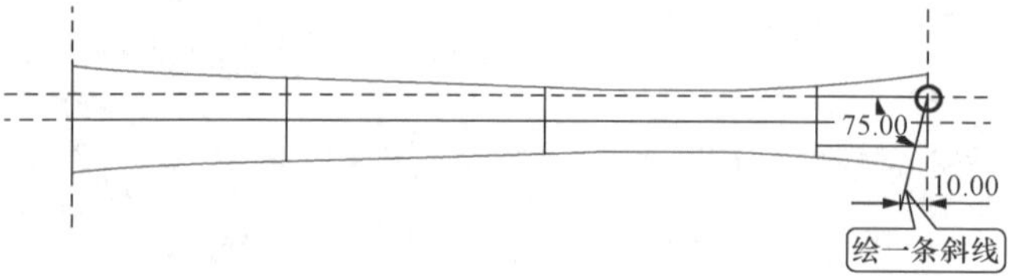

图 1-125　草绘斜线

图 1-126　拉伸剪切特征

5. 建立倒圆角特征

单击主菜单“插入”→“倒圆角”命令，弹出倒圆角特征操控板，如图 1-127 所示。输入圆角半径数值 1，并用鼠标左键选择图 1-128 所示的边，单击特征操控板上的“完成”按钮，结果如图1-129 所示。

图 1-127　倒圆角特征操控板

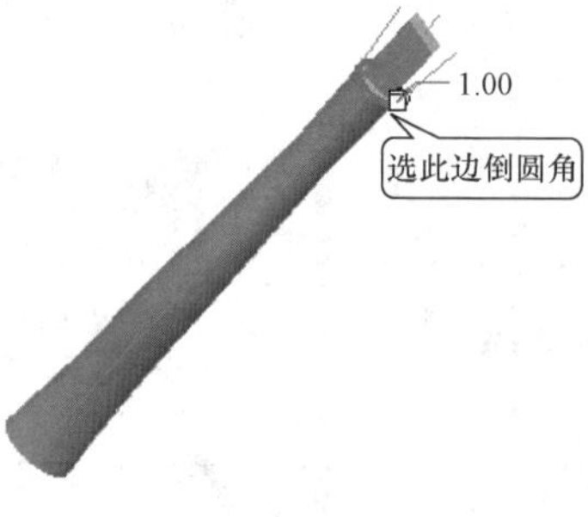

图 1-128　选择倒圆角边

图 1-129　倒圆角特征

6. 建立倒角特征

单击主菜单“插入”→“倒角”→“边倒角”命令，弹出倒角特征操控板，如图 1-130 所示。选择“D×D”方式，输入倒角边长数值 5，然后在绘图区选择如图 1-131 所示的倒角边，单击操控板上的“完成”按钮，结果如图 1-132 所示。

7. 隐藏草绘曲线

按住 Ctrl 键，在模型树中选择“草绘 1”和“草绘 2”，再单击鼠标右键，在弹出的快

图 1-130　边倒角特征操控板

捷菜单中选择“隐藏”命令，如图 1-133 所示，则草绘的扫描轨迹曲线在绘图区不再显示，结果如图 1-91 所示。

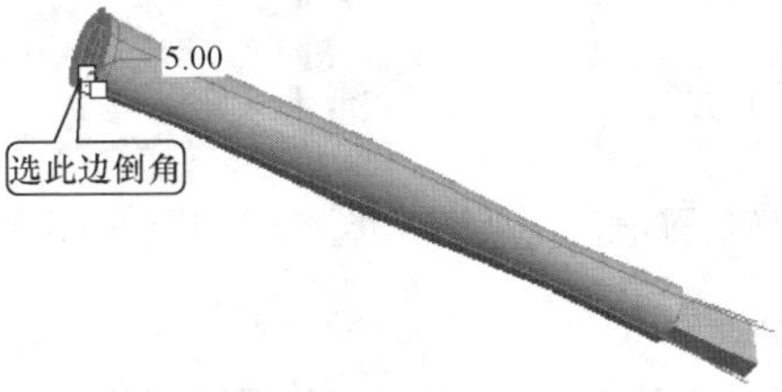

图 1-131　选择倒角边

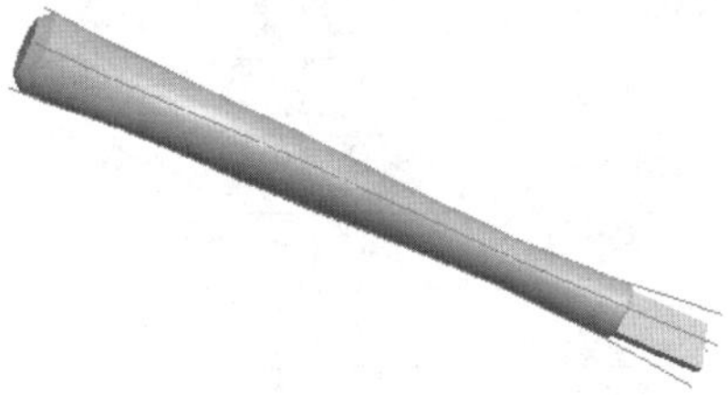

图 1-132　完成的倒角特征

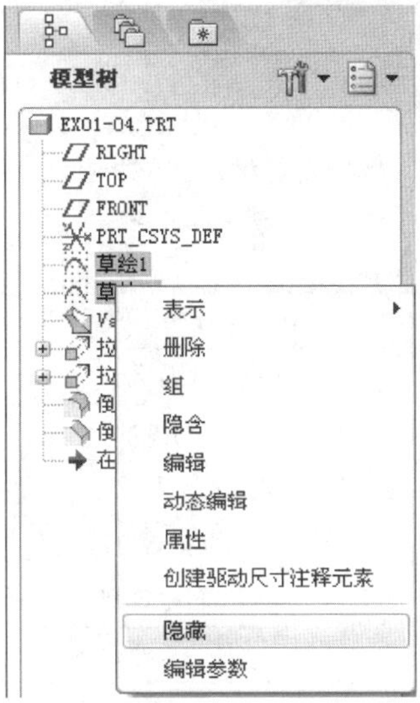

图 1-133　隐藏草绘曲线

8. 保存文件

单击“保存”按钮，完成模型设计。

任务五　螺纹管的三维实体建模

【任务】 绘制如图 1-134 所示的螺纹管三维模型。

【分析】 该零件采用了旋转特征、拉伸特征、拉伸剪切特征、倒角特征和螺旋扫描特征。

一、螺旋扫描特征简介

螺旋扫描特征是将截面沿着螺旋轨迹曲线扫描，从而形成螺旋扫描特征的造型方法。螺旋特征在日常生活及工程领域中应用广泛，如弹簧、冷却管、线圈绕组、螺钉、螺母、丝杠等。螺旋扫描特征的外部形状可表现为实心实体、薄壁、曲面、切口、薄壁切口等七种类型，具体调用步骤如下：

1. 调用螺旋扫描工具

选择主菜单“插入”→“螺旋扫描”→“伸出项”，弹出【伸出项：螺旋扫描】对话框，同时弹出属性菜单，如图 1-135 和图 1-136 所示。属性菜单各项内容见表 1-3，选择属性后，单击菜单中的“完成”命令。

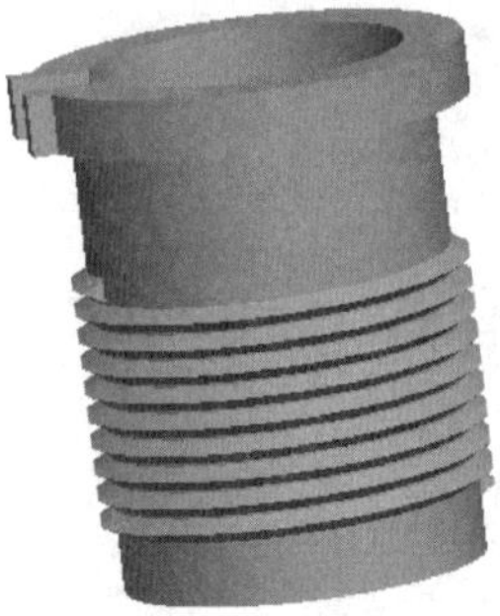

图 1-134　螺纹管三维模型

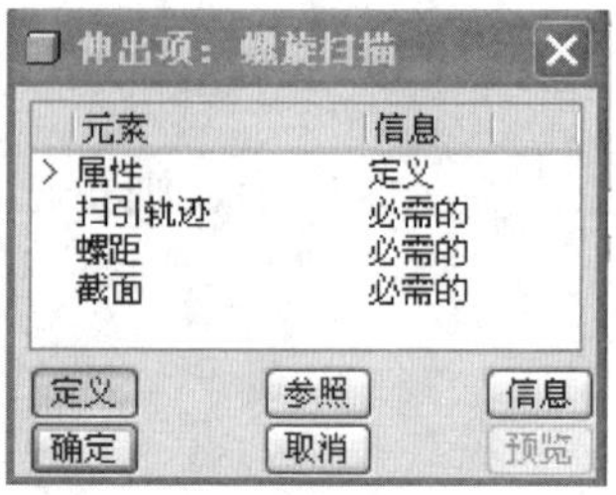

图 1-135　【螺旋扫描】对话框

图 1-136　“属性”菜单

表 1-3　　螺旋扫描“属性”列表

类　型	分　类	说　明
螺距	常数	螺距为常数
	可变的	螺距可以在轨迹线端点和中间的节点之间设定
剖面放置形式	穿过轴	草绘截面围绕螺旋中心线扫描
	垂直于轨迹	草绘截面与轨迹线相互垂直
旋转方向	右手定则	右旋螺纹
	左手定则	左旋螺纹

2. 螺旋扫描旋转轴

在绘制螺旋扫描轨迹时，必须同时绘制中心线，用该中心线作为螺旋扫描特征的旋转轴。

3. 定义轨迹线

完成属性定义后，弹出“设置草绘平面”菜单，如图 1-137 所示。选择草绘平面，弹出“设置草绘平面”投影方向菜单，如图 1-138 所示；选择投影方向，弹出“设置草绘平面”草绘视图的参照菜单，如图 1-139 所示；确定草绘平面的参照，系统进入扫描轨迹的草绘模式。

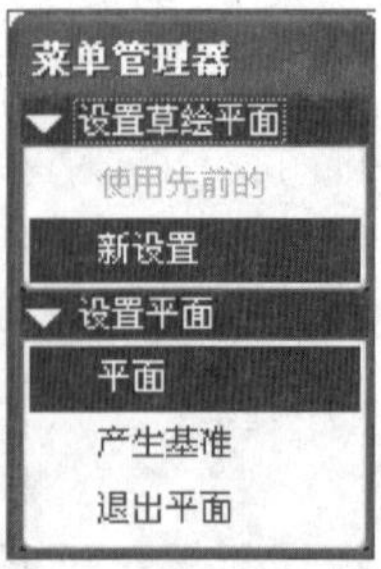

图 1-137　“选取草绘平面”菜单

图 1-138　“确定投影方向”菜单

图 1-139　“选择参照”菜单

扫描轨迹上会显示扫描的起点，扫描轨迹必须开放，不能封闭，并且扫描轨迹不能与旋转轴垂直，如图 1 - 140 所示。扫描截面放置在扫描轨迹线的起点（起始箭头所在的一端），若更改扫描轨迹线起点，可使用【起始点】命令。

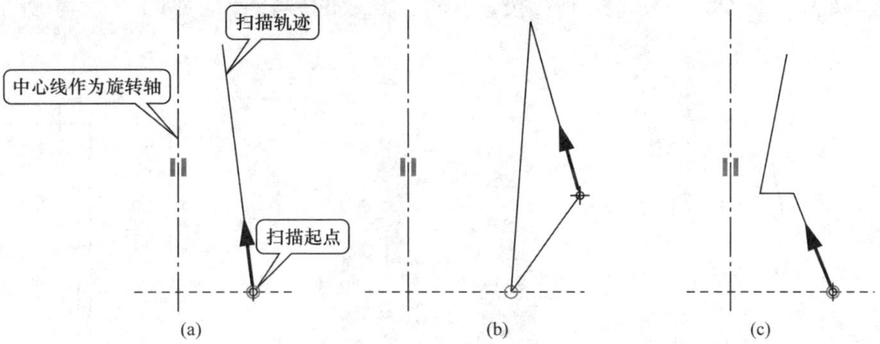

图 1 - 140　螺旋扫描轨迹

（a）正确的扫描轨迹线；（b）扫描轨迹不能封闭；（c）扫描轨迹不能与轴线垂直

4. 定义螺距

扫描轨迹定义完成后，系统弹出【输入节距值】对话框，如图 1 - 141 所示。当创建螺旋扫描特征时，扫描截面直径一般应小于螺距，否则可能会导致特征创建失败。

图 1 - 141　【输入节距值】对话框

5. 绘制扫描截面

螺距定义完成后，系统进入扫描截面的二维草绘模式，在扫描轨迹的起始点处显示两条正交的中心线，如图 1 - 142（a）所示，这一点与扫描特征类似。需要注意的是，扫描截面必须封闭。

6. 生成特征

完成上述参数的定义后，单击【伸出项：螺旋扫描】对话框中的按钮 确定 ，生成的特征如图 1 - 142（b）所示。

二、创建螺纹管模型

1. 新建一个名为“EX01-05”的零件文件

选择主菜单“文件”→“设置工作目录”，打开【选取工作目录】对话框。选取工作目录“D：/EXProE5/EX01”，单击“确定”按钮，完成当前工作目录的设定。

单击“新建”按钮，打开【新建】对话框。类型选取“零件”，子类型选取“实体”，输入名称“EX01-05”后，取消“使用缺省模板”前面的复选框，单击“确定”按钮，进入【新文件选项】对话框，将绘图单位更改为公制单位“mmns _ part _ solid”，单击“确定”按钮，进入 Pro/ENGINEER 的零件设计界面。

2. 创建旋转特征

单击特征工具栏中的“旋转”工具按钮，在旋转特征操控板上单击“放置”按钮，在放置滑面板中单击“定义”按钮，打开【草绘】对话框。单击基准平面 FRONT 作为草绘平面，接受系统默认的放置方式，单击“草绘”按钮，进入二维草绘模式。

在草绘模式下，绘制如图 1-143 所示的截面。单击草绘工具栏中的按钮✔退出草绘模式，单击旋转特征操控板上的“完成”按钮✔。完成的旋转特征如图 1-144 所示。

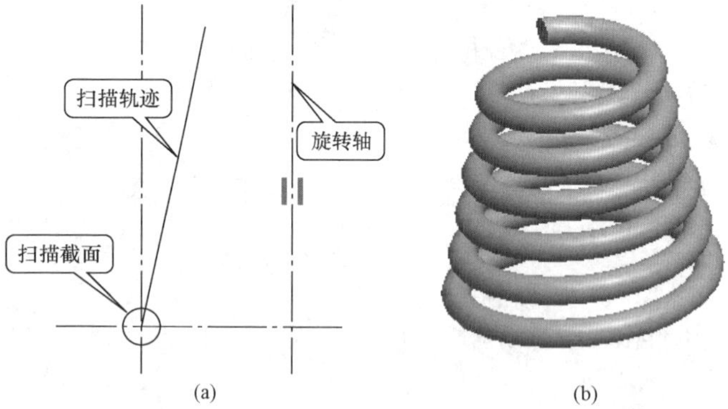

图 1-142 螺旋扫描特征的扫描截面与扫描轨迹

(a) 扫描截面与轨迹线的位置关系；(b) 生成的螺旋扫描特征

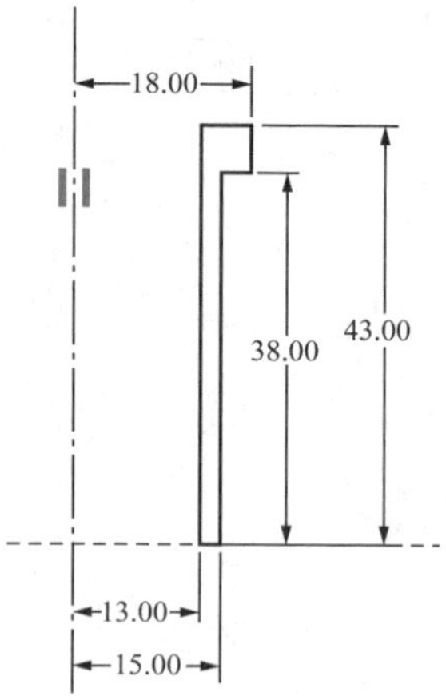

图 1-143 草绘截面

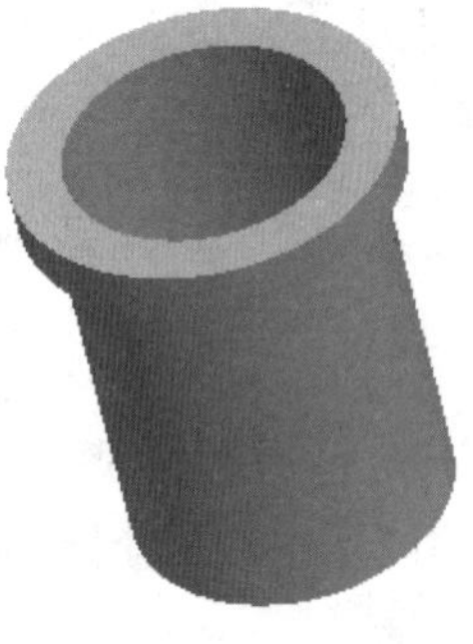

图 1-144 旋转特征

3. 创建拉伸特征

单击特征工具栏中的“拉伸”特征工具按钮，在操控板上单击“放置”→“定义”，打开【草绘】对话框，选择零件的顶面作为草绘平面，接受默认的放置方式，单击“草绘”按钮，进入草绘模式。

单击主菜单上的“草绘”→“参照”，选择 FRONT 基准面和小圆作为草绘参照，然后单击【参照】对话框中的按钮 关闭(C)。在草绘模式下，绘制如图 1-145 所示的截面，单击草绘工具栏中的按钮✔。在拉伸特征操控板中调整拉伸方向，使拉伸特征向下，选择拉伸深度为“拉伸到指定曲面”按钮，选择如图 1-146 所示的环形曲面。单击操控板上“完成”按钮✔。完成的拉伸特征如图 1-147 所示。

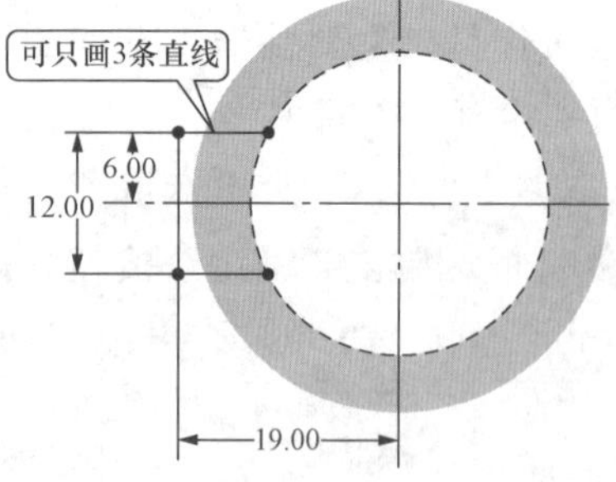

图 1-145 草绘截面

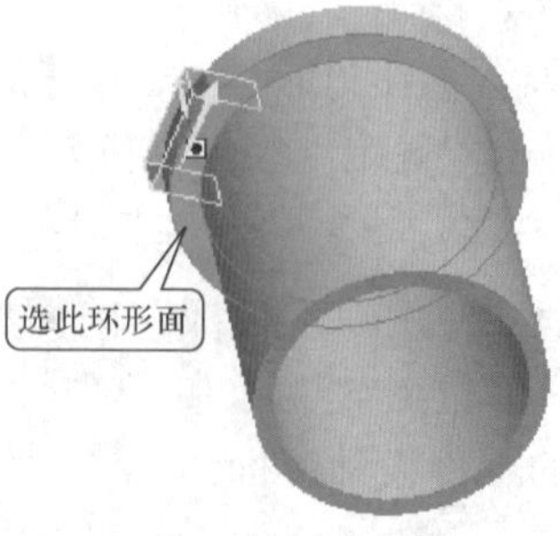

图 1-146 选取曲面

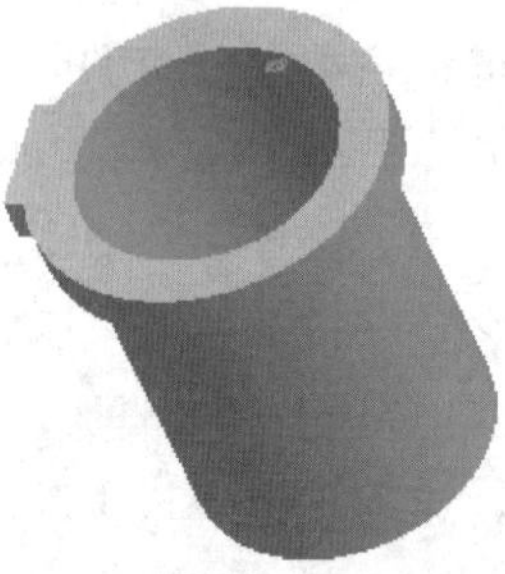

图 1-147 拉伸特征

4. 创建拉伸剪切特征

单击“拉伸”特征工具按钮，在操控板上单击“放置”→“定义”，打开【草绘】对话框；选择刚创建的拉伸特征的左侧平面作为草绘平面，如图 1 - 148 所示；接受默认的放置方式，单击“草绘”按钮，进入草绘模式。

绘制如图 1 - 149 所示四边形截面，单击草绘工具栏中的按钮。调整拉伸方向，单击“移除材料”按钮，拉伸深度选择“拉伸到指定曲面”按钮，单击零件的内部曲面，如图 1 - 150 所示。单击拉伸特征操控板上的“完成”按钮。完成的拉伸剪切特征如图 1 - 151 所示。

图 1 - 148　选择绘图平面

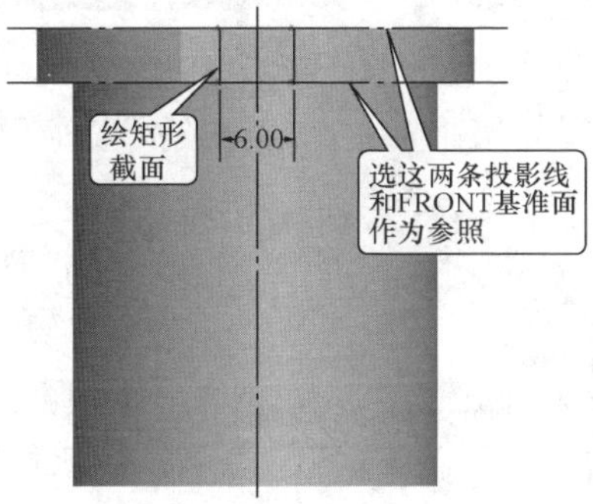

图 1 - 149　草绘截面

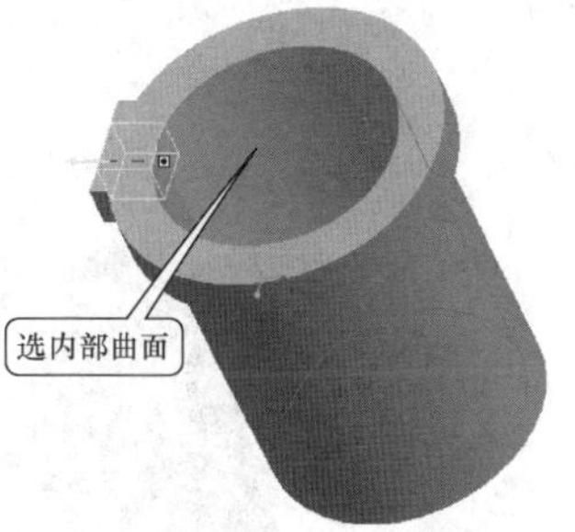

图 1 - 150　选择内部曲面

5. 创建倒角特征

选择主菜单“插入”→“倒角”→“边倒角”命令，弹出倒角特征操控板，选择“D×D”方式，输入倒角边长数值 0.5；按住 Ctrl 键在绘图区依次选择如图 1 - 152 所示的倒角边，单击操控板上的“完成”按钮，结果如图 1 - 153 所示。

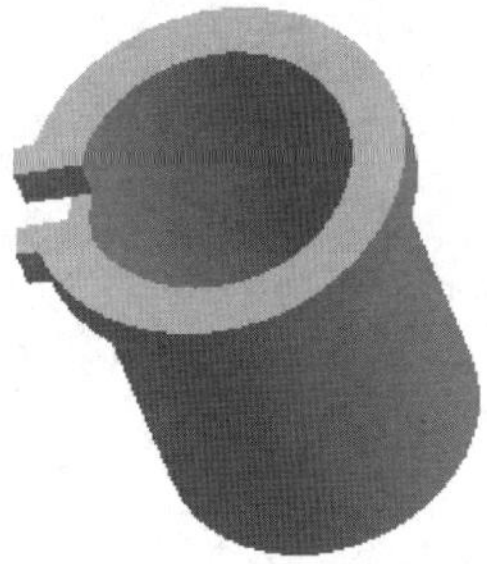

图 1 - 151　拉伸剪切特征

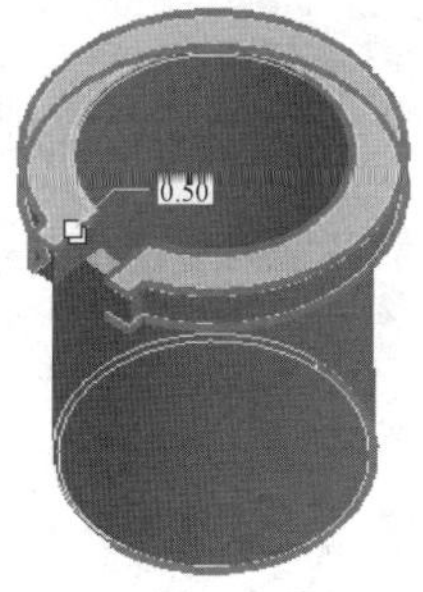

图 1 - 152　选择倒角边

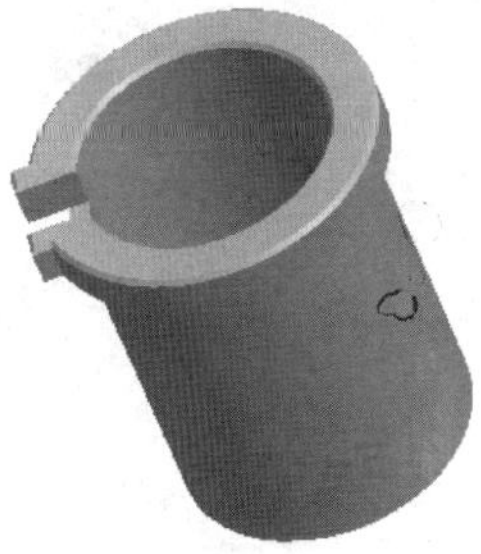

图 1 - 153　完成的倒角特征

6. 创建螺旋扫描特征

选择主菜单“插入”→“螺旋扫描”→“伸出项”命令，弹出【伸出项：螺旋扫描】对话框和“属性”菜单，如图 1 - 154 所示。在菜单中选择“常数”→“穿过轴”→“右手定则”→“完成”，弹出“设置草绘平面”菜单，如图 1 - 155 所示。在绘图区选择 FRONT 基准面作为草绘平面，又弹出“设置草绘平面”投影方向菜单，如图 1 - 156 所示。选择“确定”命令，弹出“设置草绘平面”草绘视图参照菜单，如图 1 - 157 所示。选择“缺省”，进入草绘模式。

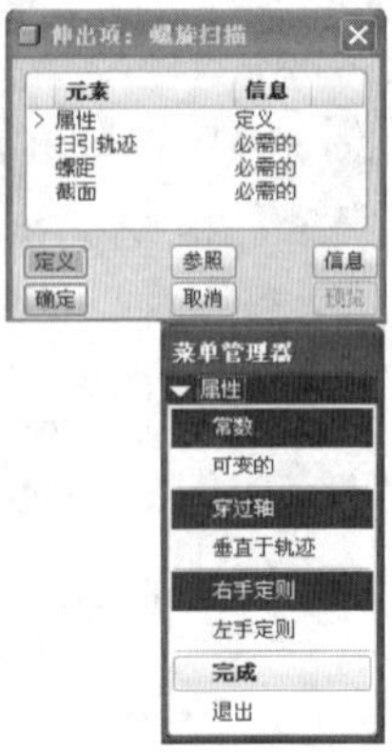

图 1-154 “属性”菜单

图 1-155 “设置草绘平面”菜单

图 1-156 “设置草绘平面”方向菜单

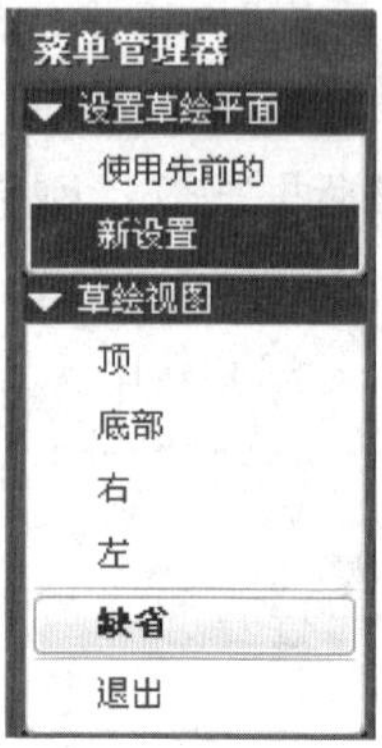

图 1-157 “设置草绘平面”参照菜单

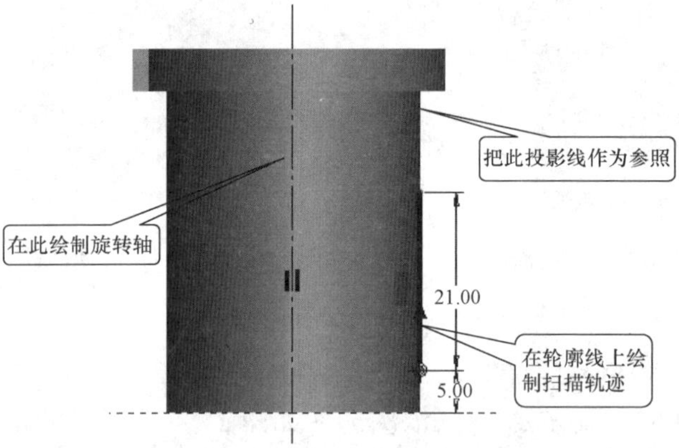

图 1-158 绘制扫描轨迹

在草绘模式下，绘制如图 1-158 所示的扫描轨迹和旋转中心线。单击草绘工具栏中的按钮，弹出【输入节距值】对话框，如图 1-159 所示；输入节距 2.2，单击输入对话框上的“接受”按钮，系统随即进入绘制扫描截面的草绘模式。

在草绘模式下扫描的起点绘制如图 1-160 所示的三角形扫描截面，单击草绘工具栏中的“完成”按钮，退出草绘模式。

图 1-159 【输入节距值】对话框

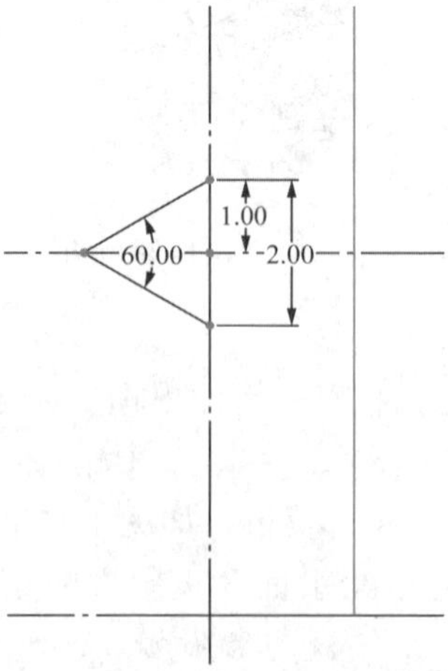

图 1-160 草绘三角形扫描截面

单击【伸出项：螺旋扫描】对话框中的按钮确定，完成螺旋扫描特征的创建，如图 1 - 134 所示。

7. 保存文件

单击“保存”按钮，完成模型设计。

任务六　五角星的三维实体建模

【任务】 创建如图 1 - 161 所示的五角星模型。

【分析】 五角星模型的各截面特征是渐变的，这类特征用 Pro/ENGINEER 中的混合特征可以创建。由于该模型各截面相互平行，所以用平行混合特征来创建。

图 1 - 161　五角星模型

一、平行混合特征简介

平行混合特征的特点是各截面间相互平行且位于同一草绘平面。具体调用步骤如下：

1. 调用混合特征

选择主菜单“插入”→“混合”，下级菜单上有 7 个选项，外部特征可表现为实心实体、薄壁、曲面、切口、薄壁切口等七种特征类型，其中以“伸出项”创建实体特征为例。

单击主菜单“插入”→“混合”→“伸出项”，弹出“混合选项”菜单，如图 1 - 162 所示。平行混合特征截面的处理方式有两种：①“规则截面”，即以所绘制的截面来生成特征；②“投影截面”，即将所绘制的截面投影到某个平面后生成特征。

2. 混合特征的属性

在“混合选项”菜单中单击“完成”（见图 1 - 162），弹出“属性”菜单，如图 1 - 163 所示。特征属性决定各截面之间的连接方式，包括两种：①“直”，即各截面之间直线连接，如图 1 - 164（a）所示；②“光滑”，即各截面之间平滑过渡，如图 1 - 164（b）所示。需要注意：只有当混合特征的截面数为 3 个或 3 个以上时，属性“直”和“光滑”才有区别；只有 2 个截面时，属性不管是“直”还是“光滑”，两截面均以直线连接。

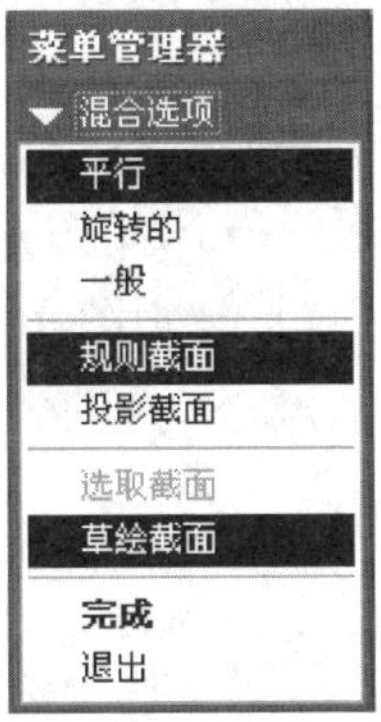

图 1 - 162　“混合选项”菜单

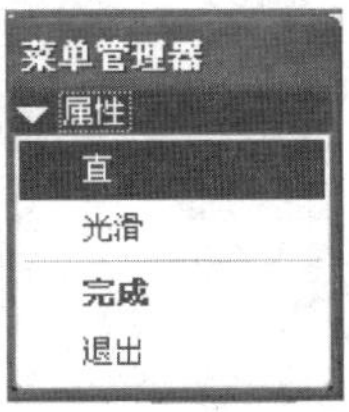

图 1 - 163　“属性”菜单

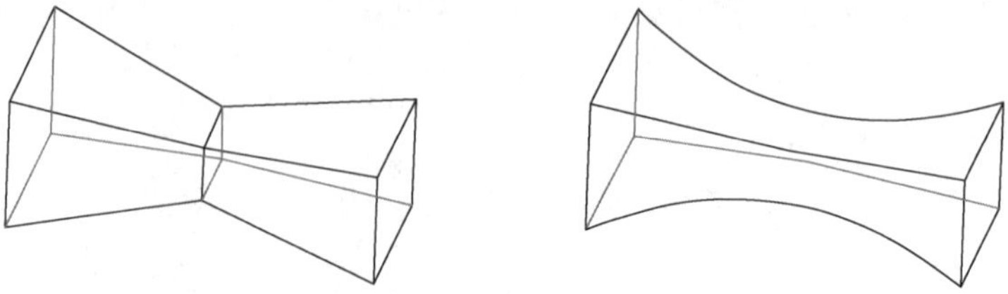

(a) (b)

图 1-164　三个截面不同属性的情况

（a）属性为“直”；（b）属性为“光滑”

3. 混合特征的截面

混合特征的属性定义完成后，系统提示选择绘图平面及投影方式后，进入截面的草绘模式。混合特征的截面有以下特点：

（1）混合特征的截面数量不能少于 2 个。

（2）平行混合特征的所有截面都在同一草绘平面内绘制，不同截面绘制的切换方式如下：选择主菜单“草绘”→“特征工具”→“切换截面”，如图 1-165 所示，这时已经绘制完成的截面灰色显示，或在绘图区单击鼠标右键，在弹出的快捷菜单中选择“切换截面”，如图1-166 所示。

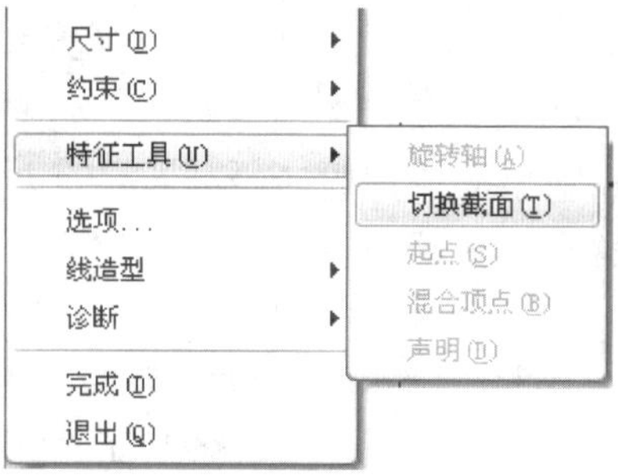

图 1-165　用主菜单切换截面

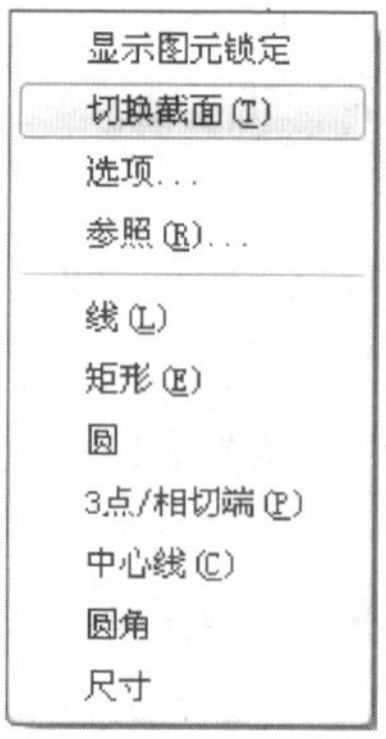

图 1-166　用快捷菜单切换截面

（3）混合截面必须封闭，且每个截面只能有一个封闭轮廓。

（4）每个混合截面的标注基准只有按第 1 个截面的标注基准进行标注时，才能确定各截面的相对位置关系。

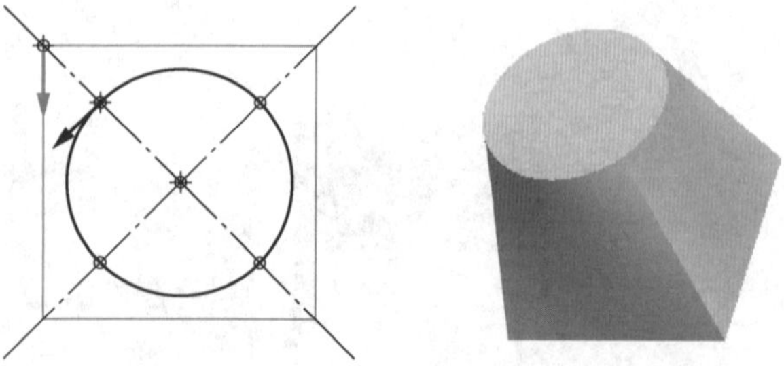

(a) (b)

图 1-167　分割图元法

（a）分割图元；（b）生成的混合特征

（5）混合特征各截面的顶点数必须相等，具体操作方法如下：

1）分割图元法。单击草绘工具栏中的“删除段”按钮右侧的“下拉”按钮，弹出工具条，选择“分割”按钮，将第 2 个圆形截面分割成 4 段，圆形截面 2 与四边形截面 1 图元数相等，如图 1-167（a）所示，生成的混合特征如图 1-167（b）所示。

2）创建混合顶点法。选中其中一个现有的顶点，选择主菜单“草绘”→“特征工具”→“混合顶点”，则在选中点上加“小圆圈”，如图 1-168（a）所示，则该点代表 2 个顶点，相邻截面上的两点会连接至该混合顶点，如图 1-168（b）所示。还可以选中现有点后，单击鼠标右键，在弹出的快捷菜单中选择“混合顶点”命令，来创建混合顶点，如图 1-169 所示。

（6）第 1 个或最后 1 个混合截面可以是一个点，用草绘工具中的“创建点”工具 ✕ 绘制，如图 1-170（a）所示，生成的混合特征如图 1-170（b）所示。

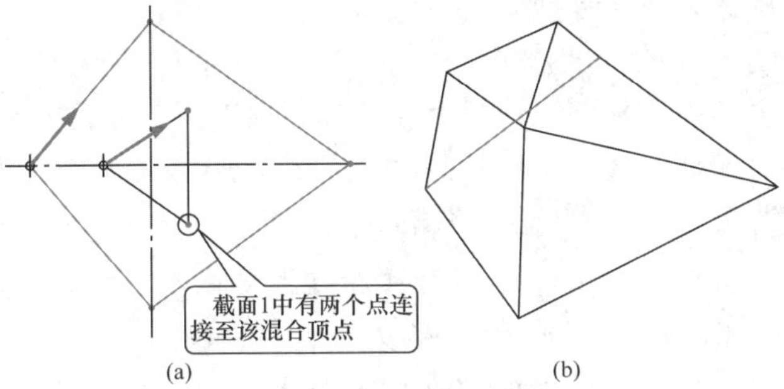

图 1-168　创建混合顶点使图元数相等
（a）创建混合顶点；（b）生成的混合特征

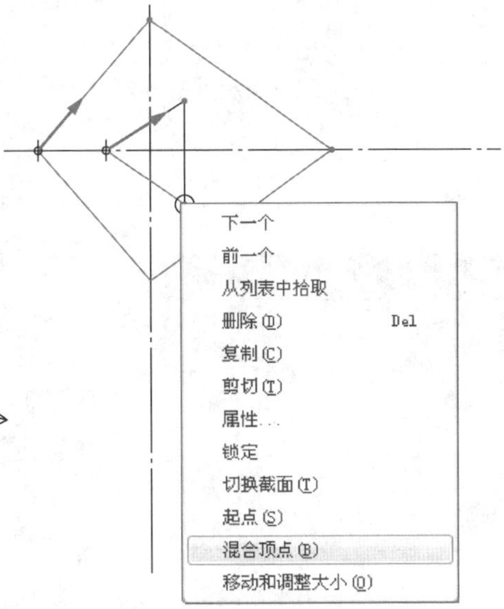

图 1-169　快捷菜单创建混合顶点

（7）各混合截面的起始点位置和方向不同，会产生不同的混合效果。

1）各截面的起始点位于相同的位置，产生的特征比较平直，如图 1-167 和图 1-168 所示。

2）各截面的起始点位于不同的位置，产生的混合特征会扭曲，如图 1-171 所示。

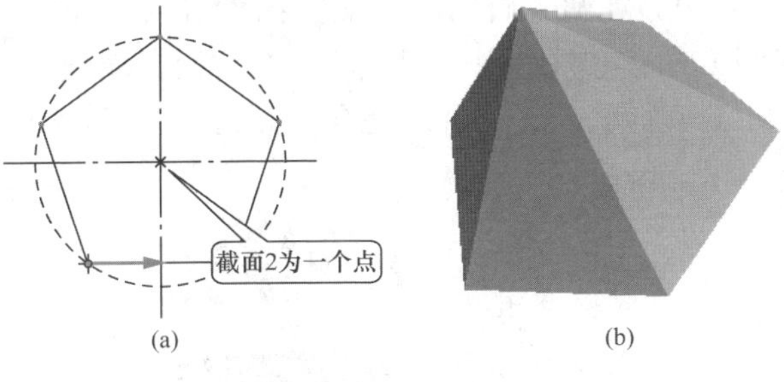

图 1-170　第 1 个或最后 1 个截面为一个点
（a）截面 2 为一个点；（b）生成的混合特征

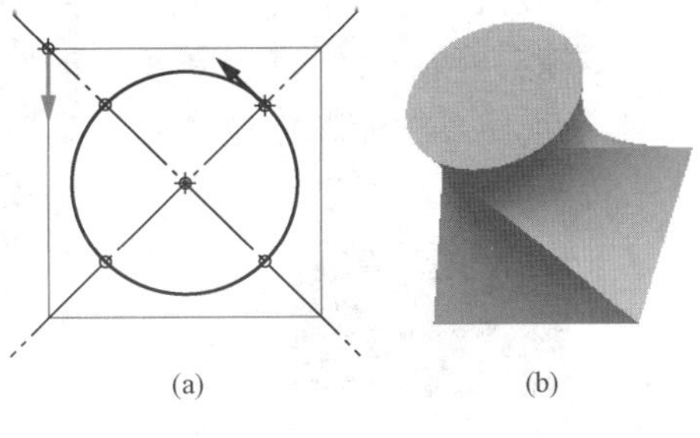

图 1-171　混合起点位置不一致
（a）两截面起始点位置不一致；（b）生成的混合特征

（8）混合起点的位置和方向是可以改变的。

1）改变混合起点的位置：单击选中顶点后，选择主菜单“草绘”→“特征工具”→“起始点”，或单击鼠标右键，在弹出的快捷菜单中选择“起始点”命令。

2）改变混合起点的方向：单击选中原起始点后，选择主菜单“草绘”→“特征工具”→“起始点”，或单击鼠标右键，在弹出的快捷菜单中选择“起始点”。

4. 完成

在草绘模式下，创建完所有截面后，单击草绘工具栏中的“完成”按钮，弹出【输入截面 2 的深度】对话框，如图 1 - 172 所示，提示输入相邻两个截面之间的深度，输入数值后，单击对话框中的“接受”按钮，继续弹出【输入截面 3 的深度】对话框，全部输入完成后，单击【伸出项：混合，平行，...】对话框中的按钮 确定 ，如图 1 - 173 所示，完成平行混合特征的定义。

图 1 - 172 【输入截面 2 的深度】对话框

图 1 - 173 【伸出项：混合，平行，...】对话框

二、创建五角星模型

1. 新建一个名为“EX01-06”的零件文件

选择主菜单“文件”→“设置工作目录”，打开【选取工作目录】对话框。选取工作目录“D：/EXProE5/EX01”，单击“确定”按钮，完成当前工作目录的设定。

单击“新建”按钮，打开【新建】对话框，类型选取“零件”，子类型选取“实体”，输入名称“EX01-06”后，取消“使用缺省模板”前面的复选框，单击“确定”按钮，然后进入【新文件选项】对话框，将绘图单位更改为公制单位“mmns _ part _ solid”，单击“确定”按钮，进入 Pro/ENGINEER 的零件设计界面。

2. 创建平行混合特征

选择主菜单“插入”→“混合”→“伸出项”，弹出“混合选项”菜单，如图 1 - 174 所示。在其中选择“平行”→“规则截面”→“草绘截面”→“完成”，接下来弹出【伸出项：混合，平行，...】对话框和“属性”菜单管理器，如图 1 - 175 所示。在“属性”菜单中选择“直”→“完成”命令。又弹出“设置草绘平面”菜单，如图 1 - 176 所示。选择 TOP 基准面作为草绘平面，然后在“设置草绘平面”草绘视图方向菜单中单击“确定”，在“设置草绘平面”草绘视图参照菜单中单击“缺省”，如图 1 - 177 所示，这时进入混合截面的草绘模式。

图 1 - 174 “混合选项”菜单

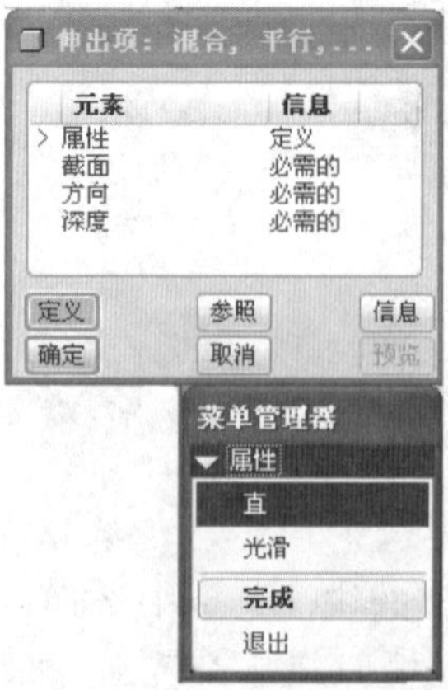

图 1 - 175 “属性”菜单

图 1 - 176 设置草绘平面

单击草绘工具栏中的“调色板”按钮，弹出【草绘器调色板】对话框，切换至“星形”选项卡，如图 1-178 所示，在其中选中“5 角星形”，按住鼠标左键，将其拖入绘图区的原点位置，接下来弹出【移动和调整大小】对话框，在其中设置旋转角度为 0，缩放比例为 25，如图 1-179 所示。单击【移动和调整大小】对话框中的“完成”按钮退出，再单击【草绘器调色板】对话框中的按钮 关闭(C)，退出草绘器调色板对话框。

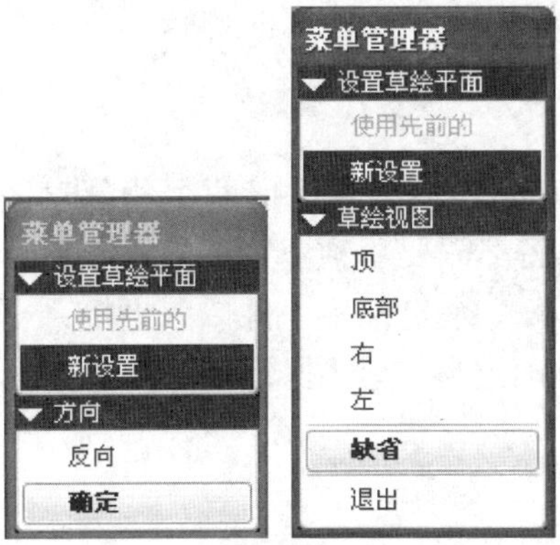

图 1-177　“设置草绘平面”方向及参照菜单

图 1-178　【草绘器调色板】对话框

图 1-179　【移动和调整大小】对话框

绘图区中的第 1 个截面如图 1-180 所示。选择主菜单“草绘”→“特征工具”→“切换截面”，这时截面 1 灰色显示，在截面 1 的中心点处用“点”工具绘制一点，如图 1-181 所示。单击草绘工具栏中的“完成”按钮，退出草绘模式。

在弹出的设置“深度”菜单中，选择“盲孔”→“完成”，如图1-182 所示。接下来在弹出的【输入截面 2 的深度】对话框中输入深度值 30，如图 1-183 所示，单击按钮。

最后单击【伸出项：混合，平行】对话框中的按钮 确定，完成五角星的三维造型设计如图 1-161 所示。

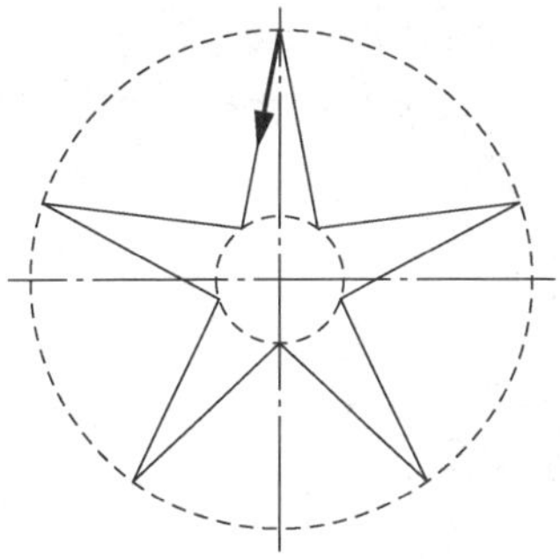

图 1-180　截面 1 为一个五角星

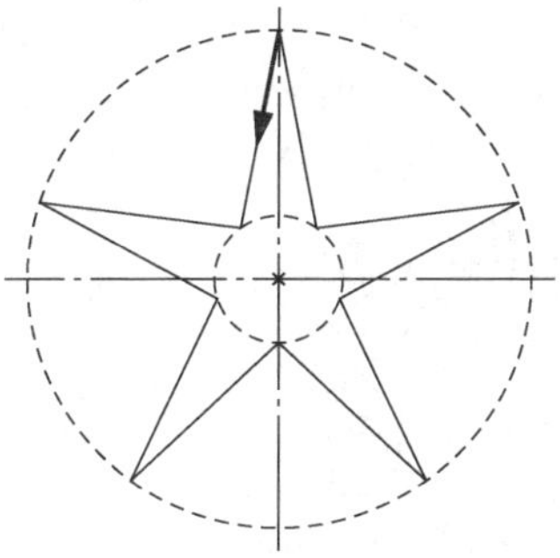

图 1-181　截面 2 为一点

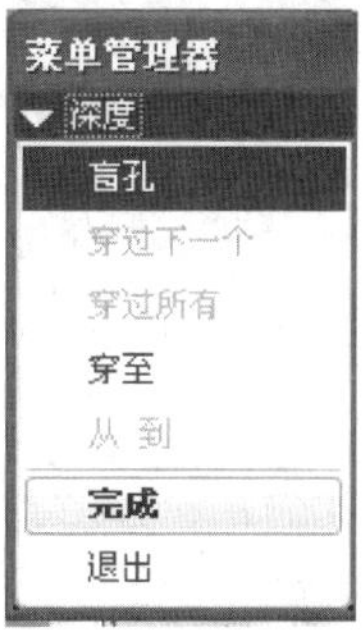

图 1-182　“深度”菜单

图 1-183　【输入截面 2 的深度】对话框

3. 保存文件

单击“保存”按钮，完成模型设计。

任务七　螺纹收尾的三维实体建模

【任务】 创建如图 1-184 所示的螺纹收尾模型。

【分析】 该螺纹管螺纹的收尾特征是采用 Pro/ENGINEER 混合特征中的旋转混合特征设计的。

一、旋转混合特征简介

旋转混合特征是各个草绘截面都可以绕所定义的坐标系的 Y 轴旋转，但两个相邻草图截面之间的角度不能超过 120°。在旋转混合特征中，每个截面都需要单独草绘，但由于草绘截面的空间位置发生了改变，所以需要在每个草绘截面中定义一个坐标系，并以该坐标系标注尺寸。在混合特征生成时，需要对齐这些草图坐标系，以确定各个草图截面的空间方位。旋转混合特征的调用步骤如下：

1. 调用旋转混合特征

选择主菜单“插入”→“混合”→“伸出项”，弹出“混合选项”菜单，如图 1-185 所示。选择“旋转的”，确定截面的创建方式之后，选择“完成”命令，弹出【伸出项：混合，旋转】对话框和“属性”菜单，如图 1-186 所示。

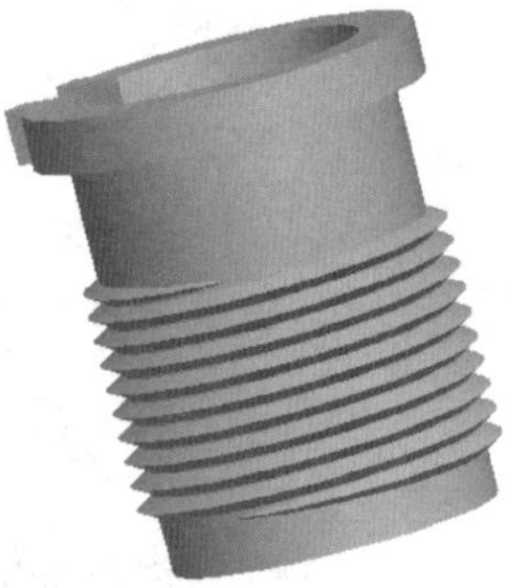

图 1-184　螺纹收尾的设计

图 1-185　“混合选项”菜单

图 1-186　“属性”菜单

2. 旋转混合特征的属性

旋转混合特征的属性是用来确定各截面之间的连接关系的。

(1) 直：各截面之间直线连接，如图 1-187 (a) 所示。

(2) 光滑：各截面之间光滑过渡连接，如图 1-187 (b)、(c) 所示。

(3) 开放：混合特征到最后 1 个截面结束，即生成开放的实体，如图 1-187 (a)、(c) 所示。

(4) 封闭的：将混合特征的最后 1 个截面连接到第 1 个截面，生成封闭的实体，如图 1-187 (b) 所示。

3. 旋转混合特征的截面

属性确定后，选择绘图平面进入草绘模式。在草绘模式下绘制混合截面和局部坐标系。在绘制完成一个混合截面后，单击草绘工具栏中的“完成”按钮，会弹出【为截面 2 输

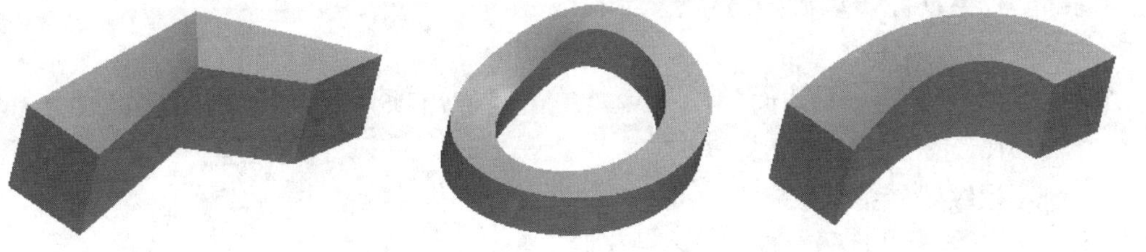

(a)　(b)　(c)

图 1-187　旋转混合特征的属性

(a) 属性为“直/开放”组合；(b) 属性为“光滑/封闭的”组合；(c) 属性为“光滑/开放”组合

入 y _ axis 旋转角（范围：0-120)】对话框，如图 1-188 所示，输入数值后，会进入下一截面的草绘模式。创建完成第 2 个混合截面之后，会弹出【确认】对话框，询问“继续下一截面吗?”，如图 1-189 所示，选择 是(Y) 或 否(N)，然后重复上述步骤。

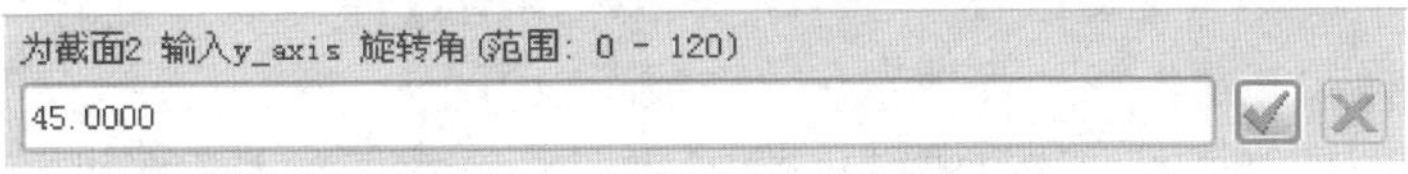

图 1-188　输入旋转角对话框

创建旋转混合特征的截面时，需要注意以下几点：

(1) 旋转混合特征的每个截面都有混合起始点，各截面的起始点位置不一致，生成的特征会产生扭曲，如图 1-190 所示。起始点的改变方法与平行混合特征的操作方法一致。

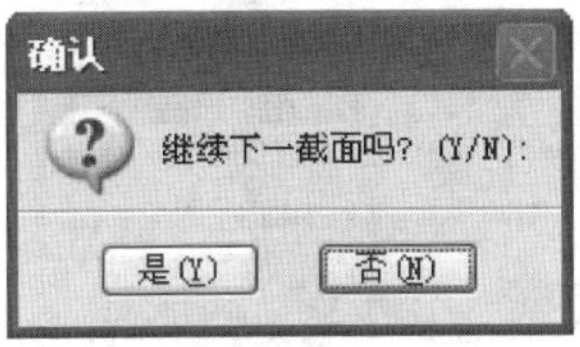

图 1-189　【确认】对话框

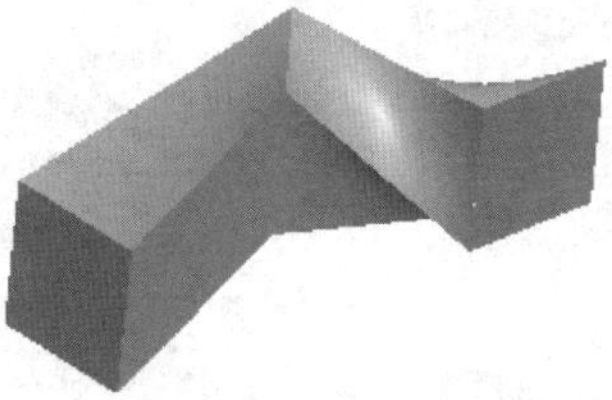

图 1-190　混合起始点不一致产生扭曲

(2) 各截面图元数必须相等。

(3) 第 1 个或最后 1 个混合截面可以是一个点。

(4) 局部坐标系作为截面的一个图元，必不可少。

4. 旋转混合的局部坐标系

局部坐标系的创建方法：单击草绘工具栏中的“点”工具 右侧的“下拉”按钮 ，弹出工具条 ，单击工具条上的“创建坐标系”工具 绘制。

(1) 局部坐标系的作用是确定各截面的相对位置，且每个截面必须绘制一个局部坐标系，此坐标系仅在该截面内使用，并且是该截面的尺寸标注基准。

(2) 每个截面绕局部坐标系的 Y 轴旋转，旋转角度为 0°～120°，草绘平面的铅直方向为 Z 轴。

(3) 每个截面的局部坐标系均位于同一个位置上，一个截面混合至下一个截面时，两个截面的局部坐标系匹配，以确定方位。

5. 完成

当确认不再继续下一个截面的绘制后，单击【伸出项：混合，旋转】对话框中的按钮 确定 ，完成旋转混合特征的定义。

二、创建螺纹收尾特征

1. 打开一个名为“EX01-05”的零件文件

选择主菜单“文件”→“设置工作目录”，打开【选取工作目录】对话框。选取工作目录“D：/EXProE5/EX01”，单击“确定”按钮，完成当前工作目录的设定。

单击常用工具栏中的“打开” 按钮，弹出【打开】对话框，选取零件“EX01-05”，单击按钮 打开 ，这时螺纹管三维模型调入绘图区。

2. 创建旋转混合的螺纹收尾特征

选择主菜单“插入”→“混合”→“伸出项”，弹出“混合选项”菜单，选择“旋转的”→“规则截面”→“草绘截面”→“完成”，弹出【伸出项：混合，旋转】对话框和“属性”菜单，选择“光滑”→“开放”→“完成”，如图 1-191 所示。又弹出“设置草绘平面”菜单，如图 1-192 所示，选择螺纹上端尾部三角形截面作为草绘平面，如图 1-193 所示；然后依次在“设置草绘平面”方向菜单中选择“确定”，在“设置草绘平面”草绘视图参照菜单中选择“缺省”，如图 1-194 所示，进入草绘模式。

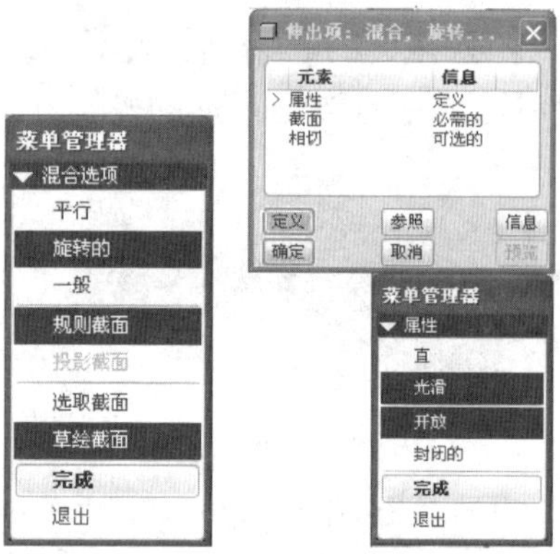

图 1-191　“混合选项”菜单和“属性”菜单

图 1-192　“设置草绘平面”菜单

图 1-193　选择草绘平面

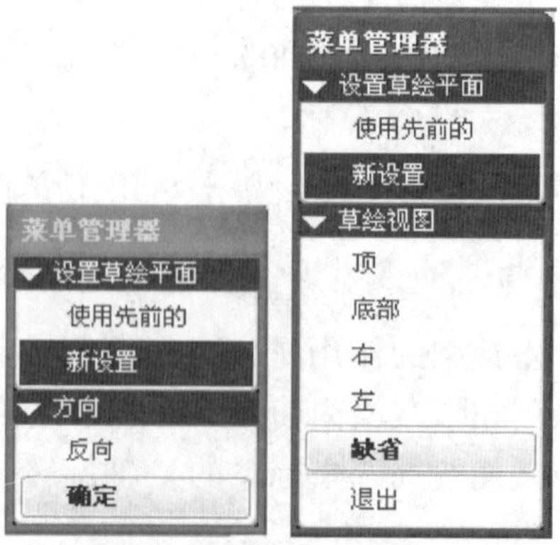

图 1-194　“设置草绘平面”方向及参照菜单

在草绘模式下，选择上端螺纹尾部截面的中点和螺纹管的中心轴线作为草绘的参照，如图 1-195 所示。草绘三角形截面 1 和局部坐标系如图 1-196 所示，注意草绘的截面 1 和螺纹尾部的三角形截面重合，并且局部坐标系的 X 轴通过截面 1 的中心。

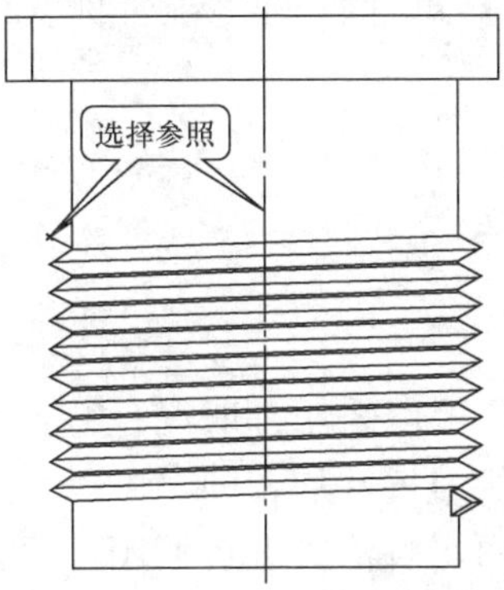

图 1-195　选择参照平面

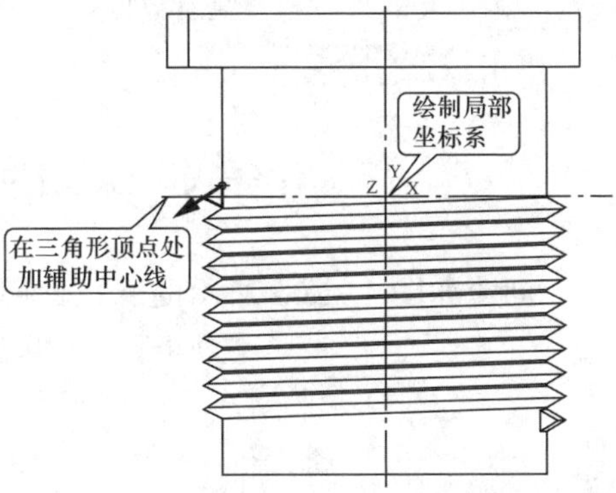

图 1-196　草绘三角形混合截面 1

单击草绘工具栏中的“完成”按钮，弹出【为截面 2 输入 y _ axis 旋转角（范围：0-120）】对话框，如图 1-197 所示，在其中输入旋转角度 90°后，单击“接受”按钮。

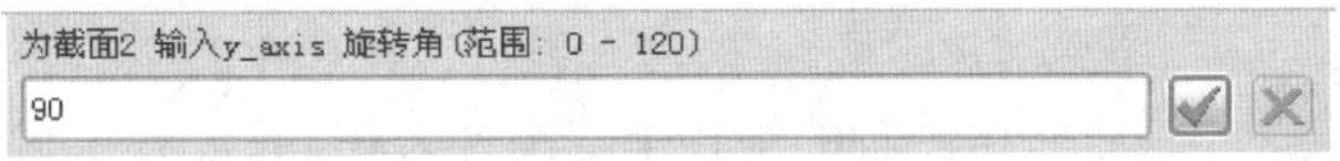

图 1-197　输入旋转角度

系统进入截面 2 的草绘模式，在绘图区绘制 1 个点和 1 个局部坐标系，如图 1-198 所示。单击草绘工具栏中的“完成”按钮，退出草绘模式。

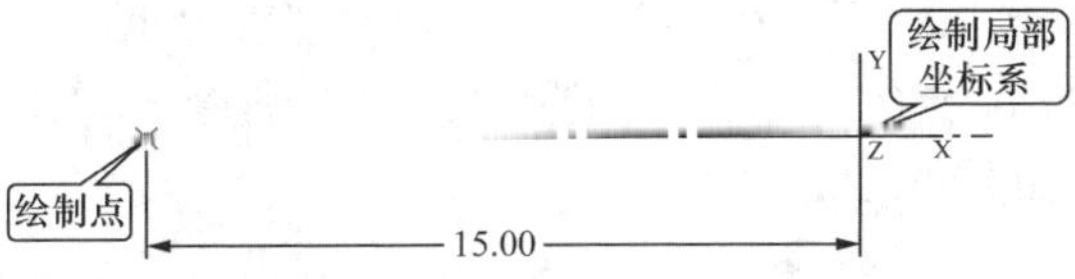

图 1-198　草绘点截面 2

在“顶点类型”菜单中，选择端点类型“光滑”，如图 1-199 所示。最后单击【伸出项：混合，旋转】对话框中的按钮 确定 ，完成的旋转混合特征如图 1-200 所示。

图 1-199　“顶点类型”选择菜单

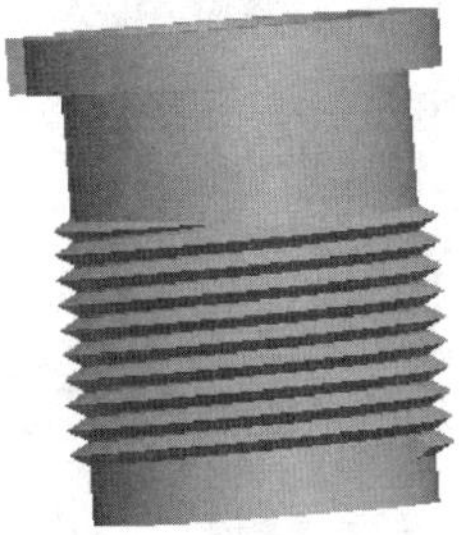

图 1-200　完成的上端螺纹收尾特征

同理，可创建下端螺纹的收尾特征，需要注意的是这时的截面 1 为点截面，结果如图 1-184 所示。

3. 保存副本

选择主菜单“文件”→“保存副本”，在【保存副本】对话框的“新名称”中输入“EX01-07”，单击按钮 确定 。

任务八　麻花钻的三维实体建模

【任务】 创建如图 1-201 所示的麻花钻模型。

图 1-201　麻花钻模型

【分析】 该模型钻头刀刃部分可以采用一般混合特征的方式来创建，由于每个混合截面的形状与尺寸均相同，可以采用先绘制第 1 个截面，然后保存草绘截面，再依次进行调用，而钻头锥面部分可采用旋转剪切特征来创建。

一、一般混合特征简介

一般混合特征兼有平行混合特征与旋转混合特征的特点，每个草绘截面可以同时绕 X 轴、Y 轴和 Z 轴旋转或平移，每个截面都单独绘制，并用局部坐标系对齐。当旋转角度和坐标系尺寸都设置为 0 时，一般混合就可以产生平行混合特征的效果。如果将 X 轴和 Z 轴的旋转角度设置为 0，只设置 Y 轴角度，并将各截面的深度设置为 0，即可创建旋转混合特征。

创建一般混合特征时，其操作方法同旋转混合特征基本相同，具体调用步骤如下：

1. 调用一般混合特征

选择主菜单“插入”→“混合”→“伸出项”，弹出“混合选项”菜单，如图 1-202 所示，选择“一般”，确定截面的创建方式之后，选择“完成”命令，弹出【伸出项：混合，一般】对话框和“属性”菜单，如图 1-203 所示。

图 1-202　“混合选项”菜单

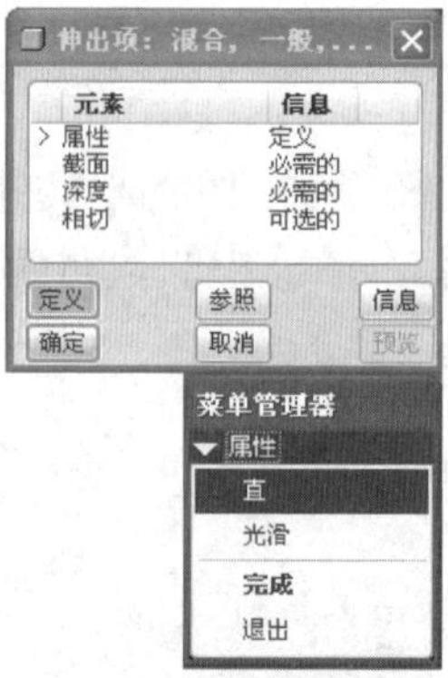

图 1-203　“属性”菜单

2. 一般混合特征的属性

混合特征的属性是用来确定各截面之间的连接关系的。

(1) 直：各截面之间直线连接。

(2) 光滑：各截面之间光滑过渡连接。

3. 一般混合特征的截面

属性确定后，选择草绘平面进入草绘模式。在草绘模式下绘制混合截面和局部坐标系。在绘制完成一个混合截面后，单击草绘工具栏中的“完成”按钮，弹出【给截面 2 输入 x _ axis 旋转角度（范围：+－120)】对话框，输入角度数值，弹出【给截面 2 输入 y _ axis 旋转角度（范围：+－120)】对话框，输入角度数值，弹出【给截面 2 输入 z _ axis 旋转角（范围：+－120)】对话框，如图 1 - 204 所示，输入角度数值，进入下一截面的草绘模式。

在草绘模式下，创建完成第 2 个混合截面之后，单击草绘工具栏中的“完成”按钮，系统弹出【确认】对话框，如图 1 - 205 所示，询问“继续下一截面吗？（Y/N)”，选择 是(Y) 或 否(N)，然后重复上述步骤。

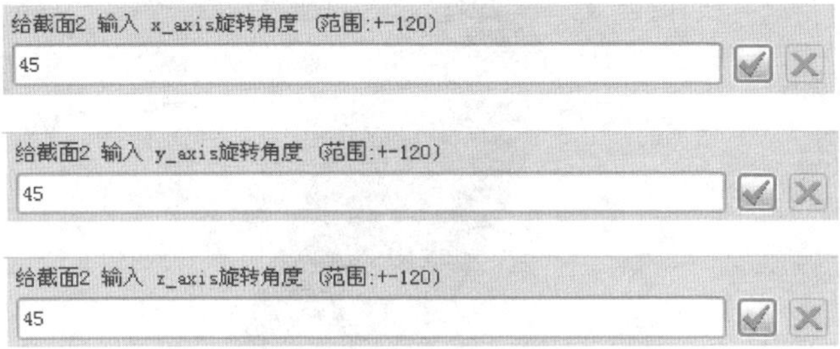

图 1 - 204　【输入旋转角度】对话框

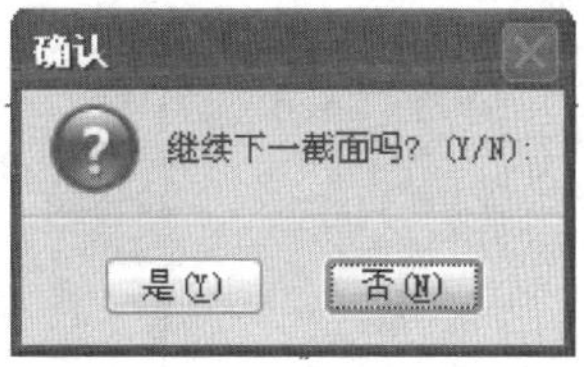

图 1 - 205　【确认】对话框

创建一般混合特征的截面时，需要注意以下几点：

(1) 一般混合特征的每个截面都有混合起始点，各截面的起始点位置不一致，生成的特征会产生扭曲。起始点的改变方法与平行混合特征的操作方法一致。

(2) 各截面图元数必须相等。

(3) 第 1 个或最后 1 个混合截面可以是一个点。

(4) 局部坐标系作为截面的一个图元，必不可少。

4. 完成

在确认不再继续下一个截面的绘制后，会弹出【输入截面 2 的深度】对话框，如图 1 - 206 所示，输入完毕后，继续弹出【输入截面 3 的深度】对话框，全部输入完成后，单击【伸出项：混合，一般】对话框中的按钮确定，完成一般混合特征的定义。

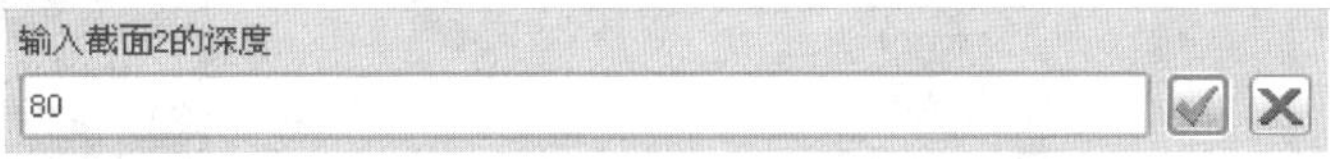

图 1 - 206　【输入截面 2 的深度】对话框

二、创建麻花钻模型

1. 新建一个名为“EX01-08”的零件文件

单击“文件”→“设置工作目录”，打开【选取工作目录】对话框。选取工作目录“D：/EXProE5/EX01”，单击“确定”按钮，完成当前工作目录的设定。

单击“新建”按钮，打开【新建】对话框，类型选取“零件”，子类型选取“实体”，输入名称“EX01-08”后，取消“使用缺省模板”前面的复选框，单击“确定”按钮，然后进入【新文件选项】对话框，将绘图单位更改为公制单位“mmns _ part _ solid”，单击“确定”按钮，进入 Pro/ENGINEER 的零件设计界面。

2. 创建刀柄旋转特征

单击“旋转”工具按钮，打开旋转特征操控板，单击“放置”→“定义”，选择 FRONT 基准面作为草绘平面，单击【草绘】对话框中的按钮草绘，进入草绘模式。

绘制如图 1-207 所示的旋转截面，单击草绘工具栏中的“完成”按钮，退出草绘模式。单击旋转特征操控板上的“完成”按钮，完成的旋转特征如图 1-208 所示。

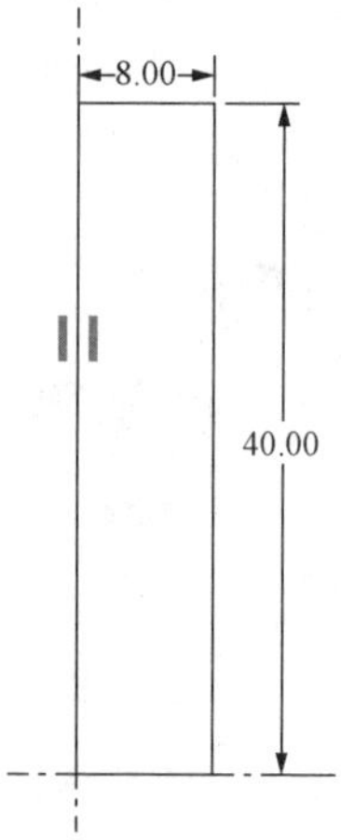

图 1-207 旋转截面

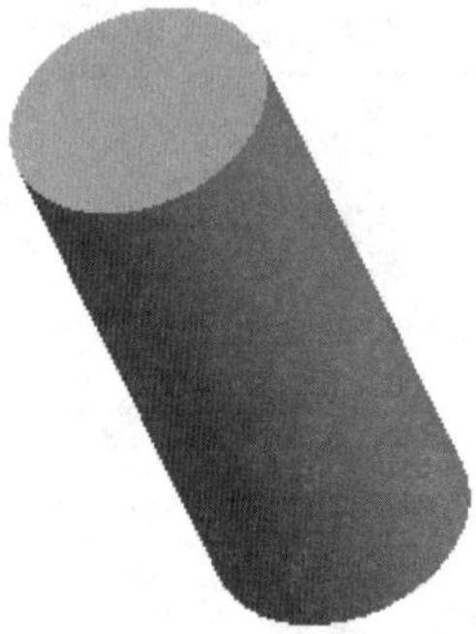

图 1-208 刀柄旋转特征

3. 创建钻头一般混合特征

选择主菜单“插入”→“混合”→“伸出项”，弹出“混合选项”菜单，选择“一般”→“规则截面”→“草绘截面”→“完成”，又弹出【伸出项：混合，一般】对话框和“属性”菜单，在属性菜单中选择“光滑”→“完成”，如图 1-209 所示，这时弹出“设置草绘平面”菜单，如图 1-210 所示。选择刀柄的顶面作为草绘截面，如图 1-211 所示，接下来在“设置草绘平面”方向菜单中选择“确定”，在“设置草绘平面”草绘视图参照菜单中选择“缺省”，如图 1-212 所示，进入草绘模式。

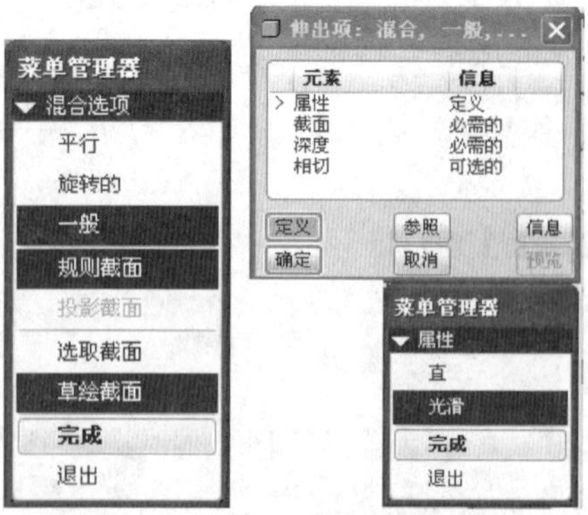

图 1-209 “混合选项”菜单和“属性”菜单

图 1-210 “设置草绘平面”菜单

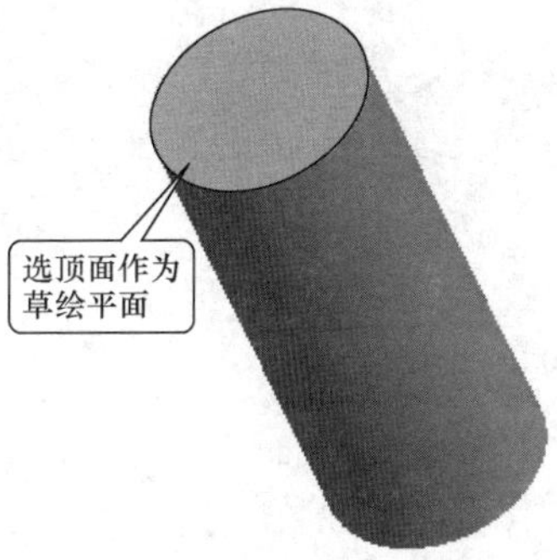

图 1-211 选择草绘平面

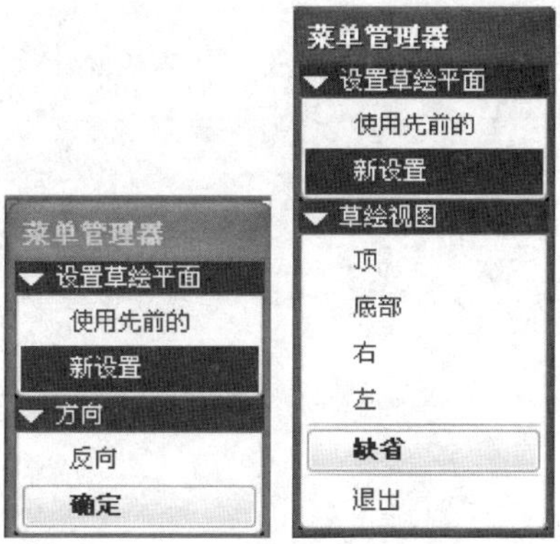

图 1-212 “设置草绘平面”方向及参照菜单

（1）绘制第 1 个混合截面。在草绘模式下，选择 FRONT 基准面和 RIGHT 基准面作为参照。绘制 1 个局部坐标系和第 1 个草绘截面，局部坐标系原点和原坐标系原点重合，如图 1-213 所示，然后选择主菜单“文件”→“保存副本”，在保存副本对话框“新名称”中输入“EX01-08. sec”，如图 1-214 所示，再单击按钮 确定 。单击草绘工具栏中的“完成”按钮 ✓，退出草绘模式。

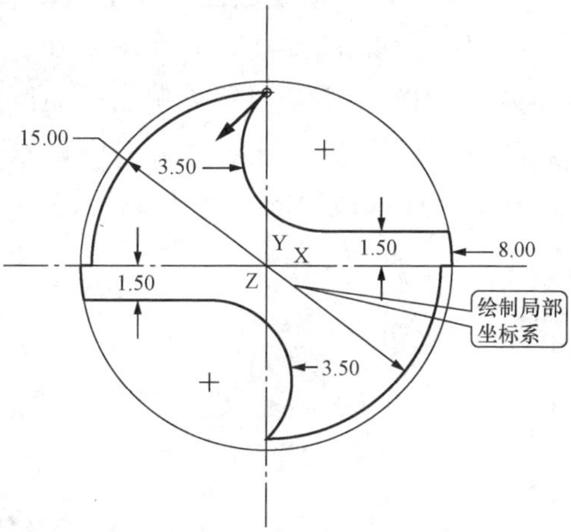

图 1-213 草绘截面

在弹出的【输入旋转角度】对话框中依次输入截面 2 绕定义的相对坐标系的 X、Y、Z 轴的旋转角度分别为 0、0、60，如图 1-215 所示，系统进入第 2 个截面的草绘模式。

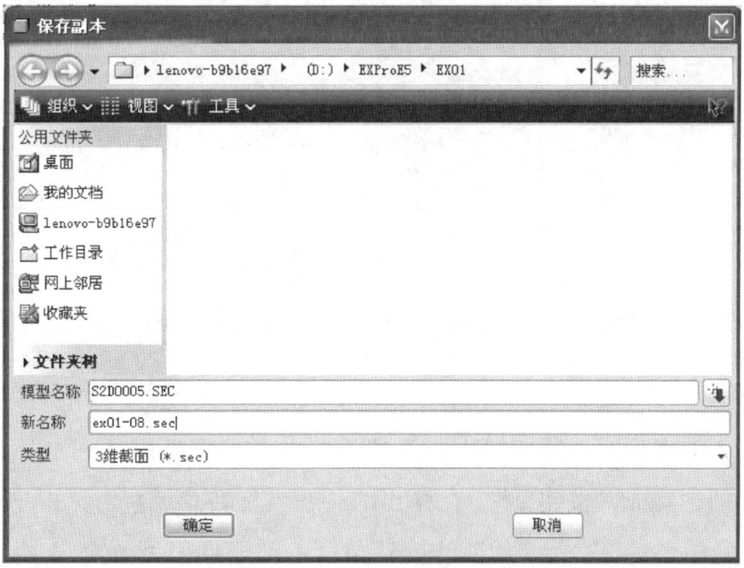

图 1-214 【保存副本】对话框

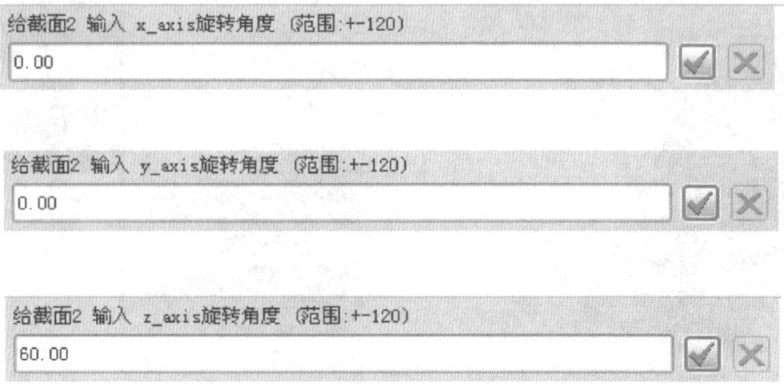

图 1-215 【输入旋转角度】对话框

(2) 绘第 2 个草绘截面。在草绘模式下，选择主菜单“草绘”→“数据来自文件”→“文件系统”，如图 1-216 所示。在弹出的文件【打开】对话框中选择截面“ex01-08. sec”，如图 1-217 所示。单击按钮，调入外部文件，如图 1-218 所示。在绘图区中适当位置鼠标左键单击一点以确定截面的中心点，然后在【移动和调整大小】对话框中，输入截面的比例为 1，旋转角度为 0，如图 1-219 所示，单击对话框中的“接受”按钮。

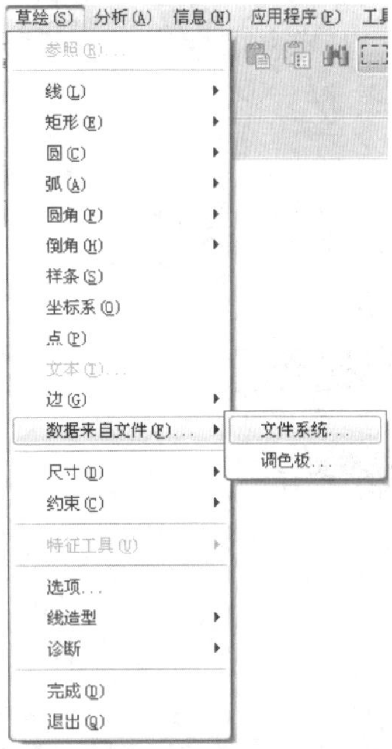

图 1-216 菜单选项

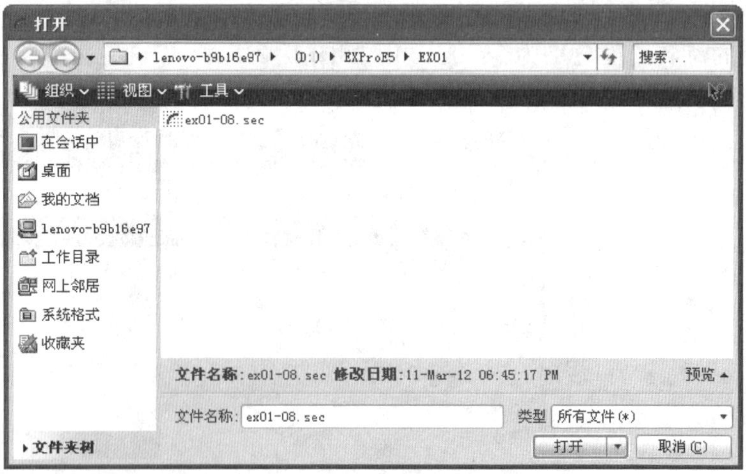

图 1-217 文件【打开】对话框

截面文件调入完成后，在截面的中心点处绘制 1 个局部坐标系，如图 1-220 所示。单击草绘工具栏中的“完成”按钮。在弹出的【输入旋转角度】对话框中，依次输入截面 3 绕定义的相对坐标系的 X、Y、Z 轴的旋转角度 0、0、60，系统进入第 3 个截面的草绘模式。

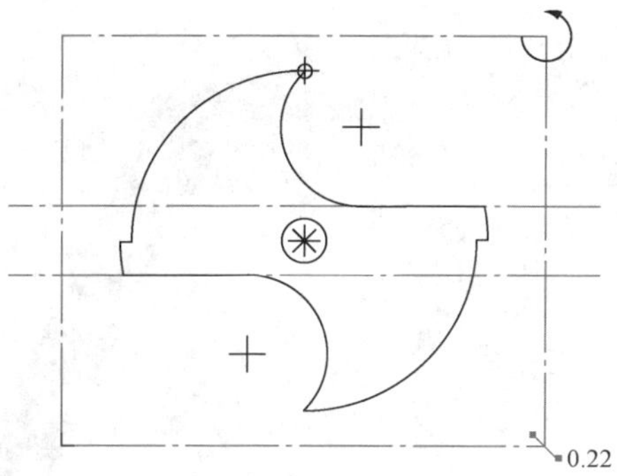

图 1-218 调入的外部文件

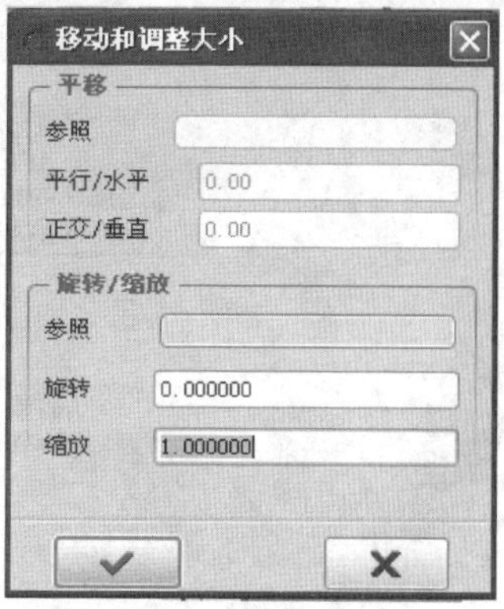

图 1-219 【移动和调整大小】对话框

（3）绘制第 3～13 个混合截面。重复上述步骤（2），直至完成第 13 个截面，然后在询问“继续下一个截面吗?”的【确认】对话框中，单击 否(N) ，如图 1-221 所示，结束混合截面的定义。在接下来弹出的【输入截面的深度】对话框中，依次输入各截面的深度为 9.9mm。

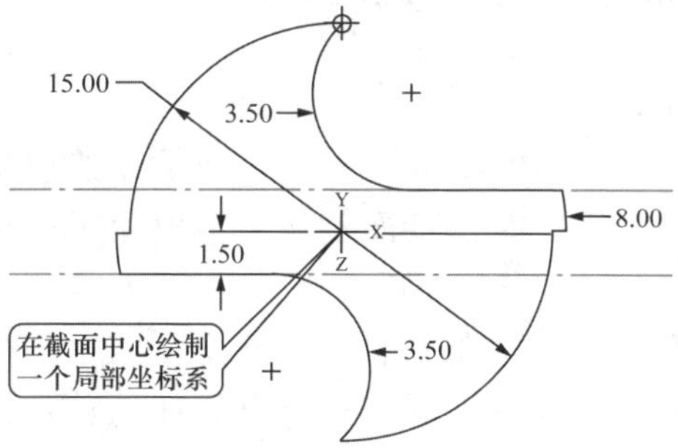

图 1-220 第 2 个混合截面

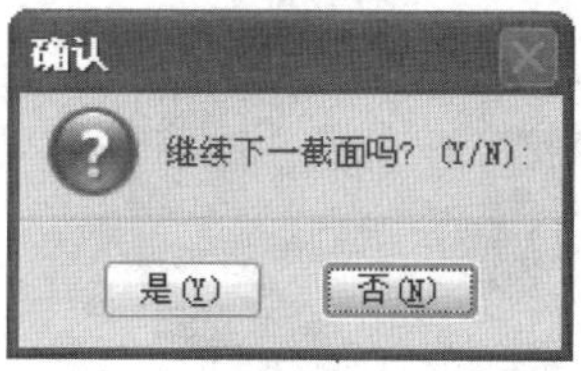

图 1-221 【确认】对话框

（4）完成。单击【伸出项：混合，一般】对话框中的按钮 确定 ，完成一般混合特征的创建，如图 1-222 所示。

4. 创建头部锥面旋转剪切特征

（1）单击特征工具栏“旋转”特征工具按钮，单击“放置”→“定义”，打开【草绘】对话框，选择 FRONT 基准面作为草绘平面，单击草绘对话框中的按钮 草绘 ，进入草绘模式。

（2）选择主菜单“草绘”→“参照”，单击选择一般混合特征顶部平面的投影线作为参照，单击【参照】对话框中的按钮 关闭(C) 。在草绘模式下，绘制如图 1-223 所示的 1 条中心线和 1 条直线截面。单击草绘工具栏中的“完成”按钮，退出草绘模式。

（3）单击旋转特征操控板中的“移除材料”按钮，调整材料切除方向，确定向外剪切，如图 1-224 所示。再单击操控板中的“完成”按钮，完成麻花钻模型的设计，如图 1-201 所示。

5. 保存文件

单击“保存”按钮，完成模型设计。

图 1-222　一般混合特征

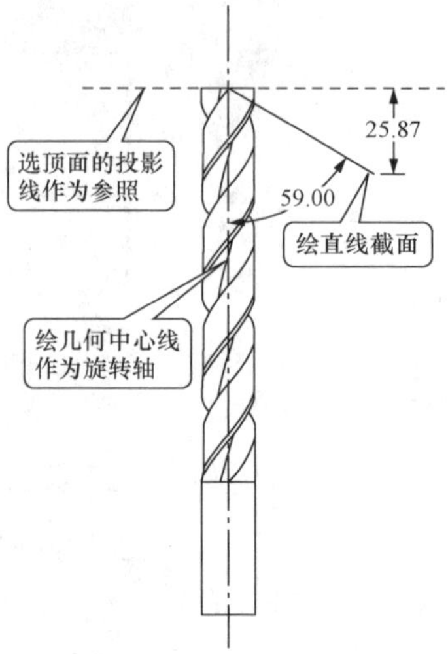

图 1-223　草绘截面和旋转轴

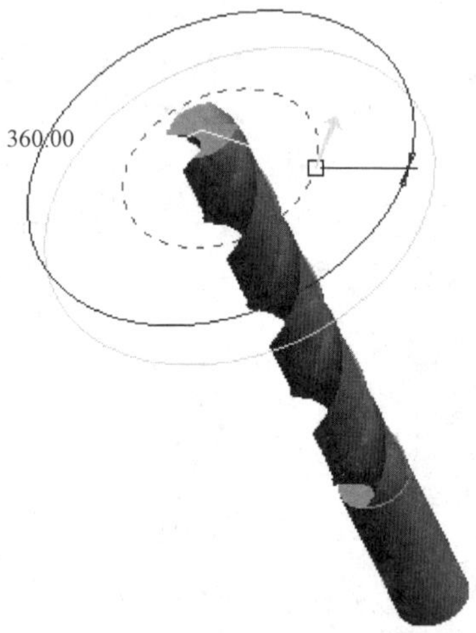

图 1-224　调整切除方向

任务九　弹簧垫圈的三维实体建模

【任务】 创建如图 1-225 所示的弹簧垫圈模型。

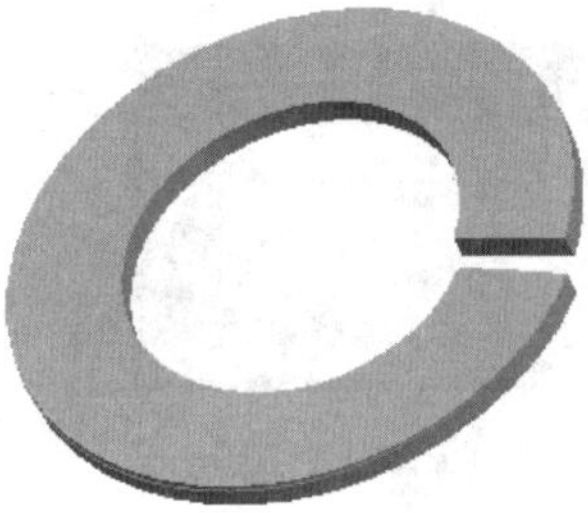

图 1-225　弹簧垫圈模型

【分析】 弹簧垫圈模型可以采用前面学习的螺旋扫描特征创建，也可以用扫描混合特征创建，本模型采用扫描混合特征创建。

一、扫描混合特征简介

扫描混合特征兼有扫描特征与混合特征的特点，是指通过一条轨迹线以及轨迹线上的多个截面图形来生成特征。在创建扫描混合特征时，需要一条扫描轨迹线和两个或两个以上的扫描截面。扫描混合特征的调用步骤如下：

1. 调用扫描混合命令

选择主菜单“插入”→“扫描混合”，打开扫描混合特征操控板，信息提示区提示“选取最多两个链作为扫描混合的轨迹”，如图 1-226 所示。

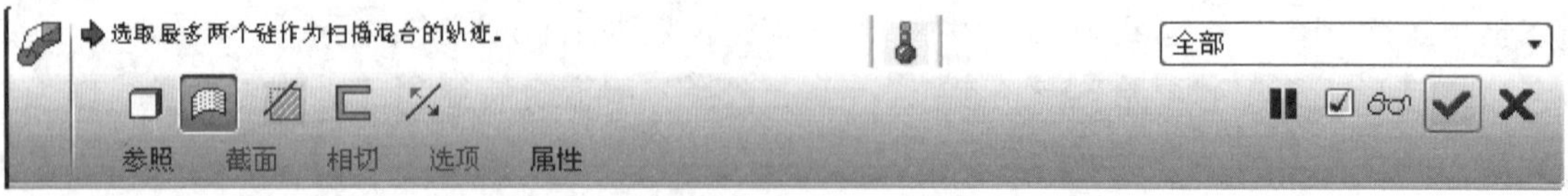

图 1-226　扫描混合特征操控板

2. 选择原点轨迹

单击“参照”按钮，打开“参照”滑面板，选中扫描轨迹后，“参照”滑面板如图 1-227 所示。

3. 定义截面

选完扫描轨迹后，单击“截面”按钮，打开“截面”滑面板，如图 1-228 所示，依次选择扫描轨迹上的插入点，来确定截面的位置。

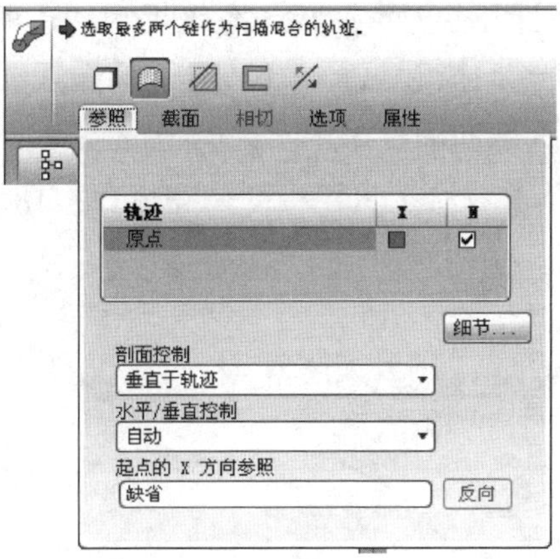

图 1-227　“参照”滑面板

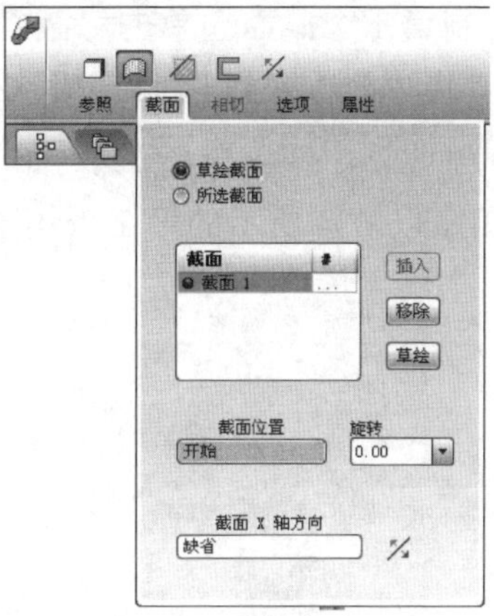

图 1-228　“截面”滑面板

4. 完成

完成截面的定义后，单击操控板上的“完成”按钮，完成扫描混合特征的创建。

二、创建弹簧垫圈模型

1. 新建一个名为“EX01-09”的零件文件

选择主菜单“文件”→“设置工作目录”，打开【选取工作目录】对话框。选取工作目录“D：/EXProE5/EX01”，单击“确定”按钮，完成当前工作目录的设定。

单击“新建”按钮，打开【新建】对话框，类型选取“零件”，子类型选取“实体”，输入名称“EX01-09”后，取消“使用缺省模板”前面的复选框，单击“确定”按钮，然后进入【新文件选项】对话框，将绘图单位更改为公制单位“mmns _ part _ solid”，单击“确定”按钮，进入 Pro/ENGINEER 的零件设计界面。

2. 草绘扫描轨迹

单击特征工具栏中的“草绘”工具按钮，选择 TOP 基准面作为草绘平面，接受系统默认的放置方式，单击按钮 草绘 ，进入草绘模式。绘制如图 1-229 所示的扫描轨迹，单击草绘工具栏中的“完成”按钮，退出草绘模式，完成的扫描轨迹如图 1-230 所示。

3. 创建扫描混合特征

(1) 选择扫描轨迹。选择主菜单“插入”→“扫描混合”，打开扫描混合特征操控板，单击“实体”按钮，由曲面的模式切换为实体的创建模式。选取已有的草绘轨迹作为扫描轨迹，如图 1-231 所示。

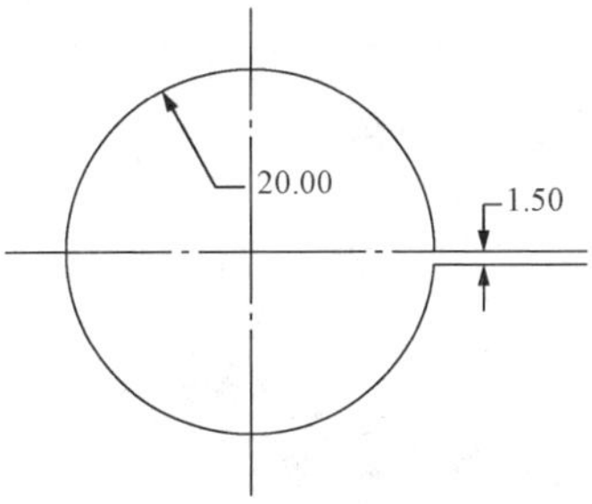

图 1-229　草绘轨迹

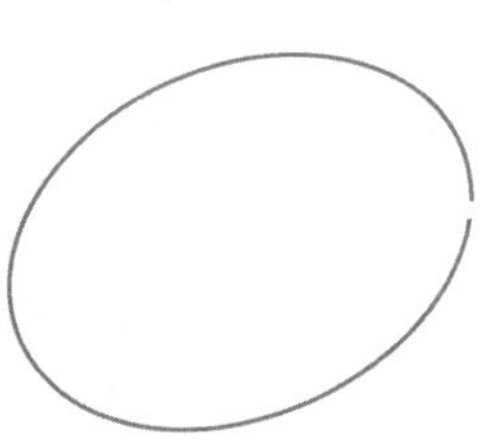

图 1-230　扫描轨迹

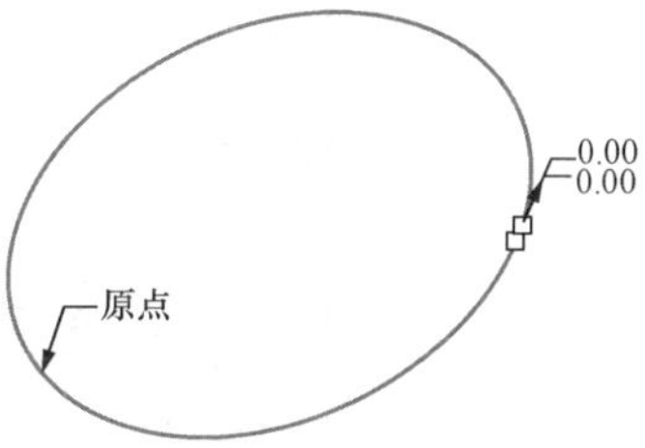

图 1-231　选取扫描轨迹

（2）绘制第1个截面。单击“截面”按钮，打开截面滑面板，系统提示“选取点或顶点定位截面”，再用鼠标左键选择扫描轨迹的链首（扫描起点箭头位置），如图1-232所示，再单击截面滑面板中的按钮[草绘]，系统进入链首截面的草绘模式。

绘制如图1-233所示的第1个矩形截面。单击草绘工具栏中的“完成”按钮✔，退出草绘模式。

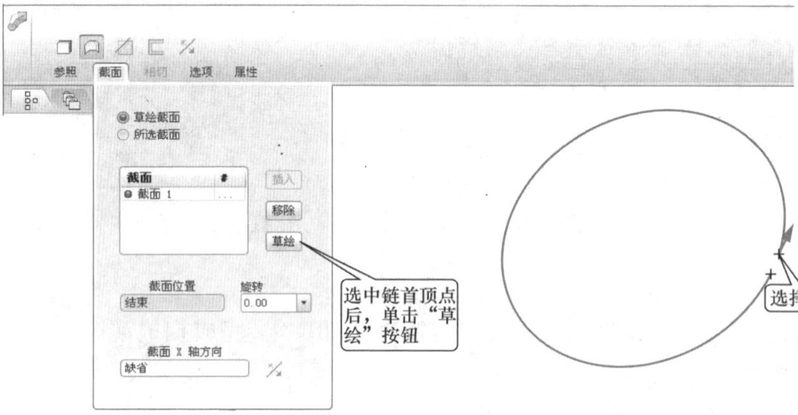

图1-232 选择轨迹链的链首进行草绘截面

（3）绘制第2个截面。单击“截面”滑面板中的按钮[插入]，如图1-232所示，再用鼠标左键选择扫描轨迹的链尾，如图1-234所示，再单击“截面”滑面板中的按钮[草绘]，系统进入链尾截面的草绘模式。绘制如图1-235所示的第2个矩形截面，单击草绘工具栏中的“完成”按钮✔，退出草绘模式。

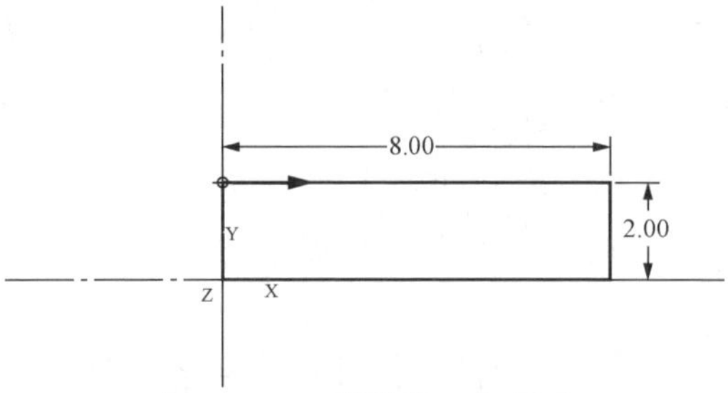

图1-233 草绘第1个截面

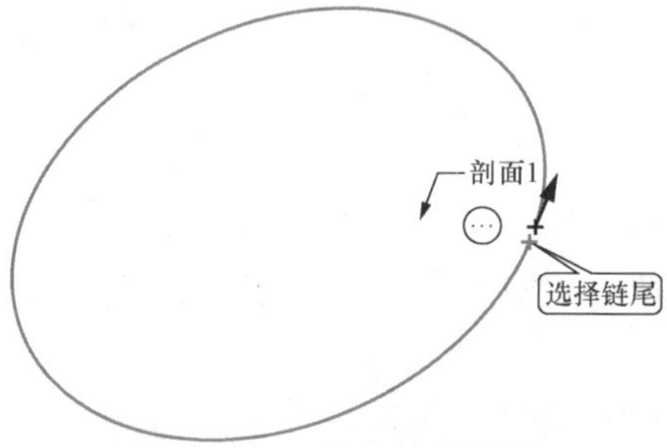

图1-234 轨迹链的链尾

这时绘图区显示的图形如图1-236所示。

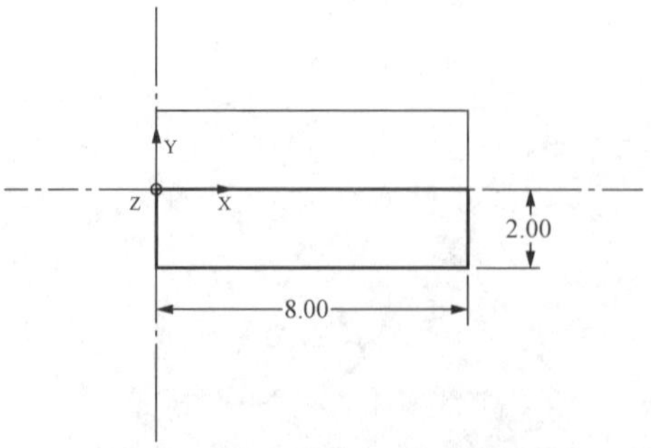

图1-235 草绘第2个截面

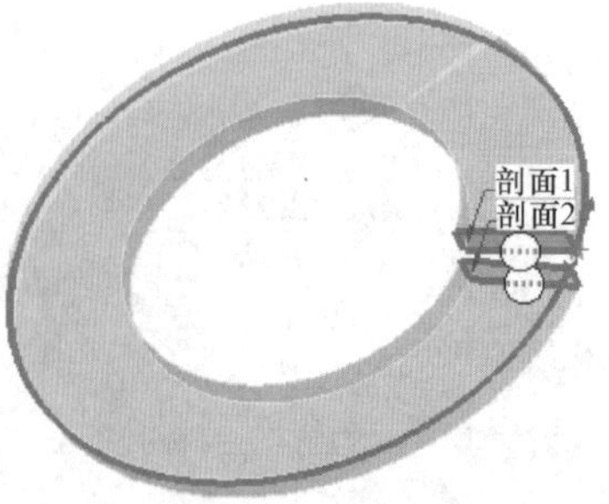

图1-236 图形预览

（4）完成。单击扫描混合特征操控板上的“完成”按钮，完成的弹簧垫圈模型如图1-225所示。

4. 保存文件

单击“保存”按钮，完成模型设计。

任务十 轴承座的三维实体建模

【任务】 创建如图1-237所示的轴承座模型。

【分析】 本模型底板和套筒中的孔可以用拉伸剪切命令来完成，也可以用孔工具来创建，支撑板用拉伸工具来创建，而肋板采用筋命令来创建。

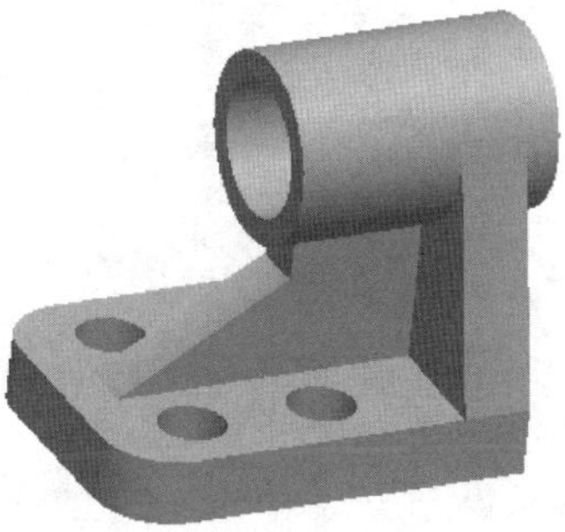

图1-237 轴承座的三维模型

一、孔特征简介

在三维建模的过程中，常常遇到需要在模型上钻孔的情况，利用孔特征可在设计中快速地创建简单孔、阶梯孔和螺纹孔。孔特征的调用方法如下：

1. 调用孔特征

选择主菜单“插入”→“孔”命令，或单击特征工具栏中的“孔”工具按钮，打开孔工具操控板，如图1-238所示。

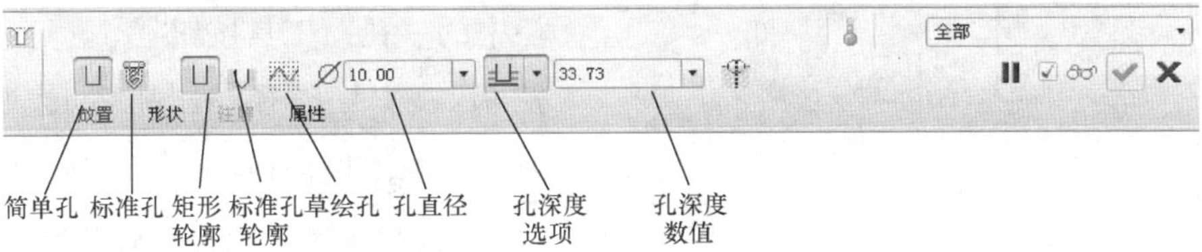

图1-238 孔特征操控板

2. 创建简单孔

（1）创建简单线性孔。单击特征工具栏中的“孔”工具按钮，打开孔工具操控板，在孔工具操控板中输入孔径10，孔深度为“通孔”，单击操控板中的“放置”按钮，打开放置滑面板，选择底板的上表面作为孔的放置平面，类型选择“线性”；在偏移参照中单击鼠标左键，系统提示“选取2个项目”，选择零件的后面作为第1个线性参照，偏距值为10，按住Ctrl键，再选择RIGHT基准面作为第2个线性参照，输入偏距值为50，如图1-239所示，单击操控板中的“完成”按钮。

可以在孔特征的创建过程中，通过单击操控板上的“形状”按钮，打开形状滑面板，如图1-240所示，在形状滑面板中对孔的形状进行设置。

（2）创建简单同轴孔。单击特征工具栏中的“孔”工具按钮，打开孔工具操控板，输入孔径30，孔深度为“通孔”，单击操控板中的“放置”按钮，打开“放置”滑面

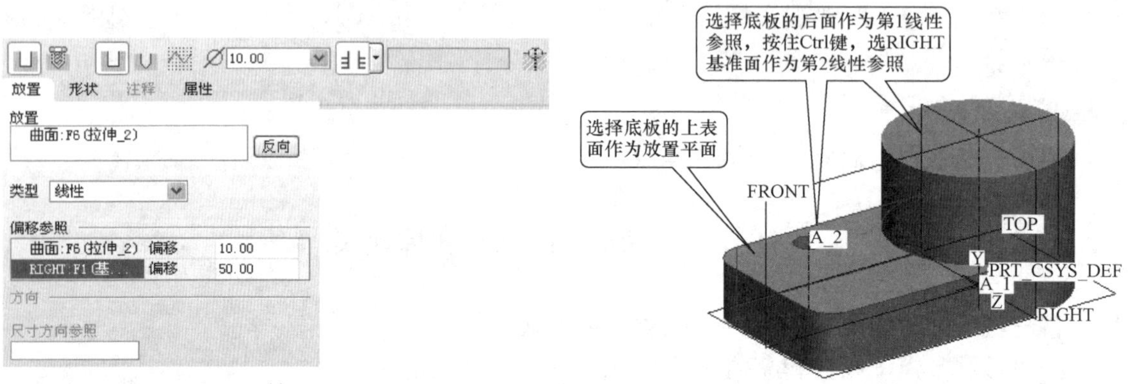

(a) (b)

图 1-239 简单孔的创建

（a）线性孔特征操控板设置；（b）完成的孔特征

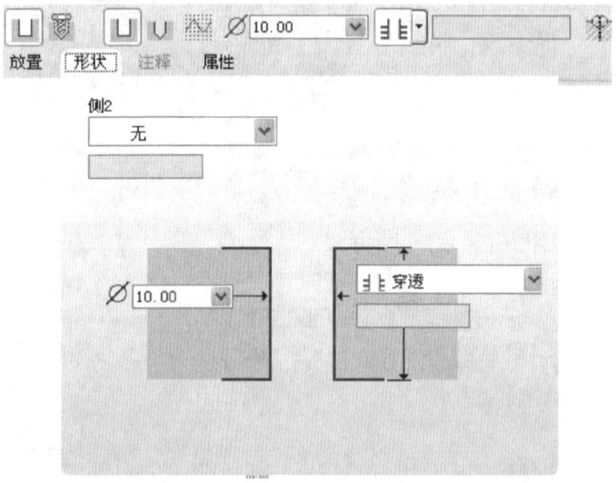

图 1-240 形状滑面板

板，选择圆柱体的上表面作为孔特征的放置平面，同时，按住 Ctrl 键再选择圆柱体的轴线 A_1 轴，这时孔的类型显示为“同轴”，如图 1-241 所示，单击操控板上的“完成”按钮。

（3）创建简单径向孔。单击特征工具栏中的“孔”工具按钮，打开孔工具操控板，输入孔径 8，孔深度为“通孔”，单击操控板中的“放置”按钮，打开“放置”滑面板，选择圆柱体的上表面作为孔特征的放置平面，类型选择“径向”，鼠标左键单击偏移参照栏，系统提示“选取 2 个项目”，鼠标左键选择圆柱的轴线 A_1 轴，输入半径 22.5（表示直径为 8mm 的孔的圆心位置在以圆柱体的圆心为圆心，半径为 22.5mm 的圆周上），同时按住 Ctrl 键，选择 FRONT 基准面，输入角度偏移 45°，如图 1-242 所示，单击操控板上的按钮。

（4）创建简单直径孔。直径孔的创建方法与径向孔的创建方法相同，只不过是径向孔输入的是半径值（22.5），而直径孔输入直径值（45）而已。对于上例创建径向孔，若改为创建直径孔，则设置如图 1-243 所示。

3. 创建线性螺纹孔

在孔特征操控板中单击“创建标准孔”按钮，按下“添加攻丝”按钮，选择螺纹系列 ISO，螺纹尺寸 M10×1.25，输入深度值 22.00，选择“钻孔肩部深度”，按下“埋头孔”按钮，如图 1-244 所示，这时打开“形状”滑面板，如图 1-245 所示，也可以在“形状”滑面板中对孔的尺寸进行设定。

单击操控板中的“放置”按钮，打开“放置”滑面板，选择底板的上表面作为孔的放置平

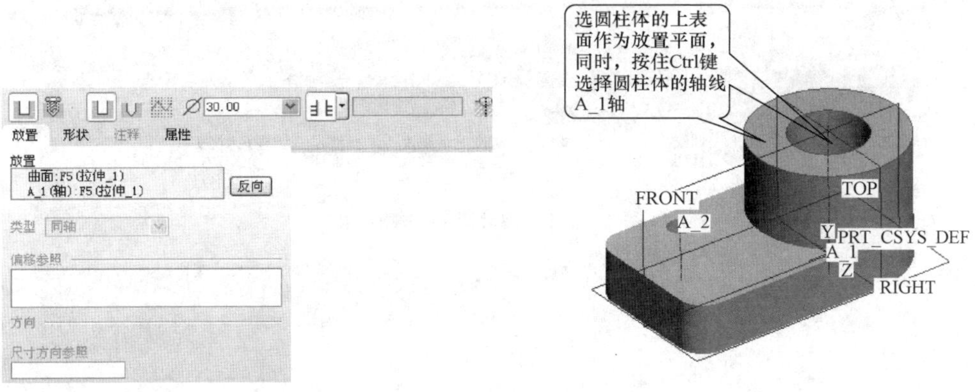

(a)　(b)

图 1-241　同轴孔的创建

(a) 同轴孔特征操控板设置；(b) 完成的同轴孔

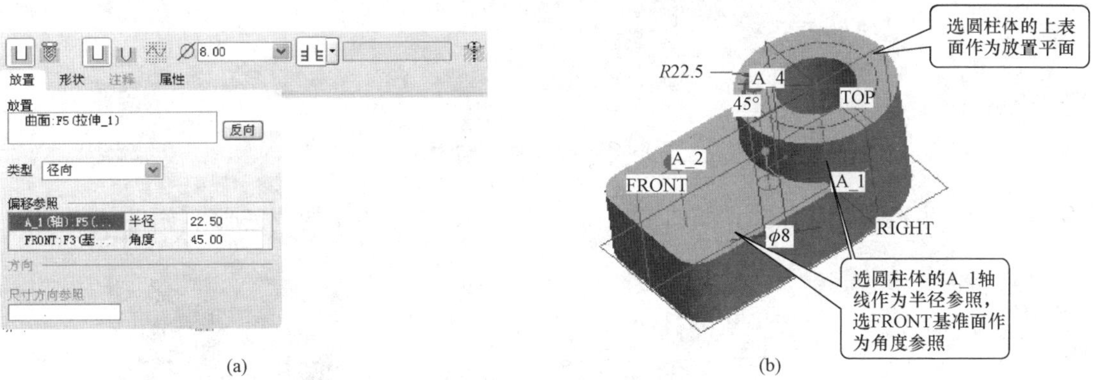

(a)　(b)

图 1-242　径向孔的创建

(a) 径向孔操控板设置；(b) 创建的径向孔特征预览

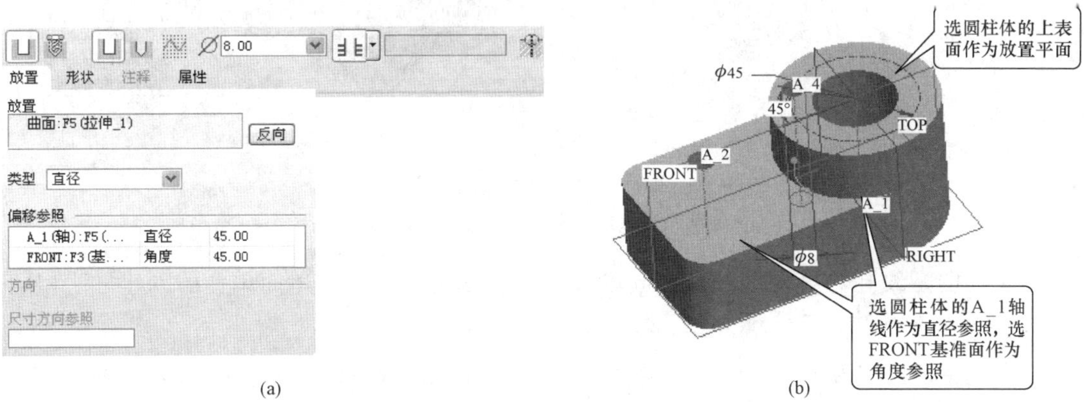

(a)　(b)

图 1-243　直径孔的创建

(a) 直径孔操控板设置；(b) 创建的直径孔特征预览

面，类型选择“线性”，在偏移参照中用鼠标左键单击后，系统提示“选取 2 个项目”，选择 FRONT 基准面作为第 1 个线性参照，偏距值为 0，按住 Ctrl 键再选择 RIGHT 基准面作为第 2

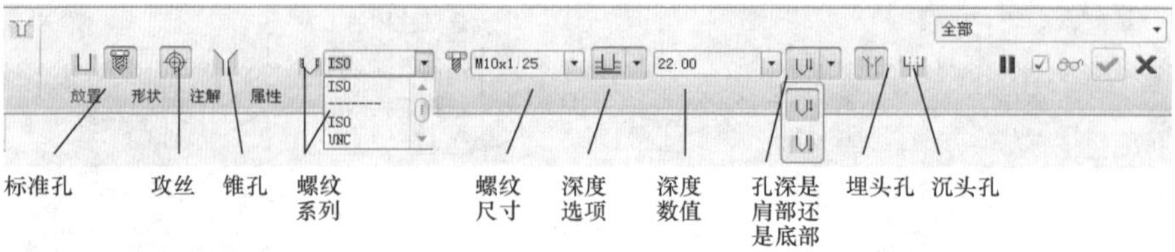

图 1-244 螺纹孔特征操控板

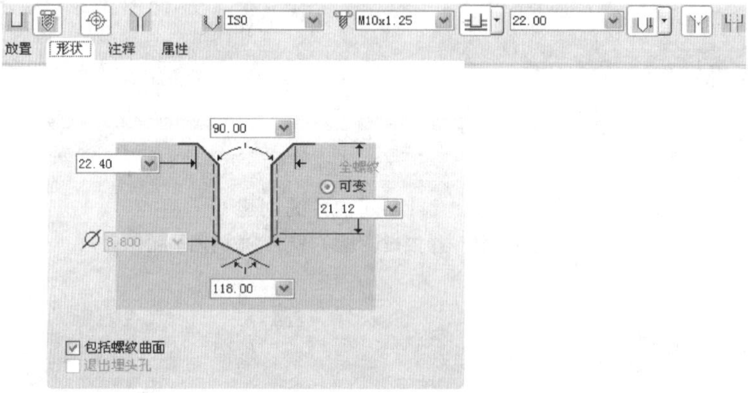

图 1-245 “形状”滑面板

个线性参照，输入偏距值为 50，如图 1-246 所示，单击操控板中的“完成”按钮。

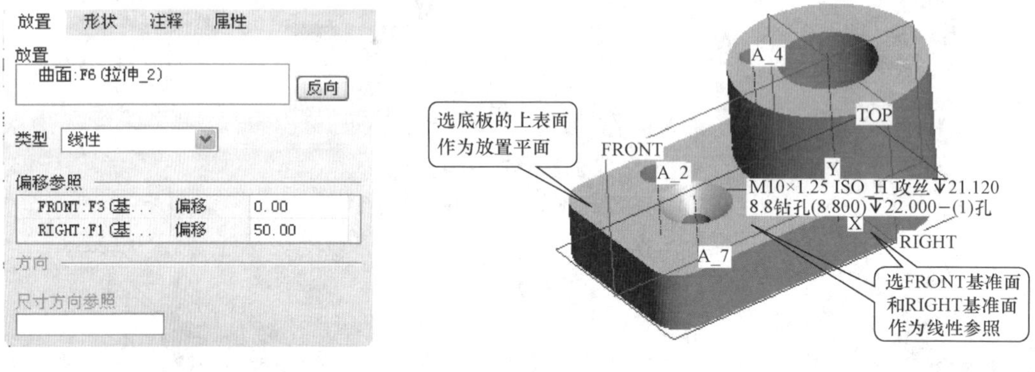

(a) (b)

图 1-246 螺纹孔的创建

（a）放置滑面板的设置；（b）完成的螺纹孔特征

对于径向螺纹孔、直径螺纹孔和同轴螺纹孔的创建方法同上述简单孔的创建方法相同。

4. 创建线性标准钻孔轮廓

单击孔特征操控板中的“标准孔轮廓”按钮，输入孔径 8，选择孔深为“通孔”，按下“沉头孔”按钮，单击“放置”按钮，打开“放置”滑面板，选择底板上表面作为放置平面，类型“线性”，在偏移参照中用鼠标左键单击后，系统提示“选取 2 个项目”，选择零件的前面作为第 1 个线性参照，偏距值为 10，按住 Ctrl 键再选择 RIGHT 基准面作为第 2 个线性参照，输入偏距值为 50，如图 1-247 所示，单击操控板中的“完成”按钮。

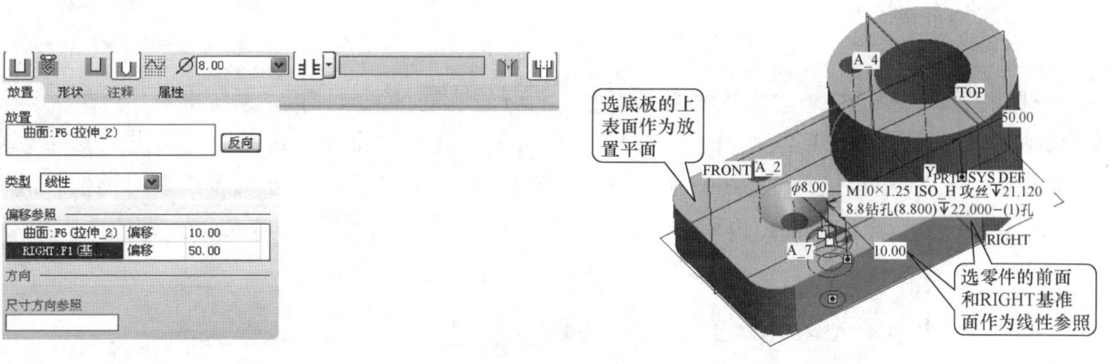

图 1-247　创建标准钻孔轮廓特征

(a) 线性标准轮廓孔设置；(b) 标准钻孔轮廓特征预览

对于径向标准孔轮廓、直径标准孔轮廓和同轴标准孔轮廓的创建方法与上述简单孔的创建方法相同。

5. 创建草绘孔特征

单击特征工具栏中的“孔”工具按钮，打开孔工具操控板，单击操控板上的“草绘”按钮，再次单击“激活草绘器”按钮，系统进入二维草绘模式，在草绘模式下绘制如图 1-248 所示的几何中心线和截面，单击草绘工具栏中的“完成”按钮，退出草绘模式。

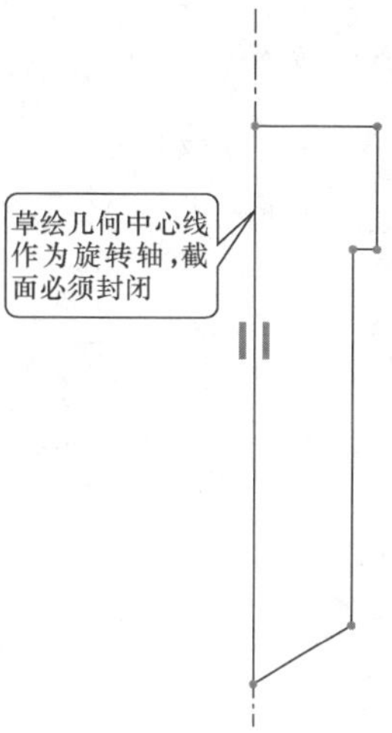

图 1-248　草绘截面

在孔特征操控板上单击“放置”按钮，打开“放置”滑面板，选择零件上表面作为放置平面，类型“线性”，在偏移参照框中用鼠标左键单击后，系统提示“选取 2 个项目”，选择 RIGHT 基准面作为第 1 个线性参照，偏距值为 0，按住 Ctrl 键再选择 FRONT 基准面作为第 2 个线性参照，输入偏距值为 0，如图 1-249 所示，单击操控板中的“完成”按钮。

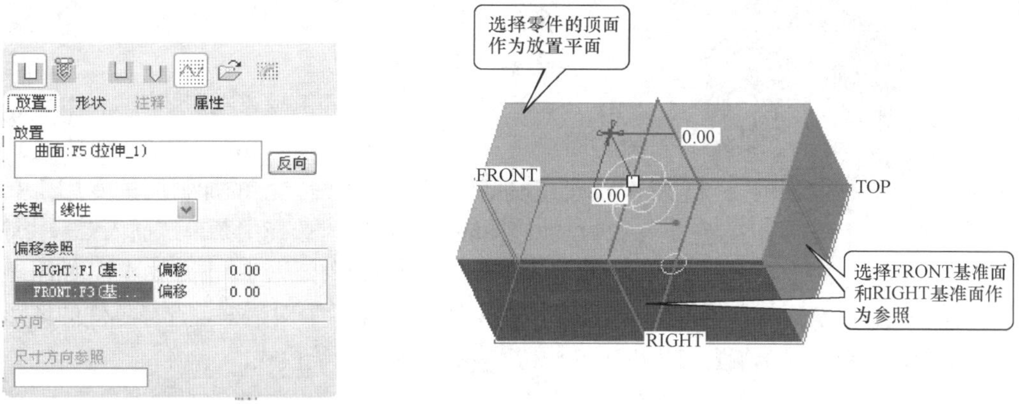

图 1-249　草绘孔特征的创建

(a)“放置”滑面板的设置；(b) 完成的草绘孔特征

二、筋特征简介

1. 轮廓筋调用步骤

选择主菜单“插入”→“筋”→“轮廓筋”，打开轮廓筋特征操控板，系统提示“选取一个开放的草绘（如果首选内部草绘，可在‘参照’滑面板中找到‘定义’选项）”，单击“参照”按钮，如图 1-250 所示。打开“参照”滑面板，再单击“定义”按钮，弹出【草绘】对话框，选择 FRONT 基准面作为草绘平面，再单击【草绘】对话框中的按钮草绘，进入草绘模式。

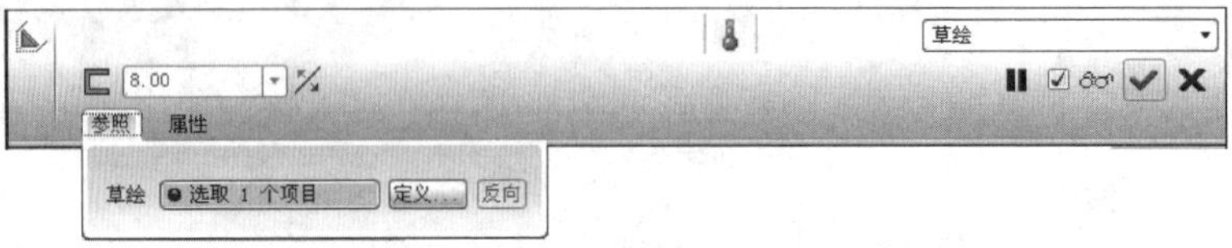

图 1-250 筋特征操控板

在草绘模式下，绘制如图 1-251 所示的截面（1 条斜直线），单击草绘工具栏中的“完成”按钮，退出草绘模式。通过单击操控板上的按钮，可以使筋特征相对“草绘平面”单侧生成，还是双侧生成，默认状态是在草绘平面两侧对称生成筋特征。通过单击“草绘”滑面板上定义...右侧的反向按钮，来改变筋特征添加材料的方向。

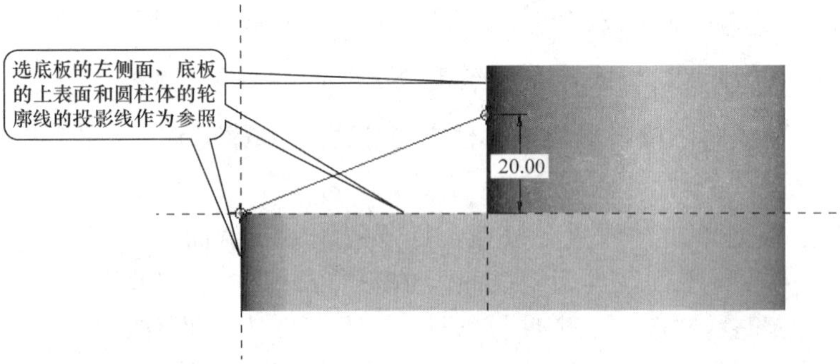

图 1-251 草绘筋特征截面

图 1-252 筋特征

在筋特征操控板中输入筋的厚度为 8，完成的筋特征如图 1-252 所示。

2. 轨迹筋调用步骤

在 Pro/ENGINEER Wildfire 5.0 版本中，引入了一个新的实用工具——轨迹筋（Trajectory Rib），这是一个专门用来处理在模型内部添加各种类型的加强筋的专用工具。

（1）轨迹筋的调用步骤。选择主菜单“插入”→“筋”→“轨迹筋”，打开轨迹筋特征操控板，单击“放置”，如图 1-253 所示。打开“放置”滑面板，再单击“定义”按钮，弹出【草绘】对话框，选择零件的环形顶面作为草绘平面，再单击【草绘】对话框中的按钮草绘，进入草绘模式。

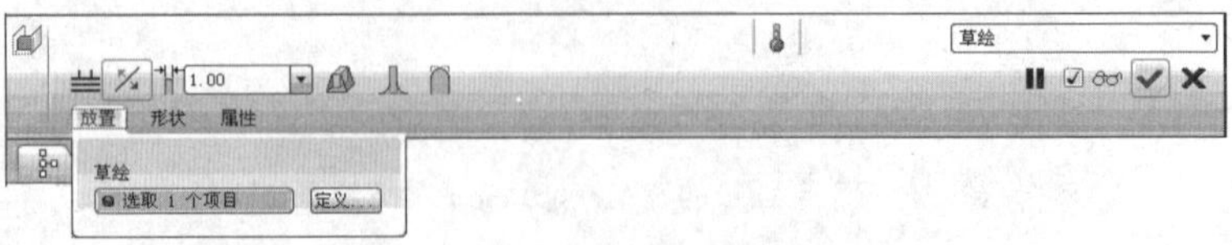

图 1-253 轨迹筋特征操控板

在草绘模式下，绘制如图 1 - 254 所示的截面（1 条开放直线），单击草绘工具栏中的“完成”按钮 ，退出草绘模式。在筋特征操控板中输入筋的厚度为 1，单击操控板上的按钮 ，完成的筋特征如图 1 - 255 所示，系统会自动延伸开放的草绘截面直到和实体的边界几何进行融合。

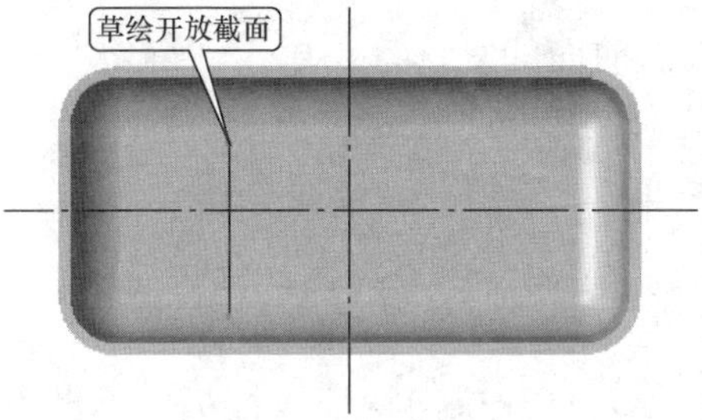

图 1 - 254　草绘截面

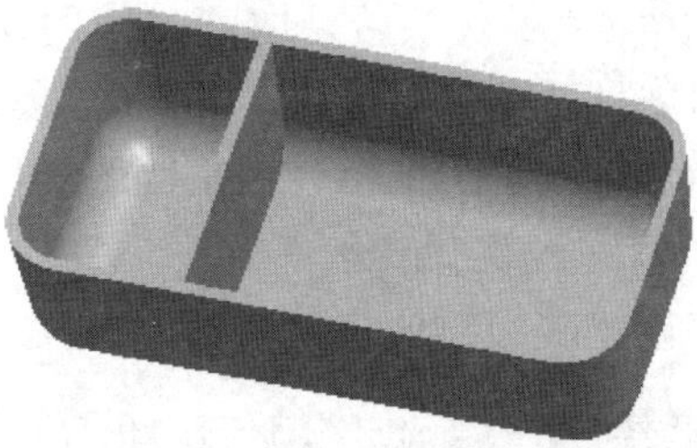

图 1 - 255　完成的轨迹筋特征

（2）轨迹筋的形状。单击轨迹筋特征操控板上的“形状”按钮，可以打开筋特征“形状”滑面板，通过按下操控板上的“拔模” 、“在内部边上添加倒圆角” 和“在暴露边上添加倒圆角” 按钮的不同组合，可以得到不同的轨迹筋的截面，如图 1 - 256 所示。

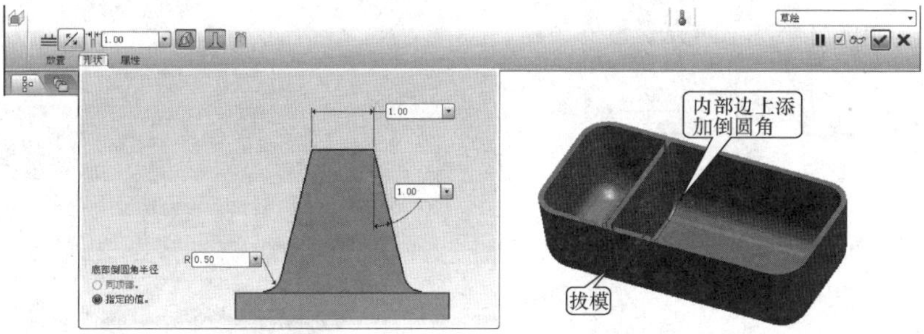

(a)　(b)

图 1 - 256　增加拔模和内部边添加圆角

（a）截面形状；（b）完成的特征

（3）多条轨迹筋的创建。在轨迹筋的创建过程中，可以在草绘模式下一次性创建多个开放截面，甚至可以是多个相互交叉的开放截面，这样可以一次创建多条筋特征，如图 1 - 257 所示。

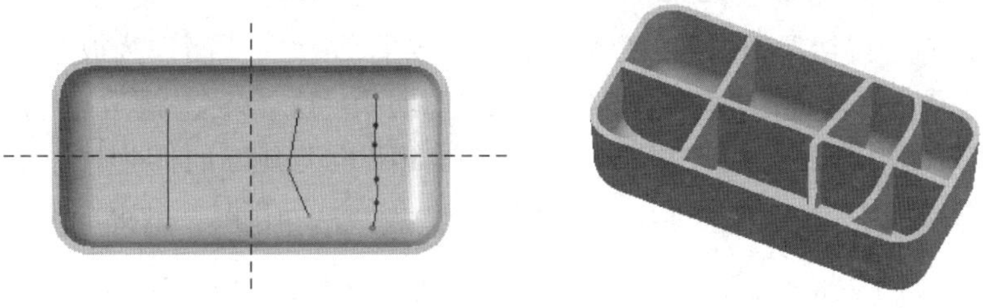

(a)　(b)

图 1 - 257　一次创建多个轨迹筋特征

（a）多个相交的开放截面；（b）完成的筋特征

三、创建轴承座模型

1. 新建一个名为“EX01-10”的零件文件

选择主菜单“文件”→“设置工作目录”，打开【选取工作目录】对话框。选取工作目录“D：/EXProE5/EX01”，单击“确定”按钮，完成当前工作目录的设定。

单击“新建”按钮，打开【新建】对话框，类型选取“零件”，子类型选取“实体”，输入名称“EX01-10”后，取消“使用缺省模板”前面的复选框，单击“确定”按钮；然后进入【新文件选项】对话框，将绘图单位更改为公制单位“mmns _ part _ solid”，单击“确定”按钮，进入 Pro/ENGINEER 的零件设计界面。

2. 创建底板实体特征

（1）创建底板拉伸实体特征。

1）选择特征工具栏中的“拉伸”工具按钮，打开拉伸特征操控板，单击“放置”→“定义”，弹出【草绘】对话框，选择 TOP 基准面作为草绘平面，单击【草绘】对话框中的按钮 草绘 ，进入草绘模式。

2）在草绘模式下，绘制如图 1-258 所示的截面，单击草绘工具栏中的“完成”按钮，退出草绘模式。

3）在拉伸特征操控板上输入拉伸深度 10，确认拉伸方向向上，单击操控板上的“完成”按钮，结果如图 1-259 所示。

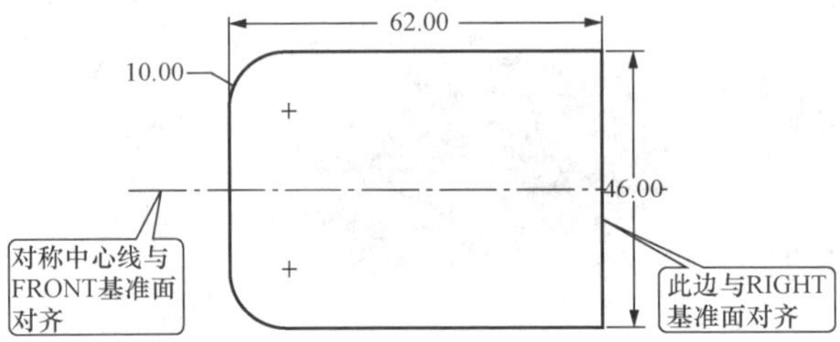

图 1-258 草绘截面

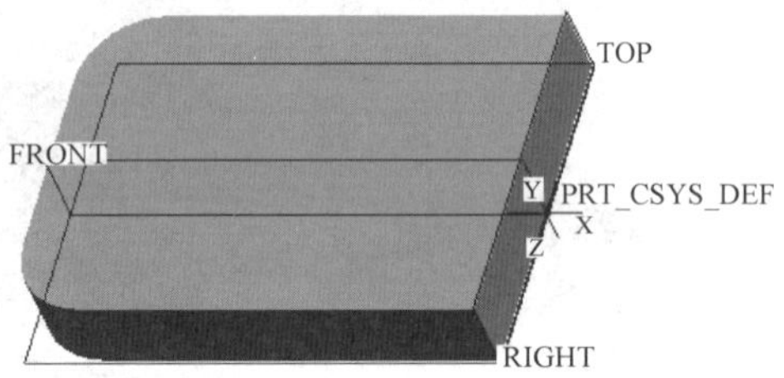

图 1-259 底板拉伸特征

（2）创建底板上的孔特征。

1）单击特征工具栏中的“孔”工具按钮，打开孔特征操控板，设置孔的类型为“简单孔”，直径 10，深度为“通孔”。

2）单击“放置”按钮，弹出“放置”滑面板，选择零件的顶面作为放置平面。鼠标左键在“偏移参照”栏中单击，里面出现“选取 2 个项目”提示信息。鼠标左键选择 RIGHT 基准面作为尺寸参照 1，输入偏距值 28，再按住 Ctrl 键，选择 FRONT 基准面作为尺寸参照 2，输入偏距值 13，如图 1-260 所示，单击特征操控板上的“完成”按钮，结果如图 1-261 所示。

（3）阵列底板上的孔特征。

1）在绘图区中单击孔特征，或在模型树中选择“孔 1”，选中后红色加亮显示，如图 1-262 所示，再单击特征工具栏中的“阵列”工具按钮，打开阵列特征操控板，阵列类型选择“尺寸”。

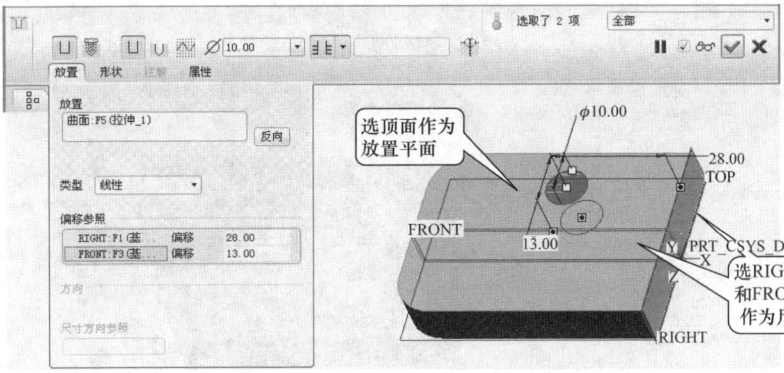

(a)　　　　(b)

图 1-260　孔特征操作方法

（a）“放置”滑面板；（b）选择放置平面及参照平面

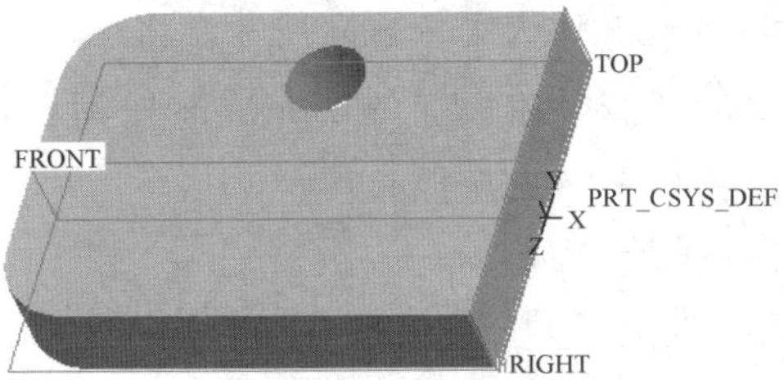

图 1-261　完成的孔特征

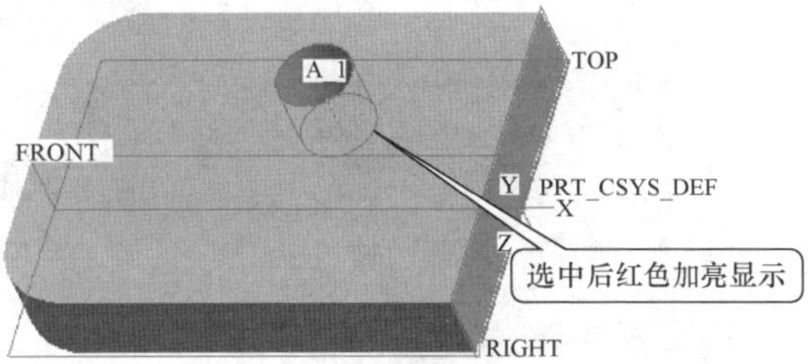

图 1-262　选择孔特征

2）选第 1 方向尺寸。单击“尺寸”按钮，打开“尺寸”滑面板，选择孔特征的定位尺寸 28 作为第 1 方向尺寸，增量输入“20”，再在阵列特征操控板尺寸 1 方向阵列个数中输入“2”，模型显示如图 1-263 所示。

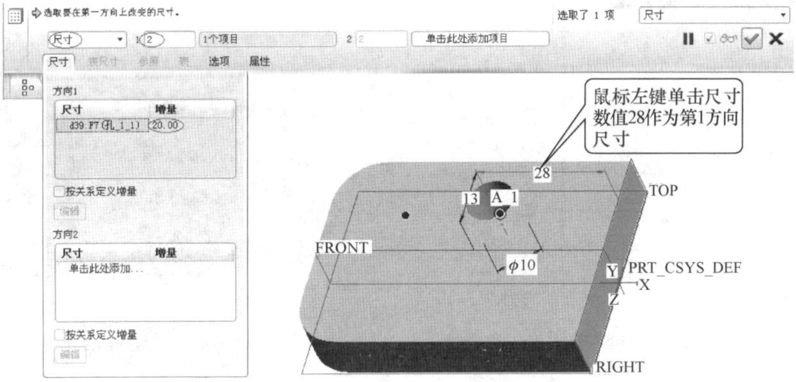

(a)　　　　(b)

图 1-263　阵列设置

（a）“尺寸”滑面板的设置；（b）选择尺寸 28 作为第 1 方向尺寸

3）选第 2 方向尺寸。在“尺寸”滑面板“方向 2”尺寸栏中单击，再选择孔特征的定位尺寸 13 作为第 2 方向尺寸，增量输入“−26”，再在阵列特征操控板尺寸 2 方向阵列个数中输入“2”，模型显示如图 1-264 所示。

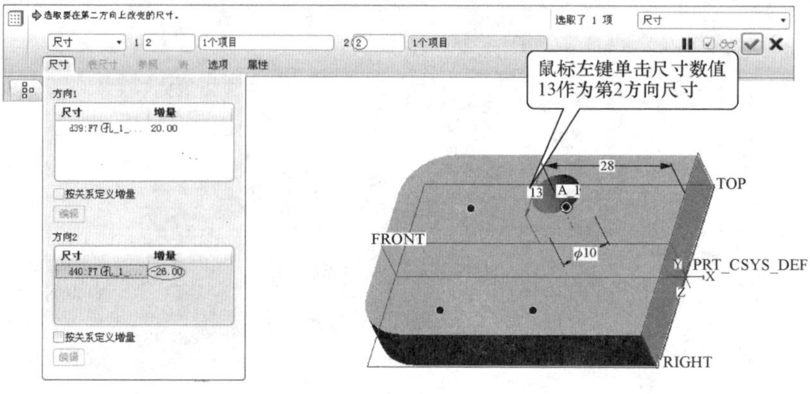

(a) (b)

图 1 - 264 阵列设置

(a)“尺寸”滑面板的设置；(b) 选择尺寸 13 作为第 2 方向尺寸

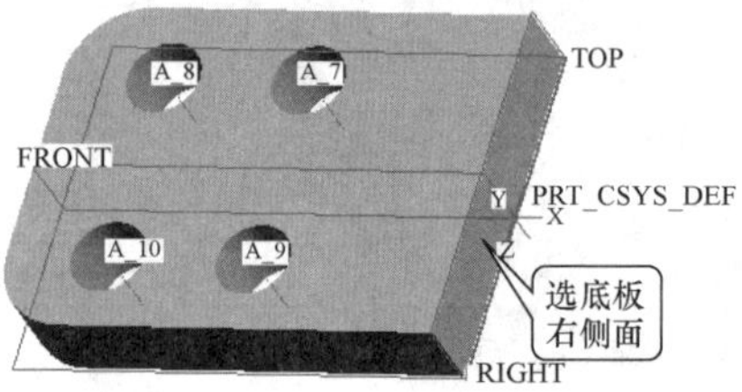

图 1 - 265 完成的阵列特征

当然也可以将 13 作为第 1 方向尺寸，将 28 作为第 2 方向尺寸，单击操控板上的“完成”按钮，完成的阵列特征如图 1 - 265 所示。

3. 创建套筒拉伸特征

(1) 创建基准平面 DTM1。单击特征工具栏中的“基准平面”工具按钮，弹出【基准平面】对话框，鼠标左键选择底板的右侧面，如图 1 - 265 所示，在基准平面对话框中输入偏距值 5，如图 1 - 266 所示，单击基准平面对话框中的按钮 确定 ，完成的基准平面 DTM1 如图 1 - 267 所示。

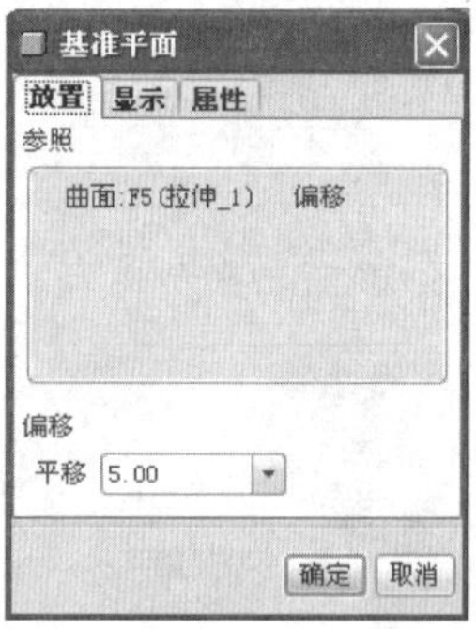

图 1 - 266 【基准平面】对话框

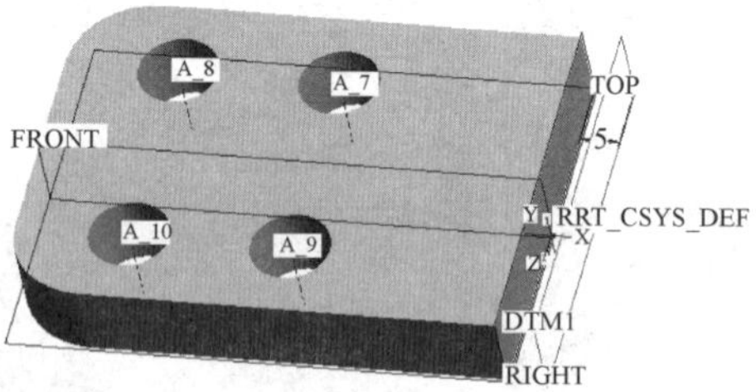

图 1 - 267 创建基准平面 DTM1

(2) 创建拉伸特征。

1) 单击特征工具栏中的“拉伸”工具按钮，打开拉伸特征操控板，单击“放置”→“定义”，打开【草绘】对话框，选择 DTM1 作为草绘平面，接受默认的放置方式，单击【草绘】对话框中的按钮 草绘 ，进入草绘模式。

2) 在草绘模式下，绘制如图 1 - 268 所示的圆形截面，单击草绘工具栏中的“完成”按钮，退出草绘模式。

3）调整拉伸方向，输入拉伸深度值 40，单击拉伸特征操控板中的“完成”按钮，完成的拉伸特征如图 1-269 所示。

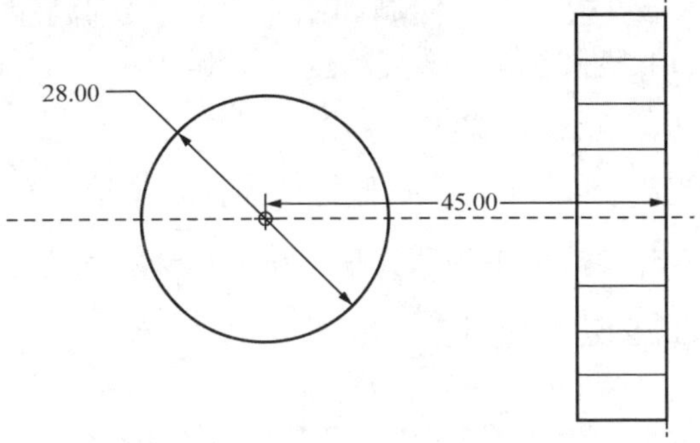

图 1-268　草绘圆形截面

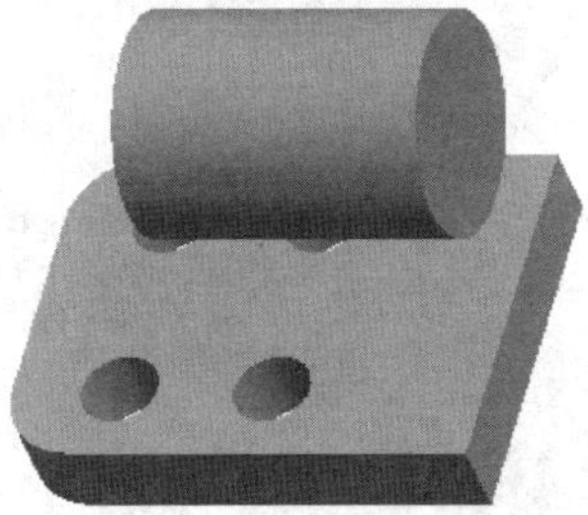

图 1-269　完成的圆柱体拉伸特征

（3）创建孔特征。

1）单击特征工具栏中的“孔”工具按钮，打开孔特征操控板，在特征操控板中设置孔的类型为“简单孔”，直径为 20，深度为“通孔”。

2）单击“放置”按钮，打开放置滑面板，选择圆柱体的左侧面作为孔特征的放置平面，同时按住 Ctrl 键，选择圆柱体的轴线 A _ 5，完成“同轴孔”特征的设置，如图 1-270 所示。

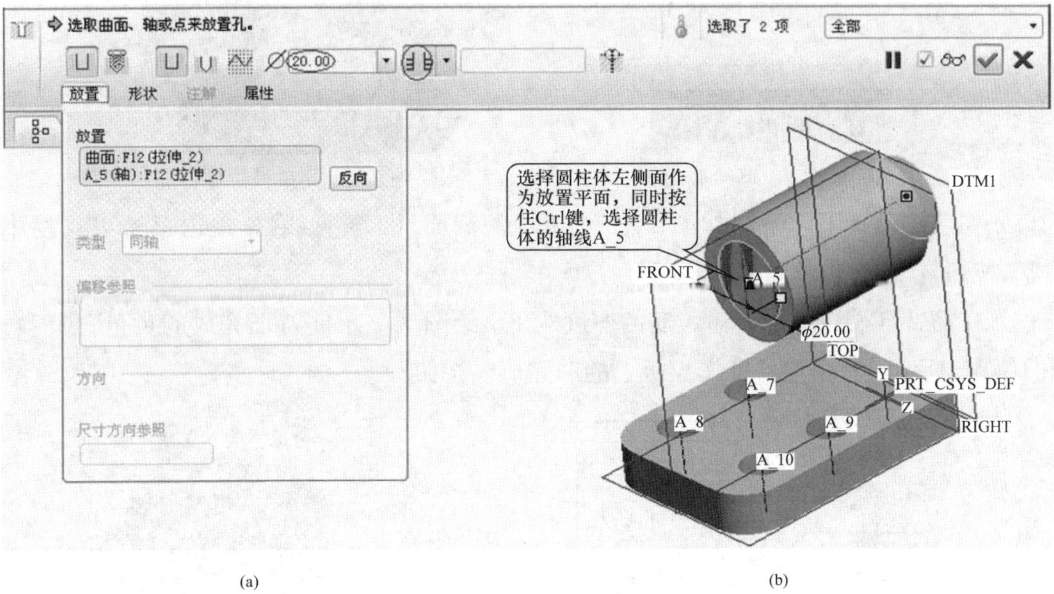

图 1-270　创建同轴孔特征

（a）“放置”滑面板；（b）选择放置参照

3）单击孔特征操控板中的“完成”按钮，完成孔的创建，如图 1-271 所示。

4. 创建支撑板拉伸特征

（1）单击特征工具栏中的“拉伸”工具按钮，打开拉伸特征操控板，单击“放置”→“定义”，打开【草绘】对话框，选择 RIGHT 基准面作为草绘平面，选择 TOP 基准面作为参照，

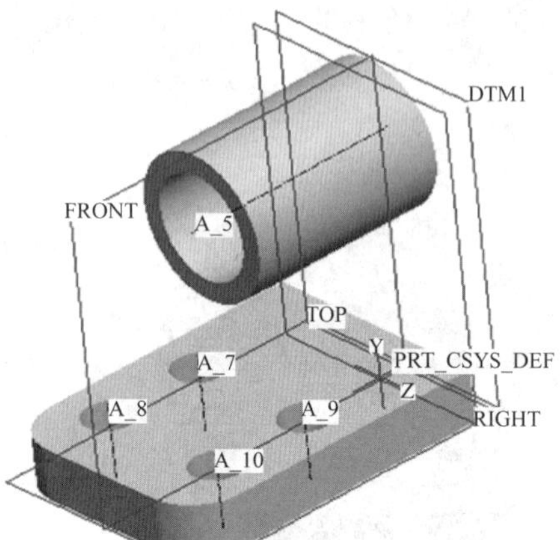

图 1-271　完成的同轴孔特征

方向选择“顶”，单击【草绘】对话框中的按钮 草绘 ，进入草绘模式。

（2）在草绘模式下，绘制如图 1-272 所示的截面（3 条直线、1 段圆弧），单击草绘工具栏中的“完成”按钮 ，退出草绘模式。

（3）调整拉伸方向，在拉伸特征操控板中输入拉伸深度 10，单击操控板中的“完成”按钮 ，完成支撑板拉伸特征的创建，如图 1-273 所示。

5. 创建筋特征

（1）选择主菜单“插入”→“筋”→“轮廓筋”，打开筋特征操控板，单击“参照”→“定义”，打开【草绘】对话框，选择 FRONT 基准面作为草绘平面，接受系统默认的放置方式，单击【草绘】对话框中的按钮 草绘 ，进入草绘模式。

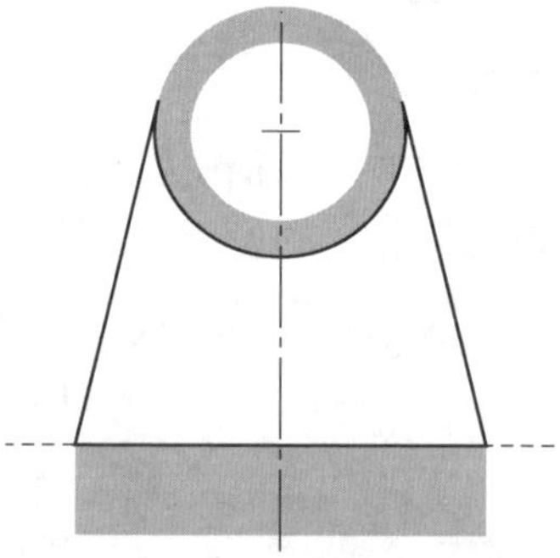

图 1-272　草绘截面

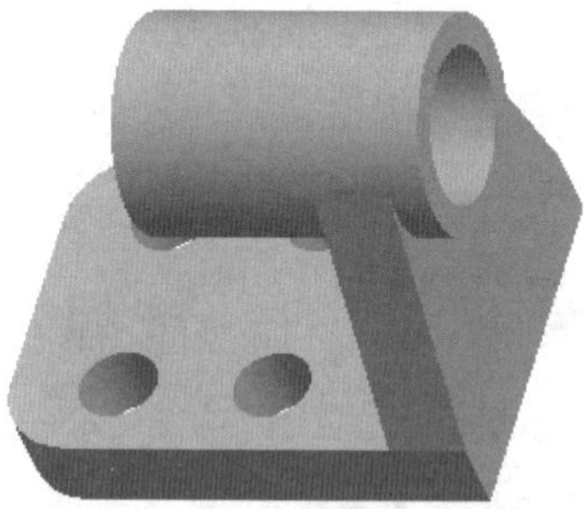

图 1-273　支撑板拉伸特征

（2）在草绘模式下，绘制如图 1-274 所示的截面（2 条直线），单击草绘工具栏中的“完成”按钮 ，退出草绘模式。

（3）在筋特征操控板中，输入筋的厚度为 8，绘图区显示筋特征完成的黄色预览模式，如图 1-275 所示，单击筋特征操控板上的“完成”按钮 。

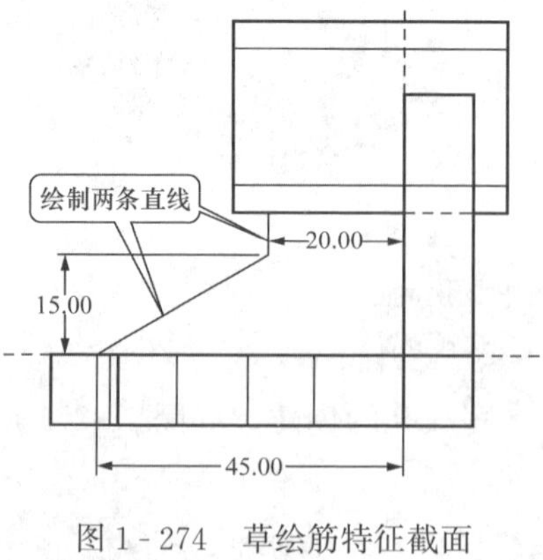

图 1-274　草绘筋特征截面

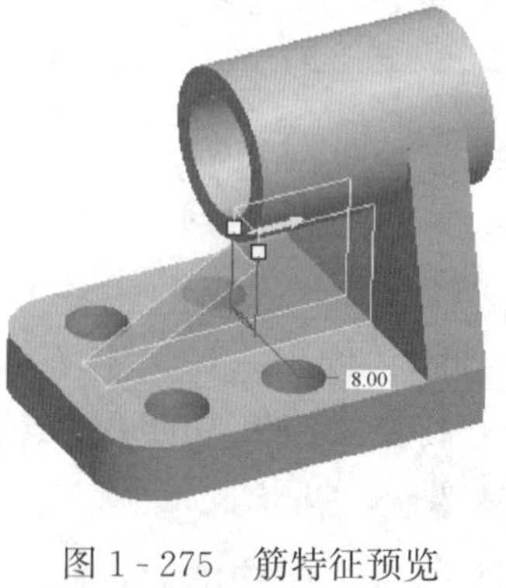

图 1-275　筋特征预览

至此，完成模型的创建，如图 1-237 所示。

6. 保存文件

单击“保存”按钮，完成模型设计。

任务十一　烟灰缸的三维实体建模

【任务】 创建如图 1 - 276 所示的烟灰缸模型。

【分析】 烟灰缸模型采用了拉伸特征、孔特征、圆角特征、拔模特征和抽壳特征。

一、拔模特征简介

在进行产品设计时，尤其是铸造件和注塑件的结构设计，一般沿开模方向要设计出拔模斜度才能使零件顺利脱模。

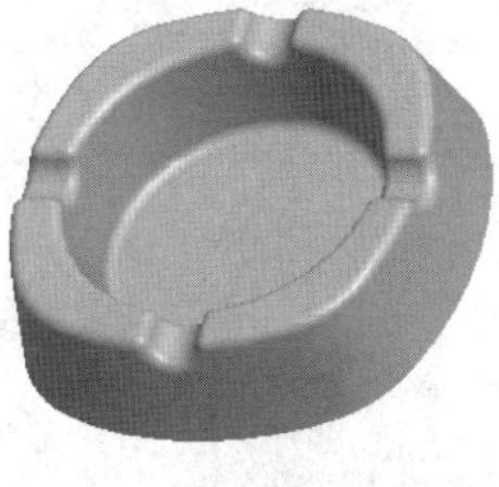

图 1 - 276　烟灰缸的三维模型

1. 拔模工具的调用方法

选择主菜单“插入”→“斜度”，或单击特征工具栏中的“拔模”工具按钮，打开拔模特征操控板，单击“参照”按钮，打开“参照”滑面板，如图 1 - 277 所示。

2. 拔模曲面

打开“参照”滑面板后，首先选择要进行拔模的曲面，选择圆柱体的外表面为拔模曲面，按住 Ctrl 键分 2 次选取，一次只能选中半个圆柱面，如图 1 - 278 所示。

图 1 - 277　拔模特征操控板及“参照”滑面板

3. 拔模枢轴

拔模枢轴是拔模前后长度不会发生变化的边，也称为中立曲线。可选取拔模曲面上的单个曲线链来作为拔模枢轴，也可以选择平面，这时拔模曲面与选取平面的交线即为拔模枢轴。

选完拔模曲面后，在“参照”滑面板上的“拔模枢轴”栏中单击鼠标左键，系统提示“选取一个项目”，然后选择圆柱体的上表面作为拔模枢轴平面，如图 1 - 279 所示，这时在操控板上会出现输入拔模角度文本框，如图 1 - 280 所示，拔模角度必须在±30°之间输入。

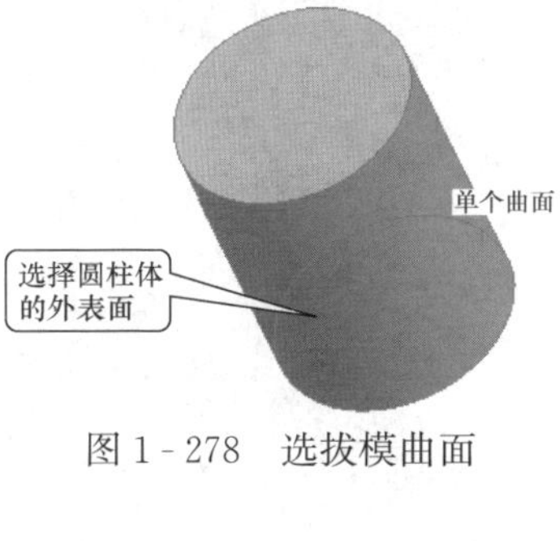

图 1 - 278　选拔模曲面

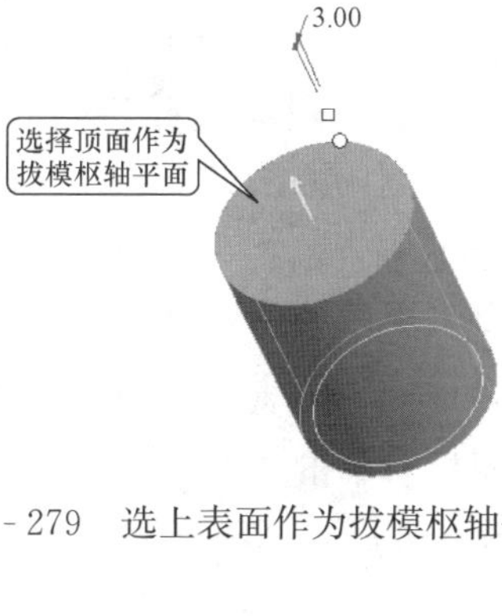

图 1 - 279　选上表面作为拔模枢轴平面

图 1 - 280　设置完成的拔模特征操控板

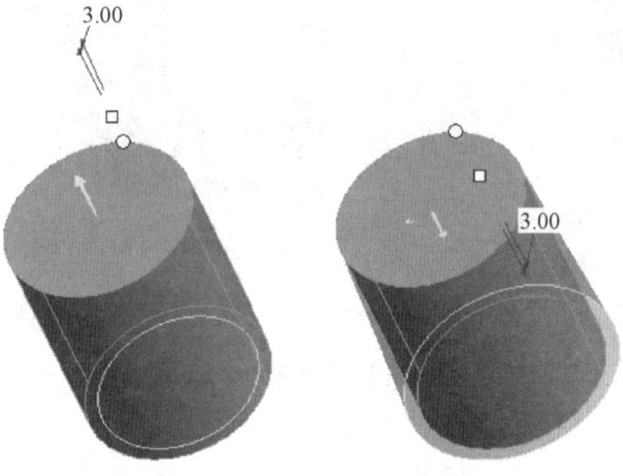

(a)　　(b)

图 1 - 281　拔模方向不同时的效果

（a）向上拔模；（b）向下拔模

4. 拔模方向

拔模方向是用于测量拔模角度的方向，也就是模具开模的方向。可以通过操控板上的“拖拉方向”按钮来调整，或单击图 1 - 280 中“参照”滑面板上“拖拉方向”栏右侧的按钮 反向 来调整拔模方向。图 1 - 281 所示为不同拔模方向的零件效果。

5. 双向拔模

利用分割选项可以将拔模曲面沿着拔模枢轴（或拔模曲面上的草绘曲线）分为两个独立的区域，以不同的角度生成拔模斜面。单击操控板上的“分割”按钮，打开“分割”滑面板，如图 1 - 282 所示。图 1 - 283 所示为“根据拔模枢轴分割”，生成上部拔模角度为 3°、下部拔模角度为 5°的双向拔模特征。

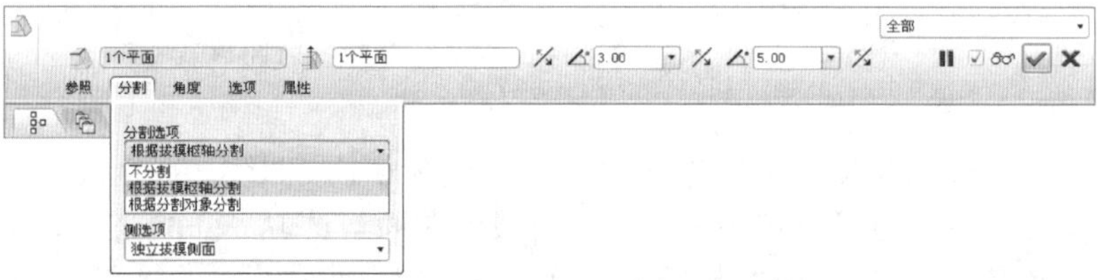

图 1 - 282　“分割”滑面板

二、抽壳特征

壳特征用于挖去实体内部材料，来创建花瓶、水杯、盆、塑料制品等薄壁中空的零件。壳特征的调用方法如下：

1. 调用壳特征

选择主菜单“插入”→“壳”命令，或单击特征工具栏中的“壳”工具按钮，打开壳特征操控板，单击“参照”按钮，打开“参照”滑面板，如图 1 - 284 所示。

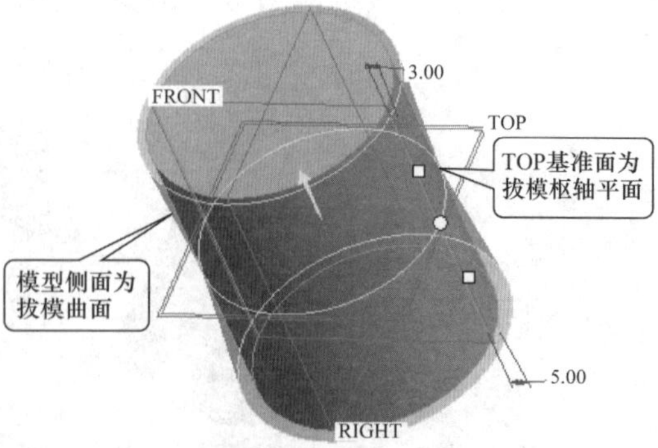

图 1 - 283　双向拔模

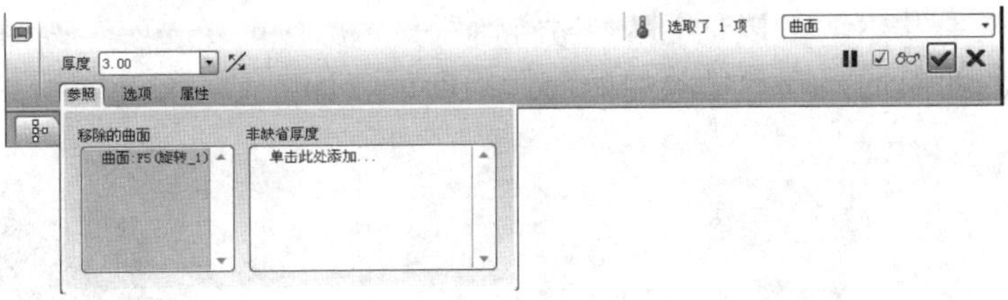

图 1 - 284　壳特征操控板及“参照”滑面板

在“参照”滑面板中可以选择“移除的曲面”，如图 1 - 285 所示，创建均匀壁厚为 3 的壳体特征；也可以不选择移除曲面，则创建整个零件的中空壳体。

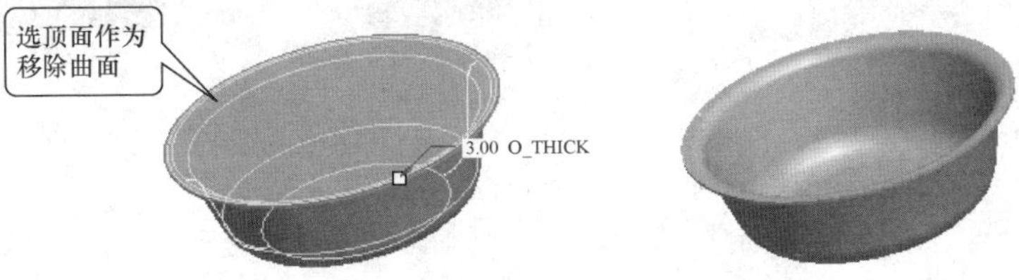

(a)　(b)

图 1 - 285　创建移除曲面的均匀壳体特征

(a) 选择移除曲面；(b) 完成的壳特征

2. 创建不同壁厚的壳体特征

可以创建不同壁厚的壳特征，输入壳特征的壁厚后，首先在“非缺省厚度”栏中单击鼠标，然后选择不同壁厚的曲面，再输入壁厚值，按住 Ctrl 键可以继续选择不同壁厚值的曲面。图 1 - 286 所示为不同壁厚的壳特征操控板及“参照”滑面板的设置，图 1 - 287 所示为不同壁厚的壳特征。

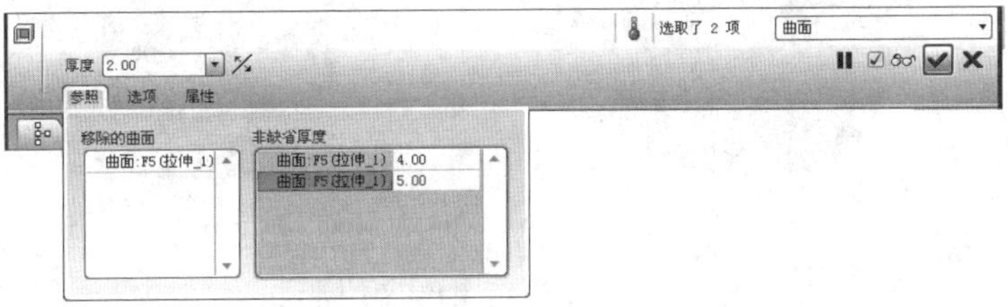

图 1 - 286　不同壁厚的壳特征操控板及“参照”滑面板的设置

3. 抽壳排除的曲面

在创建抽壳特征时，要注意抽壳的顺序。例如，先画出水杯的手柄，再来做抽壳会使得手柄也会变成壳体，如图 1 - 288 所示，而且有可能会因为壳的厚度设置过大或者手柄曲面弯曲太剧烈使抽壳操作失败。

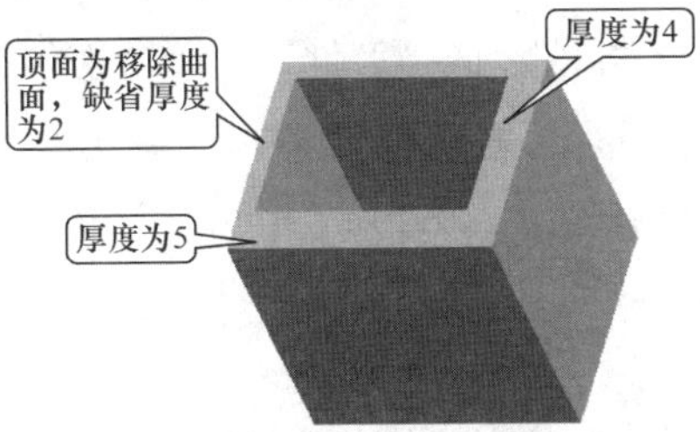

图 1 - 287　不同壁厚的壳特征

图 1 - 288　手柄也被抽壳

为防止上述现象发生，可以通过单击壳特征操控板中的“选项”按钮，打开选项滑面板，将手柄包含的曲面加入到“排除的曲面”中即可，如图 1-289 所示。

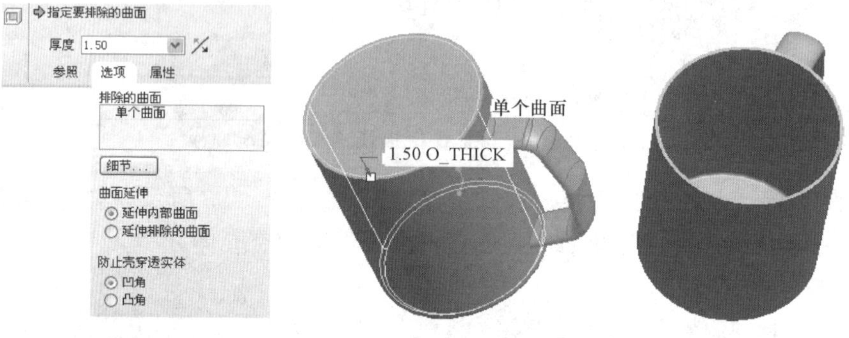

(a)　(b)　(c)

图 1-289　抽壳特征的排除曲面

(a) 选项滑面板；(b) 选手柄曲面；(c) 效果图

4. 抽壳、拔模、圆角的操作顺序

在零件的设计过程中，如果一个零件同时有抽壳特征、拔模特征和圆角特征，则这三类特征的不同创建顺序会对造型产生严重的影响，而且可能会导致造型创建失败。

(1) 带圆角的表面不能产生拔模特征，故圆角不能在拔模特征产生之前创建。

(2) 抽壳后再倒圆角会产生壳体内无圆角的现象，如图 1-290 所示。

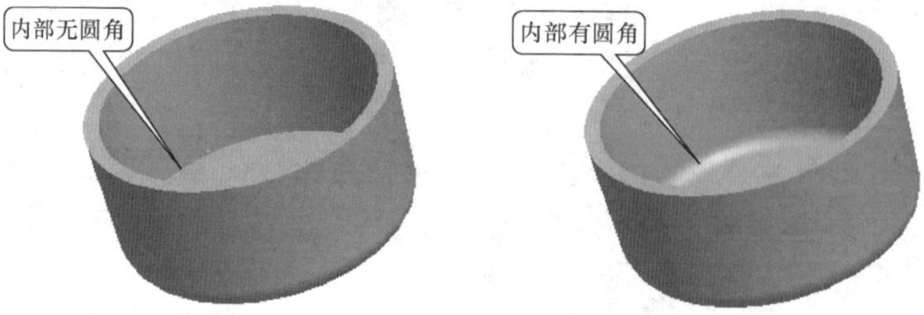

(a)　(b)

图 1-290　抽壳与圆角的不同顺序

(a) 先抽壳后底边外圆倒圆角；(b) 先底边外圆倒圆角后抽壳

三、创建烟灰缸模型

1. 新建一个名为“EX01-11”的零件文件

选择主菜单“文件”→“设置工作目录”，打开【选取工作目录】对话框。选取工作目录“D：/EXProE5/EX01”，单击“确定”按钮，完成当前工作目录的设定。

单击“新建”按钮，打开【新建】对话框，类型选取“零件”，子类型选取“实体”，输入名称“EX01-11”后，取消“使用缺省模板”前面的复选框，单击“确定”按钮，然后进入【新文件选项】对话框，将绘图单位更改为公制单位“mmns _ part _ solid”，单击“确定”按钮，进入 Pro/ENGINEER 的零件设计界面。

2. 创建拉伸实体特征

(1) 单击特征工具栏中的“拉伸”工具按钮，打开拉伸特征操控板，单击“放置”→

“定义”，弹出【草绘】对话框，选择 TOP 基准面作为草绘平面，接受系统默认的放置方式，单击【草绘】对话框中的按钮 草绘 ，进入草绘模式。

(2) 在草绘模式里绘制如图 1-291 所示的 4 段圆弧截面，然后单击草绘工具栏中的“完成”按钮，退出草绘模式。

(3) 在拉伸特征操控板中输入拉伸深度 28，单击操控板中的“完成”按钮，完成的拉伸特征如图 1-292 所示。

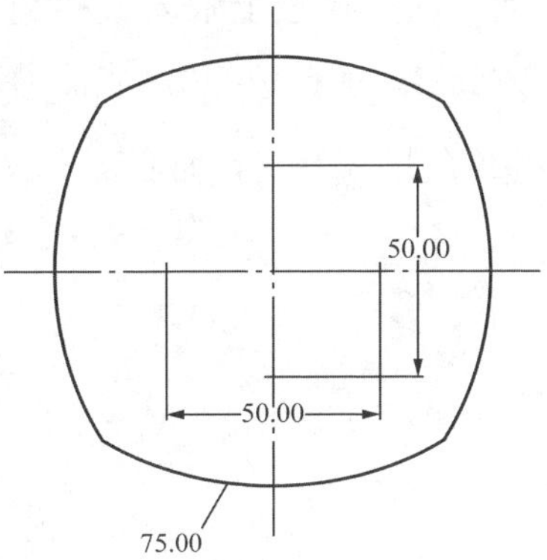

图 1-291　草绘截面

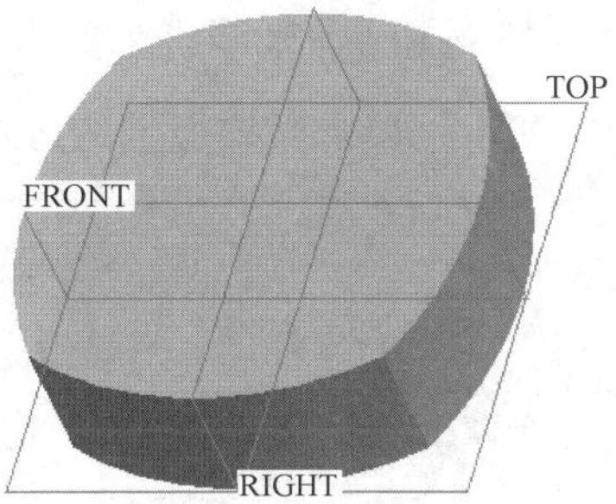

图 1-292　拉伸特征

3. 创建孔特征

(1) 单击特征工具栏中的“孔”工具按钮，打开孔工具操控板，在操控板中输入直径 70，深度 26。

(2) 单击操控板上的“放置”按钮，打开“放置”滑面板，单击拉伸特征的顶面作为孔特征的放置平面，类型选择“线性”，在“偏移参照”栏中单击鼠标左键，系统提示“选取 2 个项目”。选择 FRONT 基准面为第 1 个尺寸参照，在偏移数值中输入 0；按住 Ctrl 键，同时选择 RIGHT 基准面为第 2 个尺寸参照，在偏移数值中输入 0，如图 1-293 所示。

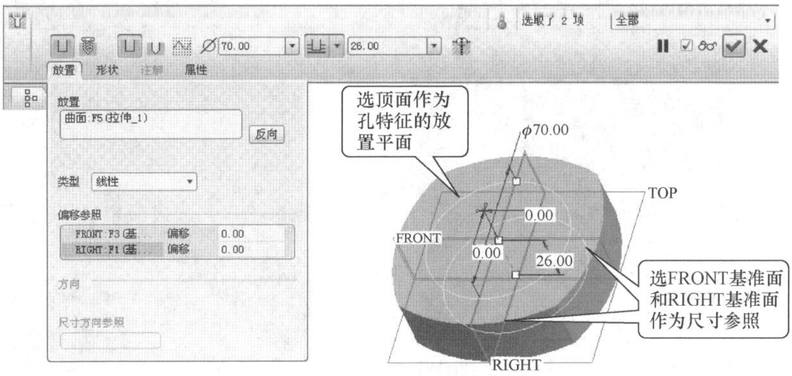

(a)　(b)

图 1-293　孔特征设置

(a)“放置”滑面板的设置；(b) 选择放置平面及尺寸参照

(3) 单击操控板上的“完成”按钮，完成孔特征的创建，如图 1-294 所示。

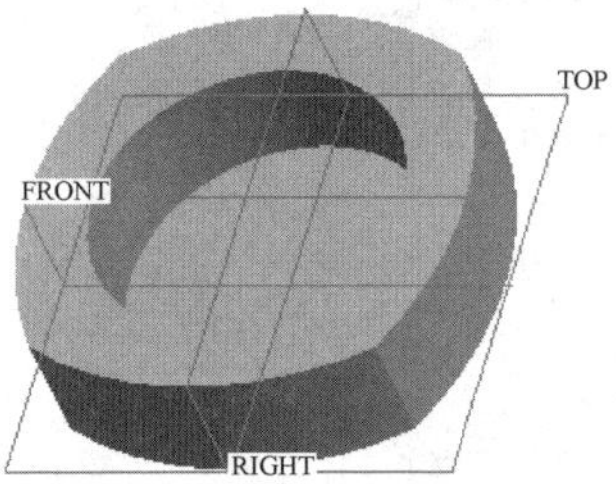

图 1－294　完成的孔特征

4. 创建拔模特征

（1）外表面拔模。单击特征工具栏中的“拔模”工具按钮，打开拔模特征操控板，单击操控板上的“参照”按钮，打开参照滑面板，如图 1－295 所示。按住 Ctrl 键，用鼠标左键选择如图 1－296 所示零件的 4 个外表面为拔模曲面；再用鼠标单击“拔模枢轴”框，系统提示“选取一个项目”，再选择零件的顶面作为枢轴平面，在操控板上输入拔模角度 12°，并单击“反转拖拉方向”按钮选择拔模方向和“反转角度以添加或移除材料”按钮来调整正负角度（使零件的顶部尺寸不变，而底部变大），拔模方向如图 1－297 所示。单击操控板上的按钮，完成外表面拔模，如图 1－298 所示。

图 1－295　拔模操控板及“参照”滑面板

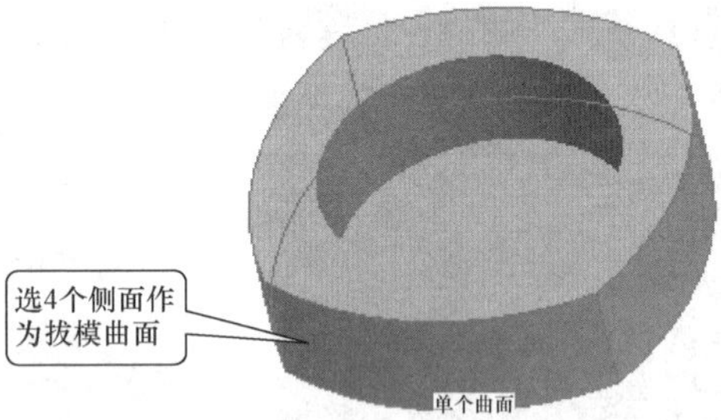

图 1－296　选拔模曲面

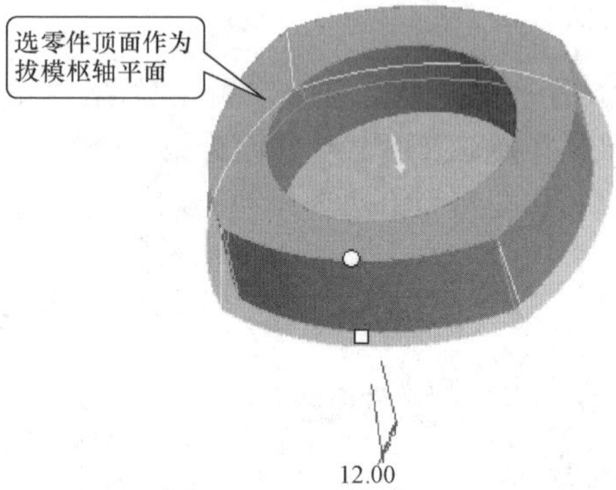

图 1－297　选拔模枢轴平面及角度方向

（2）内表面拔模。同理，单击特征工具栏中的“拔模”工具按钮，按住 Ctrl 键选择零件的内孔表面（需选 2 次，一次只能选半个圆柱面）作为拔模曲面，如图 1－299 所示，然后选择内孔的底面作为枢轴平面，输入拔模角度 9°，并单击“反转拖拉方向”按钮选择拔模方向和“反转角度以添加或移除材料”按钮来调整正负角度（使底面尺寸不变，而孔口变大），如图 1－300 所示。单击操控板上的按钮，完成

图 1－298　完成的拔模特征

内表面拔模，如图 1 - 301 所示。

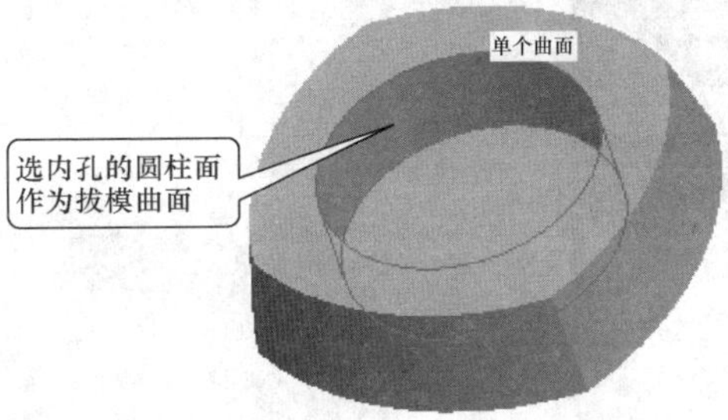

图 1 - 299　选内孔表面作为拔模曲面

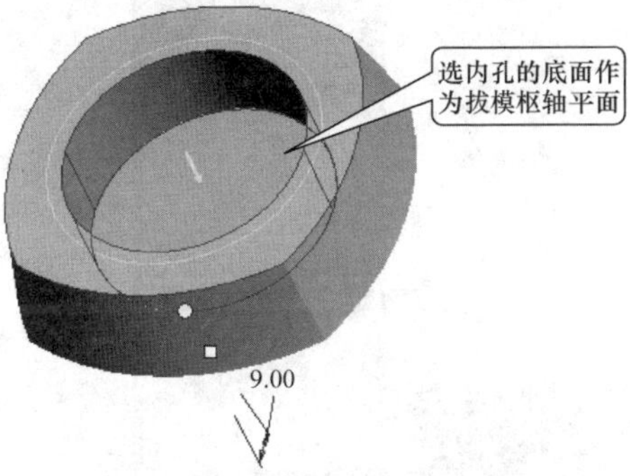

图 1 - 300　选拔模枢轴平面及角度方向

5. 创建拉伸剪切特征

(1) 单击特征工具栏中的“拉伸”工具按钮，打开拉伸特征操控板，单击“放置”→“定义”，弹出【草绘】对话框，选择 FRONT 基准面作为草绘平面，接受系统默认的放置方式，单击【草绘】对话框中的按钮 草绘 ，进入草绘模式。

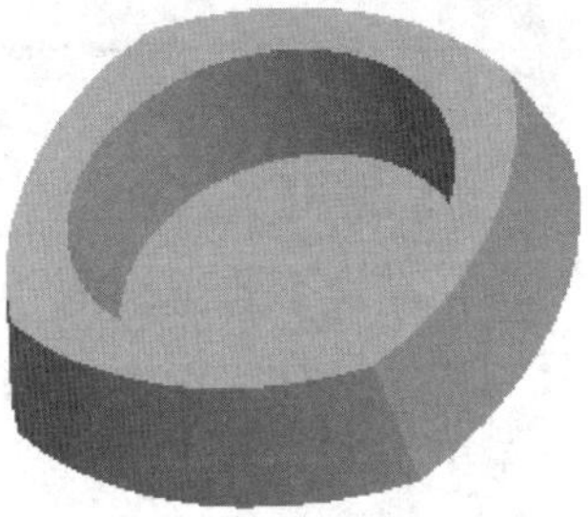

图 1 - 301　完成的拔模特征

(2) 在草绘模式下，选择零件上表面的投影线作为草绘的“参照”，绘制如图 1 - 302 所示的圆形截面图形，然后单击草绘工具栏中的“完成”按钮，退出草绘模式。

(3) 选择拉伸方式为双向拉伸，输入拉伸深度值 150，按下“移除材料”按钮，单击操控板上的“完成”按钮，完成的拉伸剪切特征如图 1 - 303 所示。

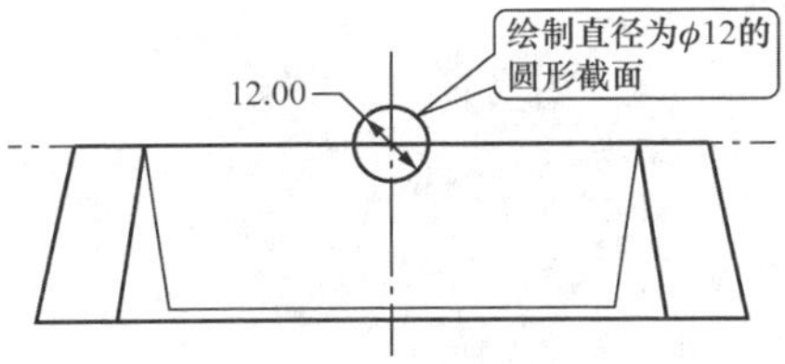

图 1 - 302　草绘截面

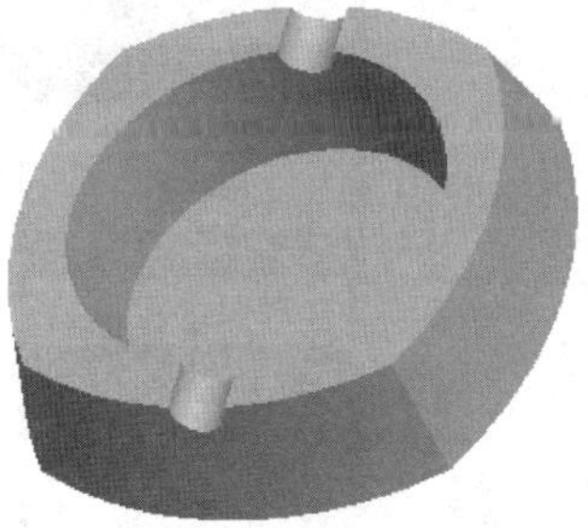

图 1 - 303　拉伸剪切特征

6. 复制拉伸剪切特征

(1) 选择主菜单“编辑”→“特征操作”，弹出“特征”菜单管理器，单击选择“复制”，在下一级“复制特征”菜单中选择“移动”→“选取”→“独立”→“完成”，如图 1 - 304 所示；弹出“特征”选取菜单和【选取】对话框，如图 1 - 305 所示。选择上步创建的拉伸剪切特征（红色加亮显示），如图 1 - 306 所示，再单击“特征”选取菜单中的“完成”命令。

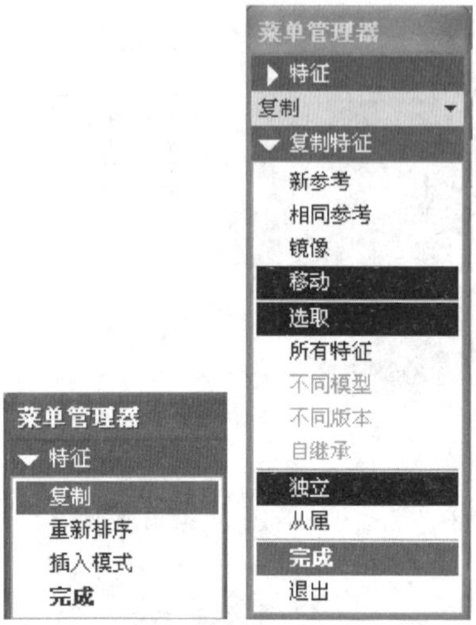

图 1 - 304 “特征”菜单和“复制特征”菜单

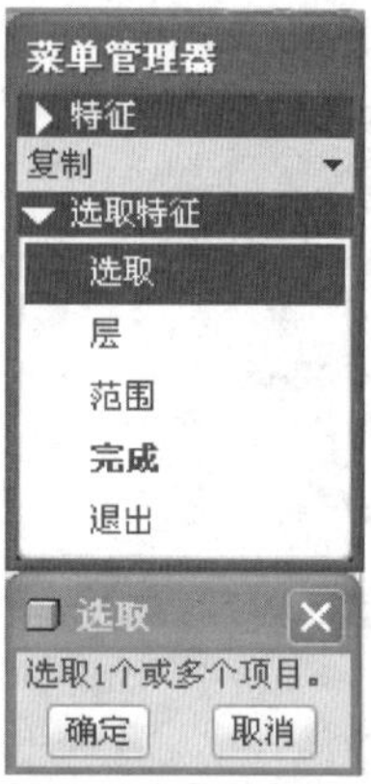

图 1 - 305 选取“特征”菜单

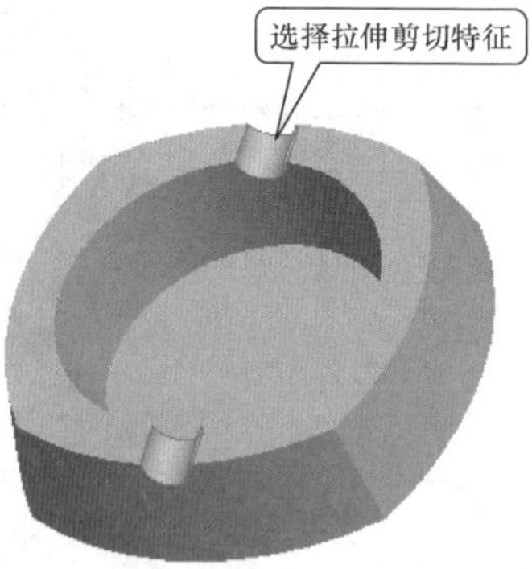

图 1 - 306 选择拉伸剪切特征

（2）在接下来弹出的“特征”复制菜单中，选择“旋转”→“曲线/边/轴”方式进行旋转复制，然后在绘图区中选择 A _ 1 轴作为旋转轴，接受逆时针的旋转方式，再单击“特征”菜单中的“确定”命令，如图 1 - 307 所示。在弹出的【输入旋转角度】对话框中输入 90，如图 1 - 308 所示，单击输入对话框中的“接受”按钮 ；再依次单击“特征”菜单中的“完成移动”和“组可变尺寸”菜单中的“完成”命令，如图 1 - 309 所示。

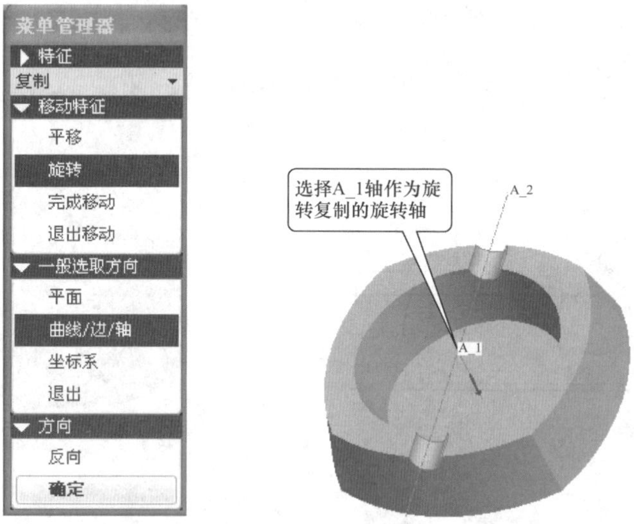

(a) (b)

图 1 - 307 选择旋转复制的菜单及旋转轴

（a）特征菜单；（b）选择旋转复制的旋转轴

（3）单击【组元素】对话框中的按钮 确定 ，再单击“特征”菜单管理器中的“完成”命令，如图 1 - 310 所示。完成的复制移动特征如图 1 - 311 所示。

图 1-308 【输入旋转角度】对话框

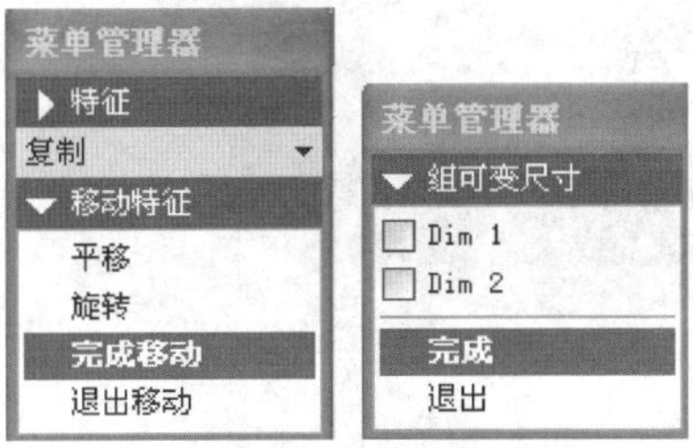

图 1-309 “特征”菜单和“组可变尺寸”菜单

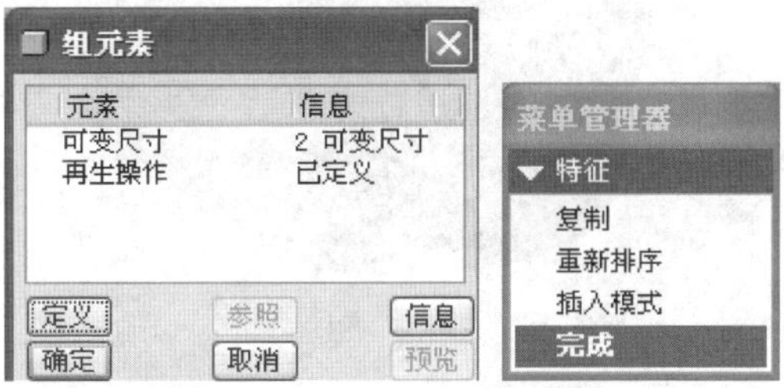

图 1-310 【组元素】对话框及“特征”菜单管理器

7. 创建圆角特征

(1) 侧棱圆角设计。单击特征工具栏中的“倒圆角”工具按钮，打开倒圆角特征操控板，输入圆角半径 30，按住 Ctrl 键选择 4 条侧棱，单击操控板上“完成”按钮，完成的圆角特征如图 1-312 所示。

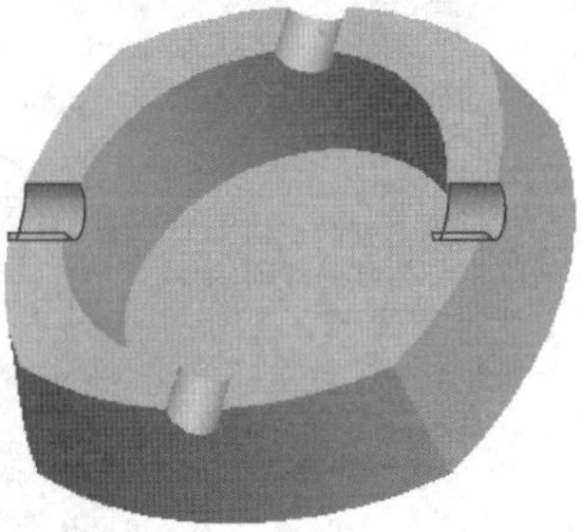

图 1-311 完成的旋转复制特征

(2) 其他边线的圆角设计。单击特征工具栏中的“倒圆角”工具按钮，打开倒圆角特征操控板，输入圆角半径 3，按住 Ctrl 键选择其他边线，单击操控板上“完成”按钮，完成的圆角特征如图 1-313 所示。

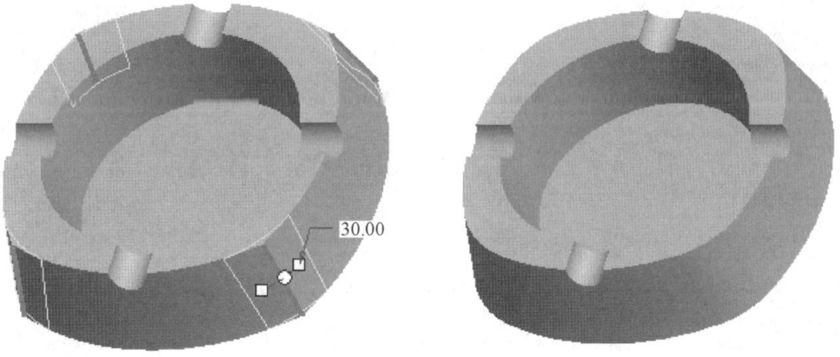

(a) (b)

图 1-312 侧棱倒圆角

(a) 选择 4 条侧棱线；(b) 完成的圆角特征

8. 创建抽壳特征

单击特征工具栏中的“壳”工具按钮，打开壳特征操控板。选择模型的底面作为抽壳“移除的曲面”，如图 1-314 所示。在操控板中输入抽壳厚度为 2，单击操控板上的按钮，完成的抽壳特征如图 1-315 所示。

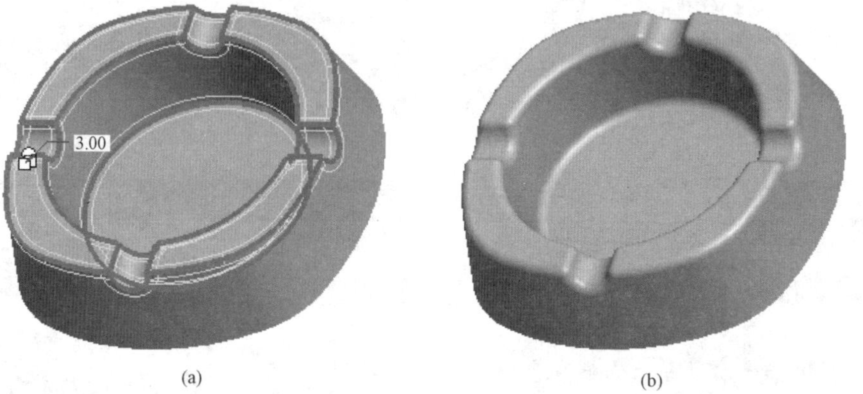

图 1-313　其他边线倒圆角

（a）选择其他边线；（b）完成的圆角特征

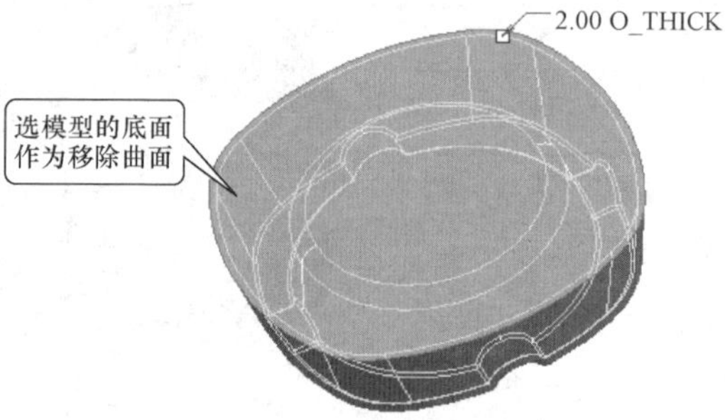

图 1-314　选择抽壳要去除的表面

图 1-315　完成的抽壳特征

至此，完成烟灰缸的三维建模设计，如图 1-276 所示。

9. 保存文件

单击“保存”按钮，完成模型设计。

任务十二　手机外壳的三维实体建模

【任务】 创建如图 1-316 所示的手机外壳模型。

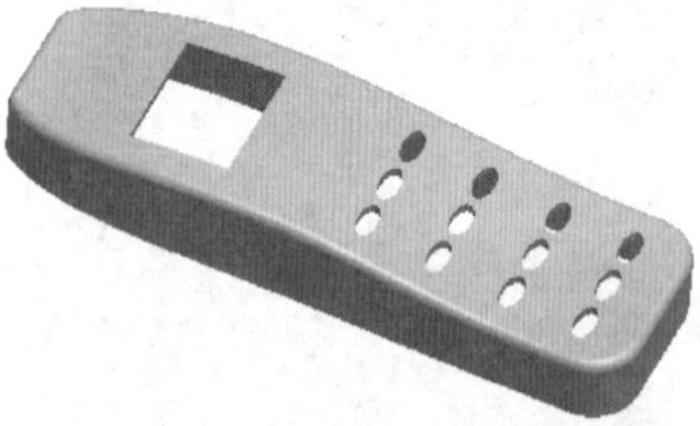

图 1-316　手机外壳的三维模型

【分析】 手机外壳的设计采用了曲面拉伸特征、曲面合并特征、曲面实体化特征及边倒圆角、阵列、抽壳和拉伸剪切实体特征。

一、一般曲面设计简介

通常情况下，对于不复杂的零件，用实体特征就完全可以完成，但对于一些结构相对复杂的零件，尤其是表面形状有一定特殊要求的零件，完全靠实体特征难以完成，这时可以使用曲面设计功能，将设计好的曲面转换成实体。

一般曲面设计的方式与对应的基础实体特征相似，创建特征的方法也几乎是一样的，即使用相同的方法既可以创建实体特征，又可以创建曲面特征。这一类的曲面特征包括拉伸曲面、旋转曲面、扫描曲面、混合曲面、扫描混合、螺旋扫描、可变截面扫描等。

1. 拉伸曲面特征的调用方法

选择主菜单“插入”→“拉伸”，或单击特征工具栏中的“拉伸”工具按钮，打开拉伸特征操控板，单击“拉伸为曲面”按钮，如图 1 - 317 所示。创建拉伸曲面特征的步骤与拉伸实体特征一致。

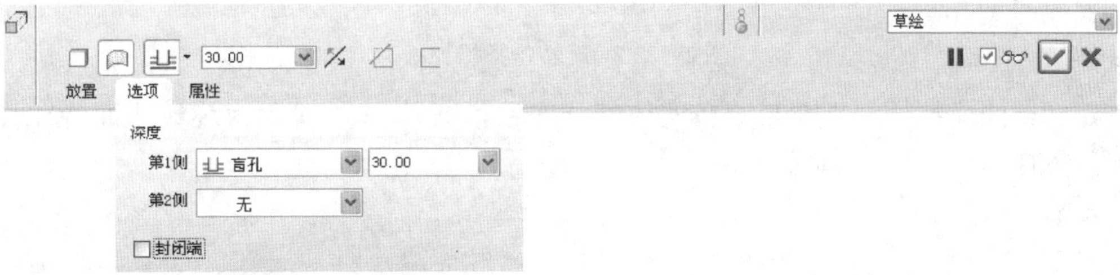

图 1 - 317　拉伸特征操控板及选项滑面板

单击操控板中的“选项”按钮，打开“选项”滑面板，选中滑面板下面的“封闭端”复选框，拉伸的曲面特征封闭；否则开放，如图 1 - 318 所示。

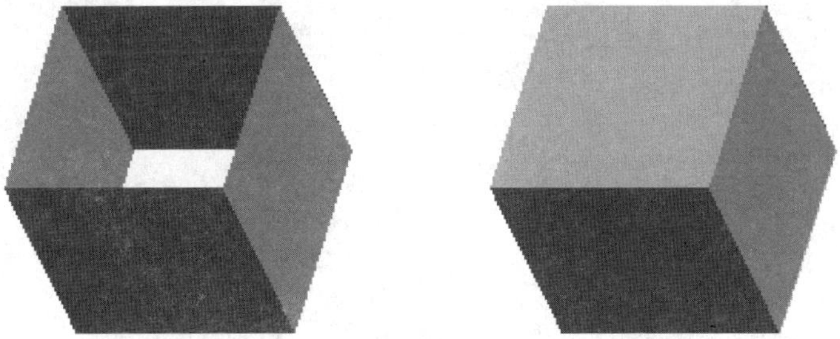

(a)　(b)

图 1 - 318　曲面拉伸特征中的封闭与开放端

(a) 取消封闭端复选框；(b) 选中封闭端复选框

曲面拉伸特征的截面可以是开放的，如图 1 - 319 所示。

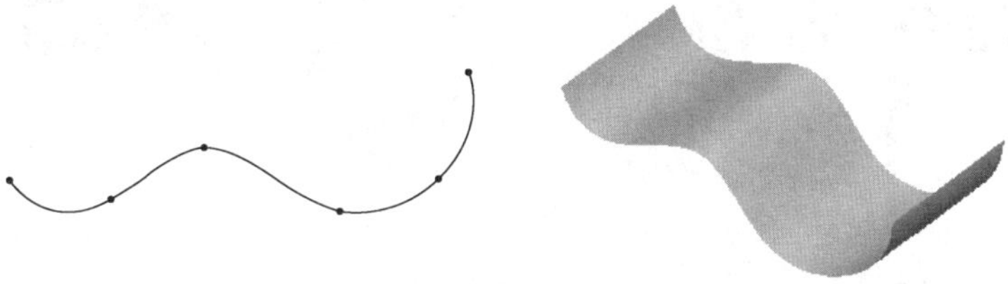

(a)　(b)

图 1 - 319　截面开放的曲面拉伸特征

(a) 草绘截面；(b) 拉伸为曲面

2. 旋转曲面特征的调用方法

选择主菜单“插入”→“旋转”，或单击工具栏中的“旋转”工具按钮，打开旋转特征操控板，单击“旋转为曲面”按钮 ，如图 1-320 所示。

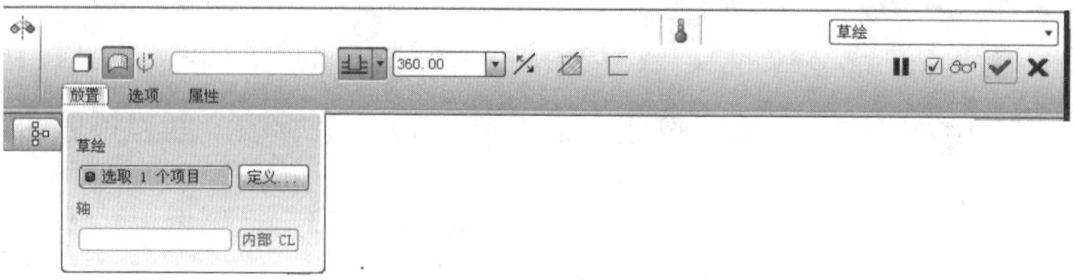

图 1-320　旋转特征操控板

创建旋转曲面特征的步骤与旋转实体特征一致，图 1-321 所示为旋转曲面特征。创建旋转曲面特征时，“草绘截面”可以是开放的截面。

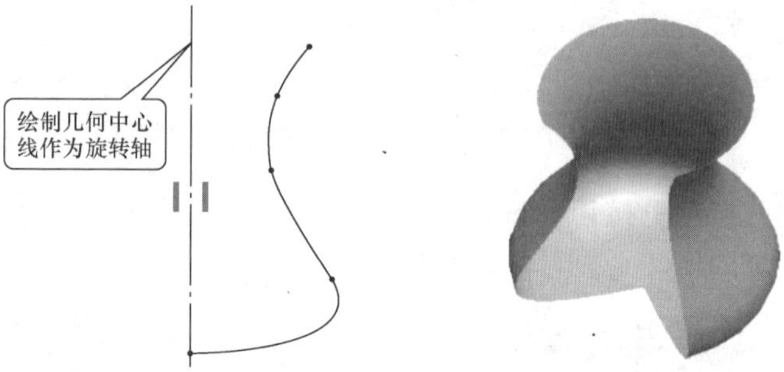

(a)　(b)

图 1-321　旋转曲面特征

（a）旋转截面；（b）旋转 270°的曲面特征

3. 扫描曲面特征调用步骤

选择主菜单“插入”→“扫描”→“曲面”命令，其余创建步骤与创建扫描实体特征一致。在创建扫描曲面特征时，会弹出“属性”菜单，如图 1-322 所示。“开放端”与“封闭端”的区别如图 1-323 所示。

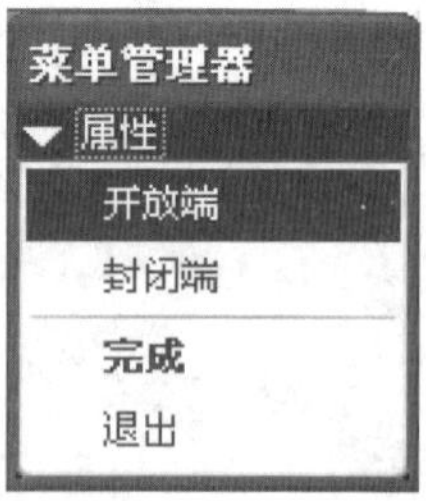

图 1-322　扫描属性

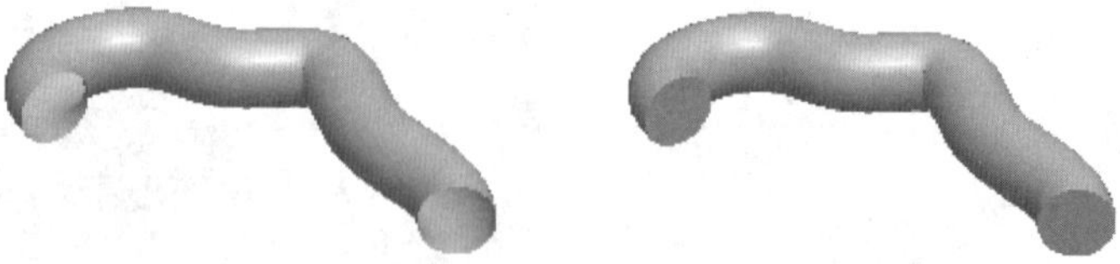

(a)　(b)

图 1-323　扫描曲面特征的“开放端”与“封闭端”的区别

（a）属性为“开放端”；（b）属性为“封闭端”

4. 平行混合曲面特征的调用步骤

选择主菜单“插入”→“混合”→“曲面”命令，打开曲面混合特征的菜单管理器。平行混合特征的属性如图 1-324 所示，“直”指各截面之间直线连接，“光滑”指各截面之间光滑连接；而“开放端”与“封闭端”的区别如图 1-325 所示。

扫描混合、螺旋扫描、可变截面扫描等造型工具都可以类似地创建曲面特征。

图 1-324　混合属性

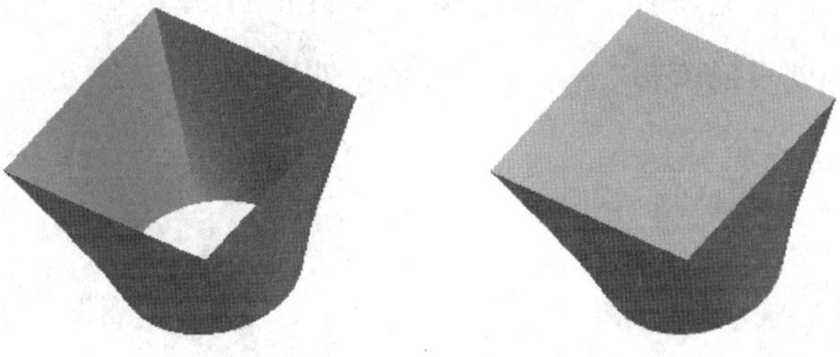

(a)　(b)

图 1-325　平行混合特征“开放端”与“封闭端”的区别

(a) 属性为“开放端”；(b) 属性为“封闭端”

二、曲面合并

合并曲面的功能是将相交或相邻的两个曲面合并产生一个单独的面组。调用方法：选择主菜单“编辑”→“合并”，或单击特征工具栏中“合并”工具按钮，打开曲面合并操控板，如图 1-326 所示。

图 1-326　曲面合并操控板及“选项”滑面板

曲面合并操作方法：按住 Ctrl 键在绘图区中选中需要合并的 2 个曲面，或按住 Ctrl 键在模型树中选中需要合并的 2 个曲面，如图 1-327 所示。选中后，单击特征工具栏中“合并”工具按钮，打开曲面合并操控板。如图 1-328 所示，图中黄色网格和黄色箭头指向为曲面合并后保留的部分。用户可以在操控板中单击按钮和，从而切换黄色箭头方向决定“面组 1”和“面组 2”在合并后要保留的曲面部分，也可以直接在图形中单击黄色箭头切换方向。

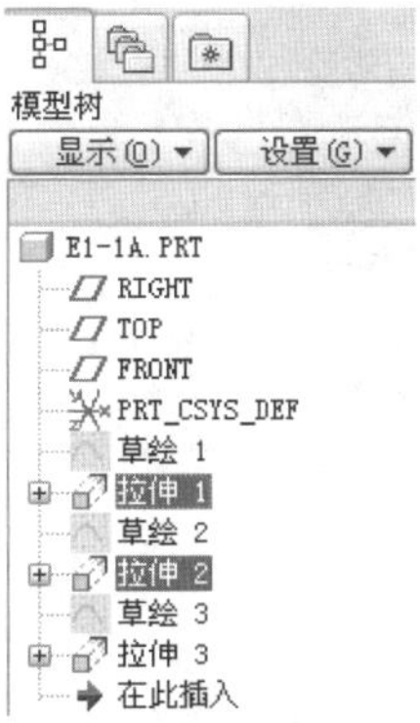

图 1-327　选中要合并的 2 个曲面特征

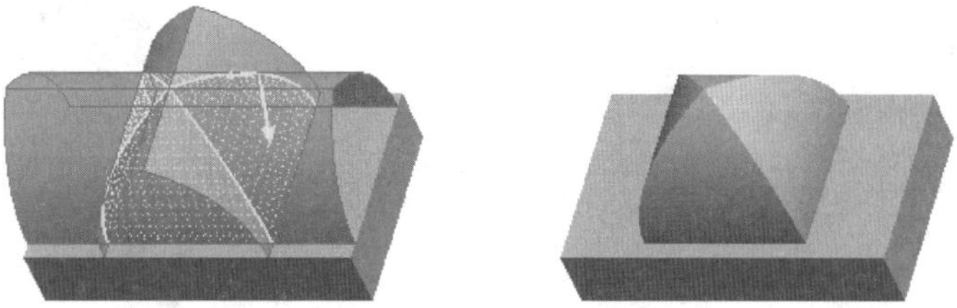

(a)　(b)

图 1-328　合并曲面特征的操作

(a) 选择要保留的部分；(b) 合并的结果

“选项”滑面板中的“相交”和“连接”两个单选框，分别用于两个原始曲面是相交的状况和相邻的状况，所谓相邻是指一个曲面的一条边界曲线在另一曲面上。“连接”合并两个保留部分的调整按钮 ⅔ ⅔ 灰显，如图 1 - 329 所示。

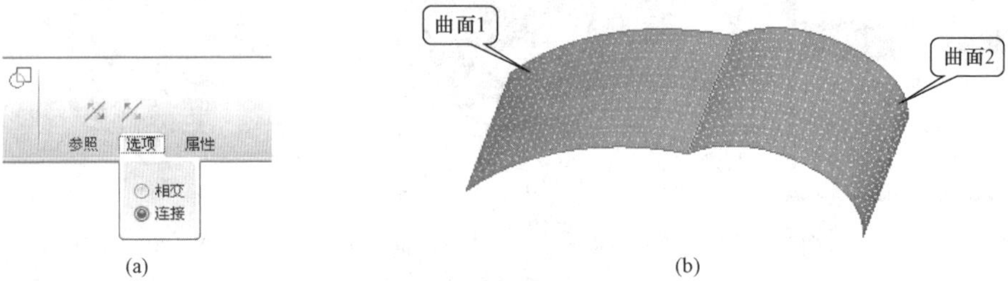

图 1 - 329　连接合并效果

(a) 连接合并；(b) 合并结果

三、曲面实体化

曲面实体化工具的调用步骤：在绘图区或模型树中选中曲面或面组，再选择主菜单“编辑”→“实体化”，打开曲面实体化操控板，如图 1 - 330 所示。

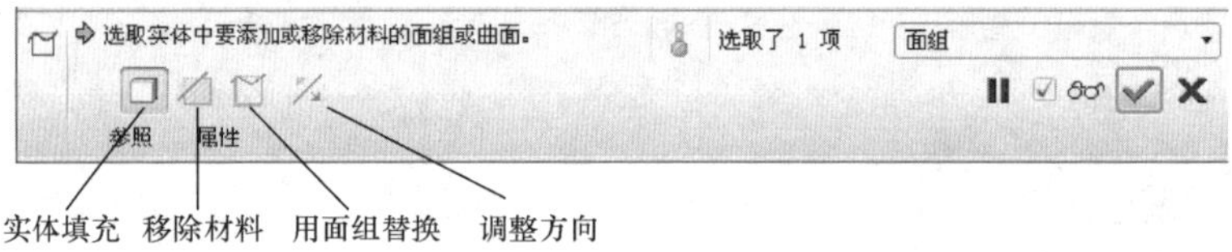

图 1 - 330　曲面实体化操控板

1. 实体填充

实体填充是操控板上的“默认选项” ▢，用实体材料填充由面组界定的体积块，如图 1 - 331 所示，任何封闭的面组都可以实体化。

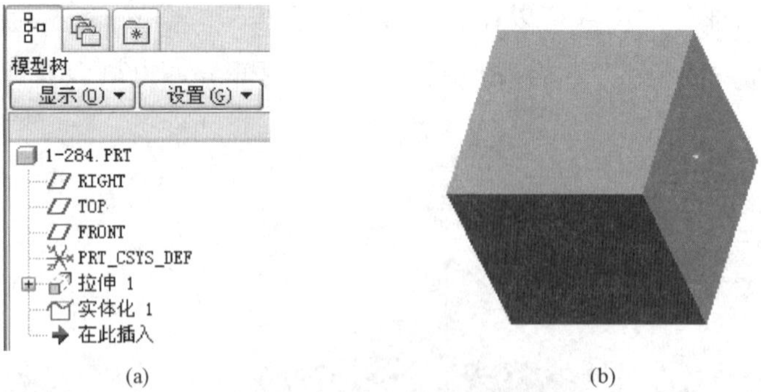

图 1 - 331　“实体填充”实体化

(a) 模型树显示；(b) 封闭曲面实体化

2. 去除材料

去除材料是指在操控板上单击“移除材料”按钮 ◸，移除面组内侧或外侧的材料，如图 1 - 332 所示。

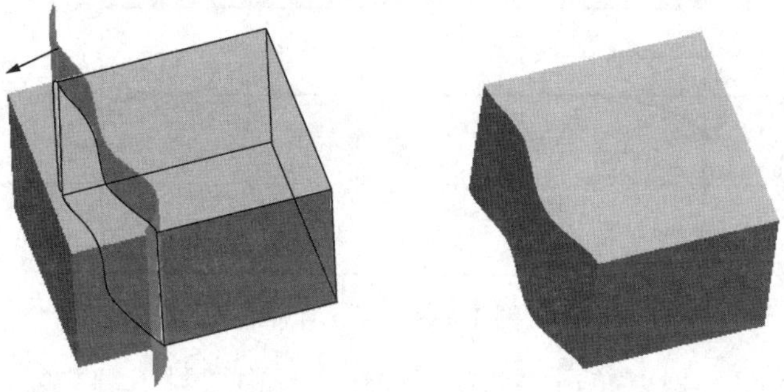

(a)　(b)

图 1 - 332　移除材料实体化

（a）调整去除材料的方向；（b）实体化结果

3. 面组替换

在操控板上单击按钮，用面组替换部分曲面，面组边界必须位于曲面上，如图 1 - 333 所示。

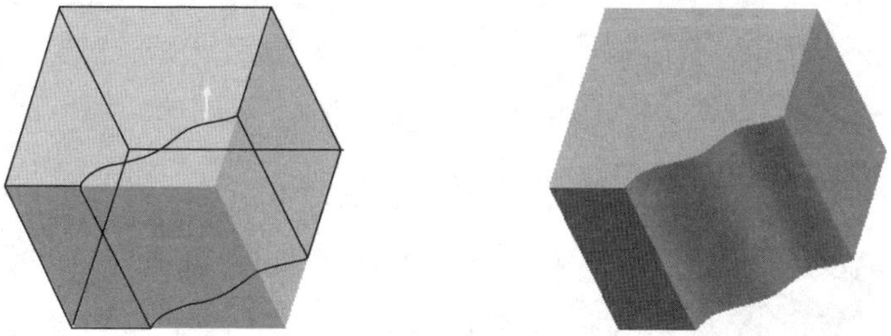

(a)　(b)

图 1 - 333　用面组替换实体化

（a）调整替换部分；（b）替换结果

四、创建手机外壳模型

1. 新建一个名为“EX01-12”的零件文件

选择主菜单“文件”→“设置工作目录”，打开【选取工作目录】对话框。选取工作目录“D：/EXProE5/EX01”，单击“确定”按钮，完成当前工作目录的设定。

单击“新建”按钮，打开【新建】对话框，类型选取“零件”，子类型选取“实体”，输入名称“EX01-12”后，取消“使用缺省模板”前面的复选框，单击“确定”按钮；然后进入【新文件选项】对话框，将绘图单位更改为公制单位“mmns _ part _ solid”，单击“确定”按钮，进入 Pro/ENGINEER 的零件设计界面。

2. 创建拉伸曲面特征

（1）单击特征工具栏中的“拉伸”工具按钮，打开拉伸特征操控板，选择“拉伸为曲面”按钮，单击“放置”→“定义”，弹出【草绘】对话框，选取 TOP 基准平面作为草绘平面，接受默认的放置方式，单击【草绘】对话框中的按钮草绘，进入草绘模式。

（2）在草绘模式里，绘制如图 1 - 334 所示的截面，单击草绘工具栏中的按钮，退出草绘模式。

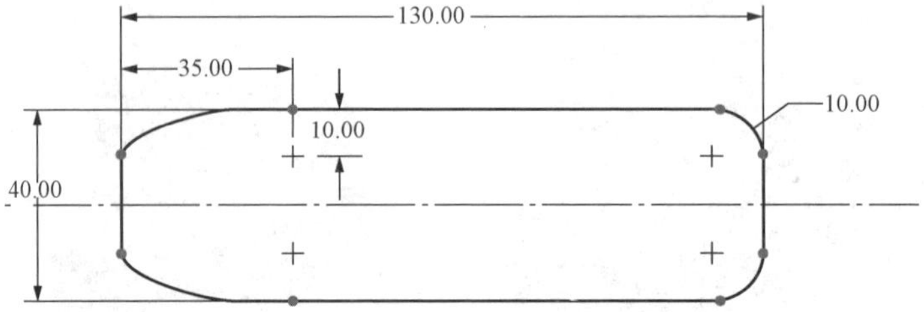

图 1 - 334 草绘截面

(3) 输入拉伸深度为 21，单击“选项”按钮，选中【封闭端】复选框，如图 1 - 335 所示。单击操控板上的“完成”按钮，完成的曲面拉伸特征如图 1 - 336 所示。

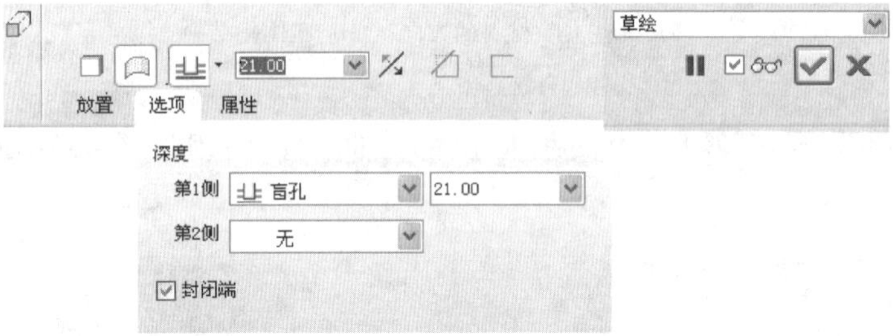

图 1 - 335 选项滑面板

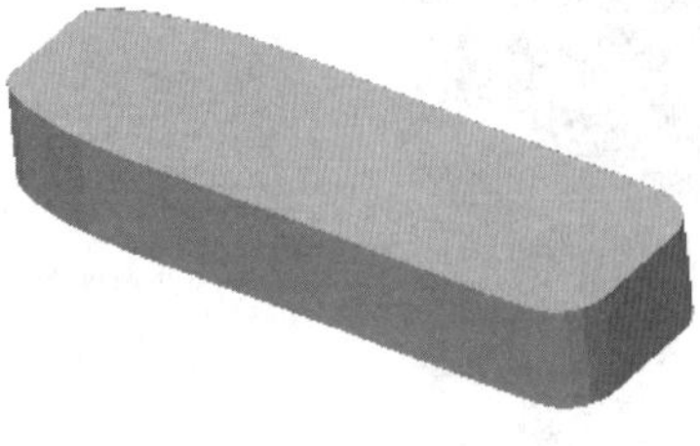

图 1 - 336 拉伸曲面特征

3. 创建拉伸曲面特征

(1) 单击特征工具栏中的“拉伸”工具按钮，打开拉伸特征操控板，选择“拉伸为曲面”按钮，单击“放置”→“定义”，弹出【草绘】对话框，选取 FRONT 基准平面作为草绘平面，接受默认的放置方式，单击【草绘】对话框中的按钮 草绘 ，进入草绘模式。

(2) 在草绘模式里，增加模型左侧面的投影为草绘的“参照”，绘制如图 1 - 337 所示的样条曲线截面，单击草绘工具栏中的按钮，退出草绘模式。

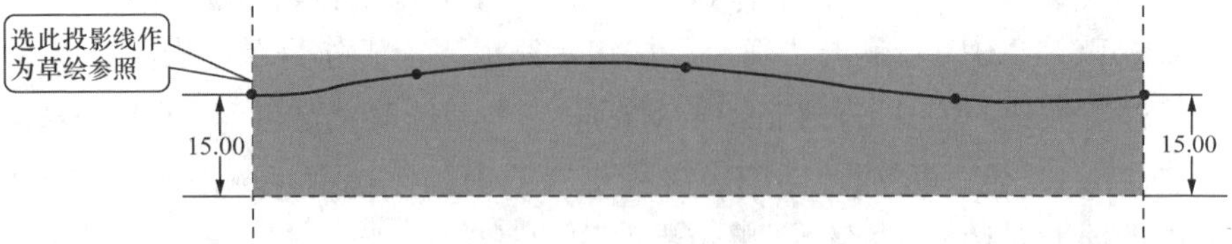

图 1 - 337 草绘截面

(3) 设置拉伸方式为“双向拉伸”，输入拉伸深度为 40。单击操控板上的“完成”按钮，完成的曲面拉伸特征如图 1 - 338 所示。

4. 合并曲面特征

在模型树中选中“拉伸 1”，按住 Ctrl 键，再选中“拉伸 2”，如图 1 - 339 所示。选择主菜单“编辑”→“合并”命令，打开曲面合并操控板，单击操控板中的“选项”按钮，打开“选项”滑面板，选择【求交】单选框，如图 1 - 340 所示，调整“改变要保留的第一面组的侧”

按钮和“改变要保留的第二面组的侧”按钮，预览正确后，单击操控板中的“完成”按钮，完成的合并曲面特征如图 1 - 341 所示。

图 1 - 338 拉伸曲面特征

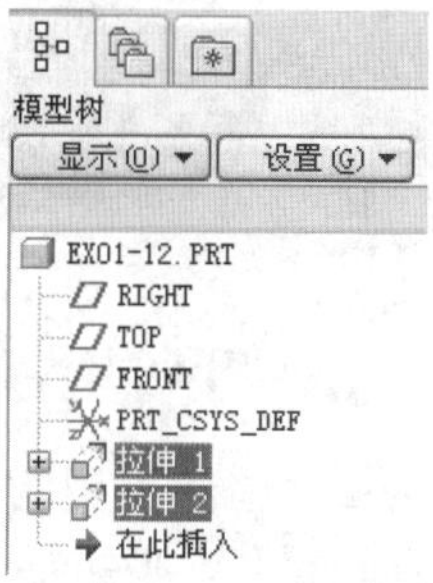

图 1 - 339 模型树

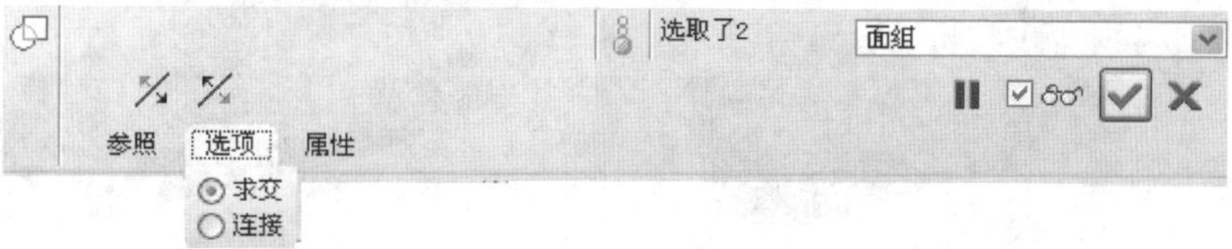

图 1 - 340 合并操控板及“选项”滑面板

5. 将封闭的曲面变成实体

在模型树中选中曲面合并特征“合并 1”，如图 1 - 342 所示。选择主菜单“编辑”→“实体化”命令，打开曲面实体化操控板，然后直接单击操控板上的“完成”按钮，完成曲面特征实体化。这时模型树中增加了一个实体化特征，如图 1 - 343 所示。

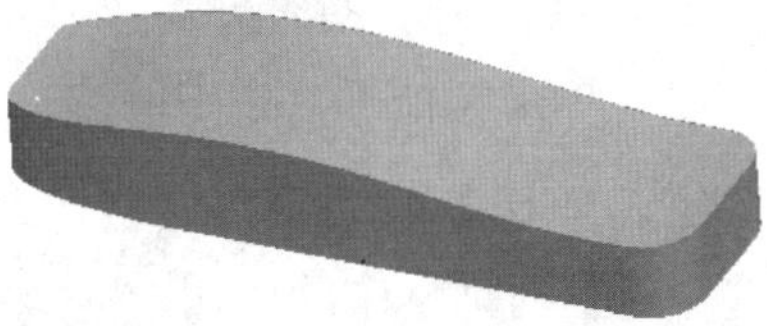

图 1 - 341 曲面合并

图 1 - 342 模型树中选择“合并 1”

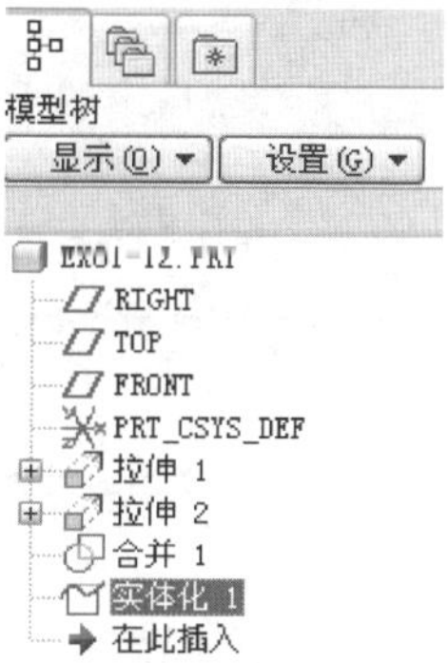

图 1 - 343 曲面实体化

6. 将上表面棱边倒圆角

单击特征工具栏中的“倒圆角”工具按钮，在操控板中输入圆角半径为 2，选择模型上表面的棱边为要倒圆角的边，如图 1 - 344 所示，单击操控板中的“完成”按钮，完成的倒圆角特征如图 1 - 345 所示。

7. 将实体的底面抽壳

单击特征工具栏中的“壳”工具按钮，打开抽壳特征操控板，在操控板中输入抽壳

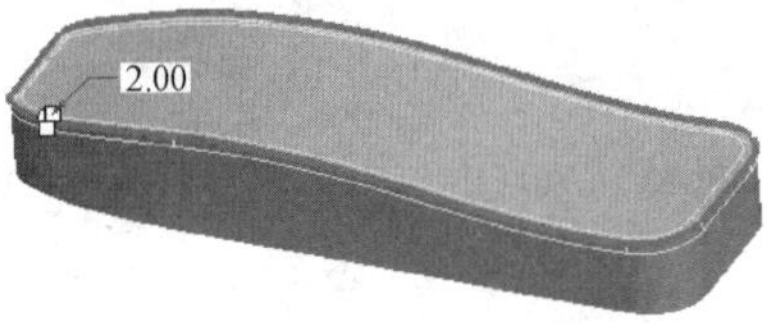

图 1-344　选上表面的棱边倒圆角

图 1-345　完成的圆角特征

厚度为 2。选择模型的底面作为抽壳要移除的面，如图 1-346 所示，单击操控板中的“完成”按钮，完成的抽壳特征如图 1-347 所示。

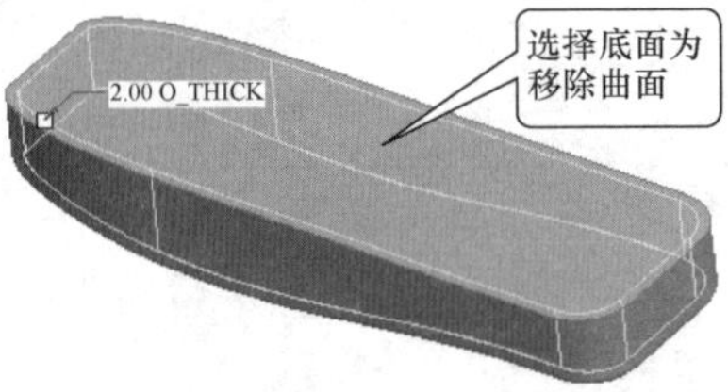

图 1-346　选抽壳要去除的平面

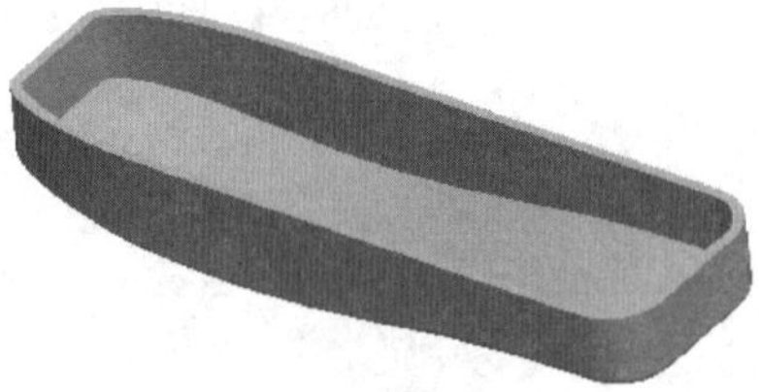

图 1-347　抽壳特征

8. 创建手机机壳上的第一个按键孔的拉伸剪切特征

（1）单击特征工具栏中的“拉伸”工具按钮，打开拉伸特征操控板，单击“放置”→“定义”，弹出【草绘】对话框，选取 TOP 基准平面作为草绘平面，接受默认的放置方式，单击【草绘】对话框中的按钮草绘，进入草绘模式。

（2）在草绘模式中，绘制如图 1-348 所示的椭圆截面，然后单击草绘工具栏中的“完成”按钮，退出草绘模式。

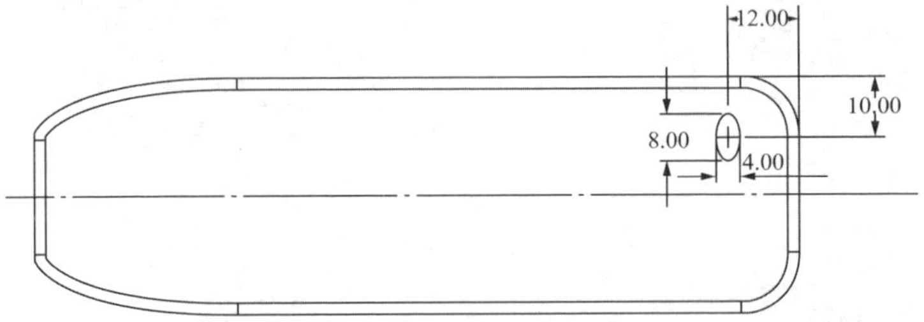

图 1-348　草绘椭圆形按键孔

图 1-349　拉伸剪切特征

（3）在拉伸特征操控板中，设置拉伸深度为“拉伸至与所有曲面相交”，单击“移除材料”按钮，单击操控板中的“完成”按钮，完成的拉伸剪切特征如图 1-349 所示。

9. 阵列按键孔

（1）在绘图平面中选中刚刚创建的拉伸剪切特征（红色加亮显示），再单击特征工具栏中的“阵列”工具按钮，打开阵列特征操控板，选择阵列方式为“尺寸”，单击操控板中的“尺寸”按钮，打开尺寸滑面板。

(2) 选第 1 方向尺寸。单击模型尺寸 10 作为第 1 方向尺寸，在尺寸滑面板中输入尺寸增量为“10”，在阵列特征操控板上输入尺寸 1 方向阵列个数为“3”，这时操控板设置及模型显示如图 1 - 350 所示。

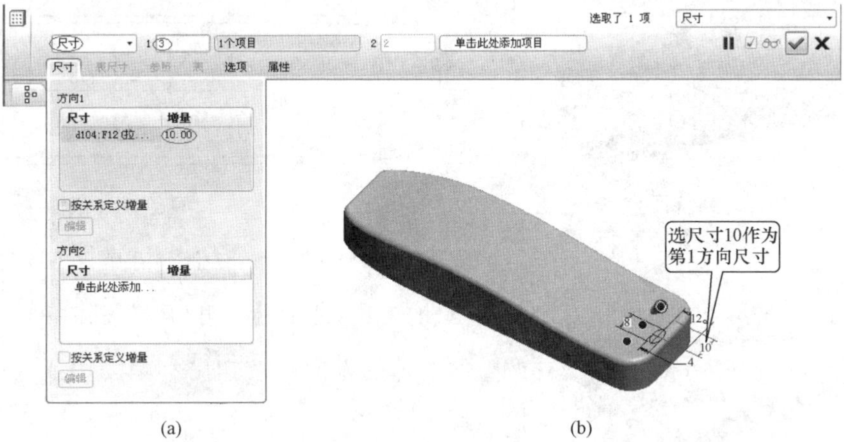

图 1 - 350　阵列特征操控板设置

(a) 尺寸滑面板设置；(b) 选尺寸 10 作为第 1 方向尺寸

(3) 选第 2 方向尺寸。用鼠标在“尺寸”滑面板“方向 2”尺寸栏中单击，系统提示“选取 1 个项目”，这时选择模型尺寸 12 作为第 2 方向尺寸，在“尺寸”滑面板中输入尺寸增量为“15”，再在阵列特征操控板中输入尺寸 2 方向阵列个数为“4”，完成的操控板设置及模型显示如图 1 - 351 所示。

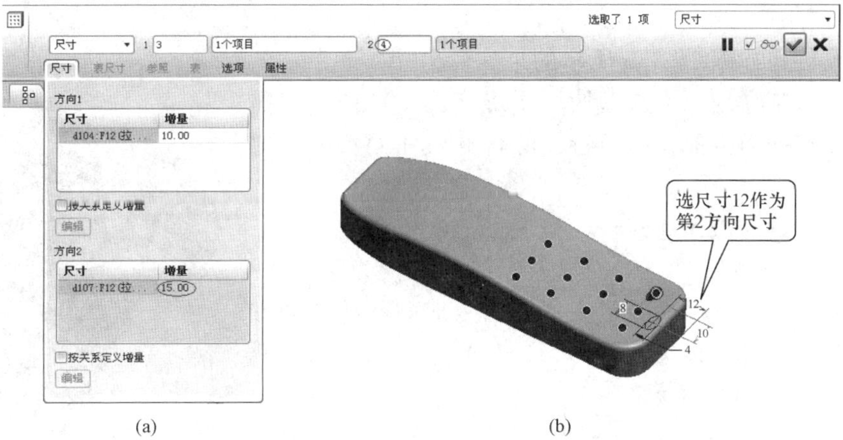

图 1 - 351　阵列特征操控板设置

(a) 尺寸滑面板设置；(b) 选尺寸 12 作为第 2 方向尺寸

(4) 单击阵列特征操控板上的“完成”按钮，完成的阵列特征如图 1 - 352 所示。

10. 创建手机显示屏的拉伸剪切特征

(1) 单击特征工具栏中的“拉伸”工具按钮，打开拉伸特征操控板，单击“放置”→“定义”，弹出【草绘】对话框，选择 TOP 基准平面作为草绘平面，接受默认的放置方式，单击【草绘】对话框中的按钮草绘，进入草绘模式。

（2）在草绘模式中，绘制如图 1-353 所示的矩形截面，然后单击草绘工具栏中的“完成”按钮，退出草绘模式。

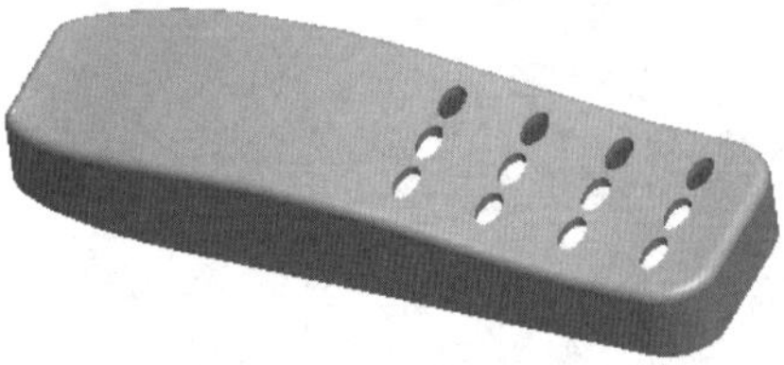

图 1-352 阵列特征

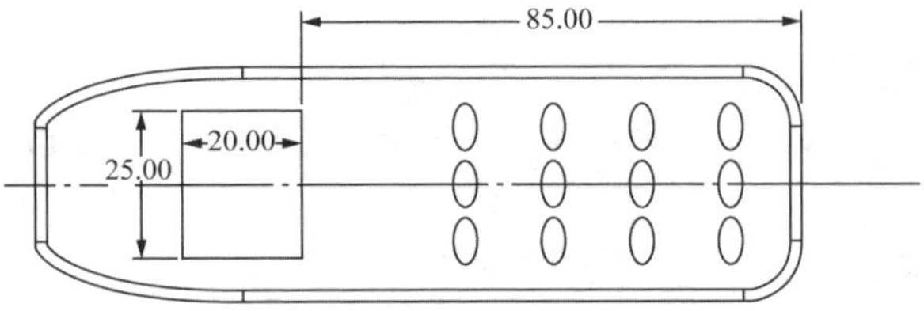

图 1-353 草绘矩形截面

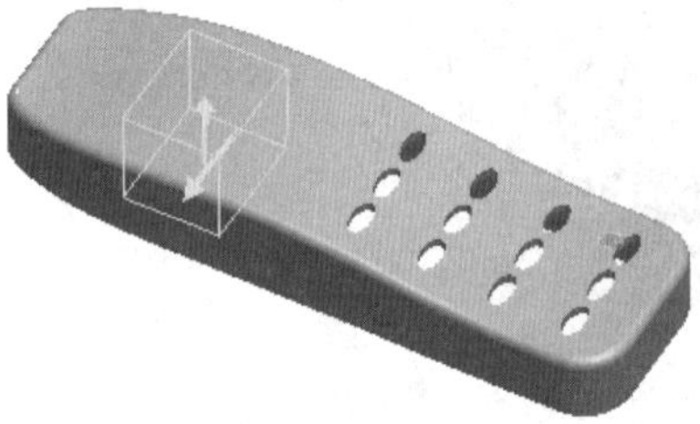

图 1-354 拉伸预览

（3）在拉伸特征操控板中，设置拉伸深度为“拉伸至与所有曲面相交”，单击“移除材料”按钮，并调整“拉伸的方向”按钮，按住鼠标中键拖动鼠标恰当旋转模型，确定向上拉伸，如图 1-354 所示。

在操控板中单击“完成”按钮，完成手机外壳模型的设计，如图 1-316 所示。

11. 保存文件

单击“保存”按钮，完成模型设计。

任务十三 果冻盒的三维实体建模

【任务】 创建如图 1-355 所示的果冻盒模型。

【分析】 果冻盒的三维造型使用了旋转曲面特征、扫描曲面特征、填充曲面特征、曲面特征的合并及曲面特征的加厚命令。

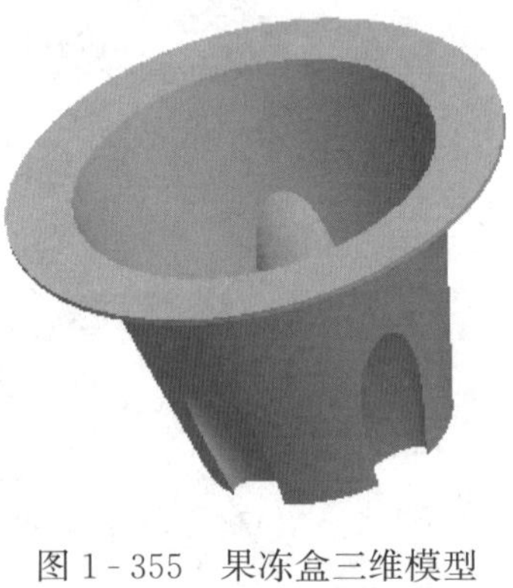

图 1-355 果冻盒三维模型

一、曲面编辑与操作简介

1. 填充曲面特征

填充曲面是在一个平面的封闭区域内生成曲面特征的方法，调用步骤：选择主菜单“编辑”→“填充”，打开填充曲面操控板，如图 1-356 所示。

单击操控板上的“参照”→“定义”，打开【草绘】对话框，选择 TOP 基准面作为绘图平面，接受系统默认的放置方式，单击【草绘】对话框中的按钮草绘，进入草绘模式。

图 1-356 填充曲面操控板

在草绘模式下绘制如图 1 - 357（a）所示的截面，再单击操控板上的“完成”按钮✔，完成的填充曲面如图 1 - 357（b）所示。

2. 曲面偏移

在绘图区或模型树中选中要偏移的曲面，再选中主菜单“编辑”→“偏移”，打开的偏移操控板如图 1 - 358 所示，在操控板中输入偏距值，然后单击操控板中的“完成”按钮✔，如图 1 - 359 所示。

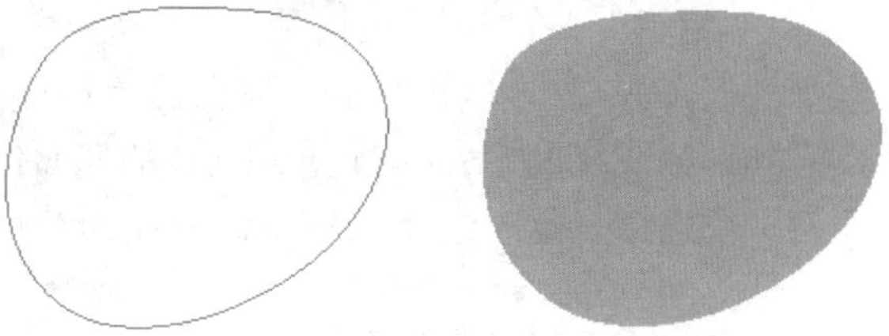
(a)　(b)

图 1 - 357　填充曲面

（a）草绘封闭截面；（b）完成的填充曲面

图 1 - 358　偏移特征操控板

3. 曲面复制

（1）“编辑”→“粘贴”。在绘图区中选中要复制的曲面（曲面变成粉色），如图 1 - 360 所示，再选择主菜单“编辑”→“复制”；选择主菜单“编辑”→“粘贴”，打开复制操控板，这时选中的曲面加网格显示，如图 1 - 361 所示，单击操控板中的“完成”按钮✔，完成曲面特征的复制，这时绘图区没有变化，但模型树中已经有复制特征了，如图 1 - 362 所示。

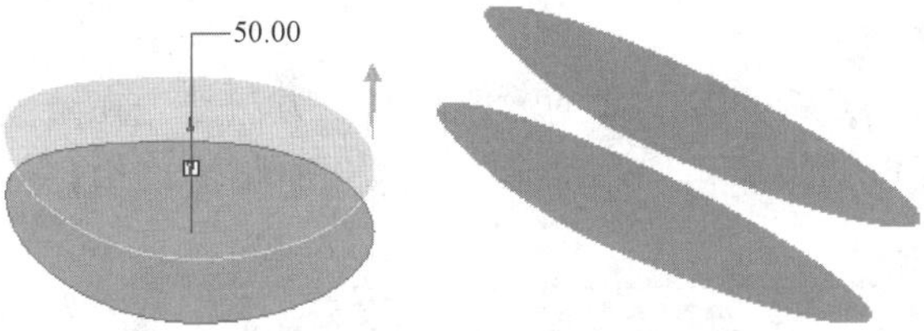

(a)　(b)

图 1 - 359　曲面偏移

（a）偏移预览；（b）曲面偏移结果

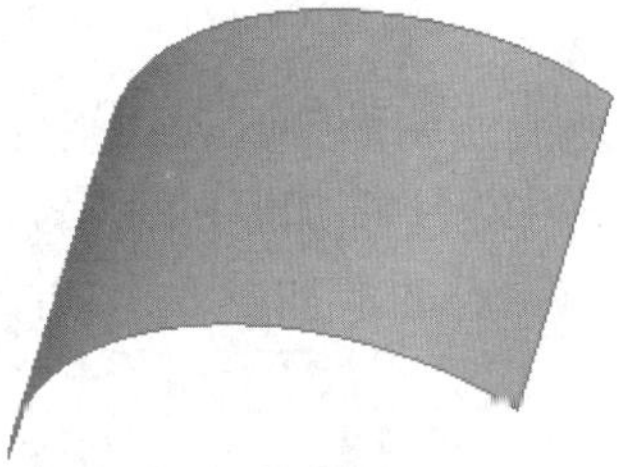

图 1 - 360　选中要复制的曲面

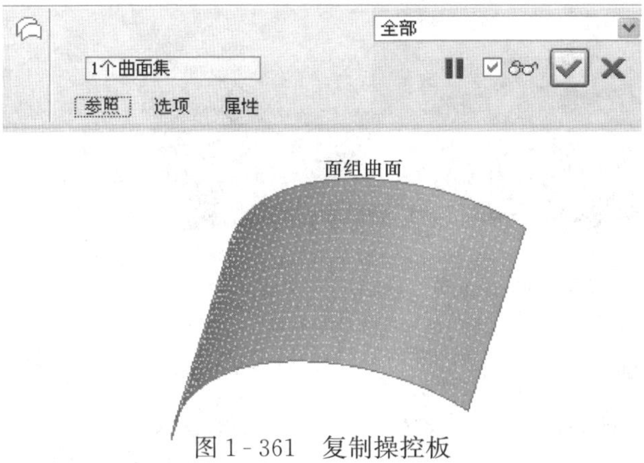

图 1 - 361　复制操控板

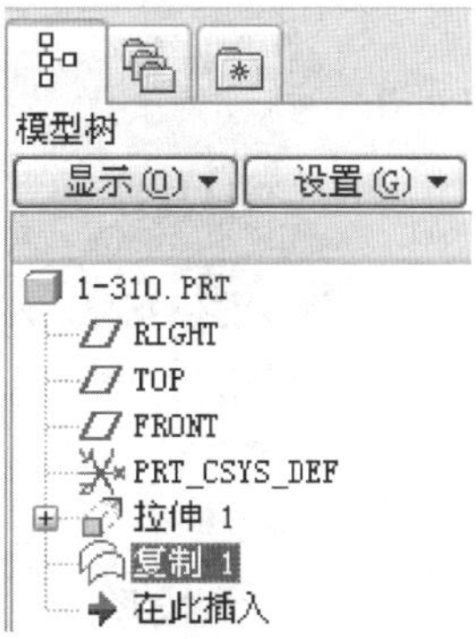

图1 - 362　模型树中显示的复制曲面

（2）“编辑”→“选择性粘贴”。若选择主菜单“编辑”→“选择性粘贴”，打开选择性粘贴操控板，如图 1-363 所示。信息提示区显示“选取一个参照，如直曲线、边、平面或轴，沿其平移或绕其旋转”，选取 TOP 基准面作为参照，再取消“选项”滑面板中“隐藏原始几何”复选框，这时绘图区被复制的曲面黄色加亮显示，复制的结果如图 1-364 所示。

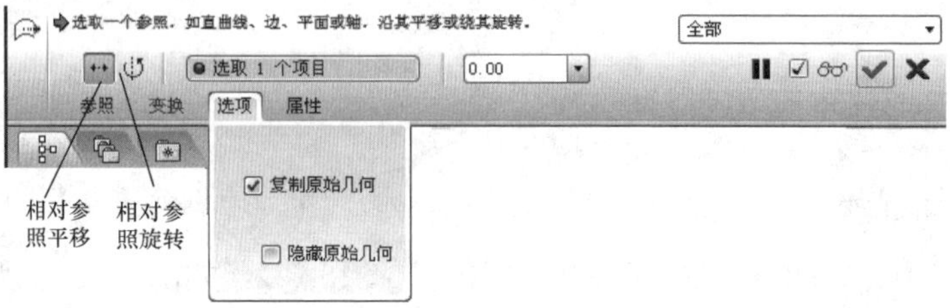

图 1-363 选择性粘贴操控板

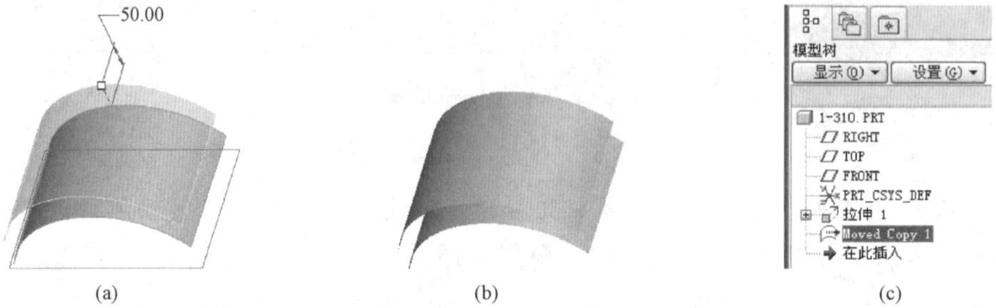

图 1-364 选择性粘贴复制

（a）沿参照平移复制；（b）“复制原始几何”结果；（c）模型树显示

4. 曲面加厚

加厚能使曲面特征或面组生成薄壁实体，或者去除实体的薄壁材料。方法是先在绘图区或模型树中选中要加厚的曲面，再选择主菜单“编辑”→“加厚”，打开加厚操控板，如图 1-365 所示。曲面加厚效果如图 1-366 所示。

图 1-365 加厚操控板

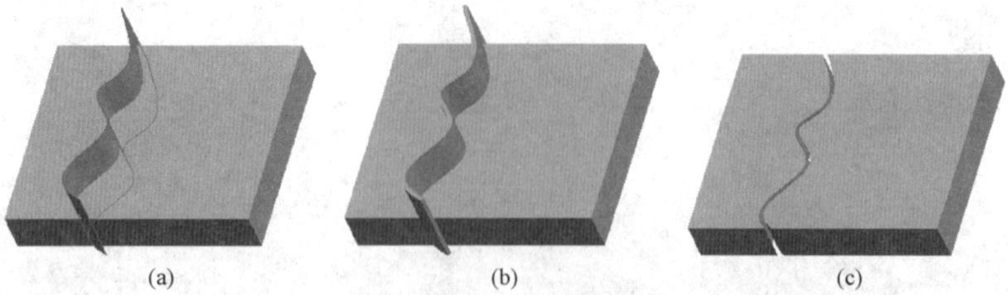

图 1-366 曲面加厚

（a）选中曲面；（b）加厚为薄壁实体；（c）去除薄壁材料

二、创建果冻盒模型

1. 新建一个名为“EX01-13”的零件文件

选择主菜单“文件”→“设置工作目录”，打开【选取工作目录】对话框。选取工作目录“D：/EXProE5/EX01”，单击“确定”按钮，完成当前工作目录的设定。

单击“新建”按钮，打开【新建】对话框，类型选取“零件”，子类型选取“实体”，输入名称“EX01-13”后，取消“使用缺省模板”前面的复选框，单击“确定”按钮；然后进入【新文件选项】对话框，将绘图单位更改为公制单位“mmns _ part _ solid”，单击“确定”按钮，进入 Pro/ENGINEER 的零件设计界面。

2. 创建填充曲面特征

选择主菜单“编辑”→“填充”，打开填充操控板，单击操控板上的“参照”→“定义”，打开【草绘】对话框，选择 TOP 基准面作为绘图平面，接受系统默认的放置方式，单击【草绘】对话框中的按钮 草绘 ，进入草绘模式。

在草绘模式下绘制 1 个直径为 80 的圆形截面，如图 1-367 所示，单击草绘工具栏中的“完成”按钮，退出草绘模式。在填充特征操控板中单击“完成”按钮，完成填充曲面的设计，如图 1-368 所示。

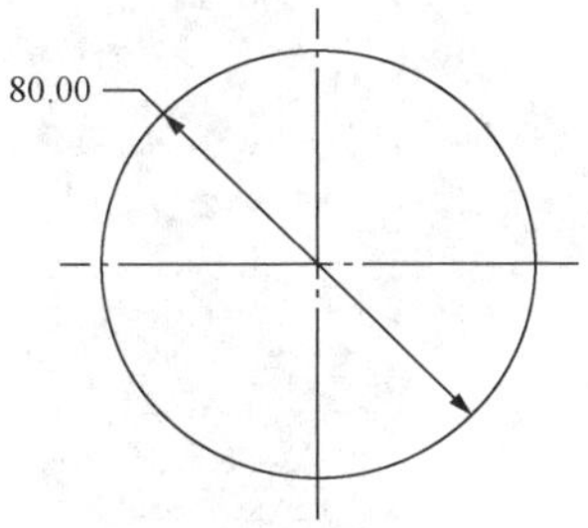

图 1-367　草绘截面

图 1-368　填充曲面

3. 创建旋转曲面特征

单击特征工具栏中的“旋转”工具按钮，打开旋转特征操控板，在操控板中选择“曲面”按钮，单击操控板上的“放置”→“定义”，打开【草绘】对话框，选择 FRONT 基准面作为草绘平面，接受系统默认的放置方式，单击【草绘】对话框中的按钮 草绘 ，进入草绘模式。

在草绘模式下绘制 1 条旋转轴和 2 条直线，如图 1-369 所示，单击草绘工具栏中的“完成”按钮，退出草绘模式。在旋转特征操控板中单击“完成”按钮，完成旋转曲面的设计，如图 1-370 所示。

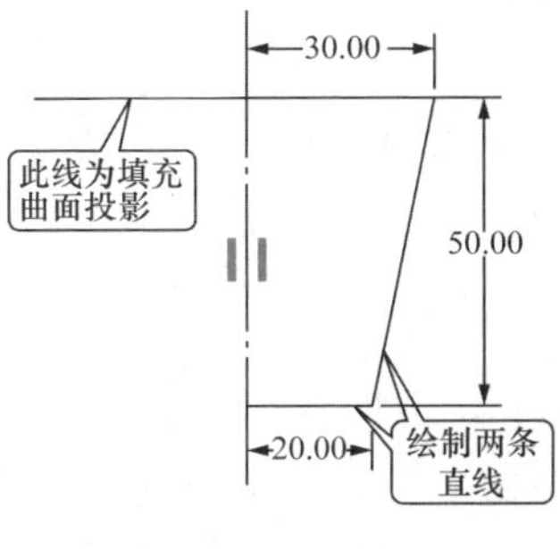

图 1-369　旋转截面

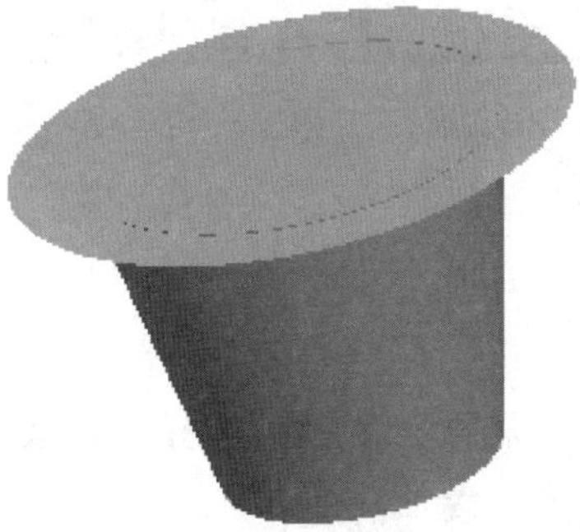

图 1-370　旋转曲面

4. 曲面合并

在模型树中选中填充曲面“填充 1”和旋转曲面“旋转 1”，如图 1-371 所示，再选择主菜单“编辑”→“合并”，调整按钮 确定填充曲面要保留的部分，单击操控板中的“完成”按钮，结果如图 1-372 所示。

5. 创建扫描曲面特征

（1）选择主菜单“插入”→“扫描”→“曲面”，弹出【曲面：扫描】对话框和“扫描轨迹”菜单，如图 1-373 所示；在菜单中选择“草绘轨迹”，弹出“设置草绘平面”菜单，如图 1-374 所示；在绘图区选择 FRONT 基准面作为草绘平面，又弹出“设置草绘平面”方向菜单，如图 1-375 所示，选择“确定”；最后在“设置草绘平面”草绘视图参照菜单中，选择“缺省”，如图 1-376 所示，进入草绘模式。

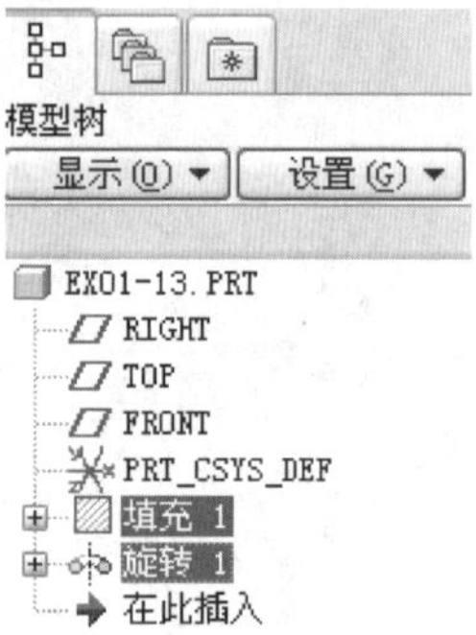

图 1-371 选中填充曲面和旋转曲面

图 1-372 合并结果

图 1-373 “扫描轨迹”菜单

图 1-374 “设置草绘平面”菜单

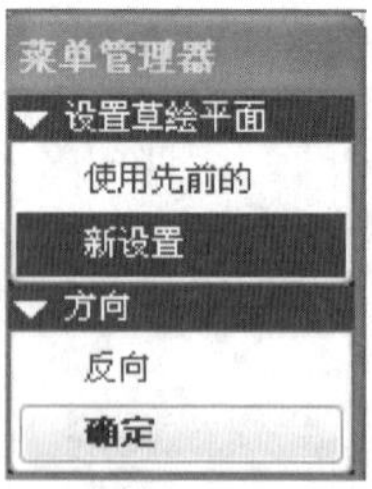

图 1-375 “设置草绘平面”方向菜单

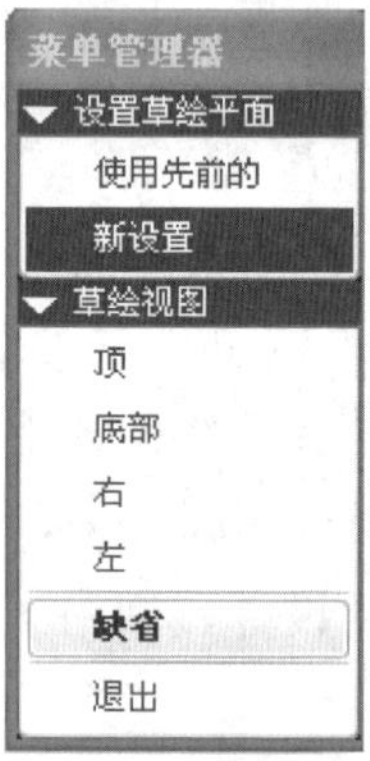

图1-376 “设置草绘平面”草绘视图参照菜单

（2）在草绘模式下，绘制 1 条半径为 105 的圆弧作为扫描轨迹，如图 1-377 所示，单击草绘工具栏中的“完成”按钮，退出扫描轨迹的草绘模式。

在弹出的“属性”菜单中选择“开放端”→“完成”，如图 1-378 所示，这时进入扫描截面的草绘模式，绘制 1 个长轴为 12、短轴为 6 的椭圆形截面，如图 1-379 所示，单击草绘工具栏中的“完成”按钮，退出草绘模式。

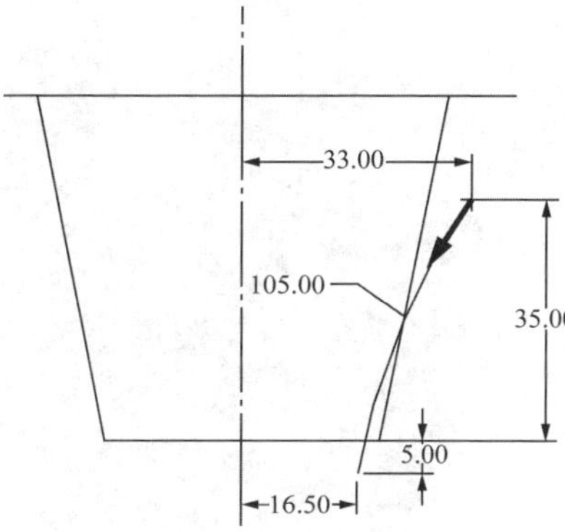

图 1-377　圆弧轨迹截面

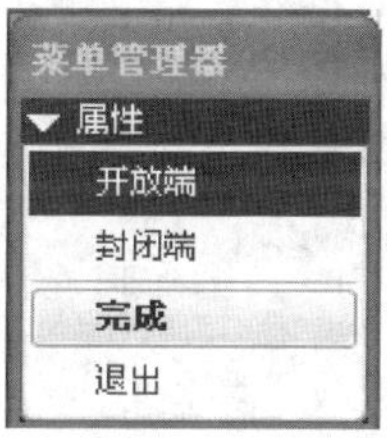

图 1-378　“属性”菜单

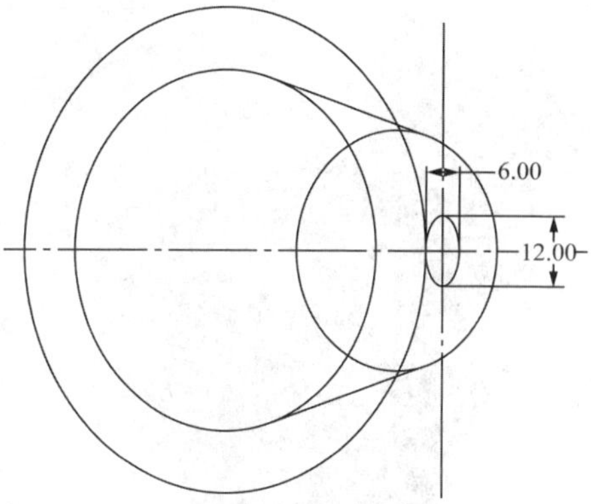

图 1-379　椭圆扫描截面

（3）最后，单击如图 1-373 所示的【曲面：扫描】对话框中的“确定”按钮，完成的扫描曲面如图 1-380 所示。

6. 扫描曲面阵列

（1）选中扫描曲面特征，如图 1-380 所示。单击特征工具栏中的“阵列”工具按钮，打开阵列操控板，阵列类型选择“轴”，再单击如图 1-381 所示的 A_1 轴，然后在操控板中输入阵列的数量 5，角度为 72°，如图 1-382 所示。

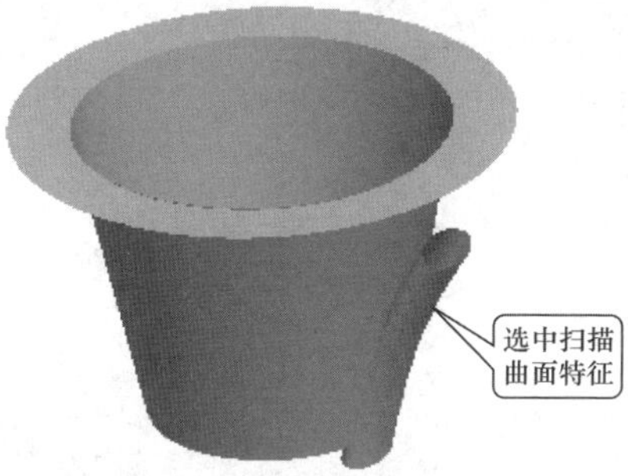

图 1-380　扫描曲面特征

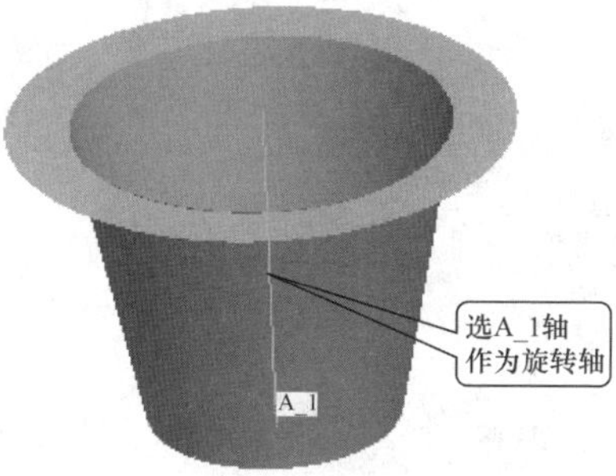

图 1-381　选择旋转轴

图 1-382　阵列特征操控板

（2）单击阵列特征操控板中的“完成”按钮，完成的阵列特征如图 1-383 所示。

7. 曲面合并

（1）在模型树中单击阵列特征前面的⊞符号，使阵列特征展开，并在模型树中选中曲面特征“合并 1”和阵列特征下面的第 1 个扫描特征“曲面 标识 103”，如图 1-384 所示。

（2）选择主菜单“编辑”→“合并”，在选项“滑面”板中，选择“求交”，调整和确定保留部分，结果如图 1-385 所示。

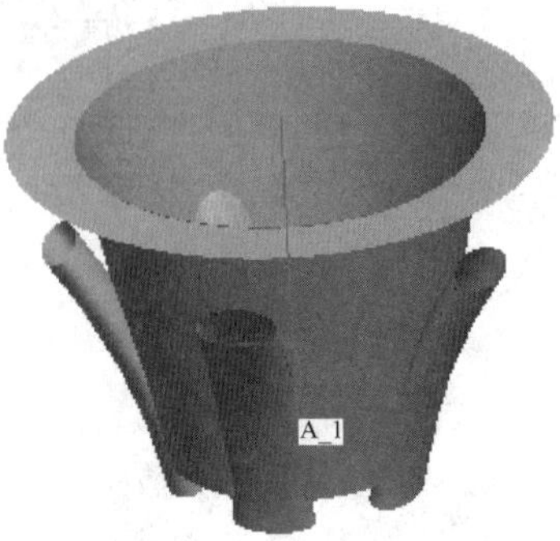

图 1-383　阵列特征

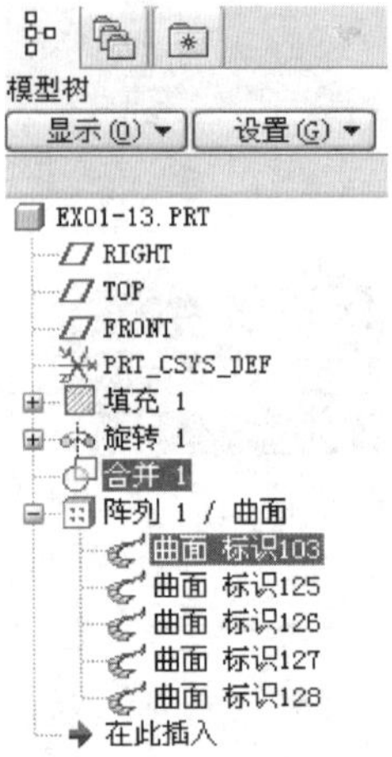

图 1-384　选中合并目标

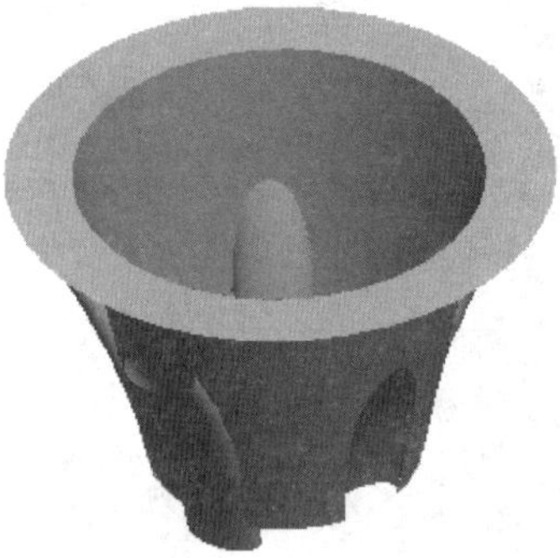

图 1-385　合并结果

（3）同理，再选择模型树中的“合并 2”与“曲面标识 125”进行合并，如图 1-386 所示。

（4）直至“合并 5”与“曲面标识 128”合并，完成“合并 6”，如图 1-387 所示，合并结果如图 1-388 所示。

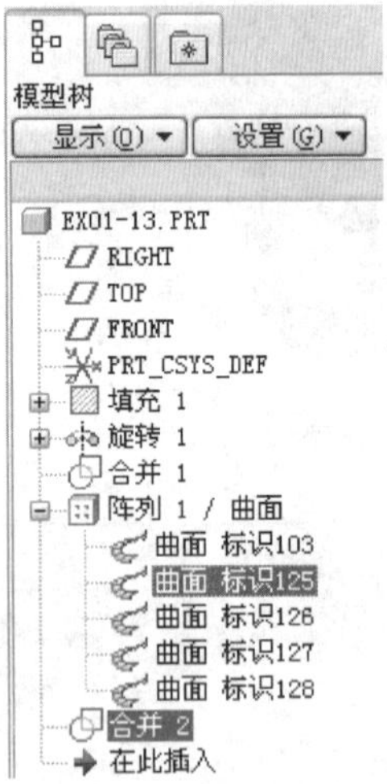

图 1-386　选中合并目标

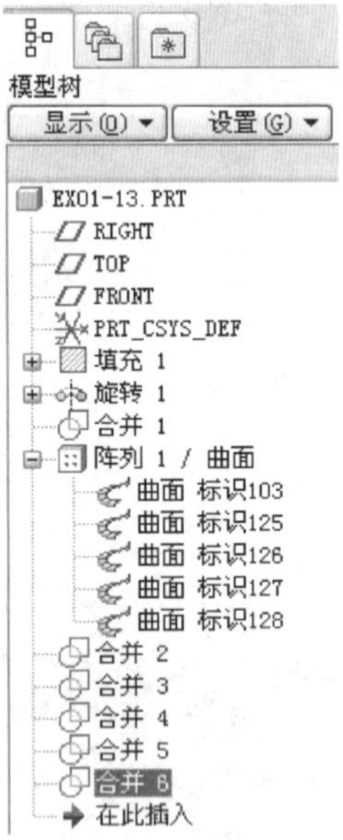

图 1-387　模型树合并结果

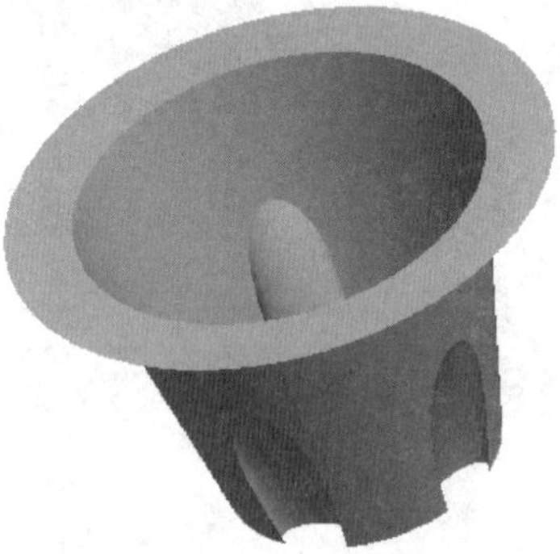

图 1-388　合并结果

8. 曲面加厚

在模型树或绘图界面选中“合并 6”，再选择主菜单中的“编辑”→“加厚”，在加厚操控板中输入数值 1，使其向外加厚，如图 1-389 所示。

单击加厚操控板上的“完成”按钮 ✔，完成果冻盒的三维设计，如图 1-355 所示。

9. 保存文件

单击“保存”按钮 💾，完成模型设计。

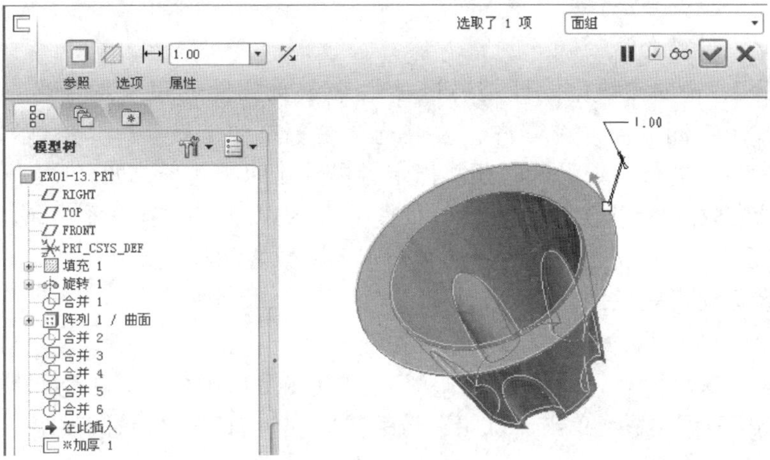

图 1-389　加厚预览

任务十四　齿轮的参数化设计

【任务】 创建如图 1-390 所示的齿轮模型。

【分析】 齿轮的模数与压力角已实现标准化，其造型的难点在于轮齿部分，需要构造渐开线。本模型采用参数化标准化造型方法。

图 1-390　齿轮三维模型

一、渐开线方程

齿轮的齿廓为渐开线，渐开线方程为

$$\theta = 90t$$
$$r = d_b/2$$
$$s = (\mathrm{PI}rt)/2$$
$$x = r\cos(\theta) + s\sin(\theta)$$
$$y = r\sin(\theta) - s\cos(\theta)$$
$$z = 0$$

式中　d_b——齿轮基圆直径；

PI——常数 π；

t——变量，取值范围 0～1。

二、齿轮的结构参数

标准齿轮分度圆上的压力角 $\alpha=20°$，齿轮的齿顶高系数 $h_a^*=1$，顶隙系数 $c^*=0.25$，则齿顶圆、分度圆、齿根圆、基圆直径的计算式如下：

分度圆直径　$d=mz$

齿顶圆直径　$d_a=m(z+2)$

齿根圆直径　$d_f=m(z-2.5)$

基圆直径　$d_b=mz\cos(\alpha)$

从上述公式可见，在设计齿轮时只需确定不同的模数 m 和齿数 z，就可得到不同大小的齿轮。

三、参数化设计简介

Pro/ENGINEER 的参数化设计是通过参数来定义零件的尺寸的，当参数值发生变化时，可以获得大小不同的同一类零件。通过选择主菜单“工具”→“参数”，打开【参数】对话框来指定参数。进行参数设计时还需指定各参数之间的关系，如分度圆直径 $d=mz$ 中，分度圆直径 d、模数 m 和齿数 z 为参数，而整个表达式即为一个关系式。通过选择主菜单“工具”→“关系”，打开【关系】对话框来指定各参数之间的关系。

四、创建参数化齿轮模型

1. 新建一个名为“EX01-14”的零件文件

选择主菜单“文件”→“设置工作目录”，打开【选取工作目录】对话框。选取工作目录“D：/EXProE5/EX01”，单击“确定”按钮，完成当前工作目录的设定。

单击“新建”按钮，打开【新建】对话框，类型选取“零件”，子类型选取“实体”，输入名称“EX01-14”后，取消“使用缺省模板”前面的复选框，单击“确定”按钮；进入【新文件选项】对话框，将绘图单位更改为公制单位“mmns _ part _ solid”，单击“确定”按钮，进入 Pro/ENGINEER 的零件设计界面。

2. 创建参数

（1）选择主菜单“工具”→“参数”，弹出如图 1-391 所示的【参数】对话框。

（2）单击“添加”按钮，依次添加齿轮设计参数及初始值，模数 $m=2\text{mm}$，齿数 $z=50$，齿宽 $B=20\text{mm}$，压力角 $\alpha=20°$，分度圆直径 $d=0$，齿顶圆直径 $d_a=0$，齿根圆直径 $d_f=0$，基圆直径 $d_b=0$。对于分度圆直径、齿顶圆直径、齿根圆直径和基圆直径会自动进行修改，添加完毕后，单击对话框上的按钮 确定 。

图 1-391 【参数】对话框

3. 草绘 4 个同心圆

（1）单击特征工具栏中的“草绘”工具按钮，弹出【草绘】对话框，选择 FRONT 基准面作为草绘平面，接受默认的放置方式，单击按钮 草绘 ，进入二维草绘模式。

（2）在草绘模式下，绘制 4 个任意的同心圆，如图 1 - 392 所示。单击草绘工具栏中的“完成”按钮，退出草绘模式，完成的草绘圆如图 1 - 393 所示。

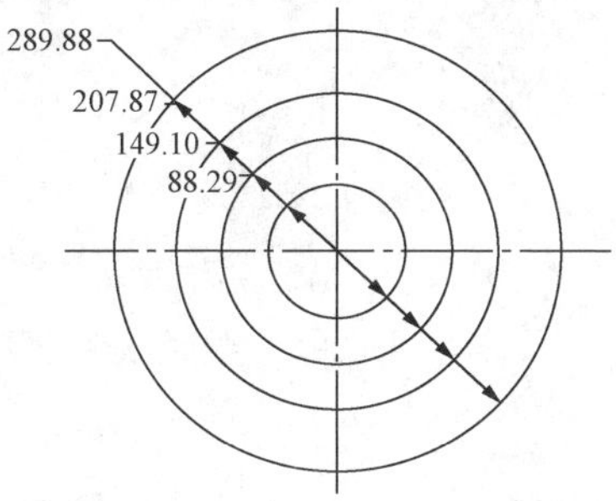

图 1 - 392　草绘 4 个同心圆

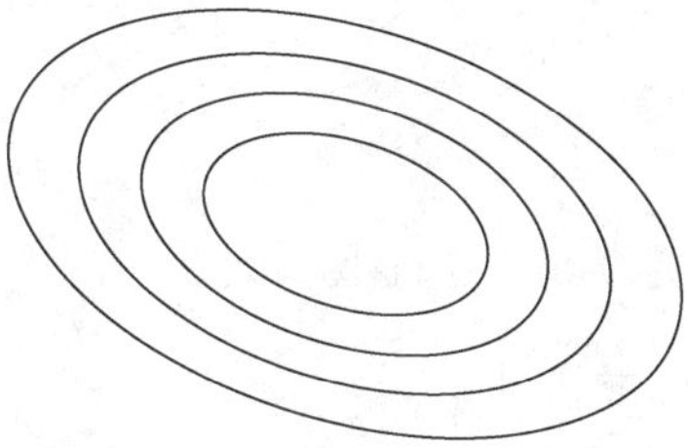

图 1 - 393　完成的草绘曲线

4. 添加齿轮设计关系式

（1）选择主菜单“工具”→“关系”，弹出【关系】对话框，如图 1 - 394 所示，在其中输入 4 个同心圆关系式：$d_b=m*z*\cos(\alpha)$，$d=m*z$，$d_a=m*(z+2)$，$d_f=m*(z-2.5)$，对话框中红色边框中的关系式。

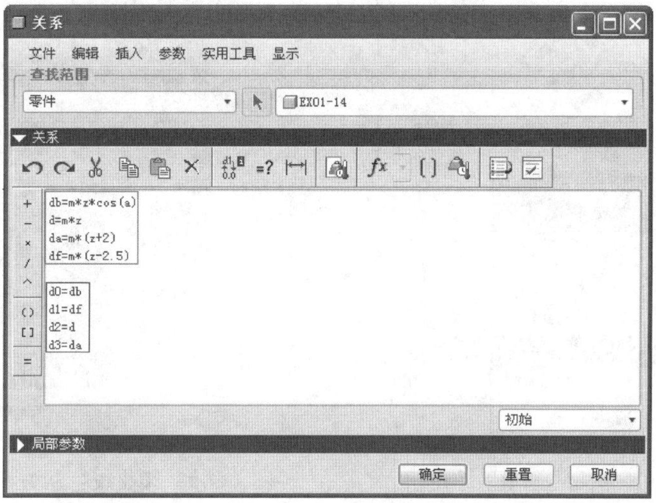

图 1 - 394　【关系】对话框

（2）输入完毕后，在绘图区中的同心圆上单击鼠标左键，这时绘图区中的 4 个同心圆参数化显示，如图 1 - 395 所示。

（3）在绘图区中单击 ϕd0 尺寸，符号 d0 被添加到关系对话框中，然后手动输入“＝db”。同理添加其他关系式：d1＝df，d2＝d，d3＝da，如图 1 - 394 中蓝色边框中的关系式，其中 d0、d1、d2、d3 这 4 个参数不能手动输入，需要通过单击图 1 - 395 中的尺寸 ϕd0、ϕd1、ϕd2、ϕd3 得到。

（4）添加完毕后，单击对话框中的按钮 确定 。单击常用工具栏中的“再生模型”按钮，这时根据关系式生成的参照圆如图 1 - 396 所示。

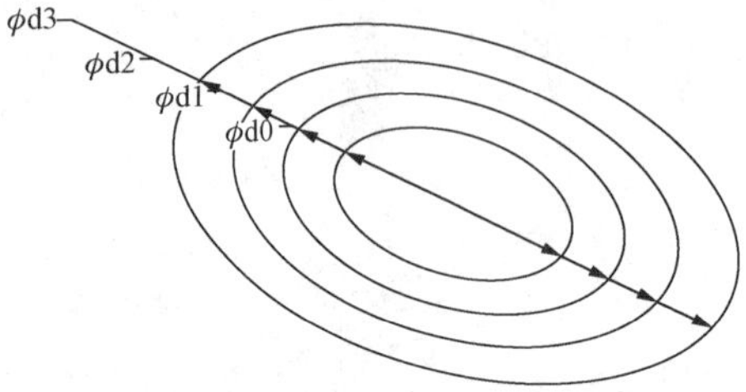

图 1-395 同心圆参数化显示

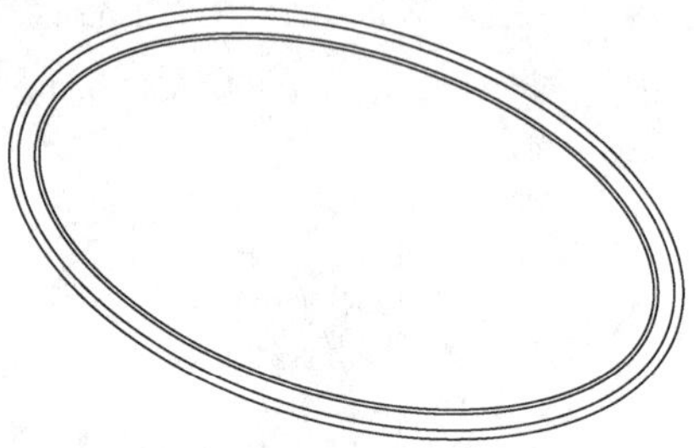

图 1-396 再生的参照圆

5. 创建齿廓渐开线

（1）单击特征工具栏中的“插入基准曲线”按钮，弹出“曲线选项”菜单，如图 1-397 所示，单击选择“从方程”→“完成”，弹出【曲线：从方程】对话框和“得到坐标系”菜单，如图 1-398 所示，提示选择坐标系。

（2）在绘图区选择系统默认的坐标系 PRT _ CSYS _ DEF，如图 1-399 所示，选中后，弹出“设置坐标类型”菜单，如图 1-400 所示，选择菜单中的“笛卡尔”后，系统弹出“记事本”，在记事本中输入渐开线方程，如图 1-401 所示。输入完毕，单击记事本主菜单中的“文件”→“保存”，再单击记事本右上角的“关闭”按钮。

图 1-397 “曲线选项”菜单

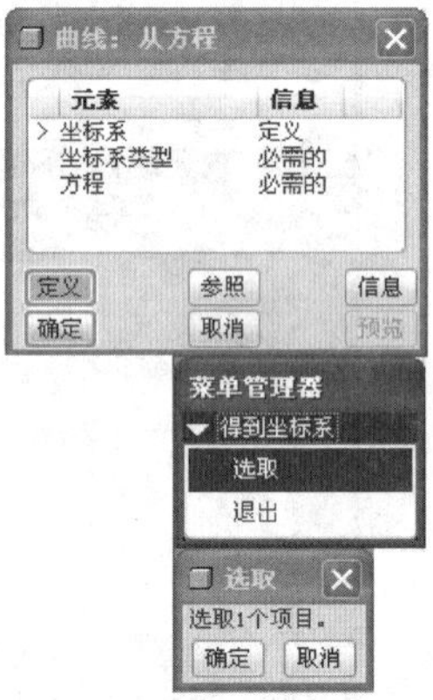

图 1-398 【曲线：从方程】对话框

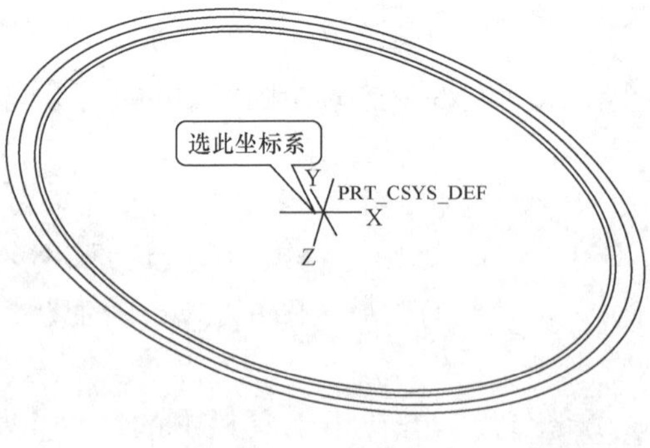

图 1-399 选取坐标系

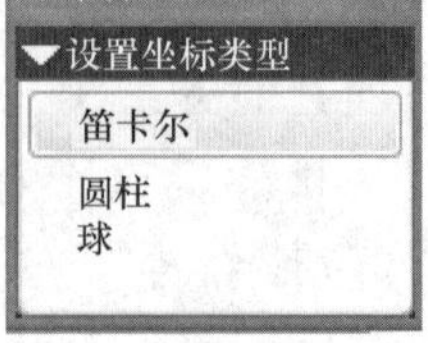

图 1-400 “设置坐标系类型”菜单

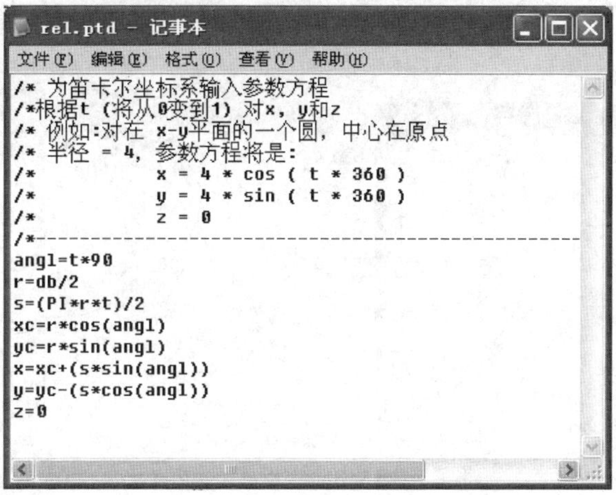


```
/* 为笛卡尔坐标系输入参数方程
/*根据t (将从0变到1) 对x, y和z
/* 例如:对在 x-y平面的一个圆, 中心在原点
/* 半径 = 4, 参数方程将是:
/*          x = 4 * cos ( t * 360 )
/*          y = 4 * sin ( t * 360 )
/*          z = 0
/*-------------------------------------------------------
angl=t*90
r=db/2
s=(PI*r*t)/2
xc=r*cos(angl)
yc=r*sin(angl)
x=xc+(s*sin(angl))
y=yc-(s*cos(angl))
z=0
```

图 1-401　记事本中输入渐开线方程

（3）单击【曲线：从方程】对话框中的按钮 确定 ，生成的渐开线如图 1-402 所示。

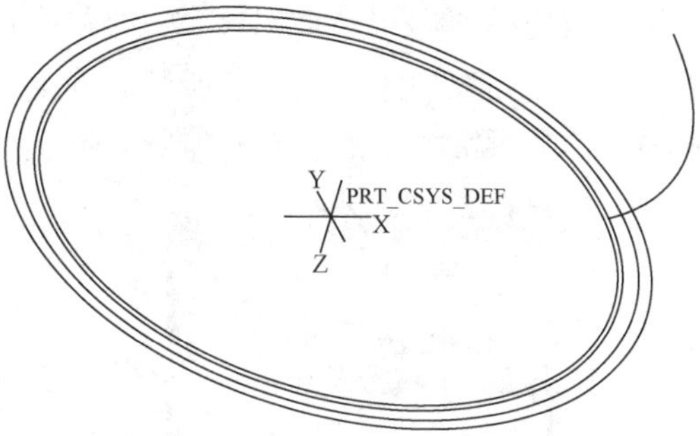

图 1-402　渐开线绘制效果

6. 创建基准平面

（1）创建基准轴。单击特征工具栏中的“基准轴”按钮，弹出【基准轴】对话框，如图 1-403 所示，选取 TOP 基准面，同时按住 Ctrl 键，选取 RIGHT 基准面，单击对话框中的按钮 确定 。创建的 A _ 1 基准轴如图 1-404 所示。

图 1-403　【基准轴】对话框

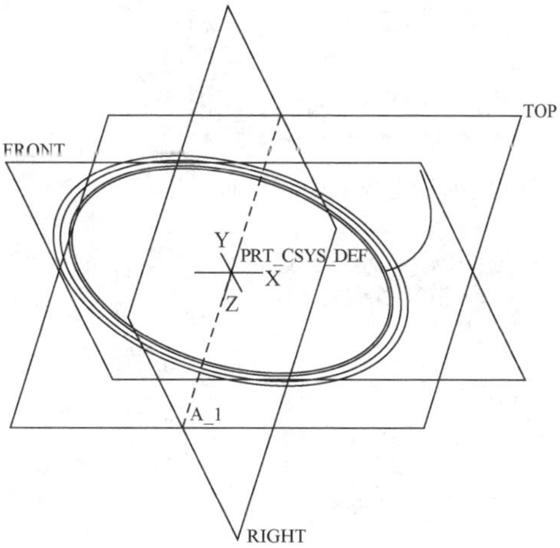

图 1-404　创建基准轴 A _ 1

（2）创建基准点。单击特征工具栏中的“基准点”工具按钮，弹出【基准点】对话框，如图 1-405 所示，单击选中分度圆，同时按住 Ctrl 键，选择渐开线，单击对话框中的按钮 确定 。创建的 PNT0 基准点如图 1-406 所示。

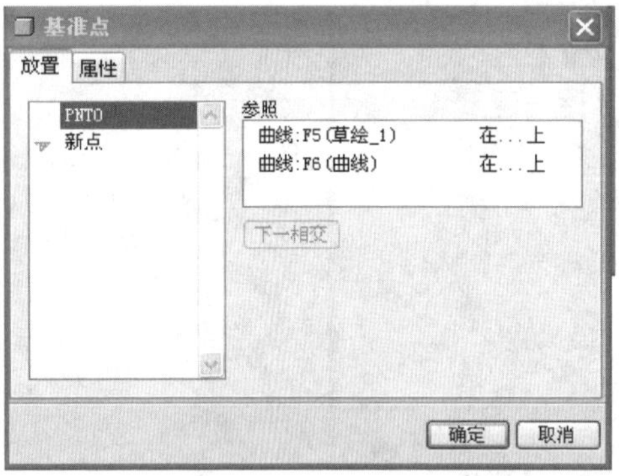

图 1-405 【基准点】对话框

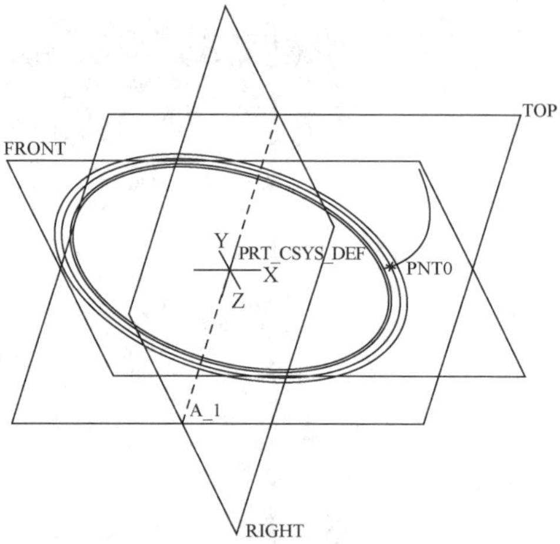

图 1-406 创建基准点

（3）创建基准平面 DTM1。单击特征工具栏中的“基准平面”工具按钮，弹出【基准平面】对话框，如图 1-407 所示，选择基准轴 A _ 1，同时按住 Ctrl 键，再选择基准点 PNT0，单击对话框中的按钮 确定 。创建的基准平面 DTM1 如图 1-408 所示。

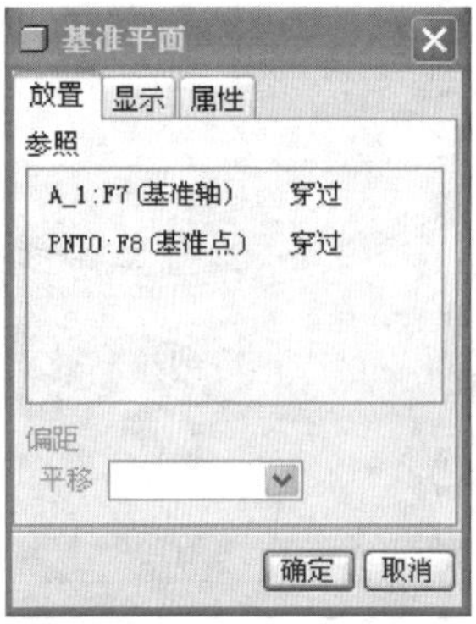

图 1-407 【基准平面】对话框

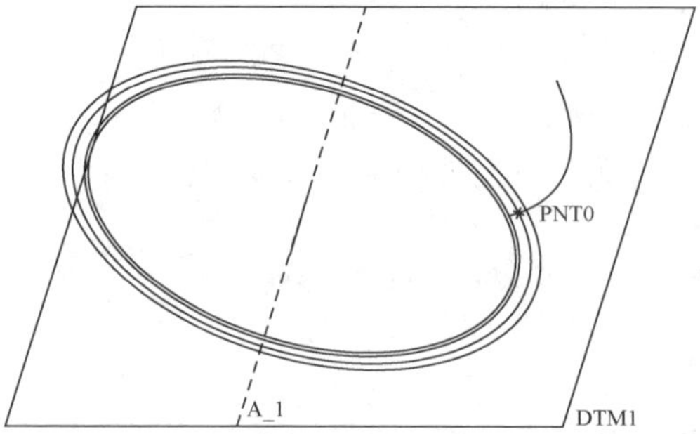

图 1-408 创建基准平面 DTM1

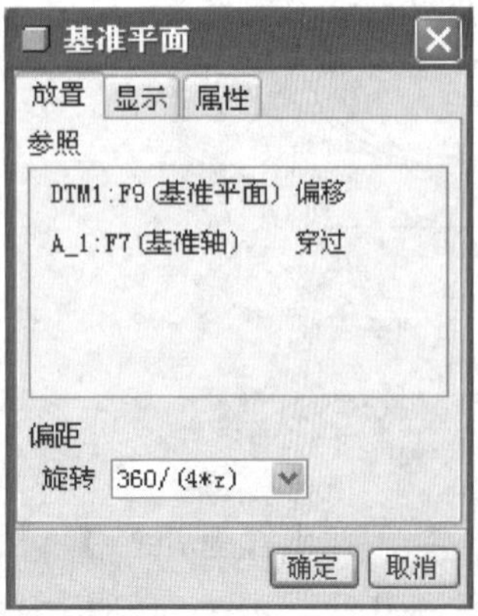

图 1-409 【基准平面】对话框

（4）创建镜像齿廓渐开线的基准平面 DTM2。单击特征工具栏中的“基准平面”工具按钮，弹出【基准平面】对话框，如图 1-409 所示，选择基准平面 DTM1，同时按住 Ctrl 键，再选择基准轴 A _ 1，输入旋转角度 360/(4 * z)，按 Enter 键，系统提示“是否要添加 360/(4 * z) 作为特征关系?”（见图 1-410），单击按钮 是(Y) ，再单击【基准平面】对话框中的按钮 确定 。创建的基准平面 DTM2 如图 1-411 所示。

（5）输入镜像基准面关系式。选择主菜单“工具”→“关系”，弹出【关系】对话框，如图 1-412 所示。在绘图区中单击基准平面 DTM2，出现旋转角度参数“d6”，鼠标单击 d6 尺寸，则关系对话框出现“d6”，再手动输入“=360/（4 * z)”。

单击对话框中的按钮 确定 ，完成关系式的输入。

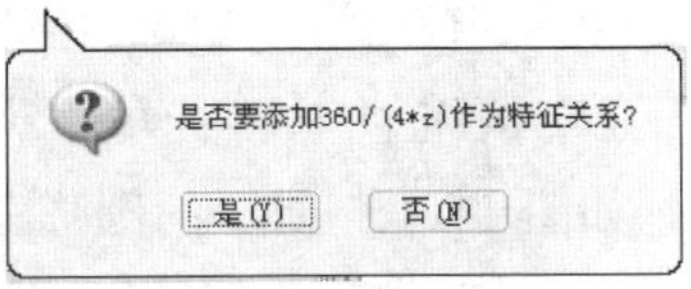

图 1-410　信息提示

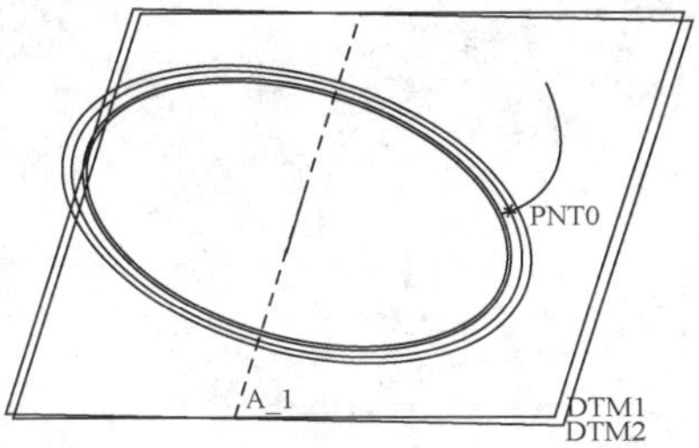

图 1-411　创建基准平面 DTM2

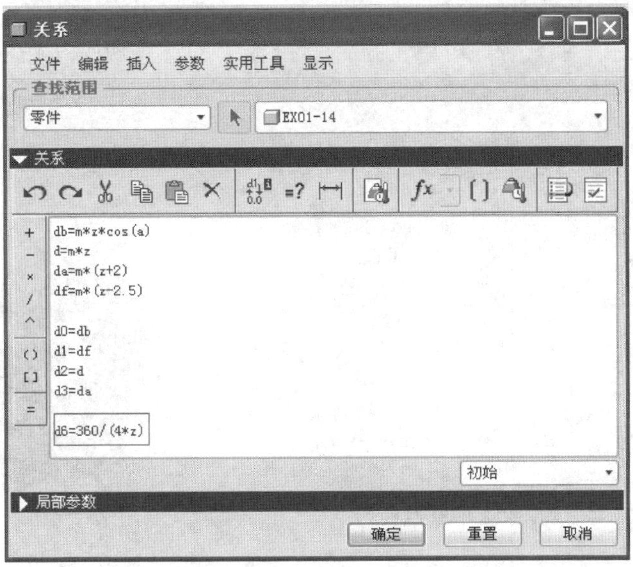

图 1-412　【关系】对话框

7. 镜像渐开线

在绘图区中选中已经创建的渐开线，再单击特征工具栏中的“镜像”工具按钮，打开镜像操控板，如图 1-413 所示，信息提示区提示“选取要镜像的平面或目的基准平面”，这时选择基准平面 DTM2，最后单击操控板上的“完成”按钮，镜像的渐开线如图 1-414 所示。

图 1-413　镜像特征操控板

8. 用拉伸工具创建齿轮毛坯

(1) 单击特征工具栏中的“拉伸”工具按钮，打开拉伸特征操控板，在拉伸特征操

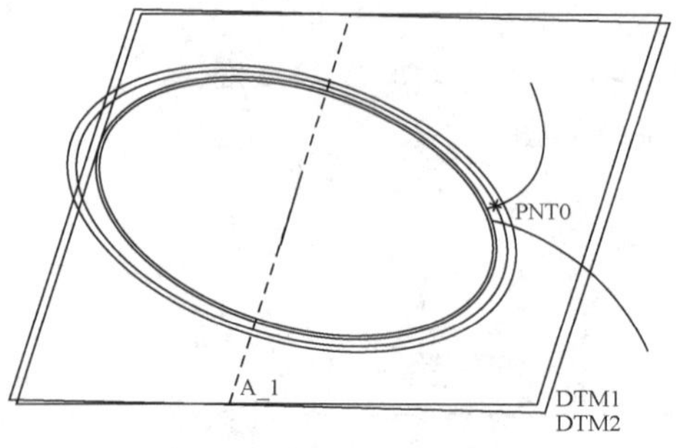

图 1-414 镜像渐开线

控板上单击“放置”→“定义”，打开【草绘】对话框。鼠标左键单击基准平面 FRONT 作为草绘平面，接受系统缺省的放置方式，单击按钮【草绘】，进入草绘模式。

（2）在草绘模式下，单击草绘工具栏中的“通过边创建图元”按钮，鼠标单击齿顶圆草绘曲线，则得到如图 1-415 所示的圆形截面。单击草绘工具栏中的“完成”按钮✔，退出草绘模式。

（3）在拉伸特征操控板中输入拉伸深度“B”，系统弹出提示信息“是否要添加 B 作为特征关系”，单击按钮【是(Y)】，再单击拉伸操控板中的“完成”按钮✔，完成的拉伸特征如图 1-416 所示。

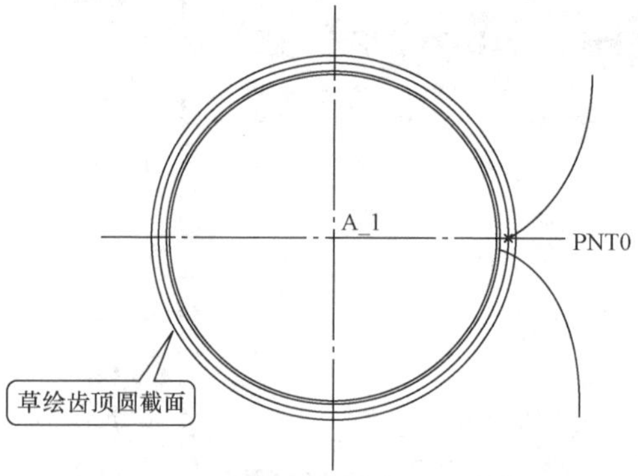

图 1-415 草绘齿顶圆截面

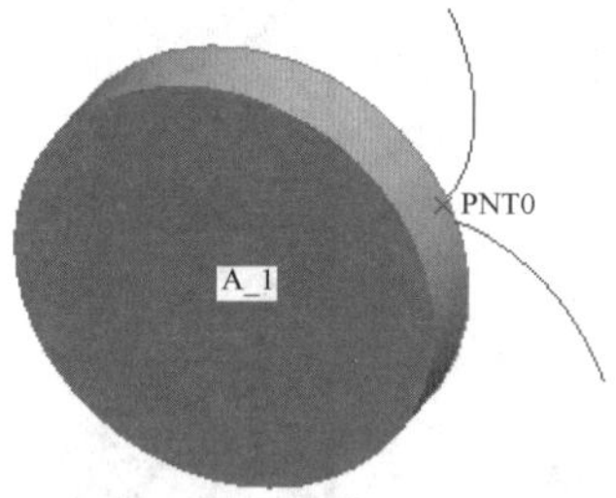

图 1-416 拉伸特征

（4）添加关系。选择主菜单“工具”→“关系”，弹出【关系】对话框。在绘图区中单击拉伸特征，鼠标选择拉伸深度参数“d7”尺寸，则关系对话框出现“d7”，再手动输入“＝B”，单击对话框中的按钮【确定】，完成关系式的输入。

9. 用拉伸工具创建第 1 个齿槽

（1）单击特征工具栏中的“拉伸”工具按钮，打开拉伸特征操控板，在拉伸特征操控板上选择“移除材料”按钮，单击“放置”→“定义”，打开【草绘】对话框。鼠标左键单击 FRONT 基准面作为草绘平面，接受系统缺省的放置方式，单击按钮【草绘】，进入草绘模式。

（2）在草绘模式下，单击草绘工具栏中的“通过边创建图元”按钮，再单击齿顶圆、齿根圆和渐开线，绘制如图 1-417 所示的齿槽截面。单击草绘工具栏中的“完成”按钮✔，退出草绘模式。

（3）在拉伸特征操控板中输入拉伸深度“B”，系统弹出提示信息“是否要添加 B 作为特征关系”，单击按钮【是(Y)】，再单击拉伸操控板中的“完成”按钮✔，完成的拉伸剪切特征如图 1-418 所示。

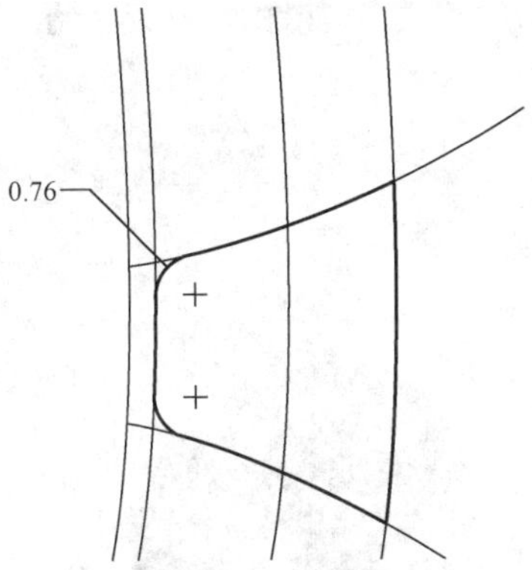

图 1-417 草绘齿槽截面

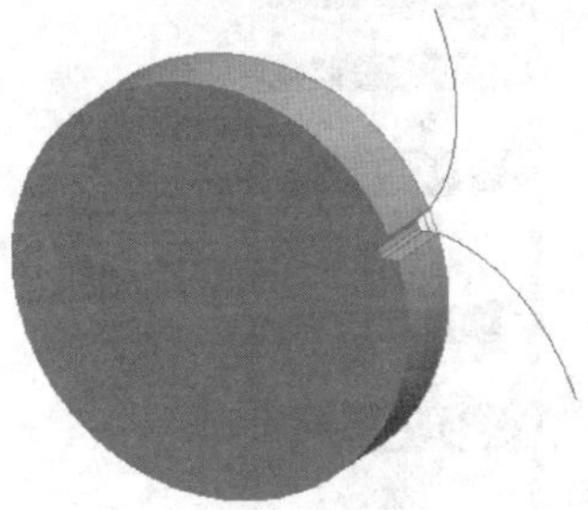
图 1-418 拉伸剪切齿槽

（4）添加关系。选择主菜单“工具”→“关系”，弹出【关系】对话框。在绘图区中单击拉伸剪切特征，鼠标选择拉伸深度参数“d8”尺寸，则关系对话框出现“d8”，再手动输入“=B”。同理，添加圆角半径“d9=0.38 * m”，单击对话框中的按钮 确定 ，完成关系式的输入。

10. 旋转复制齿槽特征

（1）选择主菜单“编辑”→“特征操作”，弹出“特征”菜单，在菜单中选择“复制”，如图 1-419 所示，在下级“特征”复制菜单中选择“移动”→“选取”→“独立”→“完成”，如图 1-420 所示，弹出“特征”选取菜单及【选取】对话框，如图 1-421 所示。在绘图区选择步骤 9 创建的齿槽拉伸剪切特征，单击“特征”选取菜单中的“完成”命令，如图 1-421 所示。

图 1-419 “特征”菜单

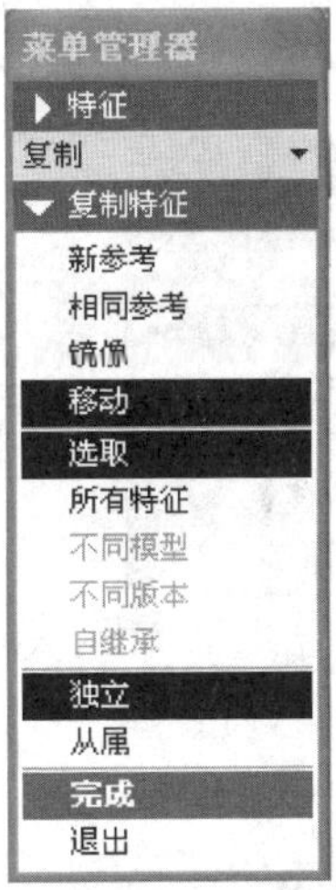

图 1-420 “特征复制”菜单

图 1-421 “特征选取”菜单

（2）在接下来弹出的菜单中选择“旋转”→“曲线/边/轴”方式进行旋转复制，如图 1-422 所示，然后在绘图区中选择 A_1 轴作为旋转轴，如图 1-423 所示，接受逆时针的旋转方式，再单击“特征”菜单中的“确定”命令，如图 1-424 所示。

在接下来弹出的【输入旋转角度】对话框中，输入“360/z”，如图 1-425 所示，单击对话框中的“接受”按钮☑。在弹出的“特征”移动菜单中选择“完成移动”命令，如图

1-426 所示，单击“组可变尺寸”菜单中的“完成”命令，如图 1-427 所示。

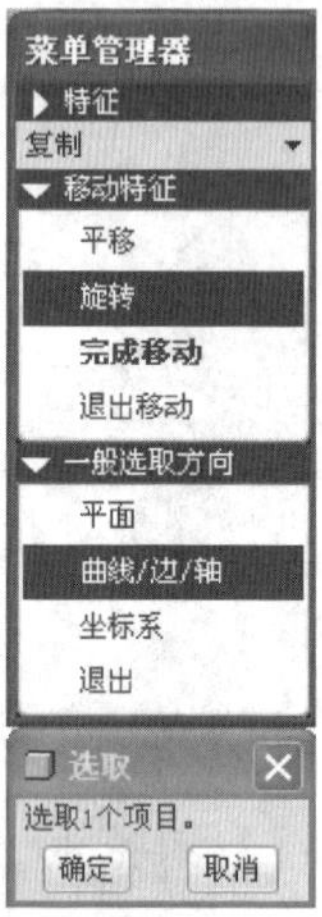

图 1-422　“特征”菜单

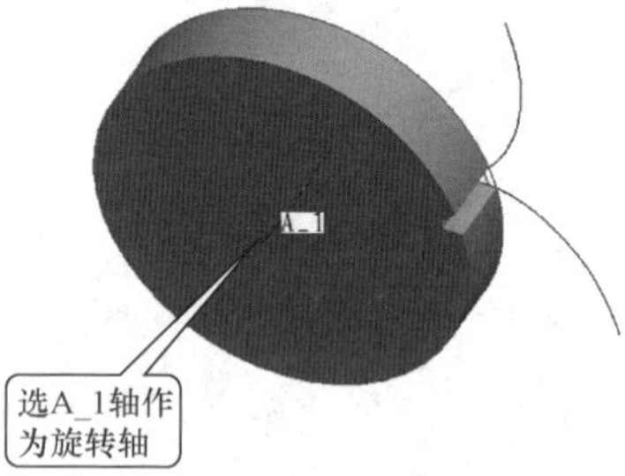

图 1-423　选择 A_1 轴

（3）单击【组元素】对话框中的按钮 确定 ，如图 1-428 所示，最后单击“特征”菜单中的“完成”命令，如图 1-429 所示。完成的旋转复制移动特征如图 1-430 所示。

图 1-424　“特征”菜单

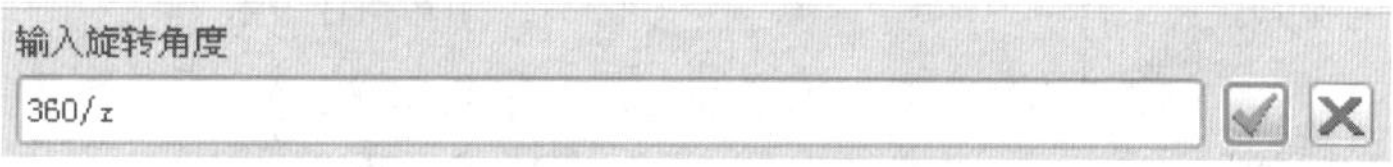

图 1-425　【输入旋转角度】对话框

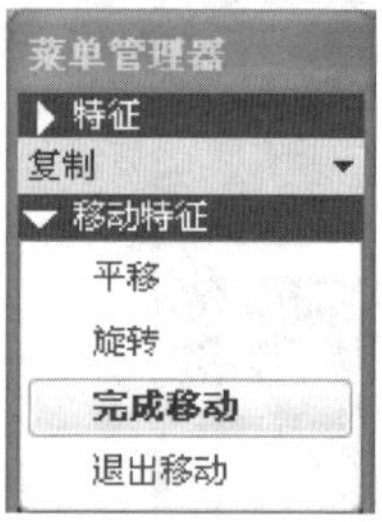

图 1-426　特征移动菜单

图 1-427　组可变尺寸菜单

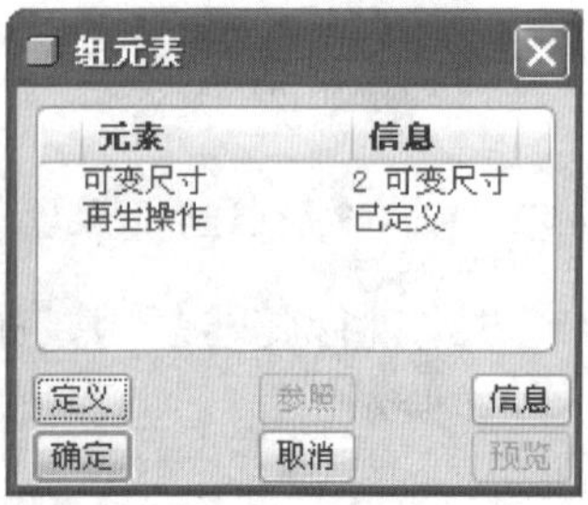

图 1-428　【组元素】对话框

图 1-429　“特征”菜单

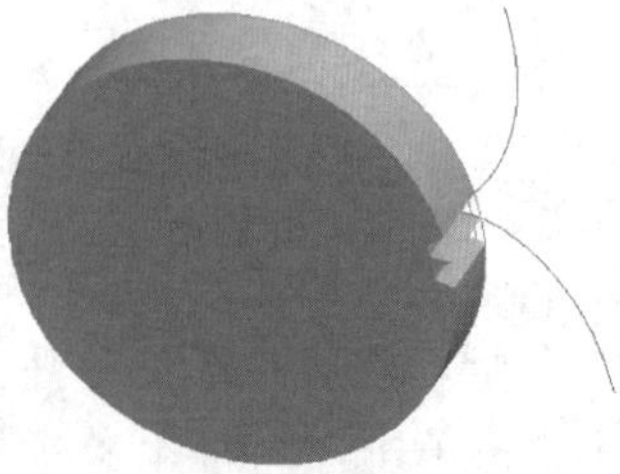

图 1-430　完成的旋转复制特征

（4）添加关系。选择主菜单“工具”→“关系”，弹出【关系】对话框。在绘图区中单击旋转复制特征，鼠标选择旋转角度参数“d10”尺寸，则关系对话框出现“d10”，再手动输入“=360/z”。单击对话框中的按钮［确定］，完成关系式的输入。

11. 阵列轮齿

（1）在模型树中选中刚创建的“组特征”组COPIED_GROUP，再单击特征工具栏中的“阵列”工具按钮，打开阵列特征操控板，阵列类型选择“轴”，在绘图区中选择A_1轴，然后在操控板中输入个数为49，角度为“360/z”，系统弹出提示信息“是否要添加360/z作为特征关系?”，单击按钮［是(Y)］。再单击阵列特征操控板中的“完成”按钮，完成的阵列轮齿特征如图1-431所示。

（2）添加关系。选择主菜单“工具”→“关系”，弹出【关系】对话框。在绘图区中单击阵列特征，鼠标选择旋转角度参数“d14”尺寸，则关系对话框出现“d14”，再手动输入“=360/z”。同理，输入阵列尺寸参数“P17=z—1”，单击对话框中的按钮［确定］，完成关系式的输入。

12. 隐藏绘图曲线

在模型树中按住Ctrl键，选中草绘曲线、渐开线曲线及镜像曲线，单击鼠标右键，在弹出的快捷菜单中选择“隐藏”命令，这时齿轮特征如图1-432所示。

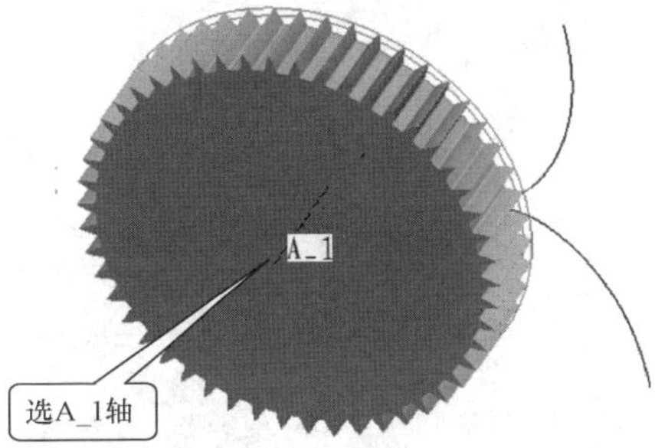

图1-431　阵列轮齿

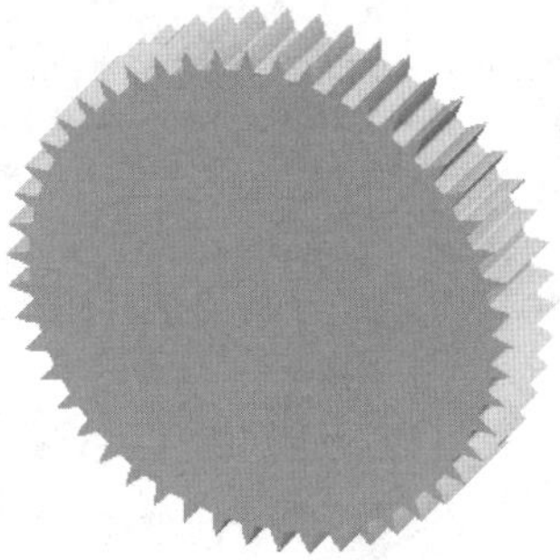

图1-432　隐藏曲线

13. 模型的参数化修改

选择主菜单“工具”→“参数”，弹出【参数】对话框，修改参数模数m、齿数z、齿宽B等，单击按钮［确定］。单击常用工具栏中的“再生模型”按钮，生成新的齿轮模型，如图1-433所示。

14. 创建拉伸剪切特征

（1）单击特征工具栏中的“拉伸”工具按钮，打开拉伸特征操控板，在拉伸特征操控板上选择“移除材料”按钮，单击“放置”→“定义”，打开【草绘】对话框。鼠标左键单击齿轮的前面作为草绘平面，接受系统缺省的放置方式，单击按钮［草绘］，进入草绘模式。

（2）在草绘模式下，绘制如图1-434所示的2个同心圆形截面。单击草绘工具栏中的“完成”按钮，退出草绘模式。

（3）在拉伸特征操控板中输入拉伸深度“5”，再单击拉伸操控板中的“完成”按钮，完成的拉伸剪切特征如图 1-435 所示。

图 1-433 齿轮的参数化设计

（a）$m=3$，$z=20$，$B=15$；（b）$m=2$，$z=30$，$B=20$

15. 镜像拉伸剪切特征

（1）创建镜像基准平面 DTM3。单击特征工具栏中的“基准平面”工具按钮，打开【基准平面】对话框，如图 1-436 所示，在绘图区中选择 FRONT 基准平面，输入偏移距离 10，单击对话框中的按钮。创建的基准平面 DTM3 如图 1-437 所示。

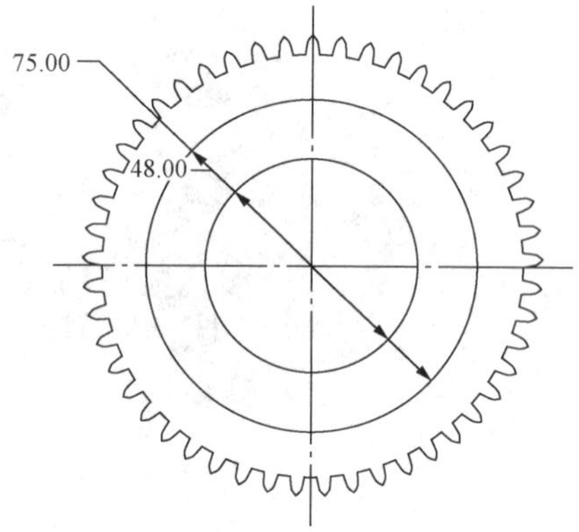

图 1-434 草绘截面

图 1-435 拉伸剪切特征

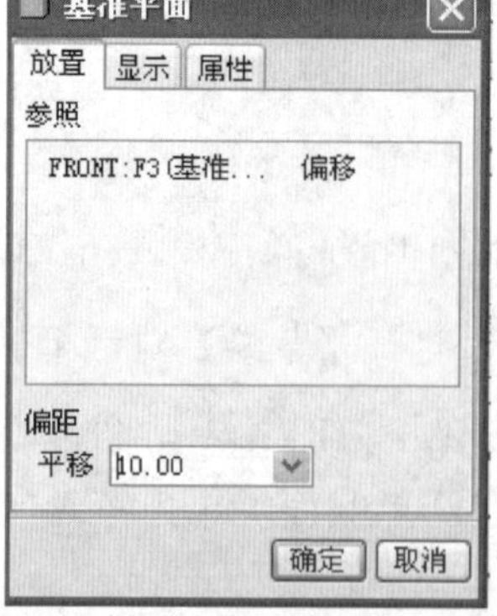

图 1-436 【基准平面】对话框

图 1-437 创建的基准平面 DTM3

（2）在绘图区中选中刚创建的拉伸剪切特征，再单击特征工具栏中的“镜像”工具按钮，打开镜像特征操控板，选择基准平面DTM3作为镜像参照面，最后单击操控板上的“完成”按钮，镜像的拉伸剪切特征如图1-438所示。

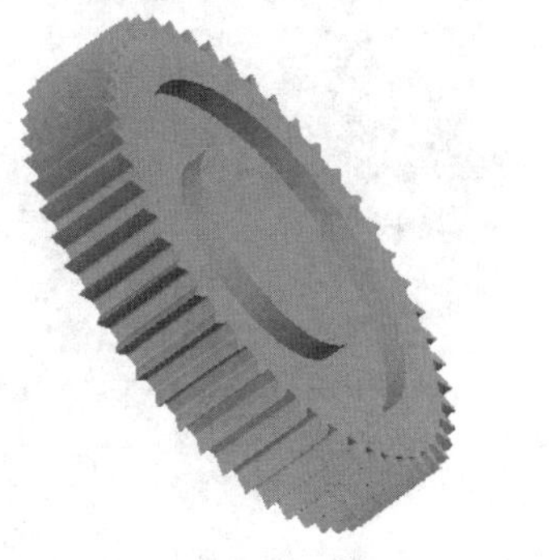

图1-438　镜像的拉伸剪切特征

16. 拉伸剪切轴孔及键槽

（1）单击特征工具栏中的“拉伸”工具按钮，打开拉伸特征操控板，在拉伸特征操控板上选择“移除材料”按钮，单击“放置”→“定义”，打开【草绘】对话框。用鼠标左键单击齿轮的前面作为草绘平面，接受系统默认的放置方式，单击按钮草绘，进入草绘模式。

（2）在草绘模式下，绘制如图1-439所示的轴孔及键槽截面。单击草绘工具栏中的“完成”按钮，退出草绘模式。

（3）在拉伸特征操控板中单击“拉伸至与所有曲面相交”按钮，再单击拉伸操控板中的“完成”按钮，完成的拉伸剪切特征如图1-440所示。

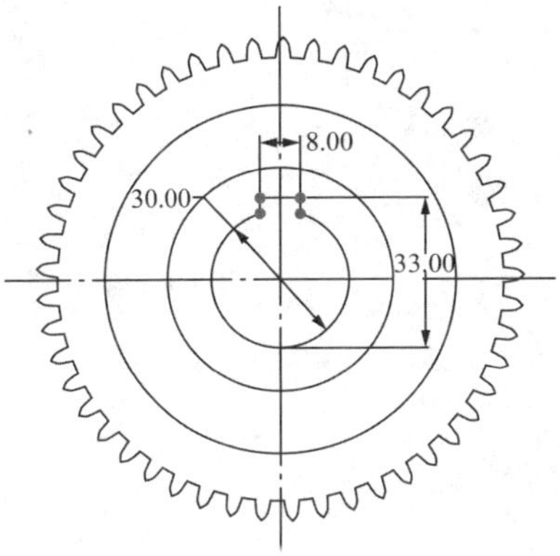

图1-439　草绘截面

图1-440　拉伸剪切特征

17. 创建圆角特征

单击特征工具栏中的“倒圆角”工具按钮，打开倒圆角特征操控板，输入圆角半径2，选择图1-441所示边进行倒圆角（前、后面的拉伸剪切的环形槽的底边），完成的圆角特征如图1-442所示。

18. 创建边倒角特征

单击特征工具栏中的“边倒角”工具按钮，打开边倒角特征操控板，选择“D×D”方式，输入边长2，选择图1-443所示的边进行倒角（前、后面拉伸剪切的环形槽的外边、孔及键槽的锐边及齿顶圆锐边），再单击边倒角特征操控板中的“完成”按钮。至此完成齿轮模型的设计，如图1-390所示。

19. 保存文件

单击“保存”按钮，完成模型设计。

图 1-441　选倒圆角的边

图 1-442　完成的圆角特征

图 1-443　选倒角的边

学习情境二

装　配　设　计

任务一　油杯轴承的装配设计

授课视频

【任务】 创建如图 2-1 所示的油杯轴承装配模型。

【分析】 油杯轴承采用了固定装配的方法，它是由若干个零件组成的，在完成零件的三维造型设计之后，再进行装配设计。本任务学习固定约束的装配方法。

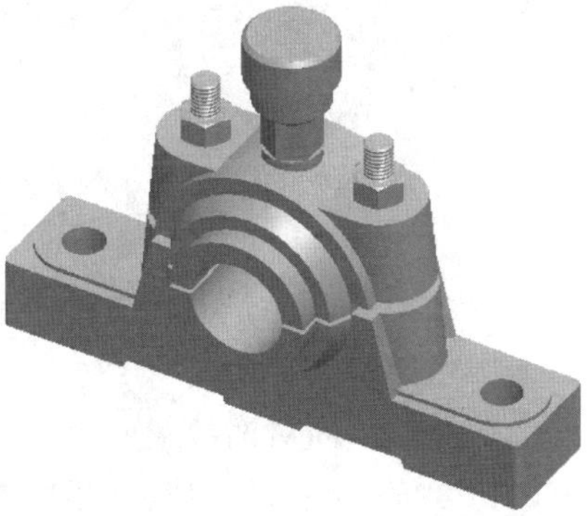

图 2-1　油杯轴承装配模型

一、装配设计简介

零件设计只是产品开发过程中的一个环节，当产品的零件设计完成后，还需进行装配操作。零件装配通过定义零件之间的装配约束来确定零件在空间的具体位置关系。由于 Pro/ENGINEER 是单一的数据库，零件与装配体是相关联的。因此，如果修改装配体中的零件，与其对应的单个零件也将发生变化；反之亦然。

1. 创建装配文件的方法

选择主菜单“文件”→“新建”，或单击工具栏中的“新建”按钮，在弹出的【新建】对话框中选择文件类型为“组件”，子类型为“设计”，输入文件“名称”后，取消“使用缺省模板”前面的复选框，如图 2-2 所示。单击“确定”按钮，弹出【新文件选项】对话框，选择公制单位“mmns _ asm _ design”，如图 2-3 所示。单击“确定”按钮，进入 Pro/ENGINEER Wildfire 5.0 的装配设计环境，此时系统会自动创建三个基准平面 ASM _ FRONT、ASM _ RIGHT、ASM _ TOP 和一个基准坐标系 ASM _ DEF _ CSYS。

图 2-2　【新建】对话框

图 2-3　【新文件选项】对话框

2. 文件装配方法

选择主菜单“插入”→“元件”→“装配”，或单击特征工具栏中的“装配”按钮，弹出【打开】文件对话框，选中文件后，单击“确定”按钮，则第1个装配零件被载入装配界面。需要注意：在进行零件装配时，必须合理选取第1个装配零件，如果删除第1个装配零件，后续装配过程中与其相关联的所有零件都将一起删除，而删除后来装配的零件将不会影响已存在的装配零件。

3. 装配约束

装配约束共有11种，如图2-4所示的装配操控板。

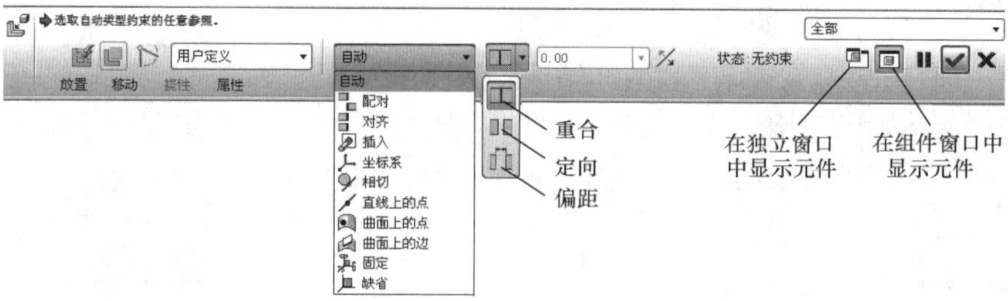

图2-4 装配操控板

(1) 自动。点选元件和组件中的参照后，系统会根据参照来猜测设计意图，自动添加约束类型。

(2) 配对。面对面放置两个平面或基准面，使两个平面或基准面重合或保持一定的偏移距离或角度值。配对约束类型中的偏移列表项中包括“重合”、“定向”、“偏距”和“角度偏移”四种类型。

重合：面与面完全贴合，如图2-5（b）所示。

定向：面与面相对且平行，这时可以确定新添加元件的活动方向，但不能设置间隔距离。必须通过添加其他约束准确定位元件，可看作是偏距值未知的情况。

偏距：面与面相对且相距一段距离，如图2-5（c）所示。

角度偏移：是配对约束的特殊形式，只有在选取的两个参照面具有一定角度时，才会出现这个列表项。可设置任意角度值，新载入的元件将根据参照面角度值旋转到指定位置。只有单击元件装配操控板上的“放置”按钮，打开“放置”滑面板才可进行角度设置。

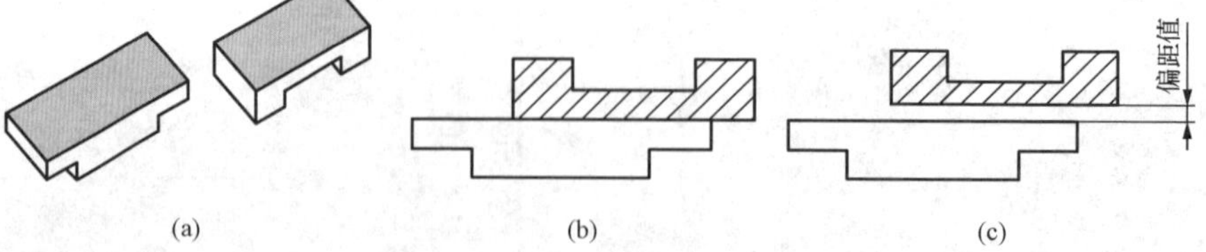

图2-5 配对约束

（a）配对前；（b）重合配对；（c）偏距配对

（3）对齐。使两平面或基准面面向相同或保持一定的偏距值，如图 2-6 所示，也可使两条轴线同轴或使两点重合，对齐旋转曲面、边等。对齐约束类型中的偏移列表项中包括“重合”、“定向”、“偏距”和“角度偏移”四种类型。对齐约束和配对约束的设置方式相似。

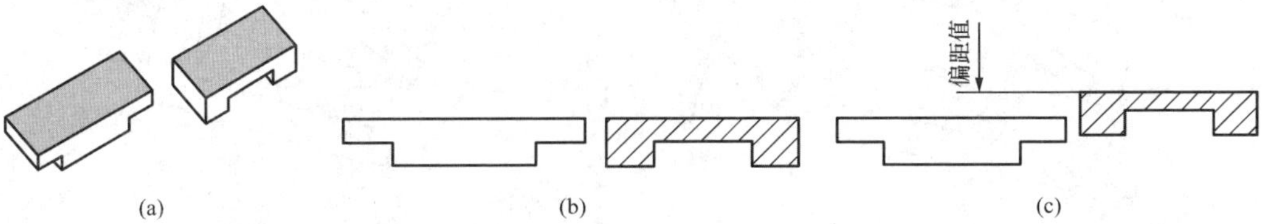

图 2-6　对齐约束

（a）对齐前；（b）重合对齐；（c）偏距对齐

注意：无论使用配对约束还是对齐约束，两个参照必须为同一类型，如平面对平面、旋转曲面对旋转曲面、点对点或轴线对轴线。其中，旋转曲面是指通过旋转截面或者拉伸圆弧/圆而形成的曲面。

另外，对于配对约束和对齐约束可以通过“元件装配”操控板中的“反向”来切换，也可通过单击元件装配操控板中的“放置”按钮，打开“放置”滑面板，单击约束类型“配对”右侧的按钮 反向，使“配对”约束变为“对齐”约束；反之亦然，如图 2-7 所示。

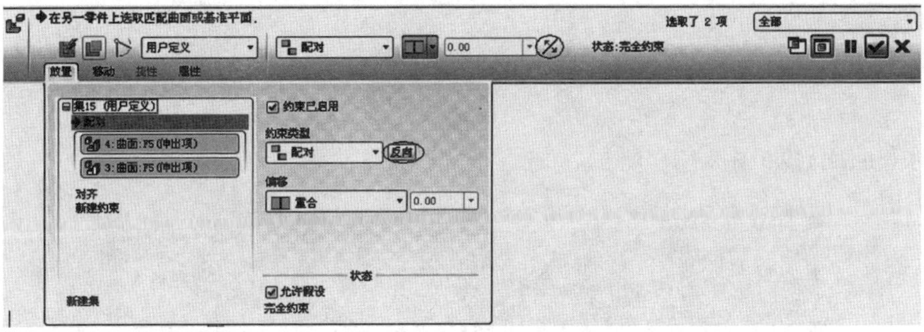

图 2-7　“放置”滑面板

（4）插入。使用插入约束可将一个旋转曲面插入到另一个旋转曲面中，并且可以对齐两个曲面对应的轴线。在选取轴线无效或不方便时，可以使用这种约束方式，如图 2-8 所示。

插入约束对齐的对象主要是弧形面元件，这种约束方式只能用来定义元件方向，而无法定位元件。

（5）坐标系。使元件基准坐标系与组件基准坐标系重合，这种约束可以一次完全定位指定元件，完全限制 6 个自由度，如图 2-9 所示。

（6）相切。使用相切约束控制两个曲面在切点位置的接触，即新载入的元件与指定元件以对应曲面相切的方式进行装配。相切约束的功能与配对约束相似，因为这种约束只配对曲

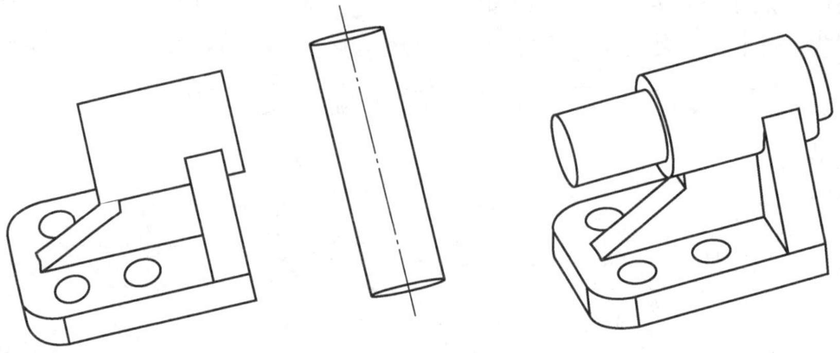

(a) (b)

图 2-8 插入约束

（a）插入前；（b）插入后

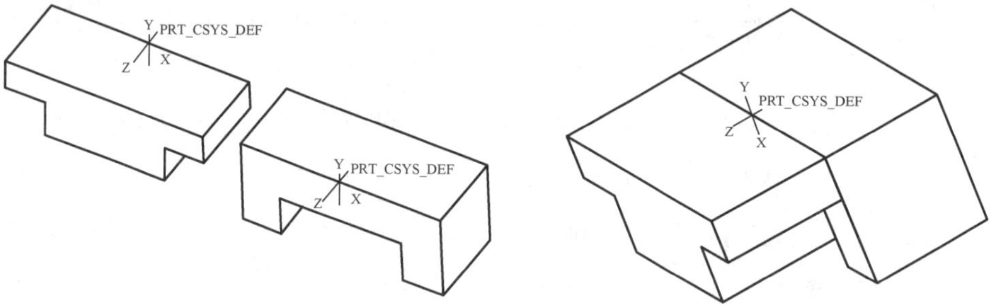

(a) (b)

图 2-9 坐标系约束

（a）约束前；（b）约束后

面，而不对齐曲面，如图 2-10 所示。

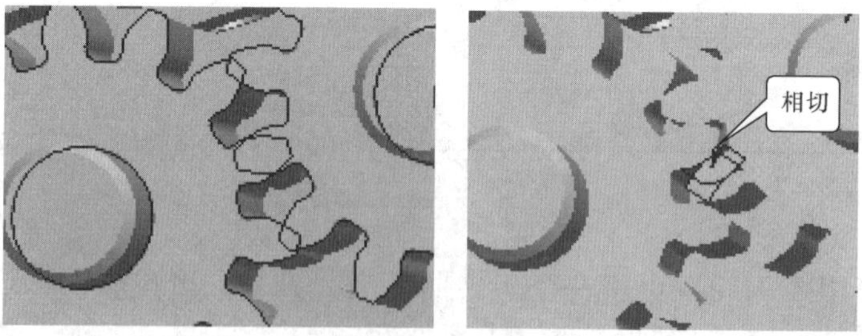

(a) (b)

图 2-10 相切约束

（a）相切前；（b）相切后

（7）直线上的点。用于控制装配体上的边、轴或基准曲线与新载入元件上的点之间的接触，从而使新载入的元件只能沿直线移动或旋转，而且仅保留 1 个移动自由度和 3 个旋转自由度，如图 2-11 所示。

（8）曲面上的点。点在曲面上，使某一基准点或顶点落于平面或基准面上，该点可落于

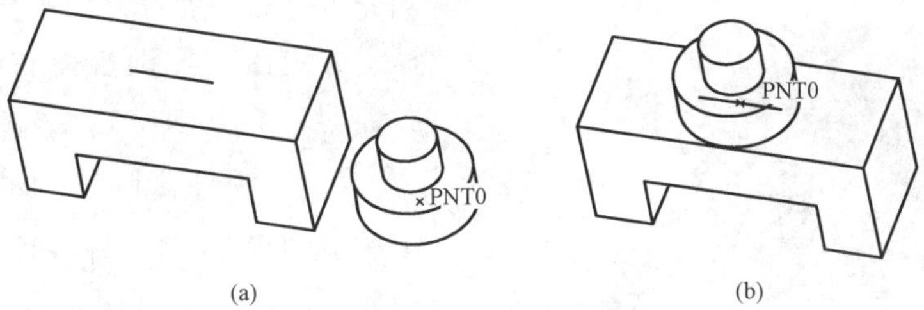

图 2-11 直线上的点约束
(a) 约束前；(b) 约束后

面上或延伸面上，如图 2-12 所示。

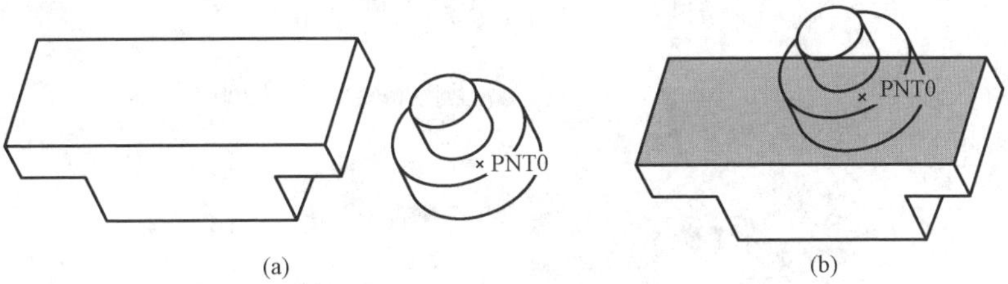

图 2-12 曲面上的点约束
(a) 约束前；(b) 约束后

(9) 曲面上的边。边在曲面上，使某一直线边落于一曲面上，该边线可以落在曲面或其延伸面上，如图 2-13 所示。

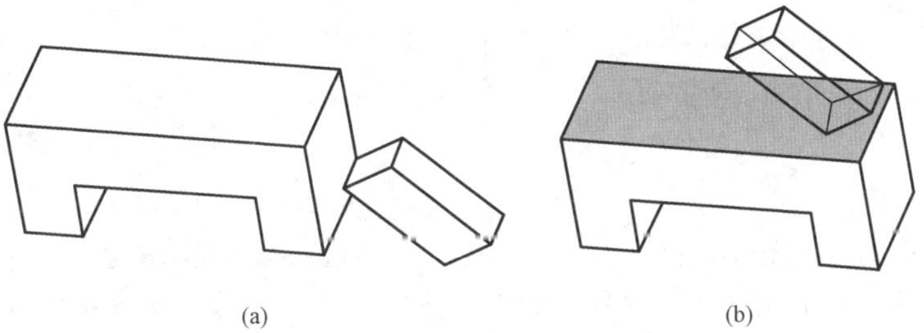

图 2-13 曲面上的边约束
(a) 约束前；(b) 约束后

(10) 固定。将元件固定在当前位置，当向装配环境中加入第 1 个零件时，可采用这种约束方式对零件进行固定，来简化零件的装配过程。

(11) 缺省。约束元件坐标系与组件坐标系重合，通常选择第 1 个元件的装配约束为缺省方式，可以简化零件的装配过程。

对于上述约束中选择“坐标系”约束、“固定”约束和“缺省”约束，仅仅一个约束条件就可使元件达到完全约束状态，而对于其他的约束则需要 2 个或 2 个以上的约束条件才能使元件达到完全约束状态。

4. 装配元件显示

在 Pro/ENGINEER 的装配环境下，新载入的元件有多种显示方式，可根据需要将组件

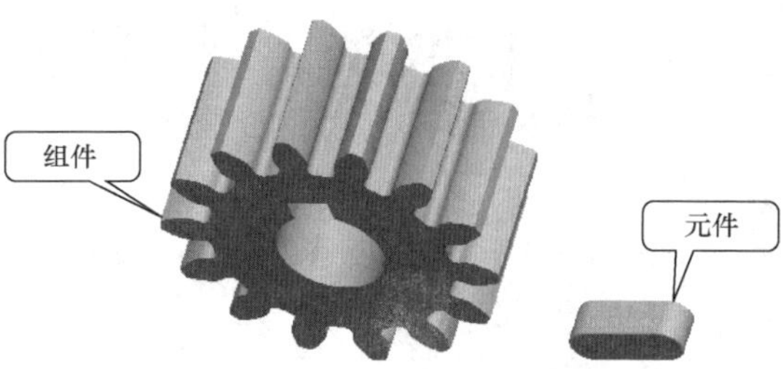

图 2-14　组件窗口显示元件

和元件分离或放置在同一个窗口中。元件的显示方式由装配操控板右侧的两个按钮决定，如图 2-4 所示。

（1）“组件窗口显示元件”按钮处于按下的状态时，组件和元件均在组件窗口中显示，如图 2-14 所示。

（2）“独立窗口显示元件”按钮处于按下状态时，新载入的元件与装配体将在不同的窗口中显示，如图 2-15 所示。这种显示方式有利于约束设置，从而避免反复调整组件窗口。此外，新载入元件所在窗口的大小和位置可随意调整，装配完毕后，小窗口会自动消失。

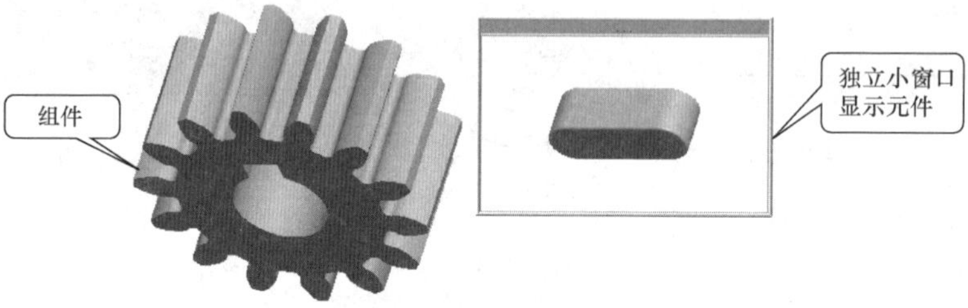

图 2-15　独立窗口显示元件

（3）两种窗口显示元件。如果以上两个按钮和都处于按下状态，那么新载入的元件将同时显示在独立窗口和组件窗口中，如图 2-16 所示。执行这样的设置，不仅能够查看新载入元件的结构特征，而且能够在设置约束后观察元件与装配体的定位效果。

5. 移动元件

使用移动约束可移动正在装配的元件，便于在装配环境中操作元件。单击元件装配操控板上的“移动”按钮，打开“移动”滑面板，如图 2-17 所示，这时暂停所有其他元件的放置操作。使用“移动”滑面板提供的选项，可以调节元件在组件中放置的位置，包含四种运动类型选项“定向模式”“平移”“旋转”和“调整”。

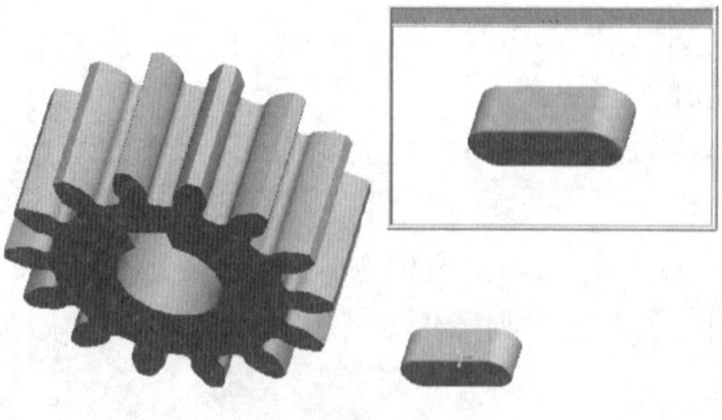

图 2-16　两种窗口显示元件

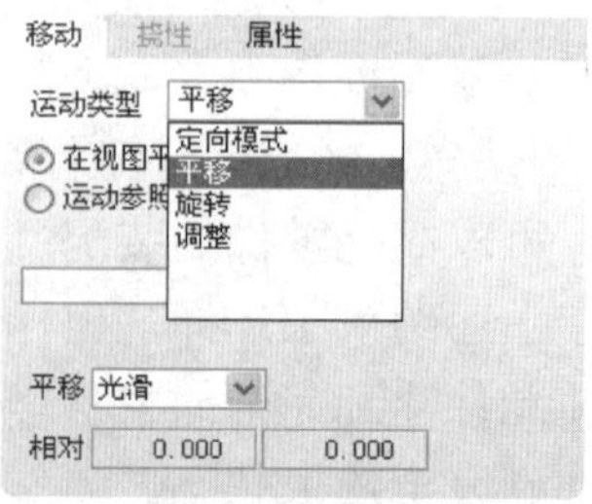

图 2-17　“移动”滑面板

（1）定向模式。使用这种运动类型，在组件窗口中可以任意位置为旋转中心旋转或移动新载入的元件。

选择“在视图平面中相对”单选框时，表示相对于视图平面移动元件。默认情况下，这个按钮处于选择状态。在组件窗口中选取待移动的元件后，选取位置处将显示一个三角形图标，按住鼠标中键拖动即可旋转元件，如图 2 - 18 所示。此外，同时按住 Shift 键，拖动鼠标中键也可以移动元件。

选择“运动参照”单选框时，表示相对于元件或参照移动元件。通常，在设置运动参照时，可以在视图中选择平面、点或者线作为运动参照。如图 2 - 19 所示。选取一个参照后，右侧的“垂直”和“平行”选项将被激活。选择“垂直”单选按钮，执行旋转操作时将垂直于选定参照移动元件；选择“平行”单选按钮，执行旋转操作时将平行于选定的运动参照元件。

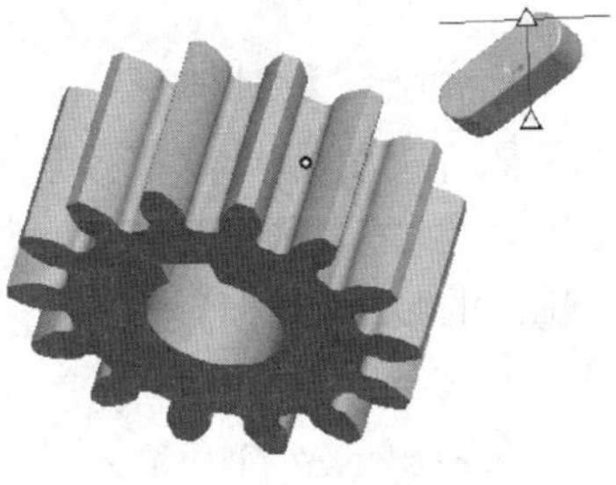

图 2 - 18　“在视图平面中相对”定向模式

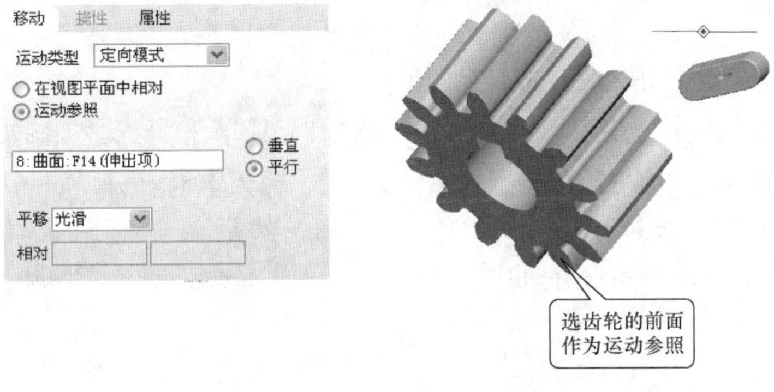

图 2 - 19　“运动参照”定向模式

（2）平移。使用平移方式移动元件是最简便的方法。相对于定向模式而言，这时只需要选取新载入的元件，按住鼠标左键拖动鼠标，便可将元件移动到组件窗口中的任意位置，再次单击即可退出平移模式。

平移的运动参照同样包括“在视图平面中相对”和“运动参照”两种类型，其设置方法与定向模式完全相同。

（3）旋转。使用旋转工具可以旋转元件，操作方法与“平移”类似，即选择旋转参照后选取元件，然后拖动鼠标即可旋转元件，再次单击即可退出旋转模式。

在选择旋转参照时，可以在元件或者组件上选择两点作为旋转轴，也可以选择曲面作为旋转面，应当依据不同情况进行灵活选择。

旋转的运动参照同样包括“在视图平面中相对”和“运动参照”两种类型，其设置方法与定向模式完全相同。

（4）调整。使用调整运动方式可以添加新的约束，并通过选择参照对元件进行移动。这种运动类型对应的选项设置与以上三种类型大不相同，在滑面板中可以选择“配对”或“对齐”两种约束。此外，还可以在下面的“偏移”参数设置框中设置偏移距离，如图 2 - 20 所示。

与放置约束不同，调整工具面板上的“配对”和“对齐”约束能够以自身面作为调整参照，进行对齐和配对调整。

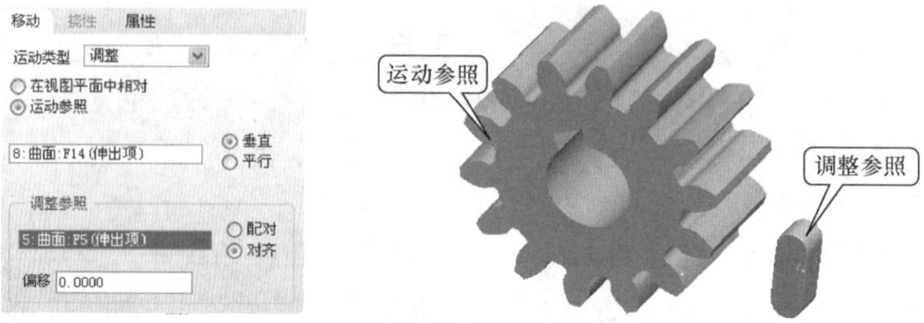

图 2 - 20　调整模式

二、油杯轴承装配

1. 新建一个名为“zhoucheng. asm”的装配文件

选择主菜单“文件”→“设置工作目录”，打开【选取工作目录】对话框。选取工作目录“D：/EXProE5/EX02/01”。

选择主菜单“文件”→“新建”，或单击“新建”按钮，打开【新建】对话框，类型选取“组件”，子类型选取“设计”，输入名称“zhoucheng”后，取消“使用缺省模板”前面的复选框，单击“确定”按钮，然后打开【新文件选项】对话框，选择公制单位“mmns _ asm _ design”，单击“确定”按钮，进入 Pro/ENGINEER 的装配设计环境。

2. 装配

（1）装配零件 1. prt。单击特征工具栏中的“装配”按钮，在弹出的【打开】对话框中，选中 1. prt，单击对话框中的按钮 打开，在元件装配操控板中，选择【缺省】的约束类型，如图 2 - 21 所示，操控板上显示“状态：完全约束”，然后单击操控板中的按钮，定位零件 1. prt，完成零件 1 的装配，如图 2 - 22 所示。

图 2 - 21　选择约束类型

（2）装配零件 7. prt。单击工具栏中的“基准平面”、“基准点”、“基准坐标系”按钮，使其处于关闭状态，这样装配设计界面会显得清晰。

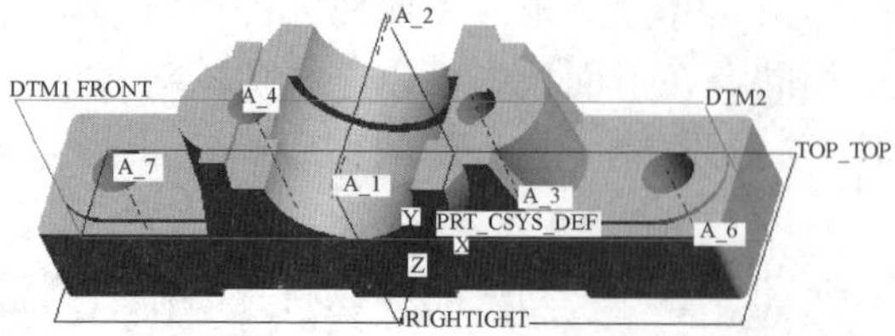

图 2 - 22　零件 1. prt 的装配效果

单击特征工具栏中的“装配”按钮，在弹出的【打开】对话框中，选择零件 7. prt，单击【打开】对话框中的按钮 打开，则零件 7. prt 被载入装配设计界面。

1）添加重合对齐约束。单击图 2 - 23 所示零件 7. prt 的红色加亮曲面（顶部平面），在【约束类型】列表框中选择“对齐”选项，再在偏移选项中选取“重合”，然后单击零件 1. prt 的蓝色加亮曲面（上部剪切后的台阶面），则两曲面对齐。

2）添加重合配对约束。单击图 2 - 24 所示零件 7. prt 红色加亮曲面（内环平面），在【约束类型】列表框中选择“配对”选项，在偏移选项中选取“重合”，然后单击零件 1. prt 的蓝色加亮曲面（前面），则两曲面配对。

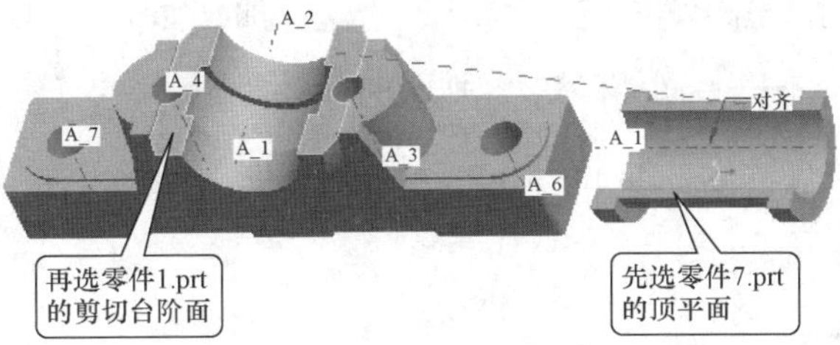

图 2 - 23 对齐曲面

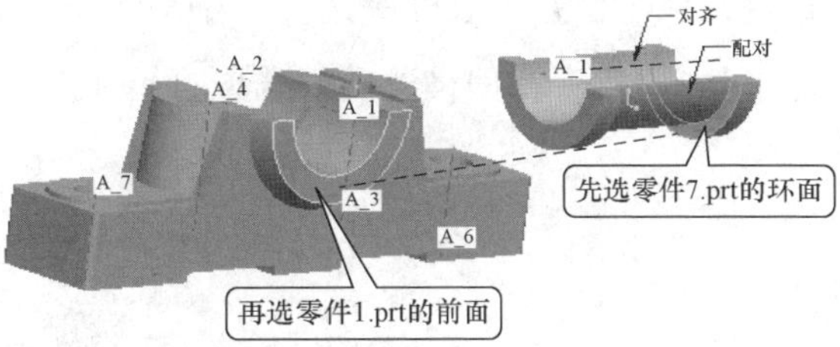

图 2 - 24 曲面配对

3）添加轴线对齐约束。单击图 2 - 25 所示零件 7. prt 红色加亮的轴线 A _ 1，在【约束类型】列表框中选择“对齐”选项，在偏移选项中选取“重合”，然后单击零件 1. prt 的蓝色加亮轴线 A _ 1，则两轴线对齐。

通过上述三项约束，这时操控板上显示“状态：完全约束”，然后单击操控板中的“完成”按钮，完成零件 7. prt 的装配设计如图 2 - 26 所示。

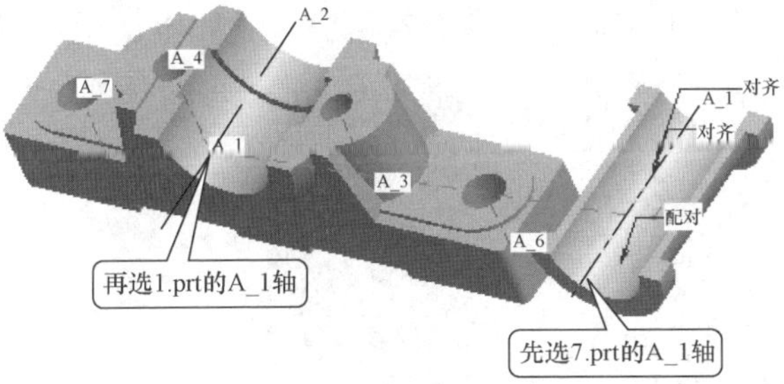

图 2 - 25 轴线对齐

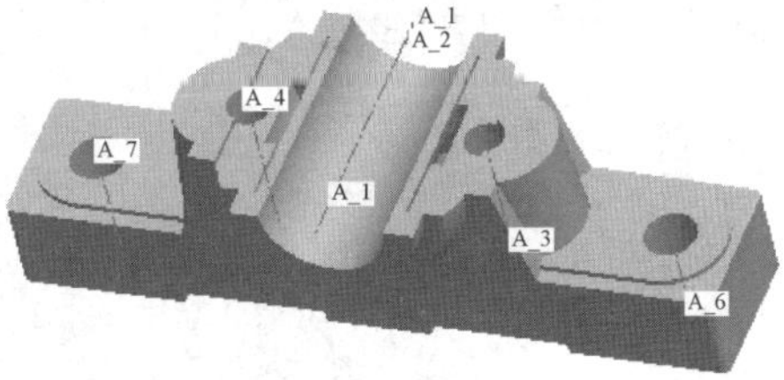

图 2 - 26 零件 7. prt 的装配效果

（3）装配零件 6. prt。单击特征工具栏中的“装配”按钮，在弹出的【打开】对话框中，选择零件 6. prt，单击【打开】对话框中的按钮 打开 ，则零件 6. prt 被载入装配设计界面。

1）添加重合对齐约束。单击图 2 - 27 所示零件 6. prt 的红色加亮曲面（前面），在【约束类型】列表框中选择“对齐”选项，在偏移选项中选取“重合”，然后单击装配组件中零件 7. prt 的蓝色加亮曲面（前面），则两曲面对齐。

2）添加偏距配对约束。单击图 2 - 28 所示零件 6. prt 的红色加亮曲面后（底部平面），

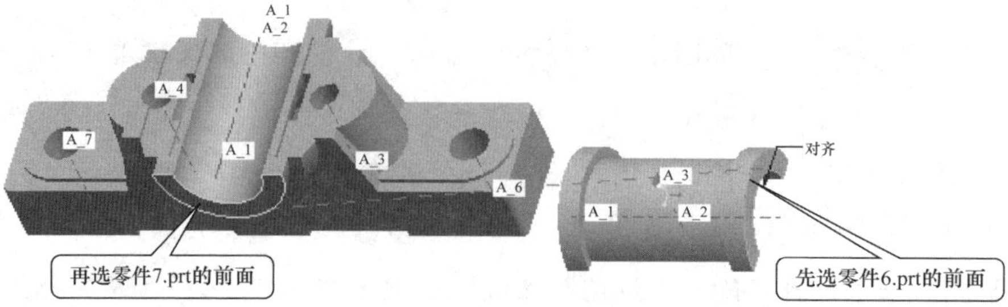

图 2 - 27　曲面对齐

在【约束类型】列表框中选择“配对”选项，再单击组件中零件 7. prt 的蓝色加亮曲面（顶部平面），然后在偏移选项中选取“偏距”，输入偏距值为 2，则两曲面偏距配对。

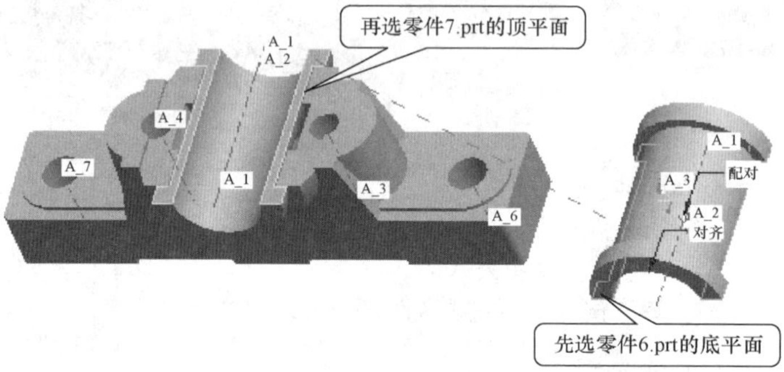

图 2 - 28　曲面偏距配对

3）添加轴线重合对齐约束。单击图 2 - 29 所示零件 6. prt 红色加亮轴线 A _ 1，在【约束类型】列表框中选择“对齐”选项，在偏移选项中选取“重合”，然后单击组件中零件 7. prt 的蓝色加亮轴线 A _ 1，则两轴线对齐。

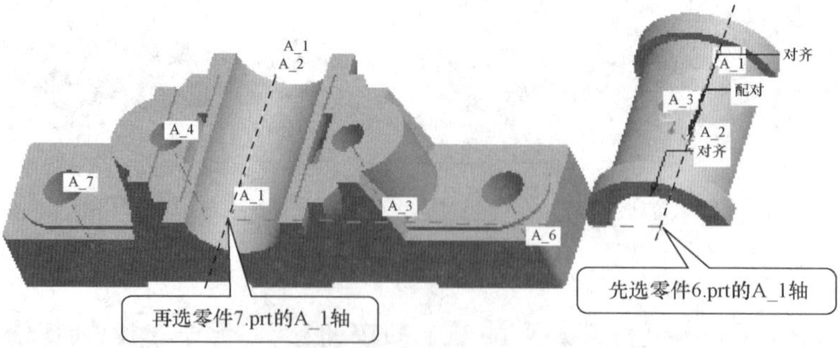

图 2 - 29　轴线对齐

通过上述三项约束，这时操控板上显示“状态：完全约束”，然后单击操控板中的“完成”按钮，完成零件 6. prt 的装配设计，如图 2 - 30 所示。

（4）装配零件 2. prt。单击特征工具栏中的“装配”按钮，在弹出的【打开】对话框中，选择零件 2. prt，单击【打开】对话框中的按钮 打开 ，则零件 2. prt 被载入装

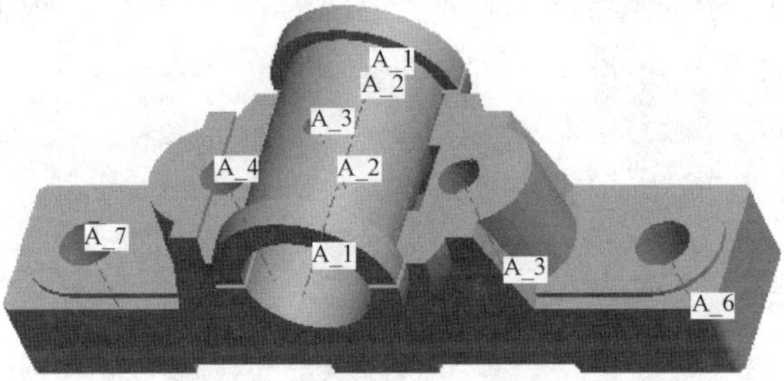

图 2-30　零件 6. prt 的装配效果

配设计界面。

1）添加重合配对约束。单击图 2-31 所示零件 2. prt 的红色加亮曲面（后面），在【约束类型】列表框中选择“配对”选项，在偏移选项中选取“重合”，然后单击装配组件中零件 6. prt 的蓝色加亮曲面（后面的内环面），则两曲面配对。

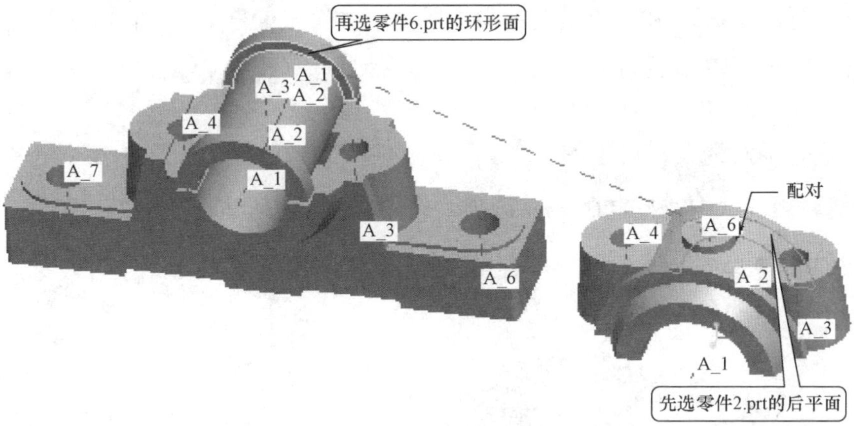

图 2-31　曲面配对

2）添加插入约束。单击图 2-32 所示零件 2. prt 红色加亮曲面（孔内的圆柱面），在【约束类型】列表框中选择“插入”选项，然后单击组件中零件 6. prt 的蓝色加亮曲面（轴瓦外圆柱面），则两曲面轴线对齐。

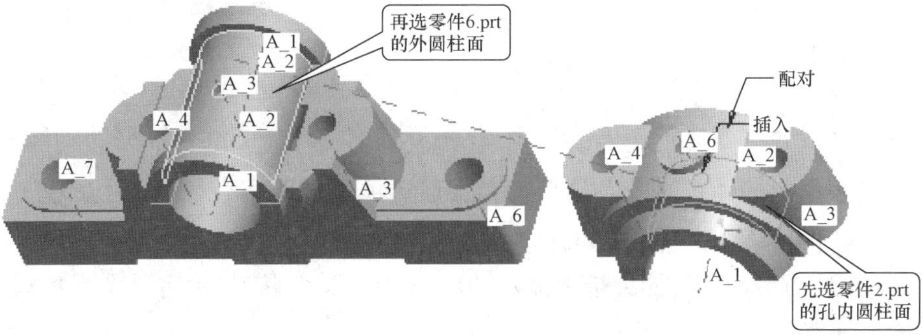

图 2-32　曲面插入

通过上述两项约束，这时操控板上显示“状态：完全约束”，然后单击操控板中的“完成”按钮，完成零件 2. prt 的装配设计，如图 2 - 33 所示。

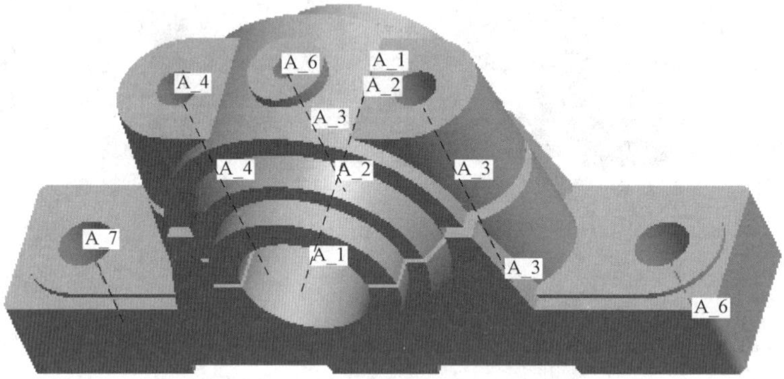

图 2 - 33 零件 2. prt 的装配效果

（5）装配零件 3. prt。单击特征工具栏中的“装配”按钮，在弹出的【打开】对话框中，选择零件 3. prt，单击【打开】对话框中的按钮 打开 ，则零件 3. prt 被载入装配设计界面。

1）添加重合配对约束。单击图 2 - 34 所示零件 3. prt 的红色加亮曲面后（六边形平面），在【约束类型】列表框中选择“配对”选项，在偏移选项中选取“重合”，然后单击组件中零件 2. prt 的蓝色加亮曲面（顶部凸台面），则两曲面配对。

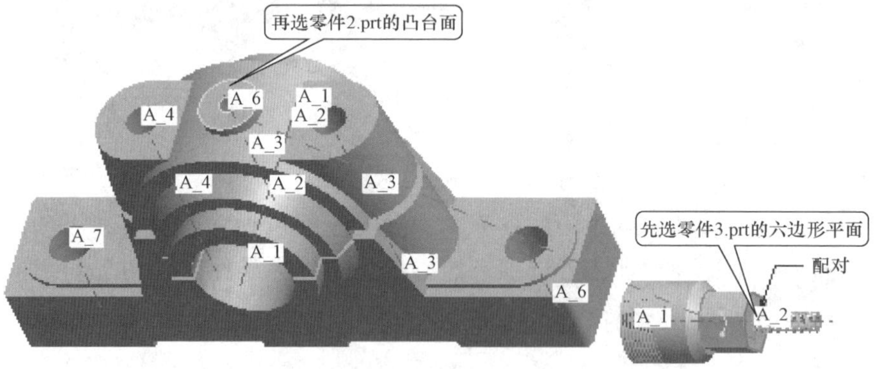

图 2 - 34 曲面配对

2）添加轴线重合对齐约束。单击图 2 - 35 所示零件 3. prt 的红色加亮的轴线 A _ 2，在【约束类型】列表框中选择“对齐”选项，在偏移选项中选取重合，然后单击组件中零件 2. prt 的蓝色加亮轴线 A _ 6，则两轴线对齐。

通过上述两项约束，这时操控板上显示“状态：完全约束”，然后单击操控板中的“完成”按钮，完成零件 3. prt 的装配设计，如图 2 - 36 所示。

（6）装配零件 4. prt。单击特征工具栏中的“装配”按钮，在弹出的【打开】对话框

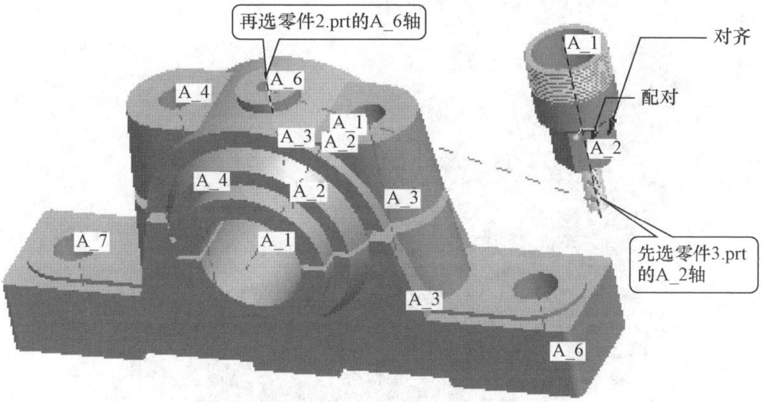

图 2 - 35　轴线对齐

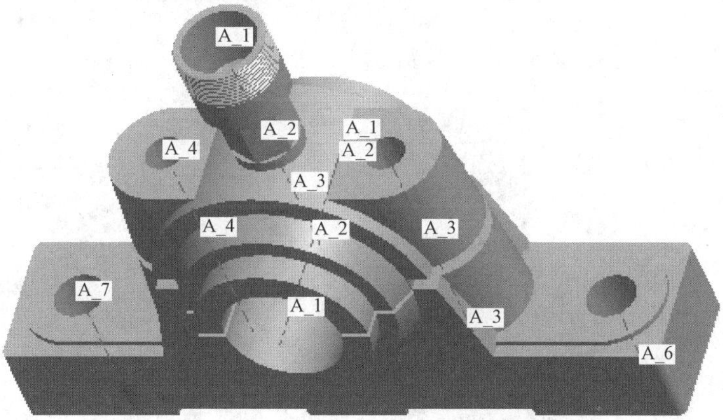

图 2 - 36　零件 3. prt 的装配效果

中，选择零件 4. prt，单击【打开】对话框中的按钮「打开」，则零件 4. prt 被载入装配设计界面。

1）添加重合配对约束。单击图 2 - 37 所示 4. prt 的红色加亮曲面（盖子的内部顶平面），在【约束类型】列表框中选择“配对”选项，在偏移选项中选取“重合”，然后单击组件中零件 3. prt 的蓝色加亮曲面（顶部环面），则两曲面配对。

2）添加轴线重合对齐约束。单击图 2 - 38 所示 4. prt 的红色加亮轴线 A _ 1，在【约束类型】列表框中选择“对齐”选项，在偏移选项中选取“重合”，然后单击组件中零件 3. prt 的蓝色加亮轴线 A _ 1，则两轴线对齐。

通过上述两项约束，这时操控板上显示“状态：完全约束”，然后单击操控板中的“完成”按钮，完成零件 4. prt 的装配设计，如图 2 - 39 所示。

（7）装配零件 5. prt。单击特征工具栏中的“装配”按钮，在弹出的【打开】对话框中，选择零件 5. prt，单击【打开】对话框中的按钮「打开」，则零件 5. prt 被载入装配设计界面。

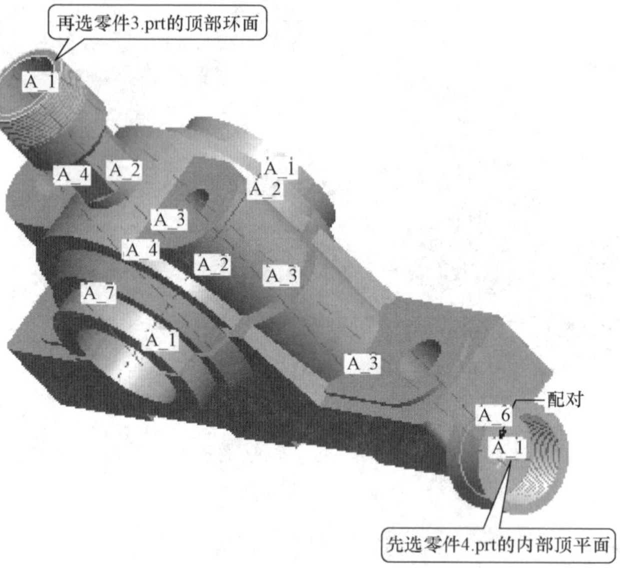

图 2-37 曲面配对

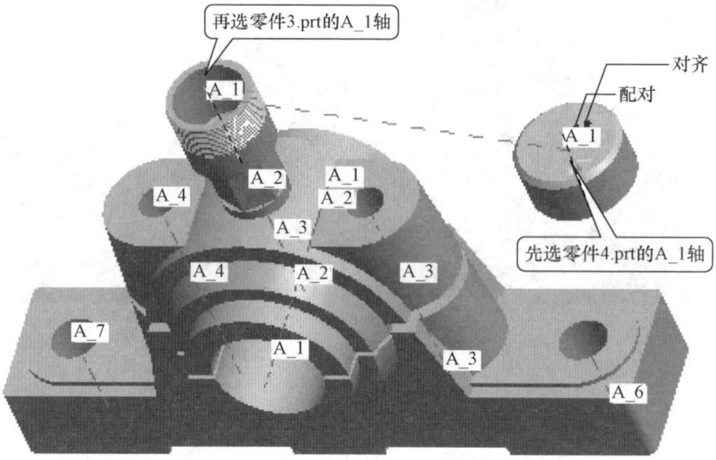

图 2-38 轴线对齐

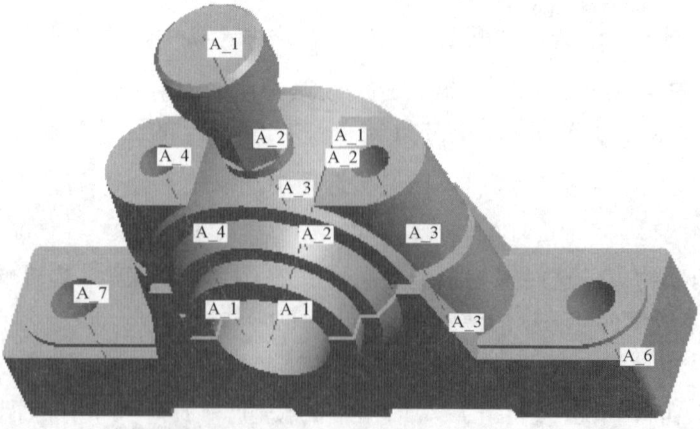

图 2-39 零件 4. prt 的装配效果

1）添加重合配对约束。单击图 2-40 所示零件 5. prt 的红色加亮曲面（螺栓头的下面环面），在【约束类型】列表框中选择“配对”选项，在偏移选项中选取“重合” ，然后单击组件中零件 1. prt 的蓝色加亮曲面（槽的顶面），则两曲面配对。

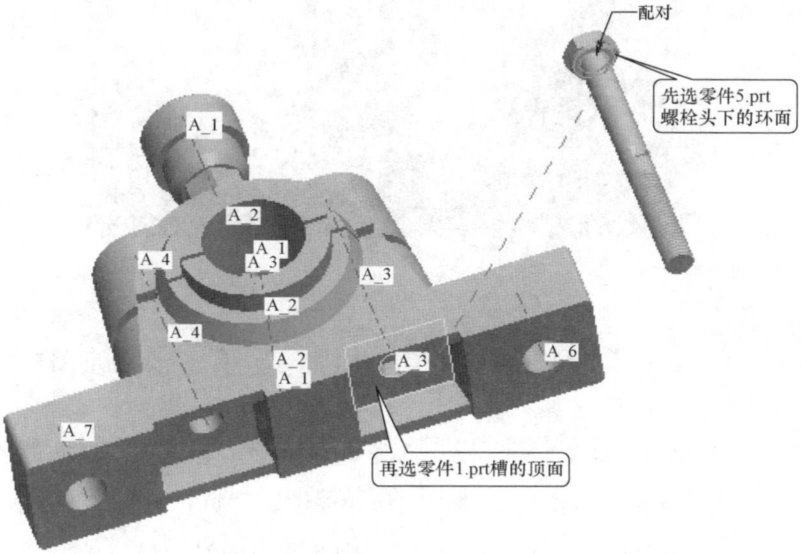

图 2-40　曲面配对

2）添加插入约束。单击图 2-41 所示零件 5. prt 红色加亮曲面（螺栓杆的外圆柱面），在【约束类型】列表框中选择“插入”选项，然后单击组件中零件 2. prt 的蓝色加亮曲面（孔内的圆柱面），则两曲面轴线对齐。

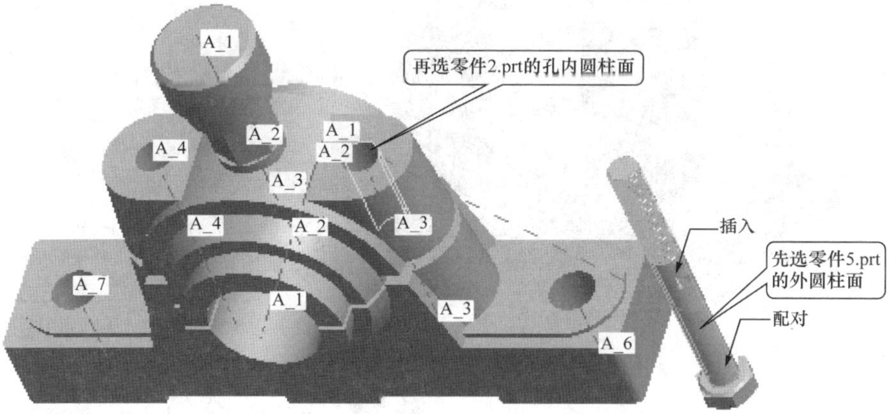

图 2-41　曲面插入

通过上述两项约束，这时操控板上显示“状态：完全约束”，然后单击操控板中的“完成”按钮，完成零件 5. prt 的装配设计，如图 2-42 所示。

（8）装配零件 8. prt。单击特征工具栏中的“装配”按钮，在弹出的【打开】对话框

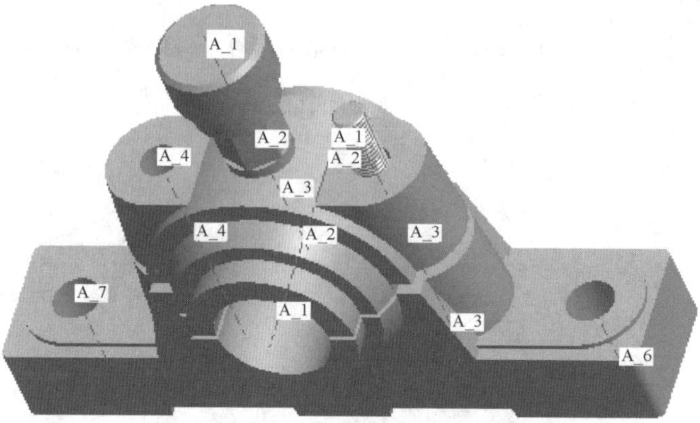

图 2-42　零件 5.prt 的装配效果

中，选择零件 8.prt，单击【打开】对话框中的按钮 打开 ，则零件 8.prt 被载入装配设计界面。

1）添加重合配对约束。单击图 2-43 所示零件 8.prt 的红色加亮曲面（螺母的底平面），在【约束类型】列表框中选择“配对”选项，在偏移选项中选取“重合” ，然后单击组件中零件 2.prt 的蓝色加亮曲面（右侧凸台面），则两曲面配对。

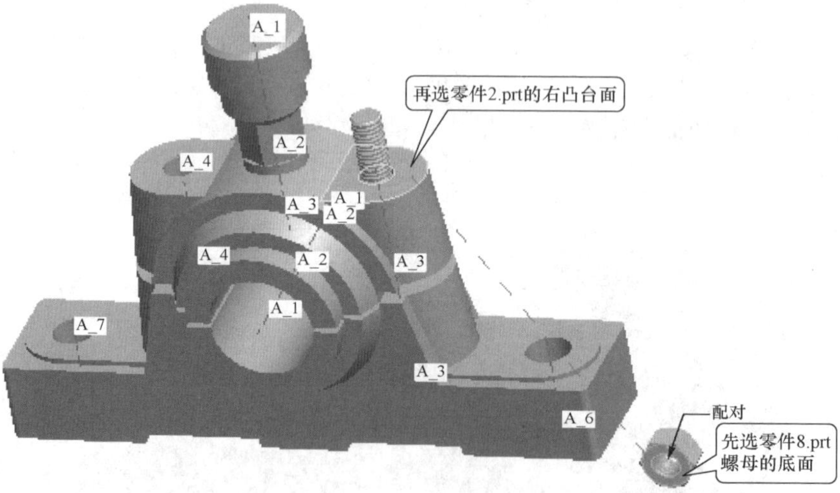

图 2-43　曲面配对

2）添加轴线重合对齐约束。单击图 2-44 所示零件 8.prt 的红色加亮轴线 A _ 6，在【约束类型】列表框中选择“对齐”选项，在偏移选项中选取“重合” ，然后单击组件中零件 5.prt 的蓝色加亮轴线 A _ 1，则两轴线对齐。

通过上述两项约束，这时操控板上显示“状态：完全约束”，然后单击操控板中的“完成”按钮 ，完成零件 8.prt 的装配设计，如图 2-45 所示。

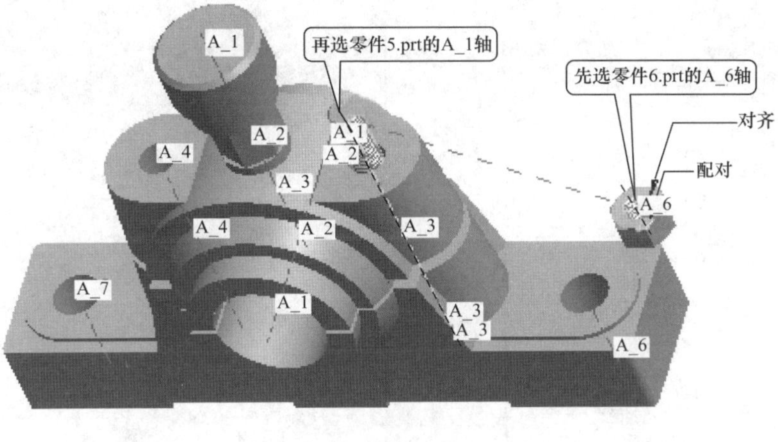

图 2-44 轴线对齐

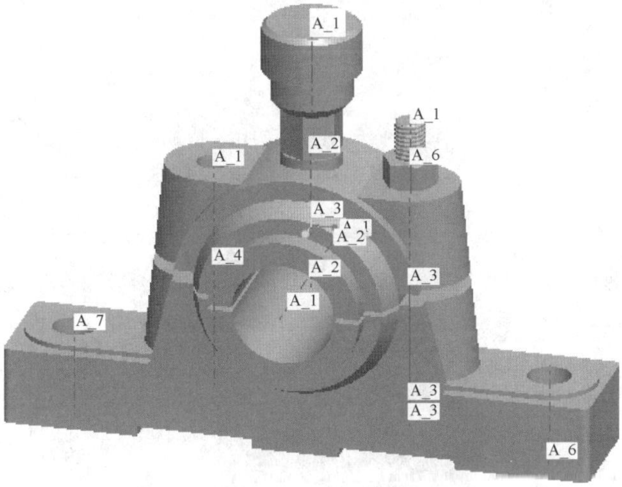

图 2-45 零件 8. prt 的装配效果

(9) 其余螺栓与螺母的装配。单击工具栏中的“基准轴线”按钮 ，使其处于关闭状态。

1) 创建零件组。按住 Ctrl 键，在模型树中选择零件 5. prt 和 8. prt，单击鼠标右键，在弹出的快捷菜单中，选择“组”命令，建立零件组，模型树中显示“组 LOCAL _ GROUP”，如图 2-46 所示。

2) 零件阵列。在模型树中选中刚刚创建的零件组，单击特征工具栏中的“阵列”按钮 ，弹出阵列操控板，选择阵列类型为“方向”，方向 1 的个数为 2，输入方向 1 的尺寸增量 80；单击组件中零件 1. prt 的右侧面作为第 1 方向参照，如图 2-47 所示，可通过按钮 来调整阵列的方向。

单击阵列操控板中的“完成”按钮 ，这时完成全部零件的装配，如图 2-1 所示。

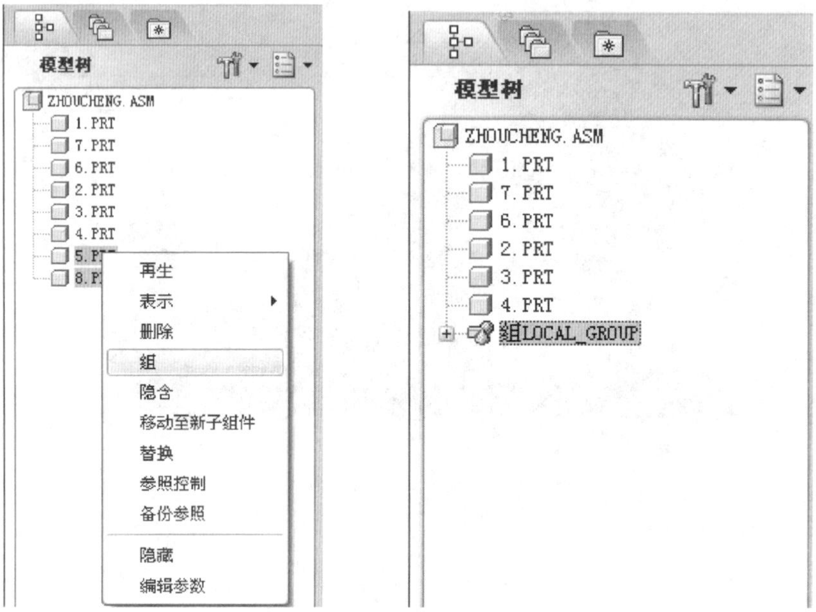

(a)　　(b)

图 2-46　创建“组”特征

（a）右键快捷菜单；（b）模型树中显示

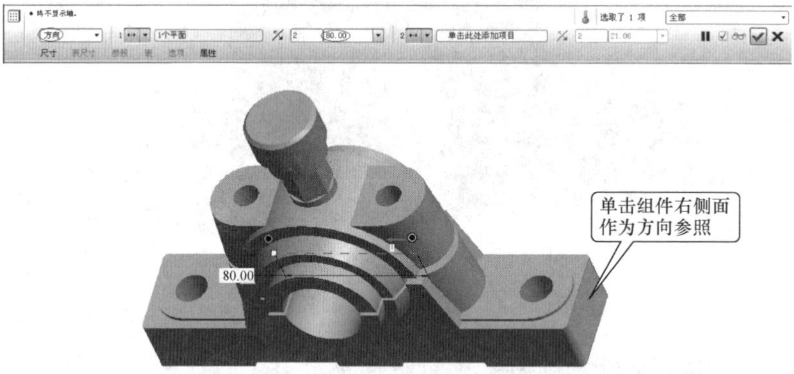

图 2-47　阵列特征

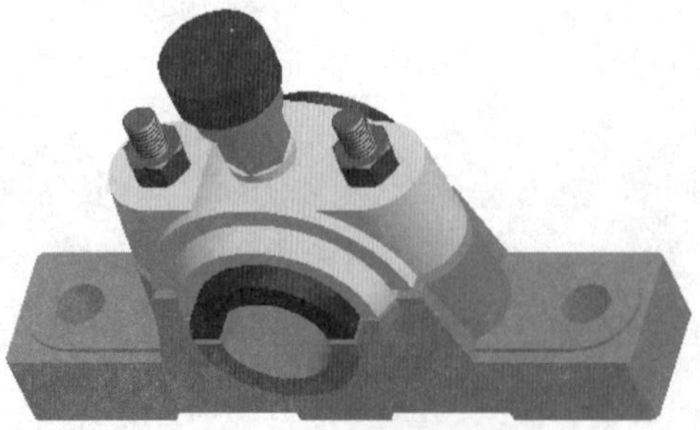
图 2-48　模型渲染

3. 模型渲染

可以单击常用工具栏中的“外观库” 右边的“下拉”按钮，打开【外观库】对话框，根据自己的喜好选择颜色，对模型进行渲染，如图 2-48 所示。

4. 保存文件

单击“保存”按钮，完成油杯轴承的装配设计。

任务二　齿轮泵的装配及分解设计

【任务】 创建如图 2-49 所示的齿轮泵分解图。

【分析】 齿轮泵的装配采用了固定装配约束方法，装配完成之后，采用分解的方法来显示各零件的位置状态。本任务学习组件分解图的创建方法。

一、装配图的分解设计

装配好零件模型后，有时需要分解装配体来查看组件中各个零件的位置状态，称为分解图。

1. 默认分解图

对于每个组件，系统会根据使用的约束产生默认的分解视图。

创建方法：选择主菜单“视图”→“分解”→“分解视图”，则产生默认的分解视图。图 2-50 所示为千斤顶默认分解图。

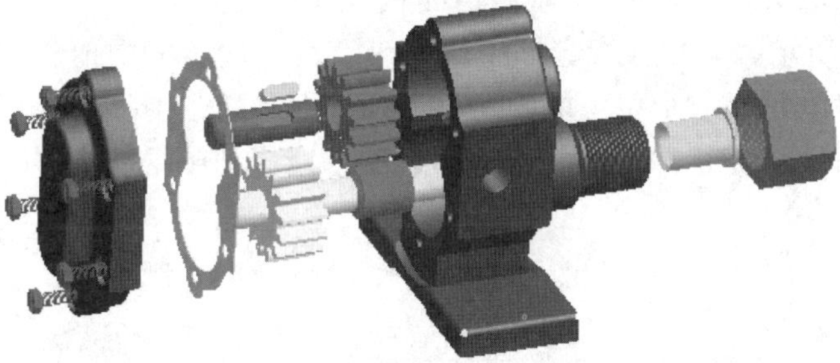

图 2-49　齿轮泵分解视图

图 2-50　千斤顶默认分解图

2. 编辑分解视图

默认的分解图通常无法贴切地表现各元件的相对方位，必须通过编辑位置来修改分解位置，这样可以为每个组件定义多个分解视图。

创建方法：选择主菜单“视图”→“分解”→“编辑位置”，打开编辑分解视图操控板，如图 2-51 所示。这时默认状态是“平移”模式。

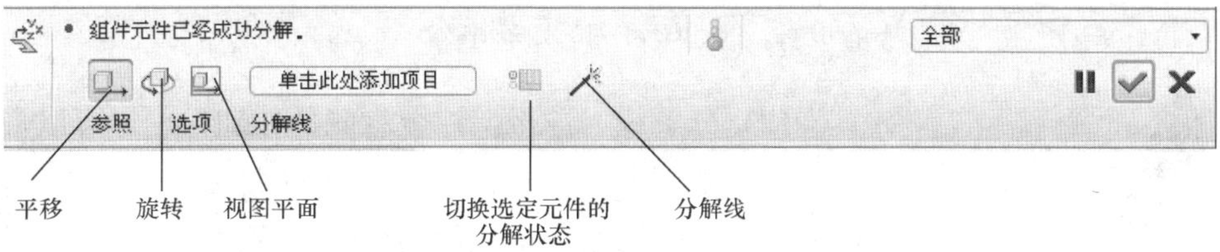

图 2-51　编辑分解视图操控板

(1) 单击“参照”按钮，打开“参照”滑面板，选择要移动的元件 2.prt，再在“移动参照”栏中单击，选择 2.prt 的顶面，则在 2.prt 的顶面出现 1 个坐标系，鼠标选中坐标系 X 轴，则零件 2.prt 向 X 轴的正向或反向移动，同理可选择 Y 或 Z 轴，如图 2-52 所示。

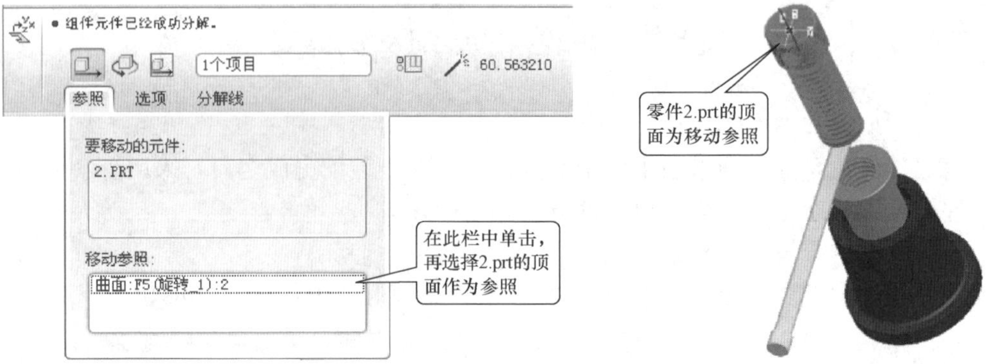

(a) (b)

图 2-52 移动分解

（a）“参照”滑面板；（b）零件 2.prt 向 X 轴正向移动

（2）运动增量。单击操控板上的“选项”，打开“选项”滑面板，系统提供“平滑”、1、5、10 四种运动增量，如图 2-53（a）所示，可以在参数框中输入表示运动增量的数值。例如，在参数框中输入数值 5 后，元件将以每隔 5 个单位的距离移动。选中“随子项移动”复选框后，如图 2-53（b）所示，则子组件将随组件主体的移动而移动，但移动子组件不影响主元件的状态。

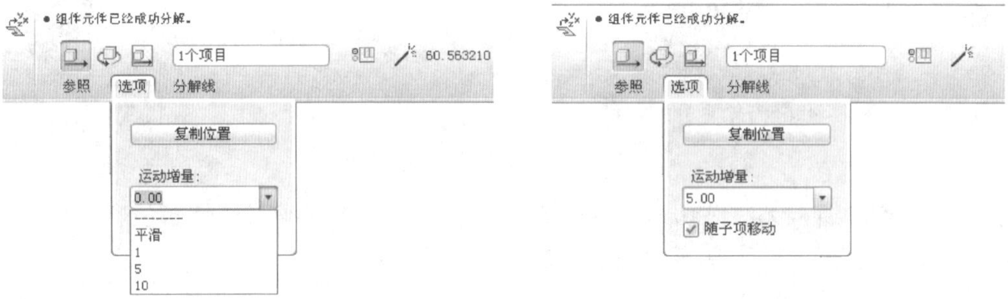

(a) (b)

图 2-53 选项滑面板

（a）运动增量；（b）随子项移动

（3）分解线。单击操控板右侧的按钮，可以使用“分解线”工具。使用“分解线”工具可创建一条或多条分解线，用来表示分解图中各个元件的相对关系。

对于“旋转”和“视图平面”的操作模式与“平移”模式类似。

完成编辑后，单击操控板上的按钮，退出编辑状态。根据设计需要，经过编辑的千斤顶分解视图，如图 2-54 所示。

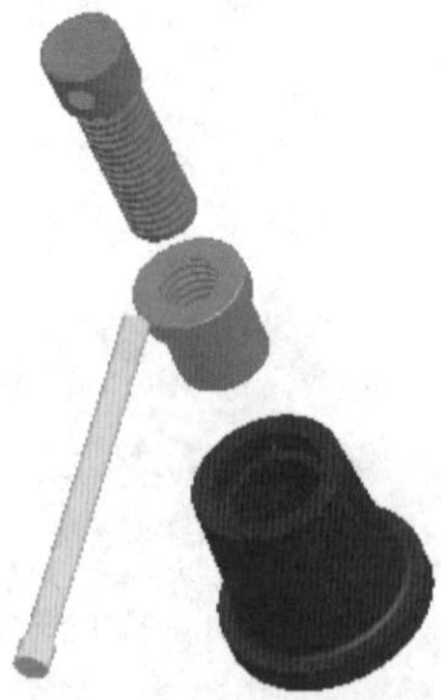

图 2-54 千斤顶分解视图

二、齿轮泵的装配设计

1. 新建一个名为“EX02-01. asm”的装配文件

选择主菜单“文件”→“设置工作目录”，打开【选取工作目录】对话框。选取工作目录“D：/EXProE5/EX02/02”，再单击选取工作目录对话框中的“确定”按钮，即可完成当前工作目录的设定。

选择主菜单“文件”→“新建”，或单击“新建”按钮，打开【新建】对话框，类型选取“组件”，子类型选取“设计”，输入名称“EX02-01”后，取消“使用缺省模板”前面的复选框，单击“确定”按钮；然后进入【新文件选项】对话框，将绘图单位更改为公制单位“mmns _ asm _ design”，单击“确定”按钮，进入 Pro/ENGINEER 的装配设计界面。

2. 装配从动齿轮副

（1）装配零件 9. prt。单击特征工具栏中的“装配”按钮，在弹出的【打开】对话框中，选择零件 9. prt，单击【打开】对话框中的按钮 打开 ，则零件 9. prt 被载入装配设计界面。在元件装配操控板中，选择“缺省”的约束类型，这时操控板上显示“状态：完全约束”，然后单击操控板中的“完成”按钮，完成零件 9. prt 的装配，如图 2 - 55 所示。

图 2 - 55　零件 9. prt 的装配效果

（2）装配零件 5. prt。单击特征工具栏中的“装配”按钮，在弹出的【打开】对话框中，选择零件 5. prt，单击【打开】对话框中的按钮 打开 ，则零件 5. prt 被载入装配设计界面。

单击常用工具栏中的“基准平面”、“基准轴线”、“基准点”、“基准坐标系”按钮，使其处于关闭状态，这样装配设计界面不会显得混乱。

1）添加重合配对约束。单击图 2 - 56 所示零件 5. prt 的红色加亮曲面（平键的侧平面），在【约束类型】列表框中选择“配对”选项，在偏移选项中选取“重合”，然后单击组件中零件 9. prt 的蓝色加亮曲面（键槽的侧面），则两曲面配对。

2）添加重合配对约束。单击图 2 - 57 所示零件 5. prt 的红色加亮曲面（平键的底面），在【约束类型】列表框中选择“配对”选项，在偏移选项中选取“重合”，单击零件 9. prt 的蓝色加亮曲面（键槽底面），则两曲面配对。

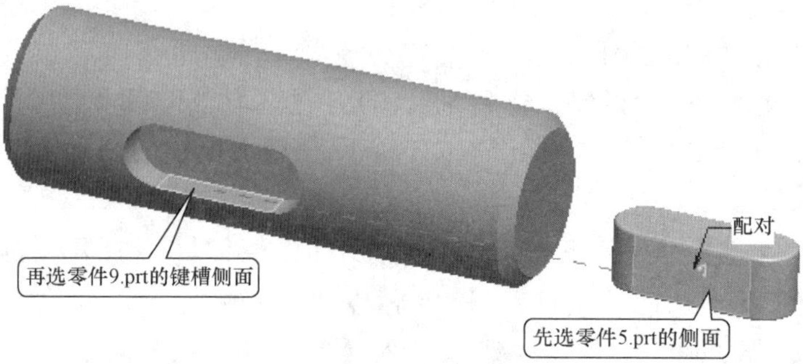

图 2-56　曲面配对

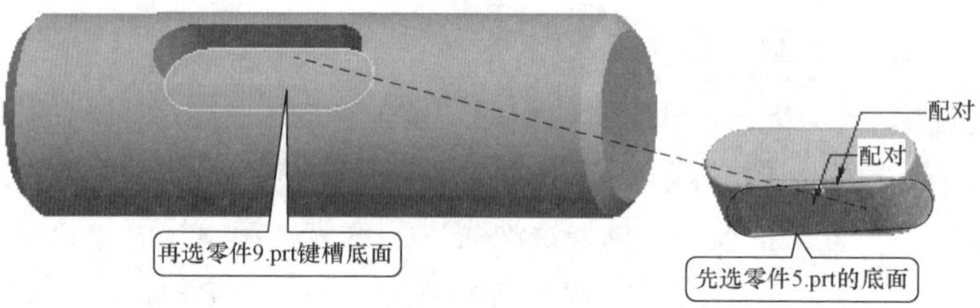

图 2-57　曲面配对

3）添加相切约束。单击图 2-58 所示零件 5.prt 的红色加亮曲面（平键的外圆柱面），在【约束类型】列表框中选择“相切”选项，单击零件 9.prt 的蓝色加亮曲面（键槽的圆柱面），则两曲面相切。

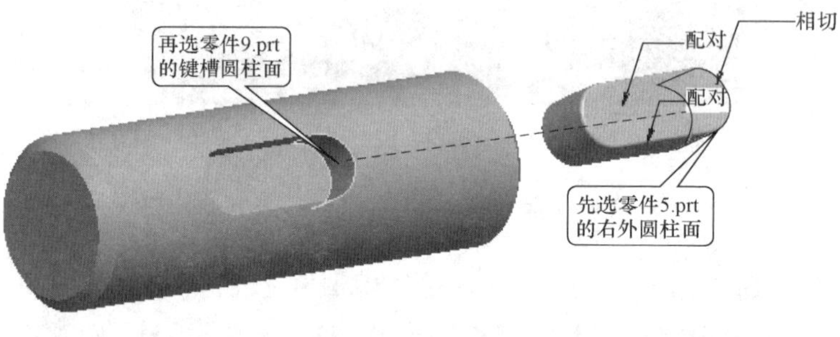

图 2-58　曲面相切

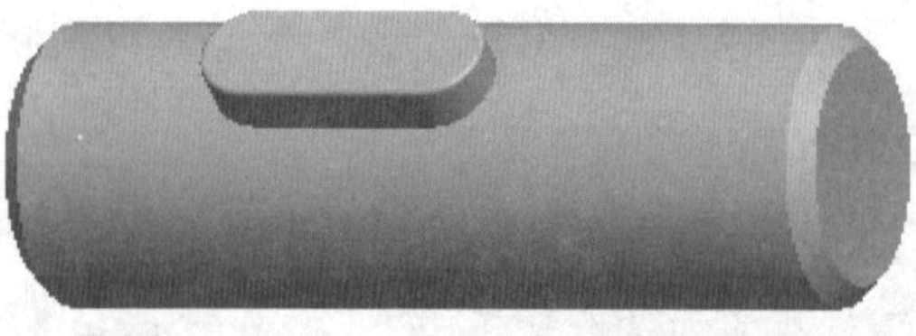

图 2-59　零件 5.prt 的装配效果

通过上述三项约束，这时操控板上显示“状态：完全约束”，单击操控板中的“完成”按钮，完成零件 5.prt 的装配设计，如图 2-59所示。

（3）装配零件 8.prt。单击特征工具栏中的“装配”按钮，在弹出的【打开】对话框中，选择零件 8.prt，单击【打开】对话框中的按钮 打开，则零件 8.prt 被载入装配设计界面。

1）添加插入约束。单击图 2-60 所示零件 8.prt 的红色加亮曲面（孔的圆柱面），在

【约束类型】列表框中选择“插入”选项，单击组件中零件 9. prt 的蓝色加亮曲面（轴的外圆柱面），则两曲面轴线重合。

2）添加重合配对约束。单击图 2-61 所示零件 8. prt 的红色加亮曲面（键槽的侧面），在【约束类型】列表框中选择“配对”选项，在偏移选项中选取“重合”，单击组件中零件 5. prt 的蓝色加亮曲面（平键的侧平面），则两曲面配对。

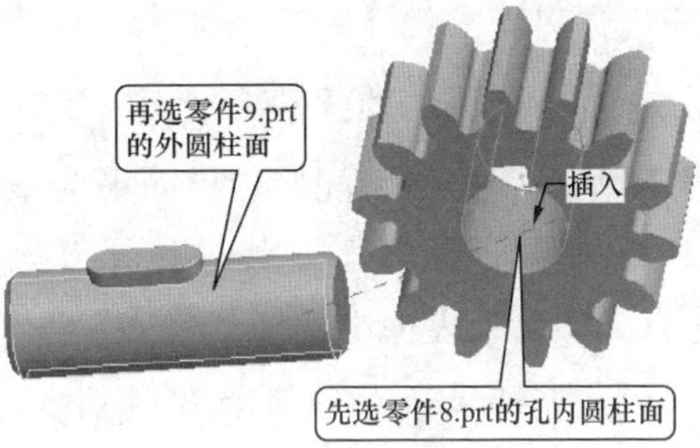

图 2-60 曲面插入

3）添加偏距对齐约束。单击图 2-62 所示零件 8. prt 的红色加亮曲面（齿轮的前端面），在【约束类型】列表框中选择“对齐”选项；单击组件中零件 9. prt 的蓝色加亮曲面（轴的前面），在偏移选项中选取“偏距”，输入偏距值 8，则两曲面偏距对齐。

通过上述三项约束，这时操控板上显示“状态：完全约束”，单击操控板中的“完成”按钮，完成零件 8. prt 的装配设计，如图 2-63 所示。

（4）保存文件。单击“保存”按钮，完成从动齿轮副的装配。

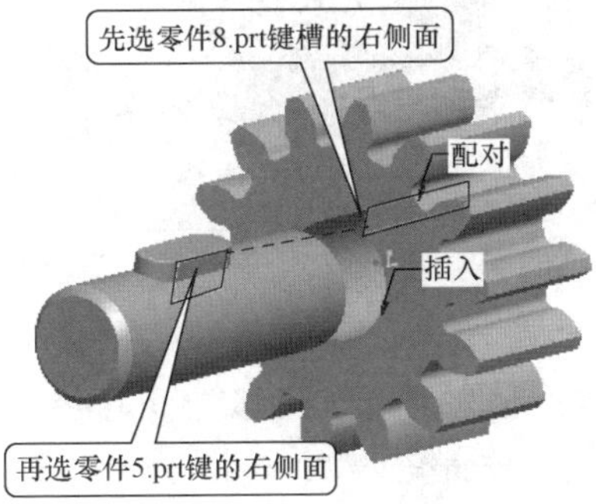

图 2-61 曲面配对

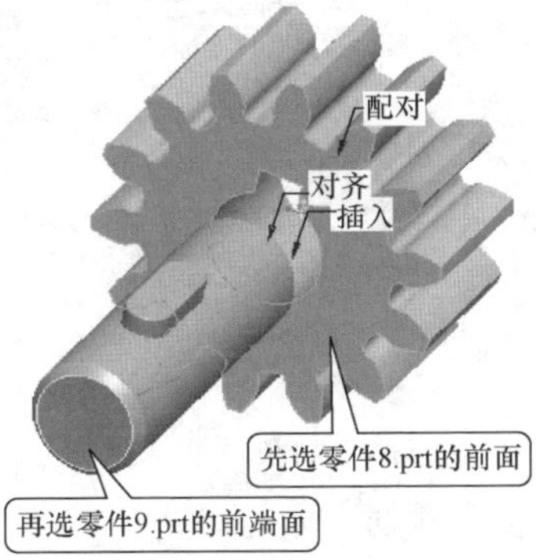

图 2-62 曲面偏距对齐

图 2-63 零件 8. prt 的装配效果

3. 新建一个名为“EX02-02. asm”的装配文件

选择主菜单“文件”→“新建”，或单击“新建”按钮，打开【新建】对话框，类型选取“组件”，子类型选取“设计”；输入名称“EX02-02”，取消“使用缺省模板”前面的复选框，单击“确定”按钮；进入【新文件选项】对话框，将绘图单位更改为公制单位“mmns_asm_design”，单击“确定”按钮，进入 Pro/ENGINEER 的装配设计界面。

4. 装配主动齿轮副及泵体

（1）装配零件 1. prt。单击特征工具栏中的“装配”按钮，在弹出的【打开】对话框中，选择零件 1. prt，单击对话框中的按钮 打开，零件 1. prt 被载入装配设计界面。在元件装配操控板中，选择“缺省”的约束类型，这时操控板上显示“状态：完全约束”，然后单击操控板中的“完成”按钮，完成零件 1. prt 的装配，如图 2-64 所示。

（2）装配零件 11. prt。单击特征工具栏中的“装配”按钮，在弹出的【打开】对话框中，选择零件 11. prt，单击【打开】对话框中的按钮 打开，零件 11. prt 被载入装配设计界面。

单击工具栏中的“基准平面”、“基准点”、“基准坐标系”按钮，使其处于关闭状态，这样装配设计界面不会显得混乱。

1）添加轴线对齐约束。单击图 2-65 所示零件 11. prt 的红色加亮轴线 A _ 1 后，在【约束类型】列表框中选择“对齐”选项；在偏移选项中选取“重合”，单击零件 1. prt 的蓝色加亮轴线 A _ 2，则两轴线对齐。

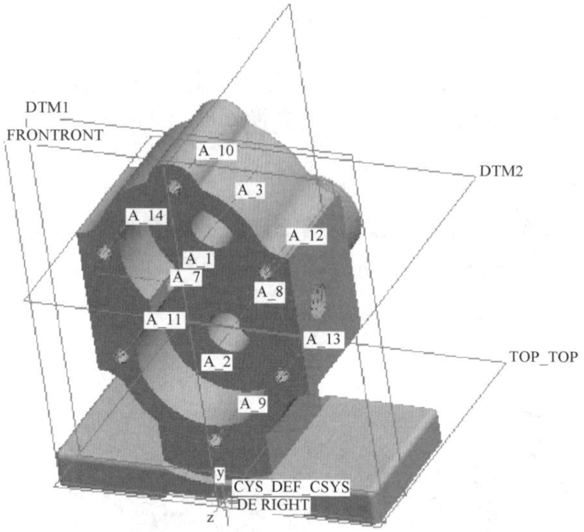

图 2-64 零件 1. prt 的装配效果

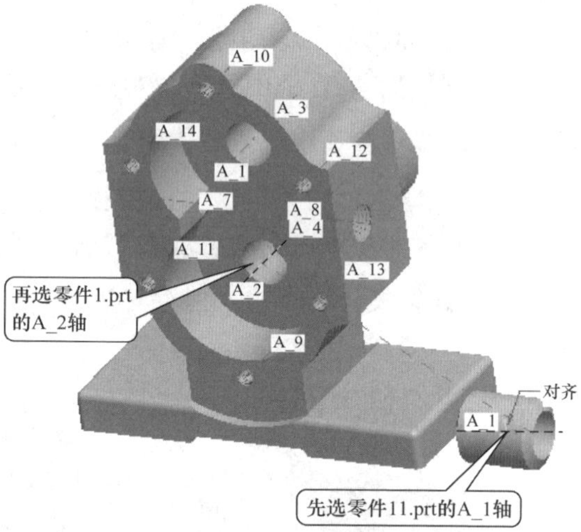

图 2-65 轴线对齐

2）添加相切约束。单击图 2-66 所示零件 11. prt 的红色加亮曲面（前圆弧曲面），在【约束类型】列表框中选择“相切”选项；单击零件 1. prt 的蓝色加亮曲面（孔的圆弧底面），则两曲面相切。

通过上述两项约束，这时操控板上显示“状态：完全约束”，单击操控板中的“完成”按钮，完成零件 11. prt 的装配设计，如图 2-67 所示。

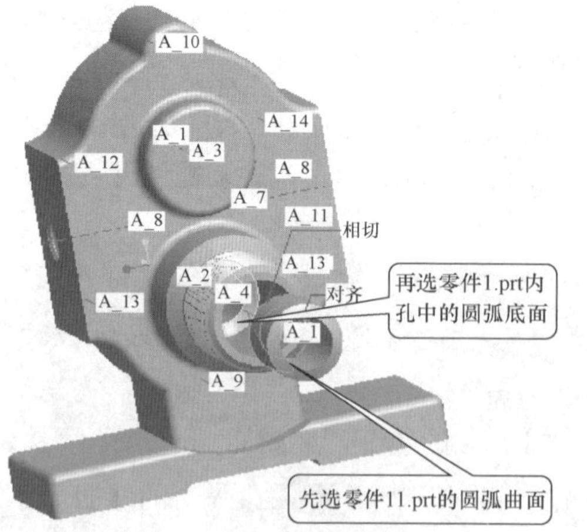

图 2-66 曲面相切

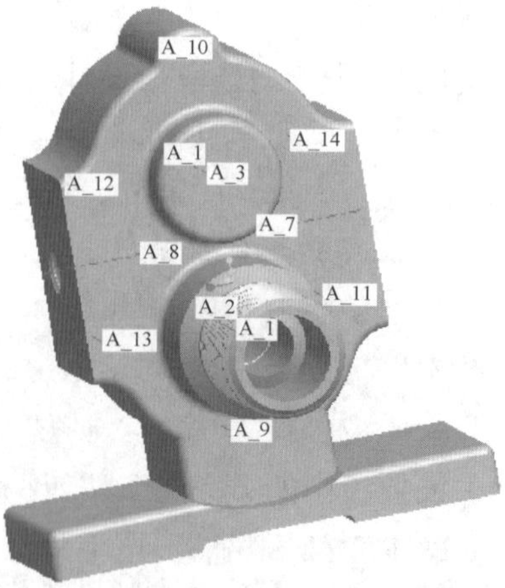

图 2-67 零件 11. prt 的装配效果

（3）装配零件 4. prt。单击特征工具栏中的“装配”按钮，在弹出的【打开】对话框中，选择零件 4. prt，单击对话框中的按钮 打开 ，零件 4. prt 被载入装配设计界面。

单击工具栏中的“基准轴线”按钮，使其处于关闭状态。

1）添加插入约束。单击图 2-68 所示零件 4. prt 的红色加亮曲面（外圆柱面），在【约束类型】列表框中选择“插入”选项；单击组件中零件 1. prt 的蓝色加亮曲面（孔的圆柱面），则两曲面轴线对齐。

2）添加重合配对约束。单击图 2-69 所示零件 4. prt 的红色加亮曲面（内圆环面），在【约束类型】列表框中选择“配对”选项，在偏移选项中选取“重合”，单击组件中零件 1. prt 的蓝色加亮曲面（螺纹端部圆环面），则两曲面配对。

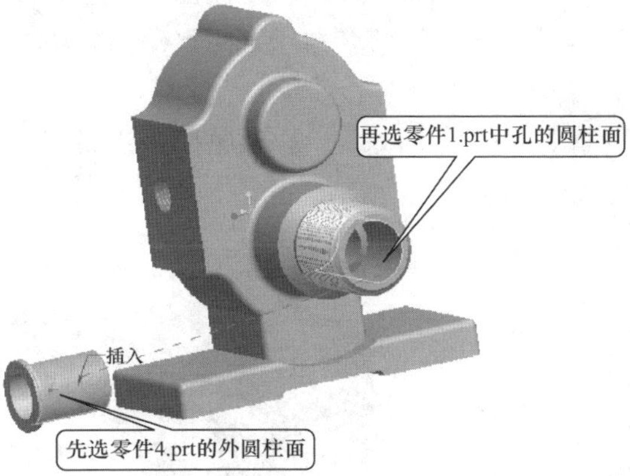

图 2-68　曲面插入

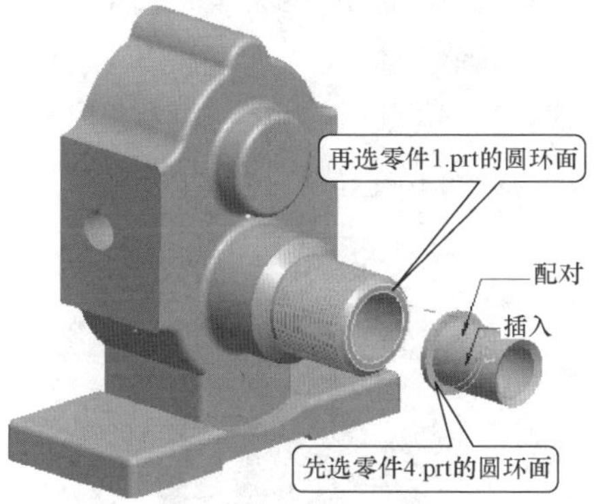

图 2-69　曲面配对

通过上述两项约束，这时操控板上显示“状态：完全约束”，单击操控板中的“完成”按钮，完成零件 4. prt 的装配设计，如图 2-70 所示。

（4）装配零件 3. prt。单击特征工具栏中的“装配”按钮，在弹出的【打开】对话框中，选择零件 3. prt，单击对话框中的按钮 打开 ，零件 3. prt 被载入装配设计界面。

1）添加偏距配对约束。单击图 2-71 所示零件 3. prt 的红色加亮曲面（轴端的切削平面），在【约束类型】列表框中选择“配对”选项；单击组件中零件 1. prt 的蓝色加亮曲面（底面），在偏移选项中选取“偏距”，输入偏距值－49.5，则两曲面偏距配对。

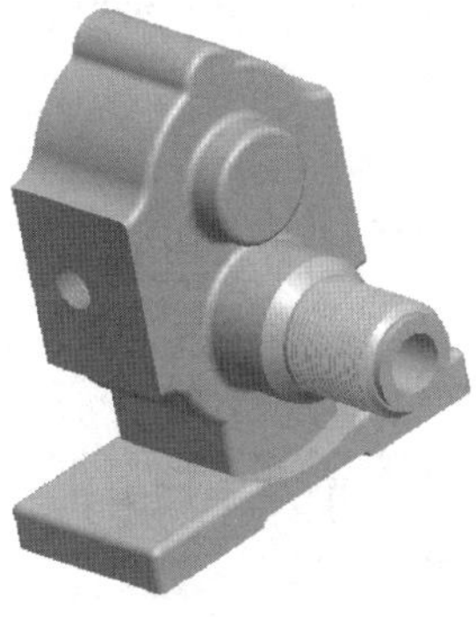

图 2-70　零件 4. prt 的装配效果

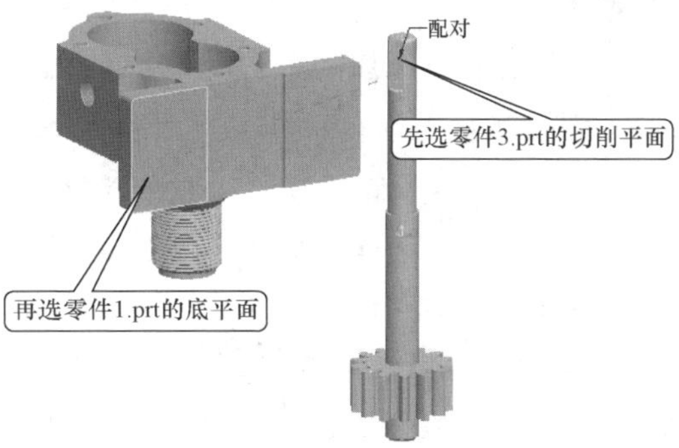

图 2-71　曲面偏距配对

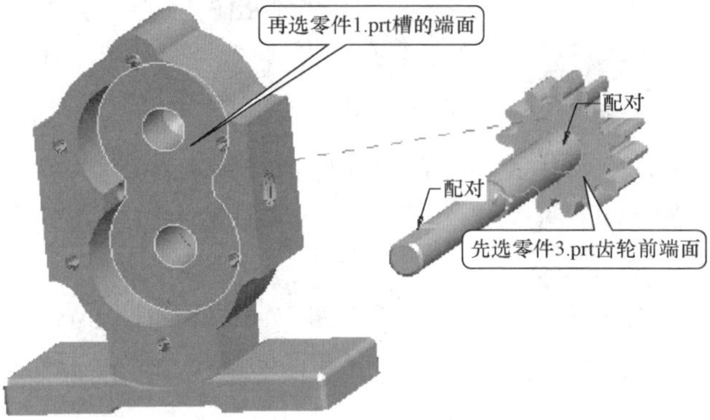

图 2-72 曲面配对

2）添加重合配对约束。单击图 2-72 所示零件 3.prt 的红色加亮曲面（齿轮的前端面），在【约束类型】列表框中选择“配对”选项；在偏移选项中选取“重合”，单击组件中零件 1.prt 的蓝色加亮曲面（齿轮槽的端面），则两曲面配对。

3）添加插入约束。单击图 2-73 所示零件 3.prt 的红色加亮轴曲面（轴的外圆柱面），在【约束类型】列表框中选择“插入”选项；单击组件中零件 1.prt 的蓝色加亮曲面（孔内圆柱面），则两曲面轴线对齐。

通过上述三项约束，这时操控板上显示“状态：完全约束”，单击操控板中的“完成”按钮，完成零件 3.prt 的装配设计，如图 2-74 所示。

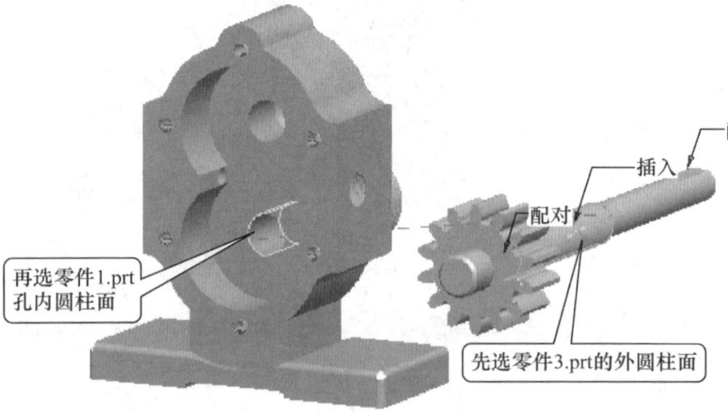

图 2-73 曲面插入

图 2-74 零件 3.prt 的装配效果

（5）装配零件 10.prt。单击特征工具栏中的“装配”按钮，在弹出的【打开】对话框中，选择零件 10.prt，单击【打开】对话框中的按钮 打开，零件 10.prt 被载入装配设计界面。

1）添加重合配对约束。单击图 2-75 所示零件 10.prt 的红色加亮曲面（内部环面），在【约束类型】列表框中选择“配对”选项，在偏移选项中选取“重合”，然后单击组件中零件 4.prt 的蓝色加亮曲面（端部环面），则两曲面配对。

2）添加插入约束。单击图 2-76 所示零件 10.prt 的红色加亮曲面（孔内圆柱面），在【约束类型】列表框中选择“插入”选项；单击组件中零件 3.prt 的蓝色加亮曲面（轴的外圆柱面），则两曲面轴线对齐。

通过上述两项约束，这时操控板上显示“状态：完全约束”，单击操控板中的“完成”按钮，完成零件 10.prt 的装配设计，如图 2-77 所示。

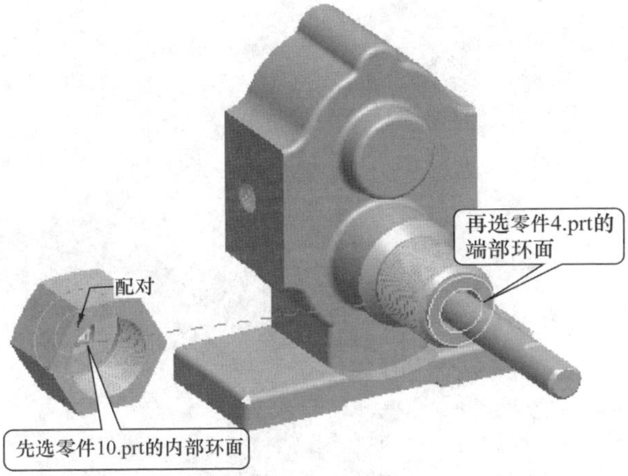

图 2-75 曲面配对

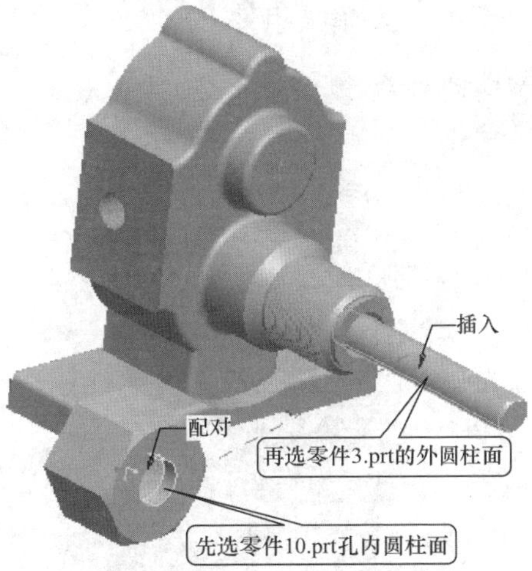

图 2-76 曲面插入

（6）保存文件。单击“保存”按钮，完成主动齿轮副的装配。

5. 新建一个名为“clb. asm”的装配文件

选择主菜单“文件”→“新建”，或单击“新建”按钮，打开【新建】对话框，类型选取“组件”，子类型选取“设计”；输入名称“clb”，取消“使用缺省模板”前面的复选框，单击“确定”按钮；进入【新文件选项】对话框，将绘图单位更改为公制单位“mmns _ asm _ design”；单击“确定”按钮，进入 Pro/ENGINEER 的装配设计界面。

图 2-77 零件 10. prt 的装配效果

6. 装配齿轮泵

（1）装配组件 EX02-02. asm。单击特征工具栏中的“装配”按钮，在弹出的【打开】对话框中，选择组件 EX02-02. asm，单击对话框中的按钮 打开，则组件 EX02-02. asm 被载入装配设计界面。在元件装配操控板中，选择“缺省”的约束类型，这时操控板上显示“状态：完全约束”，然后单击操控板中的“完成”按钮，完成组件 EX02-02. asm 的装配。

（2）装配组件 EX02-01. asm。单击特征工具栏中的“装配”按钮，在弹出的【打开】对话框中，选择组件 EX02-01. asm，单击对话框中的按钮 打开，组件 EX02-01. asm 被载入装配设计界面。

1）添加插入约束。单击图 2-78 所示组件 EX02-01. asm 中零件 9. prt 的红色加亮曲面（轴的外圆柱面），在【约束类型】列表框中选择“插入”选项；单击组件 EX02-02. asm 中零件 1. prt 的蓝色加亮曲面（孔的圆柱面），则两曲面轴线对齐。

2）添加重合对齐约束。单击图 2-79 所示组件 EX02-01. asm 零件 8. prt 的红色加亮曲面（从动齿轮的前端面），在【约束类型】列表框中选择“对齐”选项；在偏移选项中选取

“重合”，单击组件 EX02-02. asm 中零件 3. prt 的蓝色加亮曲面（主动齿轮的前端面），则两曲面对齐。

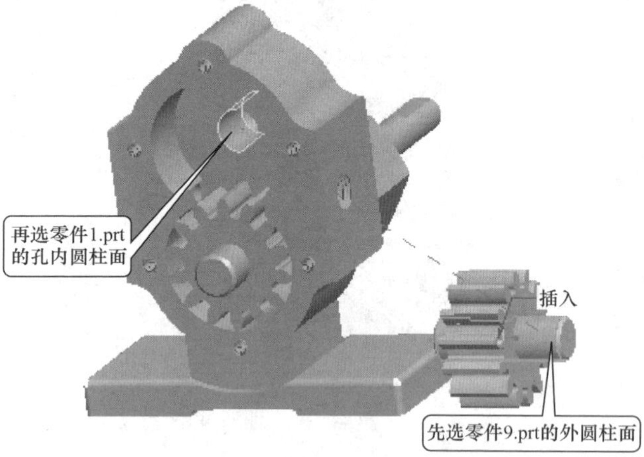

图 2 - 78 曲面插入

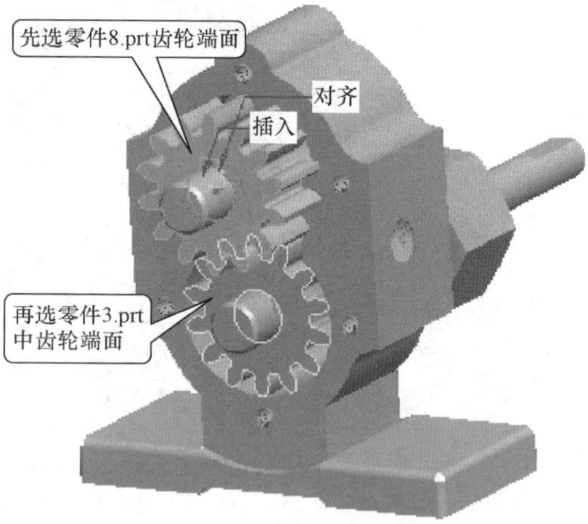

图 2 - 79 曲面对齐

3）添加相切约束。通过上述两项约束，这时操控板上显示“状态：完全约束”，但是还需添加两齿轮轮齿的相切约束。方法如下：单击操控板上的“放置”按钮，打开“放置”滑面板，单击滑面板上的“新建约束”按钮，在滑面板中弹出“自动”约束类型，将“自动”约束类型改为“相切”，如图 2 - 80 所示。

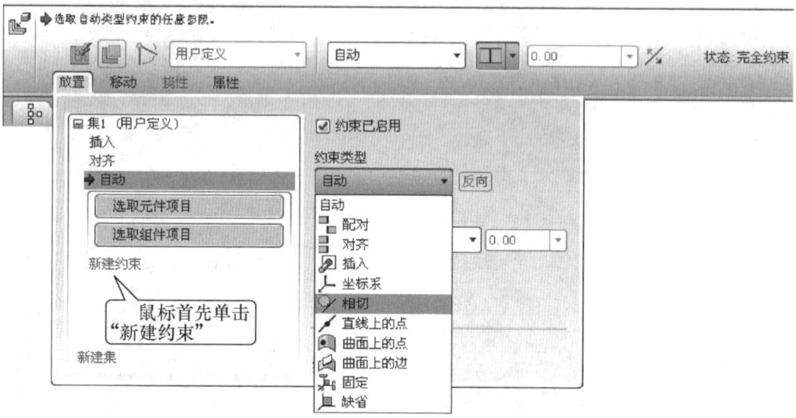

图 2 - 80 新建约束

单击图 2 - 81 所示组件 EX02-01. asm 中零件 8. prt 的红色加亮轮齿的渐开线齿廓，再单击组件 EX02-02. asm 中零件 3. prt 中的蓝色加亮轮齿的渐开线齿廓，则两齿廓相切。

通过上述三项约束，操控板上显示“状态：完全约束”，而且两相互啮合的齿轮齿廓已经完全相切；单击操控板中的按钮，完成组件 EX02-01. asm 的装配设计，如图 2 - 82 所示。

（3）装配零件 7. prt。单击特征工具栏中的“装配”按钮，在弹出的【打开】对话框中，选择零件 7. prt，单击【打开】对话框中的按钮 打开，零件 7. prt 被载入装配设计界面。

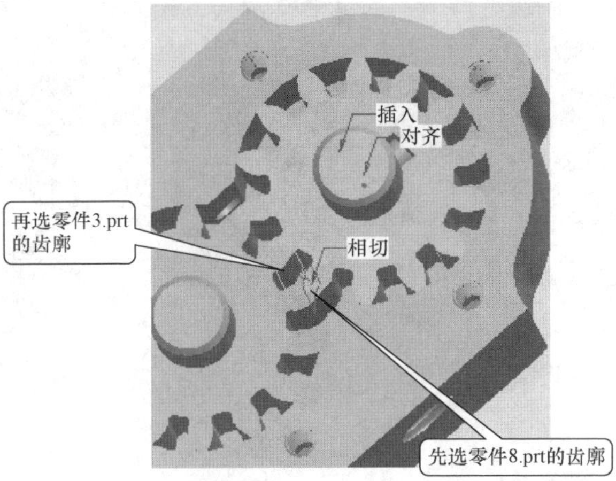

图 2-81 齿廓相切

图 2-82 组件 EX02-01. asm 的装配效果

1）添加重合配对约束。单击图 2-83 所示零件 7. prt 的红色加亮曲面（后端面），在【约束类型】列表框中选择“配对”选项；在偏移选项中选取“重合” 工，单击组件中零件 1. prt 的蓝色加亮曲面（前端面），则两曲面配对。

2）添加重合对齐约束。单击图 2-84 所示零件 7. prt 的红色加亮曲面（右侧面），在【约束类型】列表框中选择“对齐”选项；在偏移选项中选取“重合” 工，单击组件中零件 1. prt 的蓝色加亮曲面（右侧面），则两曲面对齐。

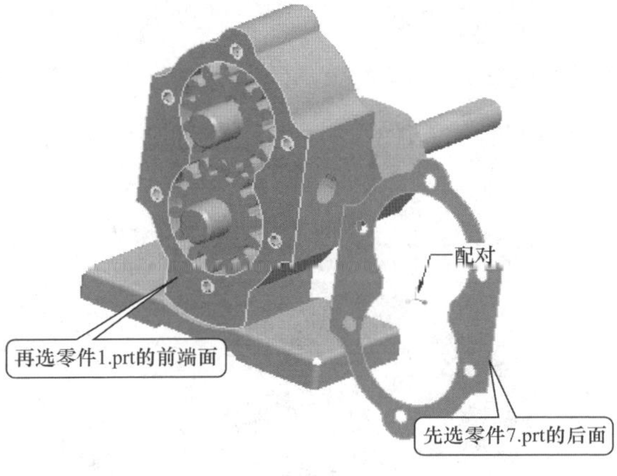

图 2-83 曲面配对

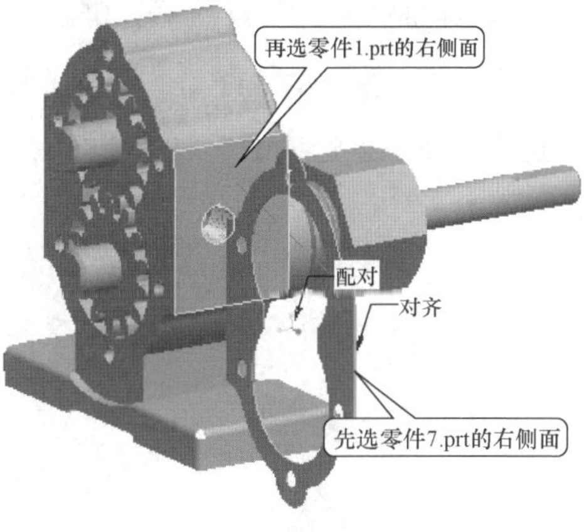

图 2-84 曲面对齐

3）添加轴线重合对齐约束。单击工具栏中的“基准轴线”按钮 ，使其处于开启状态。单击图 2-85 所示零件 7. prt 的红色加亮轴线 A _ 5，在【约束类型】列表框中选择“对齐”选项；在偏移选项中选取“重合” 工，单击组件中零件 1. prt 的蓝色加亮轴线 A _ 12，则两轴线对齐。

通过上述三项约束，操控板上显示“状态：完全约束”，单击工具栏中的“基准轴线”按钮 ，使其处于关闭状态；单击操控板中的“完成”按钮 ，完成零件 7. prt 的装配设计，如图 2-86 所示。

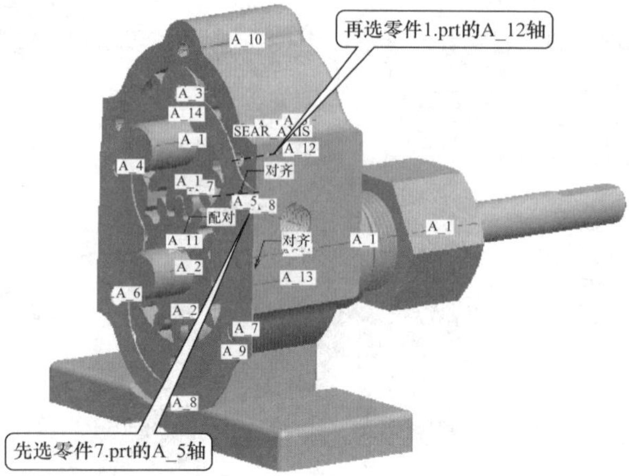

图 2 - 85 轴线对齐

图 2 - 86 零件 7. prt 的装配效果

（4）装配零件 2. prt。单击特征工具栏中的“装配”按钮，在弹出的【打开】对话框中，选择零件 2. prt，单击对话框中的按钮 打开 ，零件 2. prt 被载入装配设计界面。

1）添加重合配对约束。单击图 2 - 87 所示零件 2. prt 的红色加亮曲面（后端面），在【约束类型】列表框中选择“配对”选项；在偏移选项中选取“重合”，单击组件中零件 7. prt 的蓝色加亮曲面（前端面），则两曲面配对。

2）添加轴线重合对齐约束。单击工具栏中的“基准轴线”按钮，使其处于开启状态。单击图 2 - 88 所示零件 2. prt 的红色加亮轴线 A _ 5，在【约束类型】列表框中选择“对齐”选项；在偏移选项中选取“重合”，单击组件中零件 7. prt 的蓝色加亮轴线 A _ 3，则两轴线对齐。

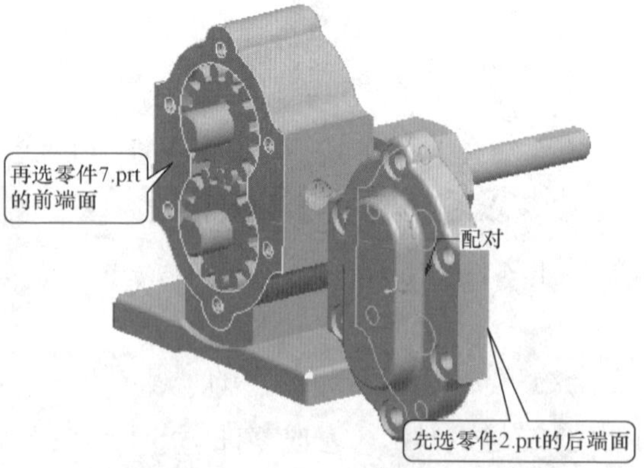

图 2 - 87 曲面配对

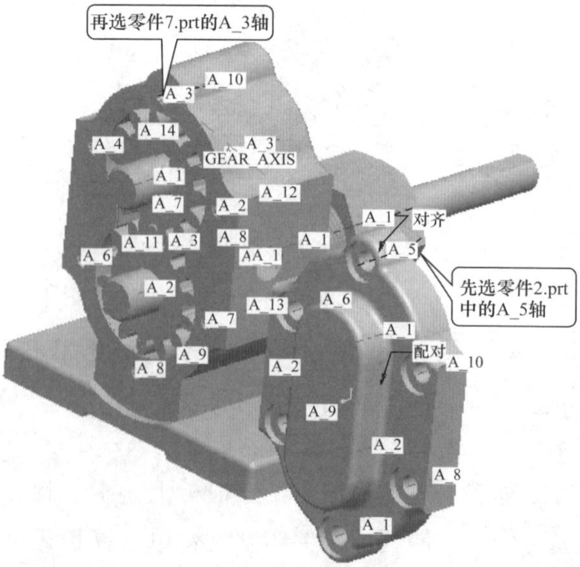

图 2 - 88 轴线对齐

通过上述两项约束，操控板上显示“状态：完全约束”，单击工具栏中的“基准轴线”按钮，使其处于关闭状态；单击操控板中的“完成”按钮，完成零件 2. prt 的装配设计，如图 2－89 所示。

图 2－89　零件 2. prt 的装配效果

(5) 装配零件 6. prt。单击特征工具栏中的“装配”按钮，在弹出的【打开】对话框中，选择零件 6. prt，单击【打开】对话框中的按钮 打开，零件 6. prt 被载入装配设计界面。

1) 添加插入约束。单击图 2－90 所示零件 6. prt 的红色加亮曲面（螺杆外圆柱面，不要选择螺纹），在【约束类型】列表框中选择“插入”选项，然后单击组件中零件 2. prt 的蓝色加亮曲面（孔内圆柱面），则两曲面轴线对齐。

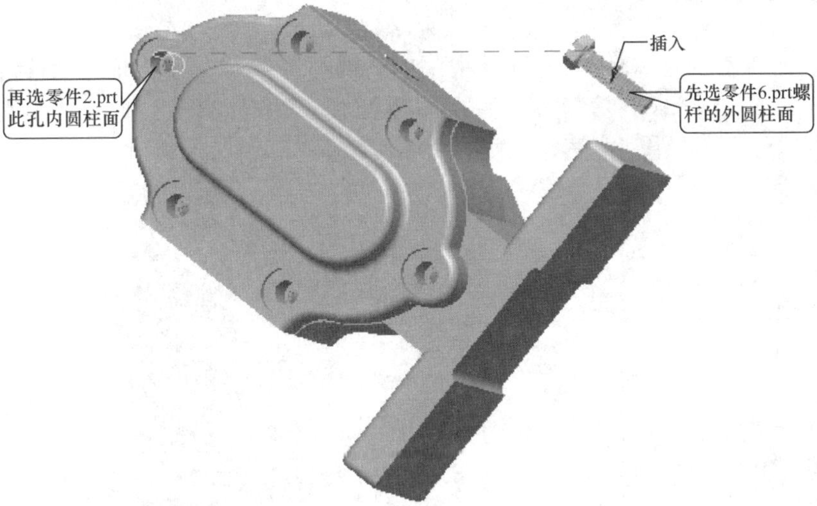

图 2－90　曲面插入

2) 添加重合配对约束。单击图 2－91 所示零件 6. prt 的红色加亮曲面（螺栓头底圆环面），在【约束类型】列表框中选择“配对”选项；在偏移选项中选取“重合”，单击组件中零件 2. prt 的蓝色加亮曲面（孔的沉头环面），则两曲面配对。

通过上述两项约束，操控板上显示“状态：完全约束”，单击操控板中的“完成”按钮，完成零件 6. prt 的装配设计，如图 2－92 所示。

(6) 采用重复元件装配法装配其余 5 个螺栓。在模型树中选中螺栓零件 6. prt，再选择主菜单“编辑”→“重复”命令，弹出【重复元件】对话框，如图 2－93 所示。在“类型”中已有两个约束“插入”和“配对”，由于螺栓装配过程中的“配对”约束均相同，无需用户进行修改，而“插入”约束对应不同的螺栓孔，因此需要改变。单击选中“插入”约束选项，然后单击按钮 添加，并在绘图区依次单击选择零件 2. prt 各个孔的内表面，再

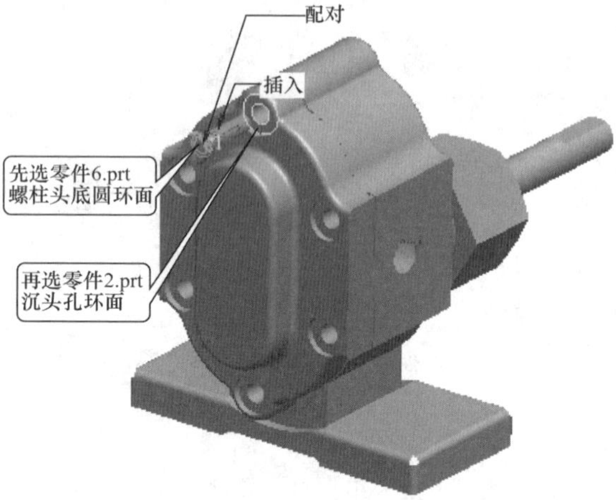

图 2-91　曲面配对

图 2-92　零件 6.prt 的装配效果

单击对话框上的按钮 确认 ，结果如图 2-94 所示。

7. 创建分解视图

选择主菜单“视图”→“分解”→“编辑位置”，打开编辑分解视图操控板，这时绘图区显示“默认”的分解视图，如图 2-95 所示。

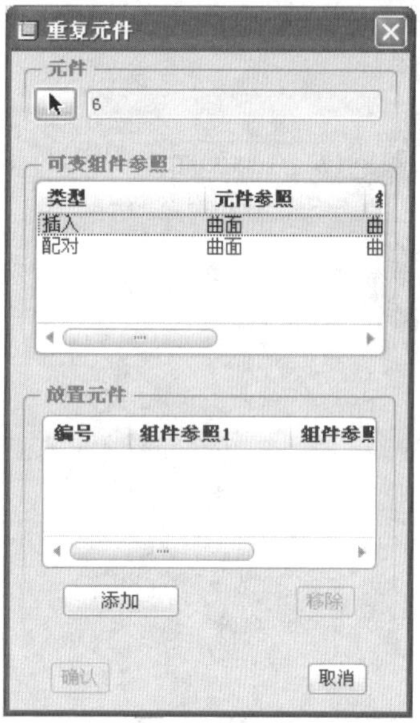

图 2-93 【重复元件】对话框

图 2-94　完成螺钉的重复装配

图 2-95　默认的分解视图

（1）在“平移” 的分解模式下，单击“参照”按钮，打开“参照”滑面板，选取零件 8. prt，单击“移动参照”栏，选择零件 1. prt 的前面，单击选中 8. prt 的 X 轴方向，向右拖动，如图 2-96 所示。

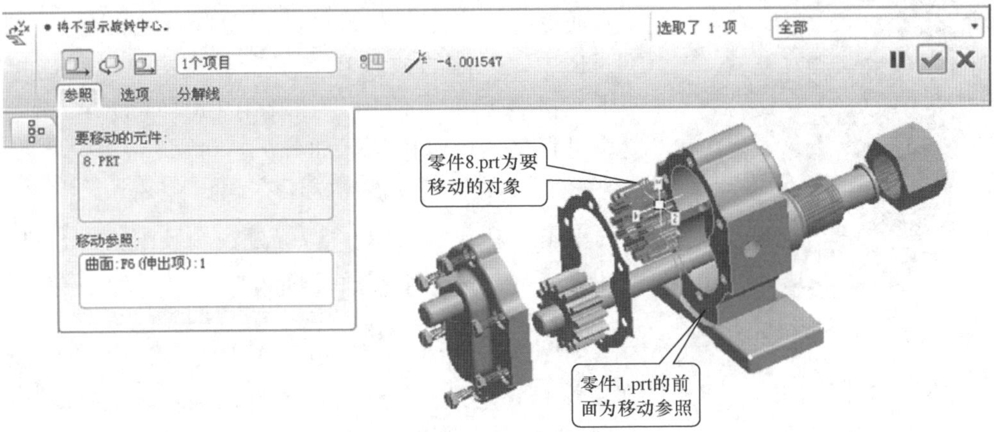

图 2-96 向右移动 8. prt

（2）单击选择零件 7. prt，单击选择 X 轴方向，向左拖动，如图 2-97 所示。

同理，完成其他元件的移动，渲染后，如图2-49 所示。

图 2-97 向左移动 7. prt

8. 保存文件

单击“保存”按钮，完成齿轮泵的装配及分解设计。

任务三 曲柄滑块机构的装配及运动仿真

【任务】 创建如图 2-98 所示的曲柄滑块机构及其运动仿真分析。

【分析】 曲柄滑块机构采用了装配设计的连接装配方式，这种装配方式可方便用户在利用 Pro/Mechanism（机构）模块时，直接执行机构的运动分析与仿真。本任务学习连接装配

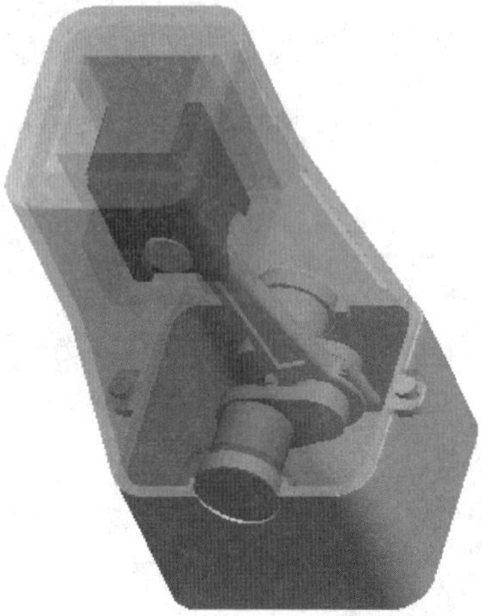

图 2-98 曲柄滑块机构

设计及机构的仿真操作方法。

一、装配连接类型简介

组件要能运动，在组装时就不能被完全约束，而只能部分约束。所谓部分约束，就是根据各构件之间的相对运动，通过连接设定限制组件的运动自由度。在 Pro/ENGINEER 中，元件的放置还有一种装配方式——连接装配。使用连接装配可方便用户在利用 Pro/Mechanism（机构）模块时直接执行机构的运动分析与仿真。

1. 连接装配的调用方法

单击“新建”按钮，新建一个装配文件，进入装配设计界面后，选择主菜单“插入”→“元件”→“装配”，或单击特征工具栏中的“装配”按钮，弹出【打开】文件对话框，选中文件后，单击“确定”按钮，则第 1 个装配零件被调入装配界面。这时打开装配设计操控板，单击“用户定义”右侧的“下拉”按钮，弹出连接类型下拉列表，如图 2-99 所示。

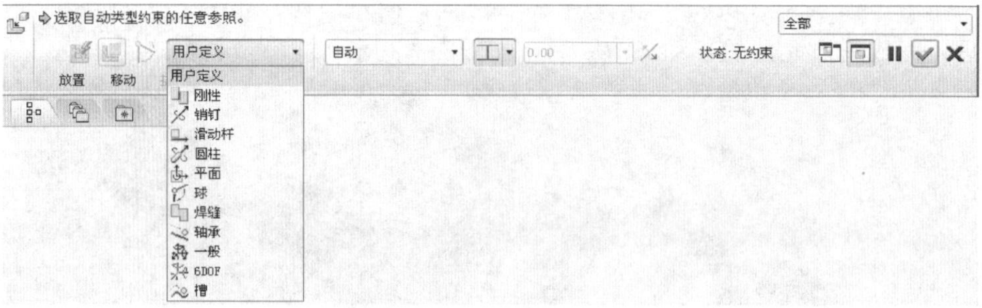

图 2-99 连接装配约束类型

选择相应的连接类型，单击“放置”按钮，打开“放置”滑面板，在滑面板中会相应显示该连接类型的约束规则，图 2-100 所示为销钉连接的“放置”滑面板，需要进行“轴对齐”约束和“平移”约束，再选择相应的元件参照和组件参照即可完成连接设计。

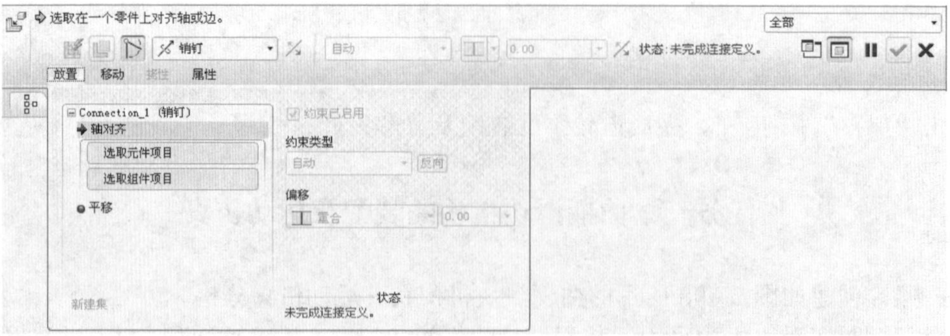

图 2-100 销钉连接的“放置”滑面板

2. 连接装配的约束类型

连接装配的约束类型共有 11 种，如图 2 - 99 所示。

(1) 刚性：刚性连接。自由度为 0，零件装配处于完全约束状态。

(2) 销钉：销钉连接。自由度为 1，零件可沿某一轴旋转，应满足的约束关系为“轴对齐”和“平移”。

轴对齐：轴对齐方式。有 2 个自由度，绕轴旋转和沿轴平移。

平移：以“配对”或“对齐”方式约束装配零件的平移，使平移自由度为 0。

(3) 滑动杆：滑动连接。自由度为 1，零件可沿某一轴平移，应满足的约束关系为“轴对齐”和“旋转”。

轴对齐：轴对齐方式，有 2 个自由度，绕轴旋转和沿轴平移。

旋转：以“配对”或“对齐”方式约束装配零件的转动，使旋转自由度为 0。

(4) 圆柱：缸连接。自由度为 2，零件可沿某一轴平移或旋转。该类型只需满足“轴对齐”约束关系即可。

(5) 平面：平面连接。自由度为 3，零件可在某一平面内自由移动，也可绕该平面的法线方向旋转，即 2 个平移自由度和 1 个旋转自由度。该类型需满足“平面”约束关系。具体操作是分别选择两个零件的贴合面，然后输入偏移值即可。

(6) 球：球连接。自由度为 3，零件可绕某点自由旋转，但不能进行任何方向的平移。该类型需满足“点对齐”约束关系。具体操作是分别在两个零件中选择相应的点，输入偏移值即可。

(7) 焊接：焊接。自由度为 0，两零件刚性连接在一起。该类型需满足坐标系约束关系。具体操作是分别在两个零件中选择相应的坐标系，输入偏移值即可。

(8) 轴承：轴承连接。自由度为 4，零件可自由旋转，并可沿某轴自由移动，即 3 个旋转自由度和 1 个平移自由度。该类型需满足“点对齐”约束关系。具体操作是在一个零件中选择一点，在另一个零件中选择一条边或轴线，然后输入偏移值即可。

(9) 一般：创建有两个约束的用户定义集。

(10) 6DOF：允许零件在各个方向上移动，即自由度为 6，具体操作是分别在两个零件中选择相应的坐标系，输入偏移值即可。

(11) 槽：建立槽连接，自由度为 4，包含一个“点对齐”约束，允许沿一条非直的轨迹旋转。具体操作是在一个零件中选择一点，在另一个零件中选择一条轨迹线即可。

二、曲柄滑块机构的连接装配

1. 新建一个名为 EX03-01. asm 装配文件

选择主菜单“文件”→“设置工作目录”，打开【工作目录】对话框。选取工作目录“D:/EXPorE5/EX02/03”。

选择主菜单“文件”→“新建”，或单击“新建”按钮，打开【新建】对话框，类型选取“组件”，子类型选取“设计”，输入名称“EX03-01. asm”后，取消“使用缺省模板”前面的复选框，单击“确定”按钮，然后进入【新文件选项】对话框，将绘图单位更改为公制单位“mmns _ asm _ design”，单击“确定”按钮，进入 Pro/ENGINEER 的装配设计界面。

2. 装配滑块和销钉

(1) 装配滑块零件 1. prt。单击特征工具栏中的“装配”按钮，在弹出的【打开】对

话框中，选择零件 1.prt，单击对话框中的按钮 打开 ，则零件 1.prt 被载入装配设计界面。在元件装配操控板中，接受默认类型“用户定义”，选择“缺省”的约束类型，如图 2-101 所示，然后操控板上显示“状态：完全约束”，再单击操控板中的“完成”按钮，完成零件 1.prt 的装配，如图 2-102 所示。

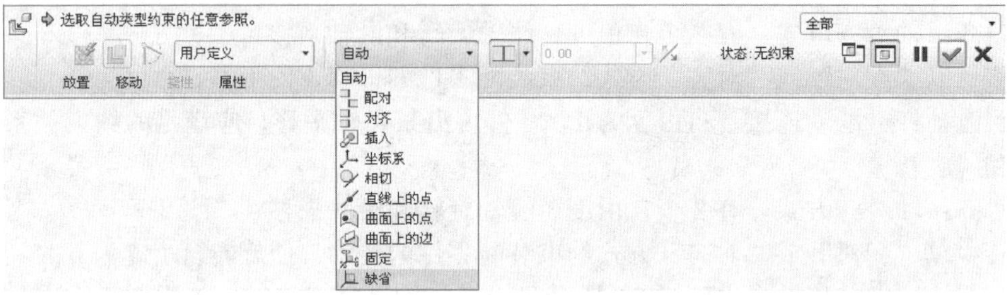

图 2-101 缺省装配类型

（2）装配销钉零件 7.prt。单击特征工具栏中的“装配”按钮，在弹出的【打开】对话框中，选择零件 7.prt，单击对话框中的按钮 打开 ，则零件 7.prt 被载入装配设计界面。

1）添加重合配对约束。单击图 2-103 所示零件 7.prt 的红色加亮曲面（销钉头部内环面），在【约束类型】列表框中选择“配对”选项，在偏移选项中选取“重合”，然后单击组件 1.prt 的蓝色加亮曲面（槽的端面），则两曲面配对。

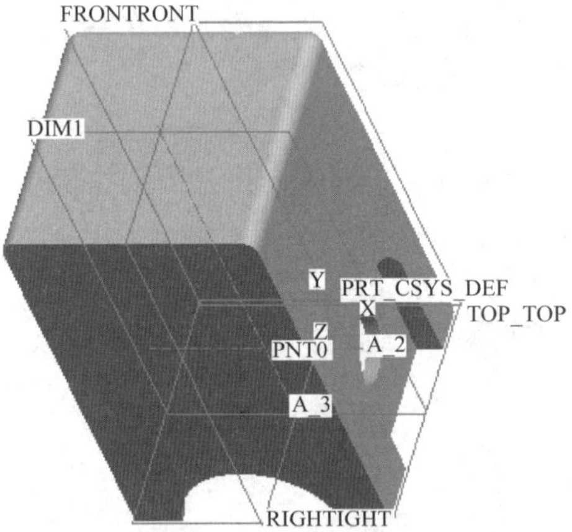

图 2-102 零件 1.prt 缺省装配效果

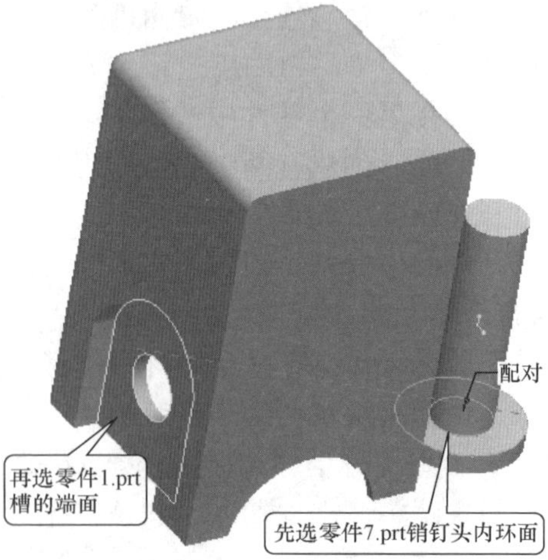

图 2-103 曲面配对

2）添加轴线重合对齐约束。单击图 2-104 所示零件 7.prt 的红色加亮轴线 A_2，在【约束类型】列表框中选择“对齐”选项，在偏移选项中选取“重合”，然后单击组件 1.prt 蓝色加亮轴线 A_2，则两轴线对齐。

通过上述两项约束，操控板上显示“状态：完全约束”，然后单击操控板中的“完成”

按钮☑，完成零件 7. prt 的装配设计，如图 2-105 所示。

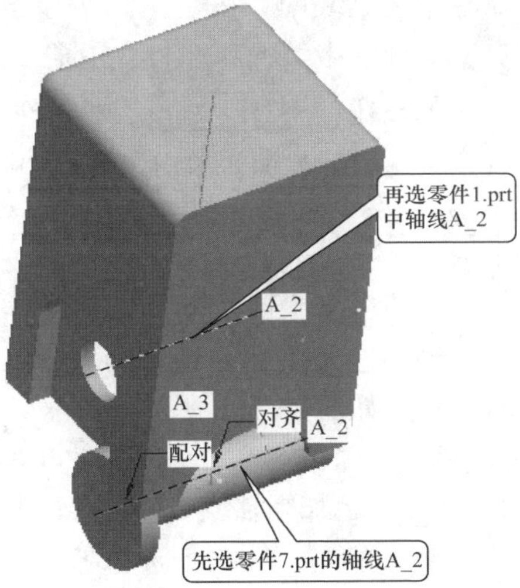

图 2-104　轴线对齐

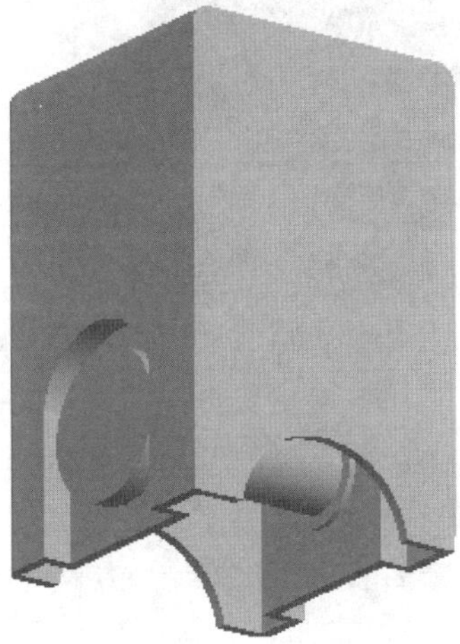

图 2-105　零件 7. prt 的装配效果

(3) 保存文件。单击"保存"按钮，完成滑块与销钉的装配。

3. 新建装配 QBHK. asm 文件

选中主菜单"文件"→"新建"，或单击"新建"按钮，打开【新建】对话框，类型选取"组件"，子类型选取"设计"，输入名称"QBHK. asm"，取消"使用缺省模板"前面的复选框，单击"确定"按钮。然后进入【新文件选项】对话框，将绘图单位更改为公制单位"mmns_asm_design"，单击"确定"按钮，进入 Pro/ENGINEER 的装配设计界面。

4. 装配曲柄滑块机构

(1) 装配壳体零件 2. prt。单击特征工具栏中的"装配"按钮，在弹出的【打开】对话框中，选择零件 2. prt，单击对话框中的按钮 打开 ，则零件 2. prt 被载入装配设计界面。在元件装配操控板中，接受默认类型"用户定义"，选择"缺省"的约束类型，如图 2-106 所示，然后操控板上显示"状态：完全约束"，再单击操控板中的"完成"按钮☑，定位零件 2. prt。

对零件 2. prt 进行渲染，选择材质 ptc-glass 并进行颜色编辑，完成零件 2. prt 的装配，如图 2-107 所示。

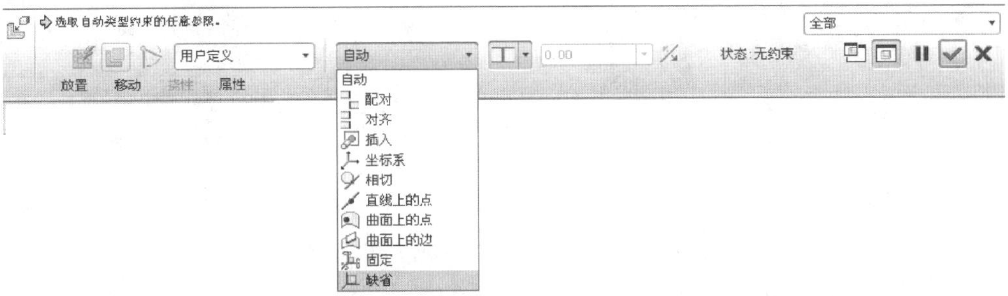

图 2-106　缺省装配零件 2. prt

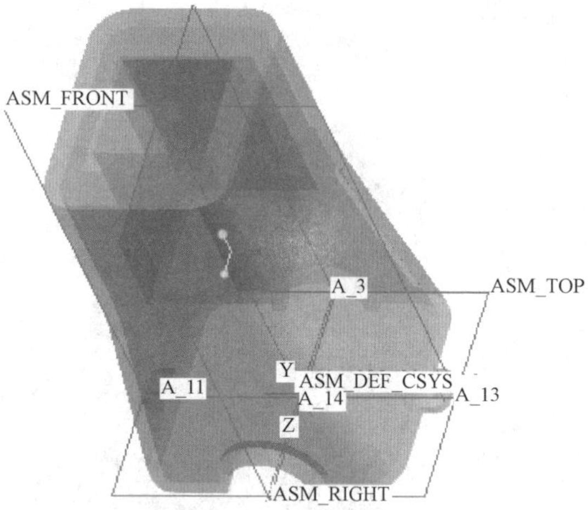

图 2-107　零件 2.prt 缺省装配

（2）装配曲轴零件 4.prt。单击特征工具栏中的“装配”按钮，在弹出的【打开】对话框中，选择零件 4.prt，单击对话框中的按钮 打开 ，则零件 4.prt 被载入装配设计界面。单击工具栏中的“基准平面”、“基准点”、“基准坐标系”按钮，使其处于关闭状态。

添加连接类型：销钉。选择连接类型“销钉”，如图 2-108 所示。

1）轴对齐。单击图 2-109 所示零件 4.prt 的红色加亮轴线 A_1 和零件 2.prt 的蓝色加亮轴线 A_3，满足轴对齐的约束关系。

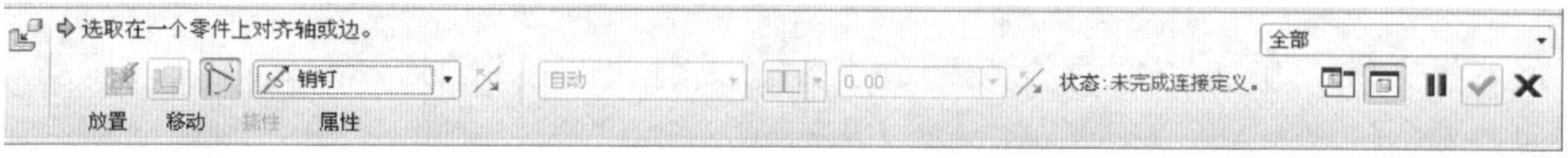

图 2-108　选择销钉连接类型

2）平移。单击图 2-110 所示零件 4.prt 的红色加亮曲面（轴端的内环面）和零件 2.prt 的蓝色加亮曲面（轴毂的内环面），两曲面满足平移的约束关系。

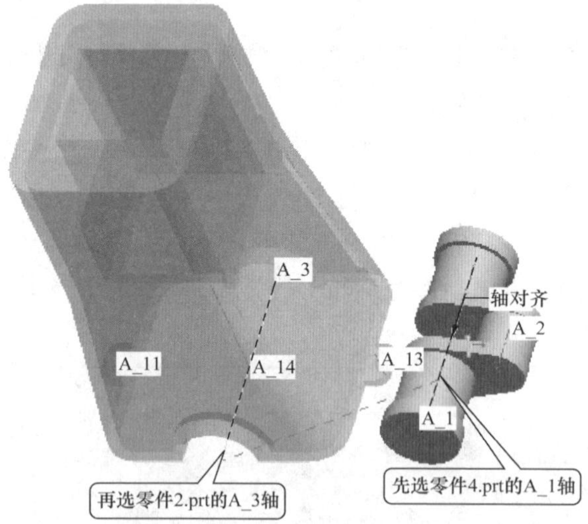

图 2-109　轴对齐约束

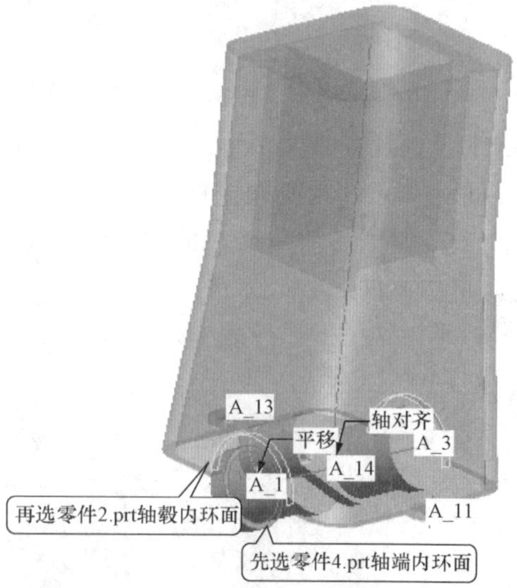

图 2-110　曲面平移约束

通过上述操作，操控板显示“状态：完成连接定义”，单击操控板中的“完成”按钮，完成零件 4.prt 的装配。单击工具栏中的“基准轴”按钮，使其处于关闭状态，效果如图 2-111 所示。

（3）装配曲柄零件 3. prt。单击特征工具栏中的“装配”按钮，在弹出的【打开】对话框中，选择零件 3. prt，单击对话框中的按钮 打开 ，则零件 3. prt 被载入装配设计界面。

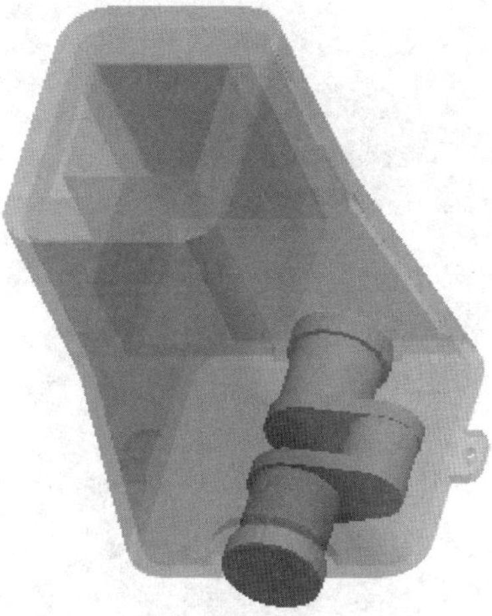

图 2 - 111 零件 4. prt 的销钉连接装配效果

添加连接类型：销钉。选择连接类型“销钉”，如图 2 - 112 所示。

1）轴对齐。单击图 2 - 113 所示零件 3. prt 的红色加亮轴线 A _ 2 和组件中零件 4. prt 红色加亮的轴线 A _ 2，满足轴对齐的约束关系。

2）平移。单击工具栏中的“基准轴线”按钮，使其处于关闭状态，单击工具栏中的“基准点”按钮，使其处于开启状态。单击图 2 - 114 所示零件 3. prt 的红色加亮基准点 PNT2 和组件中零件 4. prt 上的蓝色加亮基准点 PNT1，满足平移的约束关系。

图 2 - 112 选择销钉连接类型

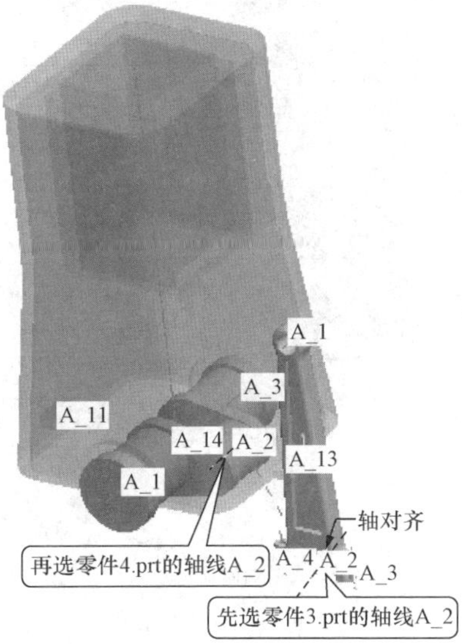

图 2 - 113 轴对齐

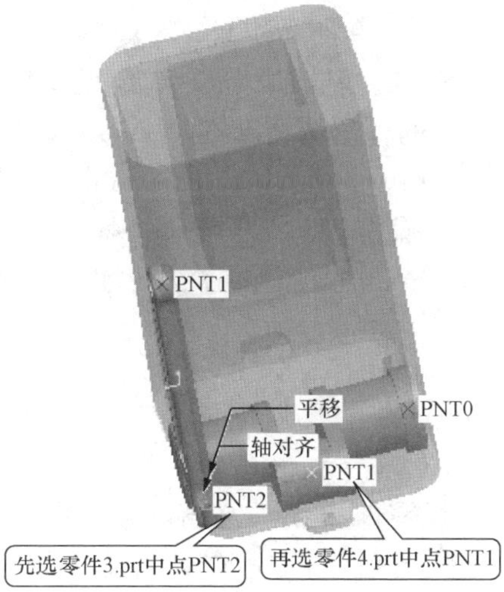

图 2 - 114 点平移

通过上述操作，操控板显示：“状态：完成连接定义”，关闭“基准点”，单击操控板中的“完成”按钮，完成零件 3. prt 的装配，如图 2 - 115 所示。

（4）装配组件 EX03-01. asm。在模型树中，选中零件 4. prt，单击鼠标右键，在弹出的

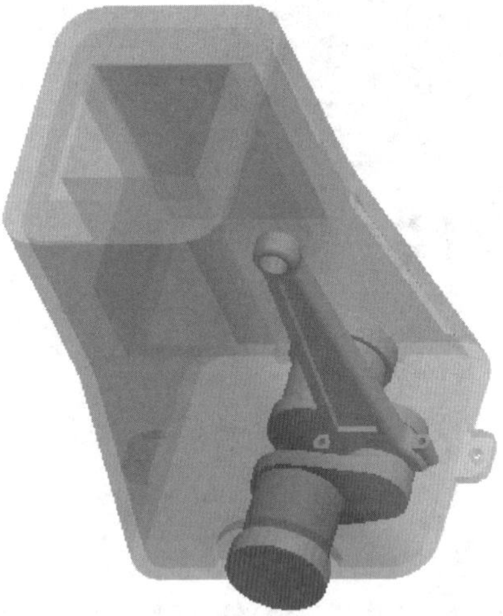

图 2 - 115　零件 3. prt 的销钉连接装配效果

快捷菜单中选择“隐藏”命令，在绘图窗口中隐藏该模型，以便后面的装配操作。

单击特征工具栏中的“装配”按钮，在弹出的【打开】对话框中，选择组件 EX03-01. asm，单击对话框中的按钮［打开］，则组件 EX03-01. asm 被载入装配设计界面。

1）添加连接类型：圆柱。选择连接类型“圆柱”，如图 2 - 116 所示。

打开“基准轴”显示，单击图 2 - 117 所示组件 EX03-01. asm 中零件 7. prt 的红色加亮轴线 A _ 2 和组件 QBHK. asm 中零件 3. prt 的蓝色加亮轴线 A _ 1，完成圆柱连接设计。

2）再次添加圆柱连接类型。单击操控板上的“放置”按钮，打开“放置”滑面板，选择滑面板左下角的“新建集”按钮，如图 2 - 118 所示，则在“放置”滑面板中又添加了一个“圆柱”连接约束类型。

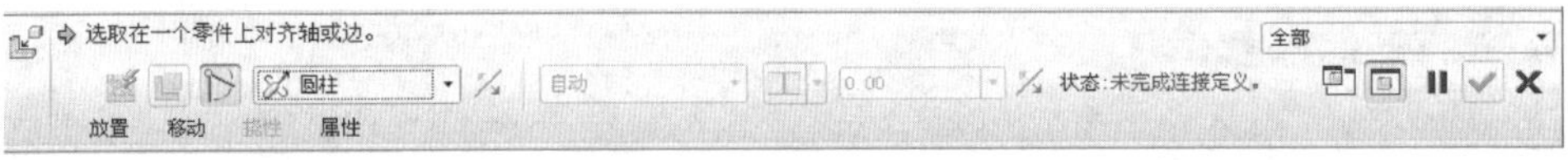

图 2 - 116　选择圆柱连接类型

单击图 2 - 119 所示组件 EX03-01. asm 中零件 1. prt 的红色加亮基准轴 A _ 3 和组件 QBHK. asm 中零件 2. prt 的蓝色加亮基准轴 A _ 14，完成圆柱连接设计。

通过上述操作，操控板显示“状态：完成连接定义”，完成 EX03-01. asm 连接装配，关闭“基准轴线”按钮，渲染滑块 1. prt 和销钉 7. prt，单击操控板中的“完成”按钮，效果如图 2 - 120 所示。

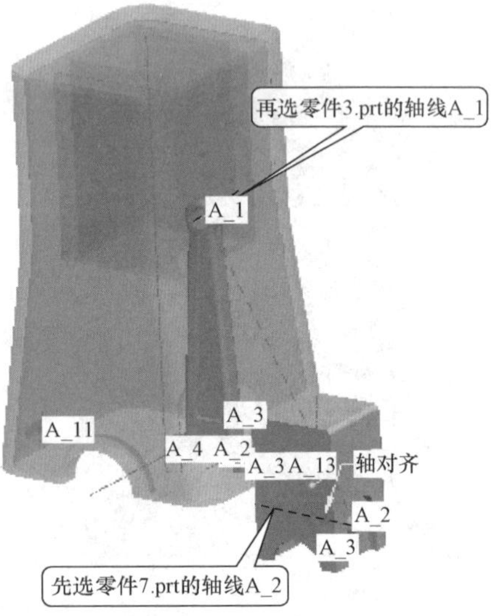

图 2 - 117　轴对齐

（5）装配零件 5. prt。在模型树中选中壳体零件 2. prt，单击鼠标右键，在弹出的快捷菜单中选择“隐藏”命令，在图形窗口中隐藏模型，以便后面的装配操作。

单击特征工具栏中的“装配”按钮，在弹出的【打开】对话框中，选择零件 5. prt，单击对话框中的按钮［打开］，则零件 5. prt 被载入装配设计界面。

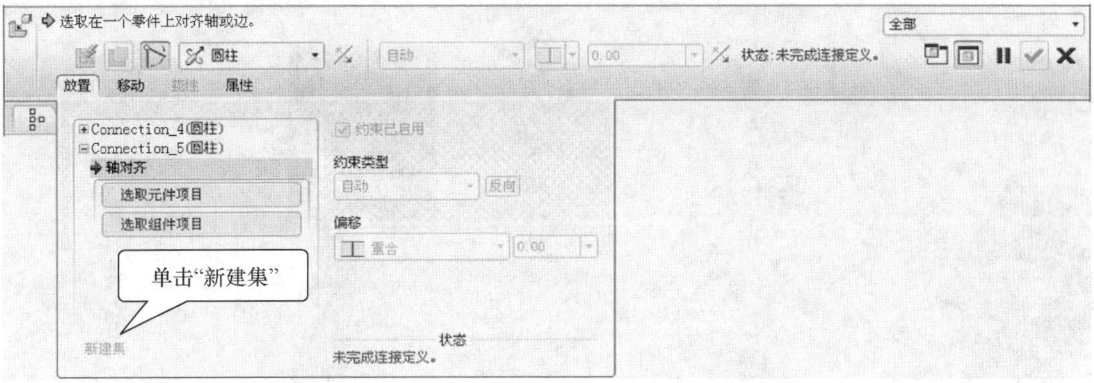

图 2-118　“放置”滑面板

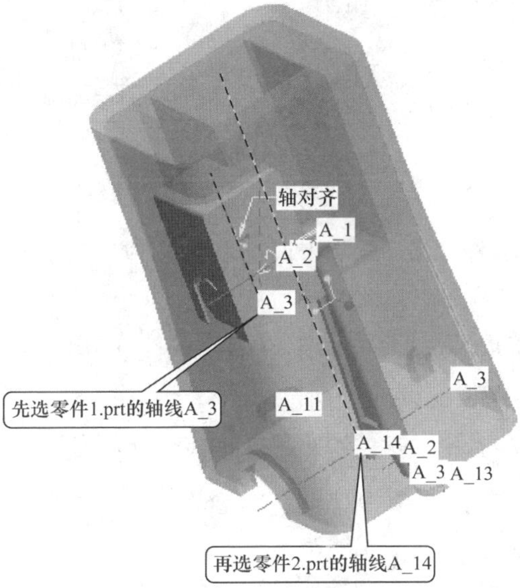

图 2-119　轴对齐

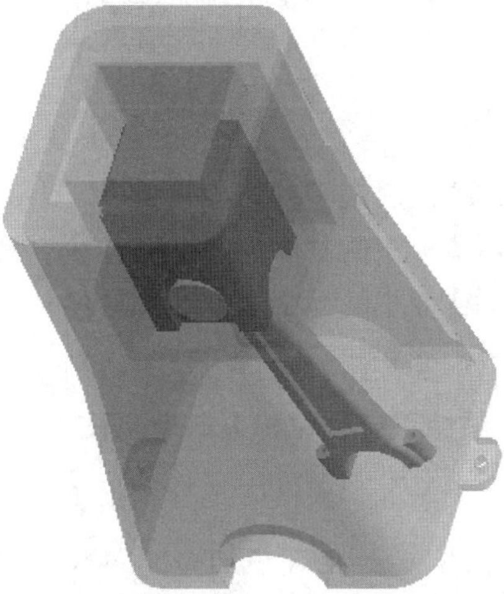

图 2-120　完成组件 EX03-01. asm 的连接装配设计

1）添加重合配对约束。单击图 2-121 所示零件 5. prt 的红色加亮曲面（上端面），在【约束类型】列表框中选择“配对”选项，在偏移选项中选取“重合” ，然后单击组件中零件 3. prt 的蓝色加亮曲面（底面），则两曲面配对。

2）添加轴线重合对齐约束。单击工具栏中的“基准轴线”按钮 ，使其处于开启状态。单击图 2-122 所示零件 5. prt 的红色加亮轴线 A _ 5，在【约束类型】列表框中选择“对齐”选项，在偏移选项中选取“重合” ，再单击组件中零件 3. prt 的蓝色加亮轴线 A _ 4，则两轴线对齐。

通过上述两项约束，操控板上显示“状态：完全约束”，单击工具栏中的“基准轴线”按钮 ，使其处于关闭状态，然后单击操控板中的“完成”按钮 ，完成零件 5. prt 的装配设计，如图 2-123 所示。

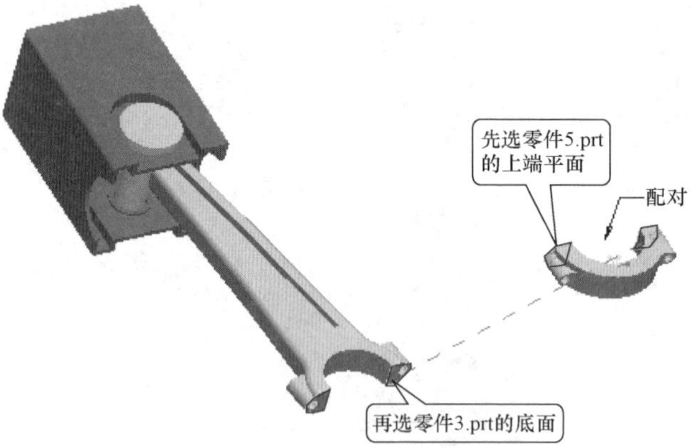

图 2-121　曲面配对

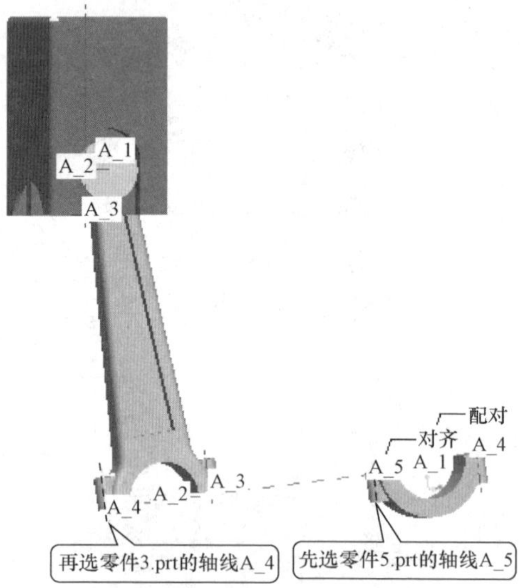

图 2-122　轴线对齐

（6）装配底座零件 6.prt。在模型树中选中壳体零件 2.prt，单击鼠标右键，弹出快捷菜单，选择菜单中的“取消隐藏”命令，在图形窗口中恢复显示该模型。

单击特征工具栏中的“装配”按钮，在弹出的【打开】对话框中，选择零件 6.prt，单击对话框中的按钮 打开 ，则零件 6.prt 被载入装配设计界面。

1）添加重合配对约束。单击图 2-124 所示零件 6.prt 的红色加亮曲面（上部环端面），在【约束类型】列表框中选择“配对”约束类型，在偏移选项中选取“重合” ，再单击组件中零件 2.prt 的蓝色加亮曲面（下部环端面），则两曲面配对。

图 2-123　零件 5.prt 的装配效果

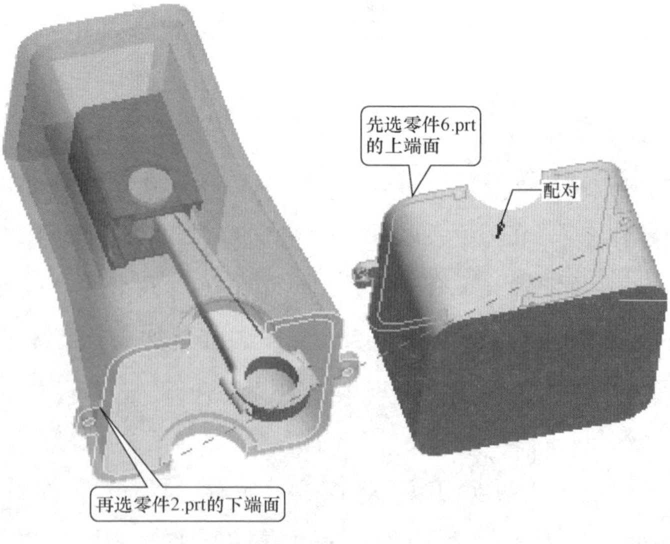

图 2-124　曲面配对

2）添加轴线重合对齐约束。单击工具栏中的“基准轴线”按钮，使其处于开启状态。单击图 2-125 所示零件 6. prt 的红色加亮基准轴线 A _ 12（销钉孔的轴线），在【约束类型】列表框中选择“对齐”约束类型，再单击组件中零件 2. prt 的蓝色加亮基准轴线 A _ 11（销钉孔的轴线），则两轴线对齐。

通过上述两项约束，操控板上显示“状态：完全约束”，单击工具栏中的“基准轴线”按钮，使其处于关闭状态，然后单击操控板中的“完成”按钮，完成零件 6. prt 的装配设计，如图 2-126 所示。

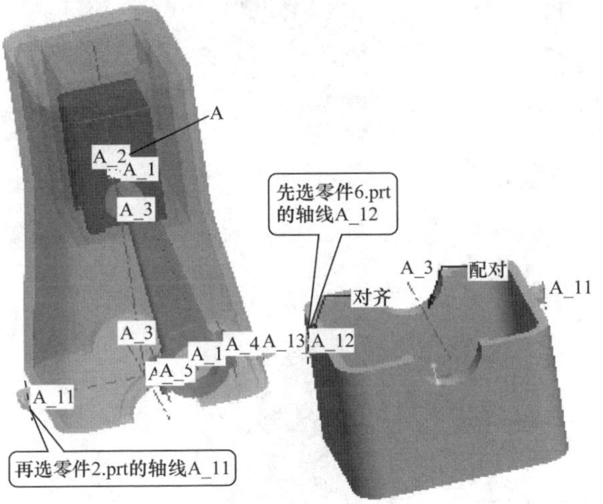

图 2-125　轴线对齐

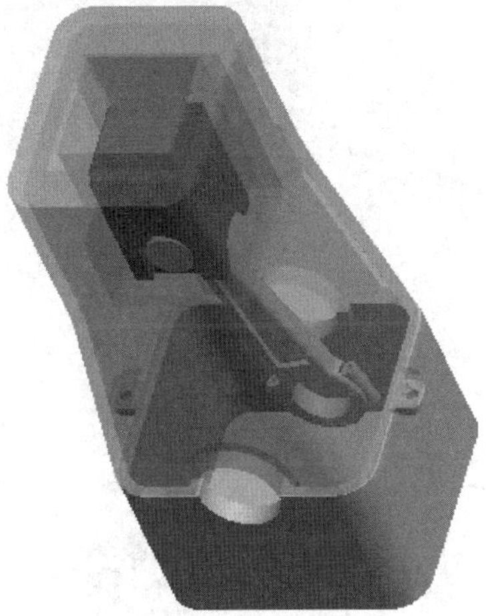
图 2-126　零件 6. prt 的装配效果

（7）装配销钉零件 8. prt。在模型树中选中零件 6. prt，单击鼠标右键，在弹出的快捷菜单中选择“隐藏”命令，在图形窗口中隐藏该模型。

单击特征工具栏中的“装配”按钮，在弹出的【打开】对话框中，选择零件 8. prt，单击对话框中的按钮 打开 ，则零件 8. prt 被载入装配设计界面。

1）添加重合配对约束。单击图 2-127 所示零件 8. prt 的红色加亮曲面（销钉头底部环面），在【约束类型】列表框中选择“配对”约束类型，在偏移选项中选取“重合”，再单击组件中零件 2. prt 的蓝色加亮曲面（耳部销钉放置端面），则两曲面配对。

2）添加轴线重合对齐约束。单击工具栏中的“基准轴线”按钮，使其处于开启状态。单击图 2-128 所示零件 8. prt 的红色加亮轴线 A _ 2，在【约束类型】列表框中选择“对齐”约束类型，在偏移选项中选取“重合”，再单击组件中零件 2. prt 的蓝色加亮轴线 A _ 11，则两轴线对齐。

通过上述两项约束，操控板上显示“状态：完全约束”，单击工具栏中的“基准轴线”按钮，使其处于关闭状态，然后单击操控板中的“完成”按钮，完成零件 8. prt 的装配设计，如图 2-129 所示。同理装配右侧销钉，结果如图 2-130 所示。

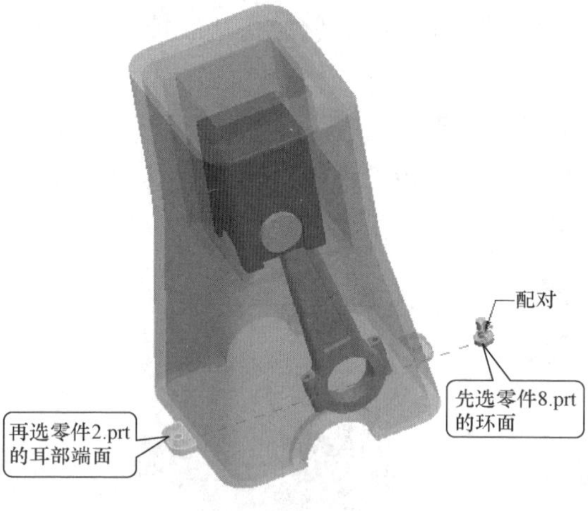

图 2-127 曲面配对

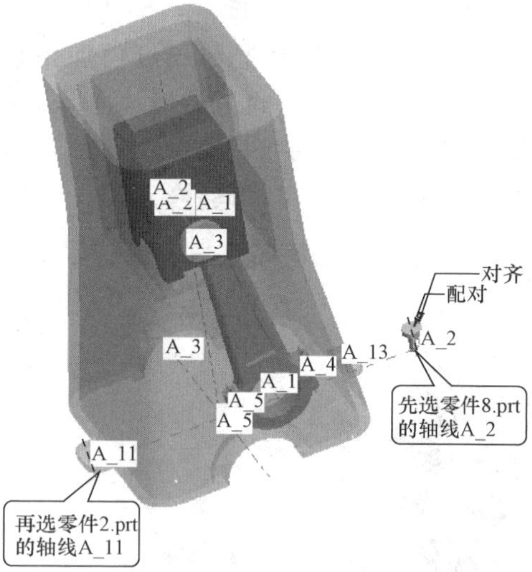

图 2-128 轴线对齐

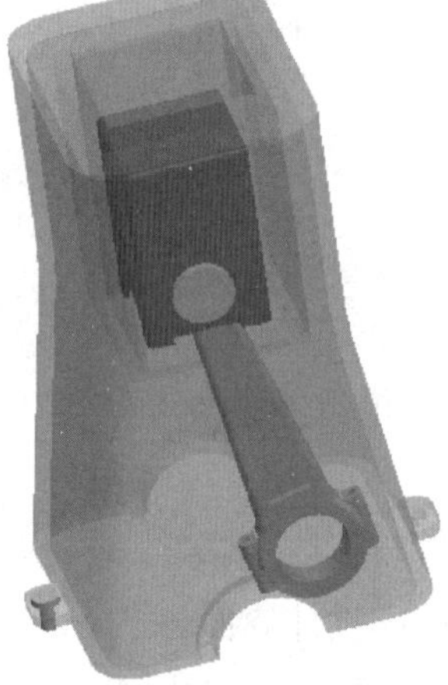

图 2-129 零件 8. prt 的装配效果

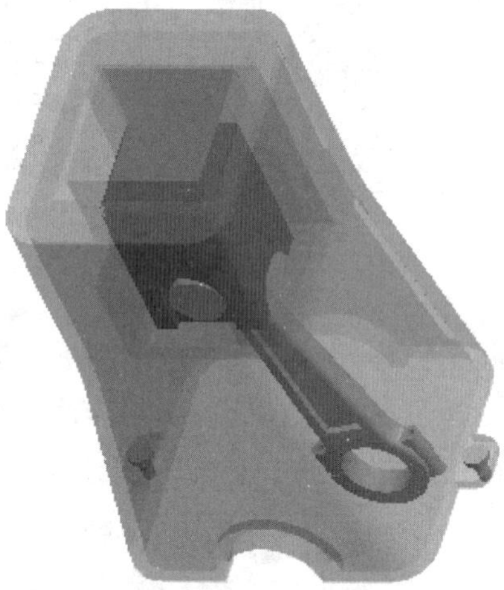

图 2-130 完成右侧销钉的装配效果

（8）装配销钉零件 9. prt。在模型树中选中零件 2. prt，单击鼠标右键，在弹出的快捷菜单中选择“隐藏”命令，在图形窗口中隐藏该模型。

单击特征工具栏中的“装配”按钮，在弹出的【打开】对话框中，选择零件 9. prt，单击对话框中的按钮 打开 ，则零件 9. prt 被载入装配设计界面。

1）添加重合配对约束。单击图 2-131 所示零件 9. prt 的红色加亮曲面（销钉头底部端面），在【约束类型】列表框中选择“配对”约束类型，在偏移选项中选取“重合” 工，再单击组件中零件 3. prt 的蓝色加亮曲面（左侧凸台面），则两曲面配对。

2）添加轴线重合对齐约束。单击工具栏中的“基准轴线”按钮，使其处于开启状态。单击图 2-132 所示零件 9.prt 的红色加亮轴线 A_2，在【约束类型】列表框中选择“对齐”约束类型，在偏移选项中选取“重合” ，再单击组件中零件 3.prt 的蓝色加亮轴线 A_4，则两轴线对齐。

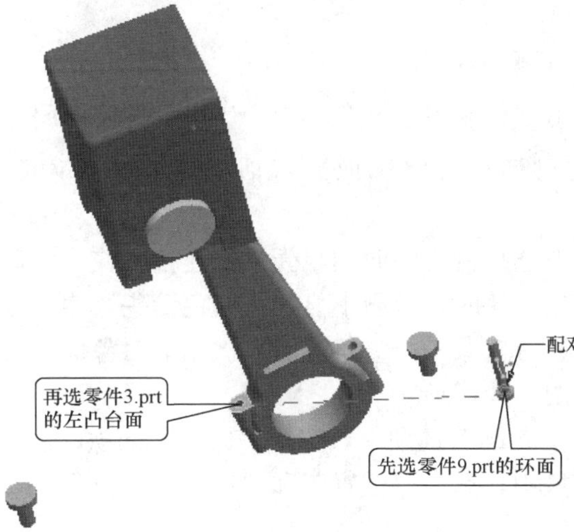

图 2-131　曲面配对

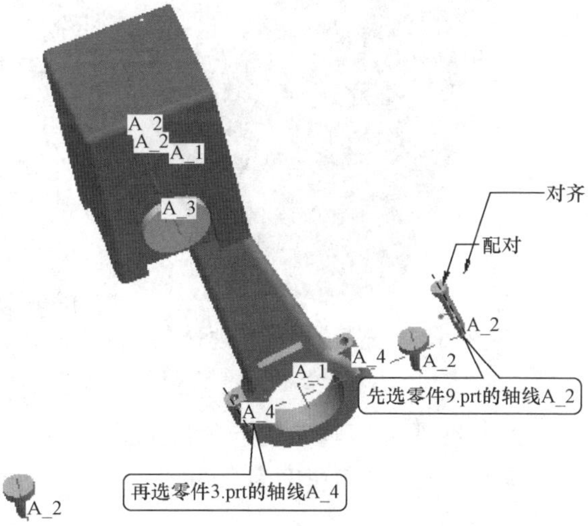

图 2-132　轴线对齐

通过上述两项约束，操控板上显示“状态：完全约束”，单击工具栏中的“基准轴线”按钮 ，使其处于关闭状态，然后单击操控板中的“完成”按钮 ，完成零件 9.prt 的装配设计，如图 2-133 所示。同理装配右侧销钉，如图 2-134 所示。

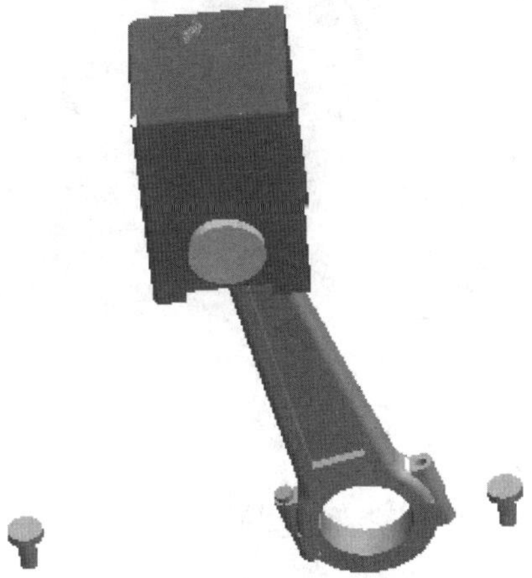

图 2-133　零件 9.prt 的装配效果

图 2-134　完成右侧 9.prt 的装配效果

(9) 在模型树中选中零件 2.prt，同时按住 Ctrl 键，选择 4.prt 和 6.prt 后，单击鼠标右键，在弹出的快捷菜单中选择“取消隐藏”命令，恢复所有模型的显示，至此，完成所有模型的装配如图 2-98 所示。

5. 保存文件

单击工具栏中的“保存”按钮 ，保存当前模型。

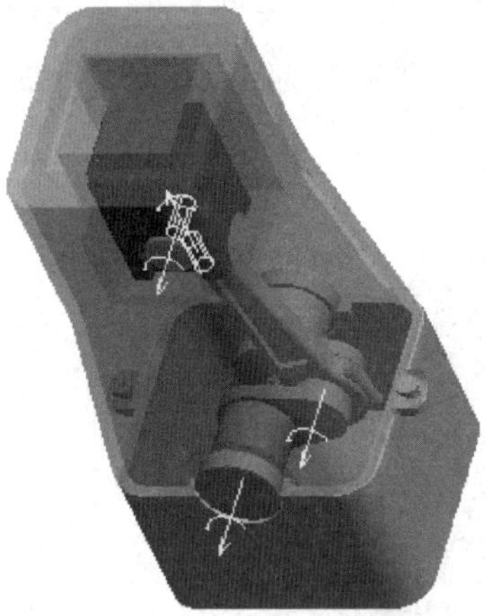

图 2-135 显示组件中的连接约束状态

三、曲柄滑块机构运动仿真

1. 进入机构环境

选择主菜单“应用程序”→“机构”命令，进入机构环境，此时组件中显示连接约束状态，如图 2-135 所示。

2. 建立伺服电动机

（1）单击“伺服电动机”按钮，打开【伺服电动机定义】对话框和【选取】对话框，如图 2-136 所示。

（2）单击选择机构中曲轴与壳体的连接轴作为电动机的驱动对象，这时，模型中显示一紫色箭头，表示运动的方向，参考对象外壳绿色显示，被驱动对象曲轴橙色显示，如图2-137 所示。

（3）在【伺服电动机定义】对话框中切换到“轮廓”选项卡，选择“速度”选项，输入速度大小 200，即角速度为 200rad/s。在“图形”栏中，选中“位置”和“速度”复选框，如图 2-138 所示。

图 2-136 【伺服电动机定义】对话框

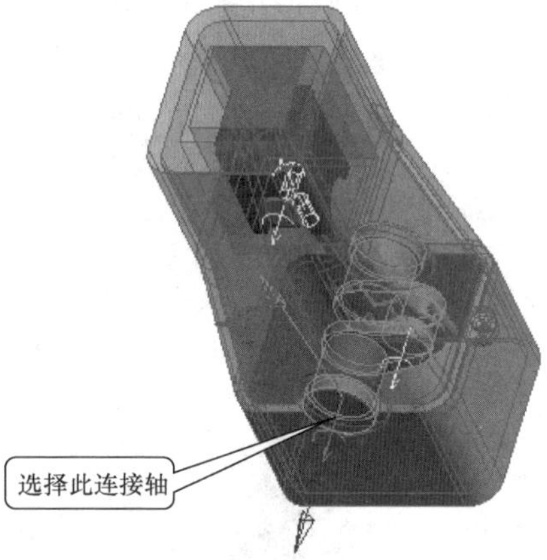

图 2-137 选择电动机驱动轴

（4）单击“图形”按钮，查看伺服电动机的位移和速度曲线，如图 2-139 所示。

（5）单击【伺服电动机定义】对话框中的按钮 确定 ，完成伺服电动机的设置。

3. 仿真运动过程

（1）单击“机构分析”按钮，打开【分析定义】对话框，接受系统默认的分析名称，选择分析类型为“运动学”，如图 2-140 所示。

图 2-138　【伺服电动机定义】对话框

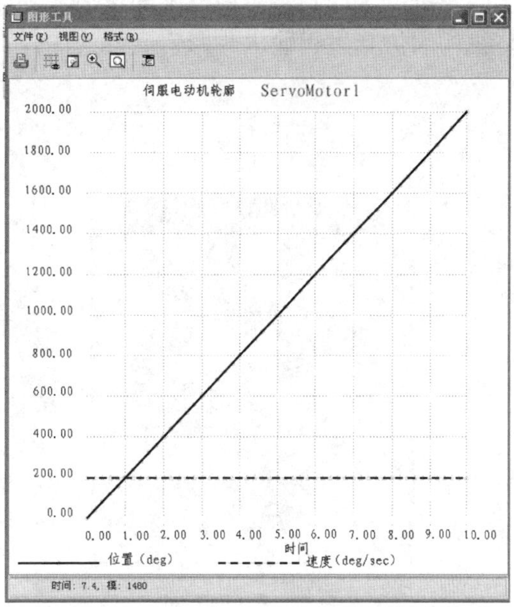

图 2-139　伺服电动机位移和速度曲线

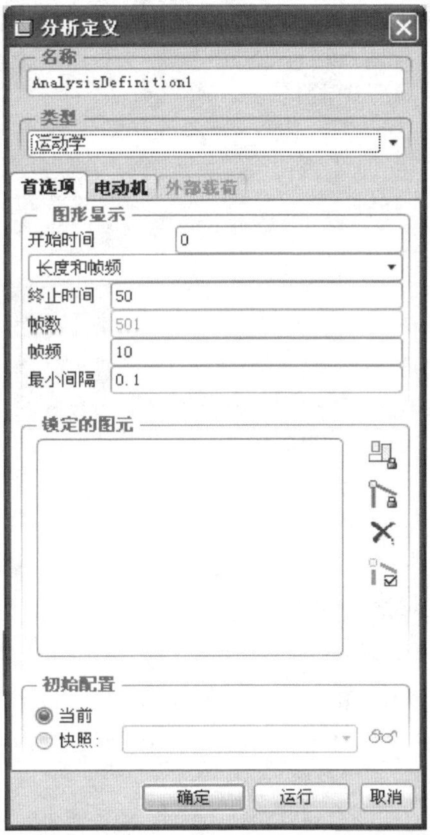

图 2-140　【分析定义】对话框

（2）接受系统默认的图样显示格式，输入终止时间 50，单击对话框中的按钮 运行 ，观察机构运动情况。再单击按钮 确定 ，关闭对话框。

4. 回放并保存分析结果

（1）单击特征工具栏中的“回放”按钮，打开【回放】对话框，如图 2-141 所示。

（2）单击对话框中的“回放”按钮，打开【动画】播放对话框，如图 2-142 所示。

（3）单击“播放”按钮，可以播放机构运动仿真过程。

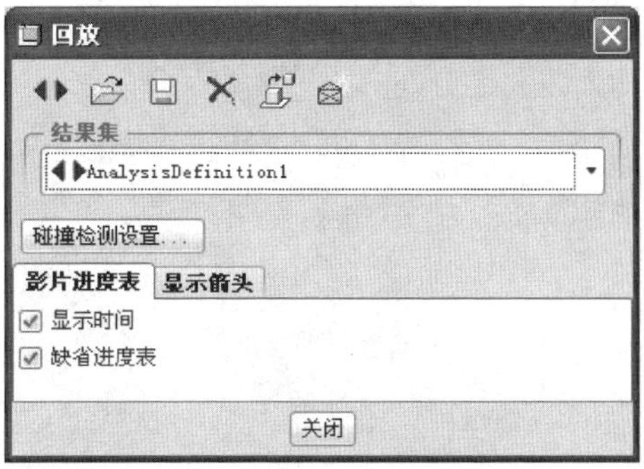

图 2-141　【回放】对话框

（4）单击【动画】对话框中的按钮 捕获... ，打开【捕获】对话框，进行相应的设定，可将机构的仿真过程输出为影音文件或图片，如图 2-143 所示。

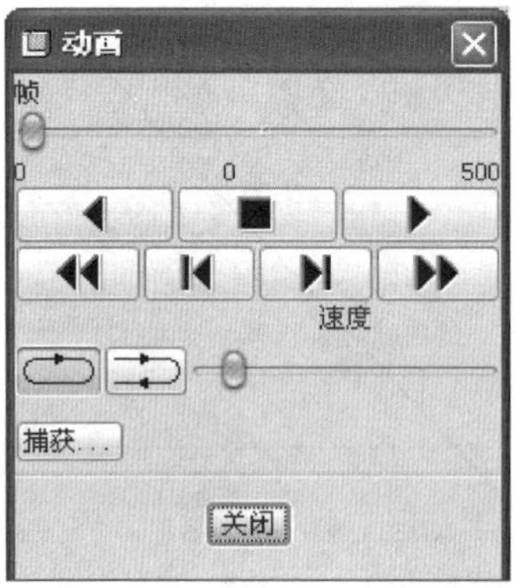

图 2-142 【动画】对话框

图 2-143 【捕获】对话框

5. 完成仿真分析

单击【动画】对话框中的按钮 关闭 ，再单击【回放】对话框中的按钮 关闭 ，完成机构运动仿真分析。

学习情境三

工 程 图 的 设 计

任务一　A4图框和学校标题栏的制作

授课视频

【任务】 创建如图3-1所示的A4图框及学校标题栏。

【分析】 由于Pro/ENGINEER工程图模式提供的图纸都是非国标尺寸，所以本任务学习如何在工程图的模块创建图框和标题栏，在安装Pro/ENGINEER Wildfire 5.0时，如果选择的是公制单位，则绘图模式的系统配置参数多数不用做修订。

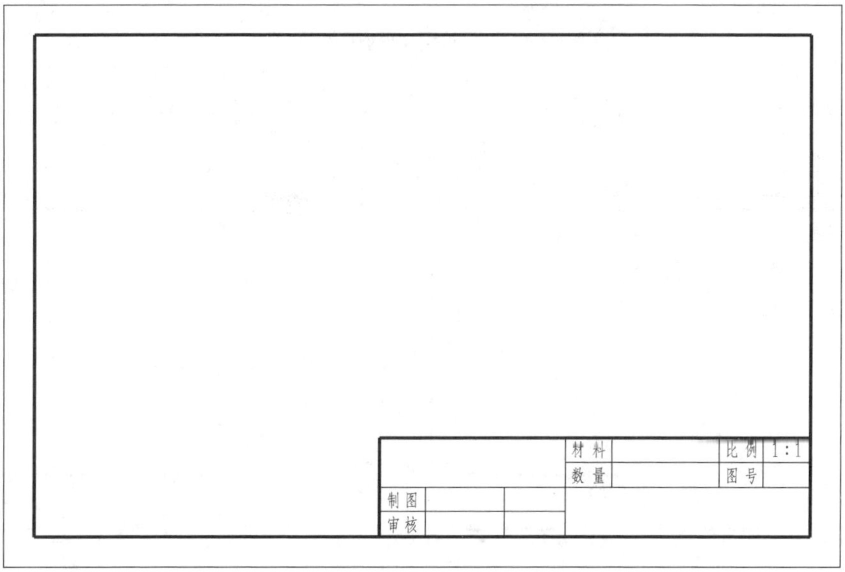

图3-1　A4图框及学校标题栏

一、工程图的国家标准

1. 图纸幅面

国家标准规定了五种基本图纸幅面具体的规格尺寸，见表3-1。

表3-1　　**图纸幅面及图框尺寸**

幅面代号	A0	A1	A2	A3	A4
$B \times L$	841×1189	594×841	420×594	297×420	210×297
a	25				
c	10			5	
e	20		10		

2. 图框格式

图纸可以横放或竖放。无论图样是否装订，均应用粗实线画出图框和标题栏的线框。需要装订的图样，其格式如图 3-2 所示，周边尺寸按表 3-1 中的规定绘制。

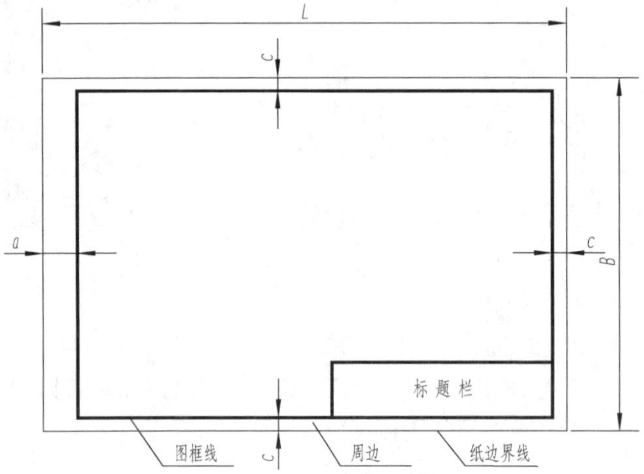

图 3-2　留装订边的图框格式

不留装订边的图样，其图框格式如图 3-3 所示，周边尺寸见表 3-1。

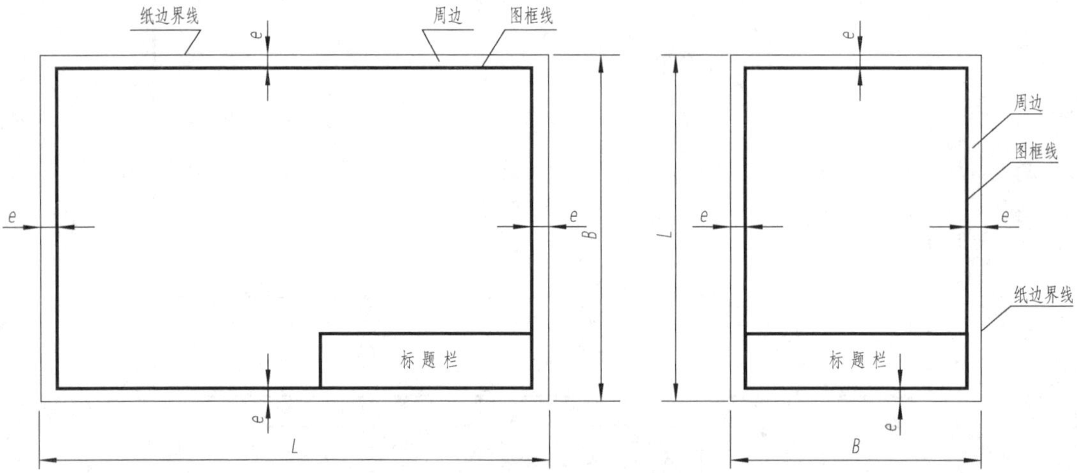

图 3-3　不留装订边的图框格式

3. 标题栏

为了学习方便，在学校的制图作业中，建议采用如图 3-4 所示的推荐格式。

二、创建工程图模板

1. 新建一个名为 A4 _ format 的格式文件

选择主菜单“文件”→“设置工作目录”，打开【选取工作目录】对话框。选取工作目录“D：/EXProE5”，在工作目录区单击鼠标右键，弹出快捷菜单，选取“新建文件夹”命令，在弹出的【新建】文件夹对话框中输入“EX03”，单击【新建】文件夹对话框中的“确定”按钮。然后在工作目录区单击鼠标右键，弹出快捷菜单，选取“新建文件夹”命令，在

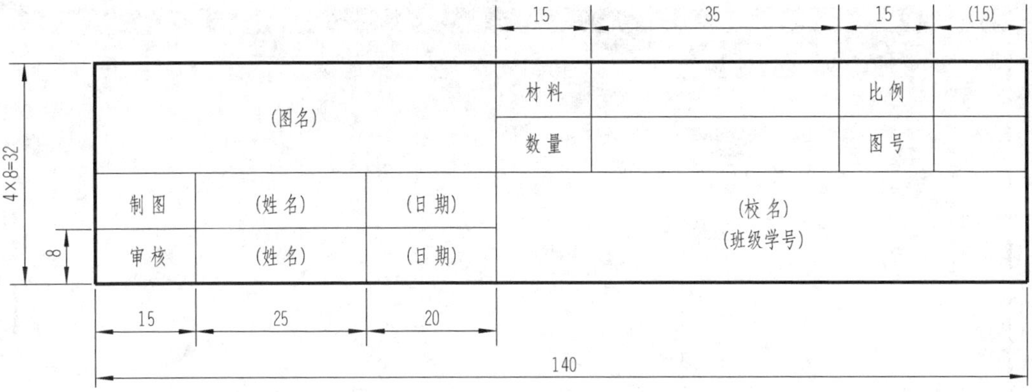

图 3-4　学校作业中的标题栏

弹出的【新建】文件夹对话框中输入“01”。再单击【选取工作目录】对话框中的“确定”按钮，即可完成当前工作目录的设定，即“D：/EXProE5/EX03/01”。

选择主菜单“文件”→“新建”，或单击“新建”按钮，打开【新建】对话框，类型选取“格式”，输入名称“A4 _ format”，如图 3-5 所示。单击按钮确定，弹出【新格式】对话框，如图 3-6 所示。在新格式中的“指定模板”栏中单击“空”单选框，图纸的方向选择“横向”，标准大小选择“A4”，然后单击对话框中的按钮确定，进入 Pro/ENGINEER 的格式界面，在格式界面中首先加载 1 个 A4 图框，如图 3-7 所示。

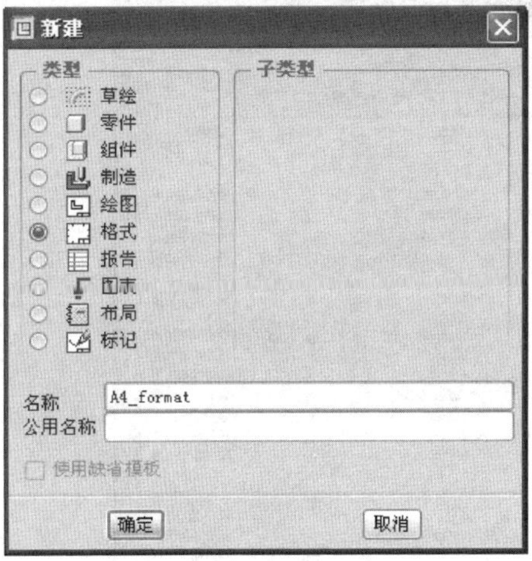

图 3-5　【新建】对话框

图 3-6　【新格式】对话框

2. 修改系统绘图参数的配置文件

选择主菜单“文件”→“绘图选项”，弹出“选项”对话框，如图 3-8 所示，选中“活动绘图”下面的“这些选项控制与其他选项无关的文本”→“drawing _ text _ height”，将“值”输入框中的数值“0.15625”更改为“3.5”，再单击其右侧的“添加/更改”按钮，完成文本高度的修改。

按照上述方法完成其他参数的修改，需要修改的参数见表 3-2。

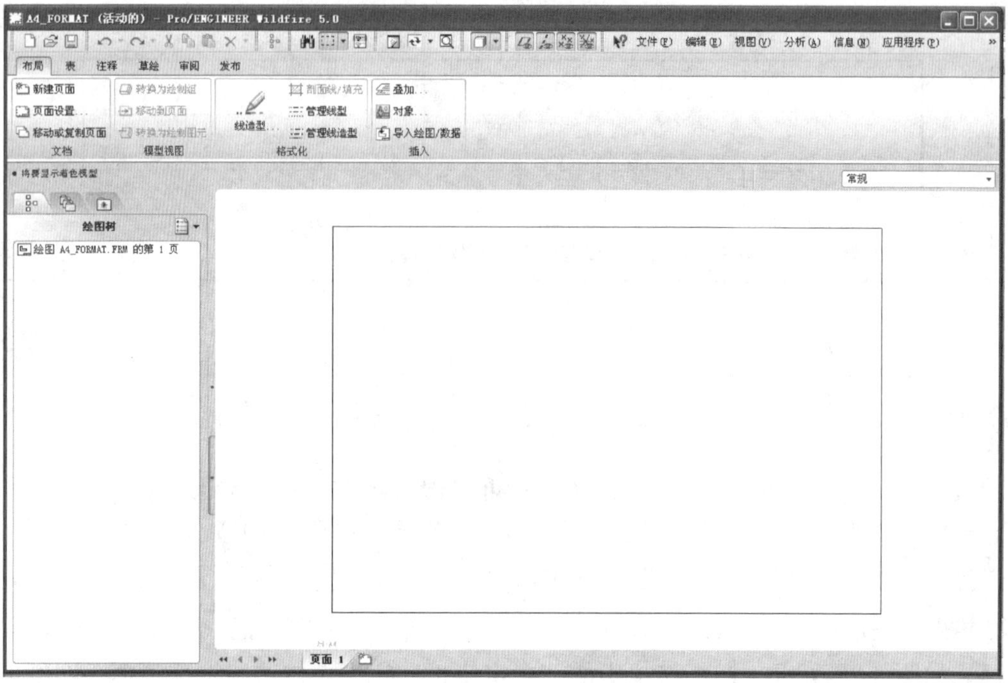

图 3-7 格式设计界面

图 3-8 【选项】对话框

表 3 - 2　　**需 要 修 改 的 参 数**

参数名	说明	默认值	修改值
drawing _ text _ height	文字高度	0.15625	3.5
text _ thickness	设置缺省文本粗细	0	0.35
text _ width _ factor	设置文本宽度和文本高度间的缺省比值	0.8	0.85
draw _ arrow _ length	设置导引线箭头的长度	0.1875	3.5
draw _ arrow _ style	控制所有带箭头的详图项目的箭头样式	closed	filled
draw _ arrow _ width	设置导引线箭头的宽度	0.0625	1.5
draw _ dot _ diameter	设置导引线点的直径。如果设置为“缺省”，则使用“ draw _ arrow _ width”的设置值	default	1.0
leader _ elbow _ length	确定导引弯肘的长度	0.25	6.0
drawing _ units	设置所有绘图参数的单位	inch	mm

修改完成后，单击【选项】对话框上部的“保存”按钮，系统弹出如图 3 - 9 所示的【另存为】对话框，保存路径为“D：/EXProE5/EX03/01”，输入文件名“China-std. dtl”，然后单击按钮 Ok ，再单击【选项】对话框中的按钮 确定 。

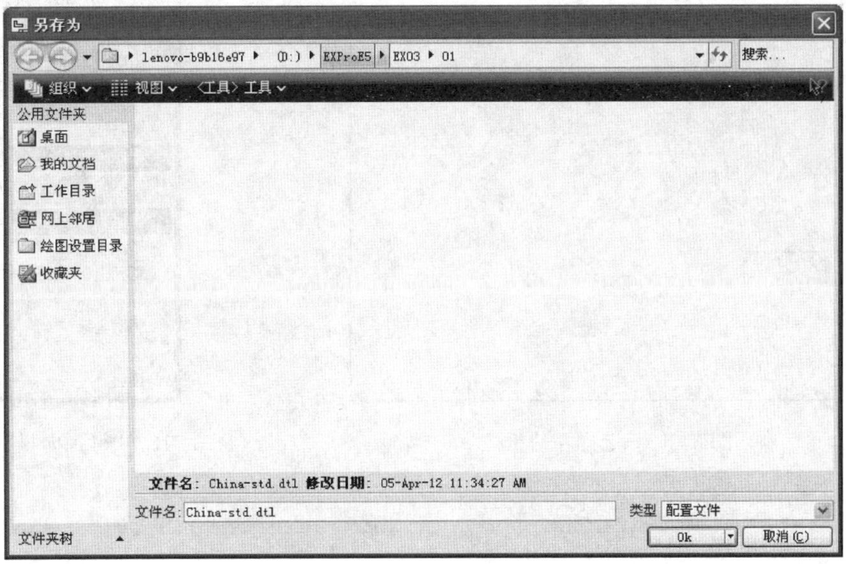

图 3 - 9　【另存为】对话框

3. 绘制图框

（1）复制左边框。

1）切换工具栏到“草绘”选项卡，再单击草绘的“平移”工具栏下面的“排列”右侧的“下拉”按钮，全部打开平移工具栏，如图 3 - 10 所示。

2）在【平移】工具栏中选择“平移并复制”命令，弹出【选取】对话框，如图 3 - 11

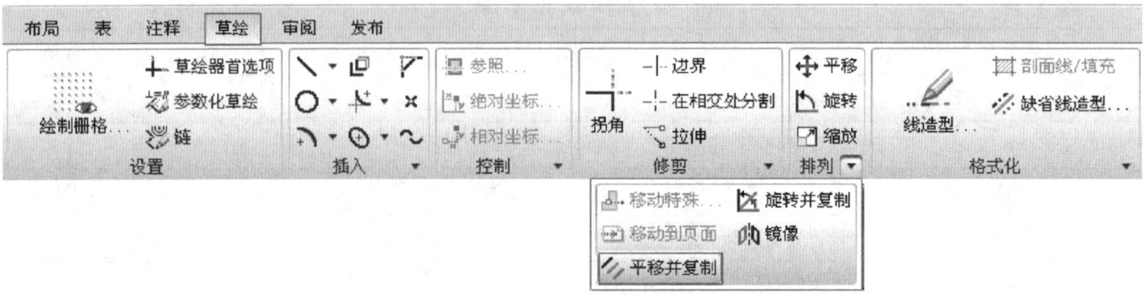

图 3-10 打开“平移”工具栏

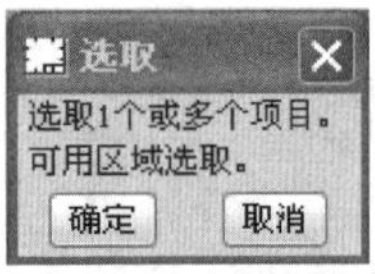

图 3-11 【选取】对话框

所示。再单击绘图区中图框的左边框，这时左边框红色加亮显示，如图 3-12 所示。单击图3-11【选取】对话框中的按钮 确定 ，弹出“得到向量”菜单管理器，如图 3-13 所示。选择“水平”命令，在接下来弹出的【输入值】对话框中输入数值“10”，如图 3-14 所示。单击输入框的“接受”按钮，系统再次弹出【输入复制数】对话框，输入数值“1”，如图 3-15 所示，再单击输入框的“接受”按钮，这时绘图区中的左边框向右复制出 1 条直线，如图 3-16 所示。

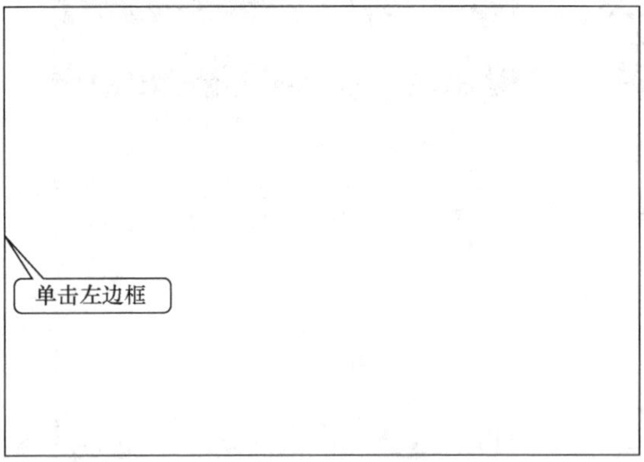

图 3-12 选择左边框

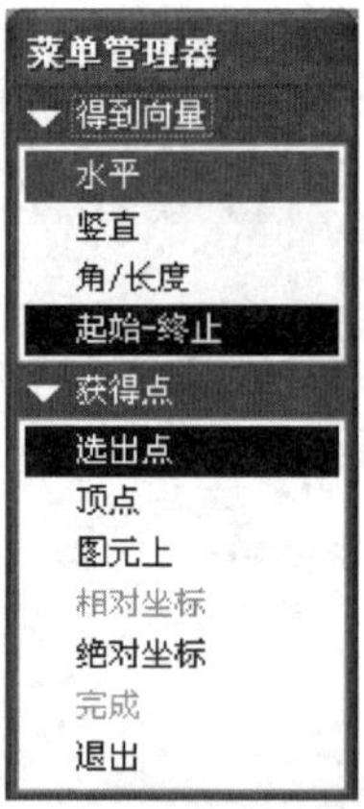

图 3-13 “得到向量”菜单

图 3-14 【输入值】对话框

图 3-15 【输入复制数】对话框

（2）复制右边框。

1）切换工具栏到“草绘”选项卡，再单击草绘的“平移”工具栏下面的“排列”右侧的“下拉”按钮，全部打开平移工具栏，如图 3-10 所示。

2）在平移工具栏中选择“平移并复制”命令，弹出【选取】对话框，如图 3-11 所示。再单击绘图区中图框的右边框，这时右边框红色加亮显示，如图 3-17 所示，单击图 3-11

【选取】对话框中的按钮 确定 ，弹出“得到向量”菜单管理器，如图 3 - 13 所示。选择“水平”，在接下来弹出的【输入值】对话框中输入数值—10，如图 3 - 18 所示。单击输入框的“接受”按钮，系统再次弹出【输入复制数】对话框，输入数值 1，如图 3 - 19 所示。再单击输入框的“接受”按钮，这时绘图区中的右边框向左复制出 1 条直线，如图 3 - 20 所示。

(3) 复制上边框。

1) 切换工具栏到“草绘”选项卡，再单击草绘的“平移”工具栏下面的“排列”右侧的“下拉”按钮，全部打开平移工具栏，如图 3 - 10 所示。

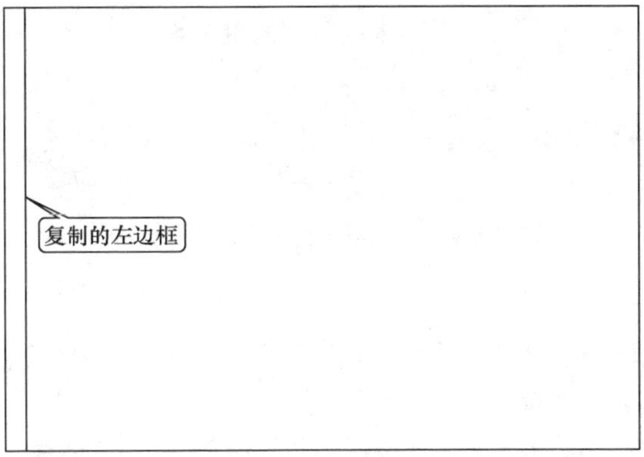

图 3 - 16　复制的左边框

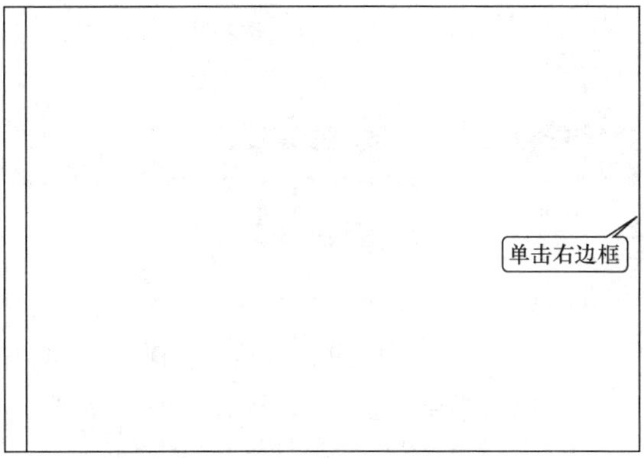

图 3 - 17　选择右边框

图 3 - 18　【输入值】对话框

图 3 - 19　【输入复制数】对话框

2) 在平移工具栏中选择“平移并复制”命令，弹出【选取】对话框，如图 3 - 11 所示。再单击绘图区中图框的上边框，这时上边框红色加亮显示，如图 3 - 21 所示。单击图 3 - 11【选取】对话框中的按钮 确定 ，弹出“得到向量”菜单管理器，如图 3 - 22 所示。选择“垂直”命令，在接下来弹出的【输入值】对话框中输入数值—10，如图 3 - 23 所示。单击输入框的“接受”按钮，系统再次弹出【输入复制数】对话框，输入数值 1，如图 3 - 24 所示。再单击输入框的“接受”按钮，这时绘图区中的上边框向下复制出 1 条直线，如图 3 - 25 所示。

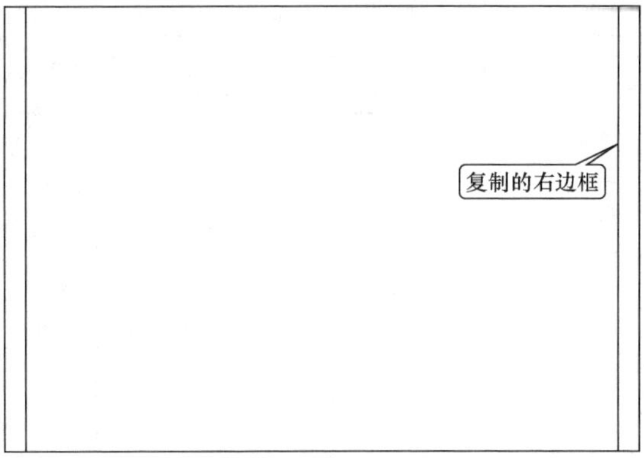

图 3 - 20　复制的右边框

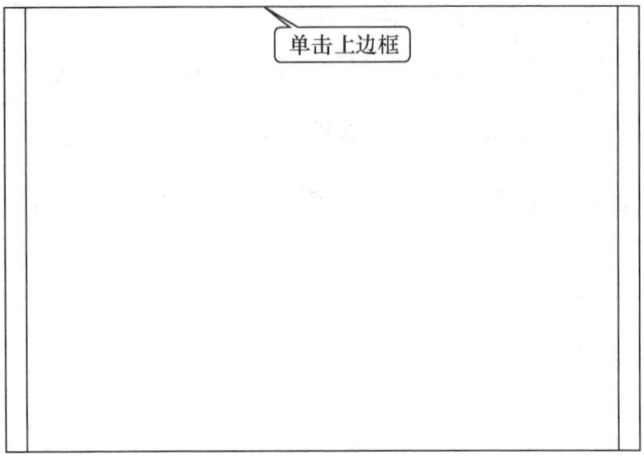

图 3-21　选择上边框

图 3-22　“得到向量”菜单

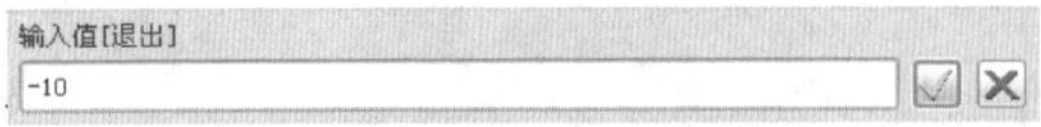

图 3-23　【输入值】对话框

图 3-24　【输入复制数】对话框

（4）复制下边框。

1）切换工具栏到“草绘”选项卡，再单击草绘的“平移”工具栏下面的“排列”右侧的“下拉”按钮，全部打开平移工具栏，如图 3-10 所示。

2）在平移工具栏中选择“平移并复制”命令，弹出【选取】对话框，如图 3-11 所示。再单击绘图区中图框的下边框，这时下边框红色加亮显示，如图 3-26 所示。单击图 3-11【选取】对话框中的按钮 确定 ，弹出“得到向量”菜单管理器，如图 3-22 所示。选择“垂直”命令，在接下来弹出的【输入值】对话框中输入数值 10，如图 3-27 所示。单击输入框的“接受”按钮，系统再次弹出【输入复制数】对话框，输入数值 1，如图 3-28 所示。再单击输入框的“接受”按钮，这时绘图区中的下边框向上复制出 1 条直线，如图3-29 所示。

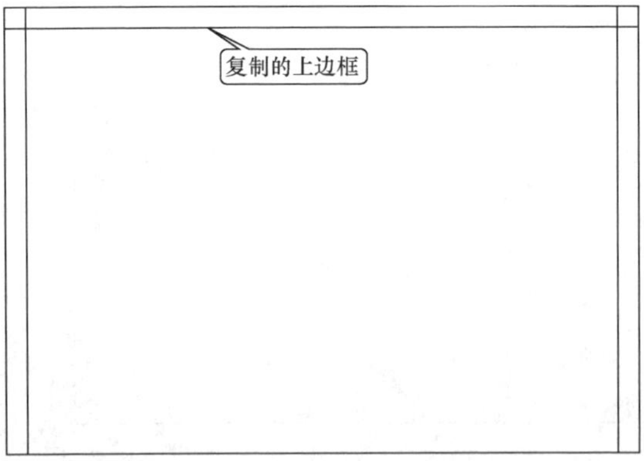

图 3-25　复制的上边框

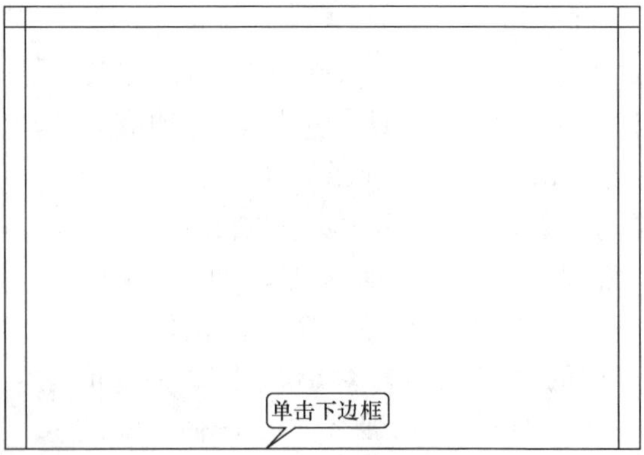

图 3-26　选择下边框

图 3-27　【输入值】对话框

图 3-28　【输入复制数】对话框

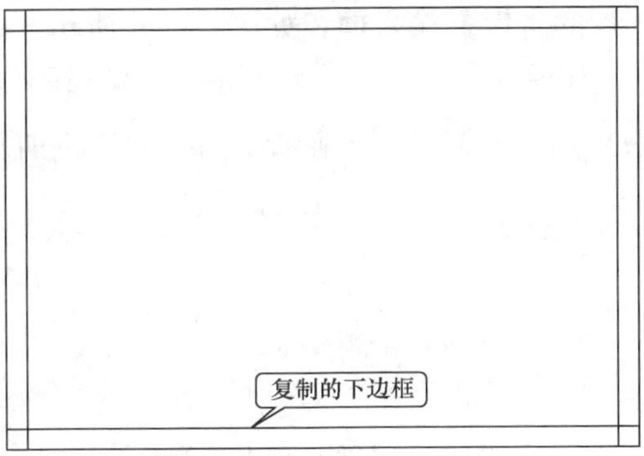

图 3-29　复制的下边框

(5) 修剪拐角。

1) 单击草绘工具栏中的“拐角”工具按钮，弹出【选取】对话框，提示“选取 2 个项目”，如图 3-30 所示。单击复制的左边框（在交点下方单击），同时按住 Ctrl 键，选择复制的上边框（在交点右方单击），如图 3-31 所示，完成左上角的拐角修剪如图 3-32 所示。

2) 同理，完成其他拐角的修剪。至此，完成 A4 图框的创建，如图 3-33 所示。

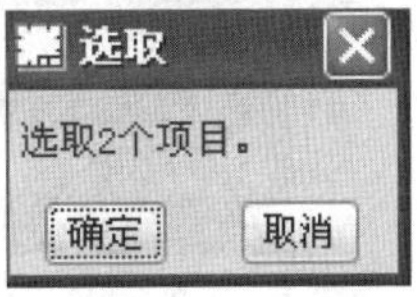

图 3-30　【选取】对话框

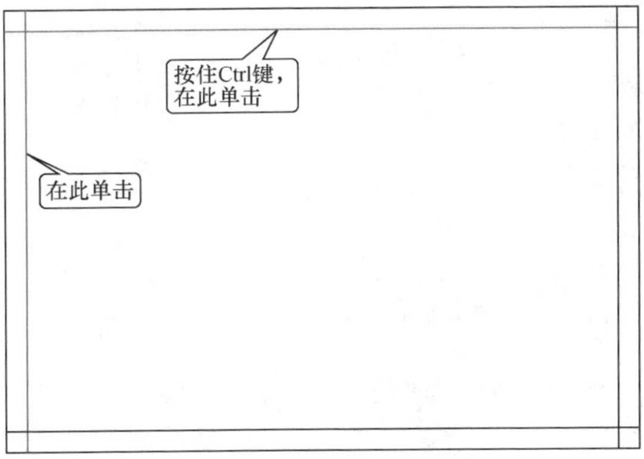

图 3-31　选择修剪图元

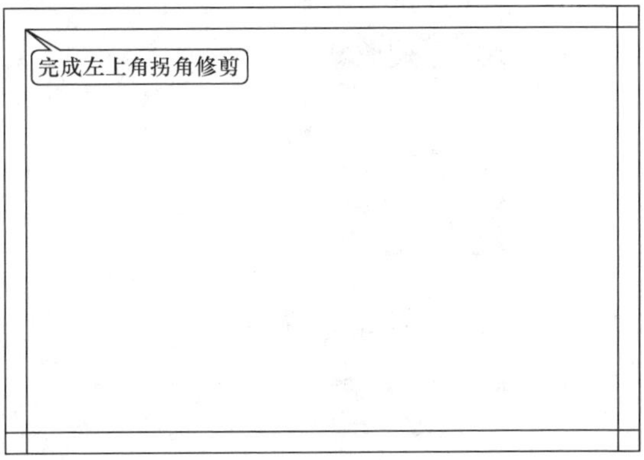

图 3-32　拐角修剪

4. 标题栏的创建

(1) 切换工具栏到“表”选项卡，如图 3-34 所示。单击“表”工具按钮，弹出“创建表”菜单管理器，选择“升序”→“左对齐”→“按长度”→“顶点”的方式创建表，如图 3-35 所示，弹出【选取】顶点对话框，如图 3-36 所示。

(2) 在图 3-37 所示位置单击，系统抓取图框的右下角点，接下来弹出【输入第一列的宽度】输入框，如图 3-38 所示。输入

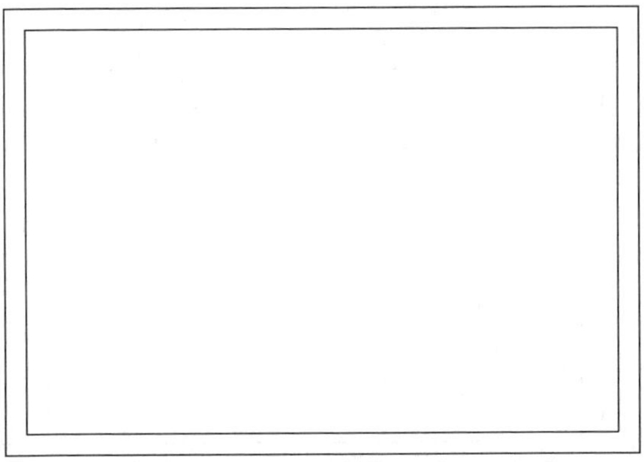

图 3-33　完成 A4 图框的创建

数值 15 后，又弹出【下一列的宽度】输入框，如图 3 - 39 所示。输入数值 15，然后在依次弹出的各输入框中输入 35、15、20、25、15，最后在弹出的输入框中直接单击“结束”按钮，这时，在图框的右下角出现列尺寸分割点，如图 3 - 40 所示。

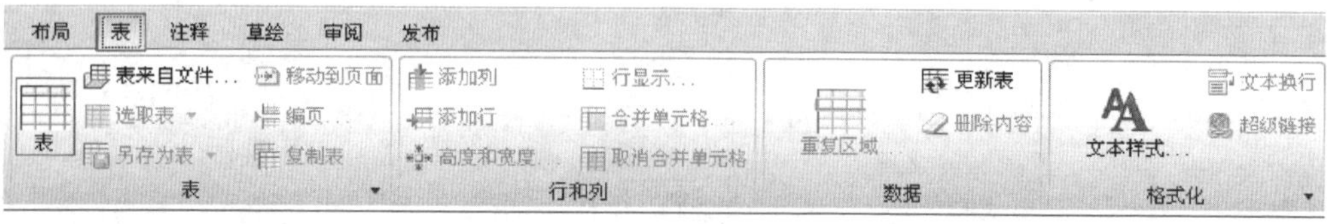

图 3 - 34　切换到表选项卡

图 3 - 35　“创建表”菜单

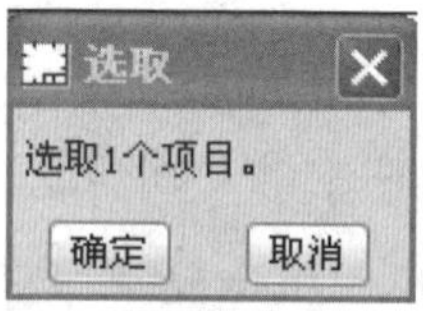

图 3 - 36　【选取】对话框

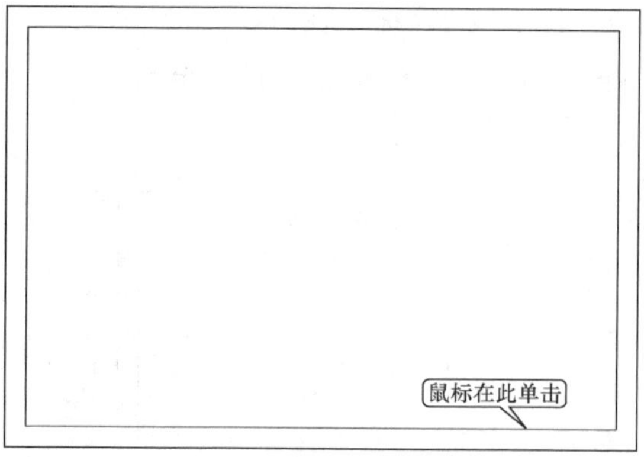

图 3 - 37　抓取图框的右下角点

图 3 - 38　【输入第一列的宽度】输入框

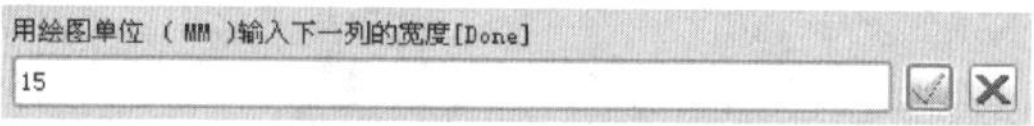

图 3 - 39　【下一列的宽度】输入框

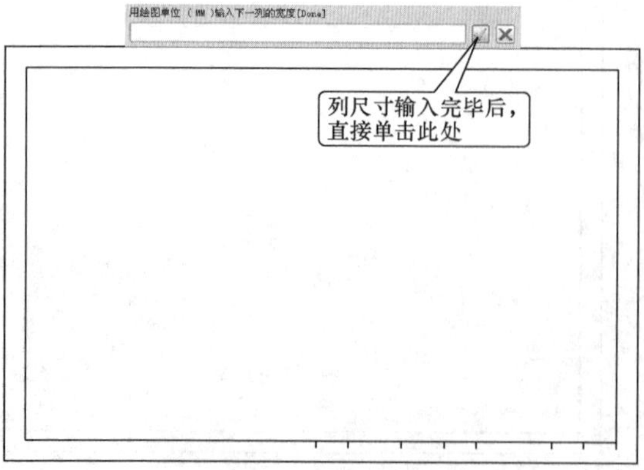

图 3 - 40　完成列尺寸的设定

（3）列宽输入完成后，接下来弹出【输入第一行的高度】的输入框，如图 3 - 41 所示。输入数值 8 后，又弹出【输入下一行的高度】输入框，如图 3 - 42 所示。再输入数值 8，然后在依次弹出的各输入框中输入 8、8，这时，在图框的右下角出现行尺寸分割点，如图 3 - 43 所示。最后在弹出的输入框中直接单击“结束”按钮，完成的图表设计，如图3 - 44所示。

图 3-41 【输入第一行的高度】输入框

图 3-42 【输入下一行的高度】输入框

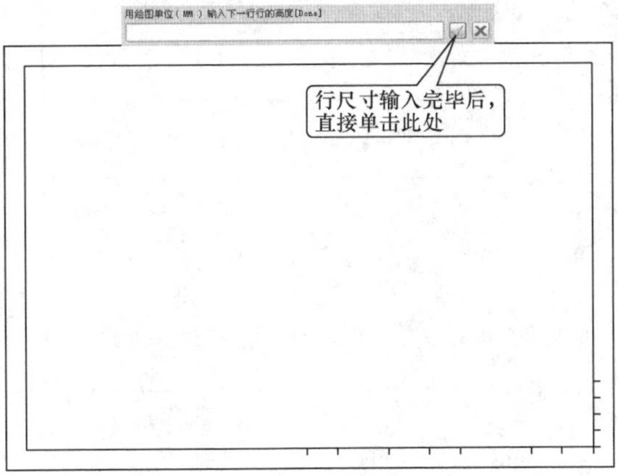

图 3-43　完成行高尺寸的设定

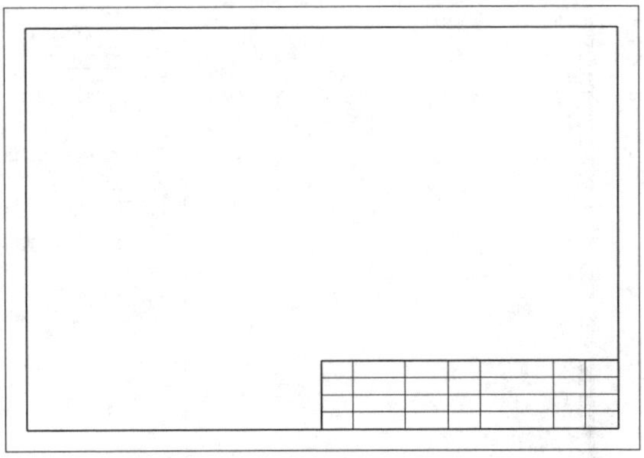

图 3-44　完成的图表

(4) 合并单元格。在绘图区中框选图 3-45 所示的单元格，其红色加亮显示，再单击第二列工具栏中的“合并单元格”按钮 合并单元格...，完成的单元格合并效果如图 3-46 所示。同理，框选图 3-47 所示的单元格，其红色加亮显示，再单击“合并单元格”按钮 合并单元格...，完成的单元格合并效果如图 3-48 所示。

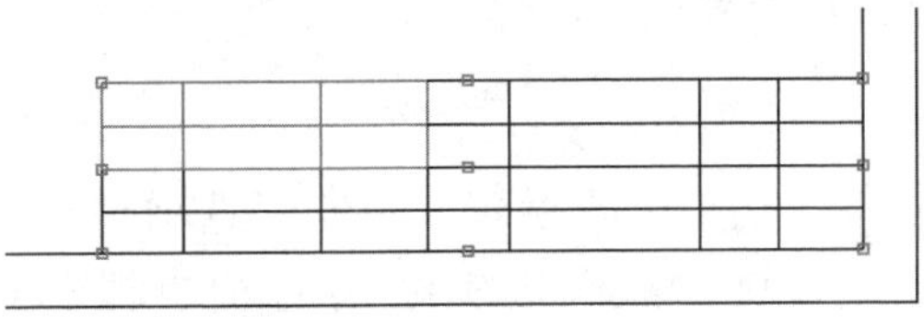

图 3-45　框选单元格

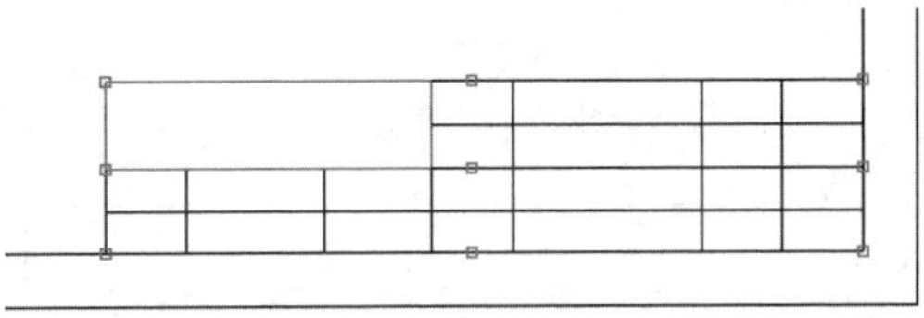

图 3-46　单元格合并

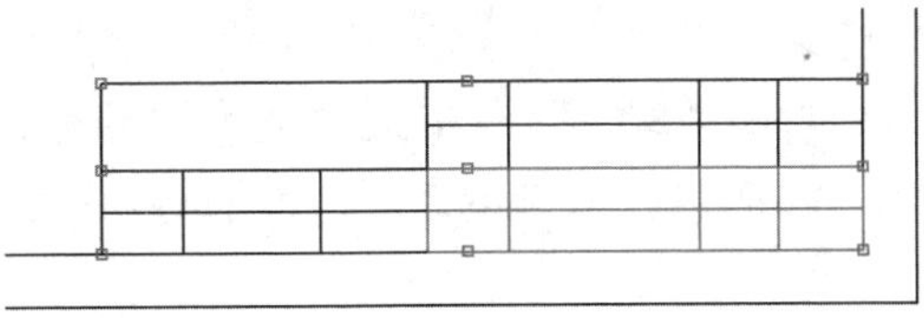

图 3-47　框选单元格

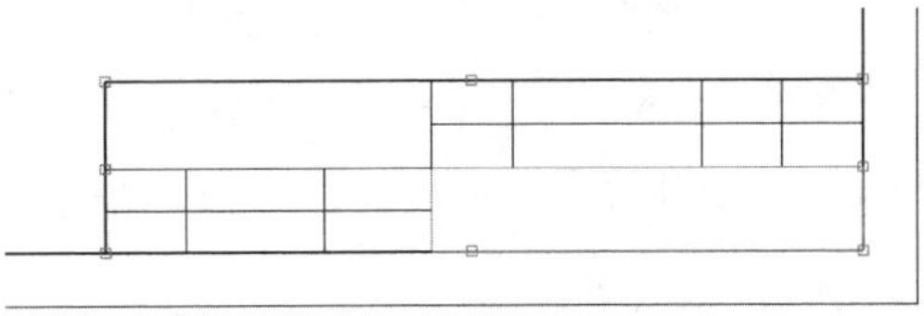

图 3-48　单元格合并

5. 在标题栏中输入文本

双击图 3-49 所示加亮单元格，在弹出的【注解属性】对话框中的“文本”选项卡中输入“制图”，如图 3-50 (a) 所示。再切换到“文本样式”选项卡，将“注解/尺寸”栏中的

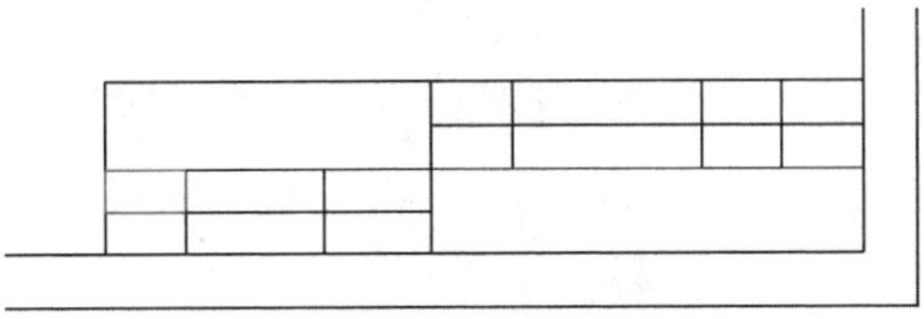

图 3-49　双击加亮单元格

“水平”更改为“中心”，“垂直”更改为“中间”，如图 3 - 50（b）所示。完成的文本输入如图 3 - 51 所示。至此完成标题栏的创建。

(a) (b)

图 3 - 50 【注解属性】对话框

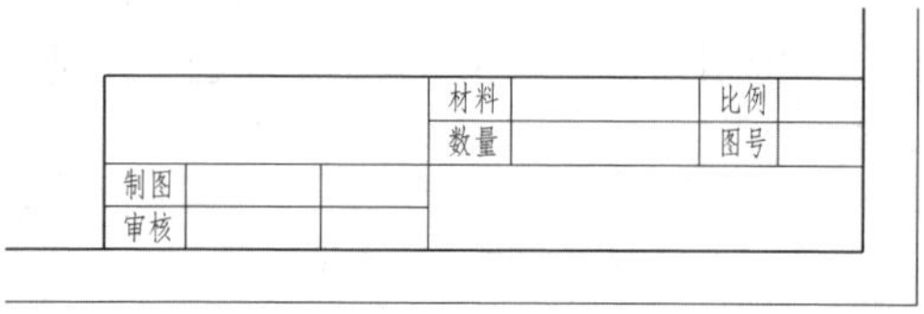

图 3 - 51 完成的文本输入

6. 修改线宽

切换工具栏到“草绘”选项卡，按住 Ctrl 键，依次选中绘制的左边框、上边框、右边框、下边框，这时选中边框红色加亮显示，再单击鼠标右键，在弹出的快捷菜单中选择“线造型”命令，如图 3 - 52 所示，接下来弹出“修改线造型”对话框，在对话框中“属性”栏中把“宽度”值修改为“0.70”，单击按钮 应用 ，这时线框加粗，如图 3 - 53 所示，最后单击对话框的按钮 关闭 ，完成图框线宽设置。

对于应用“表”工具绘制的标题栏，可以在“草绘”选项卡中将需加粗的线段用直线重新绘制，再参照图框线宽设置方式进行设置。

7. 完成 A4 图框及标题栏的创建

单击“保存”按钮，以备下次调用。至此，全部完成 A4 图框及标题栏的创建，如图 3 - 1 所示。同理，可完成 A0、A1、A2、A3 等图框及其他标题栏的创建。

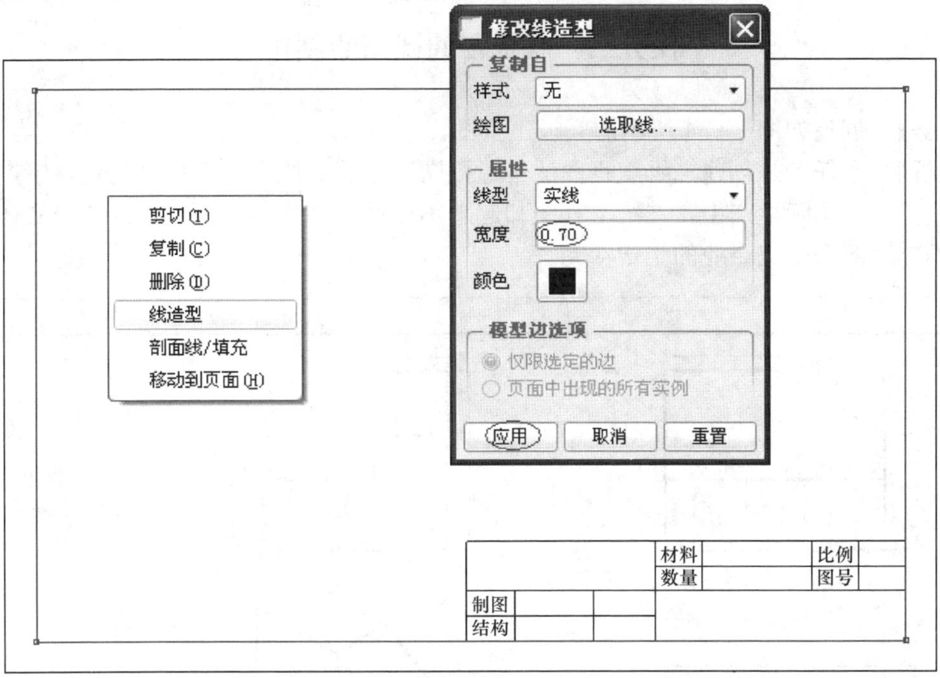

图 3-52　修改线框线型

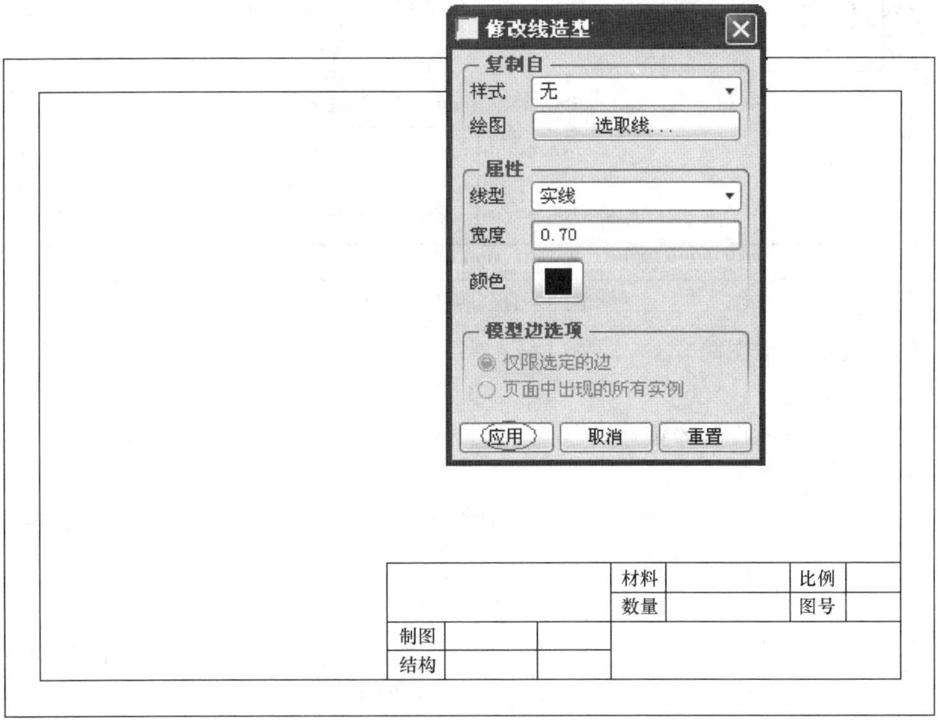

图 3-53　完成的图框线宽的定制

任务二　底板普通视图的制作

【任务】 创建如图 3 - 54 所示的底板工程图。

【分析】 本任务是创建二维工程图的普通视图，尽管三维实体造型已经包含了产品的所有信息，但是在实际生产中，二维工程图却起着不可替代的作用，所以使用三维实体模型转换成二维工程图来适应企业的生产活动。

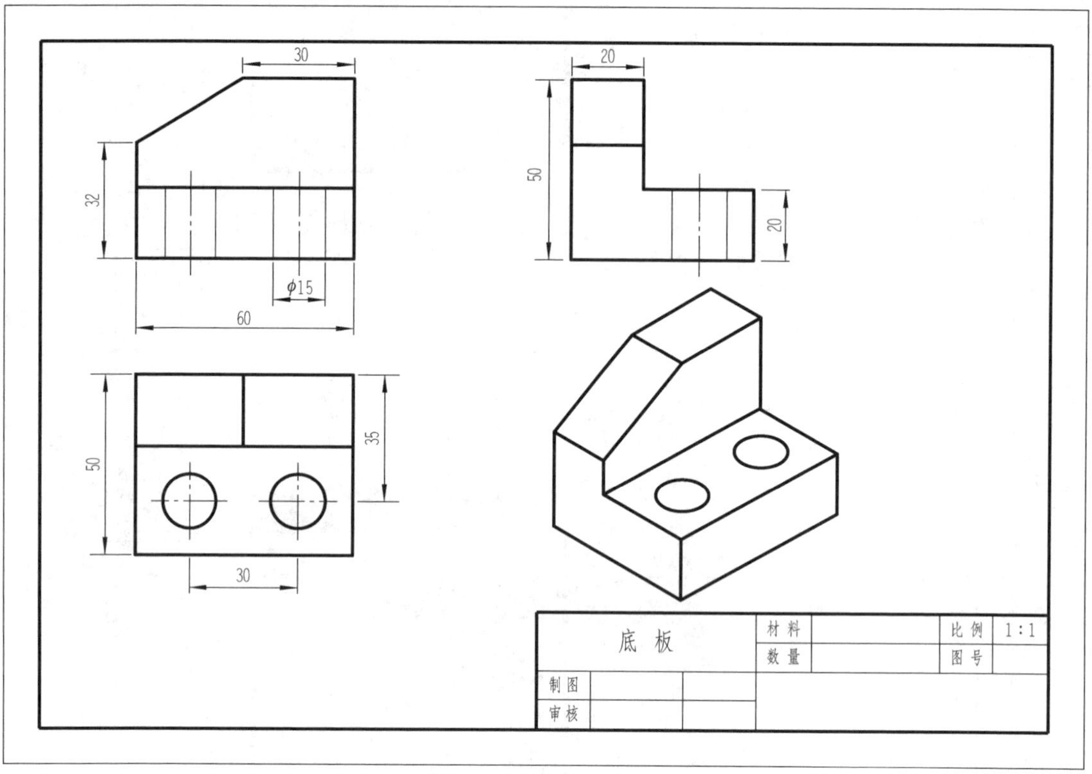

图 3 - 54　底板工程图

一、创建普通工程图简介

1. 创建一般视图

在创建工程图时，首先要创建的就是一般视图，它是所有其他视图的基础。创建一般视图的方法如下：

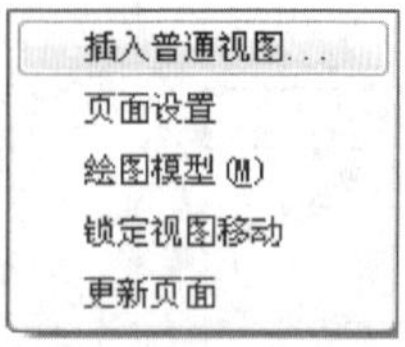

图 3 - 55　快捷菜单

（1）单击“布局”选项卡中的“一般”按钮，或单击鼠标右键弹出快捷菜单，如图 3 - 55 所示。在快捷菜单中选择“插入普通视图”命令。

（2）绘图提示区提示“选取绘制视图的中心点”，在绘图区的适当位置单击，出现零件的三维模型，并且弹出【绘图视图】对话框，如图 3 - 56 所示，在对话框中可以定义视图类型、比例、视图显示等项。

（3）在【绘图视图】对话框“视图方向”栏中，选取定向方法有三项：“查看来自模型的名称”是使用来自模型的已保存的视图定向；“几何参照”是通过选取几何参照定向视图；“角度”是通过选取旋转参照和旋转角度定向视图。

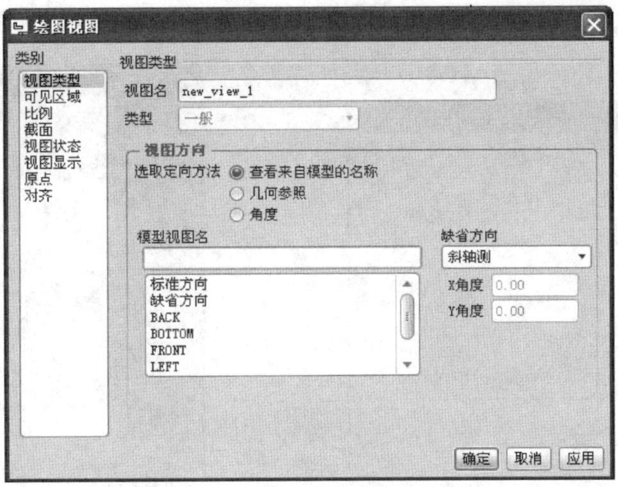

图 3-56 【绘图视图】对话框

2. 创建投影视图

投影视图是已有视图在水平或垂直方向的正交投影。创建投影视图时需要指定一个视图作为父视图，通常选一般视图作为父视图，即在创建投影视图前已经创建好了一个一般视图。投影视图的创建方法如下：

(1) 单击“投影”工具按钮 投影...，或者先选中父视图，再单击鼠标右键，弹出快捷菜单，如图 3-57 所示。在菜单中选择“插入投影视图”命令。

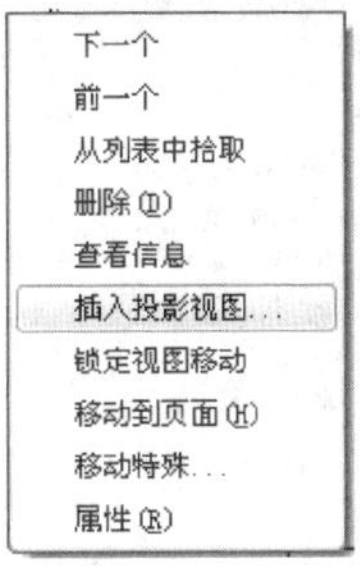

图 3-57 快捷菜单

(2) 选取投影视图的父视图后，会出现黄色的线框，将黄色线框拖到合适位置，单击鼠标左键即可完成投影视图的创建。双击投影视图，或选取投影视图后，单击鼠标右键在弹出的快捷菜单中选择“属性”，则打开【绘图视图】对话框，可以修改投影视图的属性。

(3) 若删除了投影视图的父视图，则所有与该父视图相关的投影图都会被删除。

二、底板普通视图的创建

1. 新建一个名为“diban. drw”的绘图文件

设置工作目录为“D：/EXProE5/EX03/02”。选择主菜单“文件”→“新建”，或单击“新建”按钮，打开【新建】对话框，类型选取“绘图”，输入名称“diban”，取消“使用缺省模板”复选框，如图 3-58 所示。单击按钮 确定 ，又弹出【新建绘图】对话框，如图 3-59 所示。单击“缺省模型”右侧的按钮 浏览... ，弹出【打开】对话框，如图 3-60 所示。选择“D：/EXProE5/EX03/02”中的“diban. prt”，单击【打开】对话框中的按钮 打开 ，这时【新建绘图】对话框中的“缺省模型”栏中显示“diban. prt”，再选择【新建绘图】对话框“指定模板”为“格式为空”，这时【新建绘图】对话框如图 3-61 所示。单击“格式”右侧的按钮 浏览... ，在弹出的【打开】对话框中选择“D：/EXProE5/EX03/01”中的 A4 _ format. frm，如图 3-62 所示。然后单击对话框中的按钮 打开 ，这时【新建绘图】对话框如图 3-63 所示。再单击对话框中的按钮 确定 ，进入 Pro/ENGINEER 的绘图界面，在绘图界面中首先加载 1 个 A4 图框及标题栏，如图 3 - 64 所示。

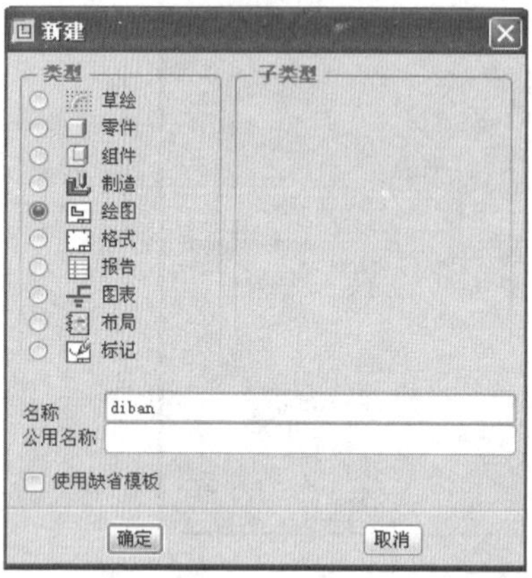

图 3 - 58 【新建】绘图文件对话框

图 3 - 59 【新建绘图】对话框

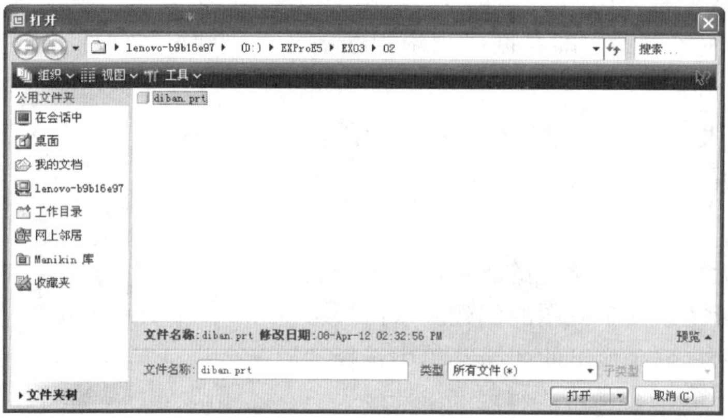

图 3 - 60 【打开】对话框中打开“diban. prt”

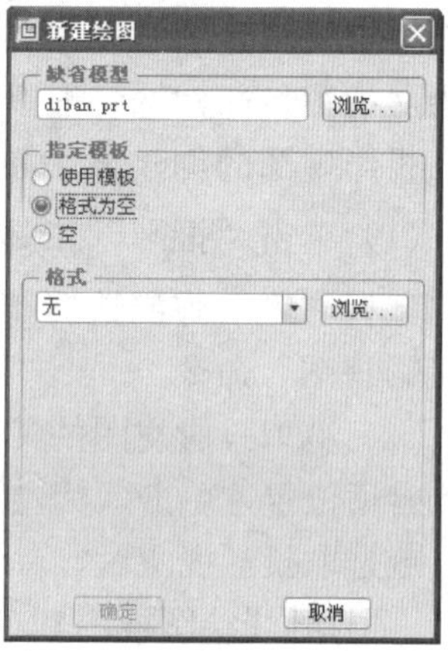

图 3 - 61 【新建绘图】对话框

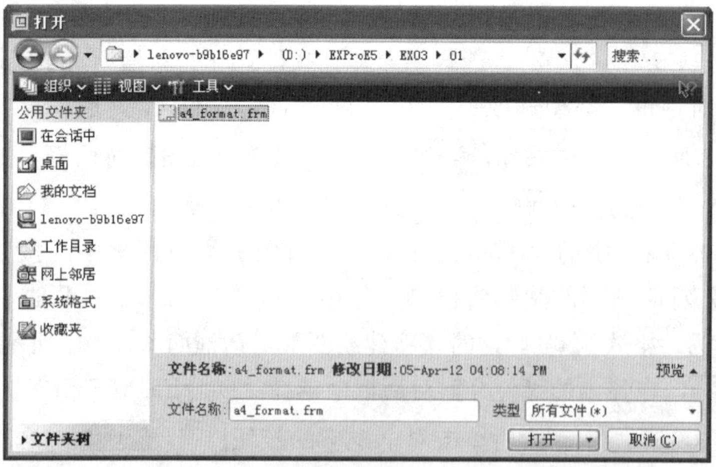

图 3 - 62 【打开】对话框中打开“A4 _ format. frm”模板

图 3 - 63 【新建绘图】对话框

2. 修改系统绘图参数的配置文件

选择主菜单“文件”→“绘图选项”，弹出“选项”对话框，依次修改“活动绘图”下面的各项参数，见表 3-3。

表 3-3　需 要 修 改 的 参 数

参数名	说明	默认值	修改值
drawing _ text _ height	文字高度	0.15625	3.5
broken _ view _ offset	断裂视图两部分间的偏移距离	1	5
def _ view _ text _ height	视图注释文字高度	0	5
default _ view _ label _ placement	设置视图标签的缺省位置和对齐方式	bottom _ left	top _ center
half _ view _ line	半剖视图的线型	solid	symmetry _ iso
projection _ type	投影视角	third _ angle	first _ angle
view _ scale _ denominator	视图比例可以以比例形式显示	0	1
view _ note	创建一个与视图相关的注解，且省略“section”“detail”和“see detail”等词	std _ ansi	std _ din
view _ scale _ format	以比例形式显示视图比例	deciamal	ratio _ colon
crossec _ arrow _ length	截面箭头的长度	0.187500	5
crossec _ arrow _ style	确定剖面箭头的一端，头部或尾部接触到剖面线。Proe5.0 版本按公制单位安装时其值为“head _ online”	tail _ online	tail _ online
crossec _ arrow _ width	截面箭头的宽度	0.062500	3.5
cutting _ line	控制切割线的显示	std _ ansi	std _ gb
datum _ point _ size	基准点的大小	0.312500	8
hidden _ tangent _ edges	隐藏的相切边	default	erased
thread _ standard	带有轴的螺纹孔显示	std _ ansi	std _ iso
allow _ 3d _ dimensions	在 3D 视图中显示尺寸标注	no	yes
angdim _ text _ orientation	角度尺寸文本放置方式	horizontal	parallel _ above
clip _ dim _ arrow _ style	尺寸见图型式	arrowhead	double _ arrow
diam _ leader _ length	尺寸引线长度	0.5	5
text _ orientation	尺寸文本放置方式	horizontal	parallel _ diam _ horiz
witness _ line _ delta	尺寸线在尺寸箭头外的延伸量	0.125	2
witness _ line _ offset	尺寸界线与标准对象键的偏移量	0.0625	0.5
draw _ arrow _ length	尺寸箭头的长度	0.1875	3.5
draw _ arrow _ style	尺寸箭头的型式	closed	filled
draw _ arrow _ width	尺寸箭头的宽度	0.0625	1
lLeader _ elbow _ length	引线弯曲的长度	0.25	6
axis _ line _ offset	中心轴超出轮廓线的长度	0.1	3
circle _ axis _ offset	圆中心轴超出圆轮廓的长度	0.1	3

续表

参数名	说明	默认值	修改值
radial _ pattern _ axis _ circle	阵列特征的定位中心圆旋转轴的显示模式	yes	no
gtol _ datums	几何公差参照基准的放置标准	std _ jis	std _ ansi
2d _ region _ columns _ fit _ text	表格栏中文本长时的适应方式	yes	no
model _ grid _ balloon _ size	模型网格显示的球标半径	4	0.2
tol _ display	控制尺寸公差显示	no	yes
drawing _ units	绘图单位	inch	mm
max _ balloon _ radius	球标的最大允许半径	0	3
min _ balloon _ radius	球标的最小允许半径	0	2

修改完成后，单击图 3-8 所示【选项】对话框上部的保存按钮，系统弹出如图 3-9 所示的【另存为】对话框，保存路径为“D：/EXProE5/EX03/02”，输入文件名“China-std-2.dtl”，然后单击 Ok 按钮，再依次单击【选项】对话框中的按钮 确定 和 关闭 。

3. 创建底板主视图

（1）单击“基准显示”按钮，取消基准显示。单击工具栏“布局”选项卡中的“一般”按钮（见图 3-64），系统信息提示区显示“选取绘制视图的中心点”，在图纸左上部的合适位置单击，则在绘图区出现零件的三维视图，并弹出【绘图视图】对话框，如图 3-65 所示。

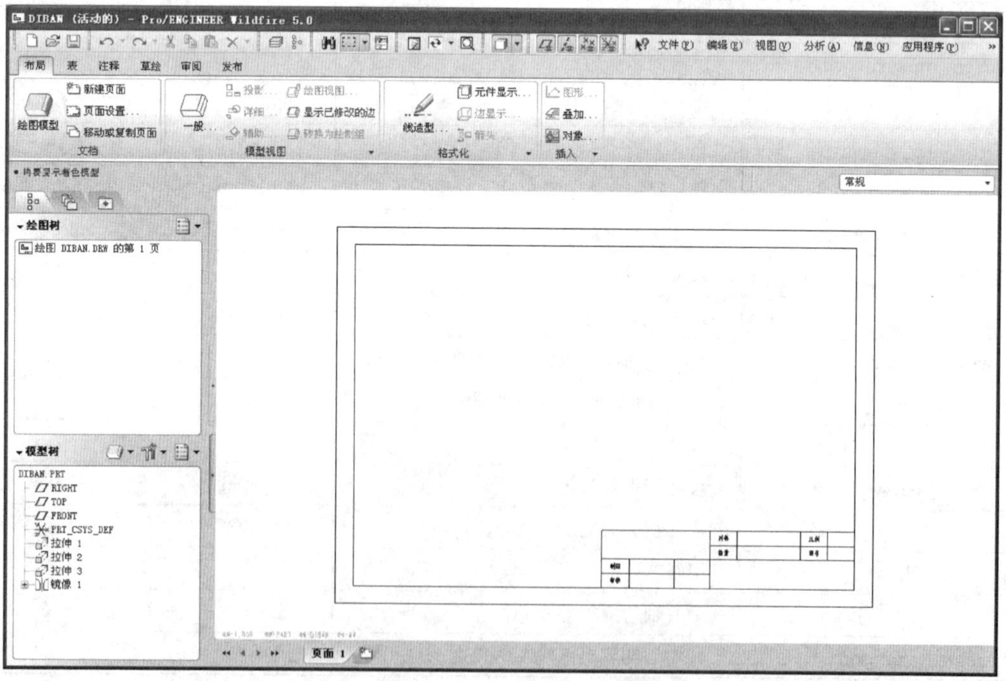

图 3-64 Pro/ENGINEER 的绘图界面

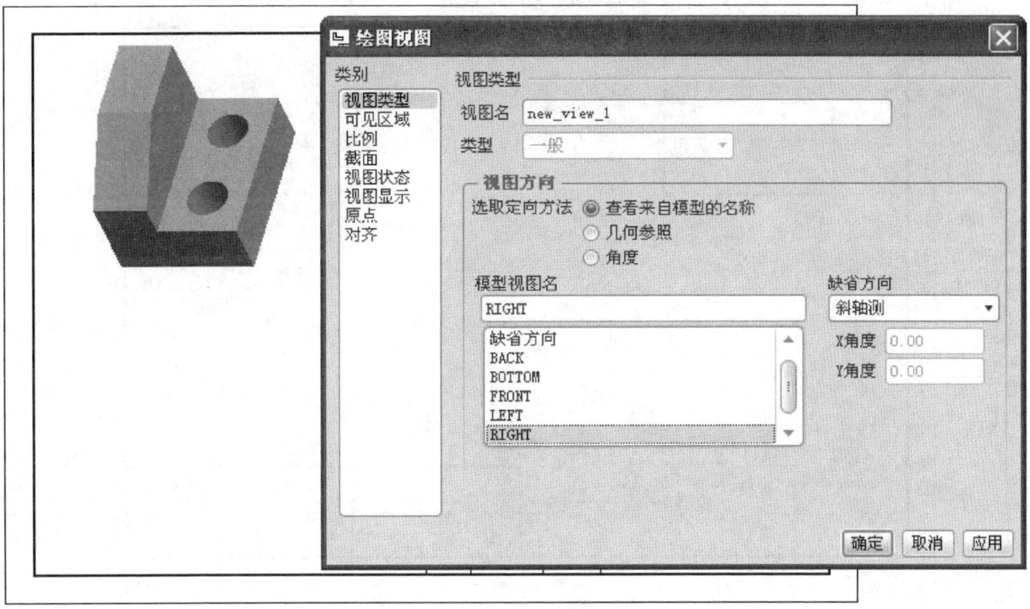

图 3-65　【绘图视图】对话框

(2) 在“模型视图名”栏中选择“RIGHT”，再单击对话框下面的按钮 应用 。

(3) 单击对话框左侧“类别”中的“比例”选项，弹出“比例”属性页，如图 3-66 所示，使用“页面的缺省比例（1.000）”，在此页也可以“定制比例”。

(4) 单击对话框左侧“类别”中的“视图显示”选项，弹出“视图显示”属性页，如图 3-67 所示，将“显示样式”设置为“隐藏线”。

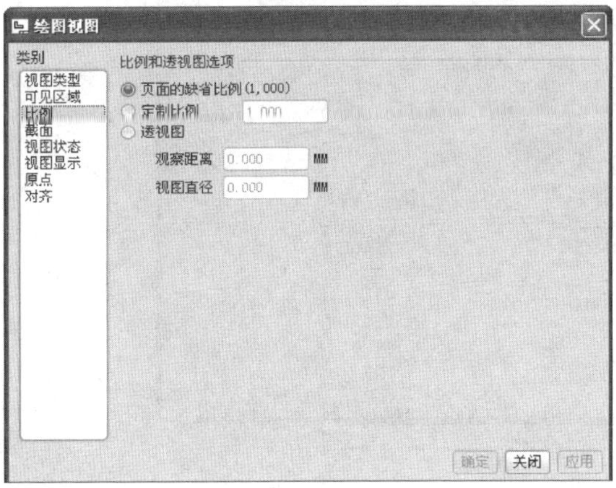

图 3-66　“比例”属性页

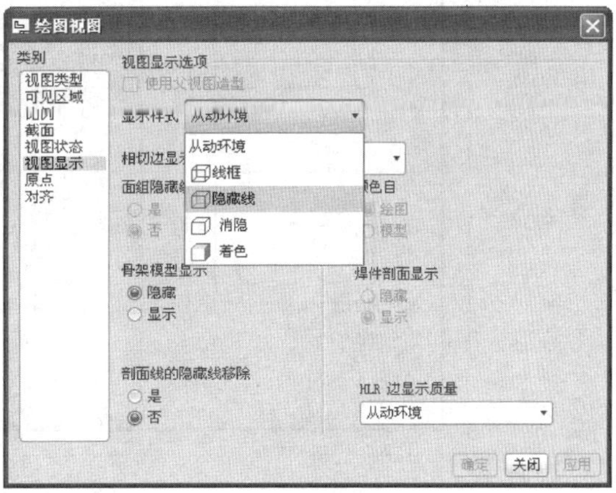

图 3-67　“视图显示”属性页

(5) 单击对话框中的按钮 确定 ，完成主视图的绘制，如图 3-68 所示。

4. 创建底板俯视图

单击工具栏中的投影按钮 投影...，拖动鼠标，在图纸左下部合适的位置单击，创建俯视图。俯视图“着色”显示，双击俯视图，弹出【绘图视图】对话框，单击对话框左侧

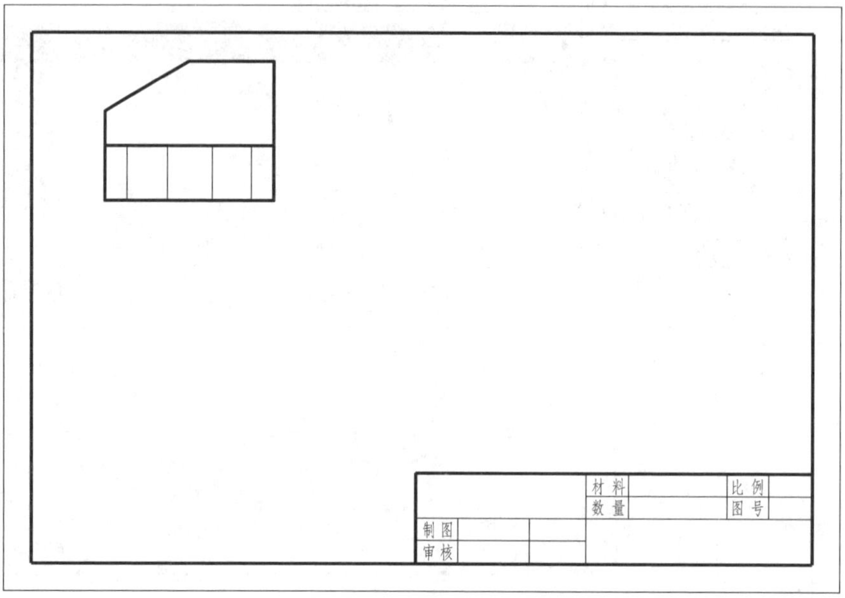

图 3-68　创建的主视图

“类别”中的“视图显示”选项，弹出“视图显示”属性页，将“显示样式”设置为“隐藏线”，再单击对话框下面的按钮 应用 ，完成的俯视图如图 3-69 所示。最后，单击对话框中的按钮 关闭 。

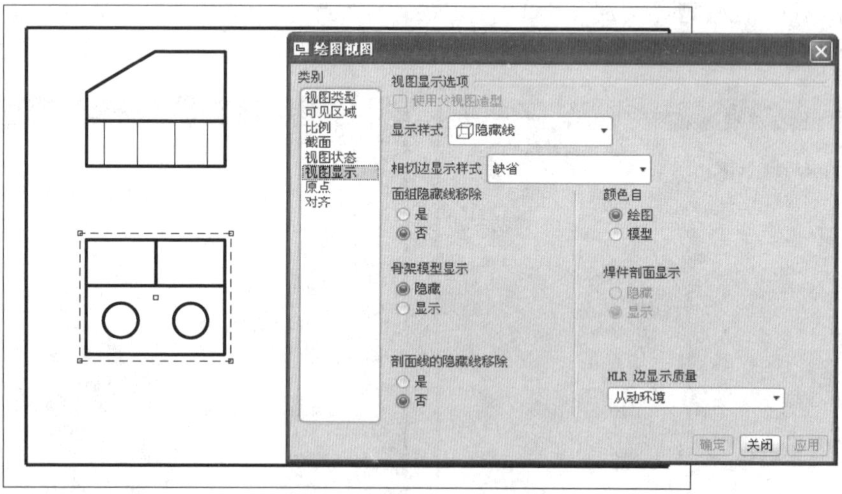

图 3-69　创建的俯视图

5. 创建底板左视图

单击工具栏中的“投影”按钮 投影(P)...，这时，主视图和俯视图同时加亮显示，单击选择主视图，以创建主视图的投影视图，拖动鼠标，在图纸右边合适的位置单击，创建左视图，并将“显示样式”设置为“隐藏线”，再单击对话框下面的按钮 应用 ，完成的左视图如图 3-70 所示。最后，单击对话框中的按钮 关闭 。

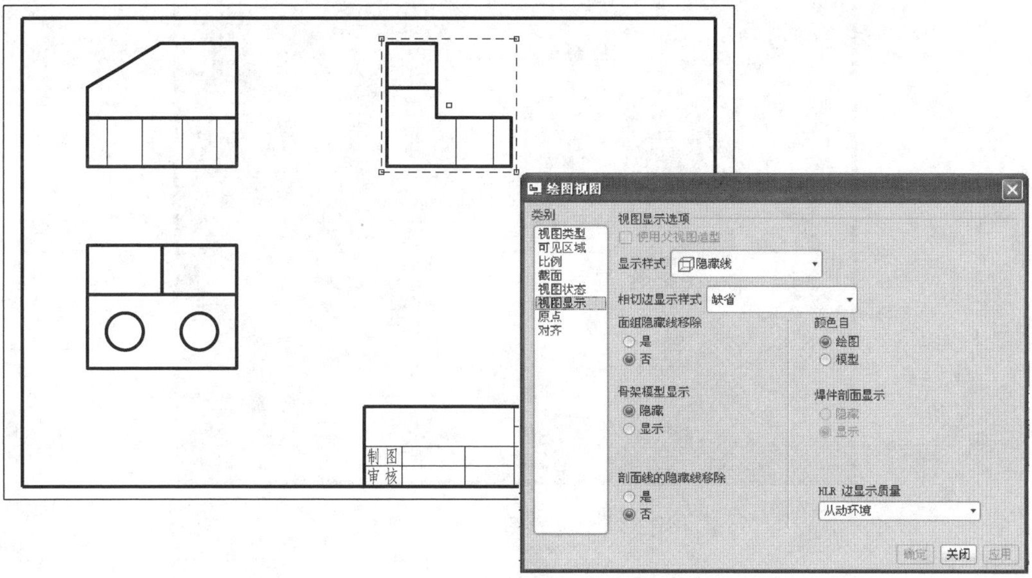

图 3-70　创建的左视图

6. 调整视图位置

在绘图区单击鼠标右键，弹出快捷菜单，如图 3-71 所示，选择“锁定视图移动”命令，将其设置为解锁状态（前面打钩为默认锁定状态，不允许视图移动）。这时通过移动各视图调整视图在图纸中的相对位置。

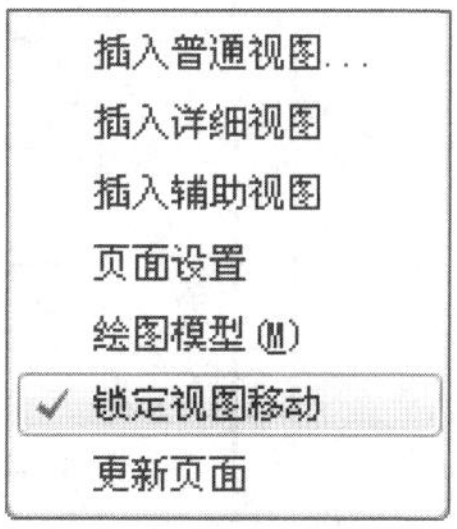

图 3-71　快捷菜单

7. 创建三维轴测图

(1) 单击“布局”选项卡中的“一般”按钮，系统信息提示区显示“选取绘制视图的中心点”，在图纸右下部的合适位置单击，则在绘图区出现零件的三维视图，并弹出【绘图视图】对话框，在“缺省方向”栏中选择“等轴测”，如图 3-72 所示，单击按钮 应用 。

(2) 单击对话框左侧“类别”中的“视图显示”选项，弹出“视图显示”属性页，将“显示样式”设置为“消隐”。

(3) 单击对话框中的按钮 确定 ，完成三维轴测图的绘制，如图 3-73 所示。

8. 自动添加尺寸及中心轴

(1) 自动添加尺寸。将工具栏切换到“注释”选项卡，如图 3-74 所示，在绘图区选中主视图，单击“注释”选项卡中的“显示模型注释”按钮，打开【显示模型注释】对话框，默认为“尺寸”选项卡 ，如图 3-75 所示，主视图同时显示 5 个尺寸值，这时选中 60、32 和 ϕ15 尺寸，在主视图中显示，即在对话框中单击相应尺寸前的复选框。

(2) 自动添加中心轴。尺寸添加完毕，将【显示模型注释】对话框切换到“创建轴”选项卡 ，如图 3-76 所示，这时主视图中两个孔的轴线 A_1 和 A_2 显示出来，再单击选中对话框中两条轴线前的复选框。

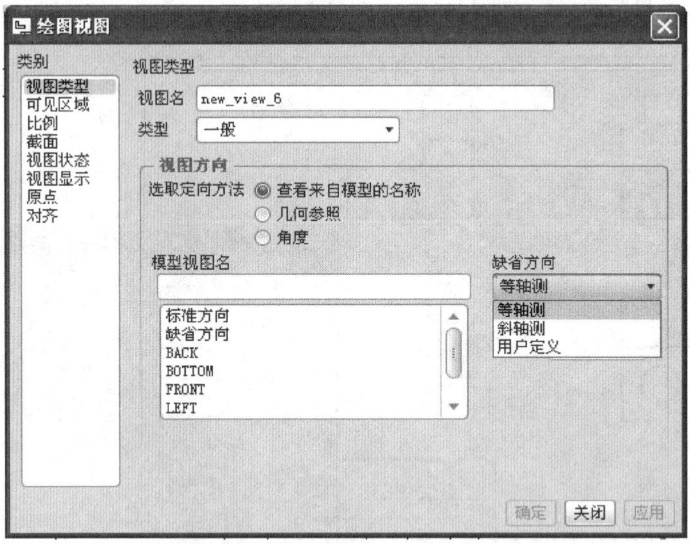

图 3-72 【绘图视图】对话框

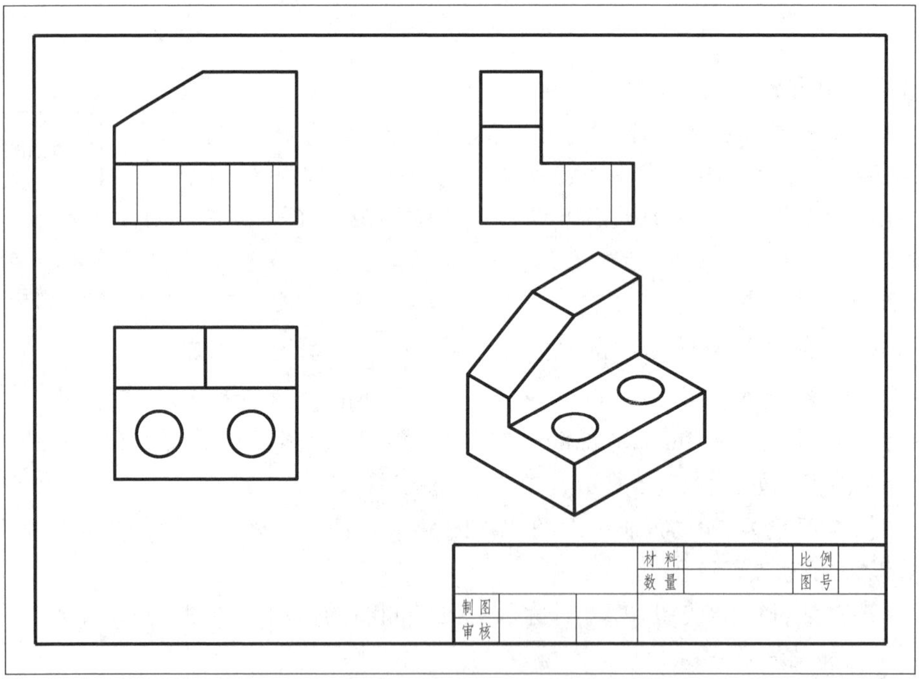

图 3-73 创建的轴测图

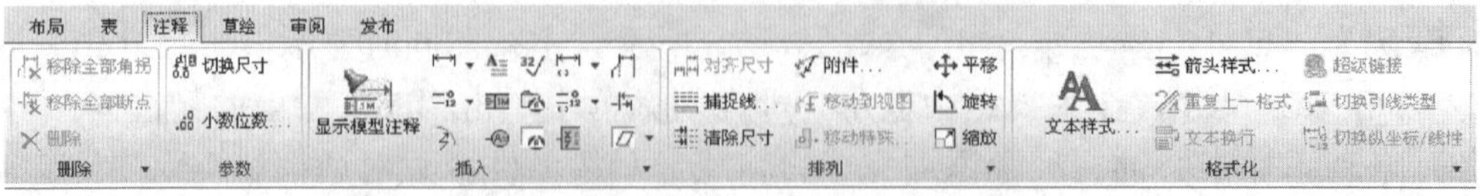

图 3-74 “注释”选项卡

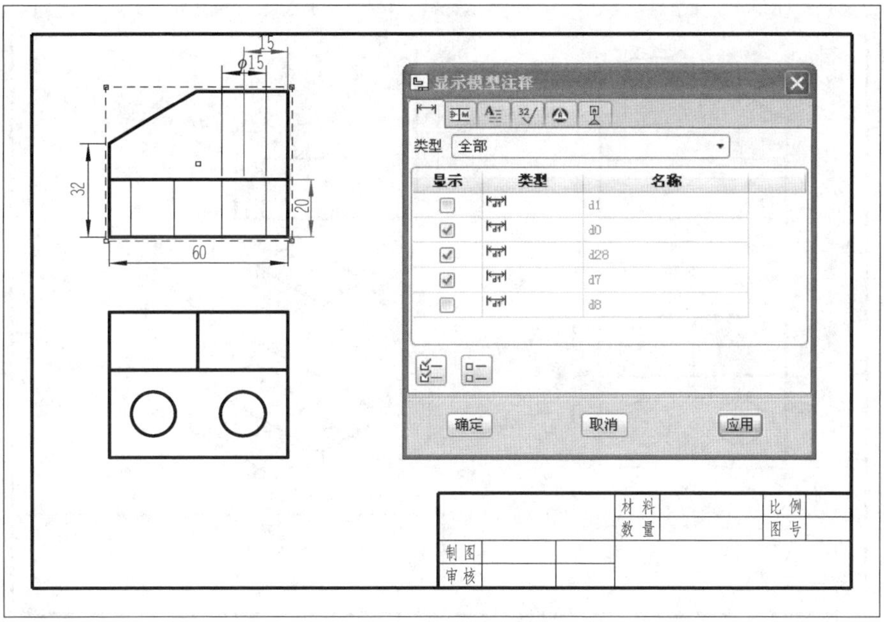

图 3-75　添加主视图尺寸

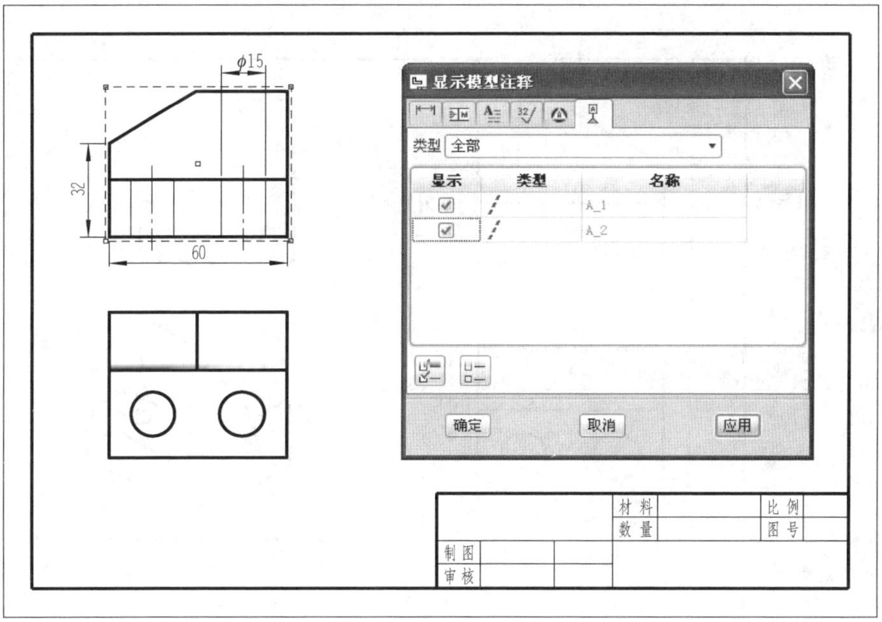

图 3-76　创建主视图中的轴线

（3）单击对话框中的按钮 **确定** ，完成主视图中尺寸和轴线的自动添加。

（4）同理，在俯视图和左视图中添加尺寸和轴线，结果如图 3-77 所示。

9. 标注其余尺寸

（1）标注直线尺寸。单击工具栏中的“新参照尺寸标注”按钮 ⊢⊣，弹出“依附类型”菜单管理器，如图 3-78 所示。接受默认“在图元上”命令，单击图 3-79 所示直线，选中后直线红色加亮显示，这时鼠标呈铅笔形状，在适当位置单击鼠标中键，完成尺寸 30 的标注。

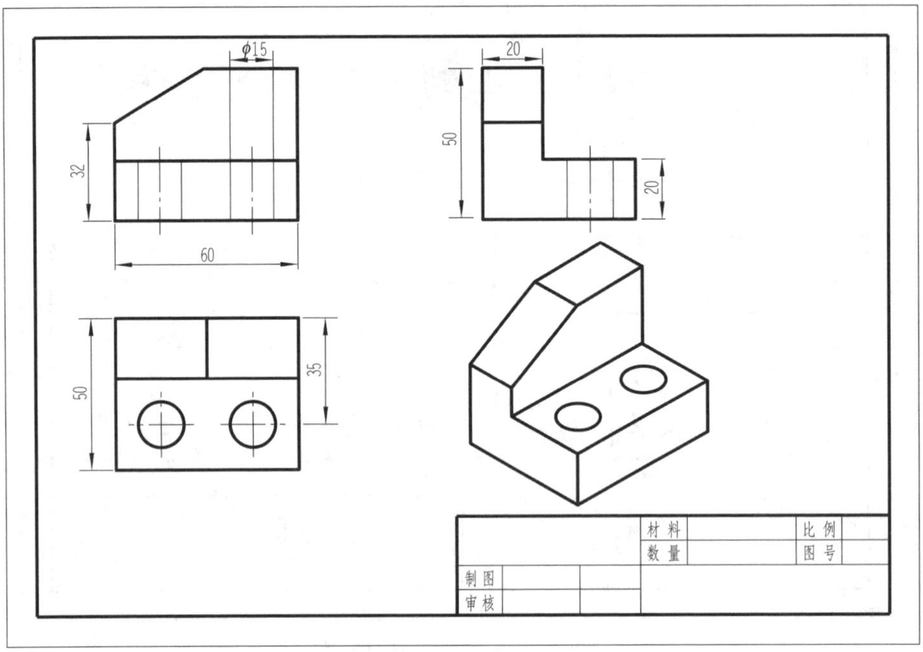

图 3 - 77 自动添加俯视图和左视图的尺寸及轴线

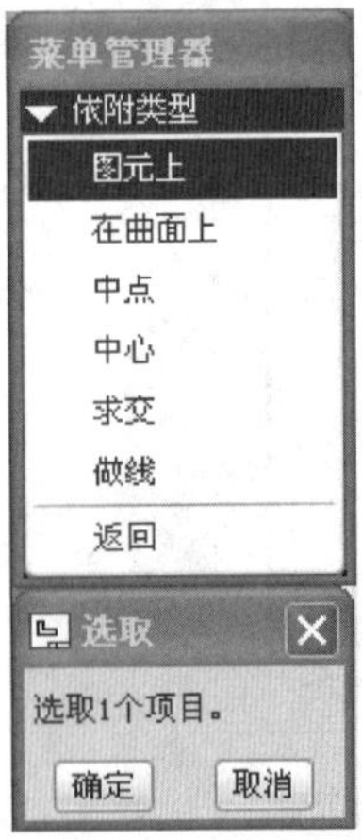

图 3 - 78 “依附类型”菜单

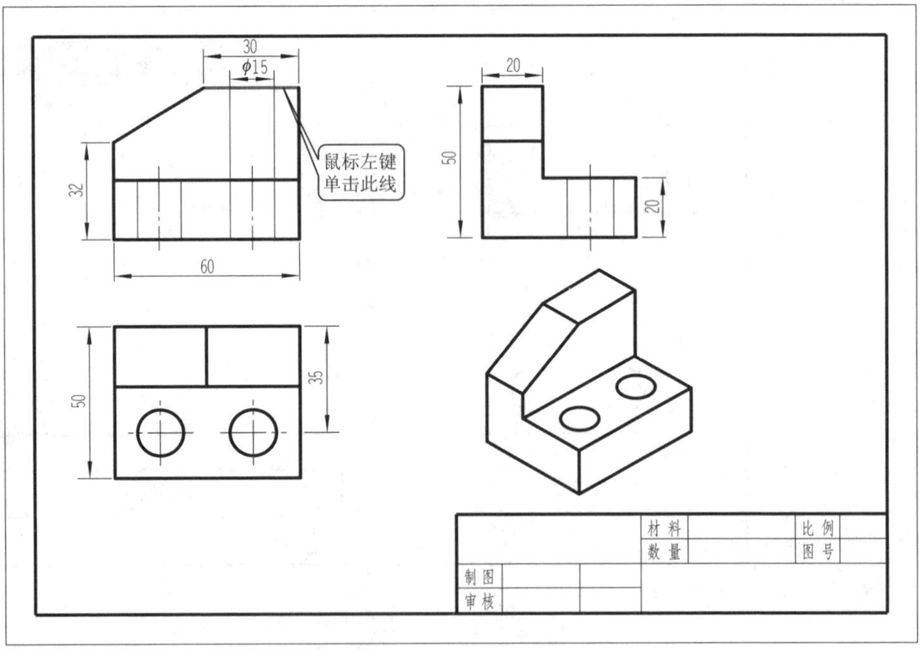

图 3 - 79 直线标注

（2）标注中心距尺寸。在“依附类型”菜单中选择“中心”，如图 3 - 80 所示，再在绘图区中依次选中俯视图中左、右两个圆弧，这时两个圆弧红色加亮显示，如图 3 - 81 所示。再在适当的位置单击鼠标中键，弹出下级“尺寸方向”菜单，如图 3 - 82 所示，在菜单中选择“水平”命令，即可完成两小圆中心距尺寸的标注。

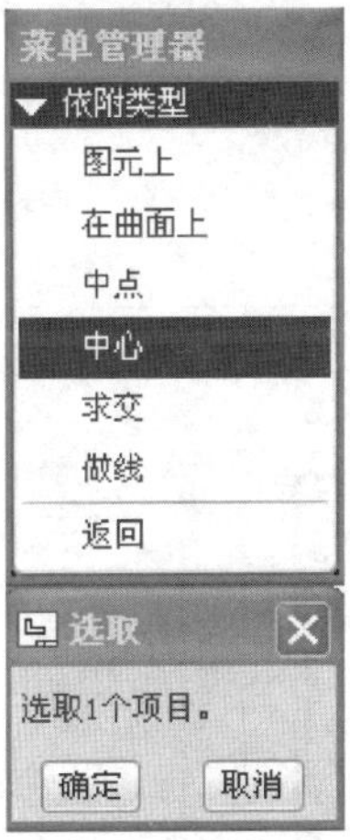

图 3-80 “依附类型”菜单

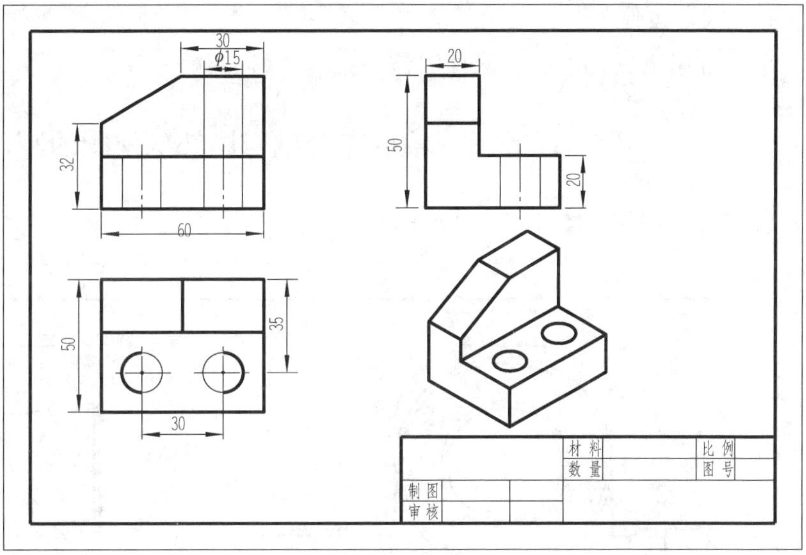

图 3-81 标注圆心距

(3) 标注完成后，单击“依附类型”菜单中的“返回”命令(见图 3-80)。

(4) 合理安排尺寸位置。在绘图区中选中需调整的尺寸，这时尺寸红色加亮显示，光标十字显示，将选中尺寸拖动到合适位置，完成的尺寸调整如图 3-83 所示。

10. 填写标题栏

双击要填写的单元格，在其中输入文本，并修改文本的高度与位置，最后完成的底板工程图如图 3-84 所示。

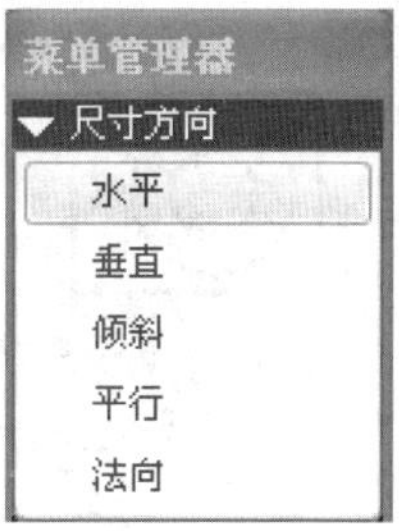

图 3-82 尺寸方向菜单

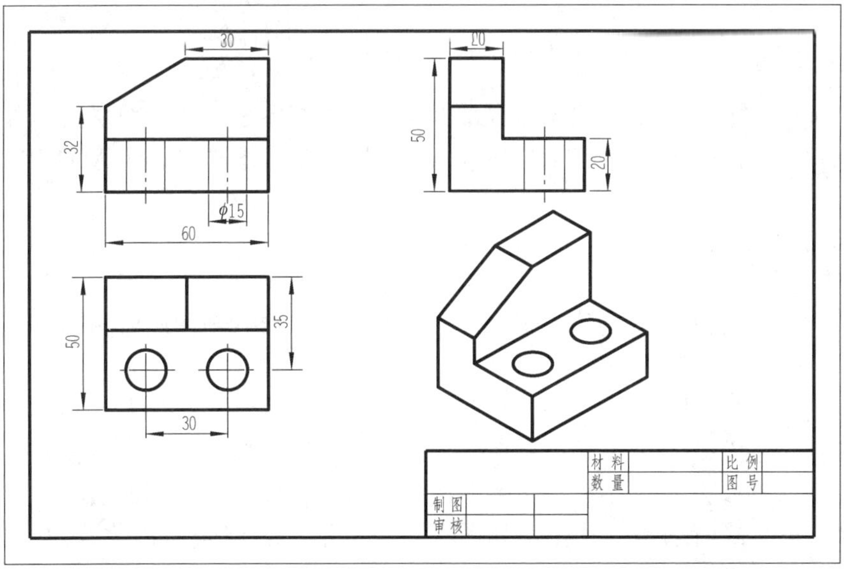

图 3-83 调整尺寸位置

11. 保存文件

单击常用工具栏中的“保存”按钮，保存当前文件。

任务三　轴承座全剖与局部剖视图的制作

【任务】 创建如图 3 - 84 所示的轴承座工程图。

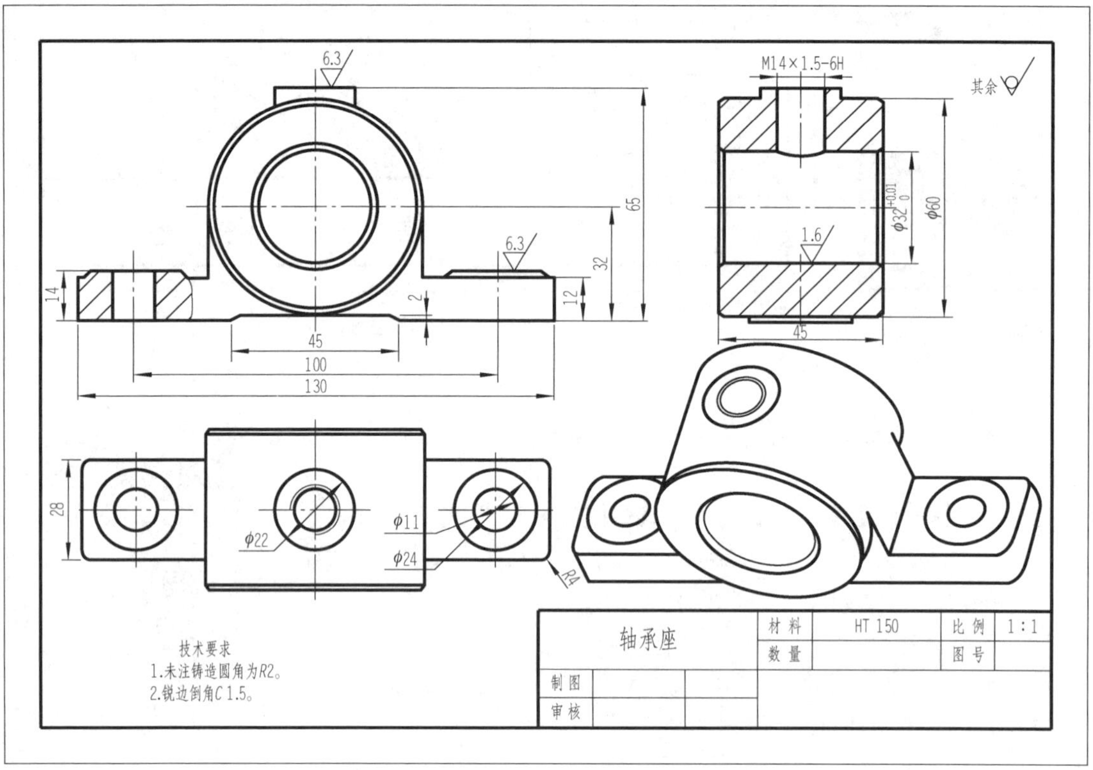

图 3 - 84　轴承座工程图

【分析】 该零件图的主视图采用了局部剖视图，左视图采用了全剖视图。本任务学习全剖视图和局部剖视图的创建方法及 Pro/ENGINEER 的工程图与 AutoCAD 图形之间的转换方法。

一、全剖视图创建方法简介

欲创建剖视图时，可先在三维零件中产生剖截面（需赋予剖面名称），然后在工程图中调出该剖截面生成剖视图，或直接在工程图产生剖截面，然后制作剖面图。

1. 在三维零件中创建剖截面

（1）选择主菜单“视图”→“视图管理器”，弹出【视图管理器】对话框，如图 3 - 85 所示，切换到“剖面”选项卡，单击标签中“新建”按钮，在“名称”列表框中会出现一个默认名称为“Xsec0001”的文本框，可以修改该剖截面名称。输入剖面名称，按键盘的 Enter 键后，弹出“剖截面创建”菜单，如图 3 - 86 所示，在剖截面创建菜单中接受默认的“平面”→“单一”选项，单击“完成”命令。

图 3-85　【视图管理器】对话框

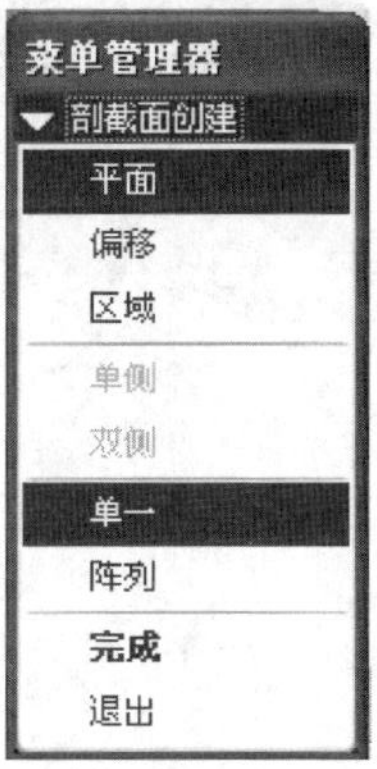

图 3-86　“剖截面创建”菜单

（2）系统提示“选取平面曲面或基准面”。若剖面为平面，则选取一个“参考面”，或单击特征工具栏中的按钮制作一个基准平面，选择 RIGHT 基准面作为剖截面，创建的单一剖截面如图 3-87 所示。

（3）在【视图管理器】对话框“剖面”选项卡中，单击建立的剖截面名称，即可看到此剖截面的剖面线，双击建立的剖截面名称“A”，即可看到用此剖截面剖开实体的效果，如图 3-88 所示，双击“无剖面”恢复无剖面显示。

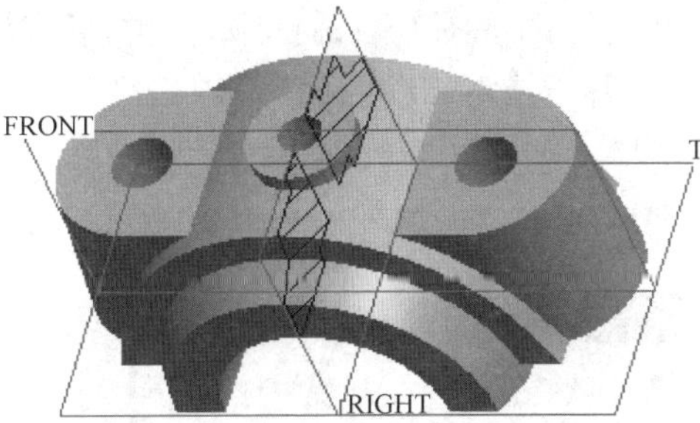

图 3-87　创建单一剖截面

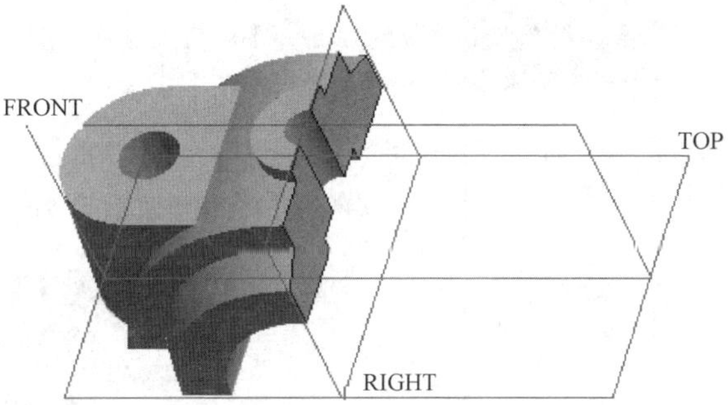

图 3-88　剖开效果

2. 进入工程图

（1）双击要创建剖视图的视图，打开【绘图视图】对话框，在“类别”中选择“截面”，在“剖面选项”栏中选择“2D 剖面”，单击“添加”按钮（将剖面添加到视图中），如图 3-89 所示，选择已创建好的剖面名称（A）、剖切区域接受默认“完全”，单击按钮 应用 ，完成的剖视图如图 3-90 所示。

（2）在完成剖视图后，可在剖视图中双击剖面线，弹出“修改剖面线”菜单，如图 3-91 所示，可修改剖面线的间距、角度、线型、颜色等。

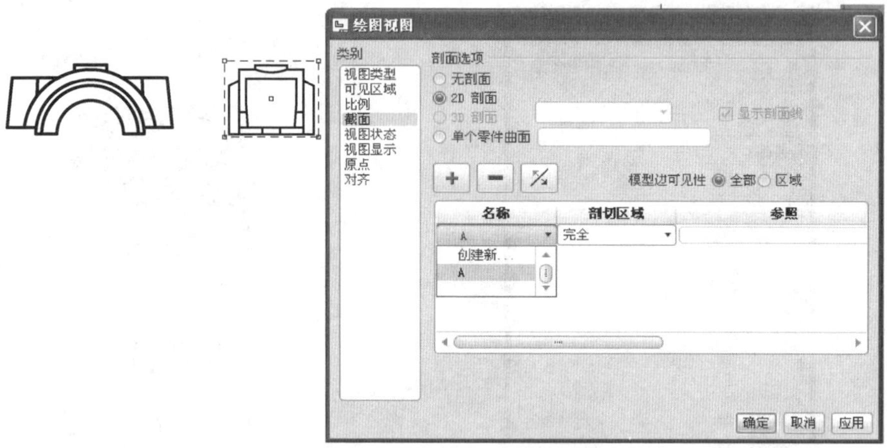

图 3-89 全剖视图的创建方法

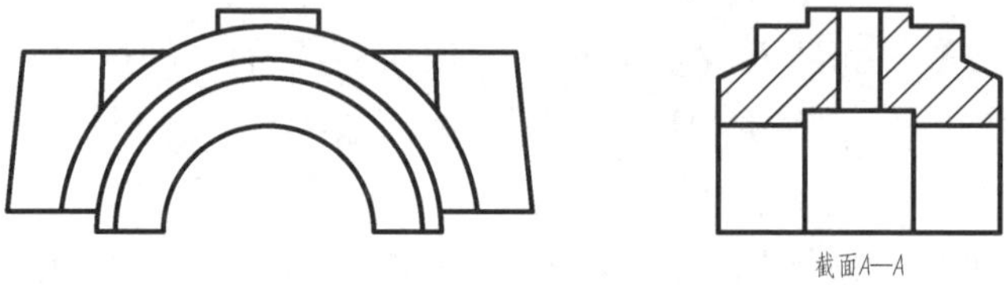

图 3-90 完成的 A—A 剖视图

3. 用户也可在工程图模块中新建剖视图

（1）在创建工程图时，在【绘图视图】对话框中，“类别”选择“截面”，在“剖面选项”栏中选择“2D 剖面”，单击“添加”按钮 + ，从“名称”列表选择“创建新”截面选项，如图 3-92 所示，同时弹出“剖截面创建”菜单，如图 3-93 所示。

图 3-91 “修改剖面线”菜单

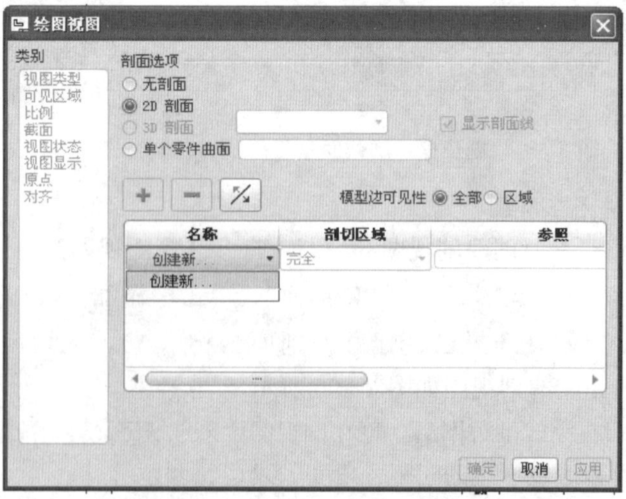

图 3-92 【绘图视图】对话框

（2）在“剖截面创建”菜单中选择“平面”→“单一”→“完成”命令，弹出【输入剖面名】对话框，输入名称“B”后，系统提示“选取平面曲面或基准平面”，选择主视图中的 RIGHT 基准面（蓝色加亮显示）作为剖截面，再单击【绘图视图】对话框的按钮 应用 ，即可完成剖视图的创建，如图 3－94 所示。

二、局部剖视图的创建方法

（1）双击要创建局部剖视图的主视图，打开【绘图视图】对话框，选择类别为“截面”，在“剖面选项”中，选择“2D 截面”。再单击“添加”按钮 ＋，从“名称”列表选择“创建新”截面选项，如图 3－92 所示，同时弹出“剖截面创建”菜单，如图 3－93 所示。

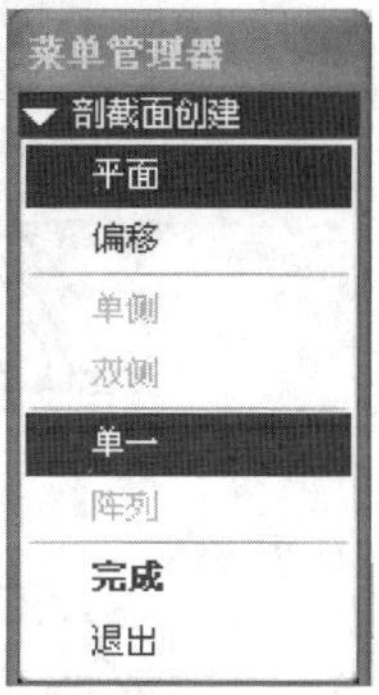

图 3－93　“剖截面创建”菜单

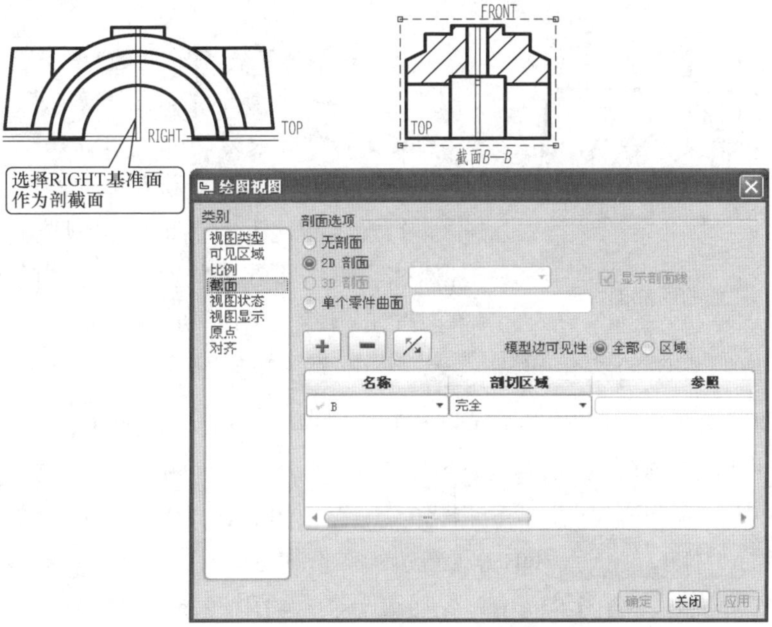

图 3－94　创建全剖视图

（2）在“剖截面创建”菜单中选择“平面”→“单一”→“完成”命令，弹出【输入剖面名】对话框，输入名称“C”后，系统提示“选取平面曲面或基准平面”，选择俯视图中的 FRONT 基准面（蓝色加亮显示）作为剖截面。

（3）选取剖切区域下拉中的“局部”，这时系统提示“选取截面间断的中心点”；选取要局部剖的中心点，出现一个×形点，如图 3－95 所示，这时系统提示“草绘样条，不相交其他样条，来定义一轮廓线”。然后用样条曲线将要局部剖的区域圈起来，曲线封闭后，单击鼠标中键，再单击【绘图视图】对话框中的按钮 确定 ，即完成局部剖视图的创建，如图 3－96 所示。

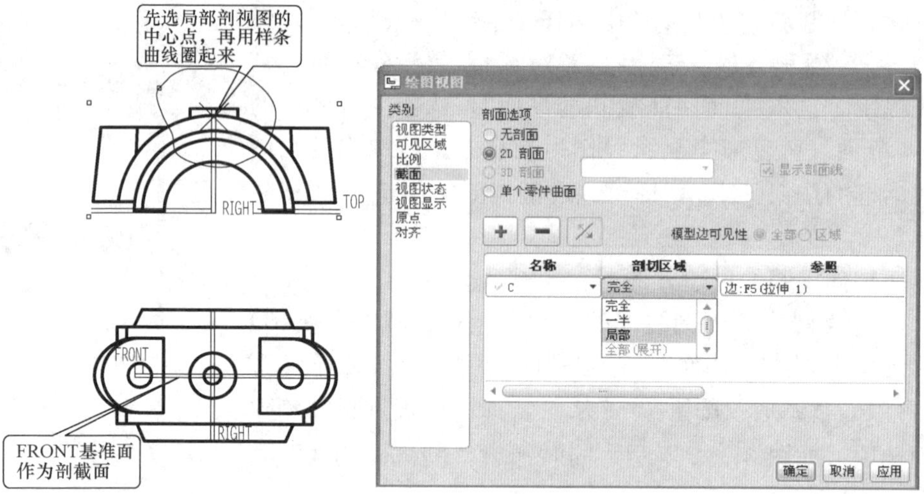

图 3-95　局部剖视图设置

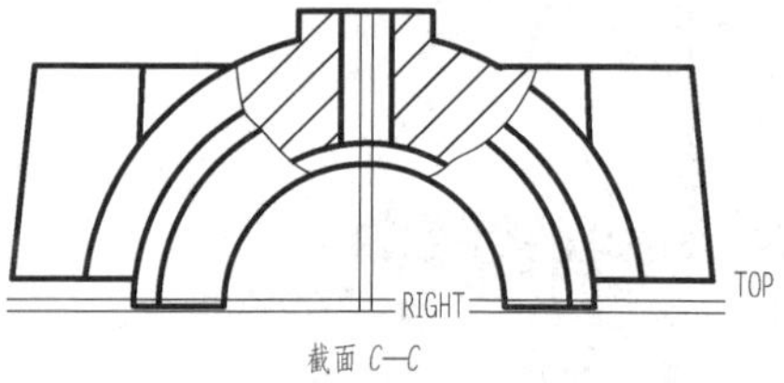

图 3-96　完成的局部剖视图

三、轴承座工程图的创建

1. 新建一个名为“zhouch. drw”的绘图文件

设置工作目录为“D：/EXProE5/EX03/03”。选择主菜单“文件”→“新建”，或单击“新建”按钮，打开【新建】对话框，类型选取“绘图”，输入名称“zhouch”，取消“使用缺省的模板”复选框，单击按钮 确定 。在弹出的【新建绘图】对话框中，单击“缺省模型”右侧的按钮 浏览... ，弹出【打开】对话框，选择“D：/EXProE5/EX03/03”中的“zhouch. prt”，单击【打开】对话框中的按钮 打开 。再选择【新建绘图】对话框“指定模板”为“格式为空”，单击“格式”右侧的按钮 浏览... ，在弹出的【打开】对话框中选择“D：/EXProE5/EX03/01”中的 A4 _ format. frm，然后单击【打开】对话框中的按钮 打开 。再单击【新建绘图】对话框中的按钮 确定 ，进入 Pro/ENGINEER 的绘图界面，在绘图界面中首先加载 1 个 A4 图框及标题栏。

2. 修改系统绘图参数的配置文件

选择主菜单“文件”→“绘图选项”，弹出【选项】对话框，单击“活动绘图”右侧的“打开”按钮，弹出【打开】对话框，选择文件目录“D：/EXProE5/EX03/02”中的中国国家标准配置文件“China-std - 2. dtl”，单击对话框中的 打开 按钮，再单击【选项】对话框中的按钮 确定 ，完成参数的配置。

3. 创建轴承座主视图

（1）单击工具栏“布局”选项卡中的“一般”按钮，系统提示“选取绘制视图的中心点”，在图纸左上部的合适位置单击，则在绘图区出现零件的三维视图，并弹出【绘图视图】对话框。

（2）在“模型视图名”中选择“FRONT”，再单击对话框下面的按钮 应用 。

（3）单击对话框左侧“类别”中的“比例”选项，弹出“比例”属性页，“定制比例”为 1，再单击对话框下面的按钮 应用 。

（4）单击对话框左侧“类别”中的“视图显示”选项，弹出“视图显示”属性页，将“显示样式”设置为“消隐”，将“相切边显示样式”设置为“无”。再单击对话框下面的按钮 应用 ，完成主视图的绘制，如图 3-97 所示，最后单击【绘图视图】对话框中的按钮 关闭 。

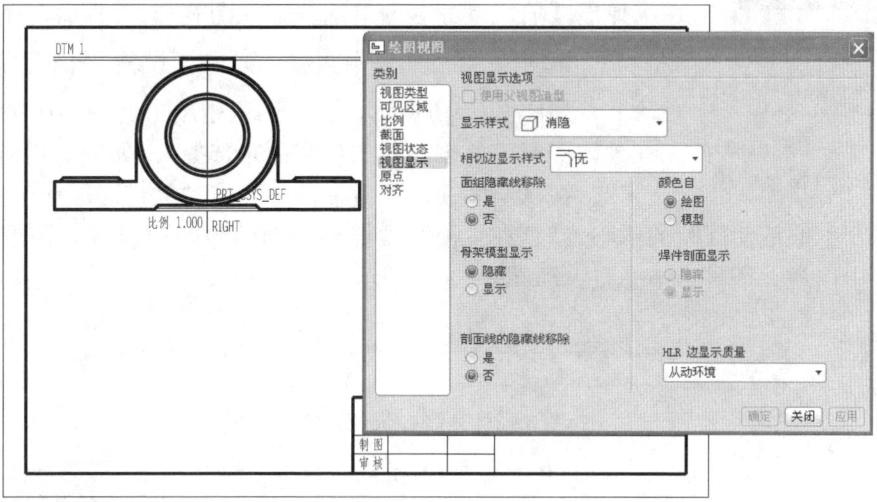

图 3-97　创建的主视图

4. 创建轴承座俯视图

单击工具栏中的“投影”按钮 投影...，拖动鼠标，在图纸左下部合适的位置单击，创建俯视图。俯视图“着色”显示，双击俯视图，弹出【绘图视图】对话框，单击对话框左侧“类别”中的“视图显示”选项，弹出“视图显示”属性页，将“显示样式”设置为“消隐”，将“相切边显示样式”设置为“无”。再单击对话框下面的按钮 应用 ，完成的俯视图如图 3-98 所示，最后单击【绘图视图】对话框中的按钮 关闭 。

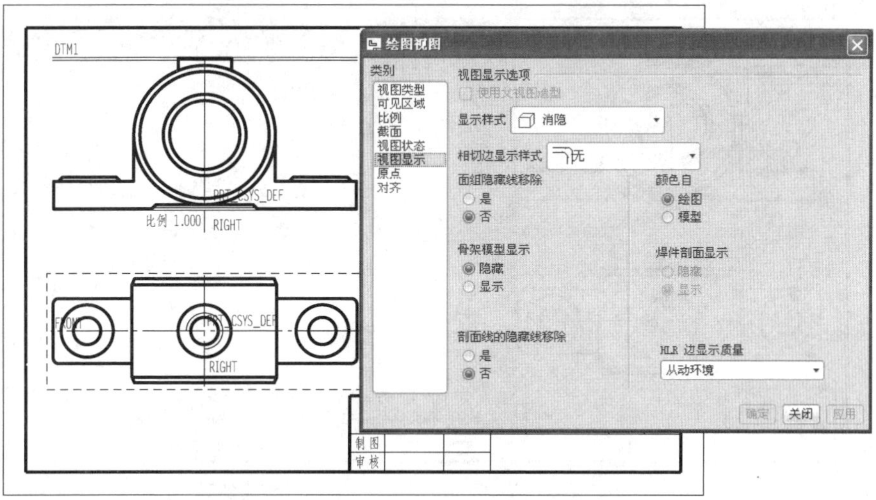

图 3-98　完成的俯视图

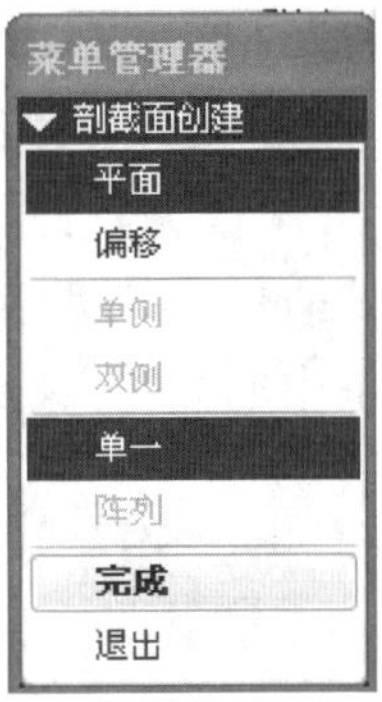

图 3 - 99　“剖截面创建”菜单

5. 主视图修改为局部剖视

（1）双击已经创建的主视图，弹出【绘图视图】对话框，将“类型”切换为“截面”，再将“剖面选项”改为“2D 剖面”，单击下面的“添加”截面按钮 ＋ ，弹出“剖截面创建”菜单，如图 3 - 99 所示。接受默认的选项“平面”→“单一”，再单击菜单中的“完成”命令，系统弹出【输入剖面名】对话框，如图 3 - 100 所示。在对话框中输入“A”后，单击“接受”按钮 ✓，弹出“设置平面”菜单及【选取】对话框，如图 3 - 101 所示，在绘图区中单击俯视图中的 FRONT 基准面（具体依照零件创建时的参照面来选择），如图 3 - 102 所示。

（2）在【绘图视图】对话框中，将“剖切区域”改为“局部”，系统提示“选取截面间断的中心点”，在主视图需要局部剖的中间位置的几何图元上单击，在绘图区中出现一个×形中心点，如图 3 - 102 所示。

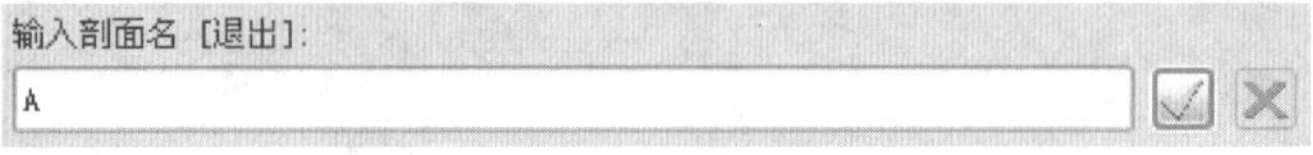

图 3 - 100　【输入剖面名】对话框

图 3 - 101　【选取】对话框

（3）信息提示区提示“草绘样条，不相交其他样条，来定义一轮廓线”，在绘图区中需要进行局部剖视的区域绘制样条曲线，将局部剖切的区域圈起来，如图 3 - 103 所示，样条曲线封闭后，单击鼠标中键结束绘制。

（4）单击【绘图视图】对话框中的按钮 确定 ，这时主视图已经修改成为局部剖视图，如图 3 - 104 所示。

6. 创建全剖左视图

（1）单击工具栏中的“投影”按钮 投影(P)...，选择主视图，以创建主视图的投影视图，拖动鼠标，在图纸右边合适的位置单击，创建出左视图。

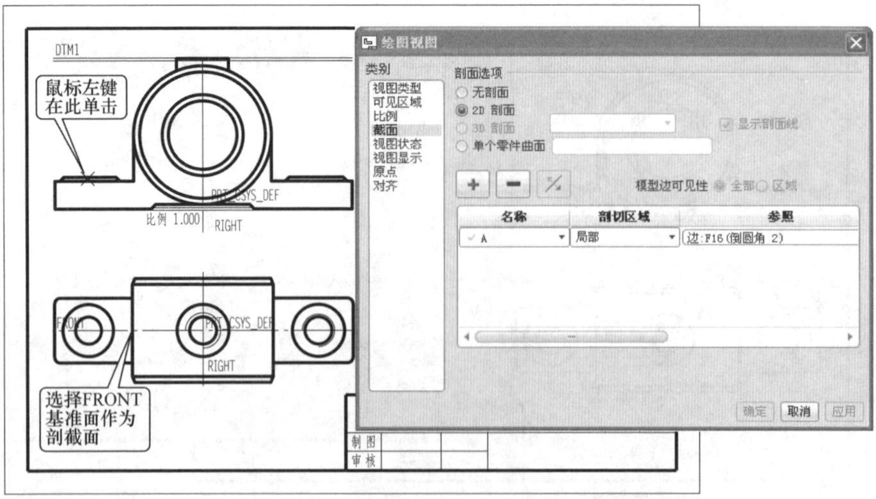

图 3 - 102　选择剖截面及绘制截面间断点

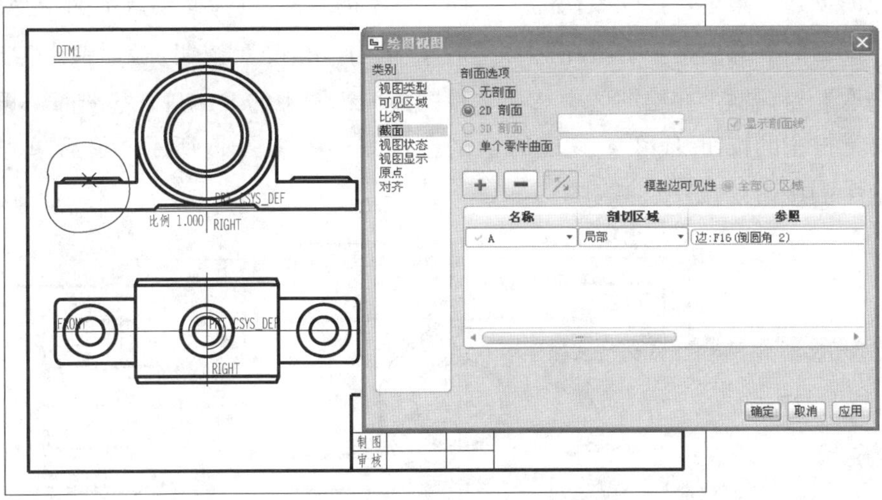

图 3-103 草绘样条圈住需要局部剖切的区域

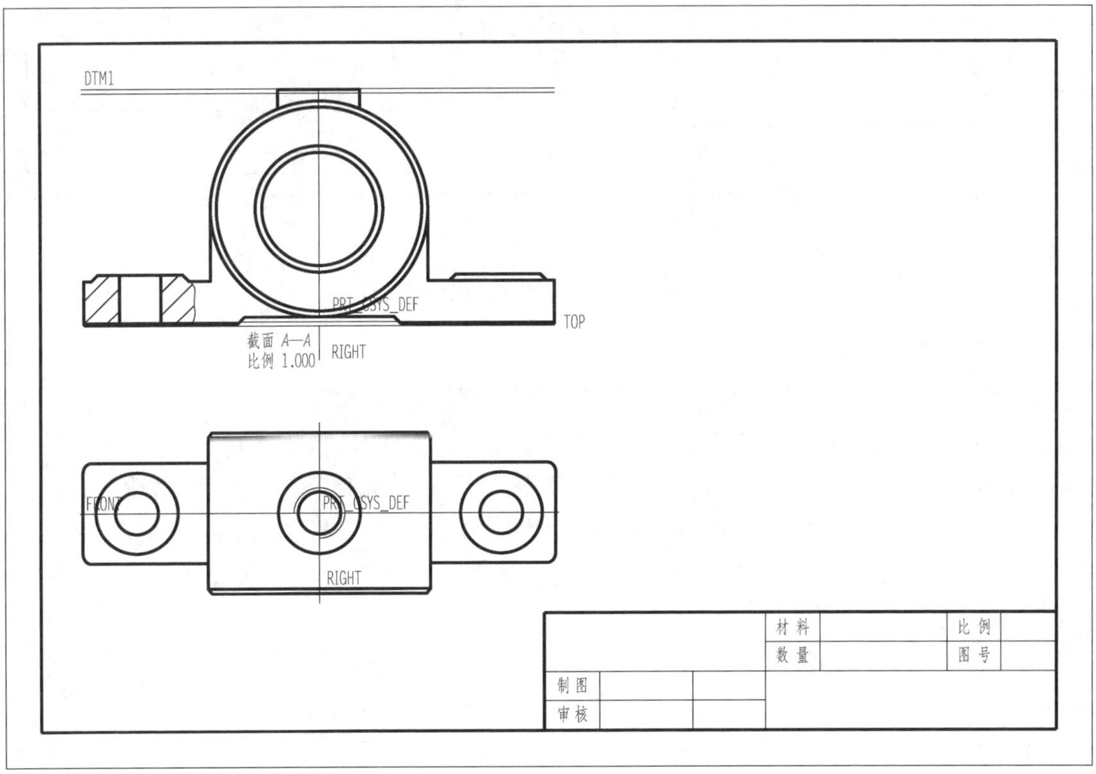

图 3-104 主视图中的局部剖视图

（2）双击刚创建的左视图，弹出【绘图视图】对话框，选择“类别”中的“视图显示”，并将“显示样式”设置为“消隐”，将“相切边显示样式”设置为“无”，单击按钮 应用 。

（3）单击【绘图视图】对话框左侧“类别”中的“截面”，打开剖截面属性页，将“剖面选项”改为“2D 剖面”。单击下面的“添加”截面按钮 + ，在名称中选择“创建新”，弹出“剖截面创建”菜单，接受默认的“平面”→“单一”，再选择菜单中的“完成”命令，弹出【输入剖面名】对话框，在其中输入“B”，单击“接受”按钮，弹出“设置平面”菜单及【选取】对话框，在绘图区中选择主视图或俯视图中的RIGHT基准面。再单击【绘图视图】对话框中的按钮 应用 ，完成的全剖左视图如图3-105所示，最后单击【绘图视图】对话框中的按钮 关闭 。

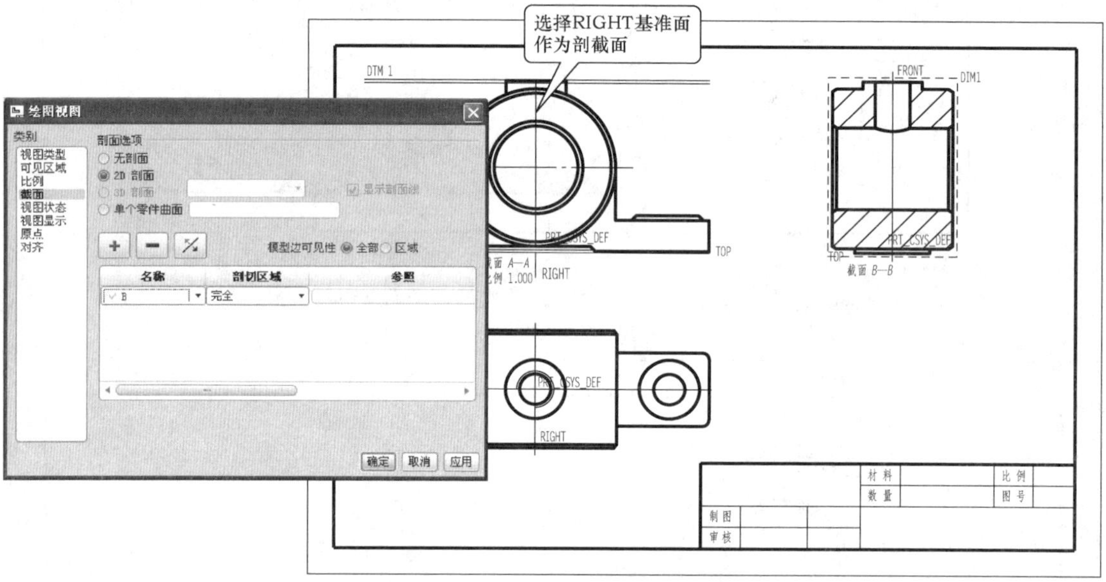

图3-105 完成的全剖左视图

7. 创建三维轴测图

(1) 单击“布局”选项卡工具栏中的“一般”按钮，系统信息提示区显示：“选取绘制视图的中心点”，在图纸右下部的合适位置单击，则在绘图区出现零件的三维视图，并弹出【绘图视图】对话框。单击对话框左侧“类别”中的“比例”选项，弹出比例属性页，“定制比例”为1，单击按钮 应用 。切换到“类别”中的“视图显示”选项，将“显示样式”设置为“消隐”，将“相切边显示样式”设置为“无”，然后单击对话框中的按钮 确定 ，完成三维轴测图的绘制。

(2) 在绘图区单击鼠标右键，在弹出的快捷菜单中，选择“锁定视图移动”，将其设置为解锁状态。这时通过移动视图调整视图在图纸中的相对位置。单击“基准显示”按钮，取消基准显示，再单击常用工具栏中的“刷新”按钮，完成的视图如图3-106所示。

8. 尺寸标注及添加中心轴线

(1) 将工具栏切换到“注释”选项卡，单击选中主视图下面的“截面 *A—A*，比例1.000”，同时按住Ctrl键，选中左视图下面的“截面 *B—B*”和轴测图上的“比例1.000”(选中后，红色线框加亮显示)。单击鼠标右键，弹出快捷菜单，选择快捷菜单中的“拭除”命令，如图3-107所示，再在绘图区中单击鼠标左键，将文本显示擦除。

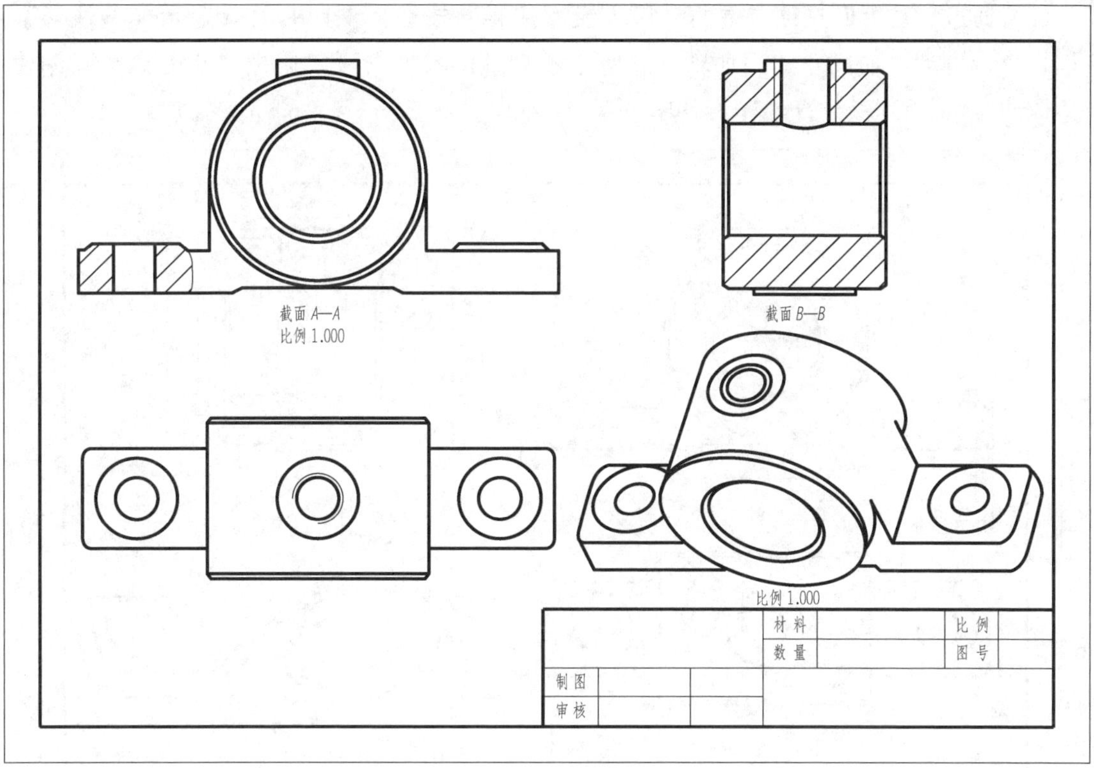

图 3 - 106　完成的视图

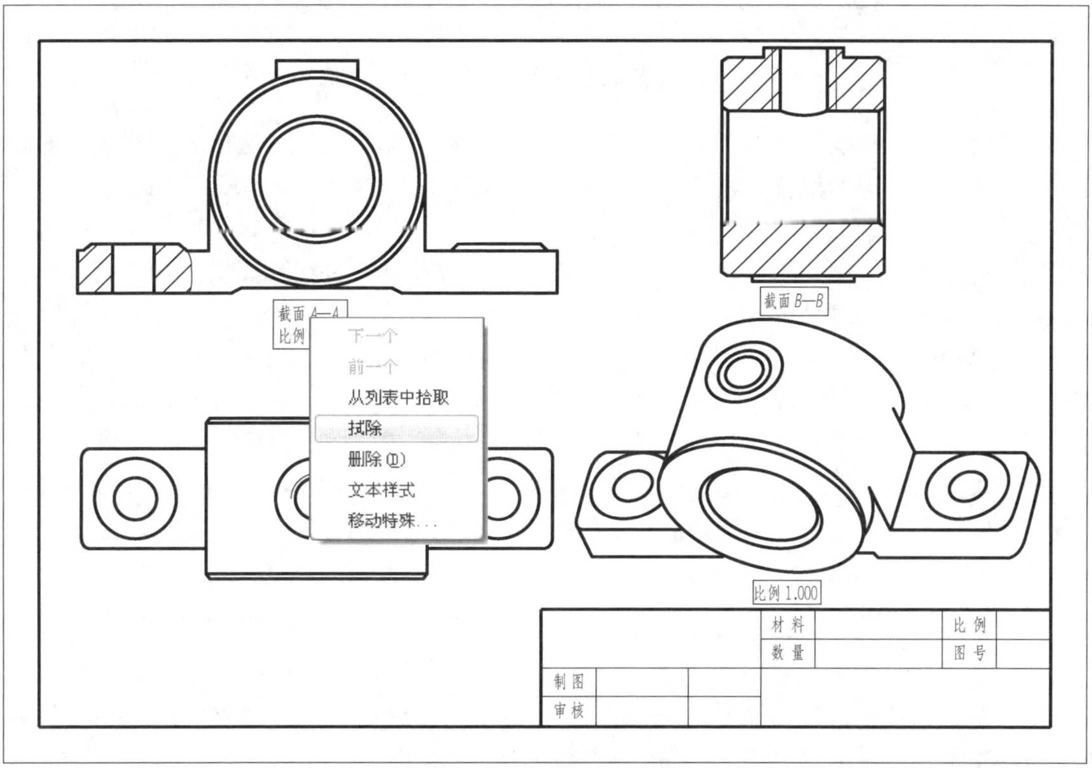

图 3 - 107　拭除文本显示

（2）通过“注释”选项卡中的“显示模型注释”按钮，打开【显示模型注释】对话框，进行自动添加尺寸和添加轴线。对于不合理的尺寸，可以通过“使用新参照创建尺寸”按钮进行尺寸标注，结果如图 3-108 所示。

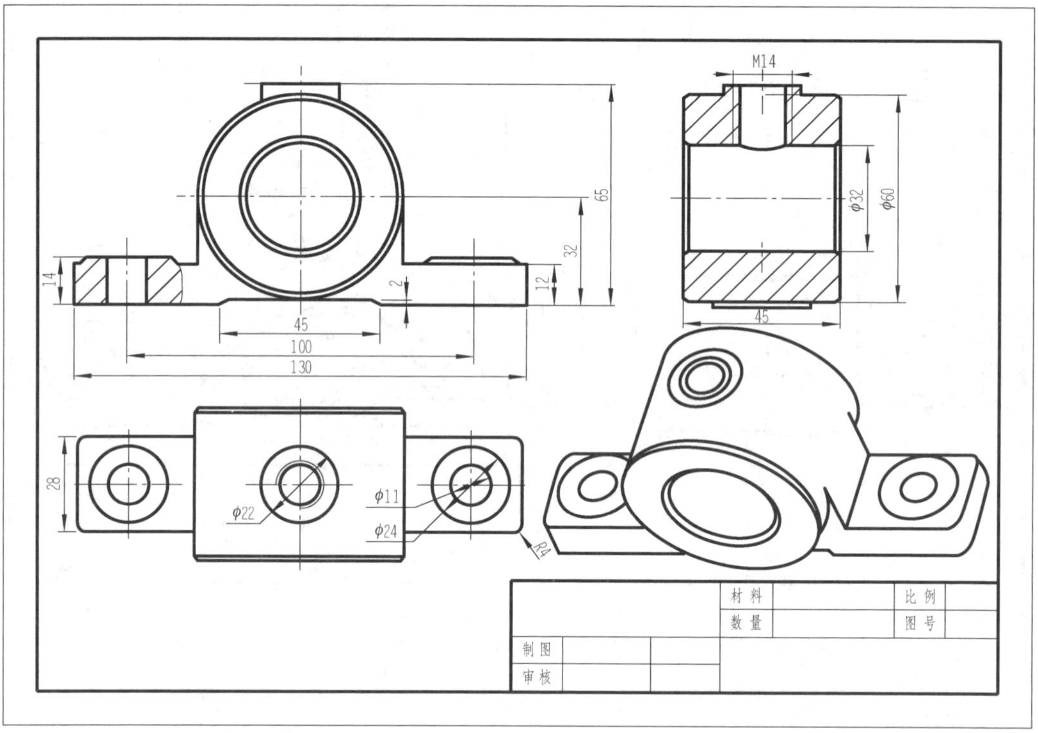

图 3-108　完成尺寸标注

（3）对于不合理的尺寸线，单击选中，出现红色的控制点，然后按住鼠标左键，将尺寸线控制点拖动到合理的位置，如图 3-109 所示高度尺寸 65。

（4）对于自动添加的较短的中心线，也单击选中，出现红色加亮显示控制点，按住鼠标左键拖动控制点，将中心线拖动到合适的长度，调整完毕的零件图如图 3-110 所示。

9. 添加偏差及粗糙度

（1）添加偏差。选中左视图中的 ϕ32 尺寸，单击鼠标右键，在弹出的快捷菜单中选择“属性”命令，弹出【属性】对话框，如图 3-111 所示。将尺寸的下偏差修改为 0，上偏差修改为+0.01，公差模式修改为“加-减”，再单击对话框中的按钮 确定 。

（2）添加后缀。选中左视图中 M14 的螺纹孔尺寸，单击鼠标右键，在弹出的快捷菜单中选则“属性”命令，打开【属性】对话框，将对话框切换到“显示”选项卡，在后缀栏中输入“×1.5-6H”，如图 3-112 所示，再单击对话框中的按钮 确定 。

（3）添加粗糙度。单击工具栏中的“表面粗糙度”按钮，弹出“得到符号”菜单，如图 3-113 所示，选择“检索”命令，弹出【打开】对话框，如图 3-114 所示，列出了系统提供的基本粗糙度符号文件夹“generic”、去除材料粗糙度符号文件夹“machined”和不去除材料粗糙度符号文件夹“unmachined”。双击对话框中的“machined”文件夹，选择该

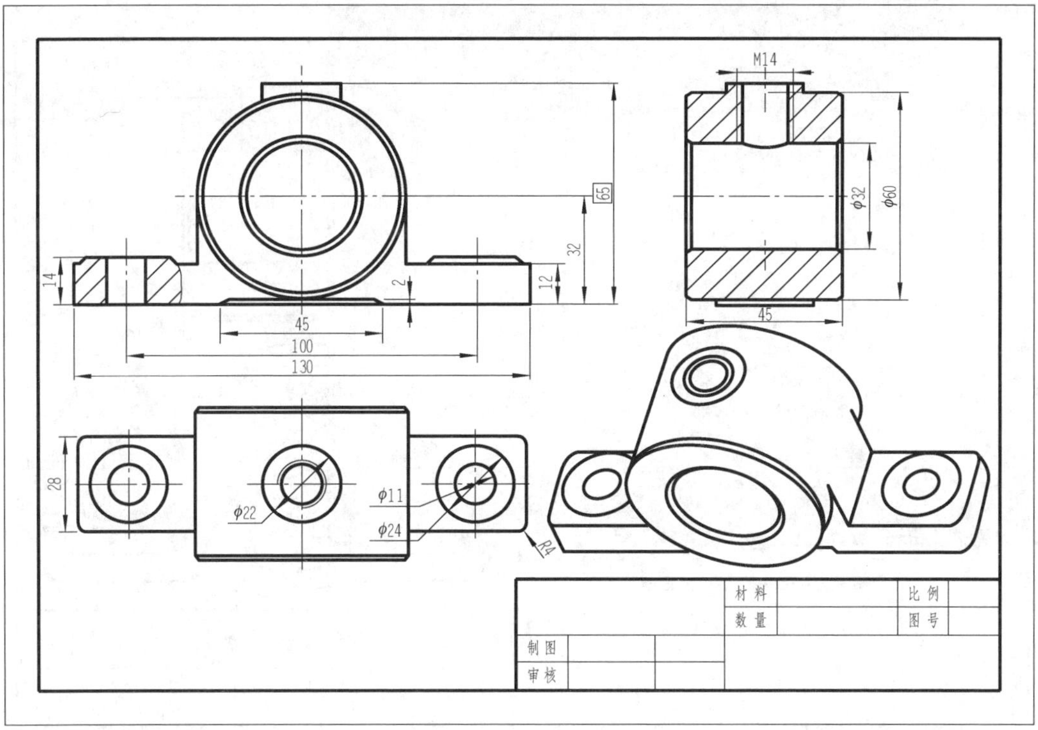

图 3-109　合理调整尺寸线

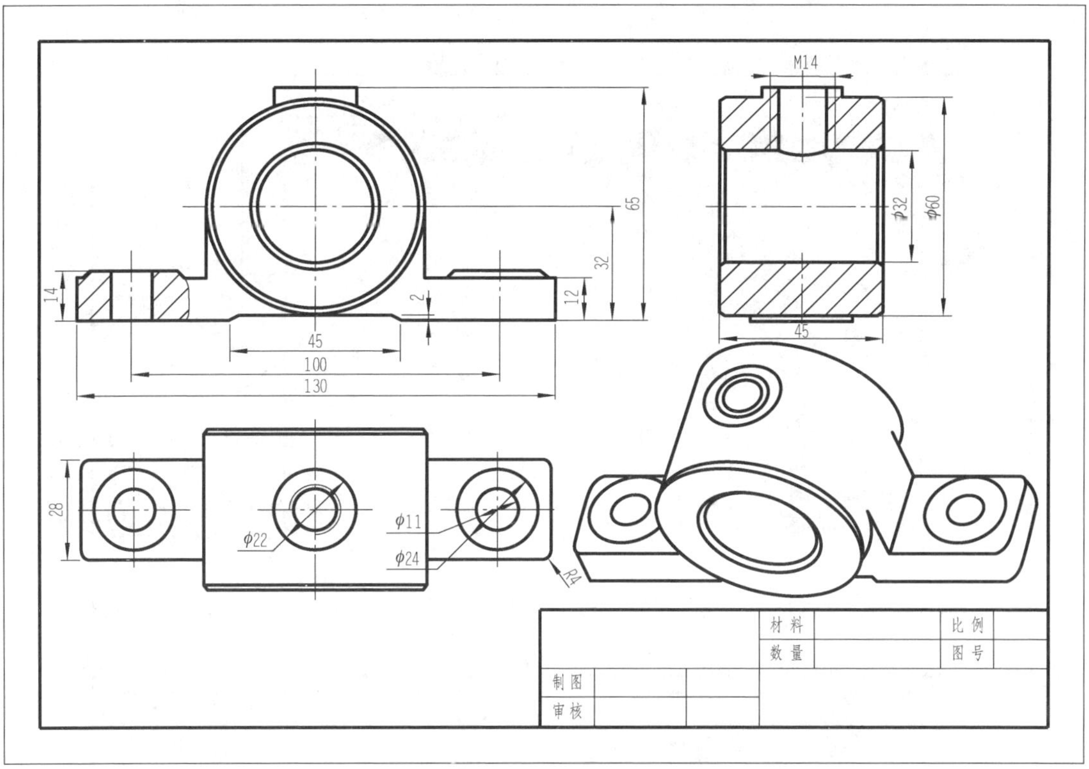

图 3-110　调整完毕的零件图

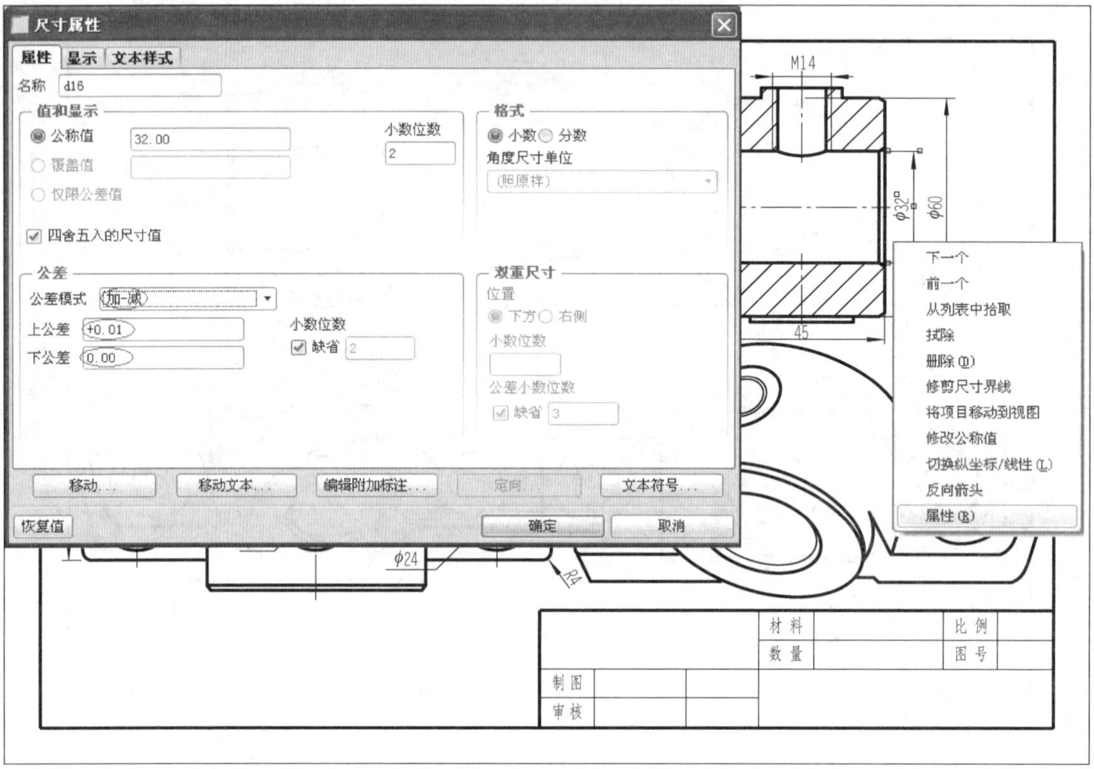

图 3-111　添加尺寸偏差

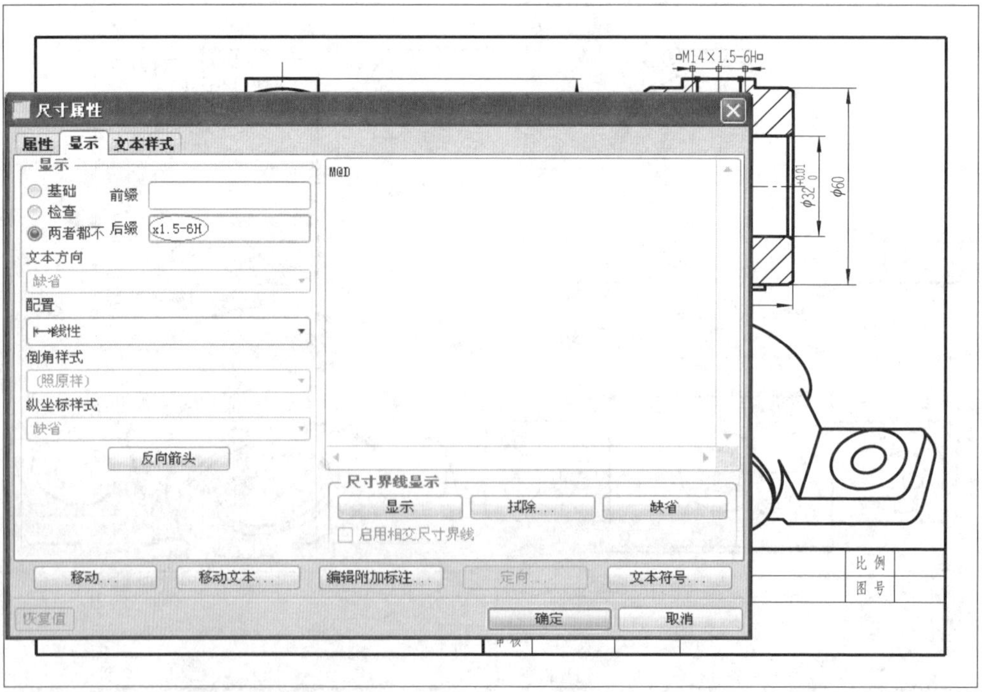

图 3-112　添加尺寸后缀

文件夹下的“standard1. sym”符号，如图 3 - 115 所示，单击【打开】对话框中的按钮 打开 。接下来弹出“实例依附”菜单，如图 3 - 116 所示。单击菜单中的“图元”命令，系统提示“选取一个边，一个图元，一个尺寸，一曲线或一顶点”，然后选择主视图底板上的凸台顶面（蓝色加亮显示），弹出【输入 roughness _ height 的值】对话框，在对话框中输入 6. 3，如图 3 - 117 所示，单击“接受”按钮，完成粗糙度的标注。同理完成其余两处的粗糙度标注。对于右上角的“其余”，选择图 3 - 114 中“unmachined”文件夹中的“no _ value2. sym”符号，在图 3 - 116 中“实例依附”菜单中选择“无引线”的方法标注。完成的粗糙度标注如图 3 - 118 所示。

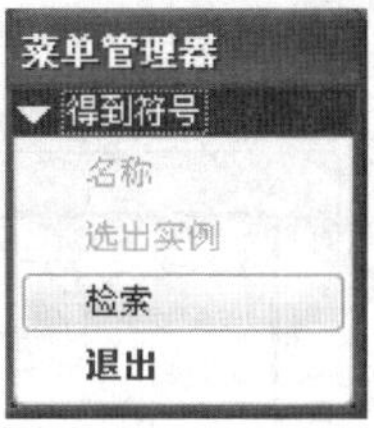

图 3 - 113　“得到符号”菜单

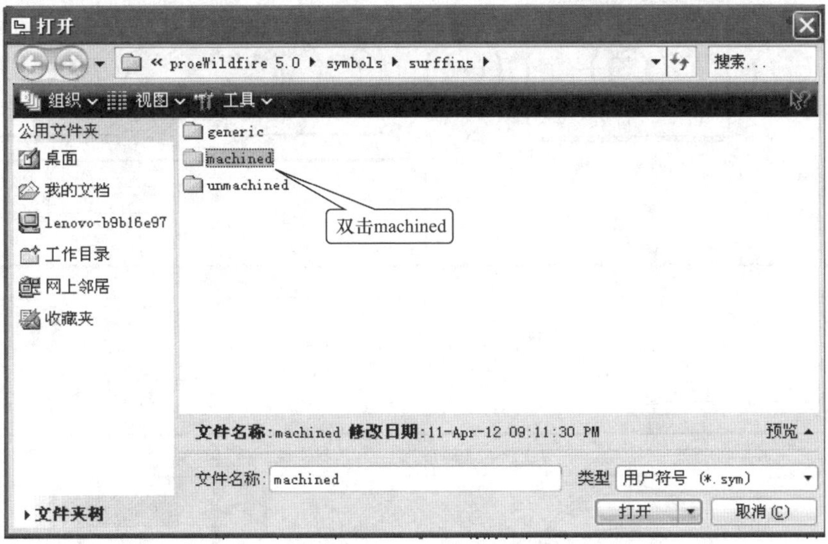

图 3 - 114　选择【打开】对话框中的 machined

图 3 - 115　选择【打开】对话框中的 standard1. sym

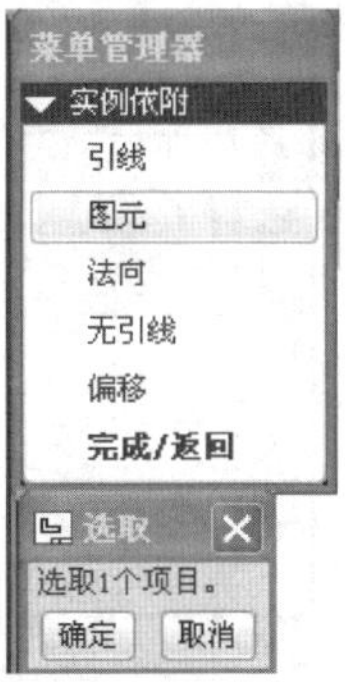

图3 - 116　“实例依附”菜单

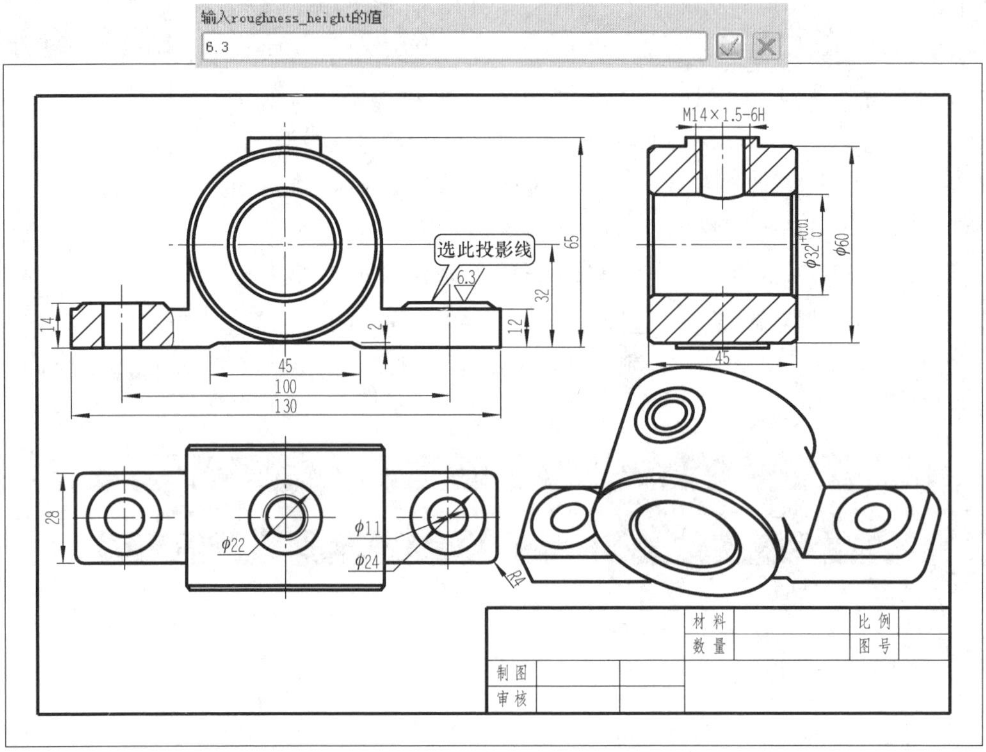

图 3-117　标注粗糙度

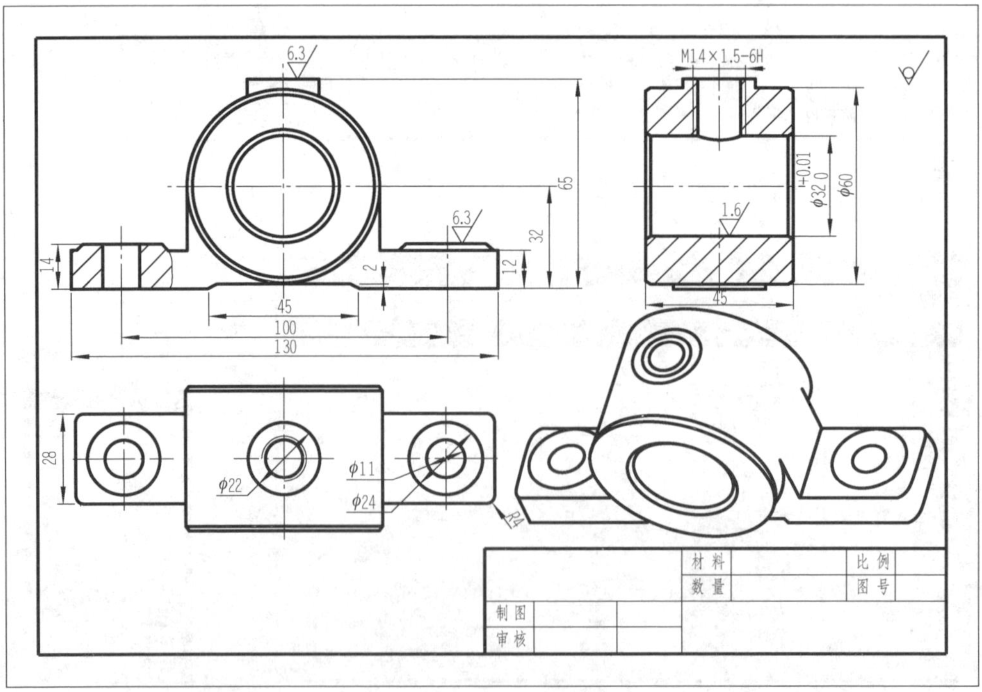

图 3-118　完成的粗糙度标注

10. 添加技术要求

在注释工具栏中单击“创建注释”按钮，在弹出的“注解类型”菜单中选择“无引线”→“输入”→“水平”→“标准”→“缺省”→“进行注解”，如图 3-119 所示，接下来弹出“获得点”菜单，如图 3-120 所示，接受默认的选项“选出点”命令，此时信息提示区提示“选取注解的位置”。单击选中图纸的左下角部位，系统弹出【输入注解】对话框，同时弹出【文本符号】对话框，在【输入注解】对话框中输入“技术要求”，如图 3-121 所示。

图 3-119 “注解类型”菜单

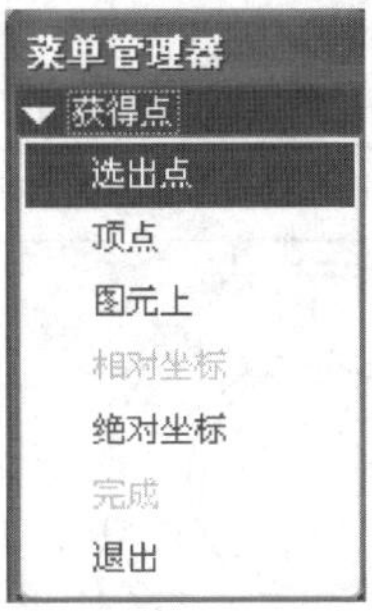

图 3-120 “获得点”菜单

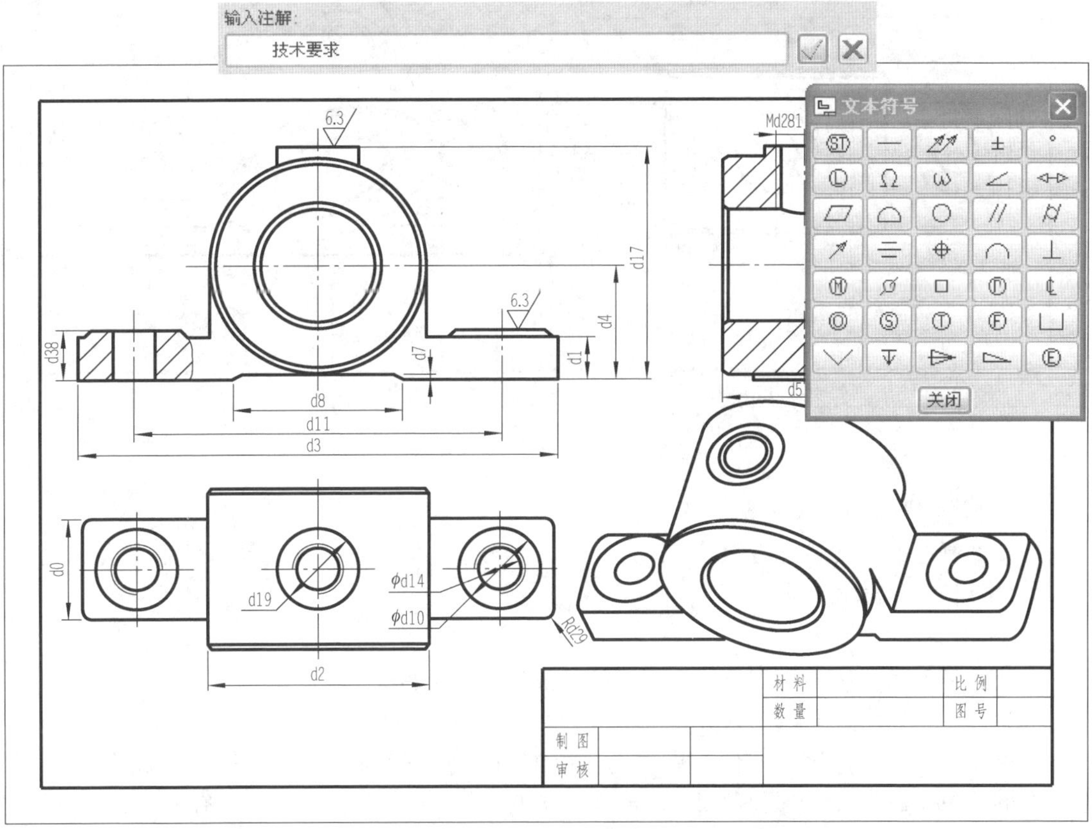

图 3-121 注解输入“技术要求”

单击“接受”按钮，又弹出【输入注解】对话框，在其中输入“1. 未注铸造圆角 *R*2。”，如图 3-122 所示，单击“接受”按钮；系统继续弹出下一个【输入注解】对话框，在其中输入“2. 锐边倒角 *C*1.5。”，如图 3-123 所示；在接下来弹出的【输入注解】对话框中直接单击“接受”按钮，完成技术要求的标注，同理完成右上角的“其余”标注，如图 3-124 所示。

图 3-122 注解输入“1. 未注铸造圆角 *R*2。”

图 3-123 注解输入“2. 锐边倒角 *C*1.5。”

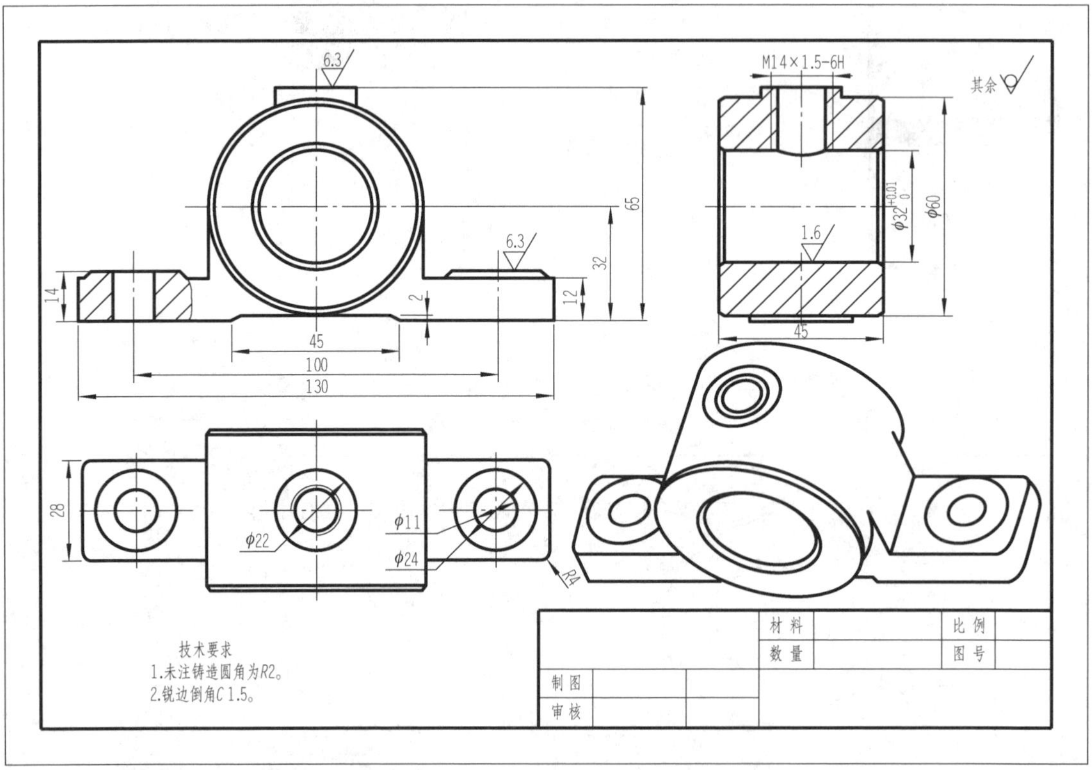

图 3-124 注写技术要求

11. 填写标题栏

双击要填写的单元格，在其中输入文本，并修改文本的高度与位置，最后完成的轴承座工程图如图 3-84 所示。

12. 保存文件

单击常用工具栏中的“保存”按钮，保存当前文件。

13. 将工程图文件输出为 AutoCAD 图形文件 DWG 格式

选择主菜单“文件”→“保存副本”，在弹出的【保存副本】对话框中“新名称”栏中输入“zhouchengz”，在“类型”栏中选择“DWG（*.dwg）”格式，如图 3-125 所示。然后单击【保存副本】对话框中的按钮 确定 ，在弹出的【DWG 的导出环境】对话框中单

击按钮 确定 ，如图 3-126 所示。这时可在 AutoCAD 软件环境中打开“zhouchengz. dwg”，进行继续编辑。

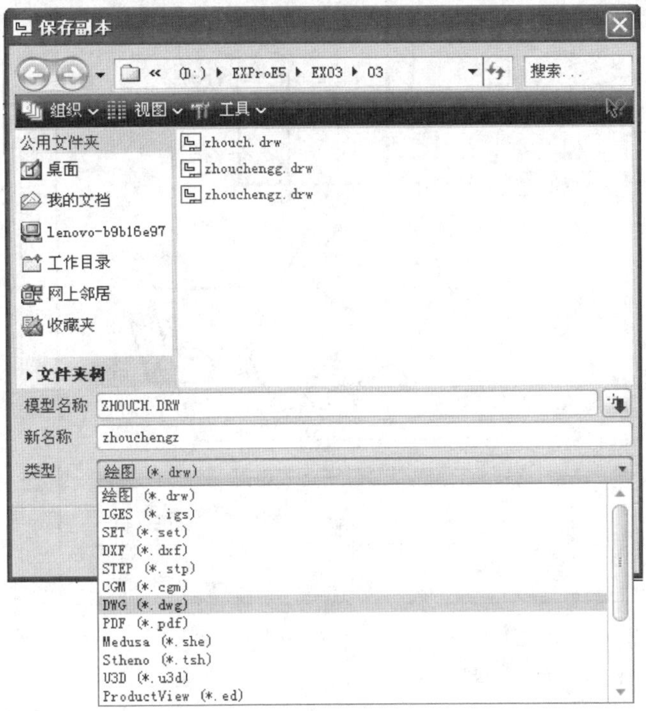

图 3-125　保存文件为 DWG 格式

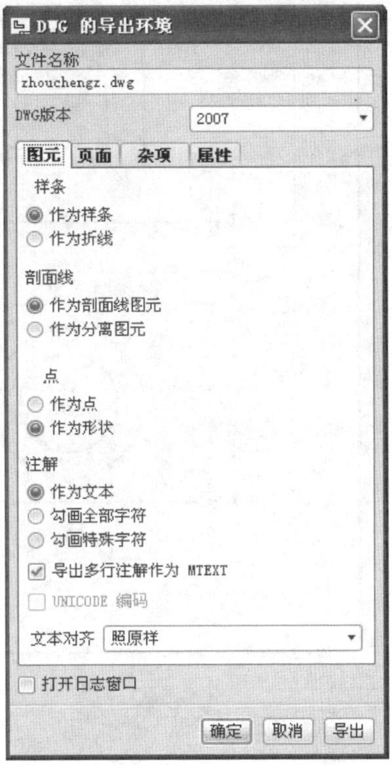

图 3-126　【DWG 的导出环境】对话框

任务四　支座半剖视图的制作

【任务】 创建如图 3-127 所示的支座工程图。

【分析】 该支座的主视图采用半剖视图，左视图采用全剖视图，本任务学习半剖视图的创建方法。

一、半剖视图的创建方法

（1）双击要创建半剖视图的主视图，打开【绘图视图】对话框。在“类别”中选择“截面”，剖面选项中选择“2D 截面”。

（2）单击“添加”按钮 ✚，从“名称”列表选择“创建新”截面选项，同时弹出“剖截面创建”菜单，在菜单中选择“平面”→“单一”→“完成”，弹出【输入剖面名】对话框。输入完毕，单击对话框中的“接受”按钮 ✓，信息提示区提示“选取平面曲面或基准面”作为剖截面，选择俯视图中的 FRONT 基准面作为剖截面。

（3）在【绘图视图】对话框中的“剖切区域”选择“一半”，这时信息提示区提示“为半截面创建选取参照面”，然后单击俯视图中的 RIGHT 基准面，这时主视图右侧出现箭头，表示右边为剖视图（或者在主视图左半部分单击，箭头就会切换到左侧，则主视图左侧为剖

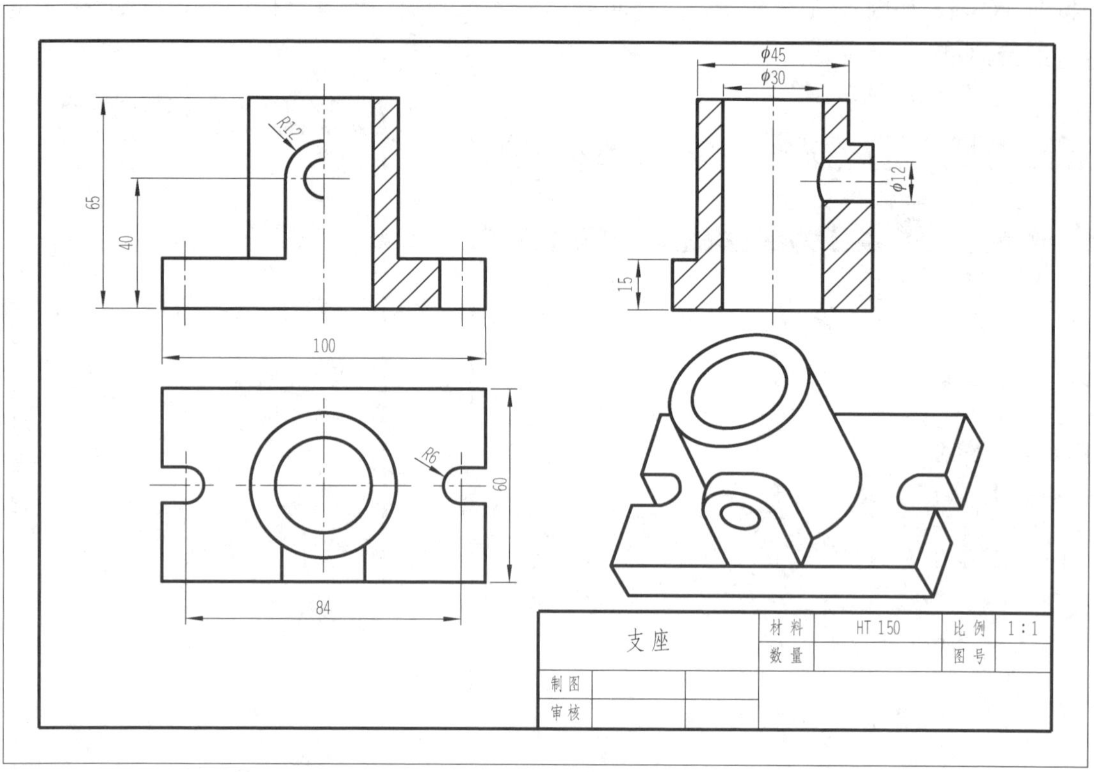

图 3-127　支座工程图

视图)，如图 3-128 所示。再单击【绘图视图】对话框中的按钮 应用 ，完成了半剖视图的创建，如图 3-129 所示。

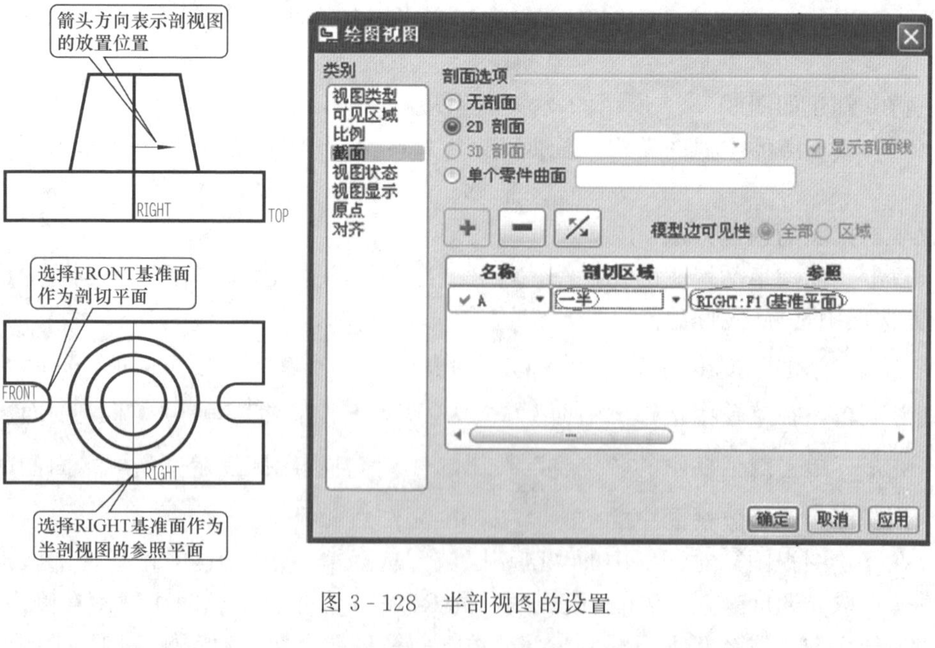

图 3-128　半剖视图的设置

二、支座零件工程图的创建

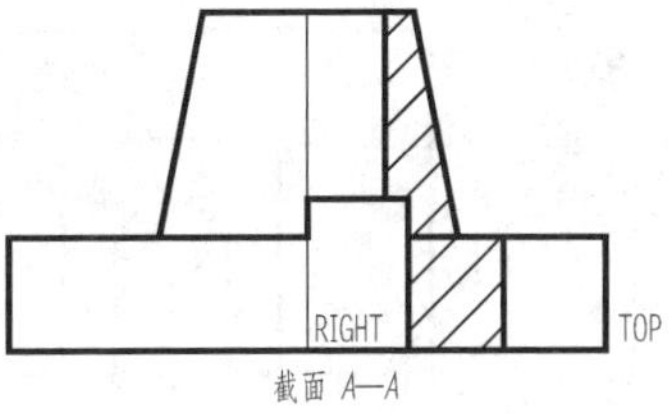

图 3-129　完成的半剖视图

1. 新建一个名为“zhizuo. drw”的绘图文件

设置工作目录为“D：/EXProE5/EX03/04”。选择主菜单“文件”→“新建”，或单击“新建”按钮，打开【新建】对话框，类型选取“绘图”，输入名称“zhizuo”，取消“使用缺省的模板”复选框，单击按钮 确定 。在弹出的【新建绘图】对话框中，单击“缺省模型”右侧的按钮 浏览... ，弹出【打开】对话框，选择“D：/EXProE5/EX03/04”中的“zhizuo. prt”，单击【打开】对话框中的按钮 打开 。再选择【新建绘图】对话框“指定模板”为“格式为空”，单击“格式”右侧的按钮 浏览... ，在弹出的【打开】对话中选择“D：/EXProE5/EX03/01”中的 A4 _ format. frm，然后单击【打开】对话框中的按钮 打开 。再单击【新建绘图】对话框中的按钮 确定 ，进入 Pro/ENGINEER 的绘图界面，在绘图界面中首先加载 1 个 A4 图框及标题栏。

2. 修改系统绘图参数的配置文件

选择主菜单“文件”→“绘图选项”，弹出【选项】对话框，单击“活动绘图”右侧的打开按钮，弹出【打开】对话框，选择文件目录“D：/EXProE5/EX03/02”中的中国国家标准配置文件“China-std-2. dtl”，单击对话框中的按钮 打开 ，再单击【选项】对话框中的按钮 确定 ，完成参数的配置。

3. 创建支座主视图

（1）单击工具栏“布局”选项卡中的“一般”按钮，系统信息提示区显示“选取绘制视图的中心点”，在图纸左上部的合适位置单击，则在绘图区出现零件的三维视图，并弹出【绘图视图】对话框。

（2）在“模型视图名”中选择“FRONT”，再单击对话框下面的按钮 应用 。

（3）单击对话框左侧“类别”中的“比例”选项，弹出“比例”属性页，“定制比例”为 1，再单击对话框下面的按钮 应用 。

（4）单击对话框左侧“类别”中的“视图显示”选项，弹出“视图显示”属性页，将“显示样式”设置为“消隐”，将“相切边显示样式”设置为“无”。再单击对话框下面的按钮 应用 ，完成主视图的绘制，如图 3-130 所示，最后单击【绘图视图】对话框中的按钮 关闭 。

4. 创建支座俯视图

单击工具栏中的“投影”按钮 投影... ，拖动鼠标，在图纸左下部合适的位置单击，创建俯视图。俯视图“着色”显示，双击俯视图，弹出【绘图视图】对话框。单击对话框左侧“类别”中的“视图显示”选项，弹出“视图显示”属性页，将“显示样式”设置为“消隐”，将“相切边显示样式”设置为“无”。再单击对话框下面的按钮 应用 ，完成的俯视图如图 3-131 所示，再单击【绘图视图】对话框中的按钮 关闭 。

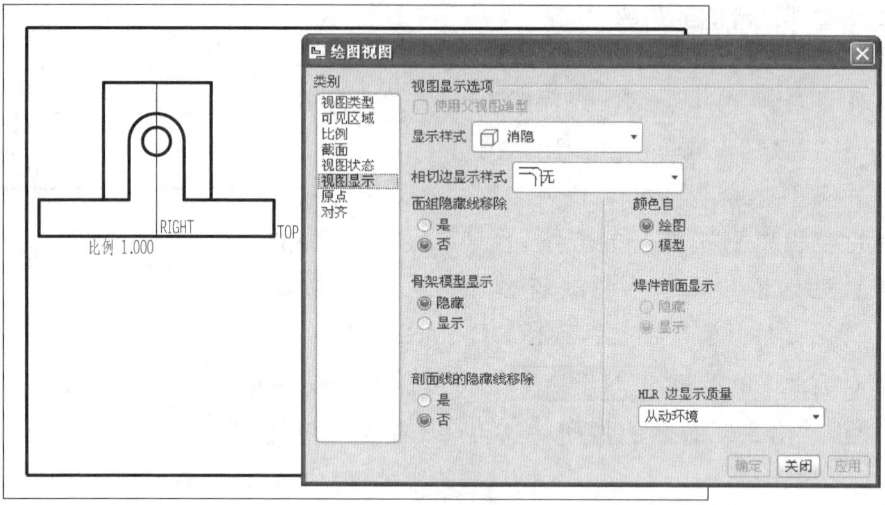

图 3 - 130　完成的主视图

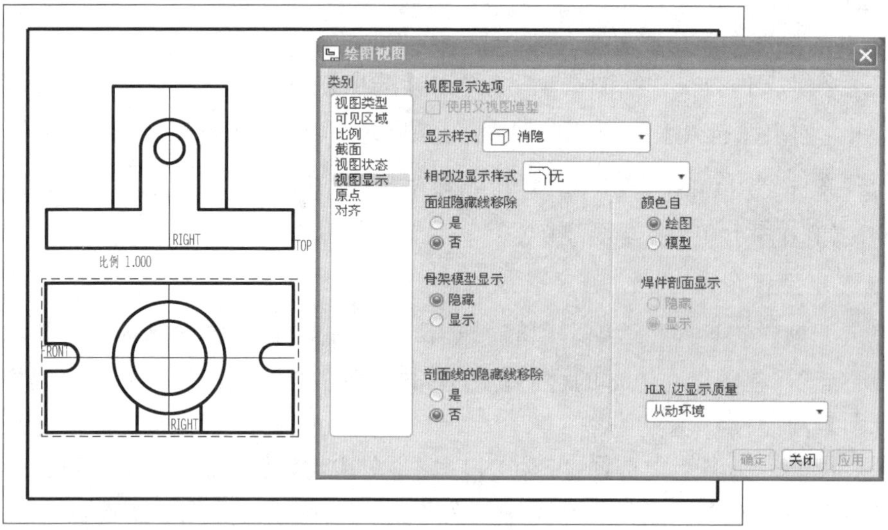

图 3 - 131　完成的俯视图

5. 主视图修改为半剖视图

（1）双击已经创建的主视图，弹出【绘图视图】对话框，将“类型”切换为“截面”，再将“剖面选项”改为“2D 剖面”，单击下面的“添加”截面按钮 + ，弹出“剖截面创建”菜单，接受默认的选项“平面”→“单一”。再单击菜单中的“完成”命令，系统弹出“输入剖面名”对话框，在对话框中输入“A”后，单击“接受”按钮 ✓，弹出“设置平面”菜单及【选取】对话框，在绘图区中单击俯视图中的 FRONT 基准面。

（2）在【绘图视图】对话框中，将“剖切区域”改为“一半”，系统提示“为半截面创建选取参照平面”，单击选择俯视图中的 RIGHT 基准面作为半剖视图的参照面，这时主视图的右侧出现箭头，接受右侧作为剖切区域，如图 3 - 132 所示。单击【绘图视图】对话框中的按钮 应用 ，完成的半剖主视图如图 3 - 133 所示，再单击【绘图视图】对话框中的按钮 关闭 。

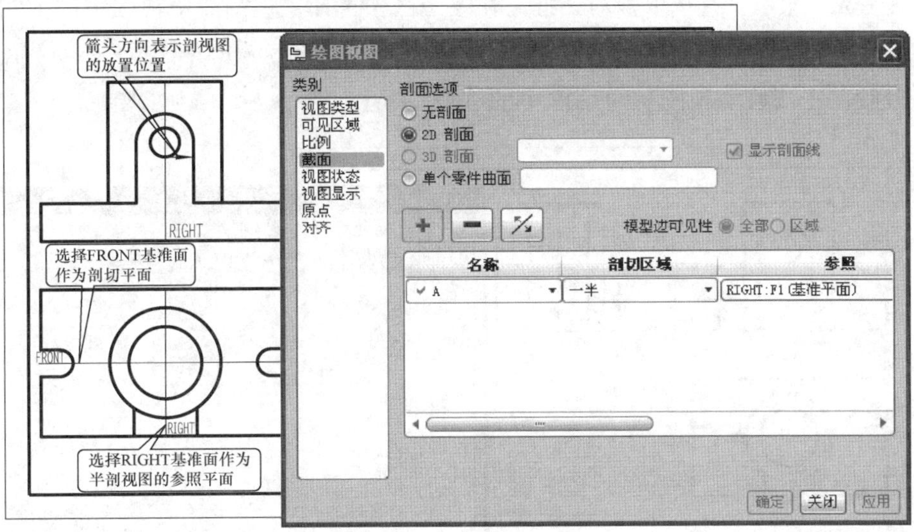

图 3-132　半剖视图的设置

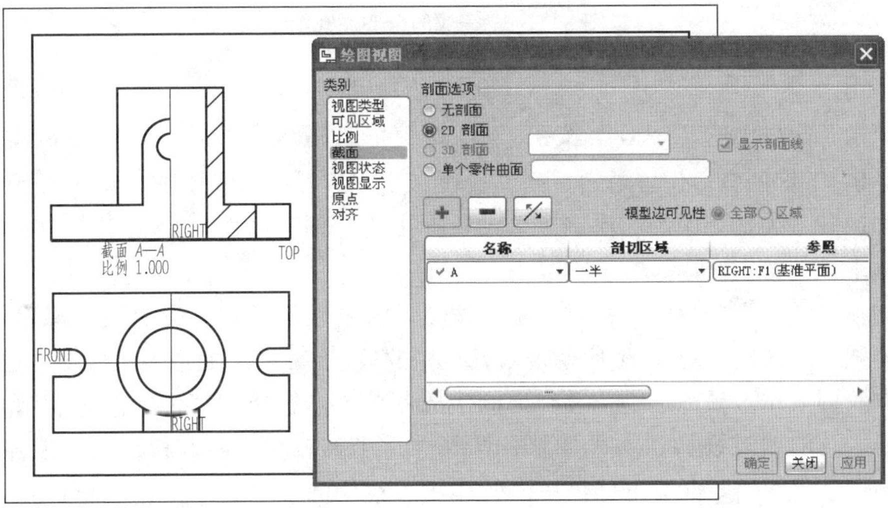

图 3-133　完成的半剖主视图

6. 创建全剖左视图

(1) 单击工具栏中的“投影”按钮 投影(P)...，单击选择主视图，以创建主视图的投影视图，拖动鼠标，在图纸右边合适的位置单击，创建左视图。

(2) 双击刚创建的左视图，弹出【绘图视图】对话框，选择“类别”中的“视图显示”，并将“显示样式”设置为“消隐”，将“相切边显示样式”设置为“无”，单击按钮 应用 。

(3) 单击【绘图视图】对话框左侧“类别”中的“截面”，打开“剖面”属性页，将“剖面选项”改为“2D 剖面”。单击下面的“添加”截面按钮 ，在名称中选择“创建新”，在弹出的“剖截面创建”菜单，接受默认的“平面”→“单一”。再选择菜单中的“完成”命令，接下来弹出【输入剖面名】对话框，在其中输入“B”后，单击“接受”按钮 ，弹出“设置平面”菜单及【选取】对话框，在绘图区中选择主视图或俯视图中的 RIGHT 基准面，再单击【绘图视图】对话框中的按钮 应用 ，完成的全剖左视图如图 3-134 所示。

（4）最后单击【绘图视图】对话框中的按钮 关闭 。

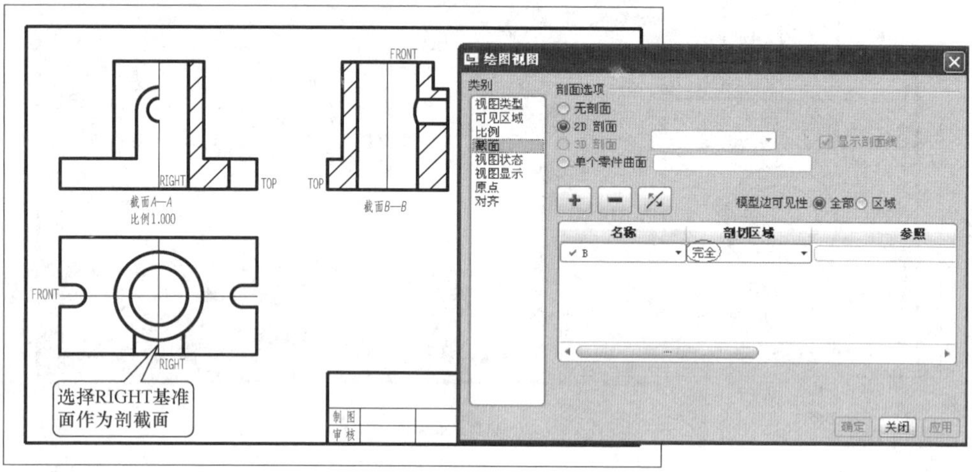

图 3-134　完成的全剖左视图

7. 创建三维轴测图

（1）单击工具栏中的“一般”按钮 ，系统信息提示区显示“选取绘制视图的中心点”，在图纸右下部的合适位置单击，则在绘图区出现零件的三维视图，并弹出【绘图视图】对话框，切换到“类别”中的“比例”选项，弹出“比例”属性页，“定制比例”为 1，再单击对话框下面的按钮 应用 。

（2）切换到“类别”中的“视图显示”选项，将“显示样式”设置为“消隐”，将“相切边显示样式”设置为“无”，然后单击对话框中的按钮 确定 ，完成三维轴测图的绘制。

（3）在绘图区单击鼠标右键，在弹出的快捷菜单中，选择“锁定视图移动”，将其设置为解锁状态。这时通过移动视图来调整视图在图纸中的相对位置。单击“基准显示”按钮 ，取消基准显示，再单击常用工具栏中的“刷新”按钮 ，完成的视图如图 3-135 所示。

8. 尺寸标注及添加中心轴线

（1）将工具栏切换到“注释”选项卡，单击选中主视图下面的“截面 *A—A*，比例 1.000”，同时按住 Ctrl 键，选中左视图下面的“截面 *B—B*”和轴测图上的“比例 1.000”（选中后，红色线框加亮显示）。单击鼠标右键弹出快捷菜单，选择快捷菜单中的“拭除”命令，如图 3-136 所示，再在绘图区中单击，将文本显示擦除。

（2）通过注释选项卡中的“显示模型注释”按钮 ，打开【显示模型注释】对话框，进行自动添加尺寸和添加轴线。对于不合理的尺寸，可以通过“使用新参照创建尺寸”按钮 进行尺寸标注，结果如图 3-137 所示。图纸底板上槽的定位尺寸“8”重复标注，在主视图中选中尺寸“8”（红色加亮显示），然后单击鼠标右键，在弹出的快捷菜单中选择“删除”命令，如图 3-138 所示。

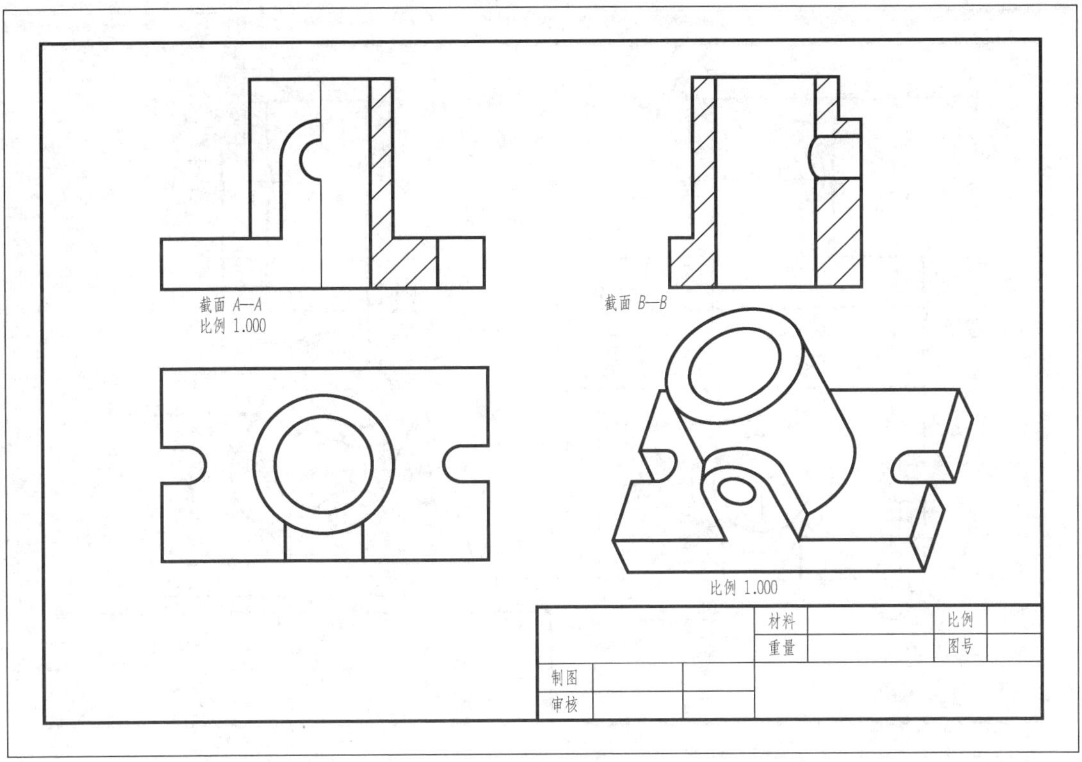

图 3-135　轴承座工程图

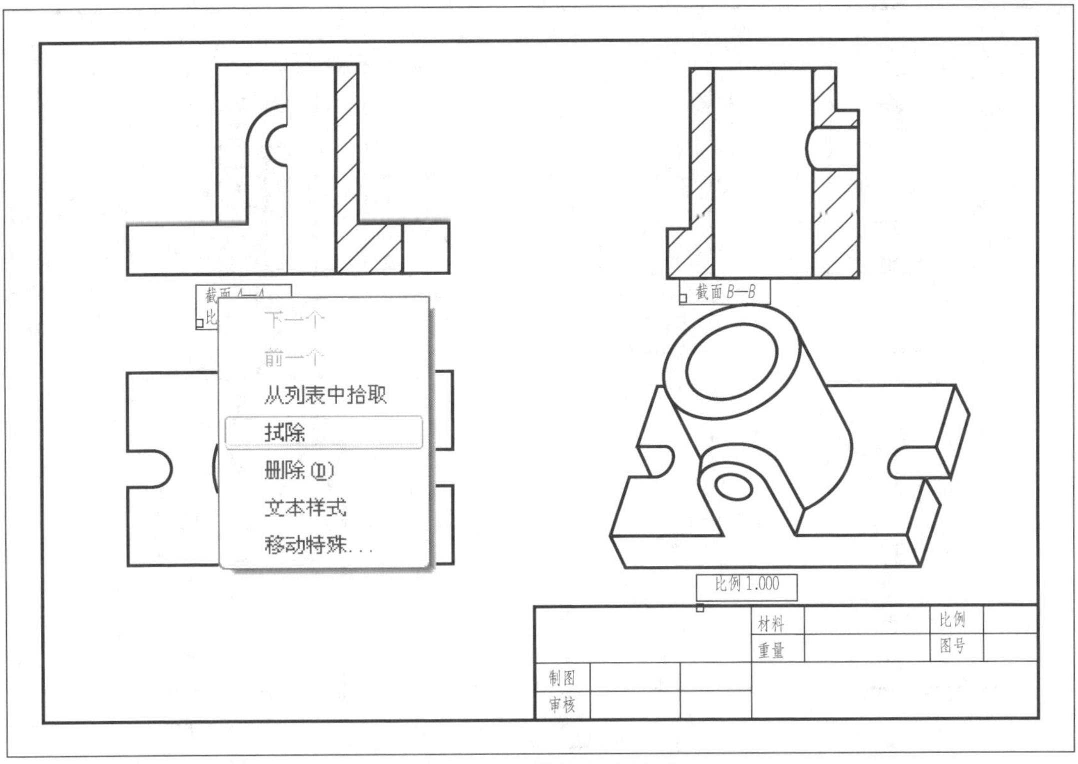

图 3-136　拭除文本显示

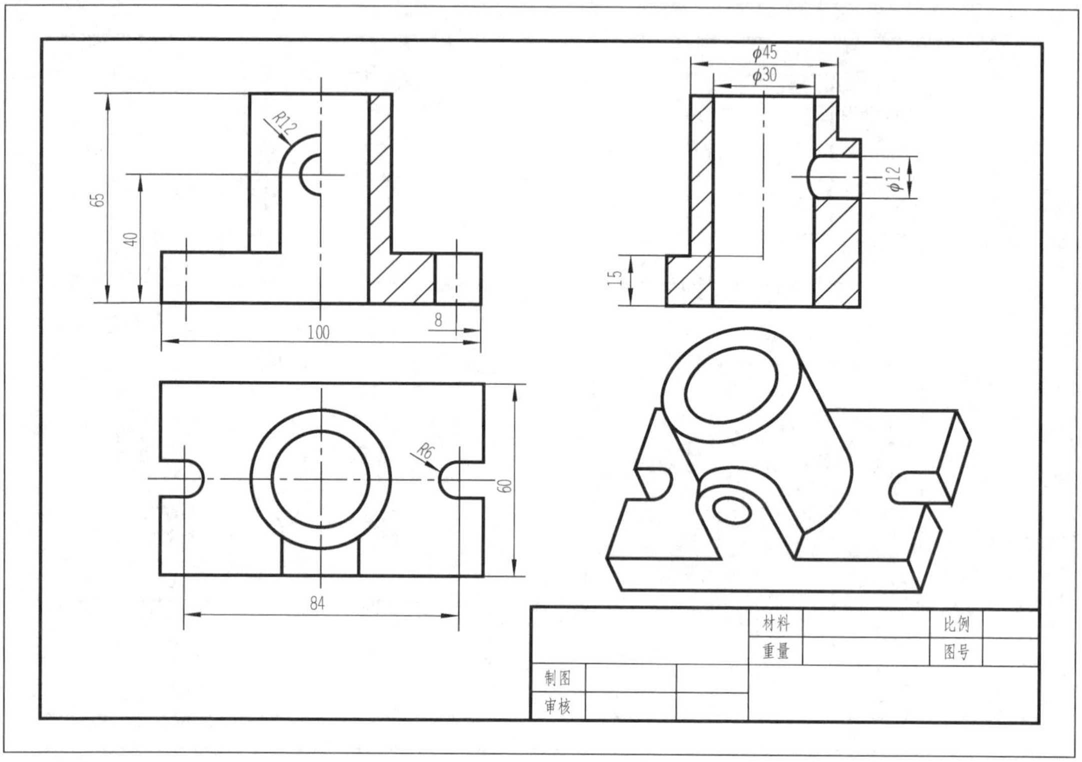

图 3 - 137　完成尺寸标注

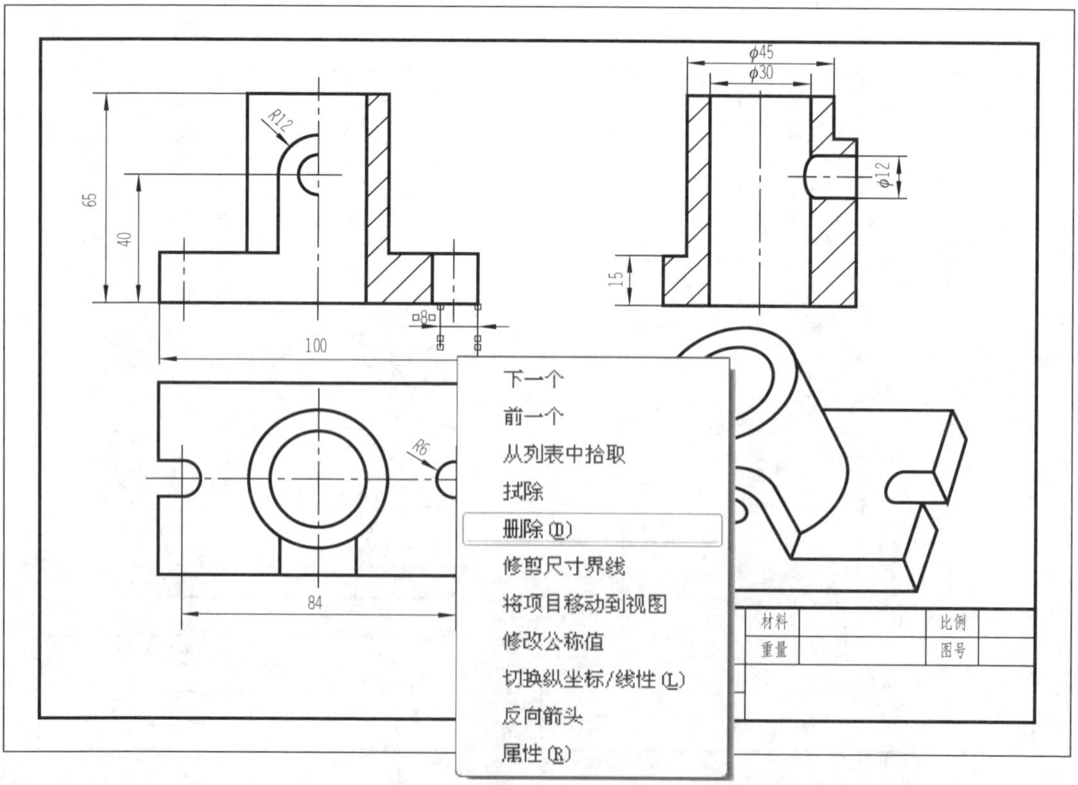

图 3 - 138　删除重复尺寸

同理，对于某一视图中的尺寸想要切换到其他视图上，同样可以选中后，单击鼠标右键，在弹出的快捷菜单中选择“将项目移动到视图”命令，如图 3-138 所示，系统提示“选取模型视图或窗口”，单击鼠标左键选择目标视图，则尺寸标注即切换至目标视图上。

(3) 对于不合理的尺寸线，单击选中，出现红色的控制点，然后按住鼠标左键，将尺寸线控制点拖动到合理的位置；对于自动添加的较短的中心线，也单击选中，出现红色加亮显示控制点，按住鼠标左键将其拖动到合适的长度。调整完毕的零件图如图 3-139 所示。

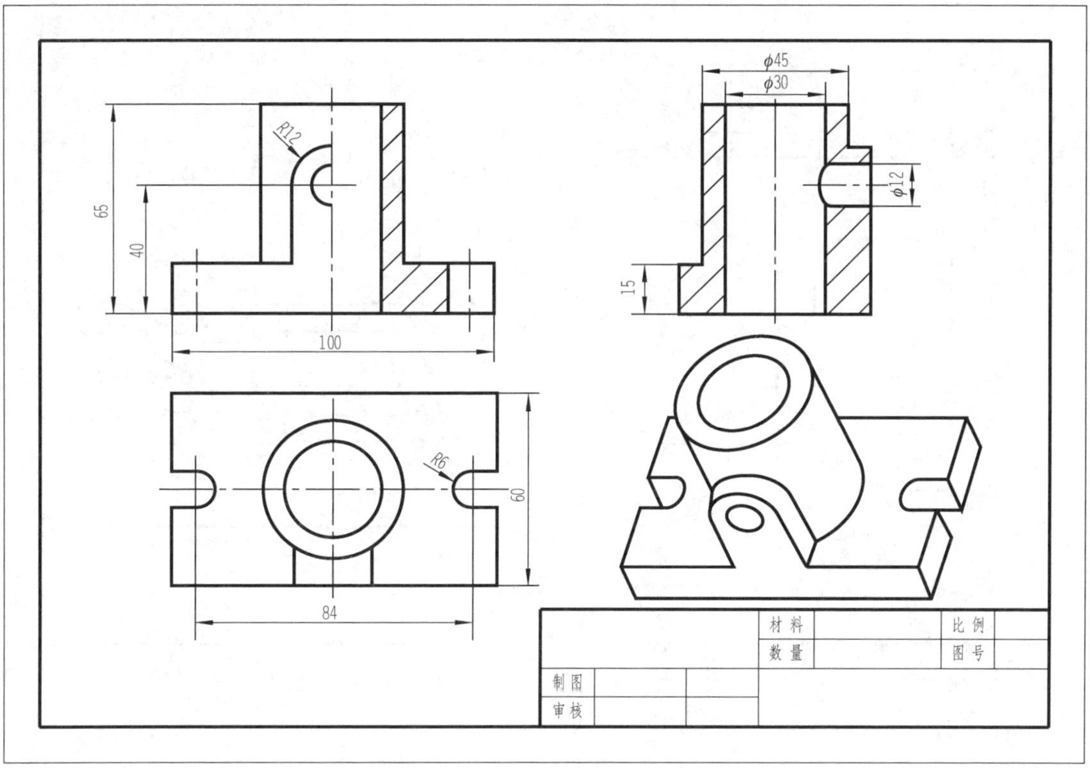

图 3-139　调整完毕的零件图

9. 填写标题栏

双击要填写的单元格，在其中输入文本，并修改文本的高度与位置，最后完成的支座工程图如图 3-127 所示。

10. 保存文件

单击常用工具栏中的“保存”按钮，保存当前文件。

11. 将工程图文件输出为 AutoCAD 图形文件 DWG 格式

选择主菜单“文件”→“保存副本”，在弹出的【保存副本】对话框中“新名称”栏中输入“zhizuo”，在“类型”栏中选择“DWG（*.dwg）”格式，然后单击【保存副本】对话框中的按钮 确定 。在接下来弹出的【DWG 的导出环境】对话框中单击按钮 确定 ，这时可在 AutoCAD 软件环境中打开“zhizuo.dwg”，进行继续编辑。

任务五　支架斜视图与局部视图的制作

【任务】 创建如图 3 - 140 所示的支架工程图。

【分析】 支架的工程图中采用了斜视图和局部视图，本任务学习斜视图和局部视图的创建方法。

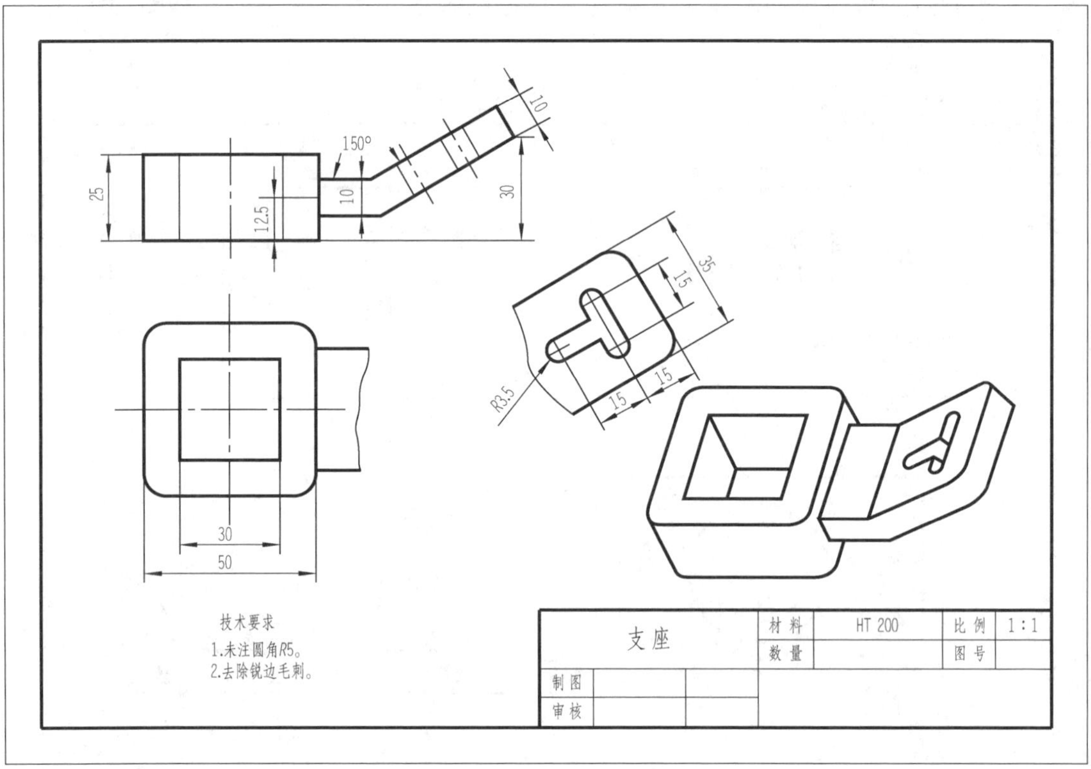

图 3 - 140　支架工程图

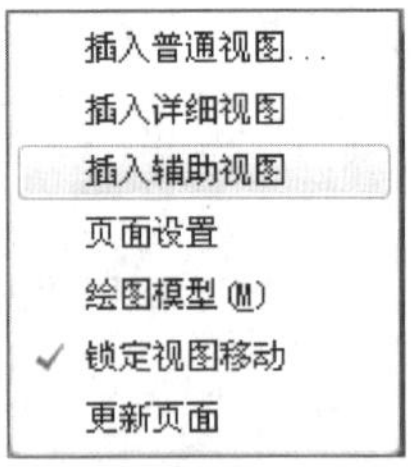

图 3 - 141　快捷菜单

一、斜视图创建方法简介

斜视图在 Pro/ENGINEER 中被称为辅助视图，当几何模型有斜面时，使用正投影法无法表达其真实的形状，这时可选择一个与机件倾斜部分相平行，并垂直于一个基本投影面的辅助投影面，将倾斜部分的结构形状向辅助投影面投影，即采用辅助视图来表达其真实的几何形状。

辅助视图的创建方法如下：

（1）在绘图区单击鼠标右键，在弹出的快捷菜单中选择“插入辅助视图”命令，如图 3 - 141 所示；或在“布局”工具栏中选择按钮“辅助...”，系统提示“在视图上选取穿过前侧曲面的轴或作为基准曲面的前侧曲面的基准平面”。

（2）在要创建斜视图的视图中选择基准面、轴、边，然后拖动鼠标将辅助视图放在图纸的合适部位，单击鼠标左键即完成斜视图的创建。

二、创建局部视图

局部视图表示将物体的某一局部区域向基本投影面投射所得到的视图，适用于当物体的形状已由基本视图表达清楚，只有局部形状需进一步表达的情况。

创建局部视图的方法如下：

首先创建基本视图，然后双击要创建局部视图的某一视图，打开【绘图视图】对话框，在【绘图视图】对话框中左侧“类别”中选择“可见区域”选项，切换到“可见区域”属性页，将“可见区域选项”的视图可见性切换为“局部视图”，如图 3-142 所示。系统提示“选取新的参照点”，在俯视图上单击选择一参照点（×形蓝色加亮显示），这时系统又提示“在当前视图上草绘样条来定义外部边界”，然后单击点选样条曲线经过的点，将要显示的部分圈起来，再单击【绘图视图】对话框中的按钮 确定 ，完成局部视图的创建。

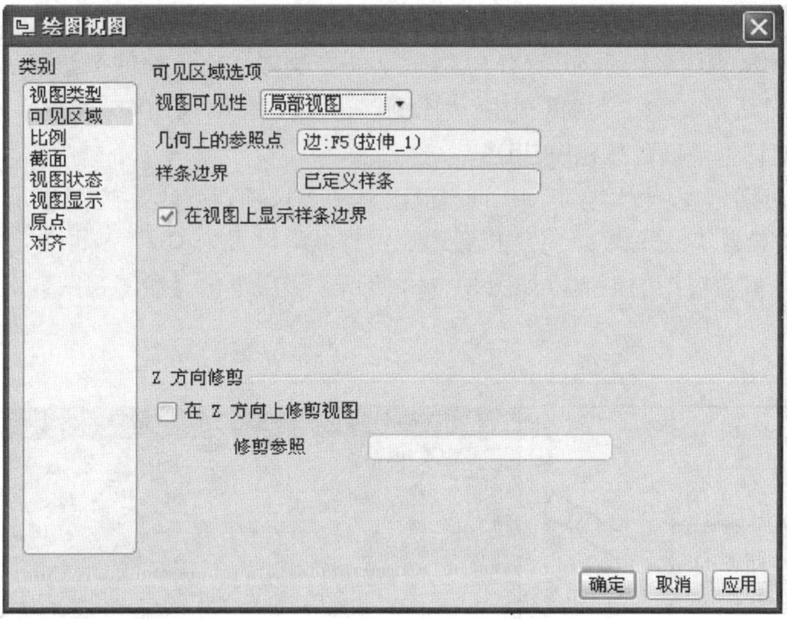

图 3-142 局部视图的设置

三、支架零件工程图的创建

1. 新建一个名为“zhijia. drw”的绘图文件

设置工作目录为“D：/EXProE5/EX03/05”。选择主菜单“文件”→“新建”，或单击“新建”按钮，打开【新建】对话框，类型选取“绘图”，输入名称“zhijia”，取消“使用缺省的模板”复选框，单击按钮 确定 。在弹出的【新建绘图】对话框中，单击“缺省模型”右侧的按钮 浏览... ，弹出【打开】对话框，选择“D：/EXProE5/EX03/05”中的“zhijia. prt”，单击【打开】对话框中的按钮 打开 。再选择【新建绘图】对话框“指定模板”为“格式为空”，单击“格式”右侧的按钮 浏览... ，在弹出的【打开】对话框中选择“D：/EXProE5/EX03/01”中的 A4 _ format. frm，然后单击【打开】对话框中的按钮 打开 ，再单击【新建绘图】对话框中的按钮 确定 ，进入 Pro/ENGINEER 的绘图界面，在绘图界面中首先加载 1 个 A4 图框及标题栏。

2. 修改系统绘图参数的配置文件

选择主菜单“文件”→“绘图选项”，弹出【选项】对话框，单击“活动绘图”右侧的打开按钮，弹出【打开】对话框，选择文件目录“D：/EXProE5/EX03/02”中的中国国家标准配置文件“China-std-2. dtl”，单击对话框中的按钮 打开 ，再单击【选项】对话框中的按钮 确定 ，完成参数的配置。

3. 创建支架主视图

（1）分别单击常用工具栏中的“基准”按钮，取消基准显示，再单击常用工具栏中的“刷新”按钮。单击工具栏“布局”选项卡中的“一般”按钮，系统信息提示区显示“选取绘制视图的中心点”，在图纸左上部的合适位置单击，则在绘图区出现零件的三维视图，并弹出【绘图视图】对话框。

（2）在“模型视图名”中选择“FRONT”，再单击对话框下面的按钮 应用 。

（3）单击对话框左侧“类别”中的“比例”选项，弹出“比例”属性页，“定制比例”为 1，再单击对话框下面的按钮 应用 。

（4）单击对话框左侧“类别”中的“视图显示”选项，弹出“视图显示”属性页，将“显示样式”设置为“隐藏线”，将“相切边显示样式”设置为“无”。再单击对话框下面的按钮 应用 ，完成主视图的创建，如图 3-143 所示，最后单击【绘图视图】对话框中的按钮 关闭 。

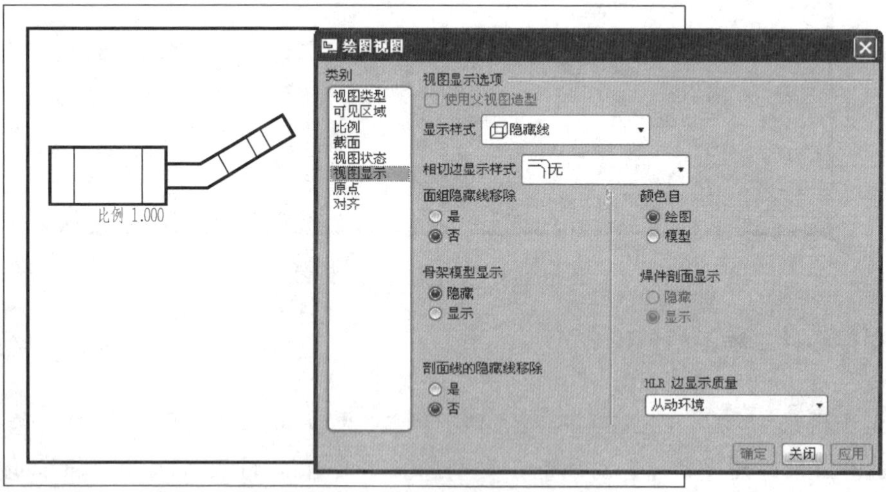

图 3-143 创建的主视图

4. 创建支架局部俯视图

（1）单击工具栏中的“投影”按钮 投影…，拖动鼠标，在图纸左下部合适的位置单击，创建俯视图。俯视图“着色”显示，双击俯视图，弹出【绘图视图】对话框，单击对话框左侧“类别”中的“视图显示”选项，弹出“视图显示”属性页，将“显示样式”设置为

“隐藏线”，将“相切边显示样式”设置为“无”。再单击对话框下面的按钮 应用 ，完成俯视图的创建，如图 3-144 所示。

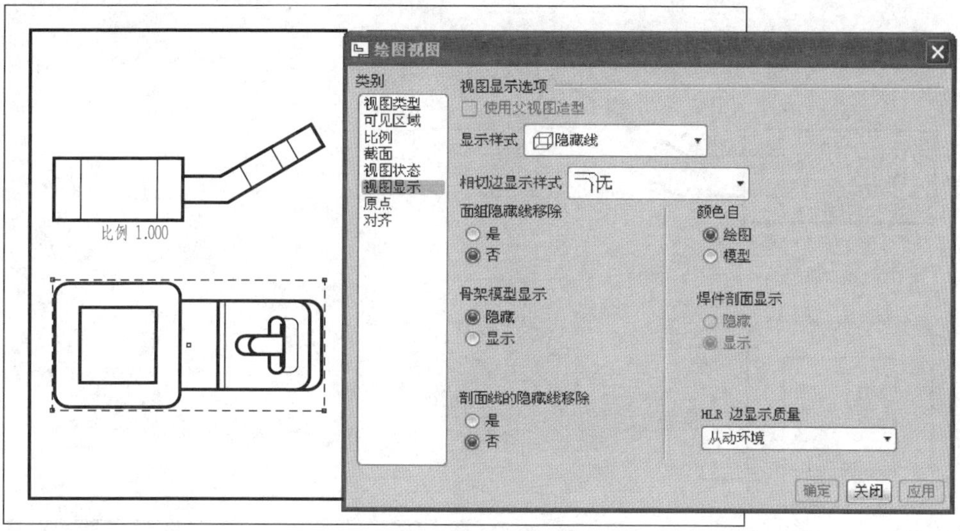

图 3-144　创建的俯视图

（2）在【绘图视图】对话框中左侧“类别”中选择“可见区域”，切换到“可见区域”属性页，将“可见区域选项”的视图可见性切换为“局部视图”，系统提示“选取新的参照点”，在俯视图上单击选择一参照点（×形蓝色加亮显示）。这时系统又提示“在当前视图上草绘样条来定义外部边界”，在俯视图中单击点选样条曲线经过的点，将要显示的部分圈起来，如图 3-145 所示。单击【绘图视图】对话框中的按钮 确定 ，完成的俯视图的局部视图如图 3-146 所示。

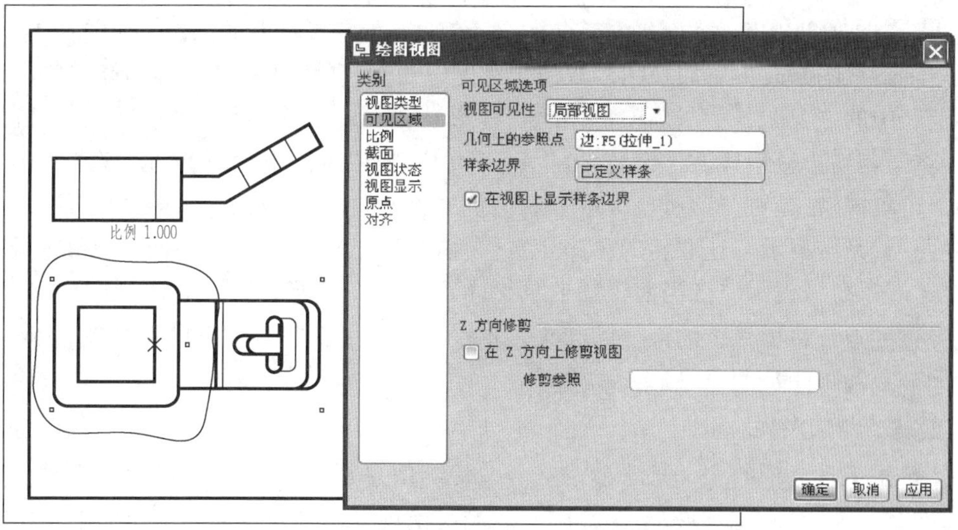

图 3-145　局部视图的设置

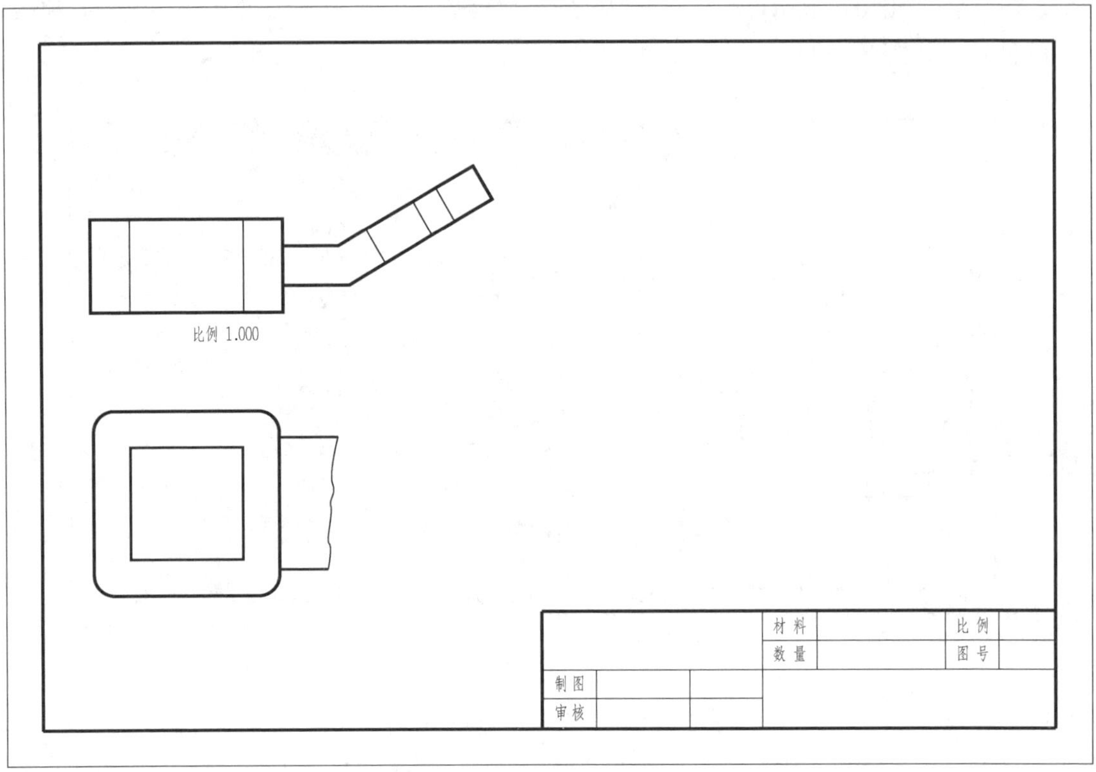

图 3-146　完成的俯视图的局部视图

5. 创建斜视图

（1）单击工具栏中的按钮 辅助...，系统提示“在主视图上选取穿过前侧曲面的轴或作为基准曲面的前侧曲面的基准平面”，在主视图中单击倾斜面的上面投影线（蓝色加亮显示），然后拖动鼠标把辅助视图放在图纸右下角的合适部位，完成斜视图的创建，如图3-147所示。

（2）将斜视图修改为局部视图。双击斜视图，打开【绘图视图】对话框，单击对话框左侧“类别”中的“视图显示”选项，弹出“视图显示”属性页，将“显示样式”设置为“隐藏线”，将“相切边显示样式”设置为“无”，再单击对话框下面的按钮 应用 。切换“类别”为“可见区域”，打开“可见区域”属性页，将“可见区域选项”的视图可见性切换为“局部视图”，系统提示“选取新的参照点”，在斜视图上单击选择一参照点（×形蓝色加亮显示）。这时系统又提示“在当前视图上草绘样条来定义外部边界”，在斜视图中单击点选样条曲线经过的点，将要显示的部分圈起来，单击【绘图视图】对话框中的按钮 确定 ，完成的斜视图的局部视图如图 3-148 所示。

6. 创建三维轴测图

（1）单击工具栏中的“一般”按钮 一般，系统信息提示区显示“选取绘制视图的中心点”，在图纸右下部的合适位置单击，则在绘图区出现零件的三维视图，并弹出【绘图视图】对话框。切换到“类别”中的“比例”选项，弹出“比例”属性页，“定制比例”为 1，再单击对话框下面的按钮 应用 。

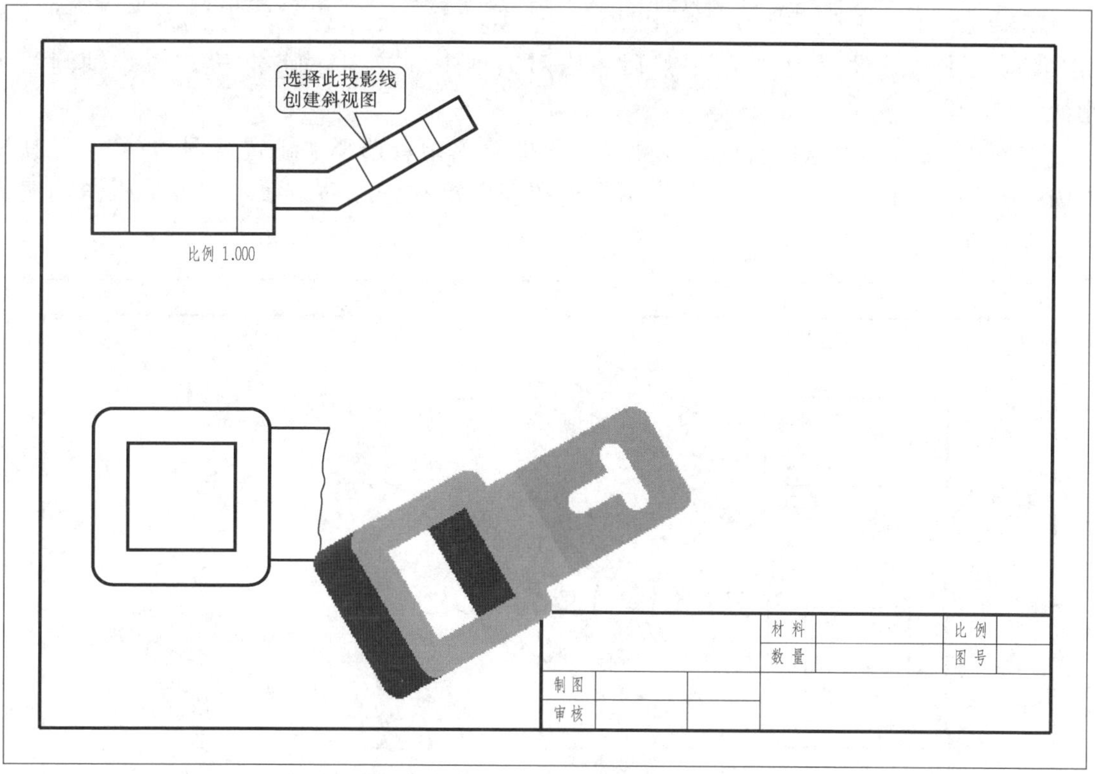

图 3-147　完成的斜视图

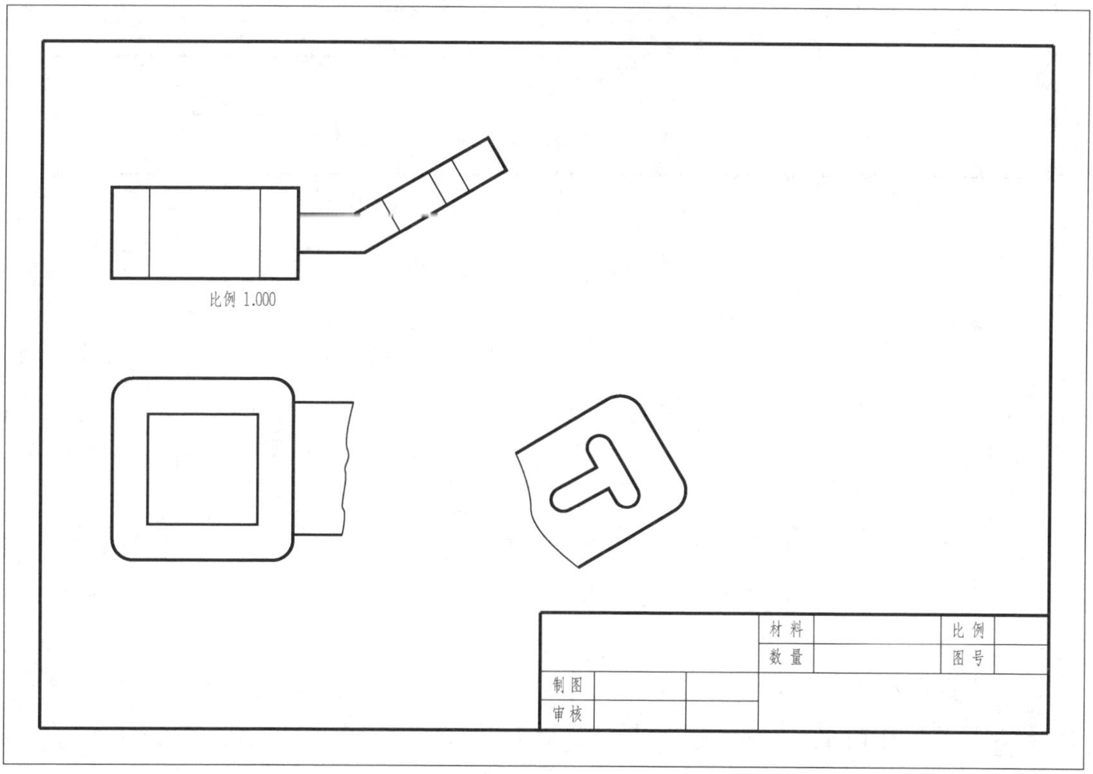

图 3-148　完成的斜视图的局部视图

（2）切换到“类别”中的“视图显示”选项，将“显示样式”设置为“消隐”，将“相切边显示样式”设置为“无”。然后单击对话框中的按钮 确定 ，完成三维轴测图的创建。

（3）在绘图区单击鼠标右键，在弹出的快捷菜单中，选择“锁定视图移动”，将其设置为解锁状态。这时通过移动视图来调整视图在图纸中的相对位置，完成的视图创建如图 3-149 所示。

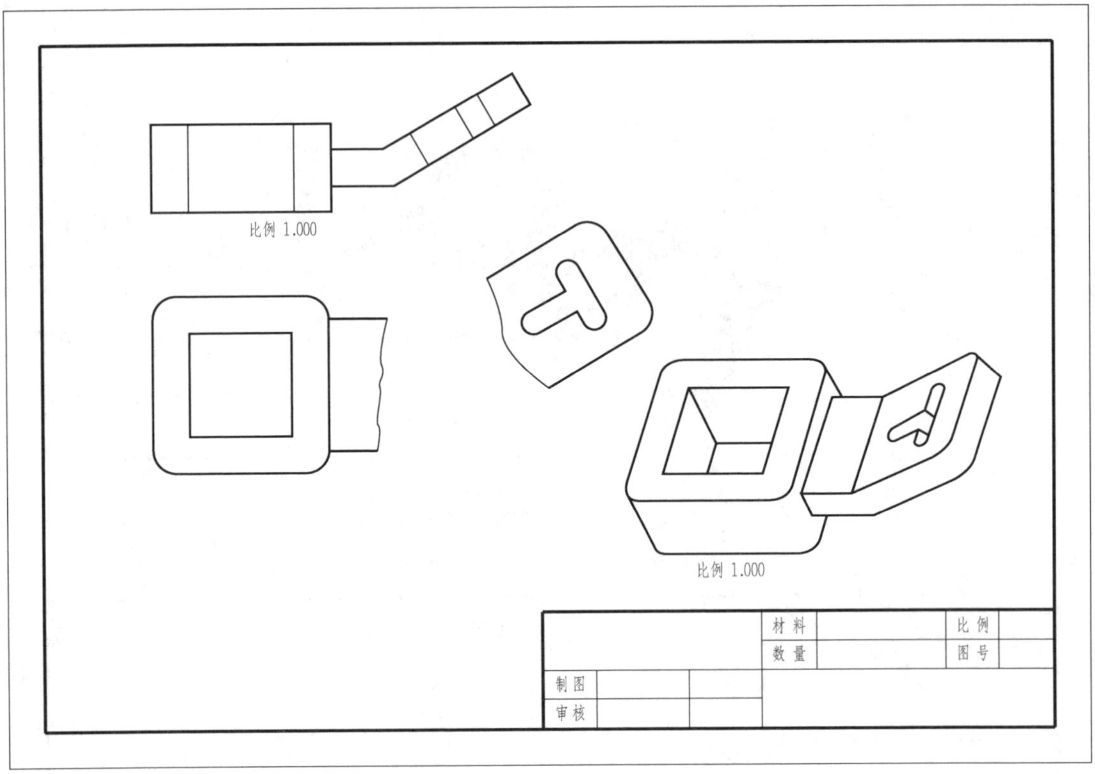

图 3-149 工程图创建结果

7. 尺寸标注、中心轴线及技术要求

（1）将工具栏切换到“注释”选项卡，单击选中主视图下面的“比例 1.000”，同时按住 Ctrl 键，选中轴测图上的“比例 1.000”（选中后，红色线框加亮显示），单击鼠标右键弹出快捷菜单，选择快捷菜单中的“拭除”命令，再在绘图区中单击，将文本显示擦除。

（2）通过注释选项卡中的“显示模型注释”按钮，打开【显示模型注释】对话框，进行自动添加尺寸，对于不合理的尺寸可以通过“使用新参照创建尺寸”按钮进行尺寸标注。

（3）对于本支架工程图中的轴线，可通过在“zhijia.prt”零件图中创建出来，再通过“显示模型注释”按钮，在【显示模型注释】对话框中切换到“创建轴”选项卡，进行自动添加。

（4）对于不合理的尺寸线，单击选中，出现红色的控制点，然后按住鼠标左键，将尺寸线控制点拖动到合理的位置；对于自动添加的较短的中心线，也单击选中，出现红色加亮显示控制点，按住鼠标左键将其拖动到合适的长度。

（5）单击工具栏中的“创建注解”按钮，创建技术要求：“技术要求：1. 未注圆角 $R5$。2. 去除锐边毛刺。”。

（6）完成尺寸标注、轴线添加及技术要求的支架零件图，如图 3-150 所示。

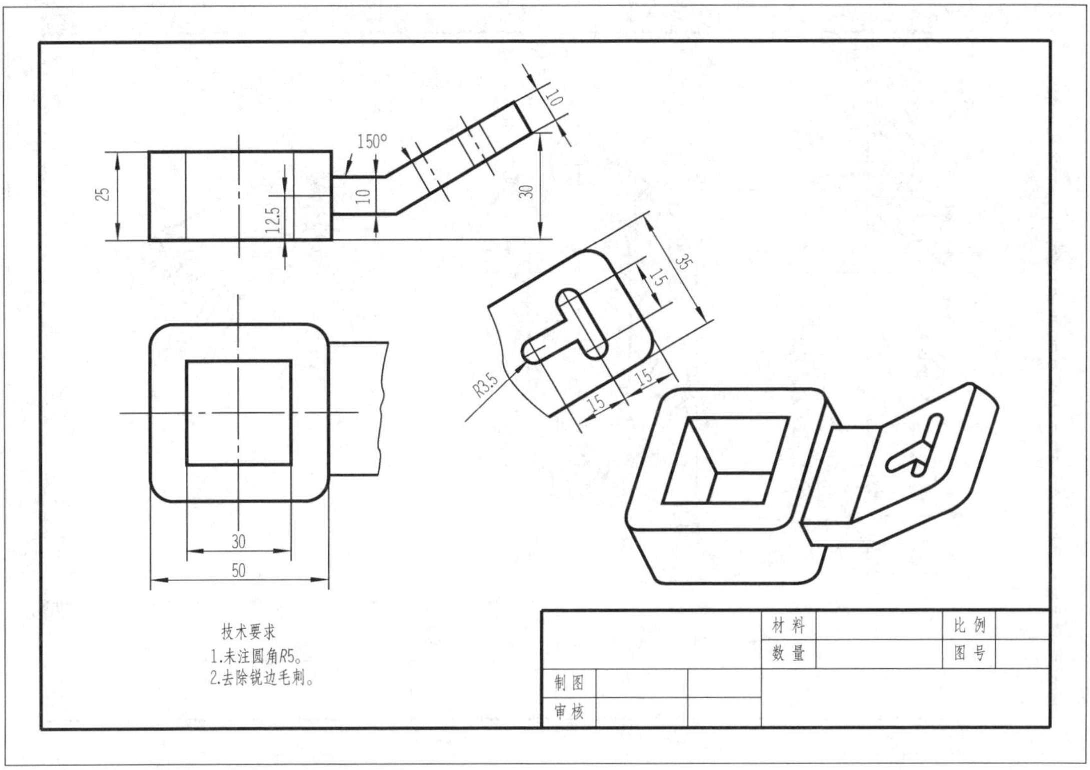

图 3-150　完成的支架零件图

8. 填写标题栏

双击要填写的单元格，在其中输入文本，并修改文本的高度与位置，最后完成的支架工程图如图 3-140 所示。

9. 保存文件

单击常用工具栏中的“保存”按钮，保存当前文件。

10. 将工程图文件输出为 AutoCAD 图形文件 DWG 格式

选择主菜单“文件”→“保存副本”，在弹出的【保存副本】对话框中“新名称”栏中输入“zhijia”，在“类型”栏中选择“DWG（*.dwg）”格式。然后单击【保存副本】对话框中的按钮 确定 ，在接下来弹出的【DWG 的导出环境】对话框中单击按钮 确定 。这时可在 AutoCAD 软件环境中打开“zhijia.dwg”，继续进行编辑。

任务六　泵盖旋转剖视图的制作

【任务】 创建如图 3 - 151 所示的泵盖零件工程图。

【分析】 泵盖零件的工程图中主视图采用了旋转剖视图，本任务学习旋转剖视图的创建方法。

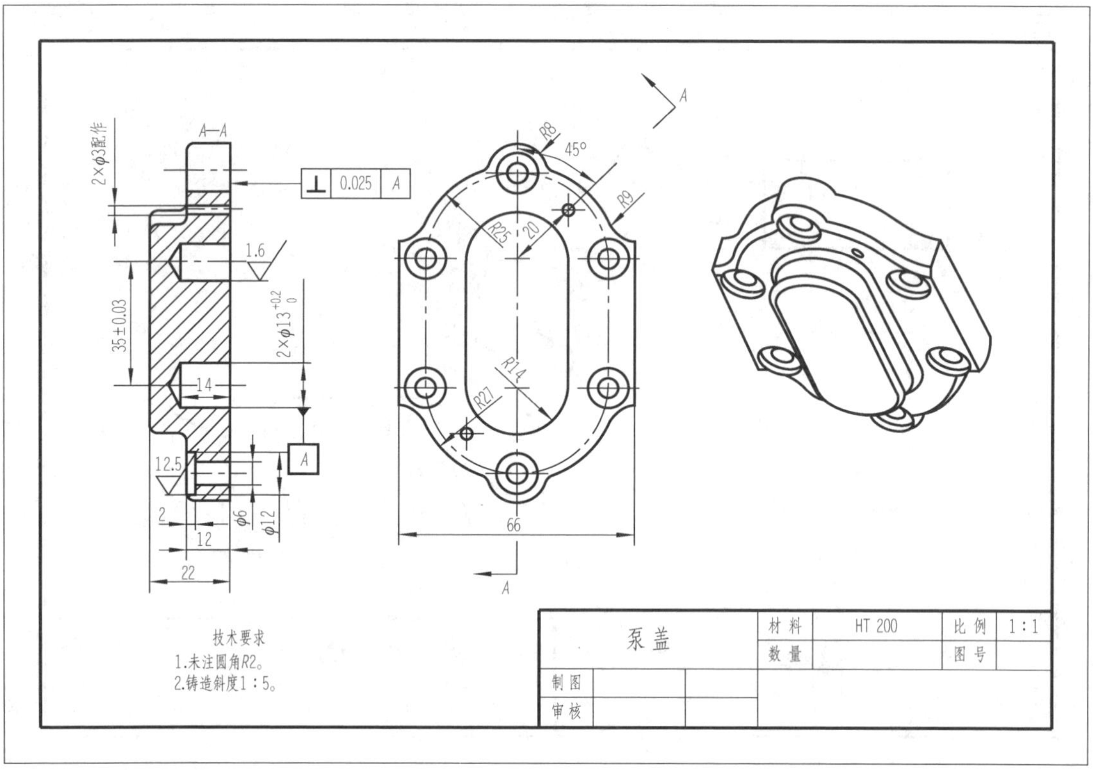

图 3 - 151　泵盖零件的工程图

一、旋转剖视图的创建方法

剖截面可以先在三维零件中创建（需赋予剖面名称），然后在工程图中，调出该剖面图，或直接在工程图中产生剖截面，制作旋转剖视图。

旋转剖视图的创建方法如下：

（1）双击要创建旋转剖视图的主视图，打开【绘图视图】对话框。在“类别”中选择“截面”，剖面选项中选择“2D 剖面”。

（2）单击“添加”按钮，从“名称”列表中选择“创建新”截面选项，同时弹出“剖截面创建”菜单，在菜单中选择“偏移”→“双侧”→“单一”→“完成”，如图 3 - 152 所示。这时弹出【输入剖面名】对话框，输入完毕，单击对话框中的“接受”按钮，又弹出“设置草绘平面”菜单和【选取】对话框，如图 3 - 153 所示。这时选择零件的前面作为草绘平面，如图 3 - 154 所示，再选择“设置草绘平面”方向菜单中的“确定”命令，如图 3 - 155 所示。最后选择“设置草绘平面”草绘视图参照菜单中的“缺省”命令，如图 3 - 156

所示，系统进入二维草绘模式。

(3) 在草绘模式下绘制如图 3-157 所示的 2 条直线，单击草绘工具栏中的“完成”按钮 ✓。在【绘图视图】对话框中的“剖切区域”中选择“全部对齐”，这时系统提示“选取轴”，选择主视图中的 A _ 1 轴线，再单击对话框中的按钮 应用，完成的旋转剖视图如图3-158 所示。

图 3-152 “剖截面创建”菜单

图 3-153 选择草绘平面

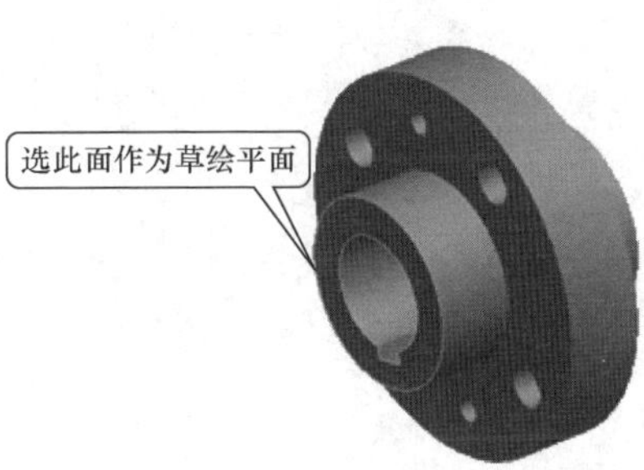

图 3-154 选择零件的前面作为草绘平面

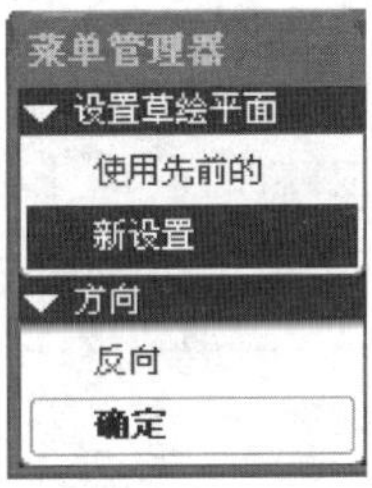

图 3-155 “设置草绘平面”方向菜单

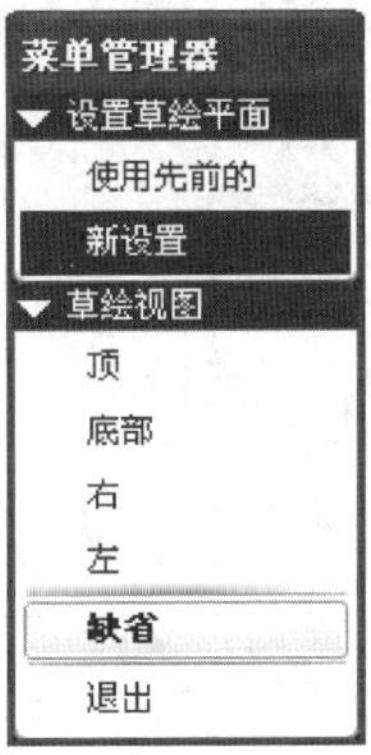

图 3-156 “设置草绘平面”视图参照菜单

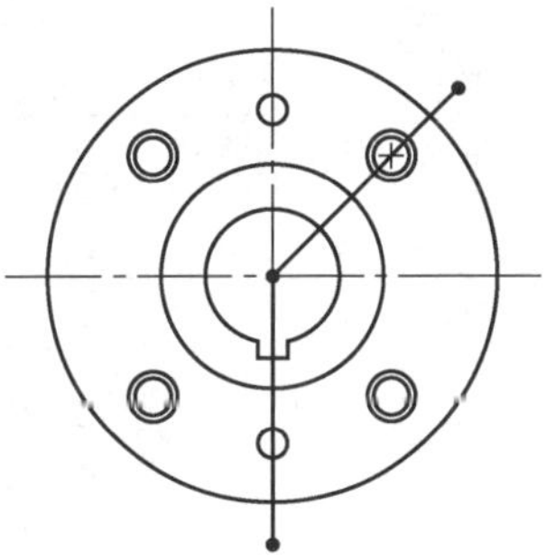

图 3-157 草绘 2 条直线

(4) 添加箭头。向右拖动【绘图视图】对话框中的“滑块”至最右端“箭头显示”栏中，在栏中单击，系统提示“给箭头选出一个截面在其处垂直的视图。中键取消”，单击左视图，再单击对话框中的按钮 应用，添加的箭头如图 3-159 所示。至此完成剖视图的创建。

二、泵盖工程图的创建

1. 新建一个名为“benggai. drw”的绘图文件

设置工作目录为“D：/EXProE5/EX03/06”。选择主菜单“文件”→“新建”，或单击“新建”按钮，打开【新建】对话框，类型选取“绘图”，输入名称“benggai”，取消

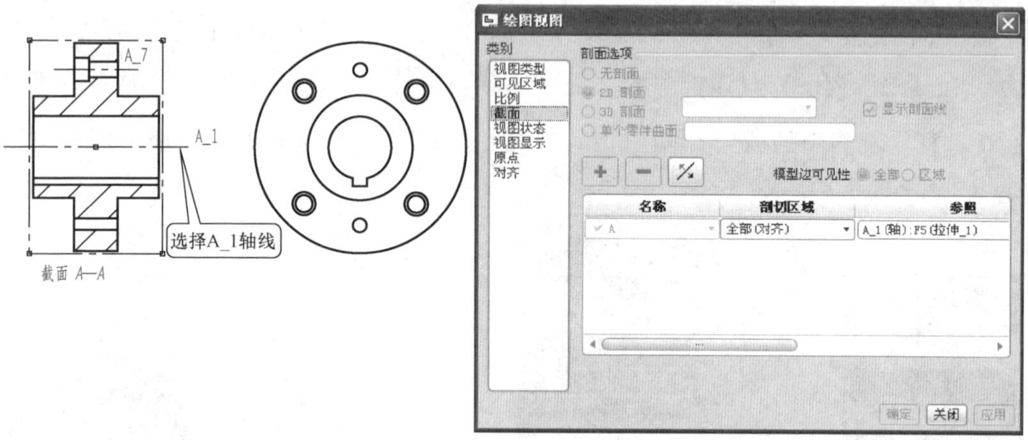

图 3 - 158　创建旋转剖视图

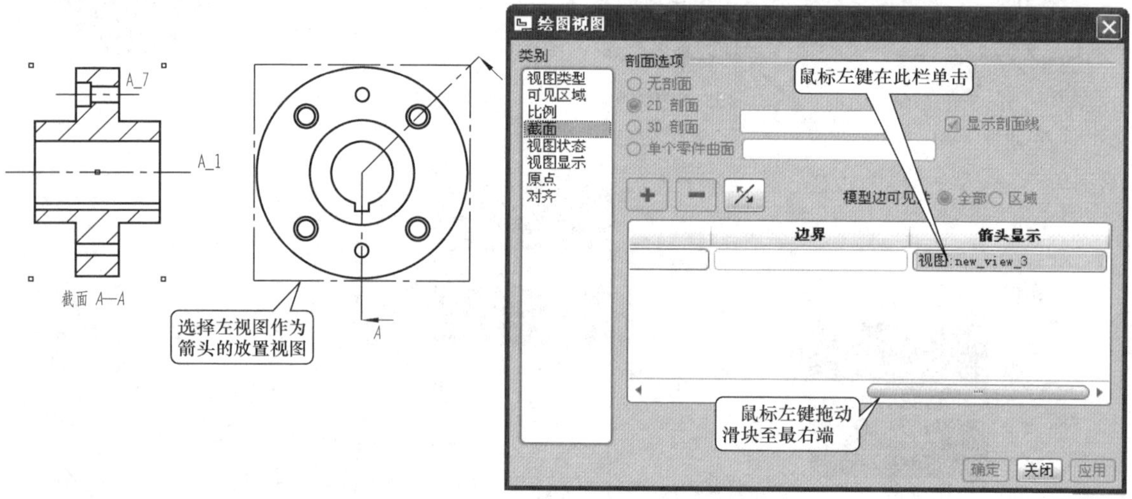

图 3 - 159　添加箭头

"使用缺省的模板"复选框，单击按钮 确定 。在弹出的【新建绘图】对话框中，单击"缺省模板"右侧的按钮 浏览... ，弹出【打开】对话框，选择"D：/EXProE5/EX03/06"中的"benggai. prt"，单击【打开】对话框中的按钮 打开 。再选择【新建绘图】对话框"指定模板"为"格式为空"，单击"格式"右侧的按钮 浏览... ，在弹出的【打开】对话框中选择"D：/EXProE5/EX03/01"中的 A4 _ format. frm。然后单击【打开】对话框中的按钮 打开 ，再单击【新建绘图】对话框中的按钮 确定 ，进入 Pro/ENGINEER 的绘图界面，在绘图界面中首先加载 1 个 A4 图框及标题栏。

2. 修改系统绘图参数的配置文件

选择主菜单"文件"→"绘图选项"，弹出【选项】对话框，单击"活动绘图"右侧的打开按钮，弹出【打开】对话框，选择文件目录"D：/EXProE5/EX03/02"中的中国国家标准配置文件“China-std-2.dtl”，单击对话框中的按钮 打开 ，再单击【选项】对话框中的按钮 确定 ，完成参数的配置。

3. 创建泵盖主视图

(1) 单击“基准显示”按钮，取消基准显示，再单击常用工具栏中的“刷新”按钮。单击工具栏“布局”选项卡中的“一般”按钮，系统信息提示区显示“选取绘制视图的中心点”，在图纸左上部的合适位置单击，则在绘图区出现零件的三维视图，并弹出【绘图视图】对话框。

(2) 在“模型视图名”中选择“RIGHT”，再单击对话框下面的按钮 应用 。

(3) 单击对话框左侧“类别”中的“比例”选项，弹出“比例”属性页，接受“页面缺省比例(1.000)”，再单击对话框下面的按钮 应用 。

(4) 单击对话框左侧“类别”中的“视图显示”选项，弹出“视图显示”属性页，将“显示样式”设置为“消隐”，将“相切边显示样式”设置为“无”。再单击对话框下面的按钮 应用 ，完成主视图的创建，如图 3-160 所示，最后单击【绘图视图】对话框中的按钮 关闭 。

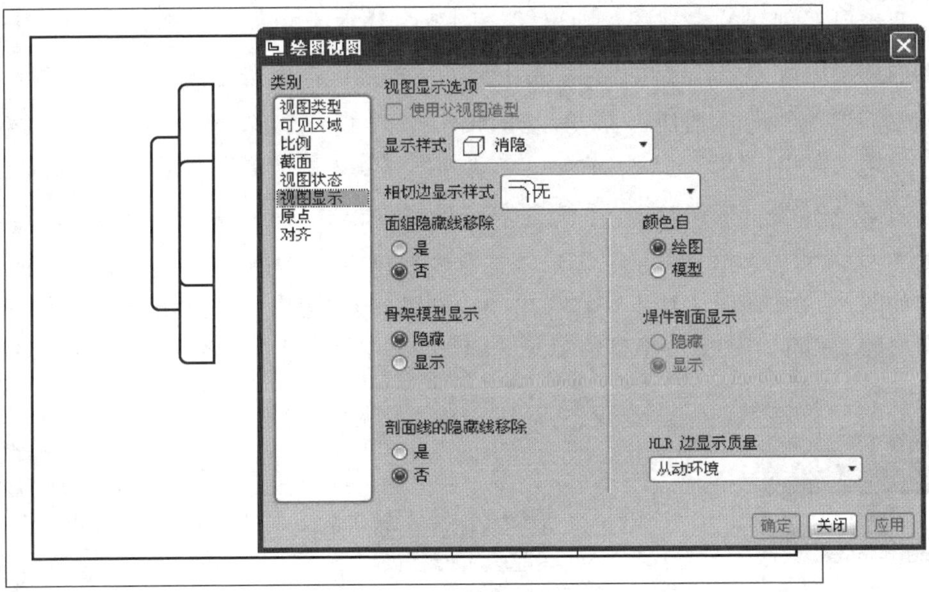

图 3-160　创建的主视图

4. 创建泵盖左视图

单击工具栏中的“投影”按钮 投影...，拖动鼠标，在图纸右边合适的位置单击，创建左视图。左视图“着色”显示，双击左视图，弹出【绘图视图】对话框，单击对话框左侧“类别”中的“视图显示”选项，弹出“视图显示”属性页，将“显示样式”设置为“消隐”，将“相切边显示样式”设置为“无”。再单击对话框下面的按钮 应用 ，完成的左视图如图 3-161 所示，再单击【绘图视图】对话框中的按钮 关闭 。

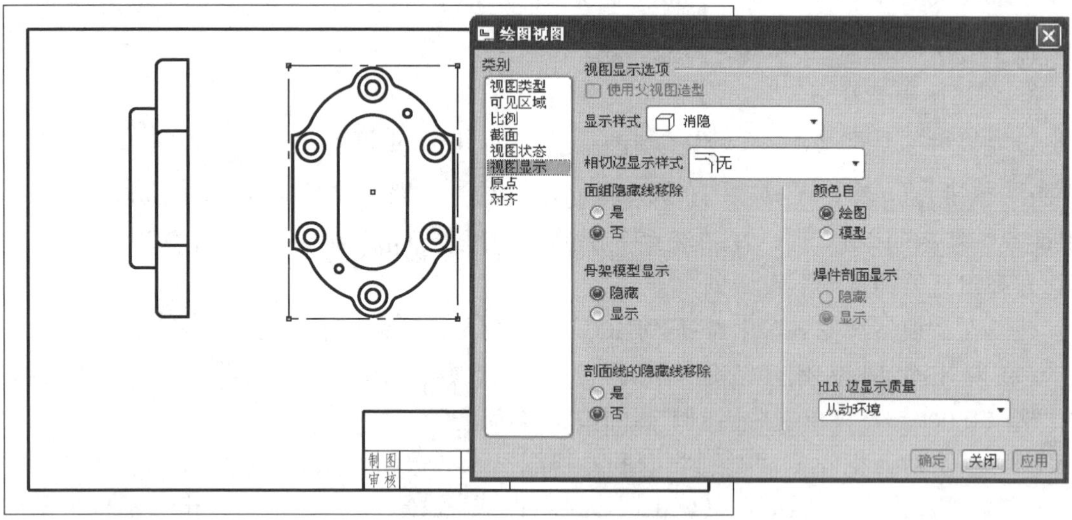

图 3-161　完成的左视图

5. 主视图修改为旋转剖视图

（1）双击已经创建的主视图，弹出【绘图视图】对话框，将“类型”切换为“截面”，再将“剖面选项”改为“2D 剖面”。单击下面的“添加”截面按钮，截面名称为“创建新”，同时弹出“剖截面创建”菜单，如图 3-162 所示。选择“偏移”→“双侧”→“单一”，再单击菜单中的“完成”命令，系统弹出【输入剖面名】对话框，在对话框中输入“A”后，单击“接受”按钮。系统进入三维零件模式，同时弹出“设置草绘平面”菜单，如图 3-163 所示，信息提示区提示“选取或创建一个草绘平面”，选零件的前面作为草绘平面，如图 3-164 所示。接下来在弹出的“设置草绘平面”方向菜单和“设置草绘平面”草绘视图参照菜单中，依次选择菜单中的“确定”→“缺省”，如图 3-165 所示，系统进入草绘模式。

图 3-162　“剖截面创建”菜单

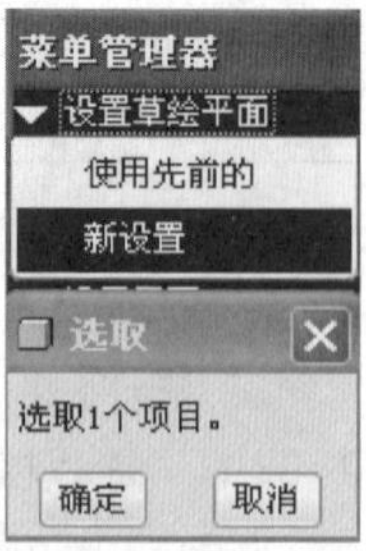

图 3-163　“设置草绘平面”菜单

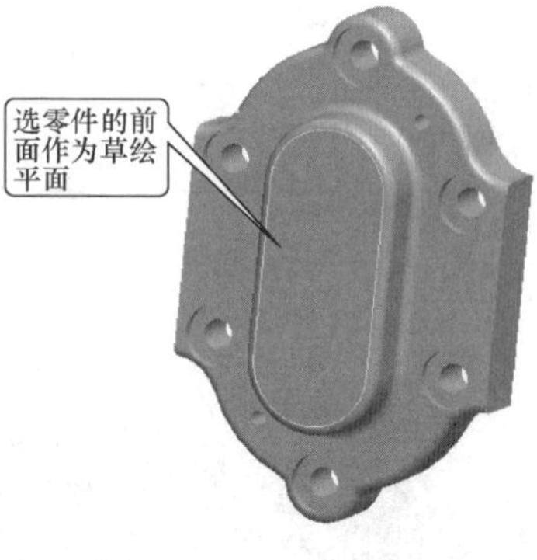

图 3-164　选草绘平面

（2）在草绘模式中，绘制如图 3-166 所示的 2 条直线，单击草绘工具栏中的“完成”按钮，退出草绘模式。

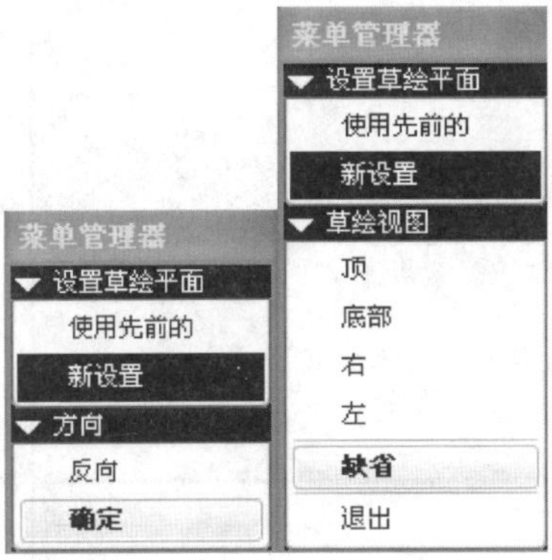

图 3-165　“设置草绘平面”方向及参照菜单

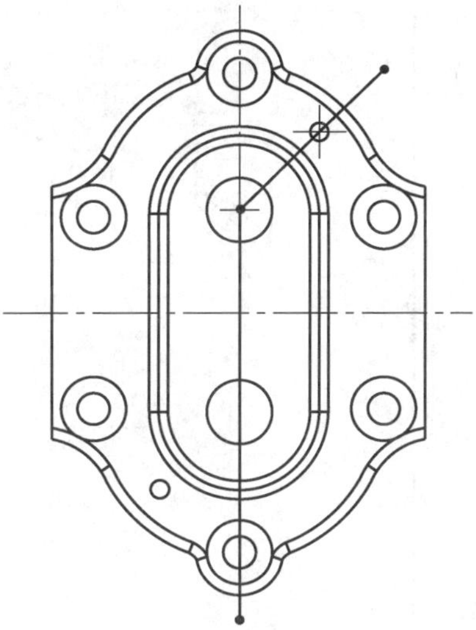

图 3-166　草绘 2 条直线

(3) 单击【绘图视图】对话框中的按钮 应用 ，完成的旋转剖主视图如图 3-167 所示，再单击【绘图视图】对话框中的按钮 关闭 。

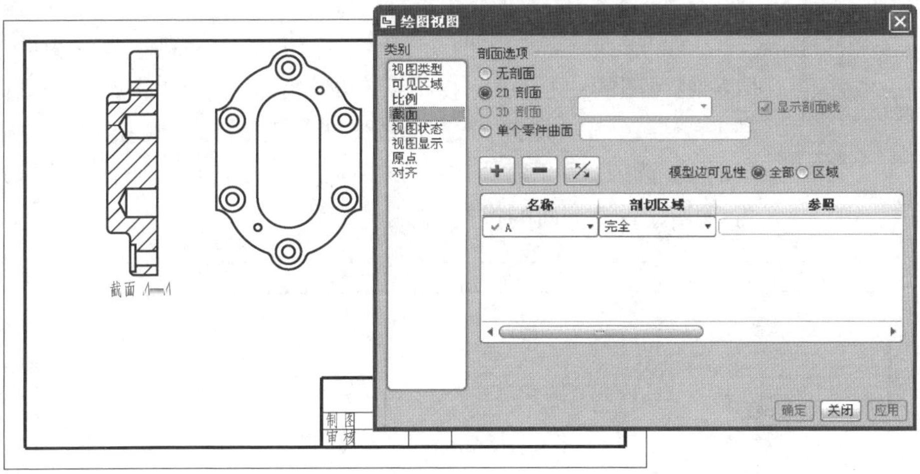

图 3-167　完成的旋转剖主视图

(4) 添加箭头。选择主菜单“文件”→“绘图选项”，打开【选项】对话框，将“crossec _ arrow _ style”的值设置为“tail _ online”，将“cutting _ line”的值设置为“std _ gb”，再单击对话框中的按钮 确定 。

选中旋转剖视的主视图，单击鼠标右键，在弹出的快捷菜单中选择“添加箭头”命令，如图 3-168 所示。这时弹出【选取】对话框，如图 3-169 所示，信息提示区提示“给箭头选出一个截面在其处垂直的视图。中键取消”，在绘图区单击选择左视图（左视图蓝色加亮显示），完成箭头的添加，如图 3-170 所示。

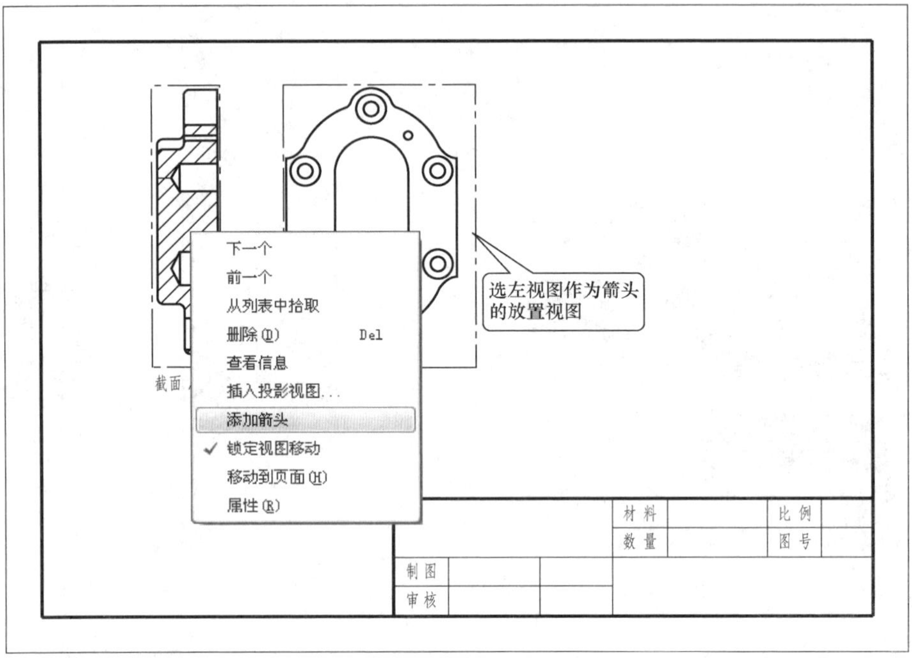

图 3-168　用快捷菜单添加箭头

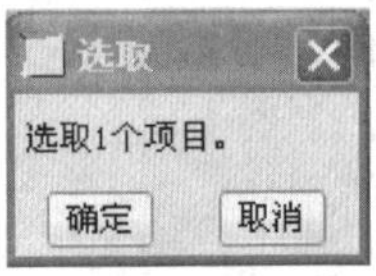

图 3-169　【选取】对话框

6. 创建三维轴测图

（1）单击工具栏中的“一般”按钮，系统信息提示区显示“选取绘制视图的中心点”，在图纸右部的合适位置单击，在绘图区出现零件的三维视图，并弹出【绘图视图】对话框，切换到“类别”中的“比例”选项，弹出“比例”属性页，接受“页面缺省比例（1.000）”，再单击对话框下面的按钮 应用 。

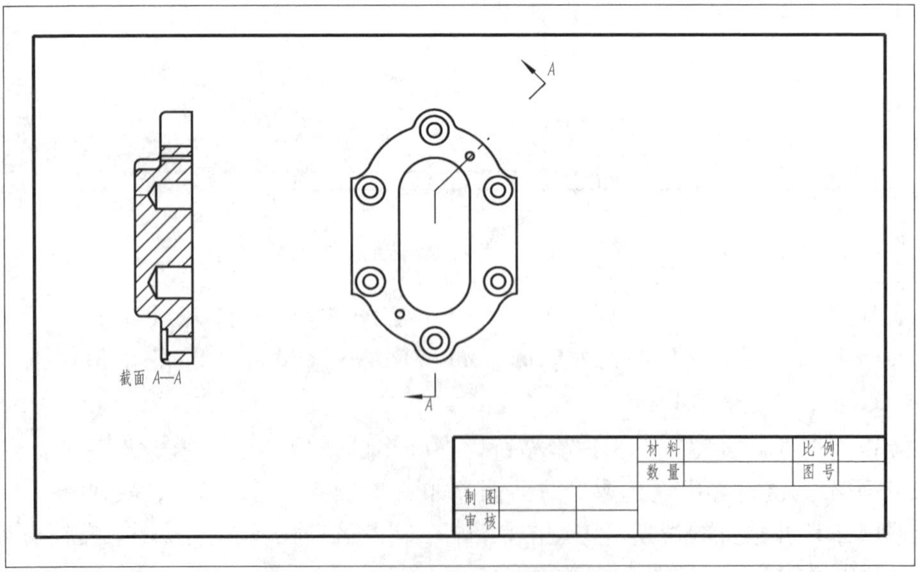

图 3-170　完成箭头添加

（2）切换到“类别”中的“视图显示”选项，将“显示样式”设置为“消隐”，将“相切边显示样式”设置为“缺省”，然后单击对话框中的按钮 确定 ，完成三维轴测图的绘制，如图 3 - 171 所示。

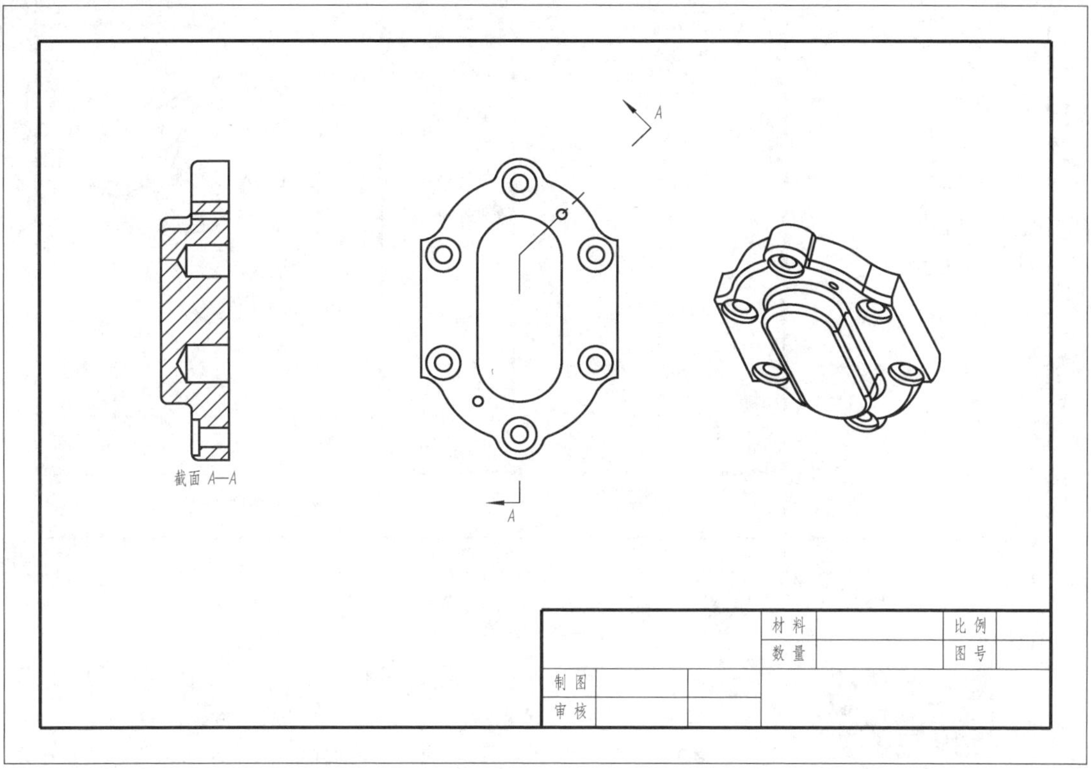

图 3 - 171 完成的三维轴测图

（3）将工具栏切换到“注释”选项卡，单击选中主视图下面的“截面 A—A”（选中后，红色线框加亮显示），这时鼠标“十”字显示，按住鼠标左键将其拖动到主视图的上方。然后单击鼠标右键，在弹出的快捷菜单中选择“属性”，打开【注解属性】对话框，在“文本”选项卡中，将“截面”两个字删除，如图 3 - 172 所示，然后单击对话框中的按钮 确定 。另外，对于文字“截面 A _ A”还可通过选择主菜单“文件”→“绘图选项”，打开【选项】对话框，将“view _ note”值设置为“std _ din ”，则不会显示“截面”二字，将“default _ view _ label _ placement”的值设置为“top _ center”，则可将文字从视图下方移动到视图上方正中间。

（4）从图中可见，轴测图有多余的线条显示。将工具栏切换到“布局”选项卡，单击修改元件“边的显示”按钮 边显示... ，弹出“边显示”菜单，如图 3 - 173 所示，选择“拭除直线”→“切线缺省”→“任意视图”，系统提示“选取边”，在绘图区中按住 Ctrl 键选择图 3 - 174 所示直线，再单击“边显示”菜单中的“完成”命令。

7. 尺寸标注、添加中心轴线、粗糙度及偏差

（1）草绘标注参照曲线。将工具栏切换到“草绘”选项卡，选择“3 点圆弧”按钮 ，弹出【捕捉参照】对话框，如图 3 - 175 所示，单击对话框中的“选取”按钮 ，弹出【选取】

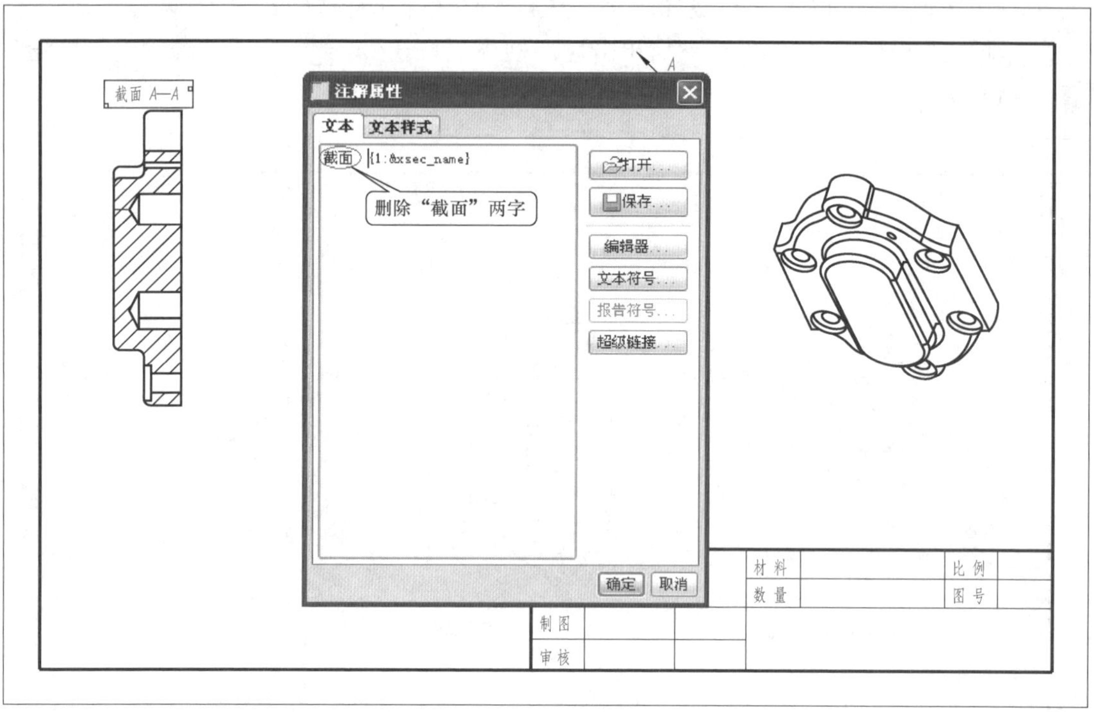

图 3-172 注解修改

图 3-173 “边显示”菜单

对话框，再选择左视图上部的三个同心圆中小圆的圆心作为参照。再单击【选取】对话框中的按钮 确定，这时光标呈“2条相交直线”显示，先在左边小圆圆心上单击，再在右边小圆圆心上单击，最后在上面小圆圆心单击，如图3-176所示，完成圆弧的绘制。同理，绘制另一端圆弧，再用“直线”工具 草绘 2 条直线。最后单击【捕捉参照】对话框中的按钮 关闭 。

（2）修改线型。按住 Ctrl 键，选择刚刚绘制的 2 个圆弧和 2 条直线，单击鼠标右键，在快捷菜单中选择“线造型”命令，弹出【修改线造型】对话框，如图 3-177 所示。在“属性”栏中将线型“实线”修改为“CTRLFONT _ S _ L”，单击对话框中的按钮 应用 ，完成修改后，再单击对话框中的按钮 关闭 。

（3）将工具栏切换到“注释”选项卡，通过注释选项卡中的“显示模型注释”按钮 ，打开【显示模型注释】对话框，进行自动添加尺寸和添加轴线，对于不合理的尺寸可以通过“使用新参照创建尺寸”按钮 进行尺寸标注，并调整视图及尺寸线和中心线。再添加粗糙度及偏差，结果如图 3-178 所示。

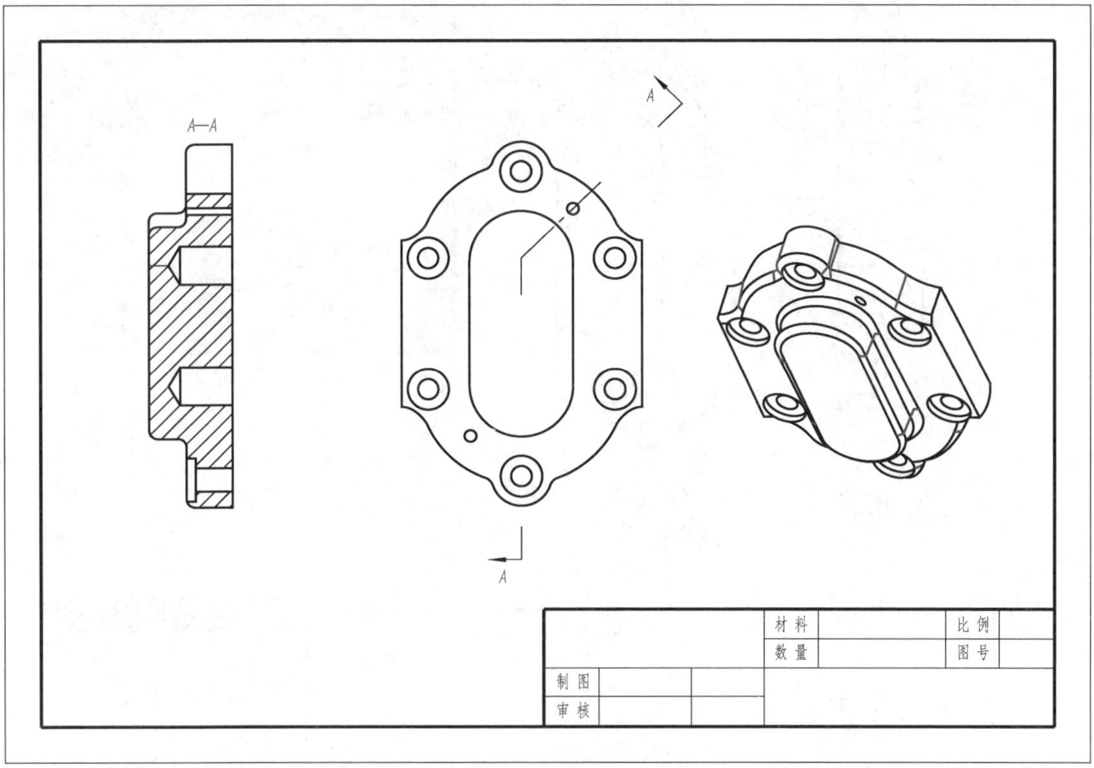

图 3 - 174　选择要拭除的边

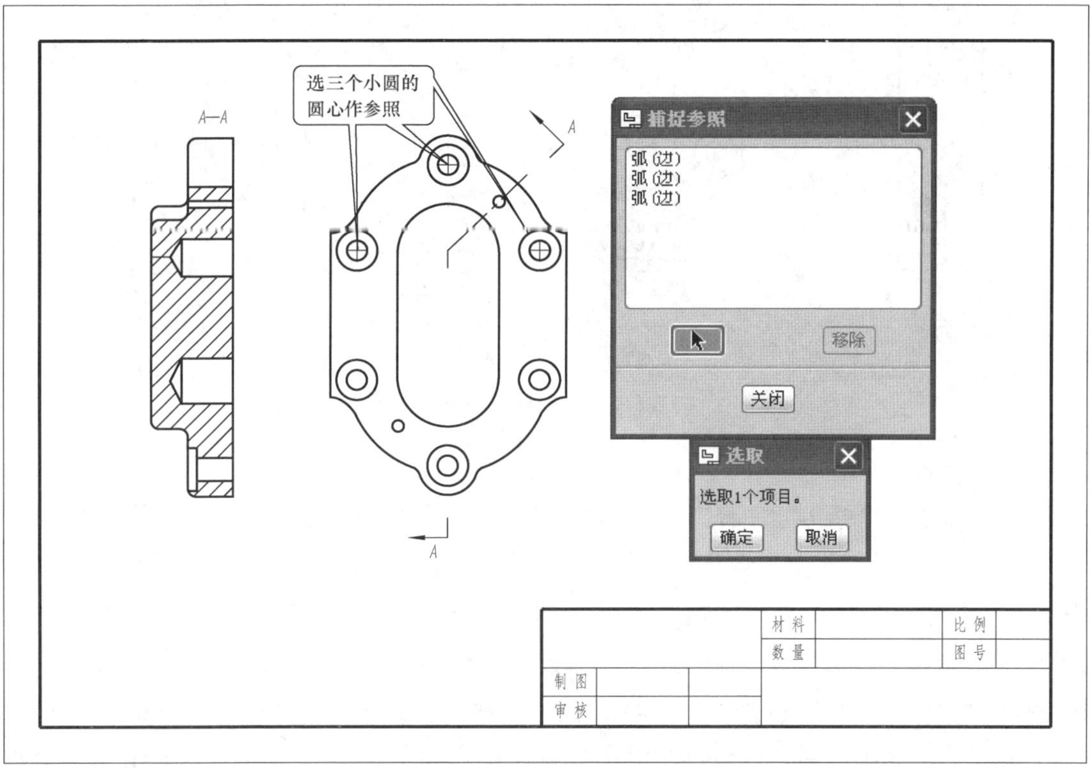

图 3 - 175　选取圆弧的圆心作为参照

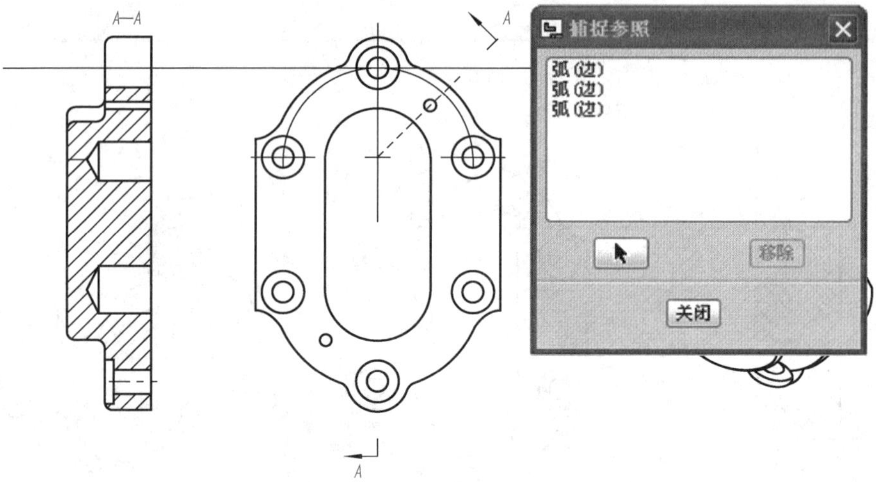

图 3-176 草绘圆弧

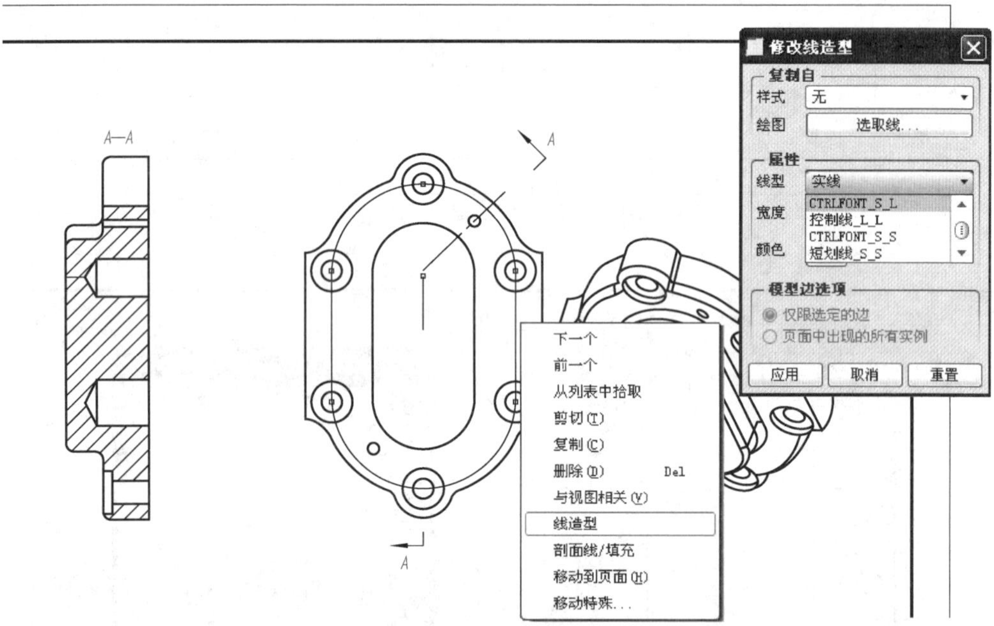

图 3-177 修改线型

8. 添加几何公差

（1）添加基准。单击“注释”工具栏中“插入”右侧的“下拉”按钮，打开插入工具栏，如图 3-179 所示，单击 模型基准平面右侧的“下拉”钮，打开基准工具栏，如图 3-180 所示，选择“基准轴”工具按钮 模型基准轴，弹出【基准轴】对话框，如图3-181 所示。在名称栏中输入“A”，类型选择 A，再单击按钮 定义...，弹出“基准轴”菜单，如图 3-182所示。在菜单中选择“过柱面”，选择图3-183 所示主视图中的下部孔的加亮圆柱面，这时基准显示在视图中，如图 3-184 所示，再单击【基准轴】对话框中的按钮 确定。

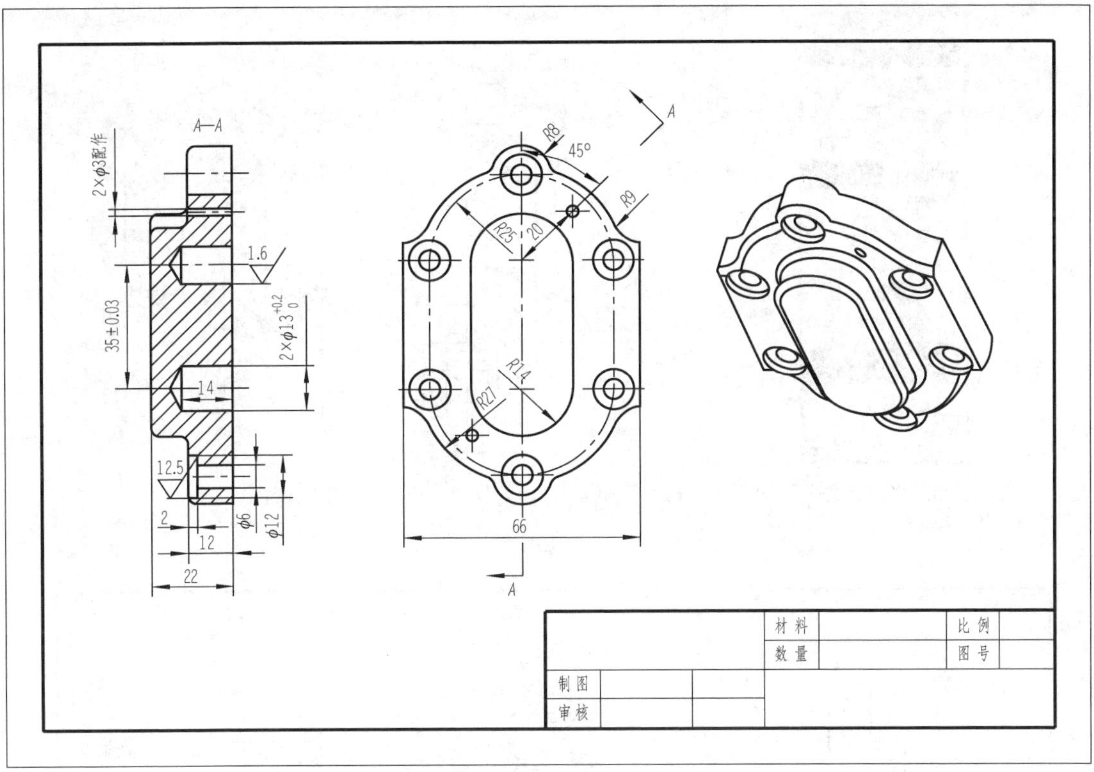

图 3 - 178　完成尺寸标注等

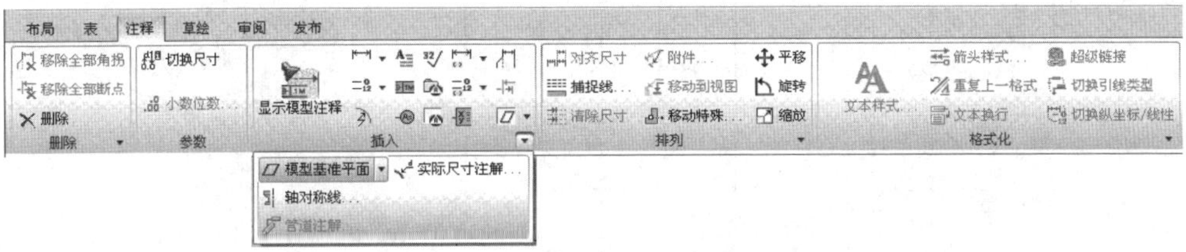

图 3 - 179　插入工具栏

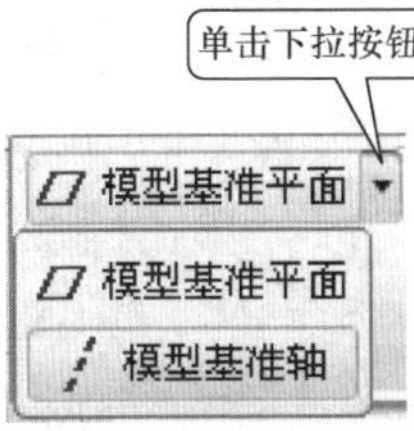

图 3 - 180　基准工具栏

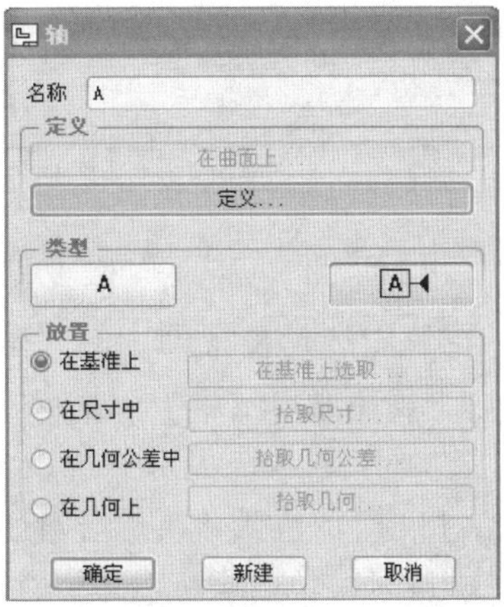

图 3 - 181　【基准轴】对话框

图 3-182　“基准轴”菜单

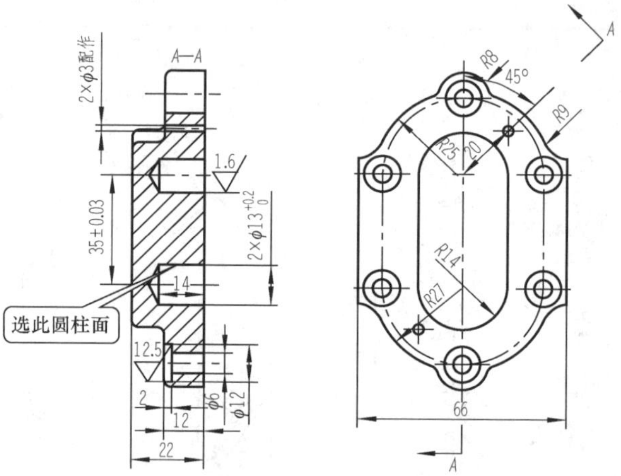

图 3-183　选择圆柱面

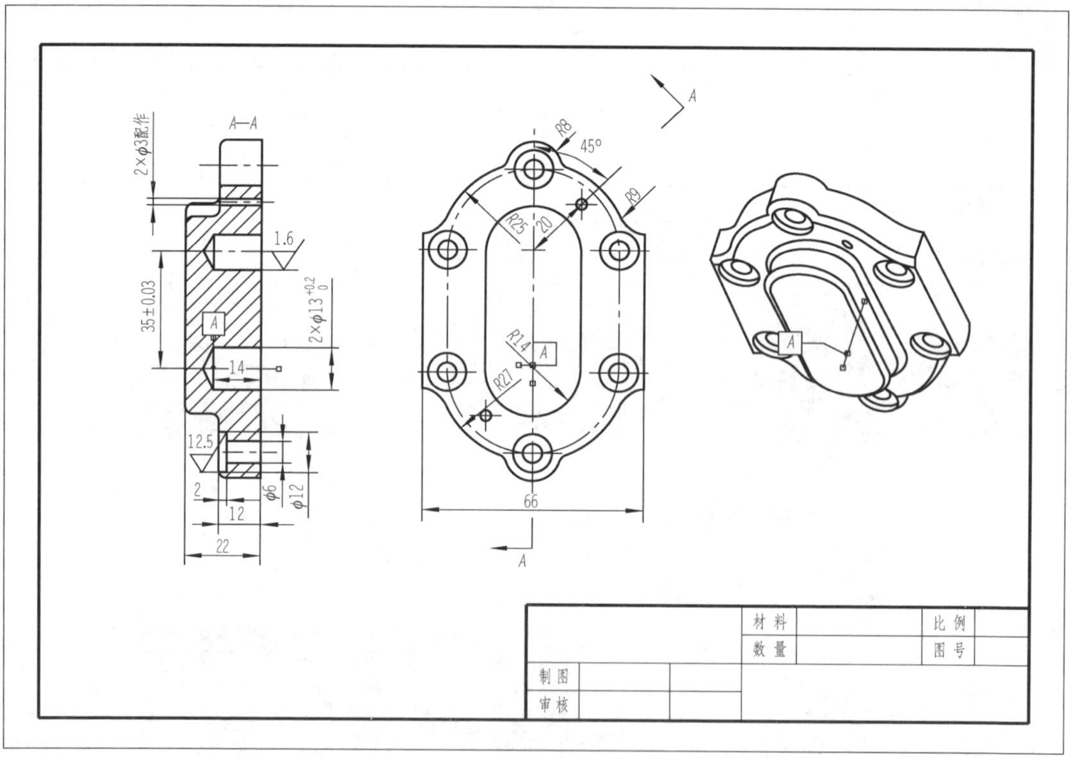

图 3-184　添加基准轴

（2）修改基准位置。选择主视图中的“基准”符号 A，单击鼠标右键，在弹出的快捷菜单中选择“属性”，弹出基准【轴】对话框。在对话框的“放置”栏中，选择“在尺寸中”单选框，如图 3-185 所示，系统提示“选取文本定位的尺寸”，单击“$2\times\phi13^{+0.2}_{0}$”尺寸，则基准切换至图 3-186 所示位置，再单击对话框中的按钮 确定 ，关闭对话框。选择左视图和轴测图中的基准符号，单击鼠标右键，在弹出的快捷菜单中选择“拭除”命令，再在绘图区中单击，这时左视图和轴测图中的基准符号不再显示。

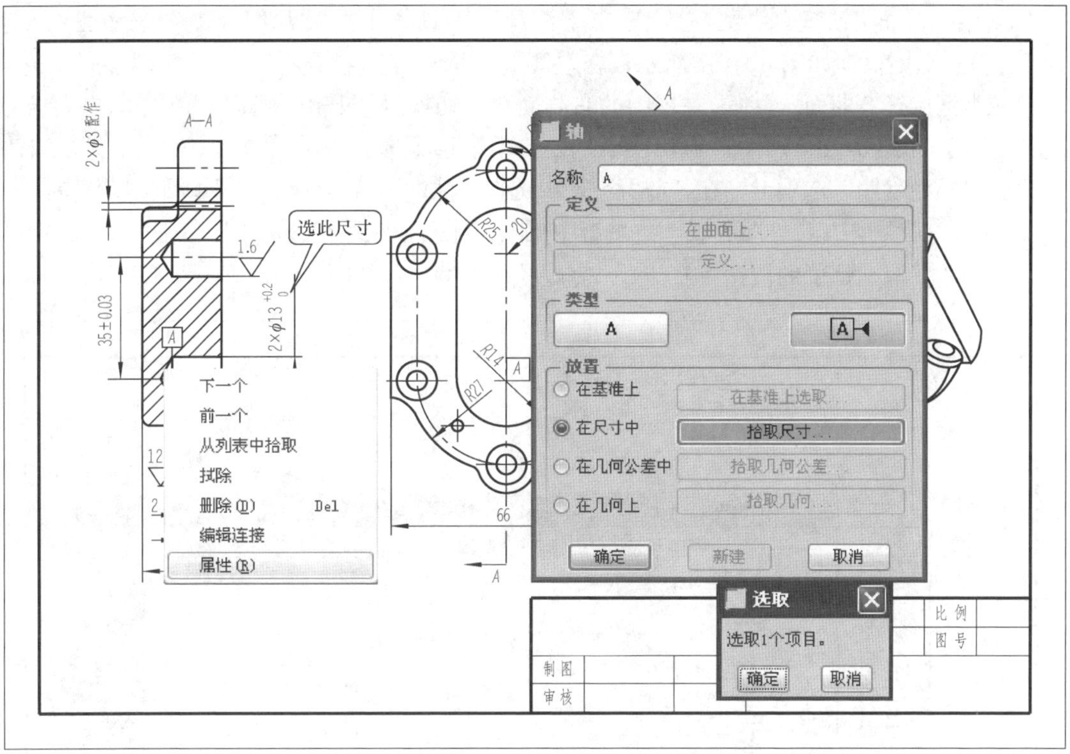

图 3-185 【基准轴】对话框的设置

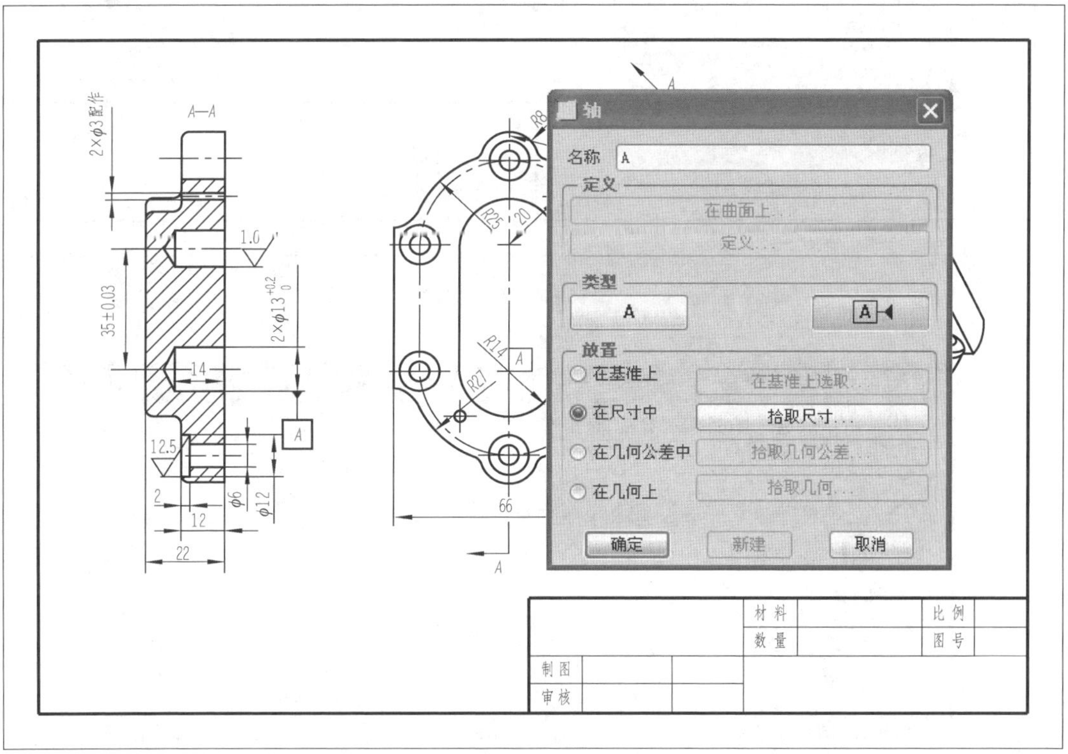

图 3-186　基准位置切换

（3）给右端面添加垂直度公差。单击“注释”工具栏中的“几何公差”按钮，打开【几何公差】对话框，如图 3-187 所示，在左侧选择垂直度符号“⊥”，在“模型参照”选项卡中，参照类型选择“曲面”，单击主视图的右侧面；再切换至“基准参照”选项卡，在首要参照中选择“A”，如图 3-188 所示；再切换至“公差值”选项卡，输入公差 0.025，如图 3-189 所示；返回“模型参照”选项卡，在“放置”栏中选择“法向引线”，弹出“引线类型”菜单，如图 3-190 所示，在菜单中选择“箭头”，再单击主视图右侧面，然后在合适位置单击鼠标中键，再单击【几何公差】对话框中的按钮 确定 ，完成的垂直度公差如图 3-191 所示。

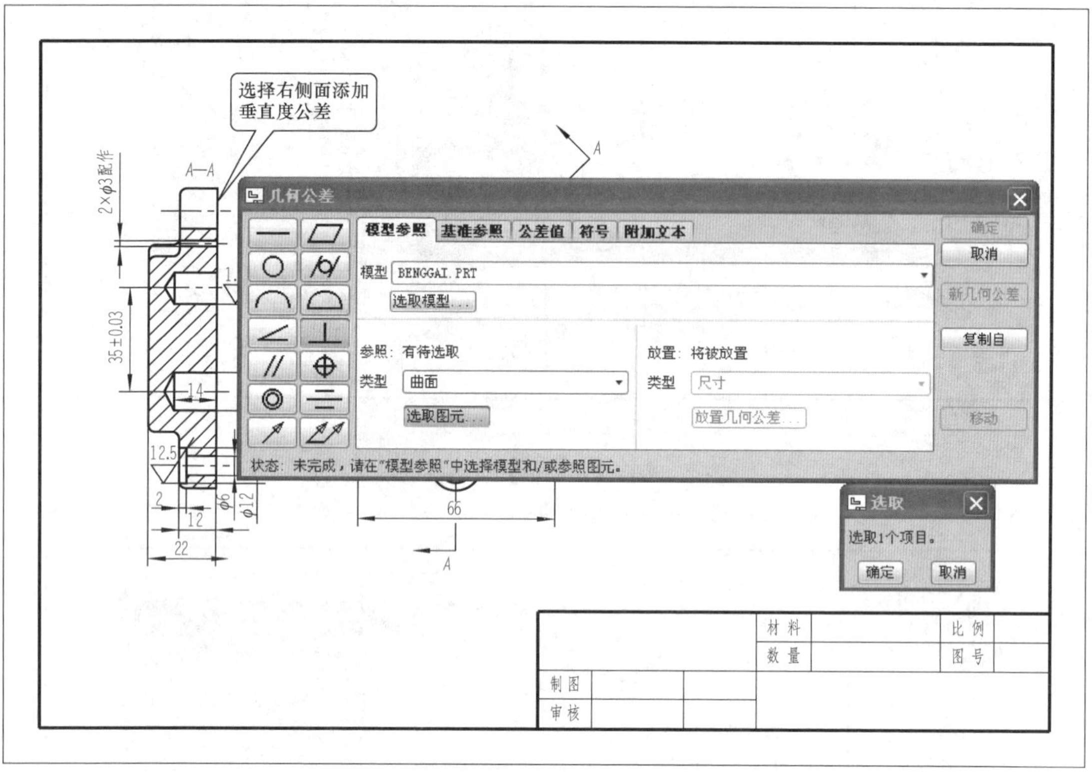

图 3-187　选择右侧面添加垂直度公差

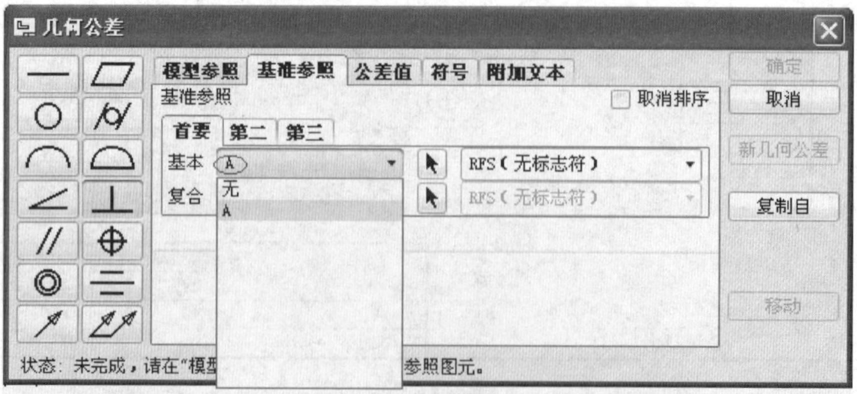

图 3-188　选择基准 A

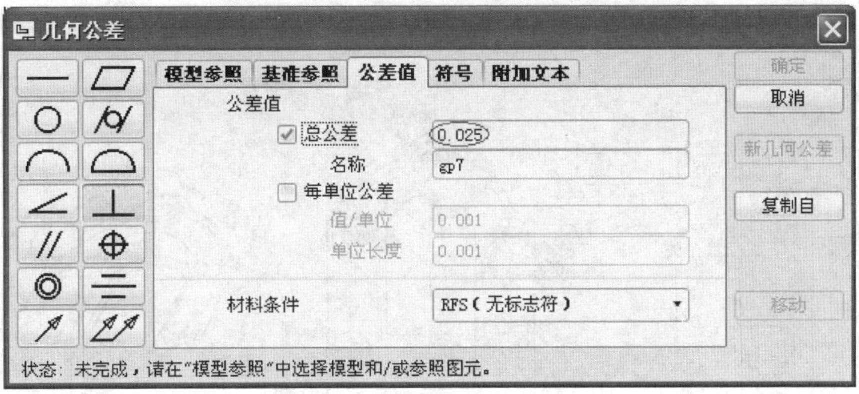

图 3-189　输入公差值

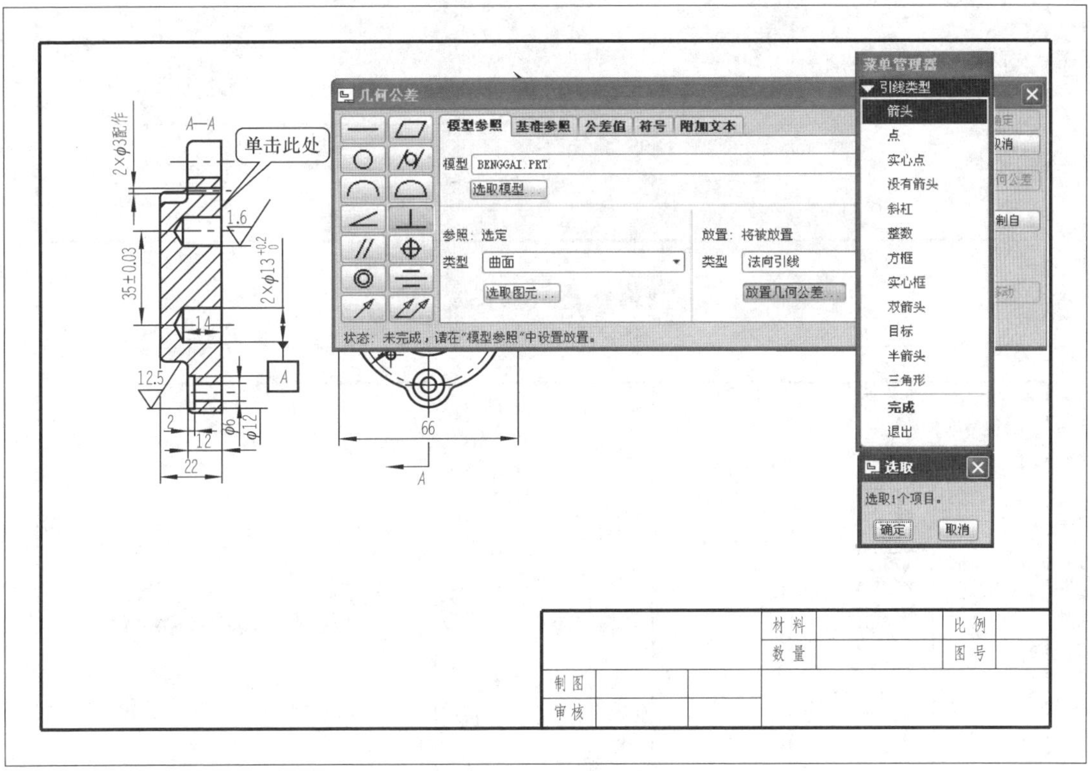

图 3-190　选取箭头位置

9. 添加技术要求

切换至“注释”选项卡，单击“创建注解”按钮，在弹出的“注解类型”菜单中选择“无引线”→“输入”→“水平”→“标准”→“缺省”→“进行注解”，输入内容“技术要求：1. 未注圆角半径 $R2$。2. 铸造斜度 1∶5。”，结果如图 3-192 所示。

10. 填写标题栏

双击要填写的单元格，在其中输入文本，并修改文本的高度与位置，最后完成的泵盖工程图，如图 3-151 所示。

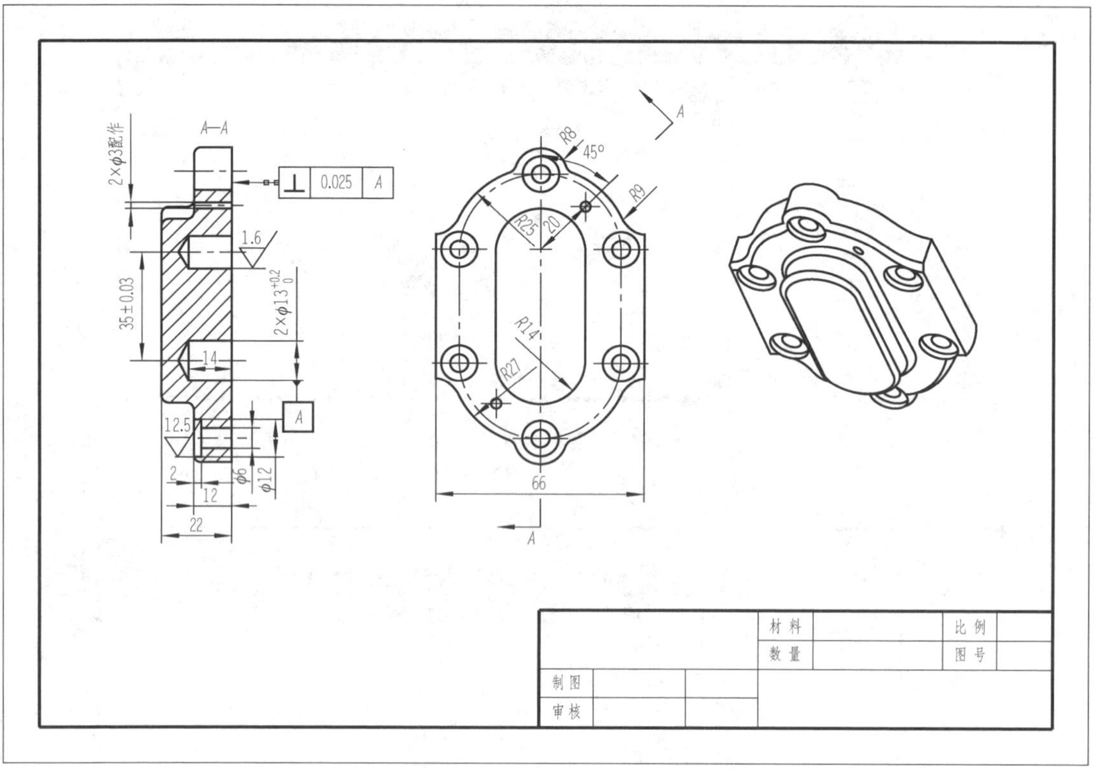

图 3-191 垂直度公差标注

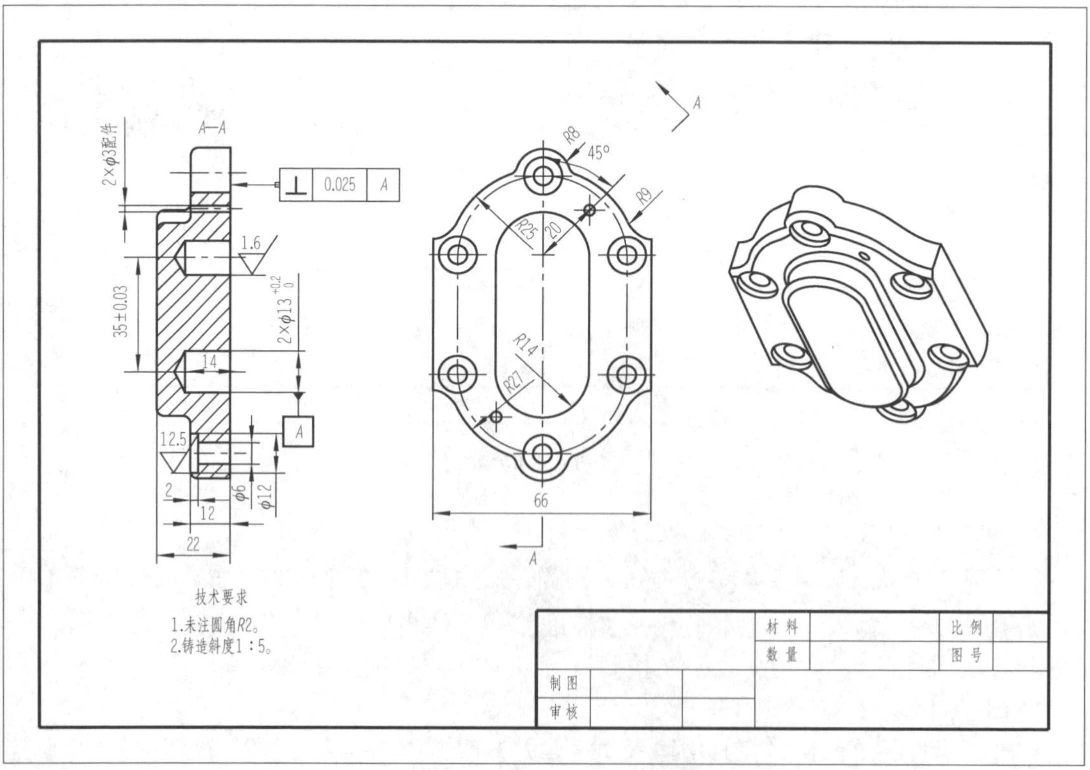

图 3-192 添加技术要求

11. 保存文件

单击常用工具栏中的“保存”按钮，保存当前文件。

12. 将工程图文件输出为 AutoCAD 图形文件 DWG 格式

选择主菜单“文件”→“保存副本”，在弹出的【保存副本】对话框中“新名称”栏中输入“benggai”，在“类型”栏中选择“DWG（*.dwg)”格式。然后单击【保存副本】对话框中的按钮 确定 ，在接下来弹出的【DWG 的导出环境】对话框中单击按钮 确定 。这时可在 AutoCAD 软件环境中打开“benggai. dwg”，进行继续编辑。

任务七 钻模模板阶梯剖视图的制作

【任务】 创建如图 3-193 所示的钻模模板工程图。

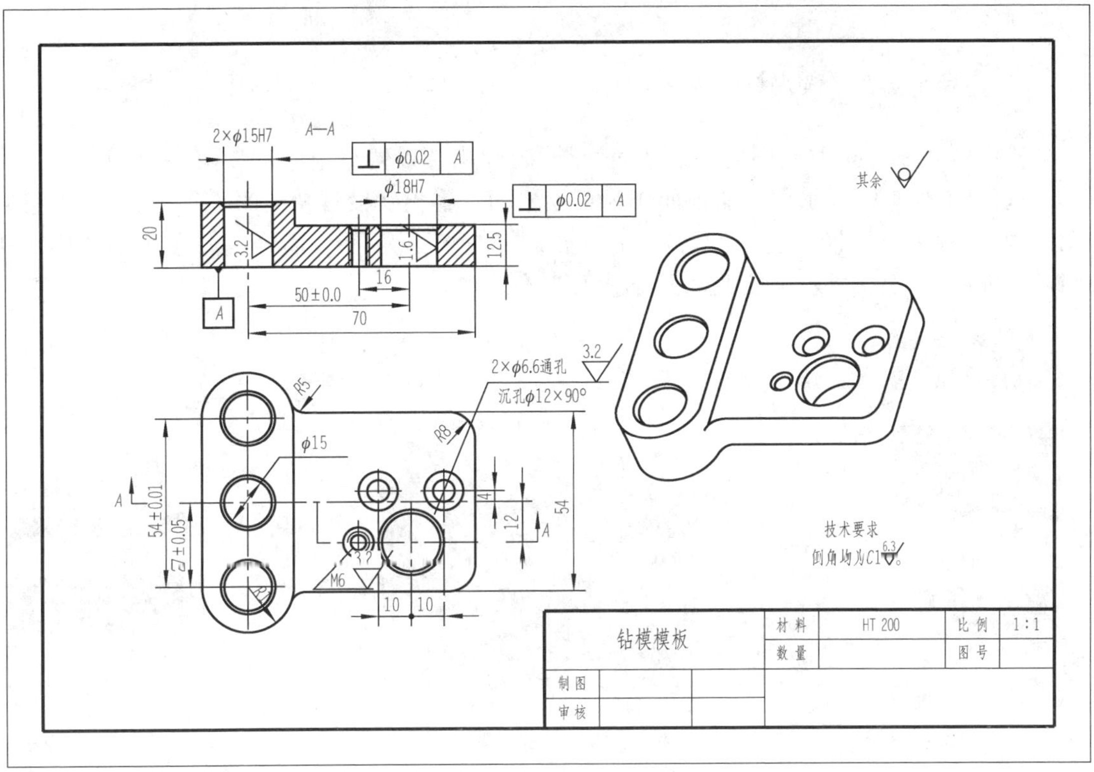

图 3-193 钻模模板工程图

【分析】 本零件主视图采用了阶梯剖视图，本任务学习阶梯剖视图的创建方法。

一、阶梯剖视图的创建方法

剖截面可以先在三维零件中创建（需赋予剖面名称)，然后在工程图中调出该剖面图，或直接在工程图中产生剖截面，制作剖面图。

1. 在三维零件中创建剖截面

(1) 选择主菜单“视图”→“视图管理器”，弹出【视图管理器】对话框，如图 3-194 所示，切换到“剖面”选项卡，单击标签中“新建”。在“名称”列表框中会出现一个默认名称为“Xsec0001”的文本框，可以修改该剖截面名称，按键盘的 Enter 键后，弹出“剖截面创建”菜单，如图 3-195 所示，在“剖截面创建”菜单中选择“偏移”→“双侧”→“单一”选项，再单击菜单中的“完成”命令。

图 3-194 【视图管理器】对话框

图 3-195 “剖截面创建”菜单

（2）系统提示“选取或创建草绘平面”，同时弹出“设置草绘平面”菜单，如图 3-196 所示。选择图 3-197 所示零件的顶面作为草绘平面，弹出“设置草绘平面”投影方向菜单，如图 3-198 所示。选择“确定”，再在弹出的“设置草绘平面”草绘视图参照菜单中单击“缺省”，如图 3-199 所示，接下来系统进入草绘模式。

图 3-196 “设置草绘平面”菜单

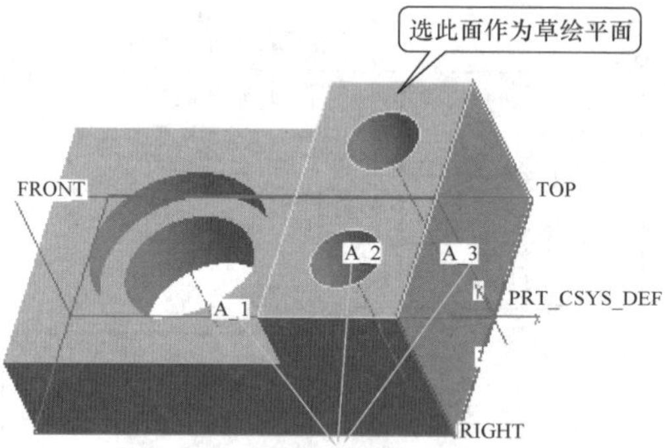

图 3-197 选择草绘平面

图 3-198 “设置草绘平面”方向菜单

（3）在草绘模式下，绘制如图 3-200 所示的 3 条直线，单击草绘工具栏中的“完成”按钮 ✔，退出草绘模式。这时创建的剖截面如图 3-201 所示。

（4）在【视图管理器】对话框“剖面”选项卡中，单击建立的剖截面名称“A”，即可看到此剖截面的剖面线，双击建立的剖截面名称“A”，即可看到用此剖截面剖开实体的效果，如图 3-202 所示，双击“无剖面”，则恢复无剖面显示。

2. 进入工程图

（1）鼠标左键双击要创建剖视图的视图，打开【绘图视图】对话框，在“类别”中选择

“截面”，在“剖面选项”栏中选择“2D 剖面”，单击“添加”按钮 + （将剖面添加到视图中），选择已创建好的剖面名称“A”、剖切区域接受默认“完全”，单击按钮 应用 即可，如图 3 - 203 所示。

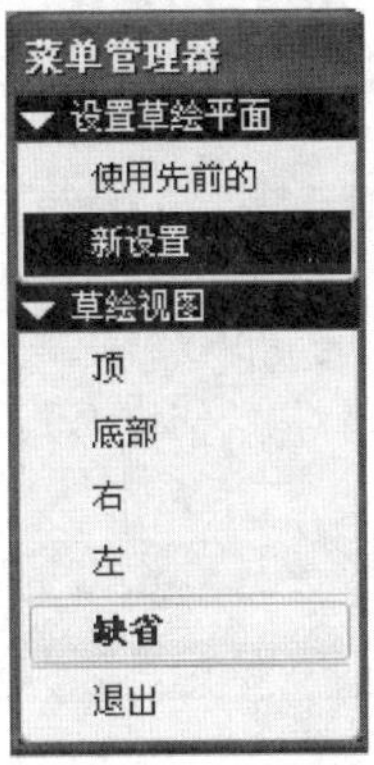

图 3 - 199　“设置草绘平面”视图参照菜单

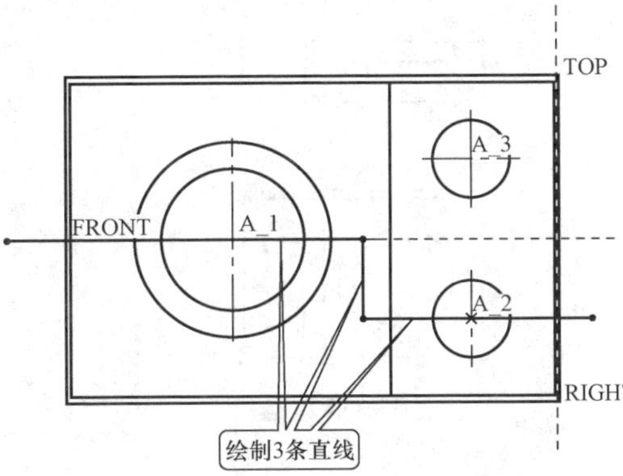

图 3 - 200　草绘 3 条直线

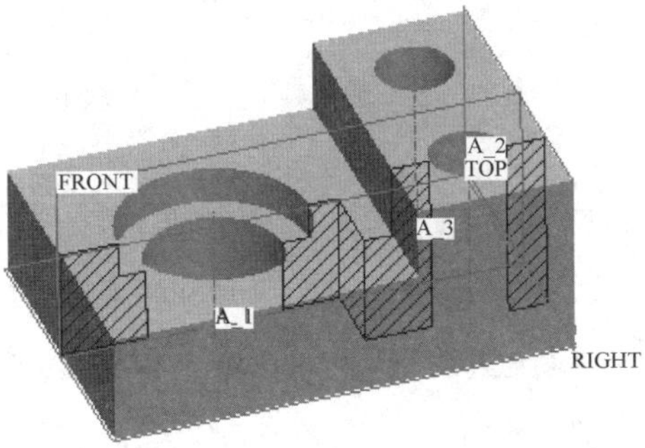

图 3 - 201　创建的剖截面

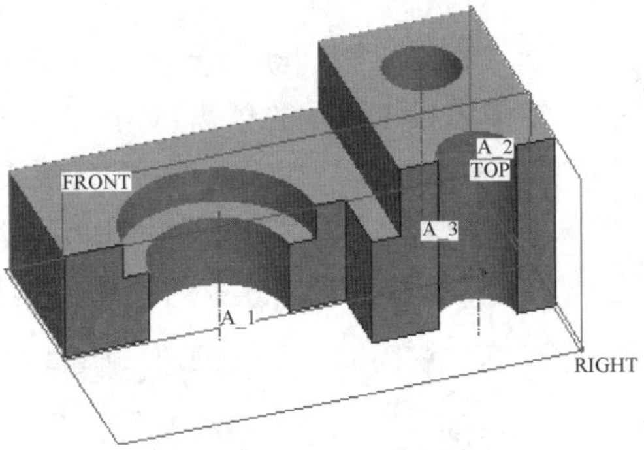

图 3 - 202　剖开效果

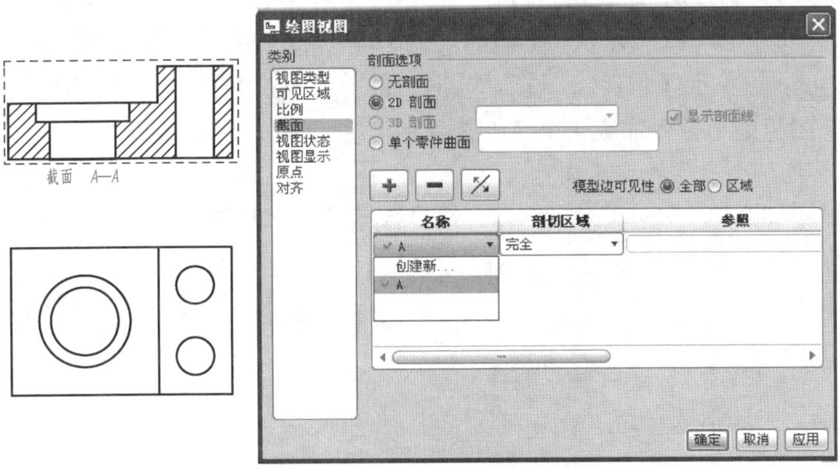

图 3 - 203　阶梯剖视图的设置

（2）添加箭头。拖动“滑块”到最右端“箭头显示”栏，先在栏中单击，系统提示“给箭头选出一个截面在其处垂直的视图。中键取消”，选择俯视图为放置箭头的视图，再单击对话框中的按钮 应用 即可，结果如图 3-204 所示。

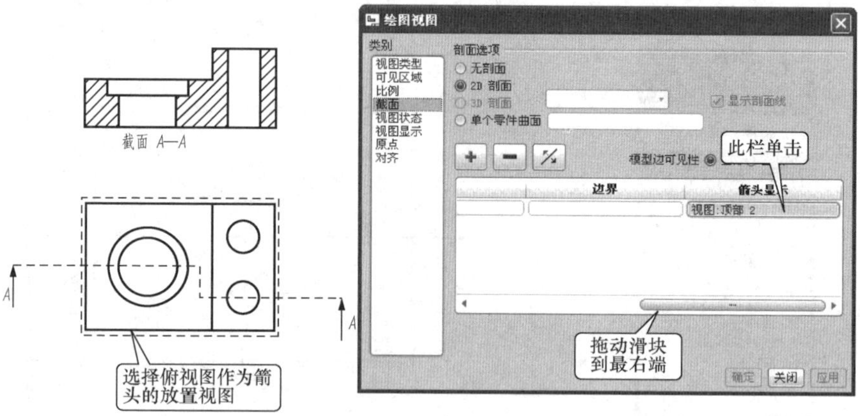

图 3-204　添加箭头

（3）当完成剖视图后，可在剖视图中双击剖面线，弹出“修改剖面线”菜单，如图 3-91 所示，可修改剖面线的间距、角度、线型、颜色等。

二、钻模模板工程图的创建

1. 新建一个名为“muban. drw”的绘图文件

设置工作目录为“D：/EXProE5/EX03/07”。选择主菜单“文件”→“新建”，或单击“新建”按钮，打开【新建】对话框，类型选取“绘图”，输入名称“muban”，取消“使用缺省的模板”复选框，单击按钮 确定 。在弹出的【新建绘图】对话框中，单击“缺省模板”右侧的按钮 浏览... ，弹出【打开】对话框，选择“D：/EXProE5/EX03/07”中的“muban. prt”，单击【打开】对话框中的按钮 打开 。再选择【新建绘图】对话框“指定模板”为“格式为空”，单击“格式”右侧的按钮 浏览... ，在弹出的【打开】对话框中选择“D：/EXProE5/EX03/01”中的 A4 _ format. frm，然后单击【打开】对话框中的按钮 打开 。再单击【新建绘图】对话框中的按钮 确定 ，进入 Pro/ENGINEER 的绘图界面，在绘图界面中首先加载 1 个 A4 图框及标题栏。

2. 修改系统绘图参数的配置文件

选择主菜单“文件”→“绘图选项”，弹出【选项】对话框，单击“活动绘图”右侧的打开按钮，弹出【打开】对话框，选择文件目录“D：/EXProE5/EX03/02”中的中国国家标准配置文件“China-std-2. dtl”，单击对话框中的按钮 打开 ，再单击【选项】对话框中的按钮 确定 ，完成参数的配置。

3. 创建模板主视图

（1）单击“基准显示”按钮，取消基准显示，再单击常用工具栏中的“刷新”按钮。单击工具栏“布局”选项卡中的“一般”按钮，系统提示“选取绘制视图的中心点”，在图纸左上部的合适位置单击，则在绘图区出现零件的三维视图，并弹出

【绘图视图】对话框。

(2) 在“模型视图名”中选择“FRONT”，再单击对话框下面的按钮 应用 。

(3) 单击对话框左侧“类别”中的“比例”选项，弹出“比例”属性页，接受“页面缺省比例（1.000）”，再单击对话框下面的按钮 应用 。

(4) 单击对话框左侧“类别”中的“视图显示”选项，弹出“视图显示”属性页，将“显示样式”设置为“消隐”，将“相切边显示样式”设置为“无”。再单击对话框下面的按钮 应用 ，完成主视图的绘制，如图 3-205 所示，最后单击【绘图视图】对话框中的按钮 关闭 。

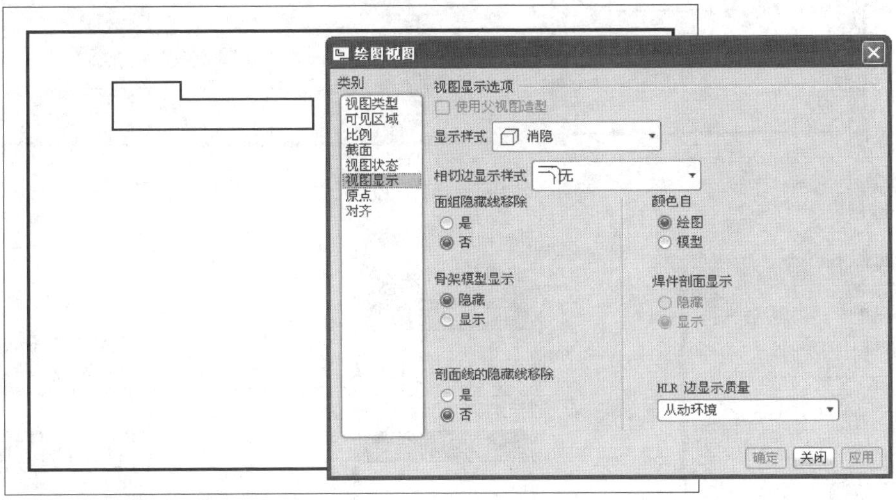

图 3-205　创建的主视图

4. 创建模板俯视图

单击工具栏中的“投影”按钮 投影...，拖动鼠标，在图纸左下方合适的位置单击，创建俯视图。俯视图“着色”显示，双击俯视图，弹出【绘图视图】对话框，单击对话框左侧“类别”中的“视图显示”选项，弹出“视图显示”属性页，将“显示样式”设置为“消隐”，将“相切边显示样式”设置为“无”。再单击对话框下面的按钮 应用 ，完成的俯视图如图 3-206 所示，最后单击【绘图视图】对话框中的按钮 关闭 。

5. 主视图修改为阶梯剖视图

(1) 切换至“muban. prt”三维零件中创建剖截面。

1) 选择主菜单“视图”→“视图管理器”，弹出【视图管理器】对话框，如图 3-207 所示，切换到“剖面”选项卡，单击标签中“新建”。在“名称”列表框中会出现一个默认名称为“Xsec0001”的文本框，修改该剖截面名称为“A”，按键盘的 Enter 键后，弹出“剖截面选项”菜单，如图 3-208 所示，在剖截面选项菜单中选择“模型”→“偏移”→“双侧”→“单一”，再单击菜单中的“完成”命令。

2) 系统提示“选取或创建一个草绘平面”，同时弹出“设置草绘平面”菜单，如图 3-209 所示。选择图 3-210 所示零件的顶面作为草绘平面，接下来弹出“设置草绘平面”投影方向的菜单，如图 3-211 所示。选择“确定”，再在弹出的“设置草绘平面”参照菜单中单击“缺省”，如图 3-212 所示，接下来系统进入草绘模式。

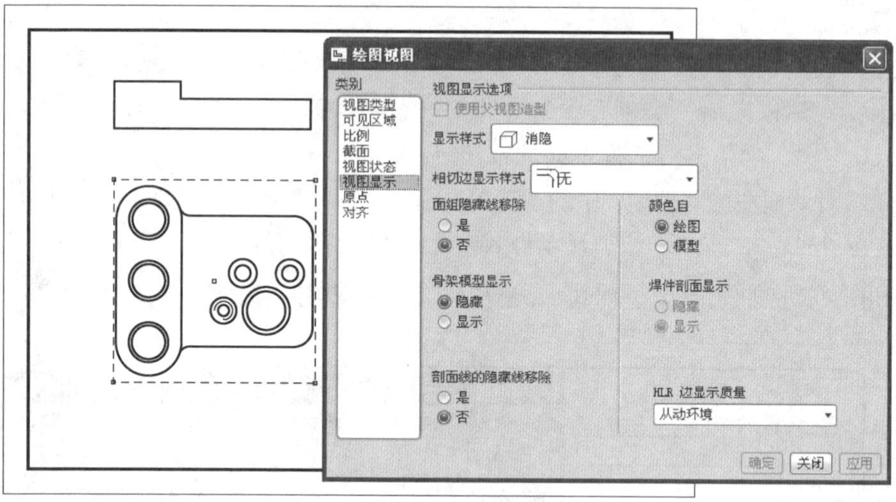

图 3-206 完成的俯视图

图 3-207 【视图管理器】对话框

图 3-208 “剖截面选项”菜单

图 3-209 “设置草绘平面”菜单

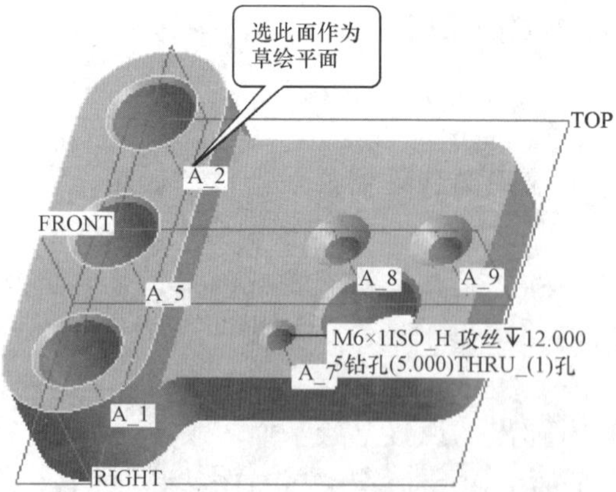

图 3-210 选择草绘平面

图 3-211 “设置草绘平面”方向菜单

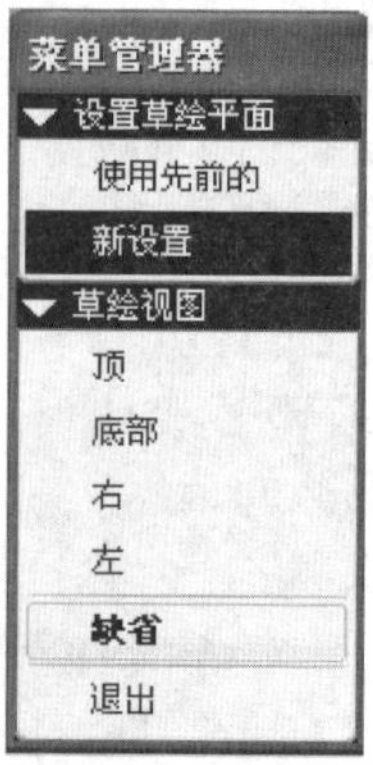

图 3-212 “设置草绘平面”参照菜单

3）在草绘模式下，绘制如图 3-213 所示的 3 条直线，单击草绘工具栏中的“完成”按钮，退出草绘模式。这时创建的剖截面如图3-214 所示。

4）在【视图管理器】对话框“剖面”选项卡中，单击建立的剖截面名称“A”，即可看到此剖截面的剖面线，双击建立的剖截面名称“A”，即可看到用此剖截面剖开实体的效果，如图 3-215 所示。

（2）切换至“muban. drw”工程图环境中。

1）双击主视图，打开【绘图视图】对话框，在“类别”中选择“截面”，在“剖面选项”栏中选择“2D 剖面”。单击“添加”按钮（将剖面添加到视图中），选择已创建好的剖面名称“A”、剖切区域接受默认的“完全”，单击按钮 应用 即可，如图 3-216 所示。

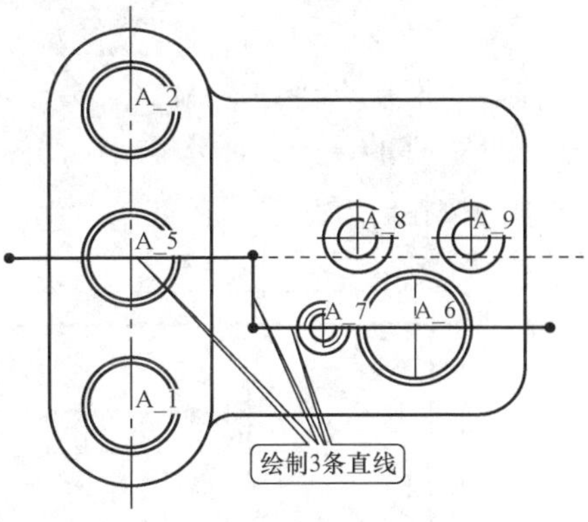

图 3-213 草绘 3 条直线

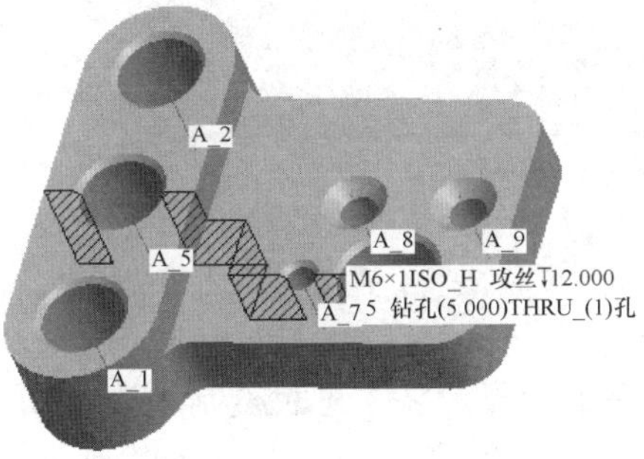

图 3-214 创建的剖截面

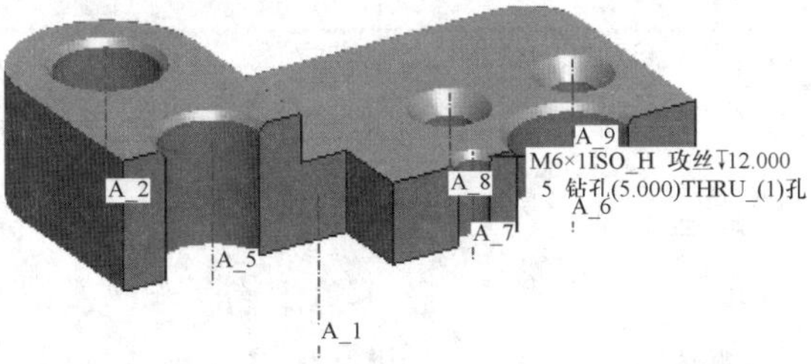

图 3-215 剖开效果

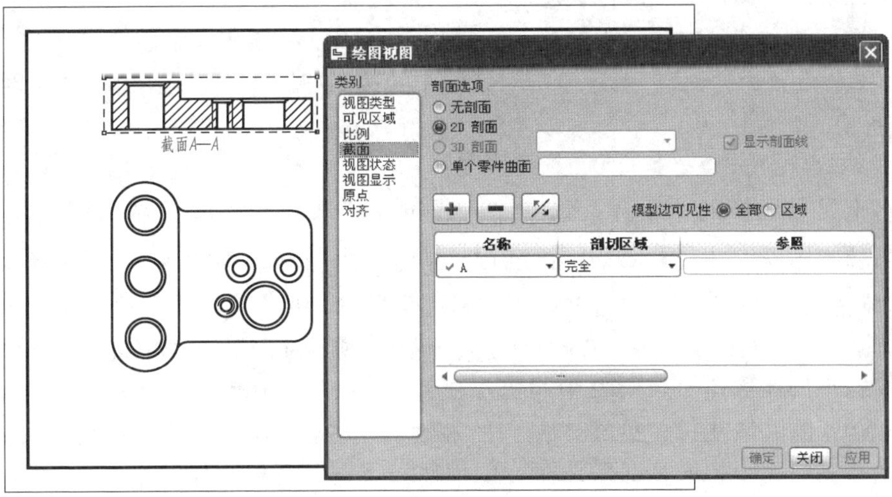

图 3-216 阶梯剖视图的设置

2）添加箭头。选择主菜单“文件”→“绘图选项”，打开【选项】对话框，将“crossec _ arrow _ style”的值设置为“tail _ online”，将“cutting _ line”的值设置为“std _ gb”，再单击对话框中的按钮 确定 。

拖动“滑块”到最右端“箭头显示”栏，先在栏中单击，系统提示“给箭头选出一个截面在其处垂直的视图。中键取消”，鼠标左键选择“俯视图”为放置箭头的视图，再单击对话框中的按钮 应用 即可，如图 3-217 所示，最后单击【绘图视图】对话框的按钮 关闭 。

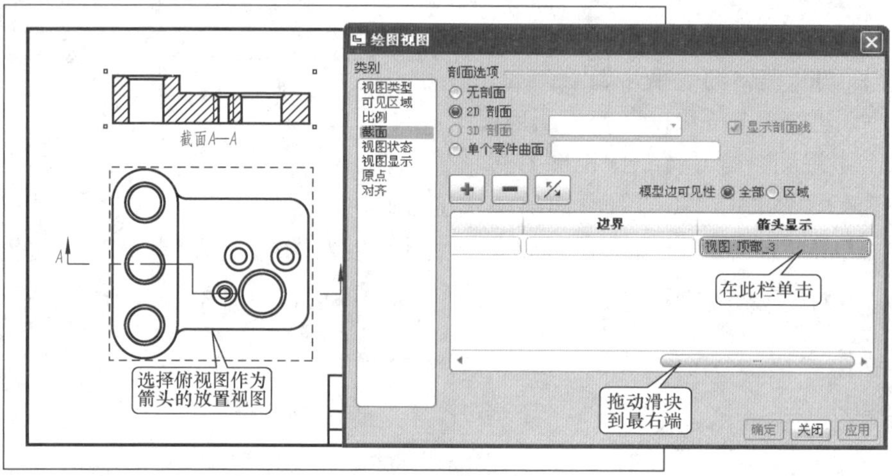

图 3-217　添加箭头

6. 创建三维轴测图

(1) 单击工具栏中的“一般”按钮，系统信息提示区显示：“选取绘制视图的中心点”，在图纸右边的合适位置单击，则在绘图区出现零件的三维视图，并弹出【绘图视图】对话框。切换到“类别”中的“比例”选项，弹出“比例”属性页，接受“页面缺省比例(1.000)”，再单击对话框下面的按钮 应用 。

(2) 切换到“类别”中的“视图显示”选项，将“显示样式”设置为“消隐”，将“相切边显示样式”设置为“无”。然后单击对话框中的按钮 确定 ，完成三维轴测图的绘制，如图 3-218 所示。

7. 尺寸标注、添加中心轴线

(1) 将工具栏切换到“注释”选项卡，通过注释选项卡中的“显示模型注释”按钮，打开【显示模型注释】对话框，进行自动添加尺寸和添加轴线。对于不合理的尺寸，可以通过“使用新参照创建尺寸”按钮 ↦ 进行尺寸标注，并调整视图及尺寸线和中心线，最后把“截面 *A—A*”修改为“*A—A*”，并将其拖动到剖视图的上方，结果如图 3-219 所示。

(2) 编辑小尺寸标注。单击选中左边小尺寸“10”，选中后尺寸“10”红色加亮显示，再在尺寸“10”的右箭头位置处单击鼠标的右键，在弹出的快捷菜单中选择“箭头样式”，这时弹出“箭头样式”菜单管理器，在菜单中选择“点”命令，如图 3-220 所示，然后再选择菜单中的“完成/返回”命令，最后在绘图区中单击。滑动鼠标中键放大显示修改后的尺寸标注，如图 3-221 所示。同理完成右边小尺寸“10”左箭头的“圆点”修订，调整两个小尺寸尺寸线对齐后，如图 3-222 所示。

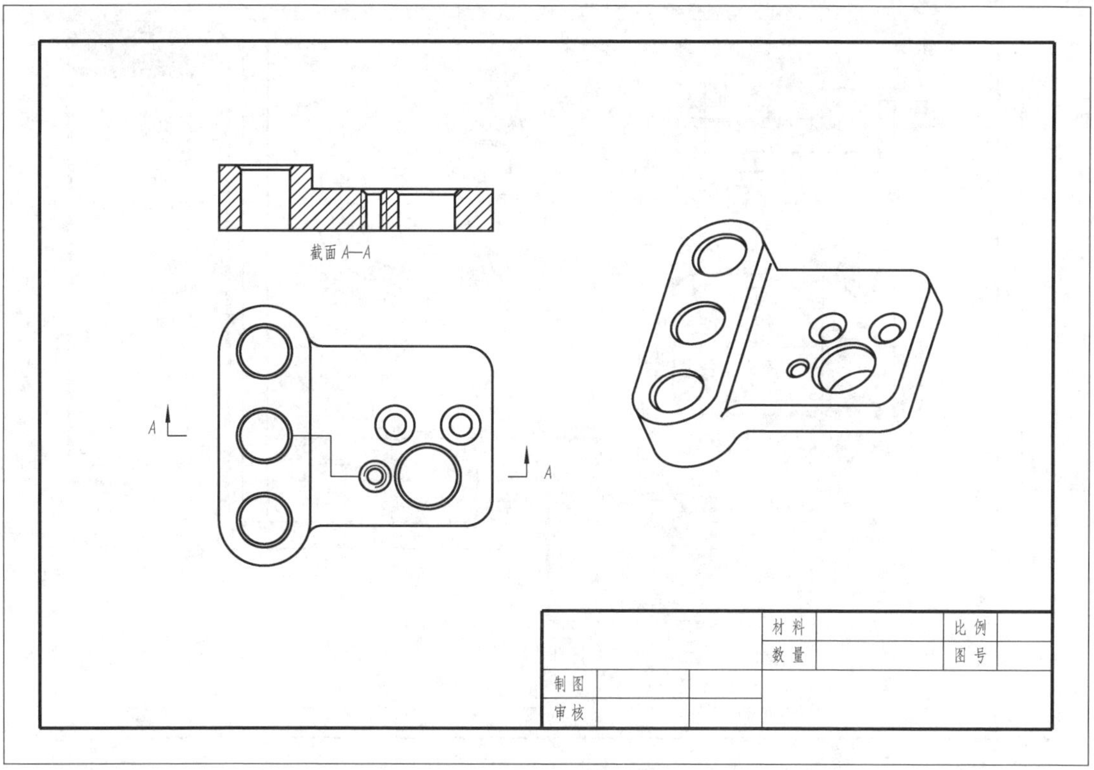

图 3-218　创建的轴测图

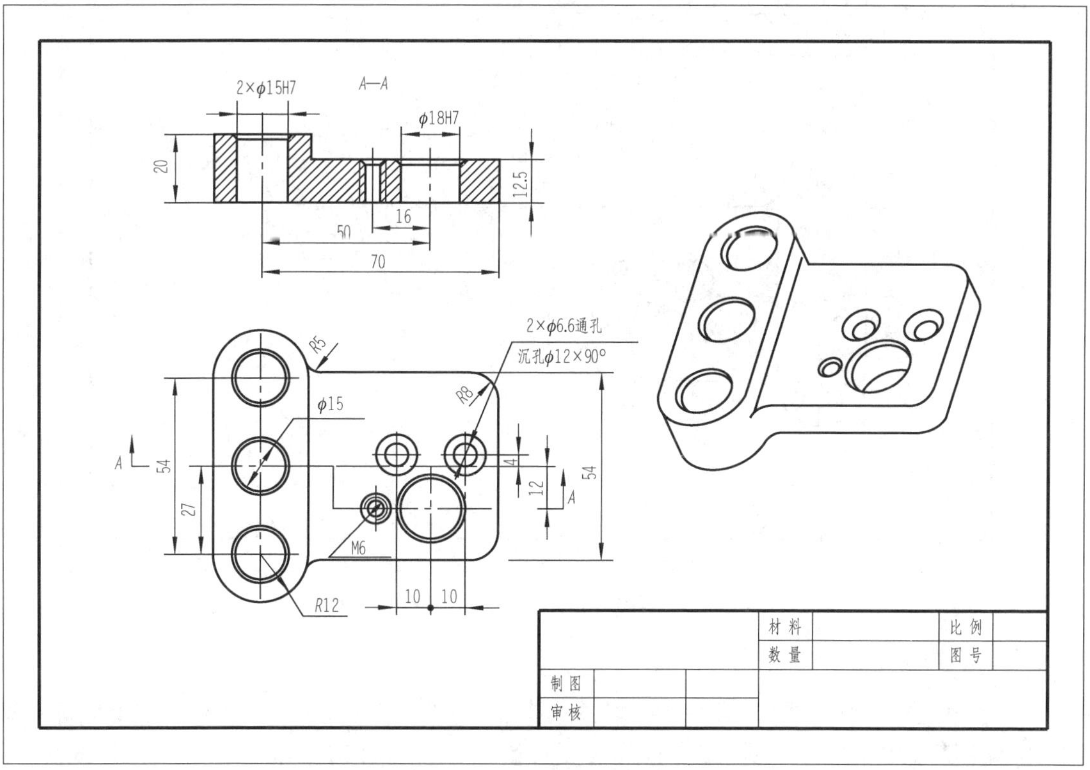

图 3-219　完成尺寸标注等

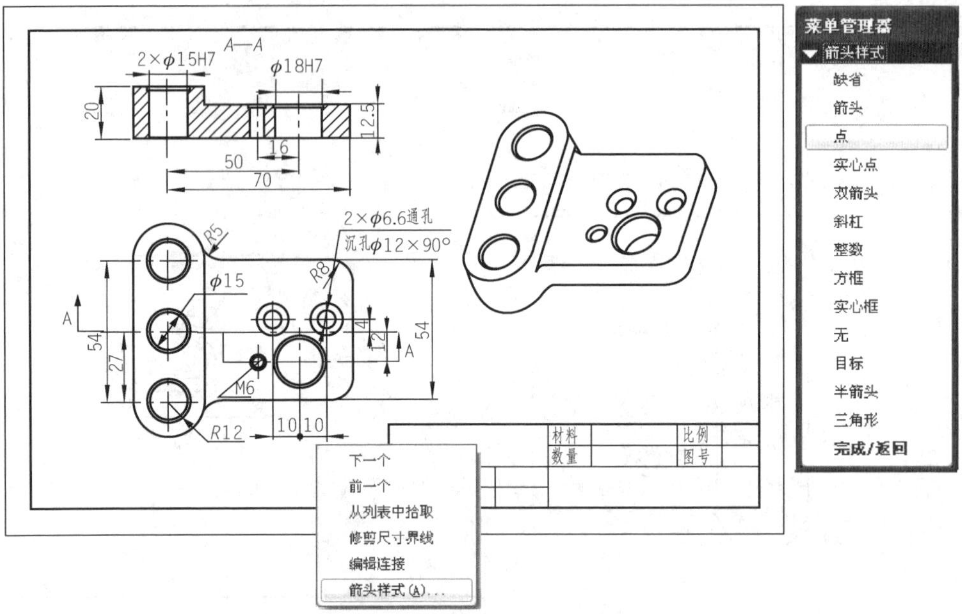

图 3-220 修改小尺寸“10”的标注

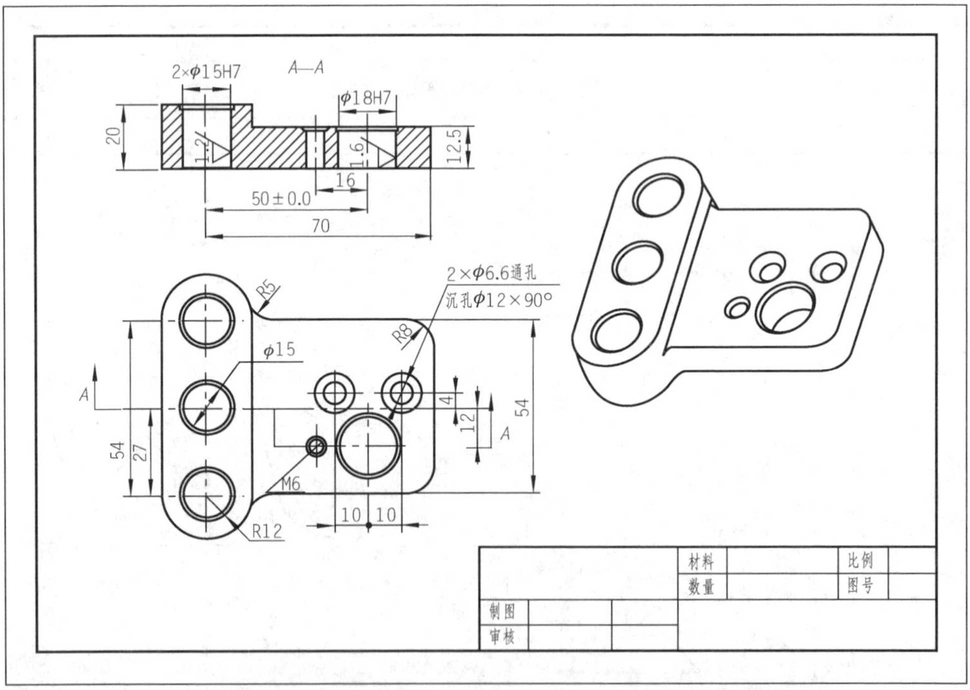

图 3-221 完成左边小尺寸“10”的标注编辑

8. 添加粗糙度及尺寸偏差

(1) 给尺寸 27 和 54 添加偏差和后缀。选中要添加偏差的尺寸 27 和 54，单击鼠标右键，在弹出的快捷菜单中选择“属性”，打开【属性】对话框，在对话框中添加偏差。同理，给尺寸 2×ϕ15 和 ϕ18 添加后缀 H7，结果如图 3-223 所示。

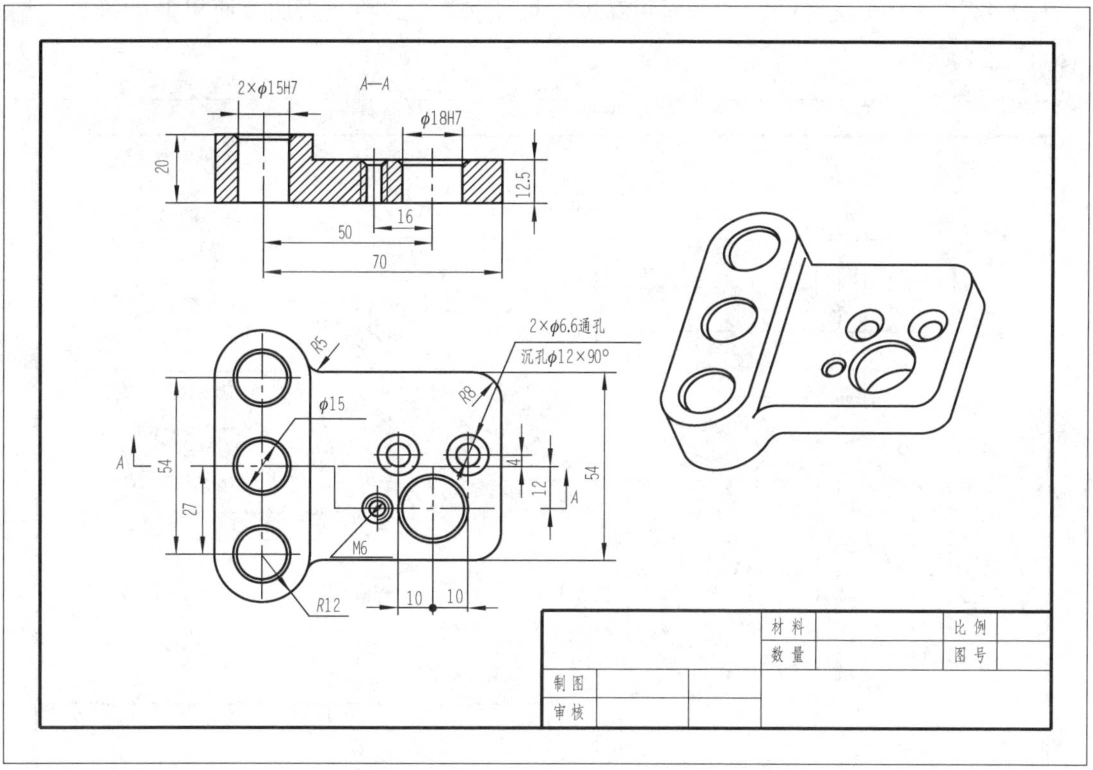

图 3-222 编辑后的尺寸标注

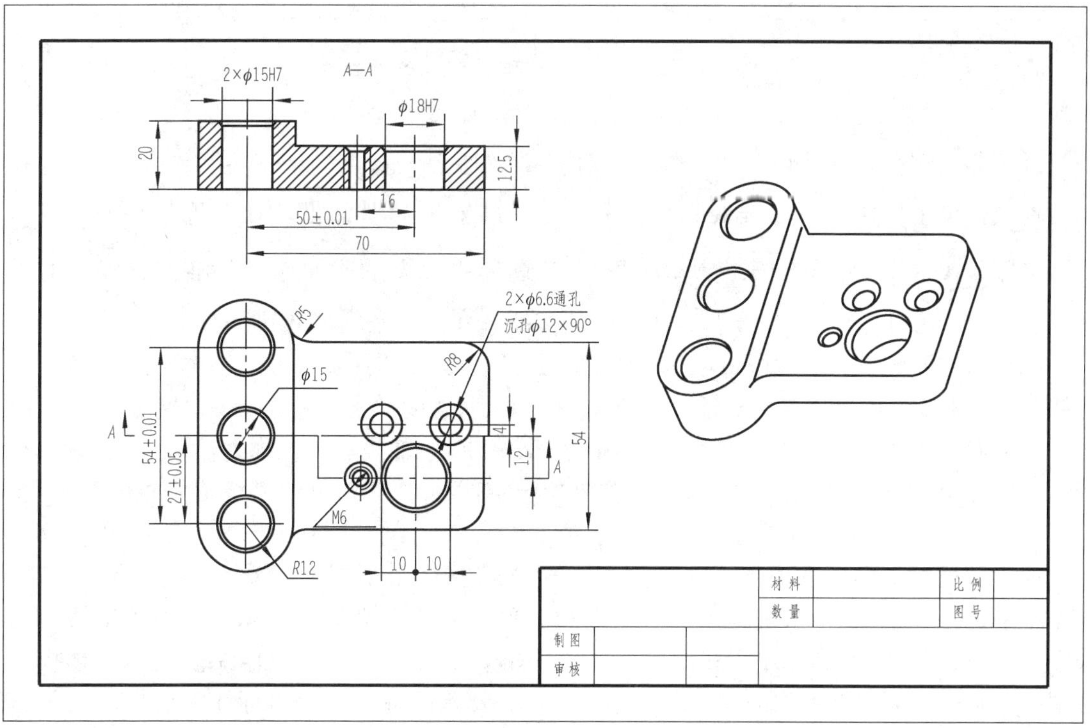

图 3-223 添加偏差

（2）单击注释工具栏中的“表面粗糙度”按钮，给零件添加表面粗糙度符号，结果如图 3-224 所示。

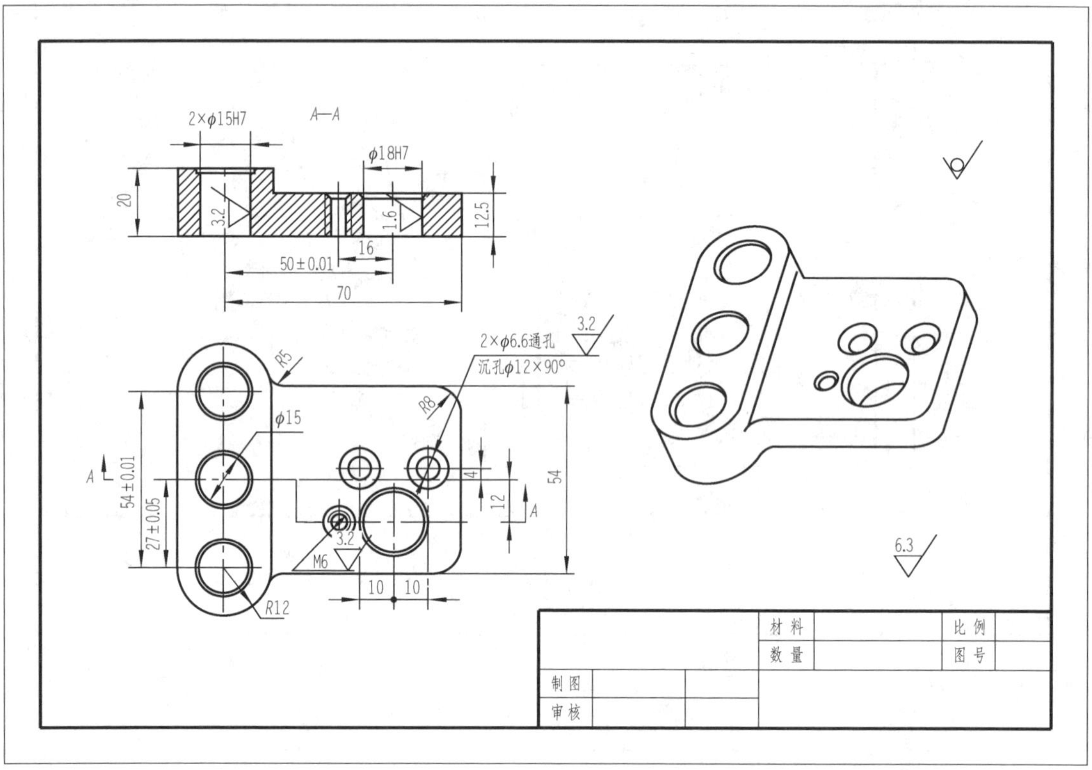

图 3-224 添加表面粗糙度

9. 添加几何公差

（1）添加底面基准。单击“注释”工具栏中“插入”右侧的“下拉”按钮，打开插入工具栏，单击按钮 **模型基准平面**，弹出【基准】平面对话框，在名称栏中输入“A”，类型选择 。再单击按钮 在曲面上...，选择主视图的底面作为基准的放置平面，如图 3-225 所示。再单击【基准】对话框中的按钮 确定，完成基准的添加。

（2）给“2×ϕ15H7”孔轴线添加垂直度公差。单击“注释”工具栏中的“几何公差”按钮，打开【几何公差】对话框，在左侧选择垂直度符号“⊥”，在“模型参照”选项卡中，参照类型选择“轴”，单击主视图中 2×ϕ15H7 的轴线（蓝色加亮显示），如图 3-226 所示；切换至“基准参照”选项卡，在首要参照中选择“A”；再切换至“公差值”选项卡，输入公差“0.02”；最后切换至“符号”选项卡，选中“ϕ 直径符号”，如图 3-227 所示。

返回“模型参照”选项卡，在“放置”栏中选择“带引线”，弹出“依附类型”菜单，在菜单中选择“箭头”，系统提示“选取多边、尺寸界线、坐标系、轴心、多个轴线、曲线或顶点”，选择尺寸 2×ϕ15H7 右侧尺寸界线，如图 3-228 所示。这时系统提示“选择放置位置”，再在合适位置单击鼠标中键，完成垂直度公差的标注。公差标注完成后，可单击选中再用鼠标左键拖动到合适的位置。

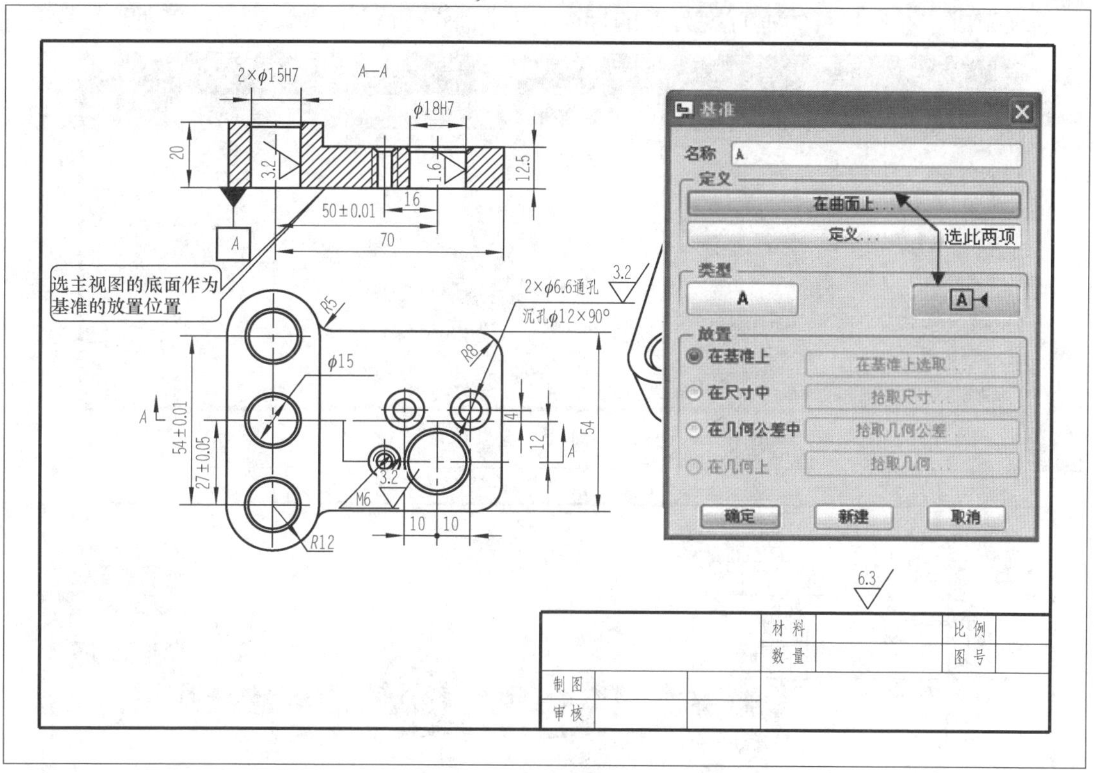

图 3-225　放置基准

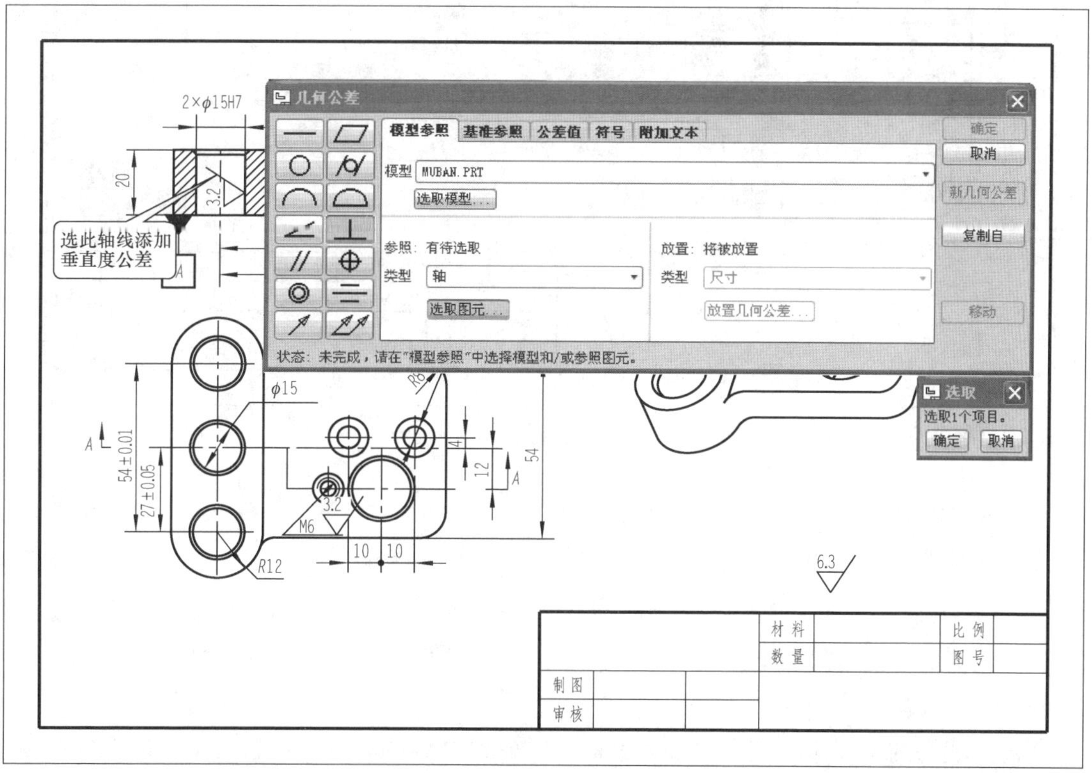

图 3-226　选择轴线添加垂直度公差

同理完成“ϕ18H7”的垂直度公差的标注，并调整位置，结果如图 3 - 229 所示。

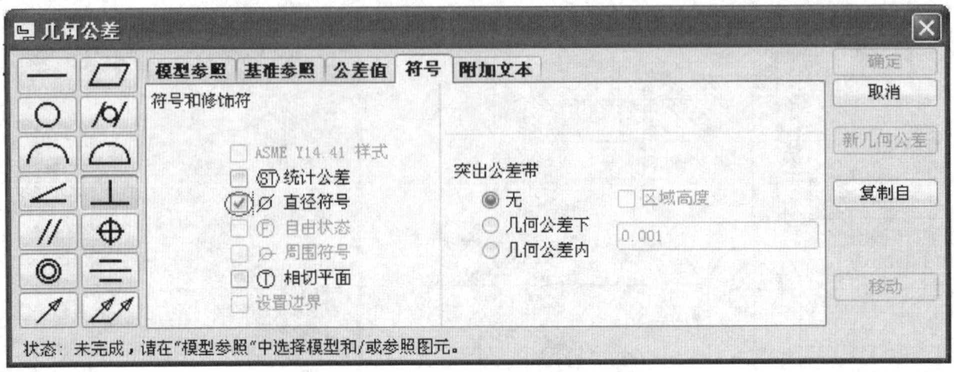

图 3 - 227 选中“ϕ 直径符号”

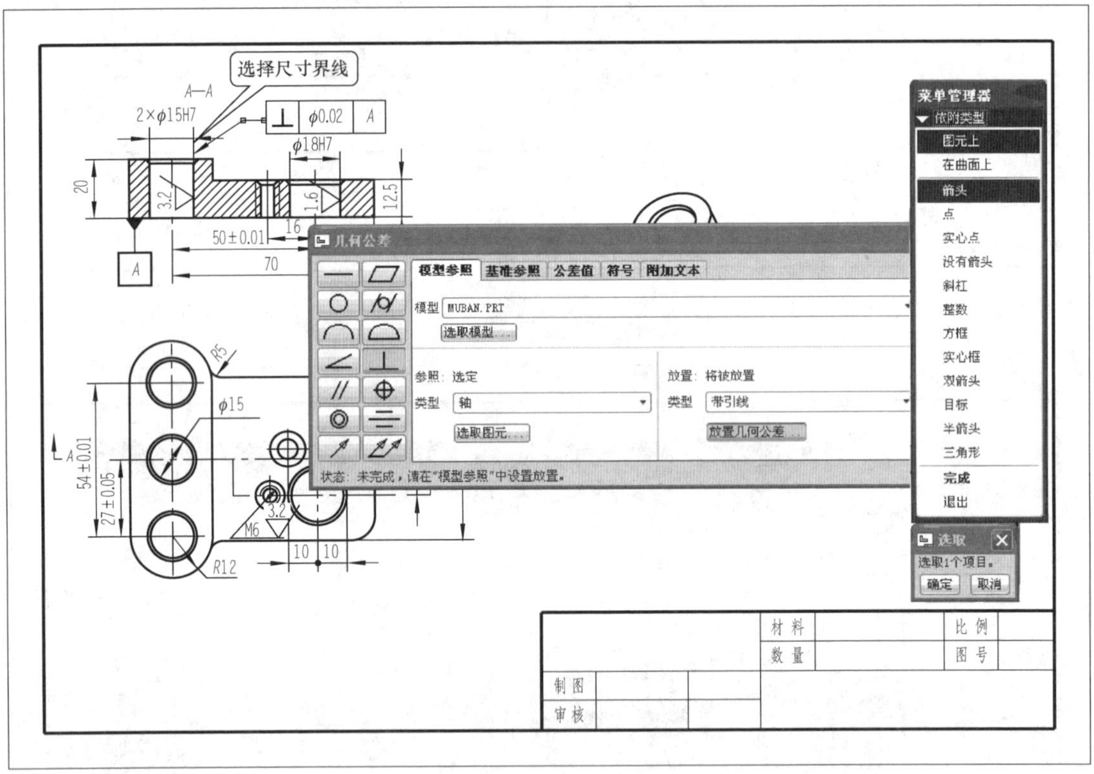

图 3 - 228 选取箭头位置

10. 添加技术要求

在“注释”工具栏中单击“创建注解”按钮，在弹出的“注解类型”菜单中选择“无引线”→“输入”→“水平”→“标准”→“缺省”→“进行注解”，输入内容“技术要求：倒角均为 C1”，对齐右下角的 $\overset{6.3}{\surd}$，再在右上角添加“其余”，结果如图 3 - 230 所示。

11. 填写标题栏

双击要填写的单元格，在其中输入文本，并修改文本的高度与位置，最后完成的钻模模板工程图如图 3 - 193 所示。

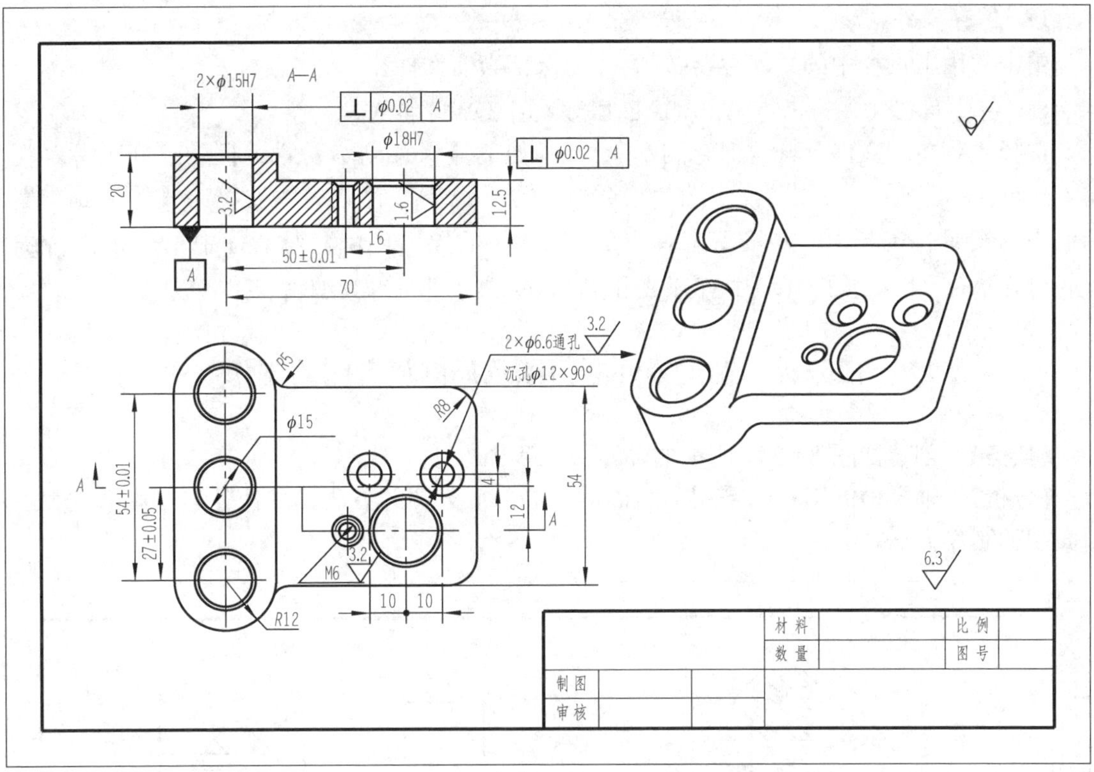

图 3-229　垂直度公差标注

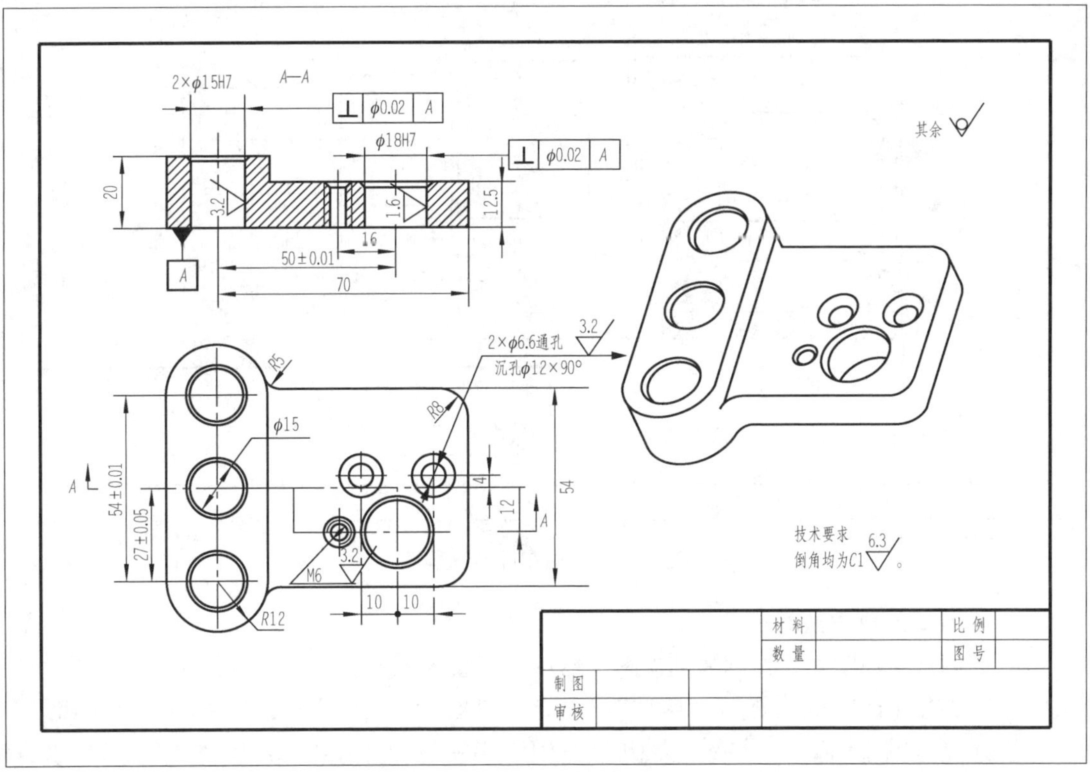

图 3-230　添加技术要求等注解

12. 保存文件

单击常用工具栏中的“保存”按钮，保存当前文件。

13. 将工程图文件输出为 AutoCAD 图形文件 DWG 格式

选择主菜单“文件”→“保存副本”，在弹出的【保存副本】对话框中“新名称”栏中输入“muban”，在“类型”栏中选择“DWG（*.dwg）”格式。然后单击【保存副本】对话框中的按钮 确定 ，在接下来弹出的【DWG 的导出环境】对话框中单击按钮 确定 。这时可在 AutoCAD 软件环境中打开“muban.dwg”，进行继续编辑。

任务八　轴类零件断面图及局部放大图的制作

【任务】 创建如图 3-231 所示的轴零件工程图。

【分析】 轴零件的工程图采用了断面图和局部放大图的方法，本任务学习局部放大图和断面图的制作方法。

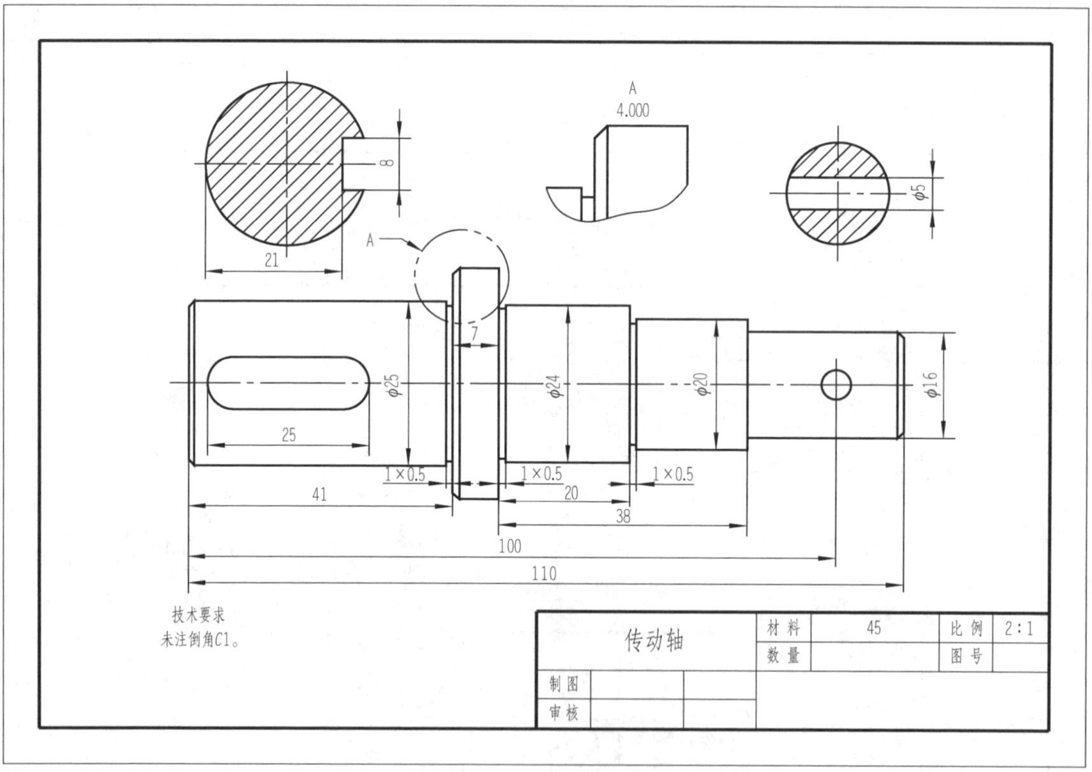

图 3-231　轴零件的工程图

一、断面图创建方法简介

（1）要创建断面图，首先创建剖视图，然后在【绘图视图】对话框中的截面属性页的“模型边的可见性”，由“全部”改为“区域”，如图 3-232 所示，单击对话框中的按钮 应用 。

（2）在【绘图视图】对话框中左边“类别”中选择“对齐”，切换至对齐属性页，将“视图对齐选项”中的“将此视图与其它视图对齐”前的勾选去除，如图 3-233 所示，单击

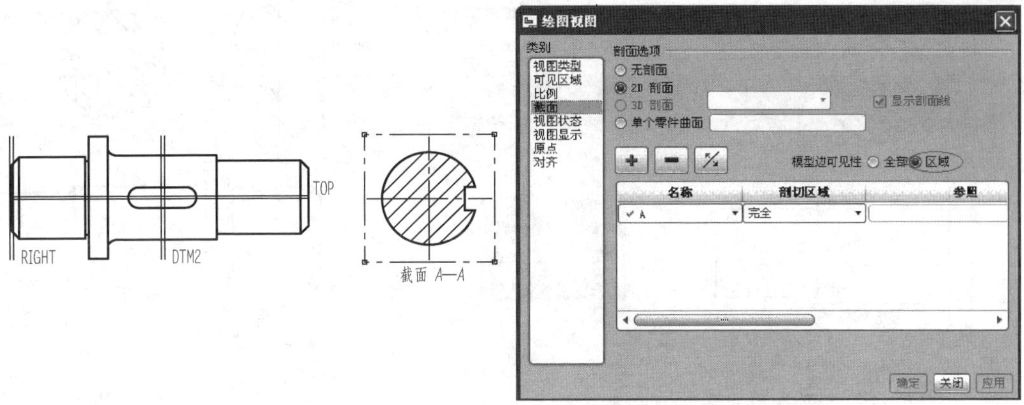

图 3-232　创建剖视图

对话框中的按钮 确定 。

（3）在绘图区中单击鼠标右键，在弹出的快捷菜单中选择“锁定视图移动”命令，给视图锁定解锁。这时，选中剖视图，按住鼠标左键拖动到剖切位置处，即可创建断面图，如图 3-234 所示。

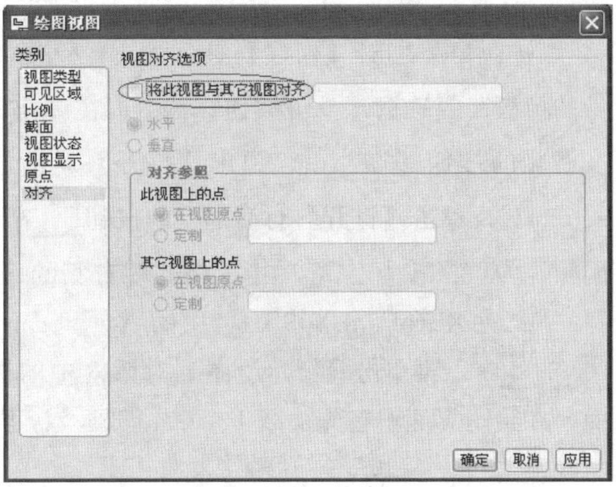

图 3-233　“对齐”属性页

二、局部放大图创建方法简介

在绘图区单击鼠标右键，在弹出的快捷菜单中选择“插入详细视图”命令，如图 3-235 所示，或单击“布局”工具栏中的按钮 详细...，弹出【选取】对话框，同时系统提示：“在一现有视图上选取要查看细节的中心点”，在要放大的部分单击，则出现一个×形点，这时系统提示“草绘样条，不相交其它样条，来定义一轮廓线”。然后在×形点周围单击，用样条曲线圈起来，如图3-236 所示。封闭后，单击鼠标中键，系统提示“选取绘制视图的中心点”，在合适的位置单击作为局部放大图的放置位置，完成的局部放大图如图3-237 所示。

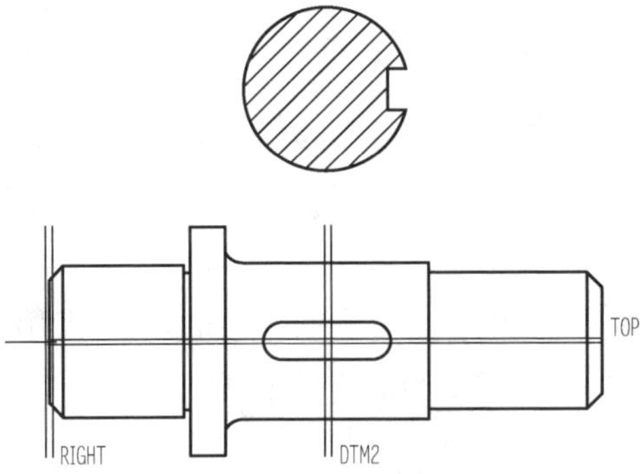

图 3-234　创建断面图

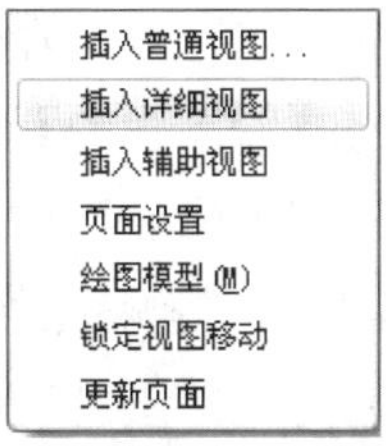

图 3-235　快捷菜单

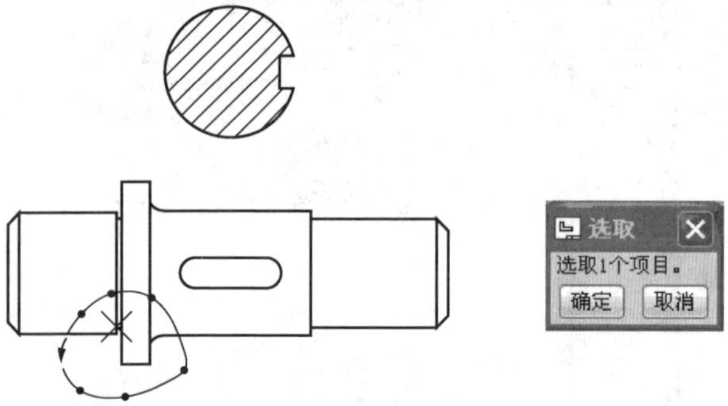

图 3-236　定义局部放大的区域

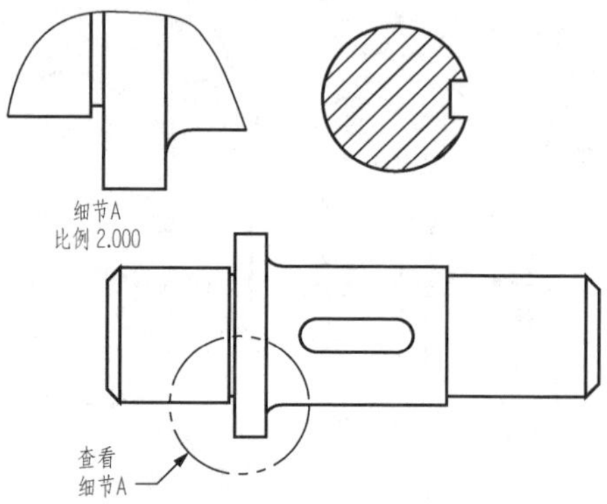

图 3-237　完成的局部放大图

三、轴零件工程图的创建

1. 新建一个名为“zhou. drw”的绘图文件

设置工作目录为“D：/EXProE5/EX03/08”。选择主菜单“文件”→“新建”，或单击“新建”按钮，打开【新建】对话框，类型选取“绘图”，输入名称“zhou”，取消“使用缺省的模板”复选框，单击按钮 确定 。在弹出的【新建绘图】对话框中，单击“缺省模板”右侧的按钮 浏览... ，弹出【打开】对话框，选择“D：/EXProE5/EX03/08”中的“zhou. prt”，单击【打开】对话框中的按钮 打开 。再选择【新建绘图】对话框“指定模板”为“格式为空”，单击“格式”右侧的按钮 浏览... ，在弹出的【打开】对话框中选择“D：/EXProE5/EX03/01”中的 A4_format. frm，然后单击【打开】对话框中的按钮 打开 ，再单击【新建绘图】对话框中的按钮 确定 ，进入 Pro/ENGINEER 的绘图界面，在绘图界面中首先加载 1 个 A4 图框及标题栏。

2. 修改系统绘图参数的配置文件

选择主菜单“文件”→“绘图选项”，弹出【选项】对话框，单击“活动绘图”右侧的打开按钮，弹出【打开】对话框，选择文件目录“D：/EXProE5/EX03/02”中的中国国家标准配置文件“China-std-2. dtl”，单击对话框中的按钮 打开 ，再单击【选项】对话框中的按钮 确定 ，完成参数的配置。

3. 创建轴零件的主视图

（1）单击“基准显示”按钮，取消基准显示，再单击常用工具栏中的“刷新”按钮。单击工具栏“布局”选项卡中的“一般”按钮，系统信息提示区提示“选取绘制视图的中心点”，在图纸中间的合适位置单击鼠标左键，则在绘图区出现零件的三维视图，并弹出【绘图视图】对话框。

（2）在“模型视图名”中选择“FRONT”，再单击对话框下面的按钮 应用 。

（3）单击对话框左侧“类别”中的“比例”选项，弹出“比例”属性页，选择“定制比例”为“2.000”，再单击对话框下面的按钮 应用 。

（4）单击对话框左侧“类别”中的“视图显示”选项，弹出“视图显示”属性页，将

“显示样式”设置为“消隐”，将“相切边显示样式”设置为“无”，再单击按钮 应用 ，完成主视图的绘制，如图 3-238 所示，最后单击【绘图视图】对话框中的按钮 关闭 。

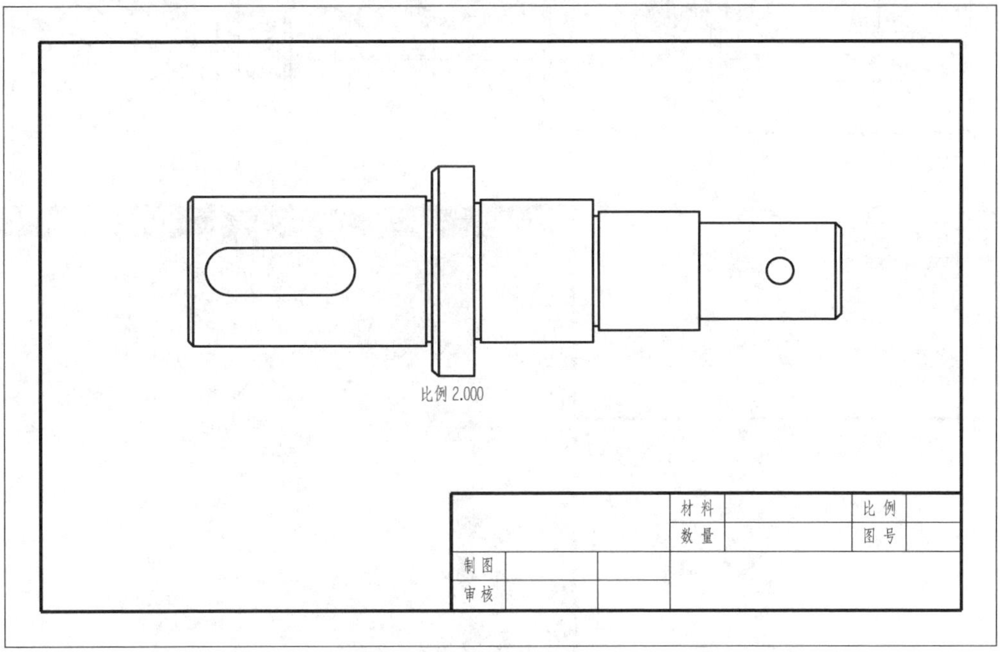

图 3-238　创建的主视图

4. 创建键槽断面图

（1）恢复“基准平面” 的显示。单击工具栏中的“投影”按钮 投影...，拖动鼠标，在图纸右边合适的位置单击，创建左视图。

（2）双击左视图，弹出【绘图视图】对话框，单击对话框左侧“类别”中的“视图显示”选项，弹出“视图显示”属性页，将“显示样式”设置为“消隐”，将“相切边显示样式”设置为“无”，再单击对话框下面的按钮 应用 。

（3）在【绘图视图】对话框左边“类别”中选择“截面”，在“剖面选项”栏中选择“2D 剖面”，将模型边可见性由“全部”更改为“区域”，如图 3-239 所示。单击“添加”按钮 + ，弹出“剖截面创建”菜单，接受默认的选项“平面”→“单一”，再选择“完成”命令，弹出【输入剖面名】对话框，输入名称“A”后，单击对话框中的“接受”按钮 ，系统提示“选取平面曲面或基准平面”，选择主视图中的 DTM2 基准面，单击对话框中的按钮 确定 ，完成剖视图的创建。

（4）双击创建的剖视图，打开【绘图视图】对话框，在类型中选择“对齐”，打开对齐属性页，在“视图对齐选项”中“将此视图与其它视图对齐”取消（前面的勾选去除），如图 3-240 所示，再单击对话框中的按钮 确定 。

（5）在绘图区中单击鼠标右键，在弹出的快捷菜单中选择“锁定视图移动”命令，取消视图的锁定。选中剖视图将其移动到主视图中键槽上部的合适位置，结果如图 3-241 所示。同理，创建右侧孔的断面图（注意：模型边的可见性为“全部”），结果如图 3-242 所示。

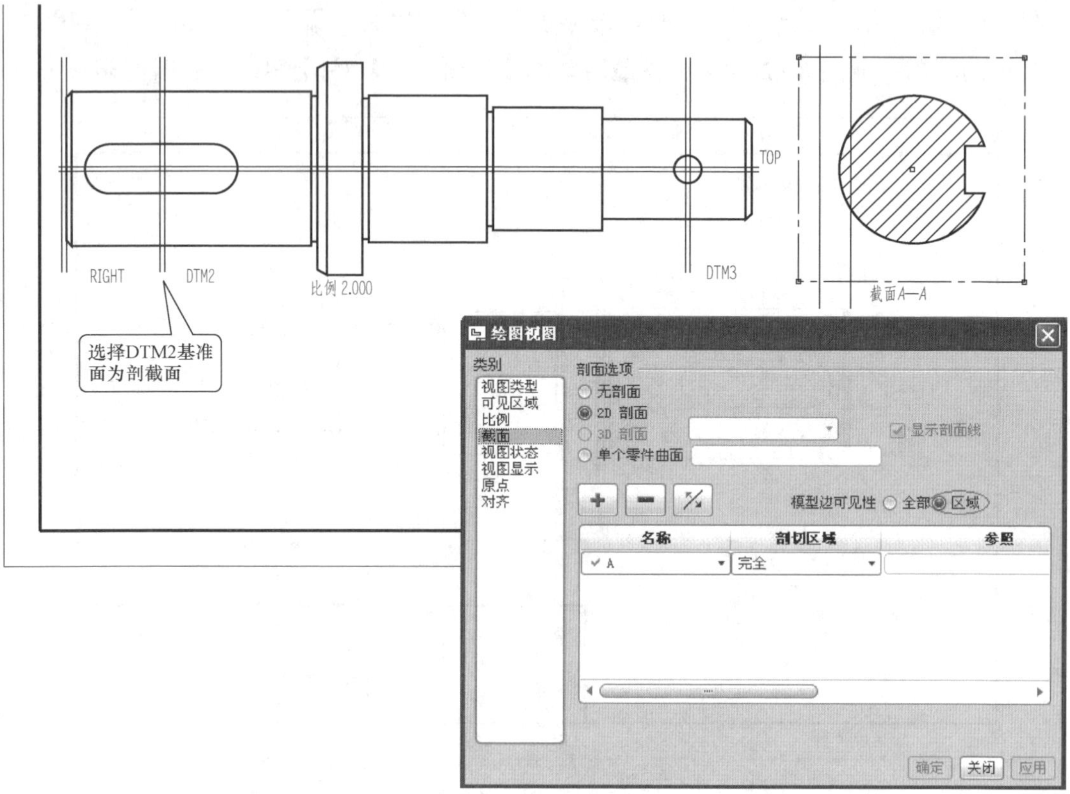

图 3-239　修改模型边可见性

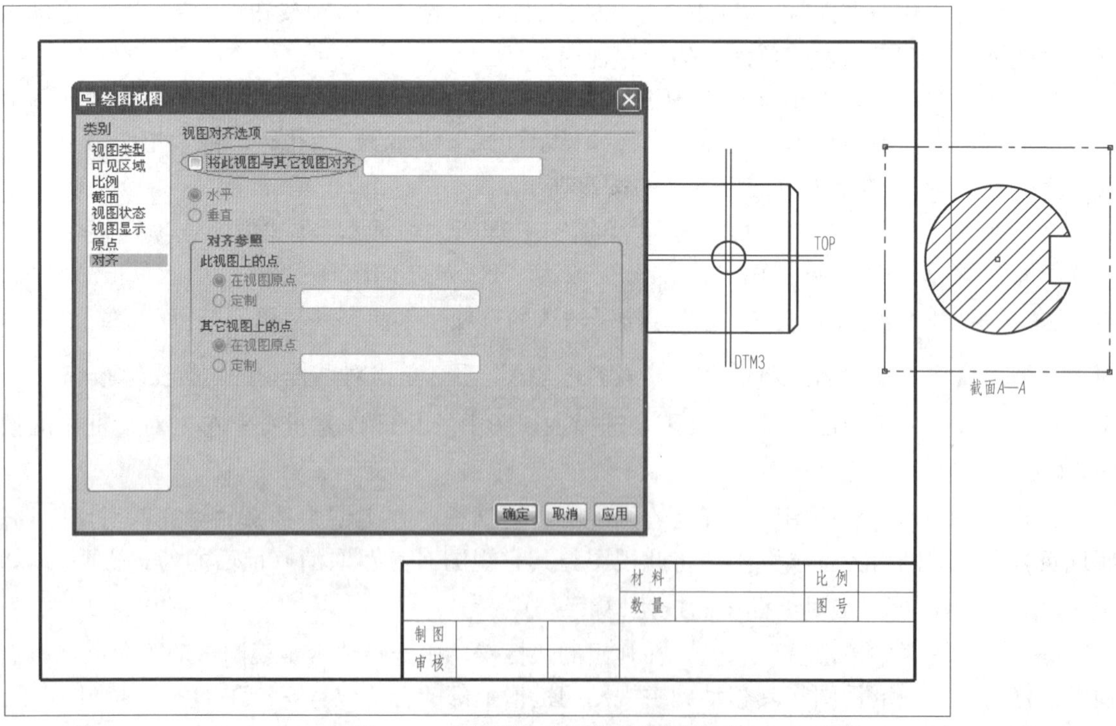

图 3-240　取消左视图与主视图的对齐

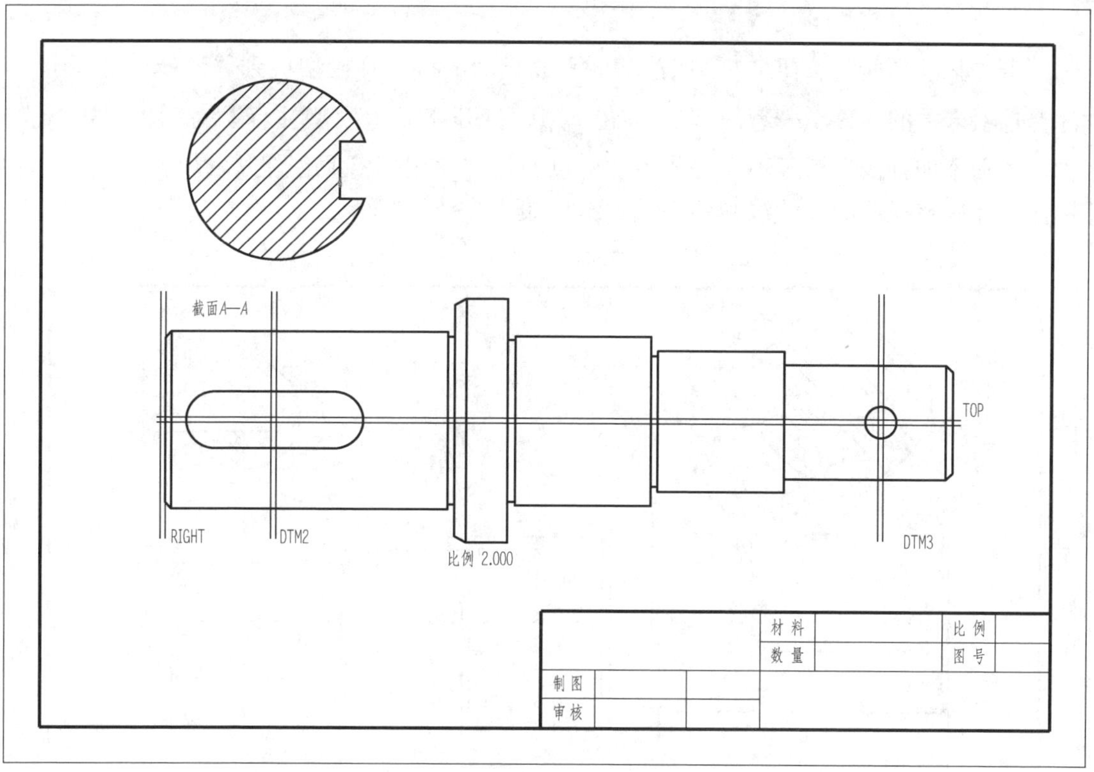

图 3-241　移动剖视图

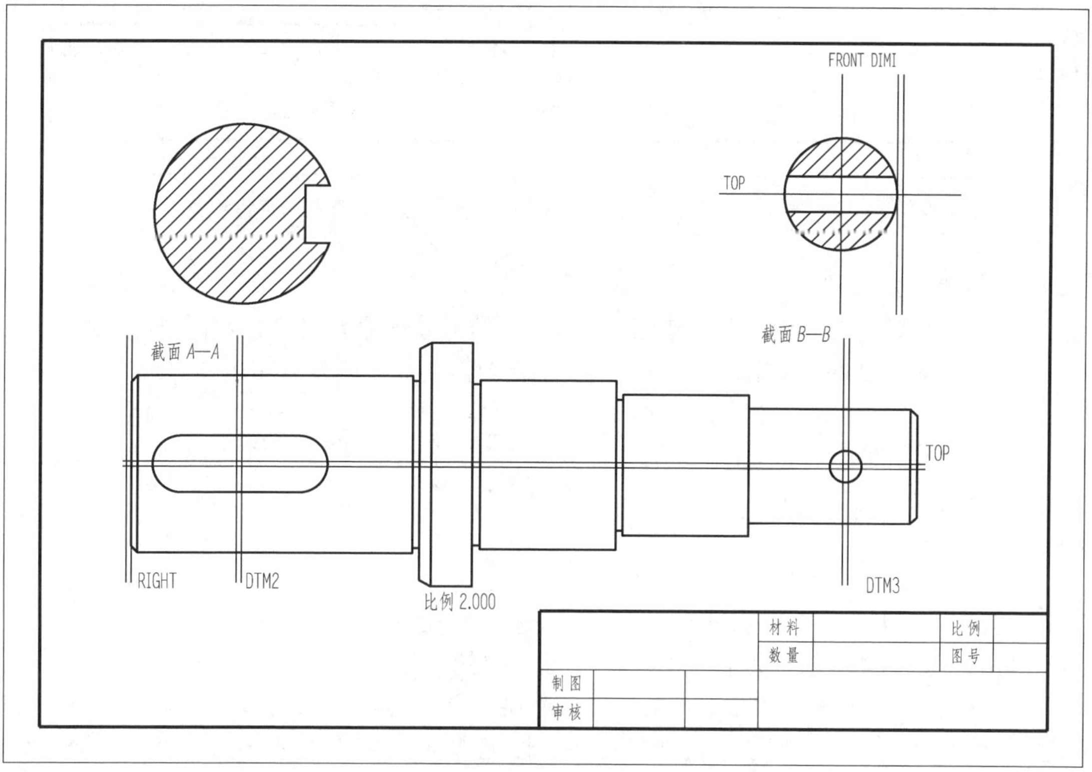

图 3-242　剖截面创建结果

5. 尺寸标注、添加中心轴线

单击“基准平面”按钮，取消基准平面显示。将工具栏切换到“注释”选项卡，通过注释选项卡中的“显示模型注释”按钮，打开【显示模型注释】对话框，进行自动添加尺寸和添加轴线，对于不合理的尺寸可以通过“使用新参照创建尺寸”按钮进行尺寸标注，并调整视图的尺寸线和中心线，结果如图 3-243 所示。

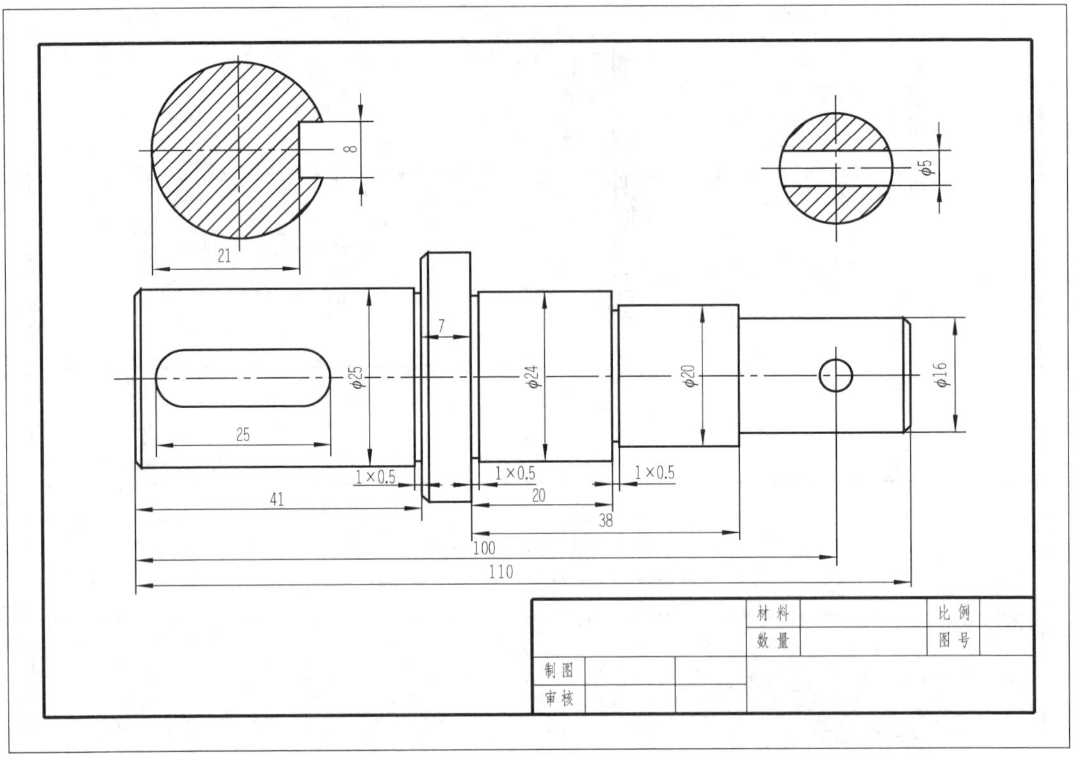

图 3-243　完成尺寸标注等

6. 创建局部放大图

切换至“布局”工具栏，单击按钮，弹出【选取】对话框，同时系统提示“在一现有视图上选取要查看细节的中心点”，在主视图需要放大的位置单击，出现一个×形点，系统又提示“草绘样条，不相交其它样条，来定义一轮廓线”。在×形点的周围单击，用样条曲线圈起要放大的部位，如图 3-244 所示。单击鼠标中键封闭该样条曲线，这时系统提示“选取绘制视图的中心点”，在图纸中合适的位置单击，完成的局部放大图如图 3-245 所示。

另外，对于文字“查看细节 A”和“细节 A 比例 4.000”可以在创建详细视图前，通过选择主菜单“文件”→“绘图选项”，打开【选项】对话框，将“view_note”值设置为“std_din”，则不会显示“查看细节”和“细节比例”这些文字，将“default_view_label_placement”值设置为“top_center”，则可将文字从视图下方移动到视图上方正中间。或可通过切换至“注释”选项卡，通过标注属性把“查看细节 A”修改为“A”，把“细节 A 比例 4.000”修改为“A 4.000”，并将其拖动到剖视图的上方，如图 3-246 所示。

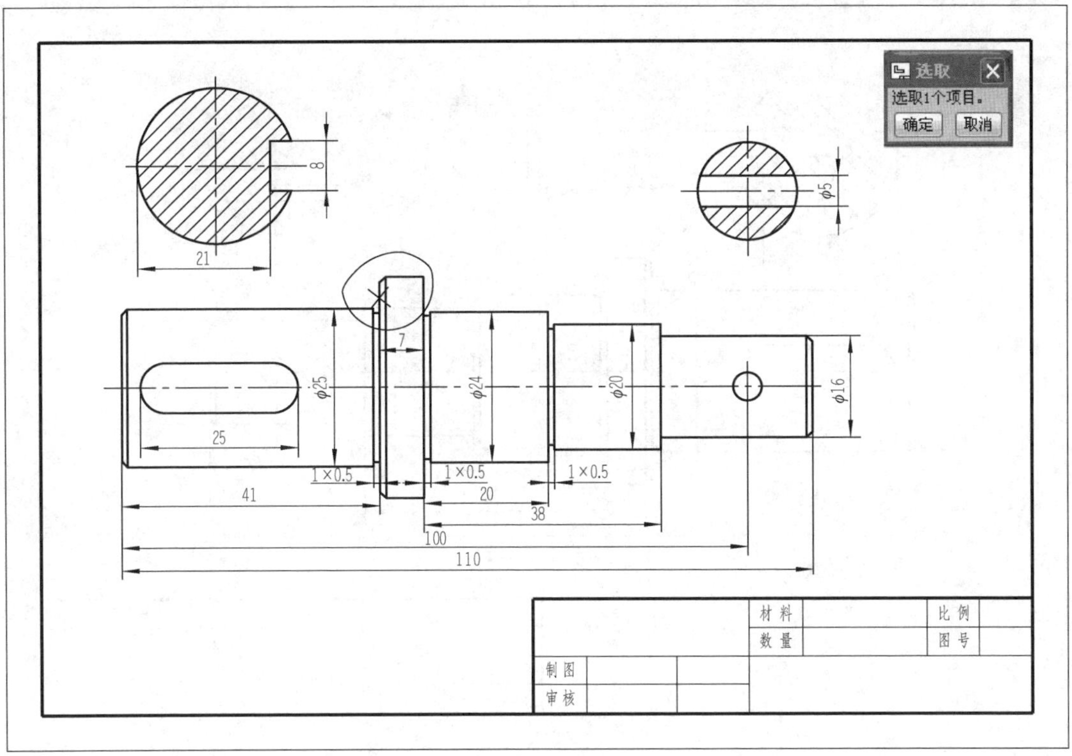

图 3-244　定位放大部位

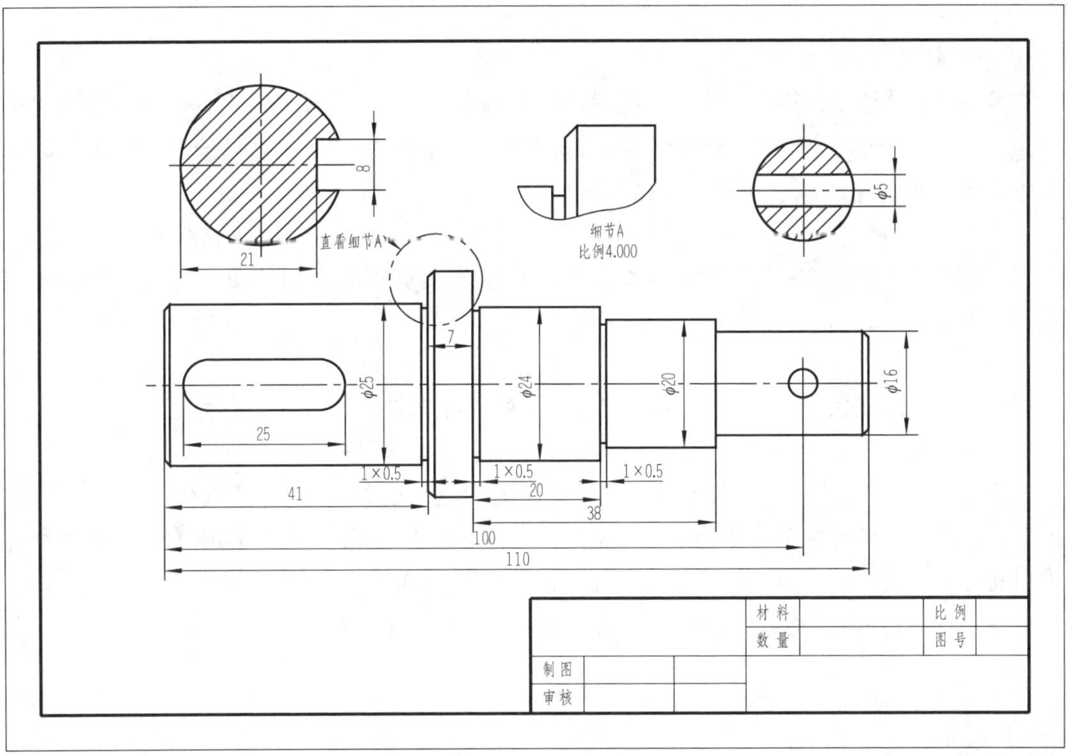

图 3-245　完成的局部放大图

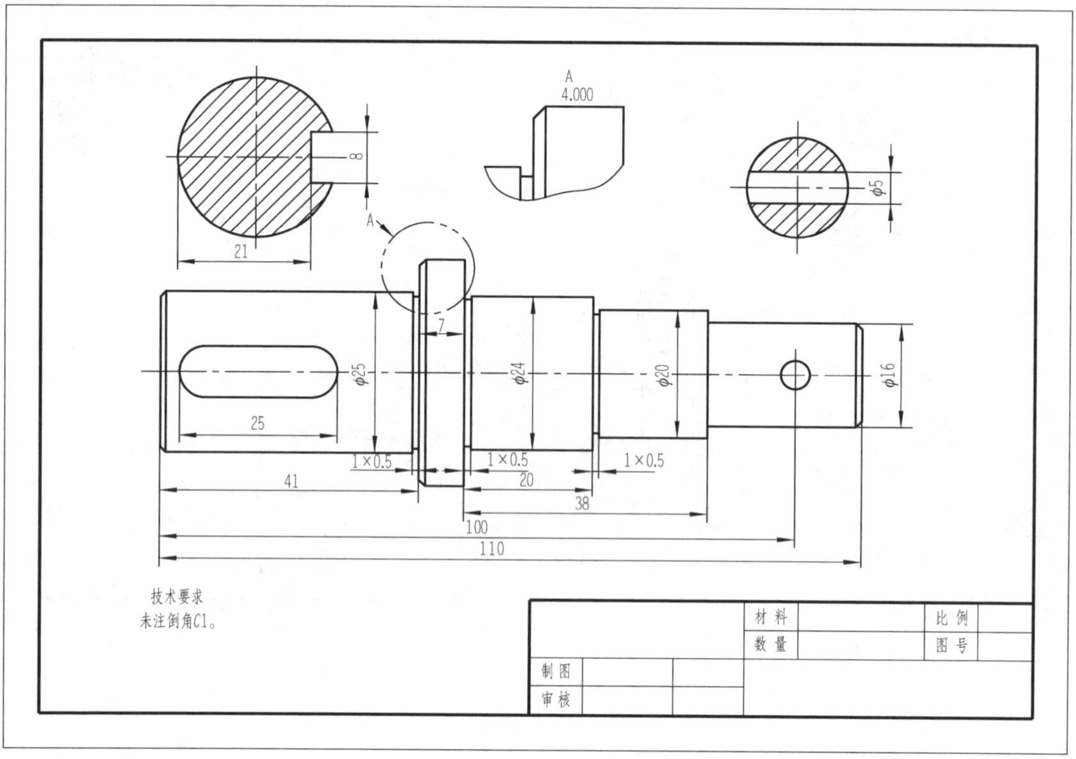

图 3-246 添加技术要求

7. 添加技术要求

切换至“注释”工具栏，单击“创建注解”按钮，在弹出的“注解类型”菜单中选择“无引线”→“输入”→“水平”→“标准”→“缺省”→“进行注解”，输入内容“技术要求：未注倒角 *C*1。”，如图 3-246 所示。

8. 填写标题栏

双击要填写的单元格，在其中输入文本，并修改文本的高度与位置，最后完成的轴零件工程图，如图 3-231 所示。

9. 保存文件

单击常用工具栏中的“保存”按钮，保存当前文件。

10. 将工程图文件输出为 AutoCAD 图形文件 DWG 格式

选择主菜单“文件”→“保存副本”，在弹出的【保存副本】对话框中“新名称”栏中输入“zhou”，在“类型”栏中选择“DWG（*.dwg)”格式，然后单击【保存副本】对话框中的按钮 确定 ，在接下来弹出的【DWG 的导出环境】对话框中单击按钮 确定 。这时可在 AutoCAD 软件环境中打开“zhou.dwg”，进行继续编辑。

学习情境四

模具设计简介

【任务】 创建如图4-1所示的盆模具开模。

【分析】 本任务学习模具设计的基础知识及模具设计的一般流程。

一、启动Pro/E模具设计模块

Pro/ENGINEER模具设计模块提供了进行虚拟模具设计的强大功能，可用来对Pro/ENGINEER创建的实体进行模具设计，同时利用Pro/E软件单一数据库的特点，可在设计零件发生变更的情况下及时更新模具文件。

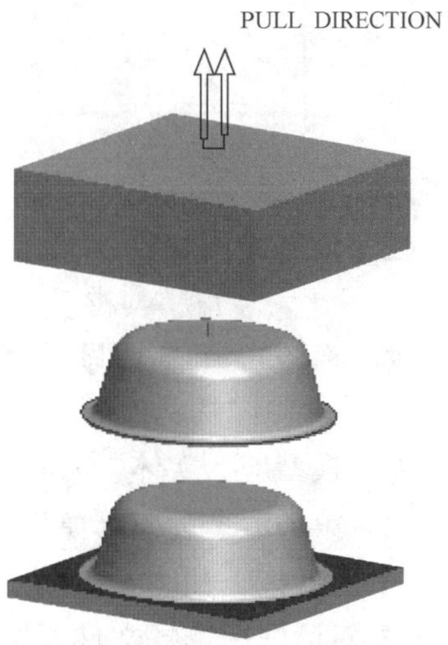

图4-1　盆模具开模

启动Pro/E软件后，选择主菜单"文件"→"新建"，或单击"新建"按钮，打开【新建】对话框。类型选择"制造"，子类型选择"模具型腔"，在名称栏中输入模具名称，取消"使用缺省的模板"复选框，如图4-2所示，单击按钮确定，弹出【新文件选项】对话框，如图4-3所示，在对话框中选择"mmns_mfg_mold"选项。单击按钮确定进入模具设计界面，如图4-4所示，系统自动添加三个基准平面MOLD_FRONT、MOLD_RIGHT和MAIN PARTING PLN，一个基准坐标系MOLD_DEF_CSYS和开模方向PULL DIRECTION。

图4-2　【新建】对话框

图4-3　【新文件选项】对话框

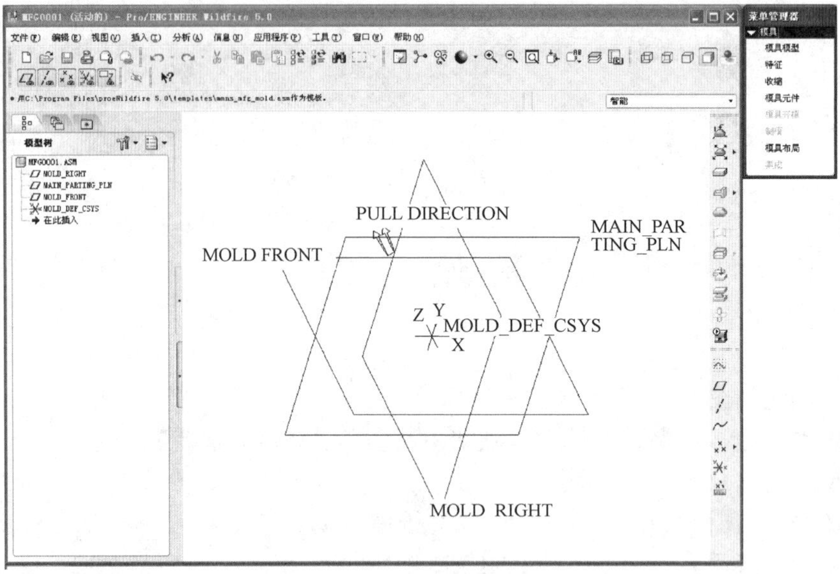

图 4-4 模具设计界面

二、模具设计流程

1. 创建或装配模具模型

模具模型可在模具设计界面创建一个新零件，但一般是已事先在 Pro/E 中做好的“.prt”文件，或从其他软件如 UG、SolidWorks 等直接读入后存为“.prt”文件。不管如何，参考模型应为实体，从其他软件读入的要转成实体。

（1）第一种装配模具模型方法。单击特征工具栏中的“模具型腔布局”按钮，弹出【打开】对话框，如图 4-5 所示，同时弹出【布局】对话框，如图 4-6 所示，从图 4-5 中的【打开】对话框中选择文件，选中文件后，单击【打开】对话框中的按钮 打开 ，弹出

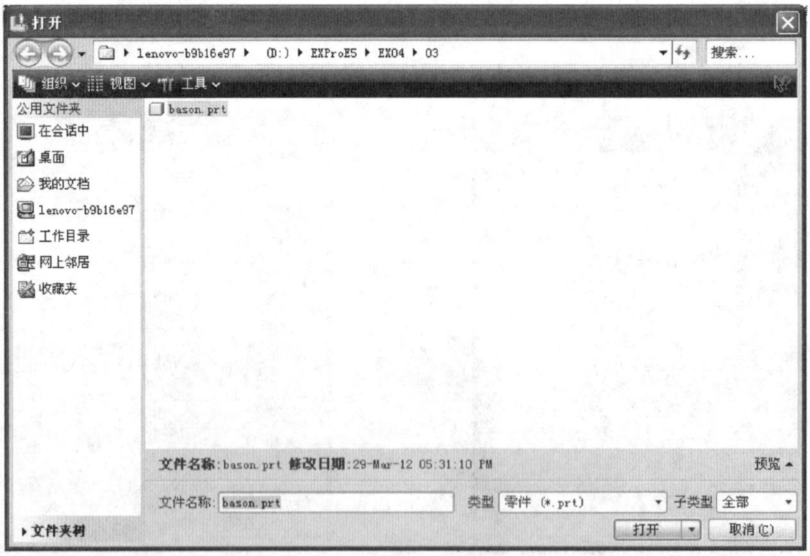

图 4-5 【打开】对话框

【创建参照模型】对话框，如图 4-7 所示。创建参照模型的方法有三种：选择“按参照合并”，系统复制一个与参考零件一模一样的参考文件进行模型装配；选择“同一模型”，系统直接调入参考零件进行模具模型装配；选择“继承”，系统创建一个继承参考零件特征的模型进行模具模型装配。

图 4-6　【布局】对话框

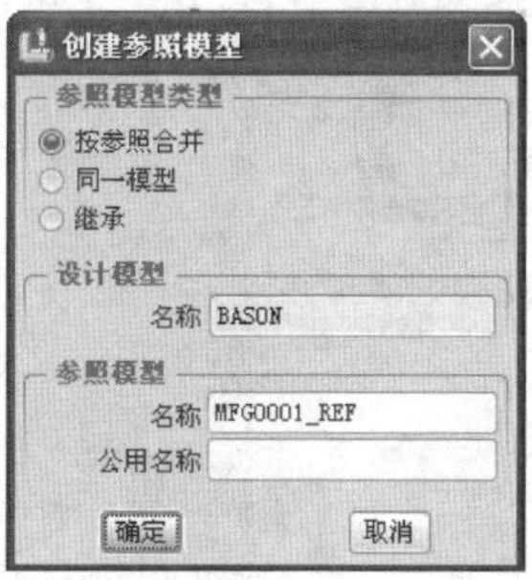

图 4-7　【创建参照模型】对话框

单击图 4-7【创建参照模型】对话框中的按钮确定，系统此时默认分模文件与参照零件的默认坐标系重合，但分模文件有个开模方向（PULL DIRECTION）为 Z 轴（见图 4-4），故应将参照模型的 Z 轴设为开模方向，方便分模的后续工作。单击图 4-6 所示【布局】对话框中“参照模型起点与定向”栏中的“选取”按钮，弹出“获得坐标系类型”菜单，如图 4-8 所示，同时弹出如图 4-9 所示的小窗口模型。在“获得坐标系类型”菜单中选择“动态”命令后，弹出图 4-10 所示【参照模型方向】对话框。

图 4-8　“获得坐标系类型”菜单

从图 4-9 可见，参考模型的 Y 轴向上，为使 Z 轴向上，可通过旋转平移得到。该零件通过使 X 轴旋转 90°后，使其 Z 轴向上，如图 4-10 所示，单击【参照模型方向】对话框中的按钮确定，再单击【布局】对话框中的按钮确定，则参照零件就被载入设计界面，如图 4-11 所示。

（2）第二种装配模具模型的方法。在菜单管理器中依次选择“模具模型”→“装配”→“参照模型”，如图 4-12 所示，弹出如图 4-5 所示【打开】对话框，在对话框中选择模型，单击对话框中的按钮打开，这时弹出“组件”装配操控板，在操控板中按照“组件”的装配方法进行装配，如图 4-13 所示，则参照零件就被载入设计界面。

2. 设置收缩率

零件从高温的模具中取出，冷却至室温后，其体积和尺寸发生收缩的现象称为收缩性。零件的收缩性可用相对收缩量的百分率即收缩率表示。收缩率不仅和热胀冷缩有关，而且和各种成形因素有关。

考虑产品的收缩现象，必须通过设置收缩率来放大型腔。

型腔的放大量，即收缩量＝收缩率×尺寸。

单击“按比例收缩”按钮右侧下拉按钮，打开“收缩”工具条，有“按尺寸”和“按比例”两种收缩方法，或者选择“模具”菜单“收缩”，在收缩菜单中选择“按尺寸”或“按比例”的收缩方式，如图 4-14 所示。按尺寸的参数化强一些，可以选择尺寸或特征；按比例可选定坐标系后，在 X、Y、Z 三个方向设置不同的数值，如图 4-15 所示的【收缩】对话框。

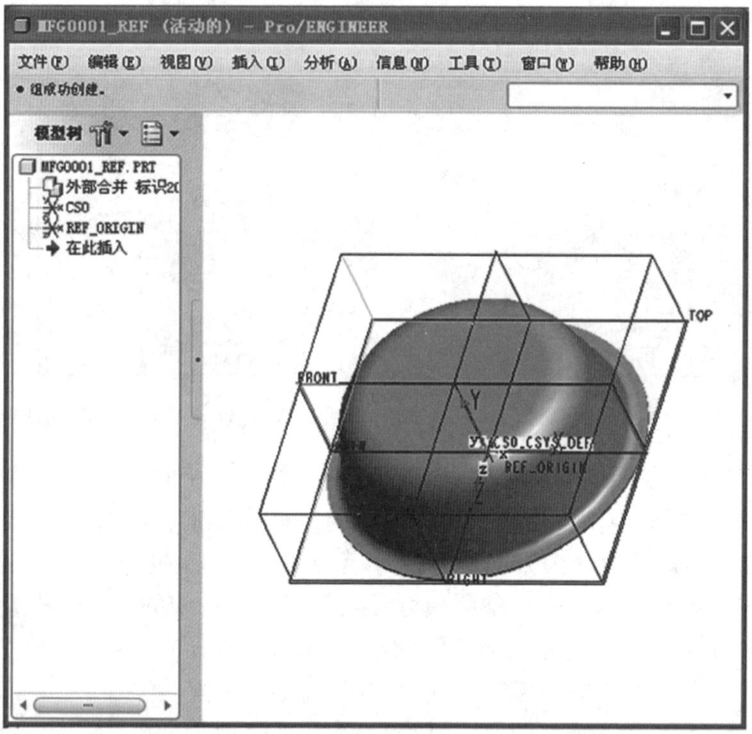

图 4-9　小模型窗口

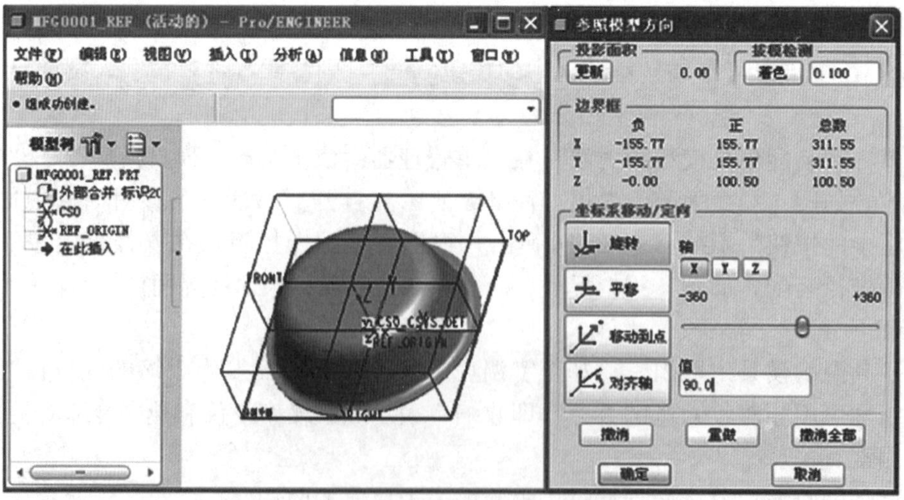

图 4-10　【参照模型方向】对话框

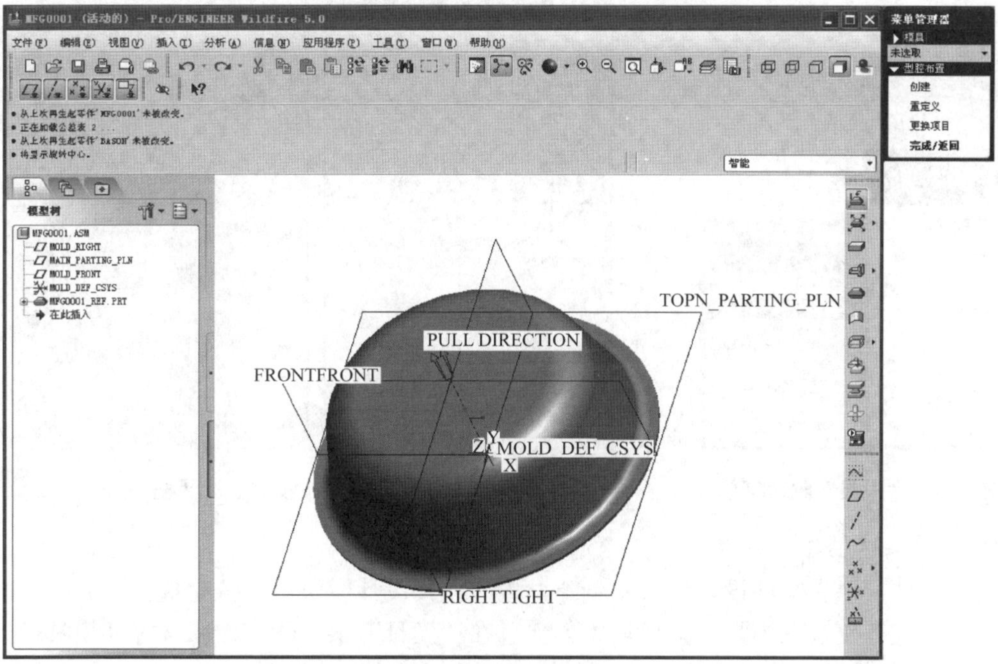

图 4 - 11　载入参照模型

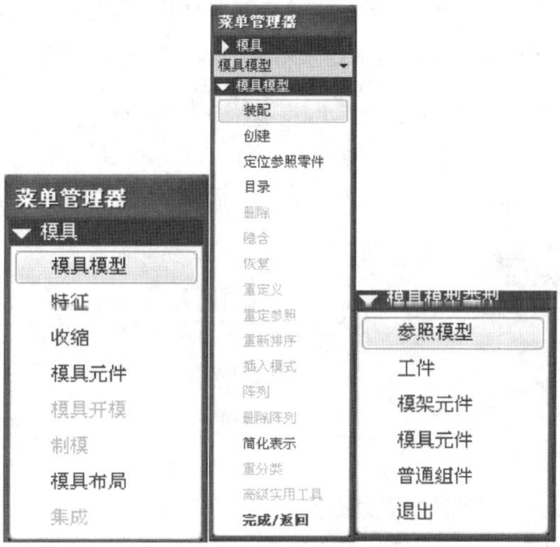

图 4 - 12　菜单管理器

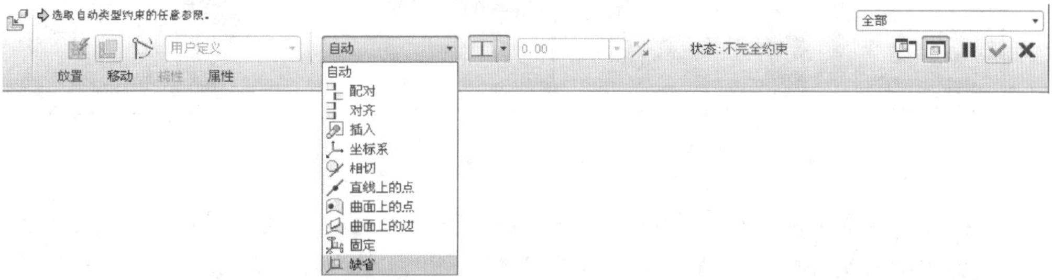

图 4 - 13　装配类型

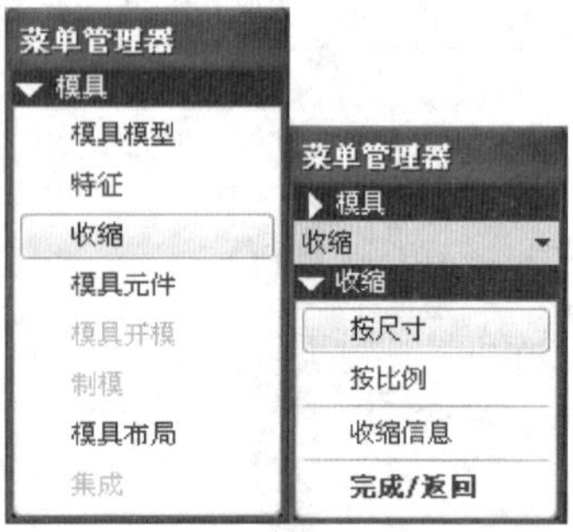

图 4-14 “模具”收缩菜单

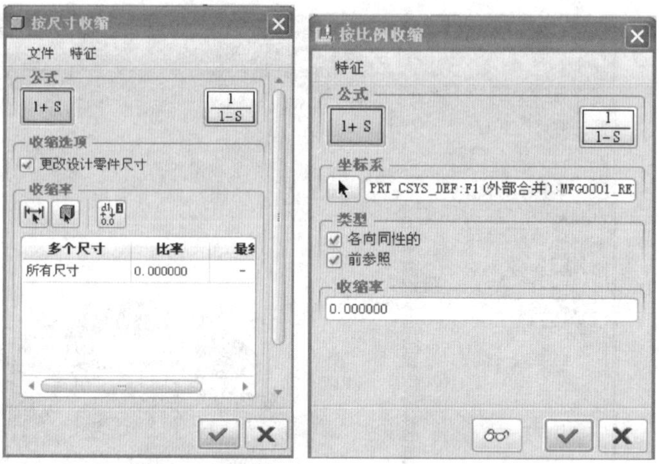

图 4-15 【收缩】对话框

3. 创建毛坯工件

毛坯工件可以在零件设计模块中创建，进入模具设计模块后，依次选择“装配”的方法载入工件；或者直接在模具设计模块中创建。在“模具”菜单管理器中选择“模具模型”→“创建”→“工件”，在“创建工件”菜单中选择“自动”或“手动”方式，如图 4-16 所示，若选择“手动”后，后续创建工件的方法同零件设计模块相同。

可单击特征工件栏中的“自动工件”按钮，弹出如图 4-17 所示的【自动工件】对话框，选择模具原点后，可调整六个方向距离大小，此时输入统一的偏距，确定后生成如图 4-18 所示的绿色半透明的工件。

4. 设计浇注系统

浇注系统由主流道、分流道、浇口及冷料穴 4 个部分组成，不一定每个浇注系统都必须有这 4 个部分，如一模一件且只有一个浇口进料时，可没有分浇道。在“模具”菜单中依次选择“特征”→“型腔组件”→“实体”→“切剪材料”，然后选择创建实体切剪的方法（拉伸、旋转、扫描等），如图 4-19 所示，选择“旋转”→“实体”→“完成”

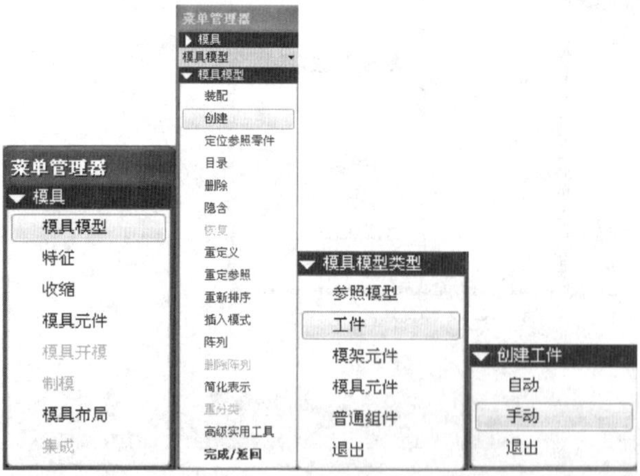

图 4-16 “模具”菜单

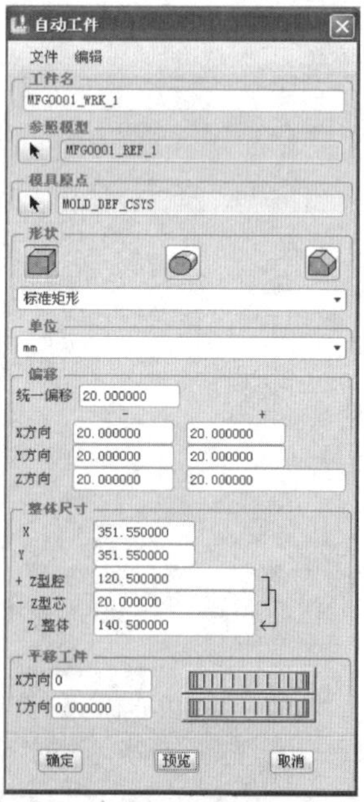

图 4-17 【自动工件】对话框

后，打开旋转特征操控板，如图 4－20 所示，选择草绘平面进行草绘来完成流道设计，如图 4－21 所示。

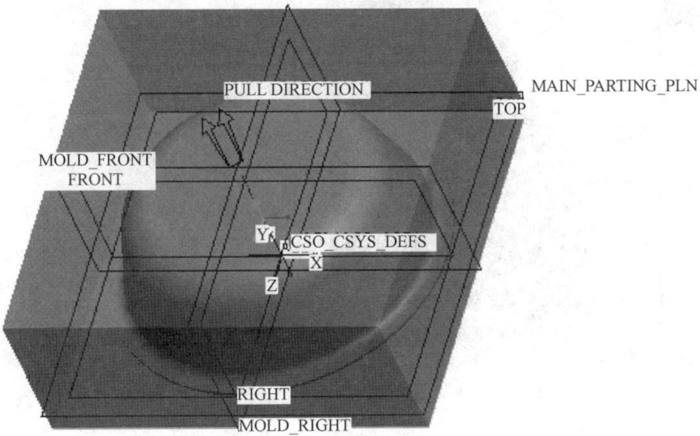

图 4－18　半透明工件

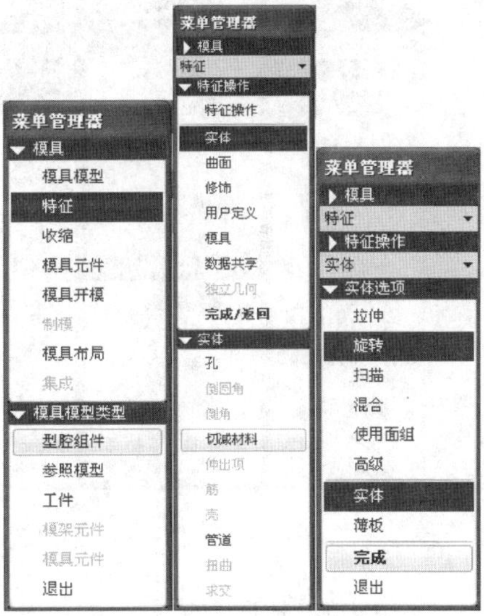

图 4－19　“模具”菜单

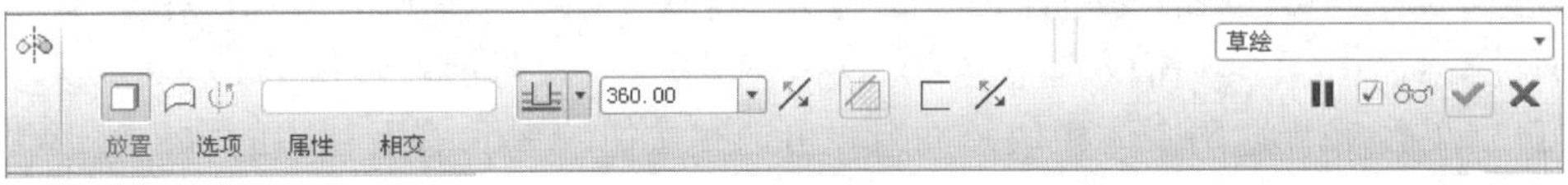

图 4－20　旋转特征操控板

5. 创建分型面

工件相当于待加工的型腔毛坯，包络了设置收缩后的参照零件，事先做一些曲面进行分割，经相应命令操作就会自动分出凸凹模、滑块等各零件，这些面就称为分型面，分型面创建是分模最重要部分，也是难点。模具的分型面是打开模具取出塑件的面，分型面可以是平面、曲面或阶梯面，可以与开模面方向垂直，也可以与之平行或倾斜。

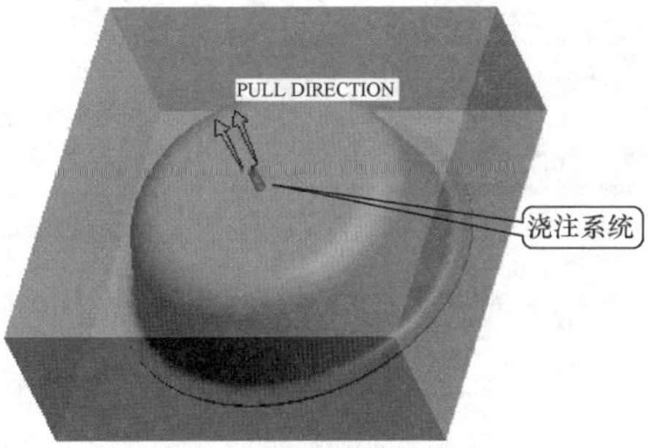

图 4－21　浇注系统

单击特征工具栏中的“分型面”按钮 ，进行设计，或者在“模具”菜单中依次选择“特征”→“型腔组件”→“曲面”，如图 4－22 所示，然后选择创建分型面的方法（拉伸、旋转、扫描等），与“.prt”模块中作曲面的方法基本相同，多了“着色”和“裙边”两种。“着色”是利用光线投影技巧来创建分型面；“裙边”是利用侧面影像曲线来生成裙边曲面。图 4－23 所示为用裙边曲面创建的分型面。

6. 分割体积块

建立好分型面后，利用分型面去分割毛坯工件（已排除参照零件），这样就得到了需要的模腔、模芯等，而这些是面组，还需要进行后续的分模。

图 4-22 “模具”菜单

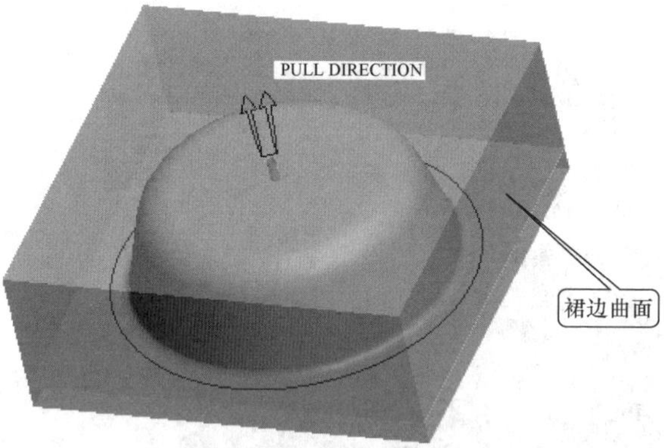

图 4-23 裙边曲面

单击特征工具栏中的“体积块分割”按钮，弹出“模具”分割体积块菜单，如图 4-24 所示，选择“两个体积块”→“所有工件”→“完成”命令，再选择创建的分型面，单击【选取】对话框中的按钮 确定 ，再单击【分割】对话框中的按钮 确定 ，如图 4-25 所示。弹出【属性】对话框，提示输入体积块的名称，如图 4-26 所示，默认的是 MOLD_VOL_1 和 MOLD_VOL_2，这两个体积块是面组，可通过按钮 着色 ，查看相应的体积块形状。

图 4-24 “模具分割体积块”菜单

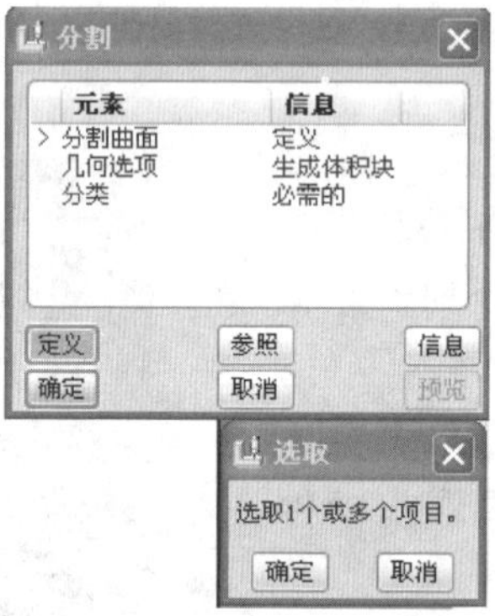

图 4-25 【分割】对话框

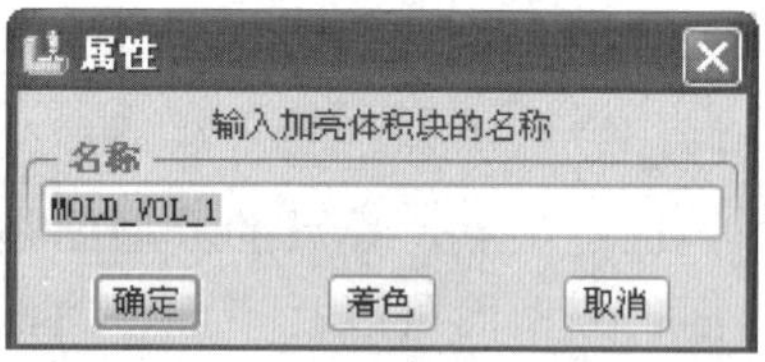

图 4-26 【属性】对话框

7. 抽取模具元件

分割完成的模具体积块如无后续的分模（如侧抽、镶块等），可转成实体即模具零件，此命令称为抽取。在“模具”菜单中依次选择“模具元件”→“抽取”，如图4-27 所示，或单击特征工具栏中的“型腔插入”按钮，弹出图 4-28 所示【创建模具元件】对话框，选取两个体积块，单击对话框中的按钮 确定 ，完成模具元件的抽取。

注意：如点选高级，可指定零件模板并可改名，分模零件就会有基准面。

模具体积块与模具零件有以下不同之处：

(1) 模具体积块是没有质量的封闭曲面，不是三维实体。

(2) 将工件以分型面为界进行分割产生模具体积块，原来的工件依然存在。

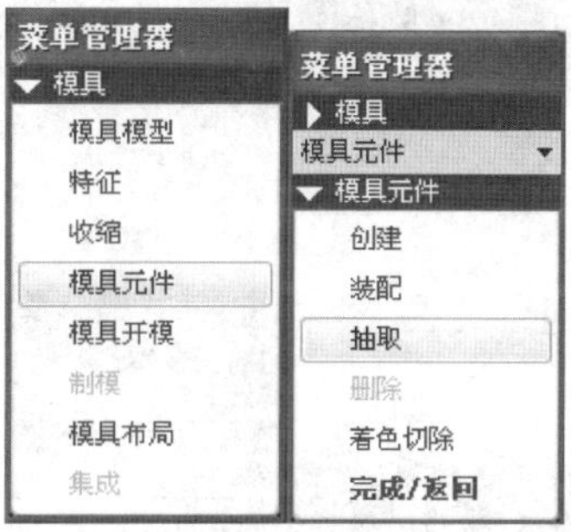

图 4-27　“模具元件”菜单

图 4-28　【创建模具元件】对话框

(3) 通过“型腔插入”命令，可将模具体积块转化为相应的实体零件。

8. 制模

当模具元件抽取完毕后，这些元件构成一个腔，模拟注模，以浇注生成一个零件（同参照零件一样），称为铸模，如果流道、浇口也做出，则浇注废料也连同零件一起生成。

在“模具”菜单中选择“制模”→“创建”，如图 4-29 所示，输入名称，即可生成。这时模型树中包含的特征如图 4-30 所示。

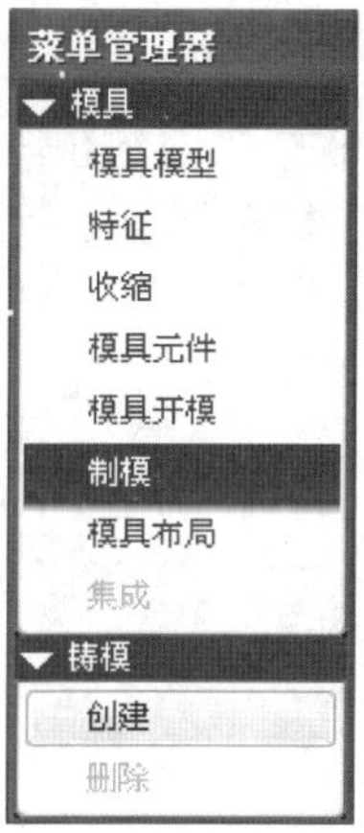

图 4-29　“模具制模”菜单

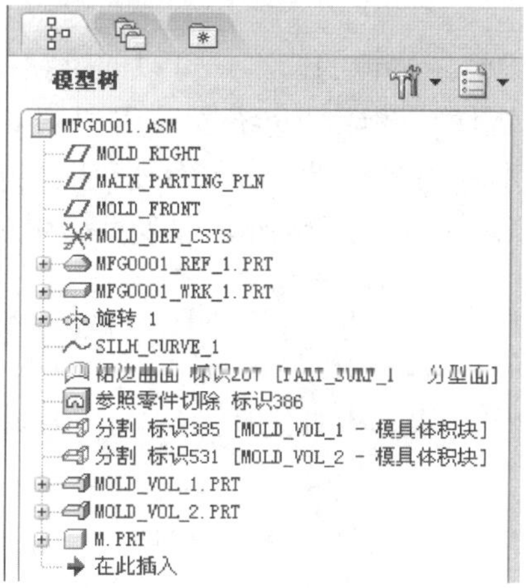

图 4-30　模型树

9. 遮蔽

模具设计工作已经基本完成，观察模型树，特征及零件很多，对于参照模型、毛坯工件、分型面和体积块进行隐藏。

单击常用工具栏中的“遮蔽-取消遮蔽”按钮，弹出图 4-31 所示【遮蔽-取消遮蔽】对话框，选择“参照模型”及“毛坯工件”，然后单击按钮 遮蔽 进行遮蔽，体积块全部分割完成后，会自动遮蔽。经操作，只显示出两个分模零件及铸模零件。

10. 开模分析

单击特征工具栏中的“模具开模”按钮，或在“模具”菜单中依次选择“模具开模”→“定义间距”→“定义移动”，如图 4-32 所示，选择需要移动的模具零件，单击【选取】对话框中的按钮 确定 ，再选择移动的参考方向，在随后出现的对话框中输入要移动的距离，再继续选择要移动的零件，全部选择、定义结束后，选择菜单中的“完成”命令，在绘图区中看到的开模状态如图 4-1 所示。

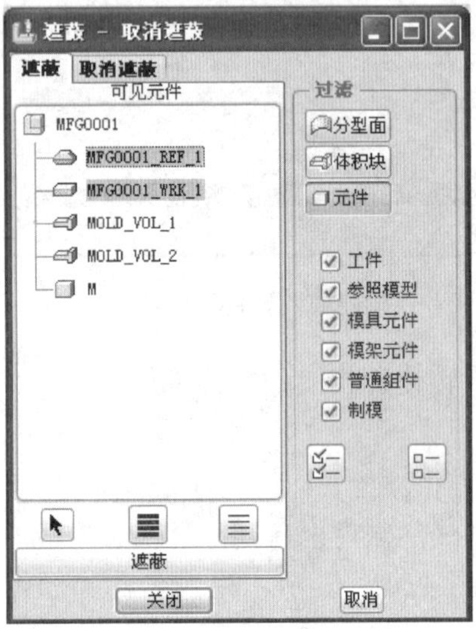

图 4-31 【遮蔽-取消遮蔽】对话框

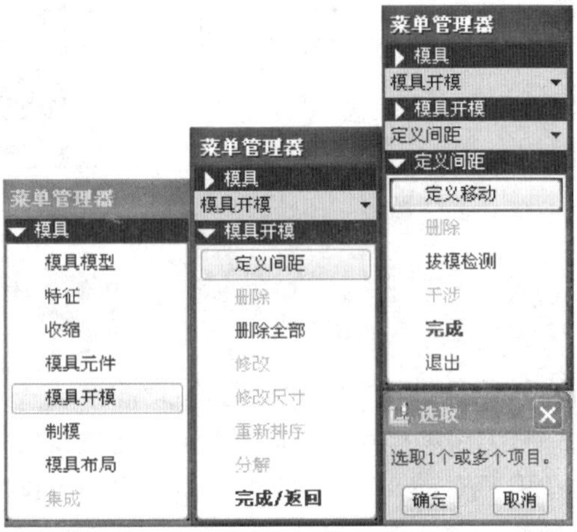

图 4-32 “模具开模”菜单

对模具设计感兴趣的读者，可以通过扫描二维码来学习编者提供的拓展学习内容：拓展任务 A 烟灰缸模具设计，介绍了采用“侧面影像线及裙边曲面”创建模具分型面的方法；拓展任务 B 水杯模具设计，介绍了带有“侧向分型结构”的复杂模具分型面的创建方法。希望通过这两个拓展学习内容，起到抛砖引玉的效果。

拓展任务：
A 烟灰缸模具设计
B 水杯模具设计

学习情境五

Pro/NC 加 工 简 介

【任务】 学习创建如图 5-1 所示的加工模拟的方法。

【分析】 本任务介绍 Pro/NC 加工的基础知识及 Pro/NC 加工的操作方法。

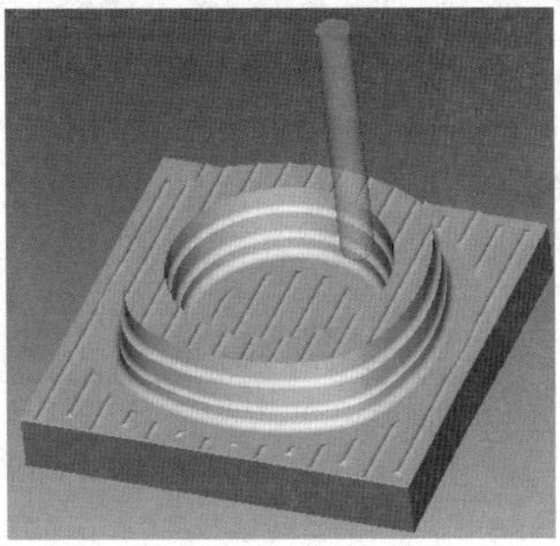

图 5-1 加工模拟

一、启动 Pro/NC 加工模块

启动 Pro/ENGINEER 软件后，选择主菜单“文件”→“新建”，或单击常用工具栏中的“新建”按钮，打开【新建】对话框。类型选择“制造”，子类型选择“NC 组件”，在名称栏中输入名称，取消“使用缺省的模板”复选框，如图 5-2 所示。单击按钮 确定 ，弹出【新文件选项】对话框，如图5-3所示。在对话框中选择“mmns _ mfg _ nc”选项，单击按钮 确定 进入Pro/NC设计界面（见图 5-4）系统自动添加三个基准平面 NC _ ASM _ FRONT、NC _ ASM _ RIGHT 和 NC _ ASM _ TOP，一个基准坐标系 NC _ ASM _ DEF _ CSYS。

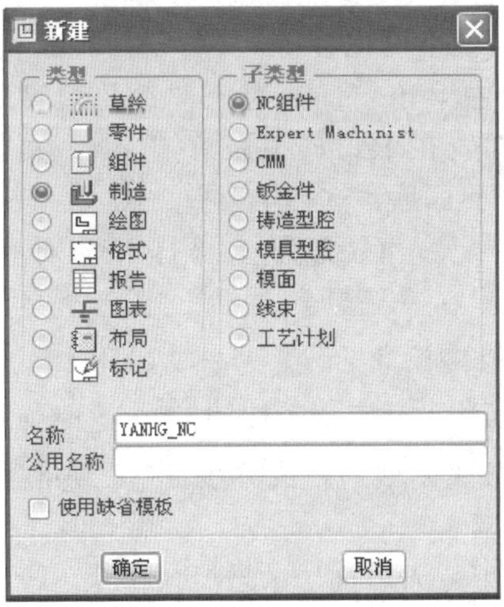

图 5-2 【新建】对话框

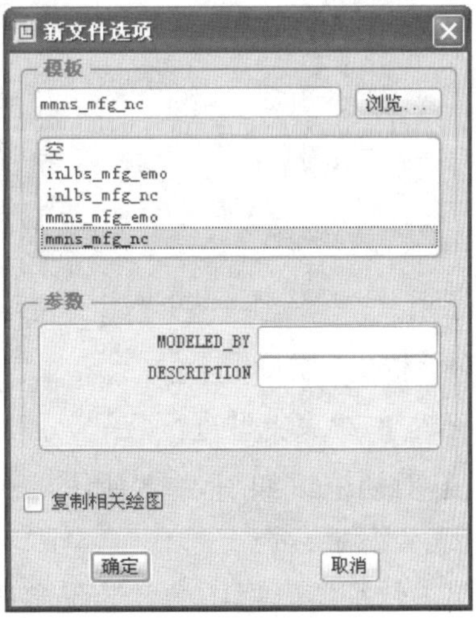

图 5-3 【新文件选项】对话框

二、Pro/NC 加工操作步骤

应用 Pro/NC 生成数控加工程序的操作步骤如图 5-5 所示。下面分别对上述操作步骤进行简要介绍。

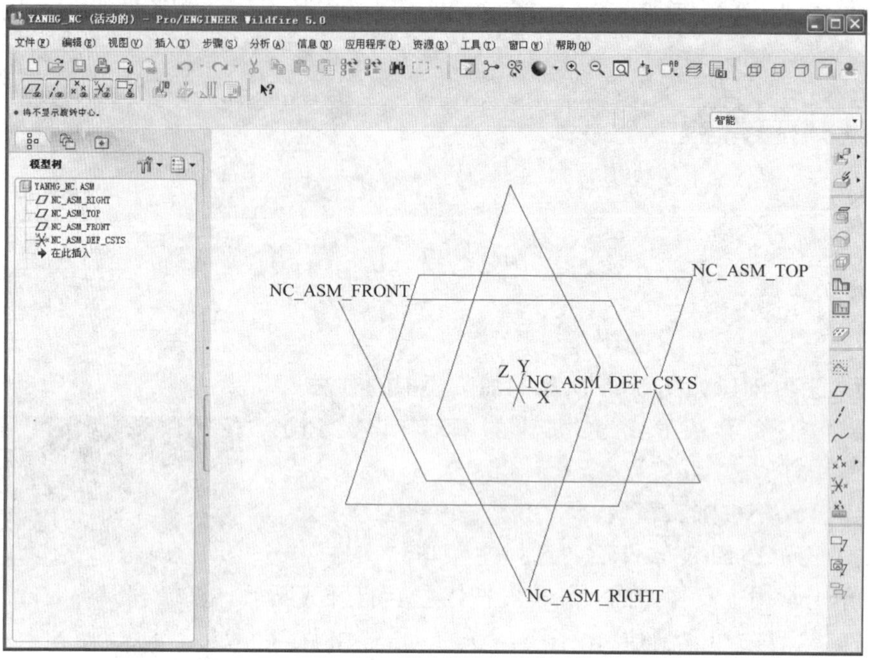

图 5-4　Pro/NC 设计界面

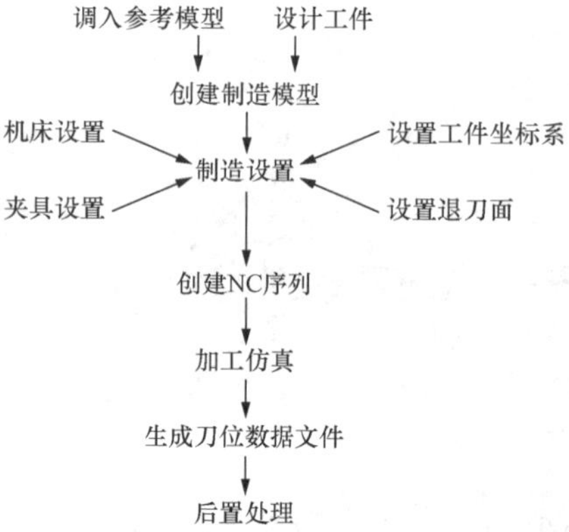

图 5-5　Pro/NC 加工操作步骤

1. 创建制造模型

制造模型，通常又称为加工模型，是在 Pro/NC 中进行加工制造的第一步。制造模型由参照模型和工件模型组成。

（1）创建或装配参照模型。

1）参照模型可以在 Pro/NC 设计界面直接创建，方法是选择主菜单“插入”→“参照模型”→“创建”。也可事先在 Pro/E 中做好“.prt”文件，进入 Pro/NC 加工界面后，选择主菜单“插入”→“参照模型”→“装配”，系统弹出【打开】对话框，如图 5-6 所示；在【打开】对话框中选择文件，单击【打开】对话框中的按钮 打开 ，弹出元件放置操控板（见图 5-7），参照模型的装配通常采用“缺省”的约束类型进行装配，然后单击操控板中的“完成”按钮。这时弹出【创建参照模型】对话框，如图 5-8 所示，在其中选择参照模型的生成方法：“按参照合并”“同一模型”或“继承”。

2）单击特征工具栏中的“装配参照模型”按钮右侧的“下拉”按钮，打开“装配工具栏”，在工具栏中直接选择创建参照模型的方法：“同一模型”按钮、“继承参照模型”按钮和“合并参照模型”按钮；在【打开】对话框中选择文件，调入加工界面，再采用组件“缺省”的约束类型进行装配。

（2）创建或装配工件模型。工件是加工制造的毛坯，可以对刀具的运动空间范围作出限制。

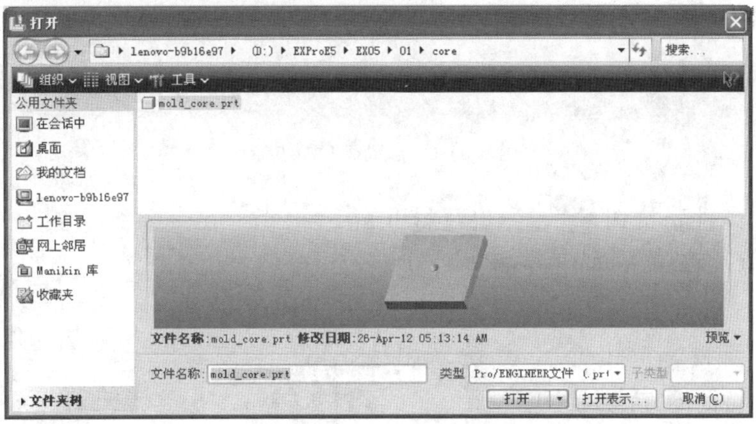

图 5-6　【打开】对话框

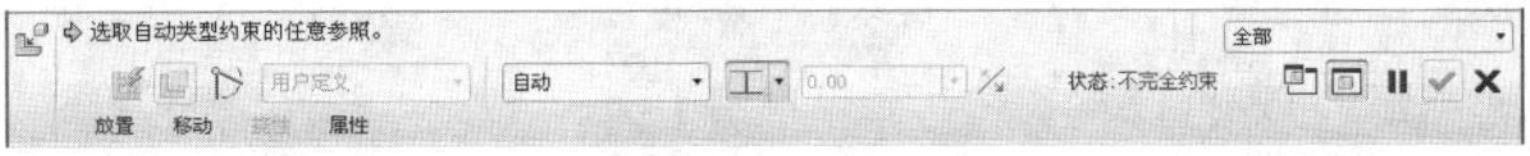

图 5-7　元件放置操控板

1）创建工件。选择主菜单“插入”→“工件”→“创建”，弹出【输入零件名称［PRT0001］】对话框，输入名称后，弹出“特征类”菜单管理器，如图 5-9 所示。在菜单中依次选择“实体”→“伸出项”，下一级菜单中选择“拉伸”等创建方法进行工件的设计，工件创建完成后，绿色透明显示。

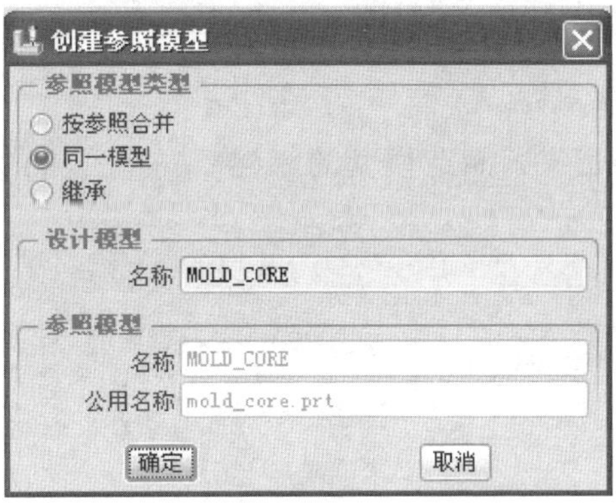

图 5-8　【创建参照模型】对话框

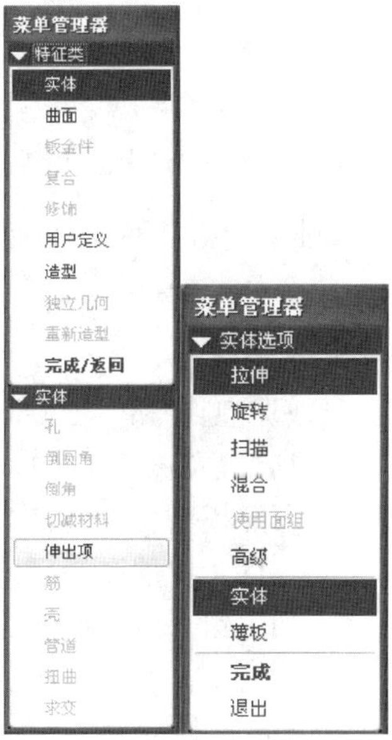

图 5-9　“特征类”实体选项菜单

2）可以单击特征工具栏中的“自动工件”按钮右侧的“下拉”按钮，打开“工件创建工具栏”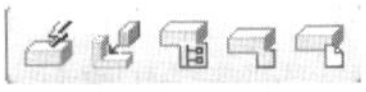。

单击“自动工件”按钮，打开自动工件创建操控板，如图 5-10 所示，单击操控板中的“放置”，打开“放置”滑面板，如图 5-11 所示，在其中需要设置工件的“坐标系”和“参照模型”；单击“选项”，打开“选项”滑面板，如图 5-12 所示，在“选项”滑面板中可以对工件的尺寸进行直接修定。

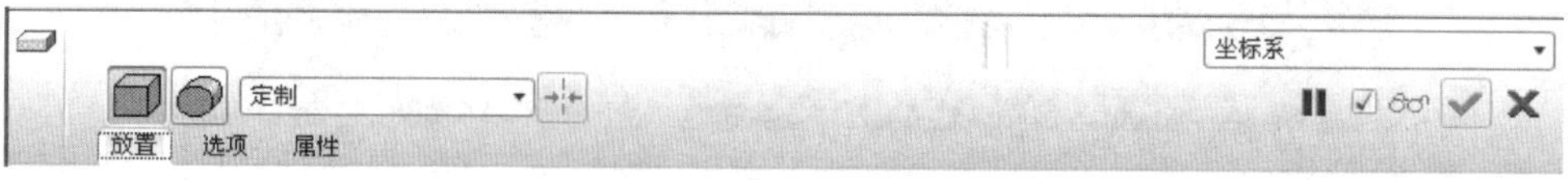

图 5-10　自动工件操控板

单击“装配工件”按钮，弹出【打开】对话框，在其中选择事先创建好的工件进行装配。

单击“继承工件”按钮，系统采用从所选的模型继承特征的方法创建工件。

图 5-11　“放置”滑面板

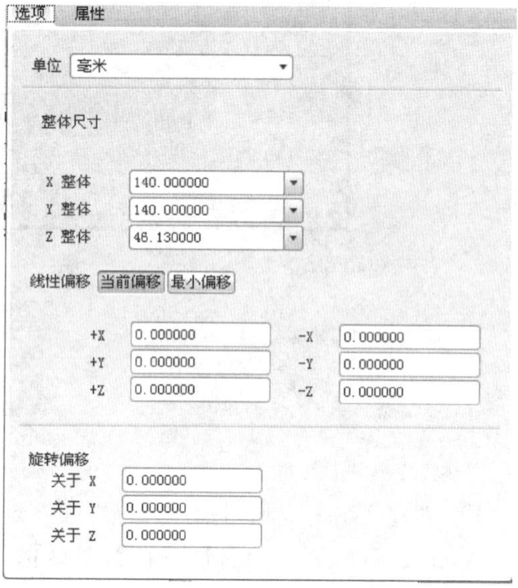

图 5-12　“选项”滑面板

单击“合并工件”按钮，系统采用从所选的模型合并的方法创建工件。

单击“新工件”按钮，采用手工创建工件的方法进行工件创建，是菜单选择创建工件的快捷方式。

“参照模型”和“工件”创建完毕，即完成了制造模型的创建。一个完整的加工制造模型建立以后，应包括 4 个单独的文件：

1）参照模型：扩展名为“.prt”。

2）工件：扩展名为“.prt”。

3）加工组合：扩展名为“.asm”。

4）加工工艺文件：扩展名为“.mfg”。

2. 操作设置

选择主菜单“步骤”→“操作”，弹出【操作设置】对话框（见图 5-13），可在该对话框中定义操作名称、NC 加工机床、加工坐标系、退刀面等。

（1）定义操作名称。在“操作名称”栏中输入操作名称，系统默认名称为 OP010。

（2）定义 NC 机床。单击机床栏右侧的按钮，打开如图 5-14 所示的【机床设置】对话框，可在其中定义“机床类型”“轴数”等。定义完毕，单击对话框中的按钮 确定 。在【机床设置】对话框中，也可切换至“切削刀具”选项卡中，进行刀具的定义。

（3）定义机床零点。在图 5-13 所示对话框的“参照”栏中，单击“机床零点”右侧的“选取或创建零点”按钮，弹出“制造坐标系”菜单管理器和【选取】对话框（见图 5-

15)，选取模型中的坐标系，完成加工坐标系的创建。

(4) 定义退刀曲面。在图 5-13 所示对话框的“退刀”栏中，单击“曲面”右侧的“编辑退刀操作”按钮，弹出如图 5-16 所示的【退刀设置】对话框。

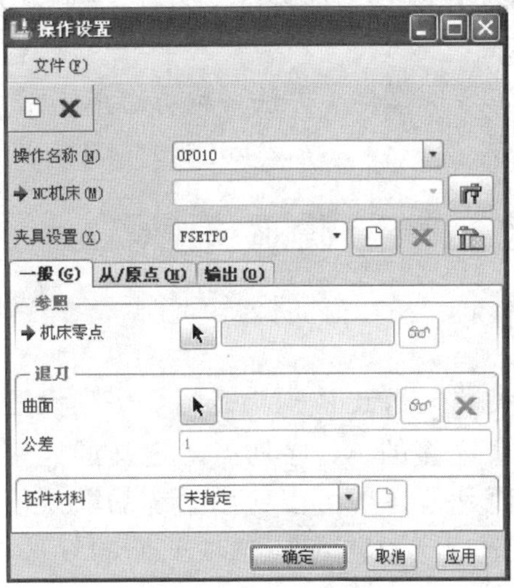

图 5-13 【操作设置】对话框

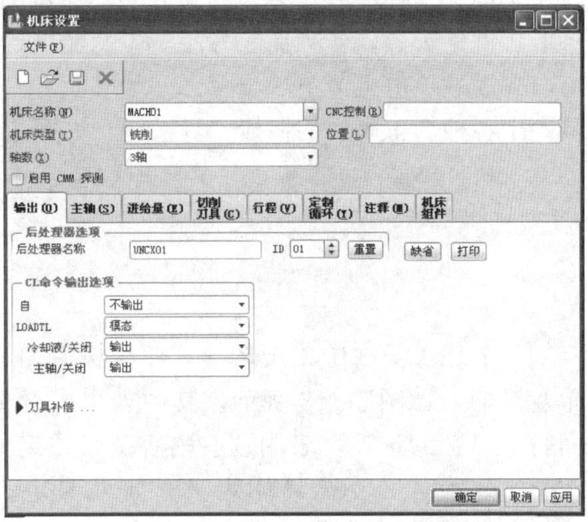

图 5-14 【机床设置】对话框

图 5-15 “制造坐标系”菜单

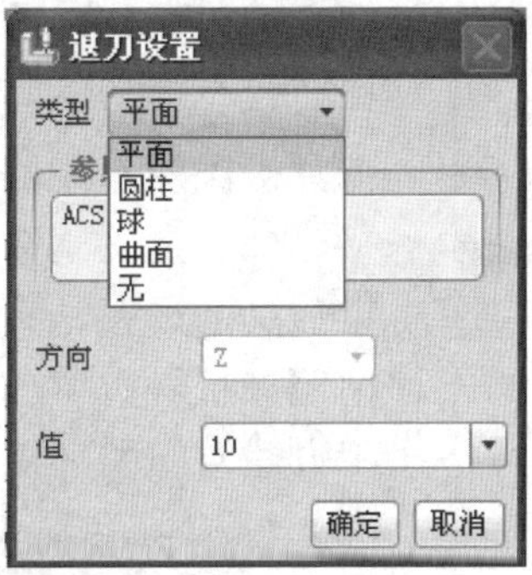

图 5-16 【退刀设置】对话框

退刀面定义了刀具一次切削后所退回的位置，具体定义方法根据加工工艺的需要。退刀面可以定义为平面、曲面、圆柱、球面及用户自定义的曲面，可以在创建操作时定义，随后在创建具体 NC 序列时再根据需要进行修改。当一个操作的退刀面定义好之后，刀具将沿此退刀面从一个连续的 NC 轨迹的终止点移动到下一个 NC 轨迹的起点。

各种退刀面设置的含义如下：

1) 平面方式：系统默认在继承坐标系的 Z 轴方向偏移一定的距离设置为退刀平面，也可以设置为相对于某一平面进行偏移，如工件上表面。

2) 圆柱方式：以机床坐标系的 X、Y 或 Z 轴为轴线，设置以一定距离为半径的圆柱面为退刀面，也可以绕任一轴线进行设置。

3) 球方式：以机床原点为中心，设置以一定距离为半径的圆球面为退刀面，也可以相对于某一基准点进行设置。

4) 曲面方式：选择已有曲面为退刀面。

5）无：删除退刀曲面定义，即不设置退刀面。在实际加工中，不需要考虑刀具在不同加工区域间的移动而造成与工件间的碰撞时，不需要设置退刀面。

3. 创建 NC 加工序列

由于加工过程中涉及多种加工方法，如铣削、钻孔、雕刻等，而铣削又包括了铣端面、铣型腔、铣轮廓等，各种加工方法对应的加工参数也不同。

（1）通过单击主菜单“步骤”→“端面”“体积块”等选择加工方法，也可以单击常用工具栏中各种加工序列的快捷工具按钮，如图 5-17 所示。

图 5-17　各种加工序列快捷工具

如在上述工具栏中单击选择“体积块粗加工”按钮，弹出体积块铣削“序列设置”菜单管理器，如图 5-18 所示，其中列出了要创建一个完整的 NC 序列需要定义的元素。前面打“√”的选项，表明这些内容是必须定义的，而其他各项可以使用系统的默认值，不需具体定义。如果要定义某些选项，单击相应选项前面的复选框即可。

（2）定义刀具。在图 5-18 所示的菜单中单击“完成”命令，弹出图 5-19 所示的【刀具设定】对话框。在该对话框中进行刀具定义，可以通过类型的下拉列表选择刀具的“类型”，再单击按钮 应用 ，刀具被添加至左侧栏中。

（3）定义制造参数。单击【刀具设定】对话框中的按钮 确定 结束刀具的设置，系统弹出如图 5-20 所示的【编辑序列参数“体积块铣削”】对话框，在对话框中输入体积块粗加工的加工工艺参数，不同的加工方法对应的加工参数不同，在序列参数中列出的项目也不同。

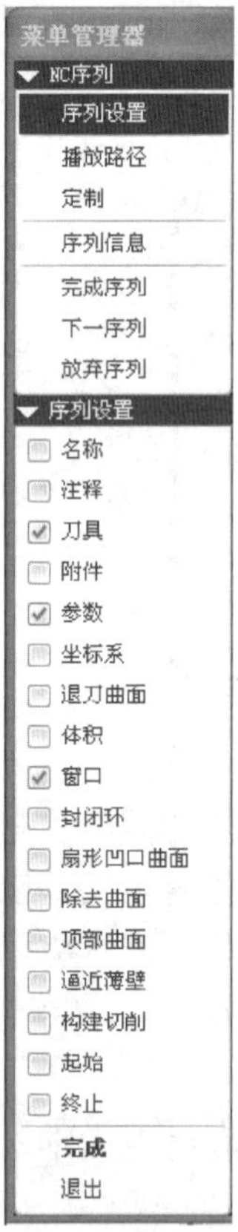

图 5-18　NC 序列设置菜单

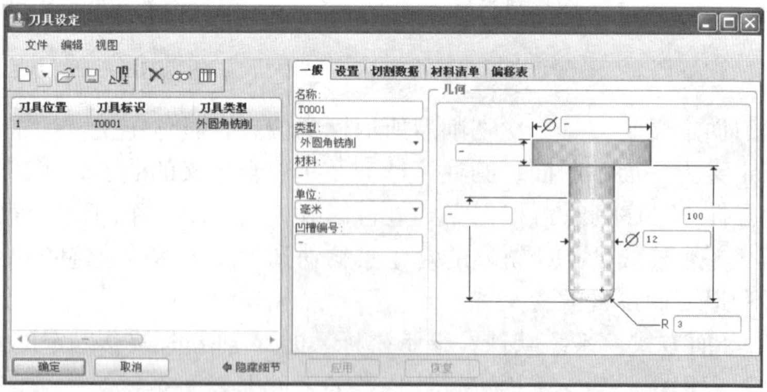

图 5-19　【刀具设定】对话框

（4）定义窗口。参数定义完成后，单击【编辑序列参数“体积块铣削”】对话框中的按钮 确定 ，弹出“选取窗口”菜单，如图 5-21 所示，此时可创建铣削窗口，也可在此之前创建。

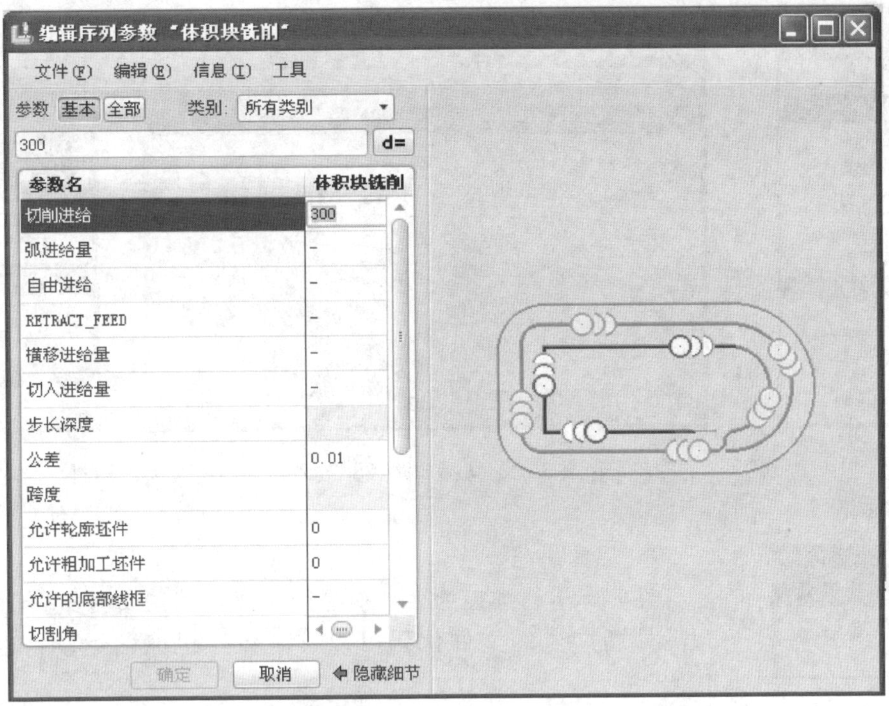

图 5-20　【编辑序列参数"体积块铣削"】对话框

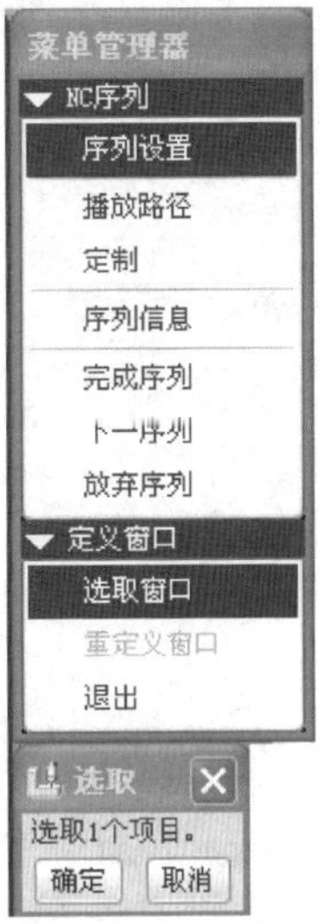

图 5-21 "定义窗口"菜单

铣削窗口就是铣削加工的范围。在三轴铣床中，铣削窗口要在垂直 Z 轴的平面内，单击特征工具栏中的"铣削窗口工具"按钮创建。

4. 模拟刀具路径

(1) 屏幕演示。必要参数定义完成之后，在"NC 序列"菜单管理器中选择"播放路径"→"屏幕演示"命令，如图 5-22 所示；弹出【播放路径】对话框，如图 5-23 所示；单击对话框中的"向前播放"按钮 ▶，模拟刀具加工过程。模拟结束后，单击对话框中的按钮 关闭 。

(2) NC 检测。在图 5-22 所示的菜单中选择"播放路径"→"NC 检测"命令，进行三维实体加工过程模拟。若轨迹正确则单击菜单中的"完成序列"命令。

(3) 过切检测。过切检测用于检测刀具在加工中是否产生过切现象。系统以提示信息说明加工序列设置是否存在过切现象。

5. 生成刀位数据文件

选择主菜单"工具"→"CL 数据"→"编辑"，弹出图 5-24 所示的"选取特征"菜单管理器。选择"NC 序列"命令，在 NC 序列列表中选择所创建的 NC 序列，如"体积块铣削"；选择下级菜单中的"确认"命令（见图 5-25），弹出图 5-26 所示的【保存副本】对话框，默认以"seq0001. ncl"为文件名进行保存，并单击按钮 确定 ，再单击菜单管理器中的"完成/返回"命令。

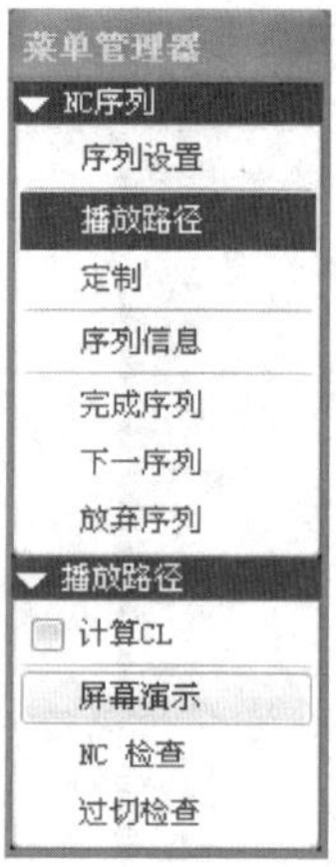

图 5-22 “NC 序列”菜单

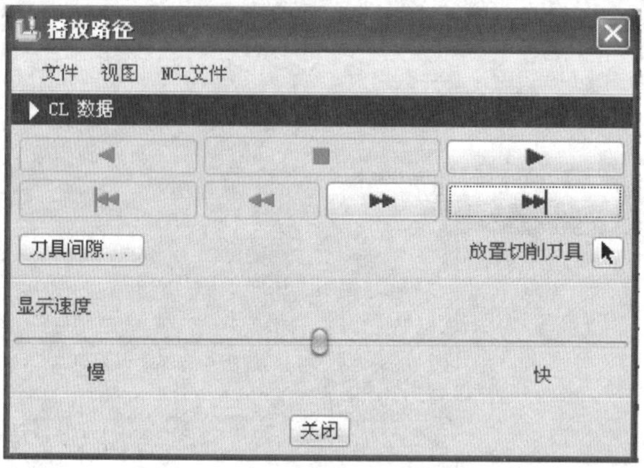

图 5-23 【播放路径】对话框

图 5-24 “选取特征”菜单

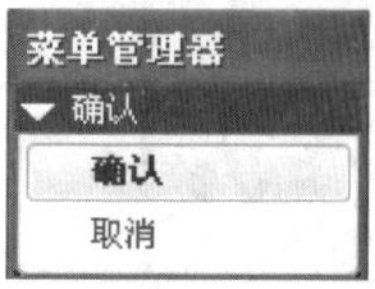

图 5-25 菜单管理器

6. 后置处理

在实际进行数控加工之前必须对刀具路径文件进行后处理，通过后处理产生的文件代码可以控制数控机床的运动，也称为 NC 代码。

（1）后处理。选择主菜单“工具”→“CL 数据”→“后处理”，弹出【打开】对话框，如图 5-27 所示。在其中选择刚刚生成的刀位文件“seq0001.ncl”，单击按钮 打开 ，弹出如图 5-28 所示的“后置期处理选项”菜单。

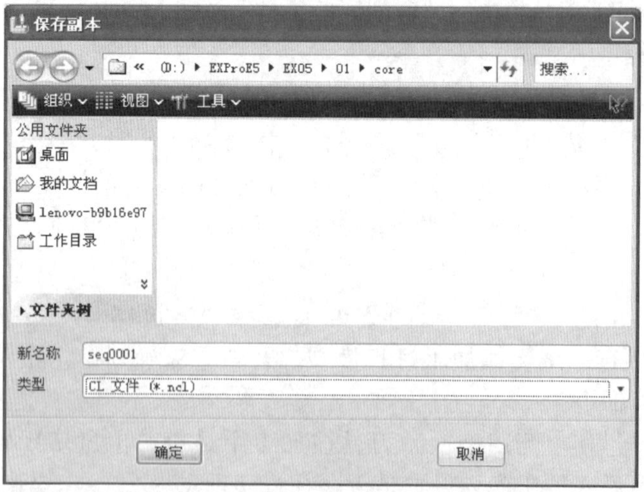

图 5-26 【保存副本】对话框

“后置期处理选项”菜单中的各选项说明如下：

“详细”：启动对后处理过程的全部显示。

“跟踪”：列出文件中的所有宏和 CL 记录。

“加工”：将后处理器文件用于在 CL 文件的 MACHIN 语句中指定的加工。如果没有选

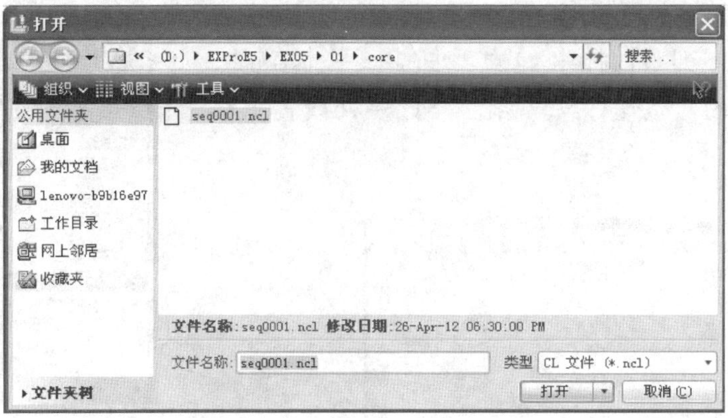

图 5-27 【打开】对话框

择此选项，选择菜单中的“完成”命令，系统将打开“后置处理列表”菜单管理器，如图5-29所示。在其中选择一个后处理器，系统会出现黑色屏幕的后处理器跟踪记录，然后弹出【信息窗口】对话框，如图5-30所示，其中包括采用的后处理版本、后处理的日期和时间、刀具路径文件、后处理器、程序号等信息。

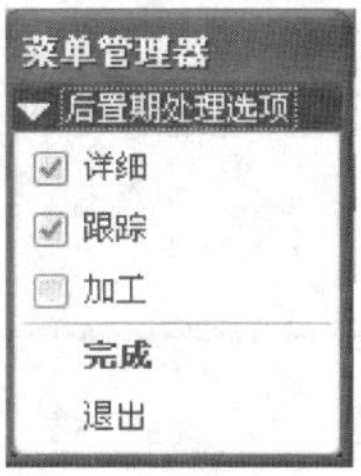

图 5-28 “后置期处理选项”菜单

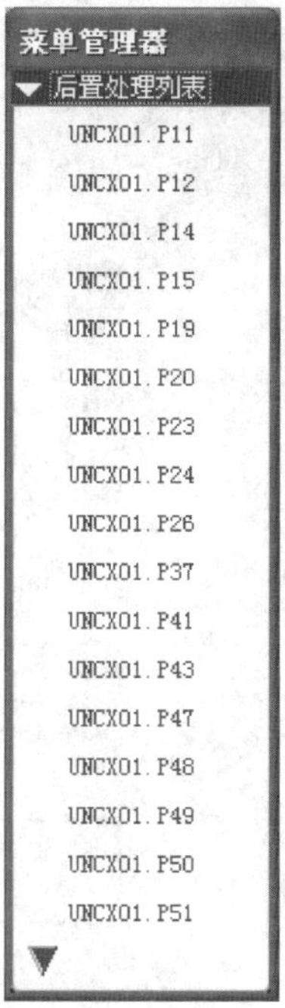

图 5-29 “后置处理列表”菜单

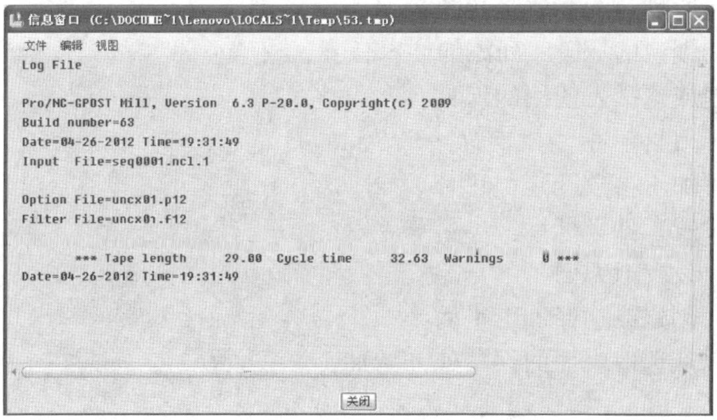

图 5-30 【信息窗口】对话框

(2) 查看后处理文件。后处理文件以“.tap”为后缀名，使用被处理的刀具路径文件的名称，如“seq0001.tap”。打开“我的电脑”，进入当前的工作目录，找到后处理文件，用记事本打开，如图5-31所示。

三、铣削加工方法与加工参数

1. 端面铣削

端面铣削主要用于大平面或精度要求较高的平面加工，在实践中应用广泛，可用于粗、精加工，也可用于铣削腔槽的底平面。一般采用盘铣刀、大直径端铣刀或圆头铣刀在铣床或加工中心上进行加工。

创建 NC 工序的一般步骤如下：

（1）建立端面铣削 NC 序列。选择主菜单“步骤”→“端面”，或在常用工具栏中单击“端面”按钮，弹出“NC 序列设置”菜单管理器，如图 5-32 所示。

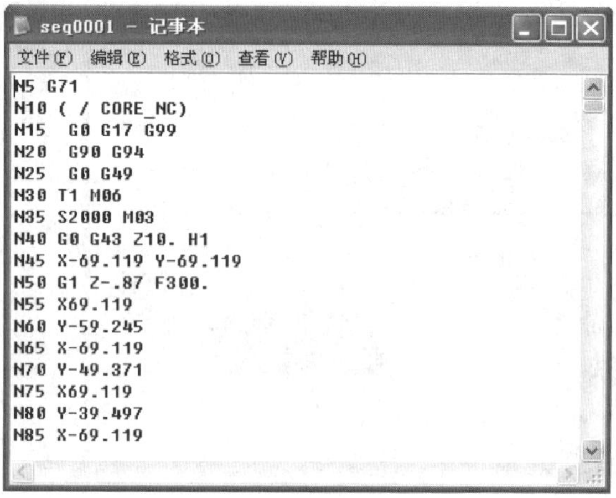

图 5-31 查看后处理文件

图 5-32 “NC 序列”设置菜单

（2）选择加工工艺设置项目。在“序列设置”菜单中提供了以下选项：

1）名称：设置所创建的 NC 序列的名称。

2）注释：对所创建的 NC 序列添加注释信息。

3）刀具：创建或选择需使用的刀具。

4）附件：添加刀具附件。

5）参数：设置加工参数。

6）坐标系：设置工件坐标系。

7）退刀曲面：设置退刀面。

8）加工几何：创建或选择加工平面。

9）起点：可以从选取表面的拐角处开始加工。

10）构建切削：访问“构建切削”功能。

11）起始：指定刀具路径的起始点。

12）终止：指定刀具路径的终止点。

在“序列设置”菜单中，选择要进行参数设置的项目，单击“完成”命令。序列设置菜单中，一般至少应选择“参数”及“曲面”两项；如果在前面的步骤中已设置了其中的参数，如刀具、坐标系等，在这里可不必再选。

（3）设置加工工艺参数。在端面铣削加工【编辑序列参数：“端面铣削”】对话框中，给出了所有在端面铣削加工中应设置的参数，如图 5-33 所示。可选择要设置的参数，在输入栏内输入或选择参数值。另外，在参数值显示区如果其值为“—”，表示可以不必设置该参数的值，一般是采用系统默认值或其他值，如果系统没有提供默认值，必须设置该参数值。

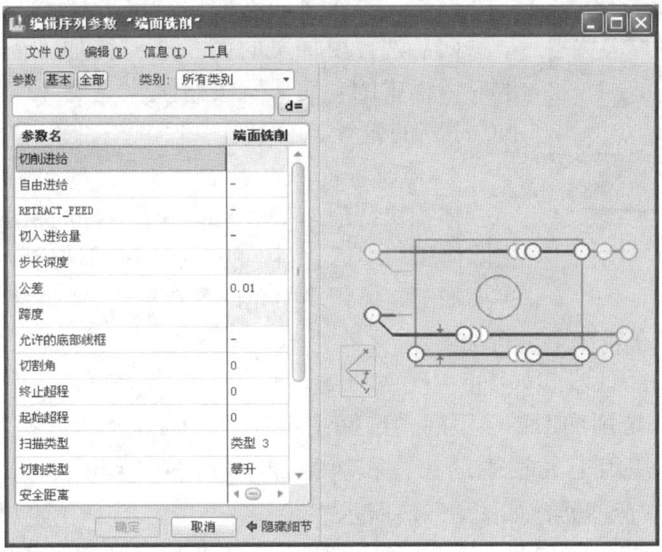

图 5-33　【编辑序列参数“端面铣削”】对话框

各项加工工艺参数的意义如下：

1）切割进给：用于设定切削进给速度，即机床的进给速度，其单位为 mm/min。

2）自由进给：刀具快速横移速度。

3）RETRACT _ FEED（退刀进给）：刀具退离工件的速度，系统默认“—”，表示将使用进给速度。

4）切入进给量：设定插入移动的速度。

5）步长深度：设置每一切割的递增深度。

6）公差：从刀具路径的模型几何设置最大允许几何偏差。

7）跨度：设置铣削路径之间的距离。该值一般应该与刀具的有效直径成正比，一般情况下取 0.5～0.8 倍的刀具直径。粗加工时可以取 0.9 倍以上。

8）允许的底部线框：加工后留下的底面加工余量，系统默认“—”，表示加工余量为 0。

9）切割角：设定刀具路径与 X 轴的夹角。

10）终止超程：设定刀具在每一走刀终点处在工件外侧运行的距离。

11）起始超程：设定刀具在每一走刀起点处在工件外侧运行的距离。

12）扫描类型：选择加工区域的方式，为可选项。

13）切割类型：刀具切削时所采用的方式，为可选项。

14）安全距离：退刀之前完全退离工件的距离。

15）接近距离：设置接近移动的长度。

16）进刀距离：接近运动的长度，即每一切削层的第一行刀具轨迹中，开始以切削速度进给时，刀具位置到曲面轮廓的距离。

17）主轴速率：设置主轴旋转的速度。

18）冷却液选项：系统提供了充溢、喷淋雾、关闭、开、攻螺纹、穿过六种切削液喷洒方式。

设置完加工工艺参数后，单击对话框中的按钮 确定 。

（4）选择要加工的面。选择待加工面，单击【曲面】选取对话框中的“完成”按钮☑（见图 5-34），完成端面铣削 NC 序列的设置。

图 5-34 【曲面】选取对话框

2. 体积块铣削

体积块铣削加工主要适用于零件的粗加工，其特点是逐层去除体积块中的材料，所有层切面都与退刀面平行，每层都是平面加工，体积块中允许含有岛屿。常采用立铣刀或球头立铣刀在数控铣床或数控车铣床上进行加工。

创建 NC 工序的一般步骤如下：

（1）建立体积块铣削加工 NC 序列。选择主菜单“步骤”→“体积块粗加工”，或单击常用工具栏中的“体积块粗加工”按钮，弹出“NC 序列设置”菜单管理器，如图 5-35 所示。

（2）选择加工工艺设置项目。在图 5-35 体积块铣削加工“序列设置”菜单中，选择要进行参数设置的项目，并单击“完成”命令。体积块铣削加工的序列设置菜单与前面端面加工的序列设置菜单类似，其选择方法也相似，一般情况下至少应选择“参数”及“体积”或“窗口”两项。

体积块铣削不同于其他加工序列的工艺项目如下：

1）体积：创建或选取体积块。

2）窗口：创建或选取铣削窗口，此选项与“体积”选项不能同时使用。

3）封闭环：设定窗口加工的封闭环。

4）扇形凹口曲面：当在“参数”设置中定义了“侧壁扇形高度”或“底部扇区高度”时，此选项用于选取从扇形计算排除的曲面。

5）除去曲面：指定或建立要从轮廓加工中排除的体积曲面，从而不在该曲面上产生刀具路径。

6）顶部曲面：创建刀具路径时刀具可穿透铣削体积的曲面，当选择“窗口”时，此选项不能用。

7）逼近薄壁：从“体积块”或“窗口”的侧面下刀，作为刀具切入材料的切入面。

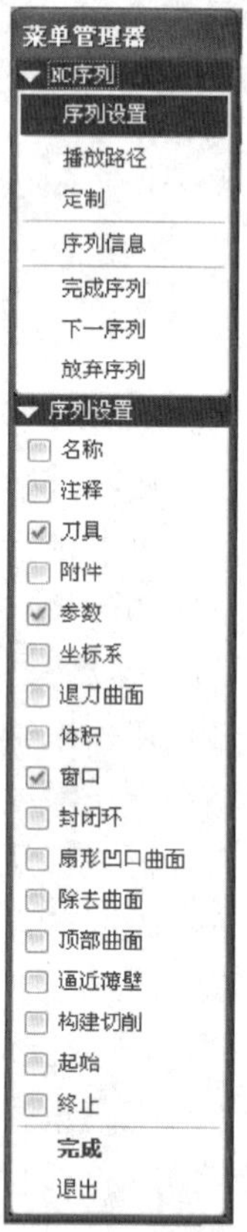

图 5-35 “NC 序列”设置菜单

（3）设置加工工艺参数。【编辑序列参数“体积块铣削”】对话框，如图 5-36 所示。体积块铣削加工工艺参数多数与前面的相似，但有以下特殊的参数：

1）弧进给量：沿圆弧运动的进给速度。

2）横移进给量：刀具横向切削的速度。

3）切入进给量：下刀速度。

4）允许轮廓坯件：侧向表面的加工预留量，必须小于或等于粗加工余量。

5）允许粗加工坯件：粗加工余量。

6）扫描类型：用于设定刀具路径的拓扑结构。系统共提供了十种走刀方式。

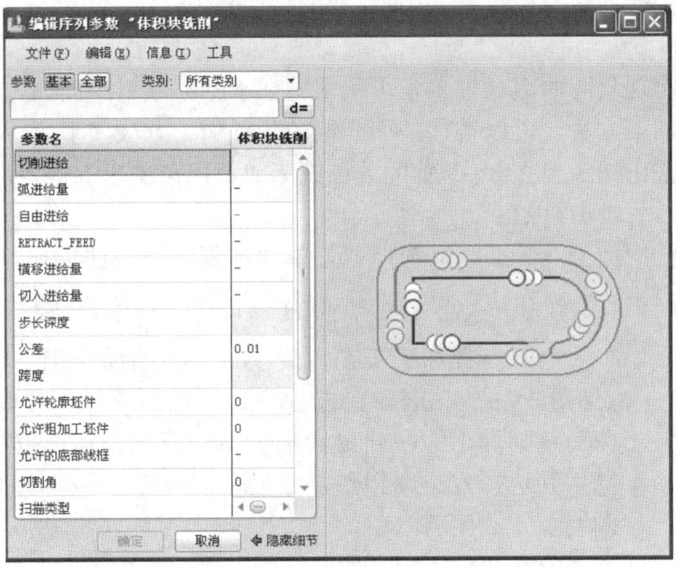

图 5-36 【编辑序列参数“体积块铣削”】对话框

类型 1：刀具连续走刀，遇到岛屿或凸起特征时自动抬刀。

类型 2：刀具连续走刀，遇到岛屿或凸起特征时环绕岛屿或沿凸起轮廓加工，不抬刀。

类型 3：刀具连续走刀，遇到岛屿或凸起特征时，刀具分区进行加工。

类型螺旋：螺旋走刀。

类型 1 方向：单方向切削加工，到一行终点，刀具抬刀后返回到下一行起点；遇到岛屿或凸起特征时自动抬刀。

类型 1 连接：单方向切削加工，到一行终点，刀具抬刀后返回到本行起点，然后下刀并移动到下一行的起点；遇到岛屿或凸起特征时自动抬刀。

常数 加载：执行高速粗加工或轮廓加工（由粗糙选项决定）。

螺旋保持切割方向：保持切削方向的螺旋走刀方式，两次切削之间用 S 形连接。

螺旋保持切割类型：保持切削类型的螺旋走刀方式，两次切削之间用圆弧连接。

跟随硬壁：切削轨迹形状与体积块的侧壁形状相似，两行轨迹之间间距固定。

7）粗加工选项：用于设定在所生成的刀具路径中是否出现轮廓走刀。系统共提供七种方式。

仅限粗加工：只加工内部，不加工侧面轮廓边界。

粗加工轮廓：先粗加工内部区域，再加工侧面轮廓边界（即清根）。

轮廓和粗加工：先加工侧面轮廓边界，再粗加工内部区域。

仅限轮廓：只加工侧面轮廓，不加工内部区域。

粗加工和清除：加工内部区域时清理侧面边界，不单独产生侧面轮廓边界加工。

腔槽加工：采用腔槽加工方式进行加工。

仅 _ 表面：仅加工该体积块中所有平行于退刀面的平面（岛屿顶面和体积块的底面）。

设置完加工工艺参数后，单击对话框中的按钮 确定 。

（4）选择或创建体积块（铣削窗口）。在制造模型中，选取先前创建的体积块或铣削窗口，并选择菜单中的“完成”命令。

3. 曲面铣削

曲面铣削能够实现复制曲面的加工，可用来铣削水平或倾斜的曲面，它是 Pro/NC 中应用最为灵活的一种加工方法，可以替代前面介绍的几种加工方法，多应用于模具曲面的半精加工和精加工。常采用球头刀在 3～5 轴的数控铣床或数控车铣床上进行加工。

创建 NC 工序的一般步骤如下：

（1）建立曲面铣削加工 NC 工序。选择主菜单“步骤”→“曲面铣削”，或单击常用工具栏中的“曲面铣削工具”按钮，弹出“NC 序列设置”菜单管理器，如图 5-37 所示。

图 5-37 “NC 序列”设置菜单

（2）选择加工工艺设置项目。在曲面铣削“序列设置”菜单中（见图 5-37），选择要进行参数设置的项目，并单击“完成”命令。曲面铣削加工的序列设置菜单与前面相类似，仅有定义切割一项不同，其选择方法也相似，一般情况下至少应选择“参数”“定义切割”及“曲面”三项。

定义切割：定义曲面铣削方式，并指定适当参数。

（3）设置加工工艺参数。在【编辑序列参数“曲面铣削”】加工参数对话框中的加工工艺参数多数与前面的相似（见图 5-38），有下面几种参数不同。

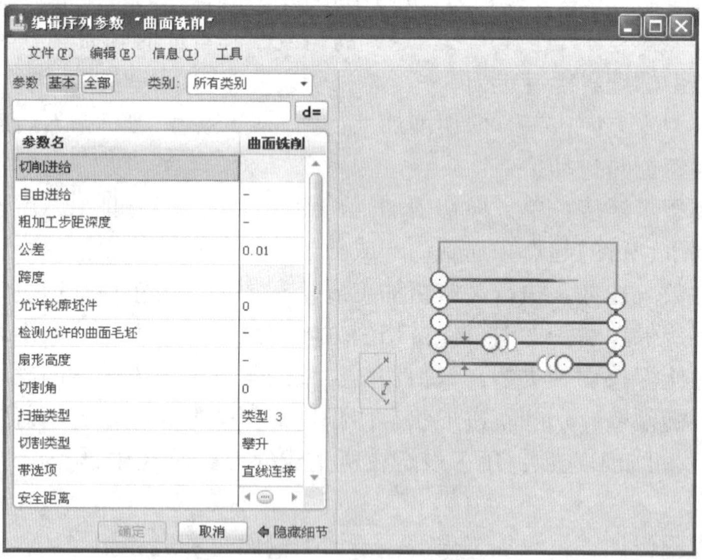

图 5-38 【编辑序列参数“曲面铣削”】对话框

1）粗加工步距深度：设置每一切割的递增深度。

2）检测允许的曲面毛坯：设置粗加工曲面的余量。

3）带选项：相邻两刀具轨迹之间的连接方式，系统提供直线连接、曲线连接、弧连接、环连接和不定义连接五种方式。

设置完加工工艺参数，单击对话框中的按钮 确定 。

（4）选择要加工的曲面。在“曲面拾取”菜单中，选择待加工曲面的拾取方式，如图

5-39所示；单击“完成”命令，选择对应的加工面。

(5) 定义切削方式。在切削定义对话框中选择切削方式，并定义相应的参数，如图5-40所示，系统提供了如下的切削方式：

图5-39 “NC序列”曲面拾取菜单

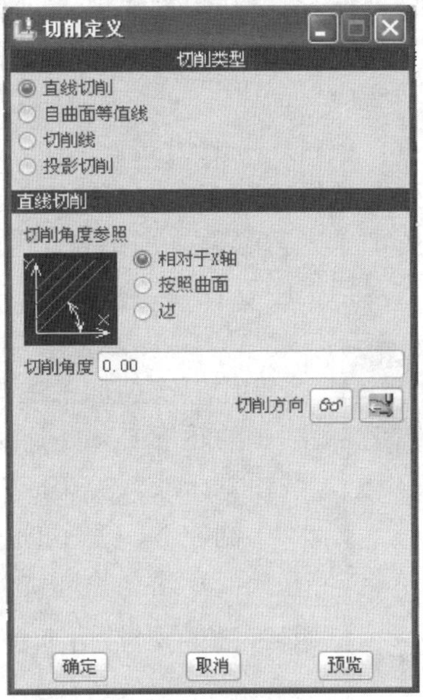

图5-40 【切削定义】对话框

1) 直线切削：加工轨迹是一系列直线，主要用于形状相对简单的曲面。它需进一步定义切削轨迹方向，若方向是“相对于X轴”，则需输入角度值；若是按照“曲面或边”，则需选择参考平面或参考边，切削轨迹的方向平行于参考平面或参考边。

2) 自曲面等值线：切削方向由待加工曲面的*U-V*轮廓来定义，因此，刀具路径与曲面的形状相符，能够均匀地反映到曲面的各个角落。

3) 切削线：切削方向由一个或多个切削线或切削面决定，加工轨迹中第一行和最后行的形状与切削线（面）相同，中间轨迹由待加工曲面和切削线（面）共同决定。切削线用于较为复杂曲面、需较多加工控制的铣削。

4) 投影线切削：首先将选择曲面的轮廓投影到退刀平面上，并在平面上创建一个二维刀具路径，然后将刀具路径再投影到曲面上。投影切削不适合加工曲率变化较大的自由曲面。

4. 局部铣削

局部铣削是Pro/NC提供的清理工件转角及底部余量的加工方法，它是用较小直径的刀具，针对前一次数控加工轨迹无法加工的空间范围再加工一次，常用在体积块铣削、轮廓铣削、曲面铣削等加工后剩余材料的加工。

创建NC工序的一般步骤如下：

(1) 建立局部铣削加工NC工序。选择主菜单“步骤”→“局部铣削”，系统提供了四种局部铣削类型。

1) 前一步骤：计算某个已形成的NC加工轨迹的剩余材料，对这些材料做局部铣削。

2）前一刀具：对前一个刀具加工后的剩余材料进行计算，然后用本次加工设置的刀具进行局部加工。

3）拐角：直接指定要清根的拐角。

4）铅笔踪迹：沿着拐角创建单一的刀具路径，实现对残料的加工。

（2）选择加工工艺设置项目。在“序列设置”菜单中，选择其中要进行参数设置的项目，并单击“完成”命令。局部铣削加工序列设置菜单项目与前面的相似，仅有参考序列一项为其“独有”项目。一般情况下选择刀具、参数两项。

参考序列：选择一条 NC 加工轨迹作为局部铣削的参考。

（3）设置加工工艺参数。局部铣削加工参数对话框中的加工工艺参数多数与前面的相似，可在参数对话框中设置各类参数。

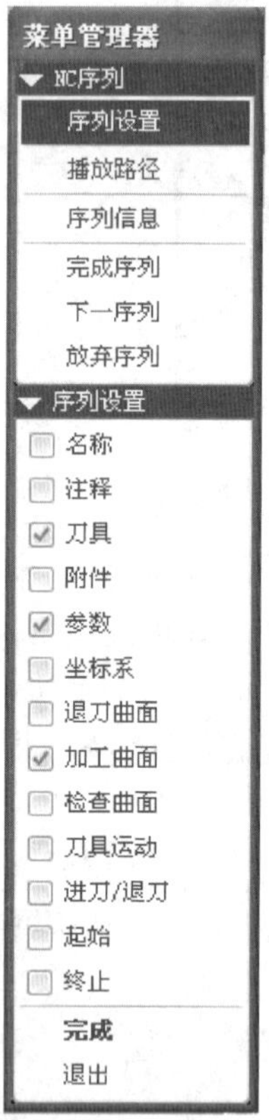

图 5-41 “NC 序列设置”菜单

5. 轮廓铣削

轮廓铣削加工主要用来进行垂直或倾斜轮廓的粗铣或精铣。轮廓铣削中的轮廓必须是连续的，倾斜度较小，常采用立铣刀或球头立铣刀在数控铣床或数控车床上进行加工。

创建 NC 工序的一般步骤如下：

（1）建立轮廓铣削加工 NC 工序。选择主菜单“步骤”→“轮廓铣削”，或单击常用工具栏中的“轮廓铣削工具”按钮，弹出“NC 序列设置”菜单管理器，如图 5-41 所示。

（2）选择加工工艺设置项目。在序列设置菜单中，选择要进行参数设置的项目，并单击“完成”命令。轮廓铣削加工一般情况下至少应选择“参数”及“加工曲面”两项；如果在前面的步骤中已设置其中的参数，如刀具、坐标系等，在这里可不选择该项目。

轮廓铣削区别于其他加工序列的工艺项目如下：

1）检查曲面：在加工时要设定对加工轮廓进行干涉检查的附加曲面。

2）刀具运动：待加工的曲面中有扇形凹口，系统将计算实际加工的曲面为整个曲面减去扇形凹口。

3）进刀/退刀：进行特殊刀具路径设定。

（3）设置加工工艺参数。在【编辑序列参数：“轮廓铣削”】加工参数对话框中的加工工艺参数多数与前面的相似，如图 5-42 所示，有下面几种参数不同于其他的加工序列：

1）检测允许的曲面毛坯：设置铣削曲面上的加工余量。

2）侧壁扇形高度：用于设定侧壁曲面的加工余量。

设置完加工工艺参数后，单击对话框中的按钮 确定 。

（4）选择要加工的面。拾取要加工的曲面，则其显示在【曲面】拾取对话框中，如图 5-43 所示，拾取完毕单击按钮 。

6. 腔槽加工

腔槽铣削用于体积块铣削之后的精铣，腔槽可以包含水平、垂直、倾斜曲面。对于侧面的加工类似于轮廓加工，底面类似于体积块加工中的底面铣削。

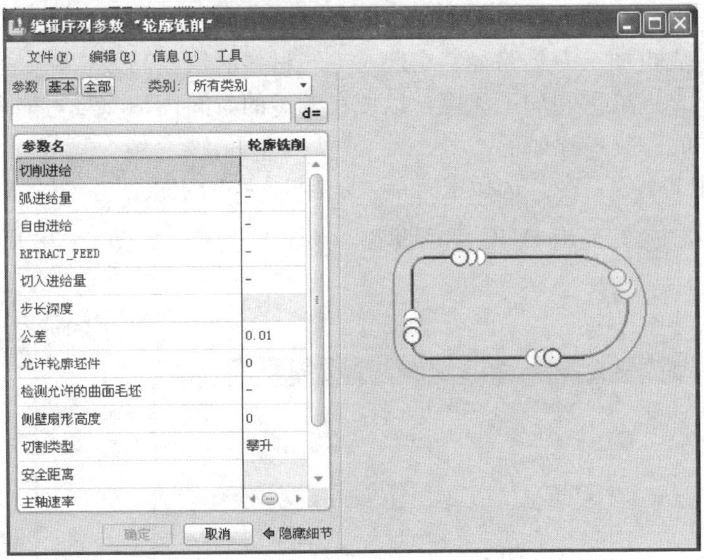

图 5-42 【编辑序列参数“轮廓铣削”】

创建 NC 工序的一般步骤如下：

(1) 建立腔槽铣削加工 NC 工序。选择主菜单“步骤”→“腔槽加工”，弹出“NC 序列设置”菜单管理器，如图 5-44 所示。

(2) 选择加工工艺设置项目。在序列设置菜单中，选择要进行参数设置的项目，并单击“完成”命令，一般情况下至少应选择“参数”及“曲面”两项。

(3) 设置加工工艺参数。腔槽加工序列参数对话框，如图 5-45 所示，有下面一种参数不同于其他的加工序列。

图 5-43 【曲面】拾取对话框

图 5-44 “NC 序列设置”菜单

“底部扇区高度”：通过指定底部的最大允许粗糙度控制刀具间距。

设置完加工工艺参数，单击对话框中的按钮 确定 。

(4) 选择要加工的面。在“曲面”拾取菜单中，选择待加工面的拾取方式，并单击“完成”命令，再选择对应的加工面。

7. 粗加工

粗加工用于生成粗加工刀具路径，实现对毛坯材料的快速高效切除。在粗加工时，应选择尽可能大的刀具、进给量和加工深度，以便在较短的时间内切除尽可能多的材料。

创建 NC 工序的一般步骤如下：

（1）建立粗加工 NC 工序。选择主菜单“步骤”→“粗加工”，或单击常用工具栏中的“粗加工”工具按钮，弹出“NC 序列设置”菜单管理器，如图 5-46 所示。

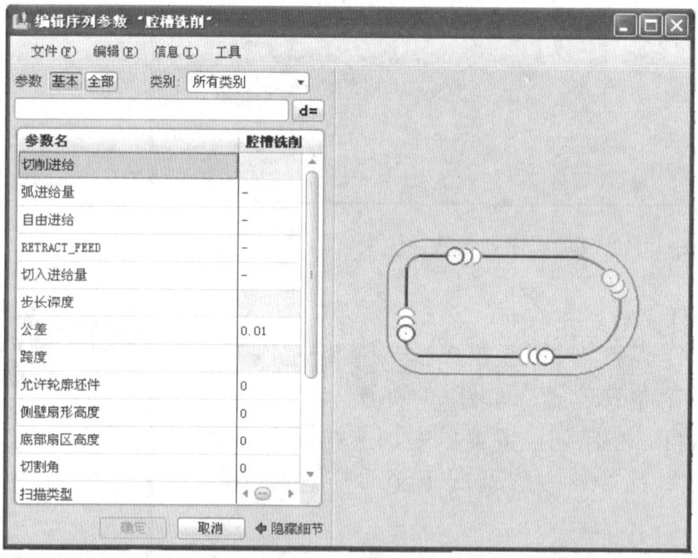

图 5-45 【编辑序列参数“腔槽铣削”】对话框

图 5-46 “NC 序列设置”菜单

（2）选择加工工艺设置项目。在 NC 序列设置菜单中，选择要进行参数设置的项目，并单击“完成”命令，一般情况下至少应选择“参数”及“窗口”两项。

粗加工区别于其他加工序列的工艺项目为“封闭环”——铣削窗口指定要封闭的环。

（3）设置加工工艺参数。【编辑序列参数“粗加工”】序列参数对话框，如图 5-47 所示，有下面几种参数不同于其他的加工序列：

1）最小步长深度：层切面间允许的最小步距深度。

2）最大台阶深度：允许的最大步距深度。

3）内公差：在曲面内的公差带部分。

4）外公差：在曲面外的公差带部分。

5）开放区域扫描：使生成的刀具路径应用到所有的开放区域，刀具路径的生成形式取决于扫描的类型。

6）闭合区域扫描：使生成的刀具路径应用到所有的闭合区域，刀具路径的生成形式取决于扫描的类型。

设置完加工工艺参数，单击对话框中的按钮 确定 。

（4）选择或创建铣削窗口。在制造模型中，选取或创建铣削窗口，并选择菜单中的“完

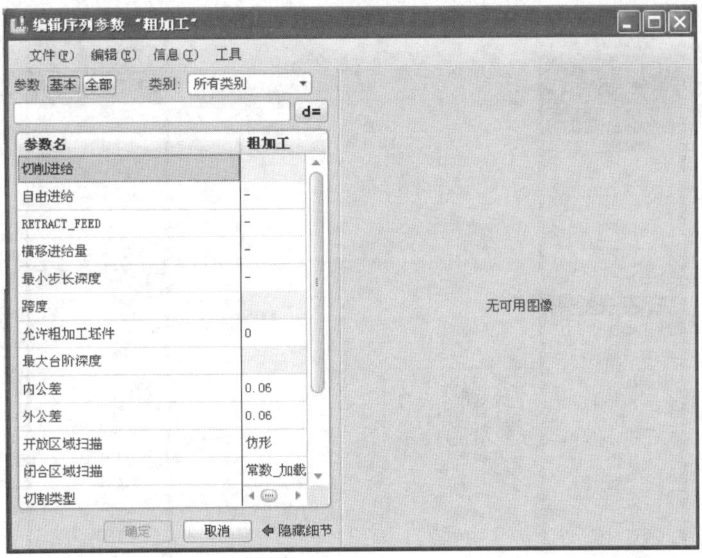

图 5-47 【编辑序列参数“粗加工”】对话框

成”命令。

8. 重新粗加工

重新粗加工用于生成重新粗加工刀具路径，实现对粗加工无法切削到的材料的加工。相对于粗加工而言，重新粗加工采用更小的刀具。

创建 NC 工序的一般步骤如下：

(1) 建立重新粗加工 NC 工序。选择主菜单“步骤”→“重新粗加工”，或单击常用工具栏中的“重新粗加工”工具按钮，弹出“NC 序列列表”，如图 5-48 所示；系统提示选取“请选取参照粗加工或重新粗加工 NC 序列”，选择“1：粗加工，操作 OP010”，弹出“NC 序列设置”菜单管理器，如图 5-49 所示。

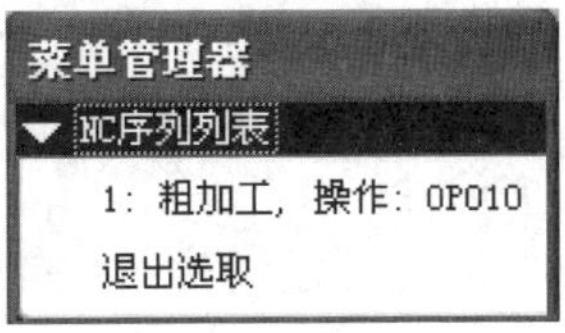

图 5-48 “NC 序列列表”菜单

(2) 选择加工工艺设置项目。在序列设置菜单中，选择要进行参数设置的项目，并单击“完成”，一般情况下至少应选择“刀具”及“参数”两项，如果在上一级菜单“NC 序列列表”菜单中，没选取参照序列，则在序列设置菜单中必须选择“参考序列”一项。

(3) 设置加工工艺参数。重新粗加工的序列参数与粗加工序列参数基本相同，设置完加工工艺参数后，单击对话框中的按钮 确定 。

9. 精加工铣削

精加工用于精加工刀具路径，对粗加工的材料余量进行铣削。精加工铣削的对象是铣削窗口内的材料，在窗口内创建刀具路径，因此，在设置精加工操作前，需事先定义铣削窗口。

创建 NC 工序的一般步骤如下：

(1) 建立精加工 NC 工序。选择主菜单“步骤”→“精加工”，或单击常用工具栏中的“精加工”工具按钮，弹出“NC 序列设置”菜单管理器，如图 5-50 所示。

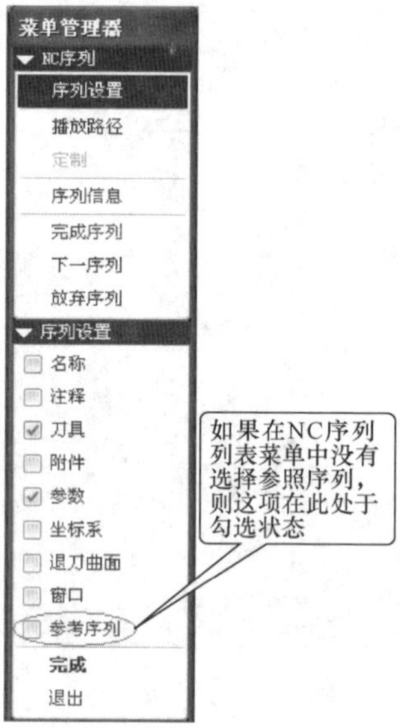

图 5-49 “NC 序列设置”菜单

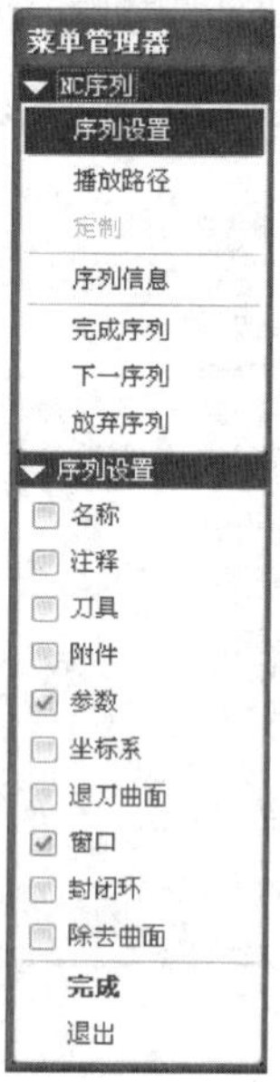

图 5-50 “NC 序列设置”菜单

（2）选择加工工艺设置项目。在序列设置菜单中，选择要进行参数设置的项目，并单击“完成”命令，一般情况下至少应选择“参数”及“窗口”两项。

（3）设置加工工艺参数。精加工序列参数对话框中的加工工艺参数多数与前面的相似，设置完加工工艺参数，单击对话框中的按钮 确定 。

（4）选择或创建铣削窗口。在制造模型中，选取或创建铣削窗口，并选择菜单中的“完成”命令。

读者可以通过扫描二维码来学习 Pro/NC 加工的操作方法，编者提供的拓展学习内容如下：拓展任务 C 盆凸模 Pro/NC 加工，介绍了“体积块粗加工和曲面铣削”NC 序列的创建方法；拓展任务 D 盆凹模 Pro/NC 加工，介绍了“粗加工、重新粗加工、端面铣削和精加工”NC 序列的创建方法。希望读者通过这两个拓展学习内容，能在具体应用时做到举一反三，融会贯通。

拓展任务：
C 盆凸模 Pro/NC 加工
D 盆凹模 Pro/NC 加工

参 考 文 献

[1] 铭卓设计 . Pro/ENGINEER Wildfire 4.0 模具设计实例详解 . 北京：清华大学出版社，2008.
[2] 陈为，谢玉书 . Pro/ENGINEER Wildfire 模具设计实例教程 . 北京：清华大学出版社，2006.
[3] 刘平安 . Pro/ENGINEER Wildfire 4 数控编程实例图解 . 北京：清华大学出版社，2008.
[4] 余强，周京平 . Pro/E 机械设计与工程应用精选 50 例 . 北京：清华大学出版社，2007.
[5] 周四新 . Pro/ENGINEER Wildfire 实用设计百例 . 北京：清华大学出版社，2005.
[6] 牛宝林 . Pro/ENGINEER Wildfire 4.0 应用与实例教程 . 北京：人民邮电出版社，2009.